ELECTROCHEMISTRY

A Way to Future Energy

전기화학

미래 에너지로 가는 길

| 이충균 지음 |

사이플러스
Science plus

머리말

전기화학!

일반적으로 전기화학은 배우기도 어렵고, 가르치기도 어려운 학문 주제의 하나로 인식된다. 대학 학부의 기초 과정에서 학생들이 접하는 전기화학은 비교적 이해가 쉬운 Nernst 식과 Coulomb 법칙이다. 반면 전류가 흐르는 전지를 다루는 전공 수준의 전기화학은 복잡한 전류-전압 관계로 표현되며, 그 관계를 이해하기 위해서는 다학제 지식이 필요하다. 구체적으로 화학 반응성과 반응 속도론의 화학, 에너지 및 전기의 물리학 그리고 물질 전달 과정과 유체 역학의 화학 공학과 재료 과학이 그 범주에 속한다. 또한 전극 표면에서 일어나는 여러 현상의 상호 관계는 수학 함수로 표현된다. 따라서 전공 수준의 전기화학을 이해하기 위해서는 Nernst 식과 Coulomb 법칙에서 출발하여 다학제 현상이 연계되는 수학 함수를 이해해야 한다. 수학으로 표현되는 이론을 도구로 현실의 전류와 전압의 관계를 이해하고, 주어진 응용 목적에 맞도록 전지를 화학적으로 조절하는 능력을 갖추는 것이 전기화학을 배우는 궁극적 목표이다.

이러한 목적을 효율적으로 달성하기 위해서는 전기화학 전공자를 위한 적절한 수준의 전기화학 교재가 필요하다. 특히 미래 에너지와 관련하여 전기화학이 부상하는 현재의 상황에서 전공 수준의 전기화학 교재를 찾기 쉽지 않다. 수학적 표현이 지나치게 많은 정량적 교재는 학생들이 이해하기 어렵고, 수학적 표현이 제한된 정성적 교재는 전기화학을 피상적으로 이해하게 한다. 이러한 점을 고려하여 학생들이 도전할 수 있는 수준이면서 심도 있게 전기화학을 다루는 교재를 집필하게 되었다.

교재 집필에 있어서 전기화학의 다양한 현상을 표현하는 수학 함수와 그 함수를 모사(simulation)한 시각 자료의 제시를 기본 방향으로 정하였다. 수학 함수의 유도를 위하여 설정하는 조건은 일반적으로 실험에서 지켜져야 하는 조건이므로, 학생들이 이해할 수 있도록 수학적 조건의 물리적 의미를 설명하였다. 조건에서 출발하는 함수의 유도 과정은 전기화학과 무관한 수학적 절차이므로 생략하였으며, 최종 함수를 제시하였다. 최종 함수를 읽을 수 있는 능력은 그 함수가 표현하는 전기화학적 거동의 이해와 같다. 이를 위하여 함수에 포함된 다양한 변수의 변화에 따른 전기화학적 거동을 제시하여, 함수를 읽고 이해할 수 있도록 하였다.

이 책이 다루는 전기화학을 크게 세 부분의 범위로 구분할 수 있다. 전기화학의 기본 개념인 전지의 구성 요소(제1장), 용액(제2장), 전위차(제3장), 과전압(제4장), 전하 전달(제5장), 물질 전달(제6장)과 전기화학 이중층(제7장)을 책의 전반부에서 다루었다. 기본 개념을 바탕으로 하는 전기화학의 기본적인 연구 기술인 순환 전류-전압법(제8장), 전기화학 분석법(제9장)과 임피던스법(제10장)을 이어서 소개하였다. 후반부에서 에너지와 관련된 응용 전기화학을 배터리(제11장), 촉매론을 포함한 연료전지(제12장)와 반도체 전기화학과 및 광촉매(제13장)를 설명하였다. 부식과 같은 전기화학의 다른 분야를 제시하지 않았지만, 전기화학의 기본 개념과 연구 도구를 이해한다면 어렵지 않게 접근할 수 있을 것으로 생각한다.

집필 과정에서 다음의 기존 전기화학 문헌을 참고하였다.

1. Electrochemical Methods: Fundamentals and Applications, A.J. Bard, L.R. Faulkner, 2nd Ed., 2001, Wiley.
2. Electrochemical Methods: Fundamentals and Applications, A.J. Bard, L.R. Faulkner, H.S. White, 3rd Ed., 2022, Wiley.
3. J. O'M. Bockris, A.K.N Reddy, Modern Electrochemistry, Vol. 1 and 2, 1970, Plenum.
4. J. O'M. Bockris, S.U.M. Khan, Surface Electrochemistry, 1993, Plenum Press.
5. C.H. Hamann, A. Hamnett, W. Vielstich, Electrochemistry, 2007, Wiley.
6. K. Oldham, J. Myland, A. Bond, Electrochemical Science and Technology, 2012, Wiley.
7. A. Wieckowski(Ed.), Interfacial Electrochemistry, 1999, Marcel Dekker.
8. M.E. Orazem, B. Tribollet, Electrochemical Impedance Spectroscopy, 2nd Ed. 2017, Wiley.
9. J.K. Park, Principles and Applications of Lithium Secondary Batteries, 2012, Wiley.Electrochemical Methods: Fundamentals and Applications, A.J. Bard, L.R. Faulkner, 2nd Ed., 2001, Wiley.

지은이로서 두려운 점은 세심한 주의를 했음에도 불구하고 혹시나 있을 학문적 오류입니다. 이 책으로 전기화학을 강의하시는 분과 공부하시는 분의 지적과 의견을 감사한 마음으로 받겠습니다.

끝으로 집필 과정에서 원고를 검토해 주신 충남대학교 류호열 박사와 손영구 교수, 경일대 박진남 교수와 LG에너지솔루션 김태곤 박사에게 깊은 감사를 드립니다. 또한 원고를 꼼꼼히 검토한 충남대학교 화학과 황선영과 윤가은 대학원생에게도 고마운 마음을 전달합니다. 이 책이 출판될 수 있도록 도와주신 사이플러스 박종성 대표님과 편집부에게 깊은 감사를 표합니다.

2023년 성탄 무렵에

이충균 적음

차례

머리말 ▸ 3

제0장

전기화학을 들어가면서 ▸ 11

제1부

기본 개념 ▸ 15

제1장

전기화학의 전지 ▸ 17

1.1 전지 ▸ 17

1.2 화학과 전기의 만남: 전기화학 ▸ 20

1.3 전기화학 전지 ▸ 22

1.4 전극 평형 상태에 있는 전지 ▸ 25

1.5 비평형 상태에 있는 전지 ▸ 28

1.6 전기화학 연구의 목표 ▸ 31

연습 문제 ▸ 31

제2장

전지 전해질과 이온 이동 ▸ 33

2.1 이온-용매 상호 작용: Born 모델 ▸ 33

2.2 이온-이온 상호 작용: Debye-Hückel 모델과 활동도 ▸ 36

2.3 이온의 이동 ▸ 41

2.4 이온의 확산 ▸ 44
2.5 이온의 전기장 이동 ▸ 46
2.6 전기화학 퍼텐셜, 운반율과 접촉 전위 ▸ 52
부록 ▸ 57
연습 문제 ▸ 61

제3장

전기화학 전지의 전위차 측정 ▸ 63
3.1 환원 전위 측정을 위한 전지 ▸ 63
3.2 농도와 전지 전압 ▸ 64
3.3 Nernst 식의 응용 ▸ 67
3.4 지시 전극의 유형 ▸ 71
3.5 기준 전극 ▸ 72
3.6 이온 선택성 전극 ▸ 76
연습 문제 ▸ 81

제4장

전류가 흐르는 전지와 과전압 ▸ 83
4.1 Faraday 법칙 ▸ 83
4.2 전류가 흐르는 전지의 전압 ▸ 84
4.3 분극 곡선 ▸ 89
4.4 전하 전달 과정의 과전압 ▸ 93
4.5 물질 전달 과정의 과전압 ▸ 95
4.6 전하 전달 과전압과 물질 전달 과전압 ▸ 96
4.7 물의 전기 분해와 분극 곡선 ▸ 98
4.8 2-전극 시스템과 3-전극 시스템 ▸ 100
연습 문제 ▸ 104

제5장

전기화학 반응의 속도 ▸ 107

5.1 화학 반응 속도와 활성화 에너지 ▸ 107

5.2 Butler-Volmer 식의 유도 ▸ 111

5.3 Butler-Volmer 식의 해석 ▸ 114

5.4 i-η 곡선 ▸ 115

5.5 η의 크기에 따른 i-η 곡선 ▸ 118

5.6 다전자 다단계 전하 전달 반응 ▸ 122

5.7 다양한 전기화학 반응계의 전하 전달 속도 ▸ 124

부록 ▸ 127

연습 문제 ▸ 128

제6장

확산과 추출 전류-전압 곡선 ▸ 131

6.1 i-E 곡선의 일반적 표현 ▸ 131

6.2 추출 전류-전압 곡선을 얻는 방법 ▸ 133

6.3 평면 전극에서의 추출 전류-전압 곡선 ▸ 135

6.4 구형 전극에서의 확산 ▸ 142

6.5 미세 전극에서의 확산 ▸ 144

6.6 회전 디스크 전극 ▸ 147

6.7 i-E 곡선과 시간 t ▸ 153

연습 문제 ▸ 154

제7장

전기화학 이중층과 흡착 ▸ 155

7.1 전기 모세관과 커패시턴스 ▸ 155

7.2 전기화학 이중층 ▸ 157

7.3 전극에 흐르는 두 종류의 전류 ▸ 167

7.4 흡착 현상 ▸ 169

7.5 전기화학 이중층과 전하 전달 과정 ▸ 173
7.6 확산층과 이온 분산층 ▸ 177
연습 문제 ▸ 177

제 2 부

전기화학 연구 기술 ▸ 181

제 8 장

전위 주사 전류-전압 곡선 ▸ 183

8.1 전위 계단 실험과 선형 전위 주사 실험 ▸ 183
8.2 가역 반응의 선형 전위 주사 i-E 곡선 ▸ 185
8.3 비가역 · 준가역 반응의 선형 전위 주사 i-E 곡선 ▸ 191
8.4 순환 전위 주사 i-E 곡선 ▸ 196
8.5 순환 전위 주사 i-E 곡선에 영향을 미치는 전해질 ▸ 201
8.6 다양한 확산 모델의 순환 전위 주사 i-E 곡선 ▸ 203
8.7 균일 반응과 연계된 불균일 반응의 순환 전위 주사 i-E 곡선 ▸ 209
8.8 i-E 곡선을 이해하는 관점 ▸ 220
8.9 Pt와 Au의 순환 전위 주사 i-E 곡선 ▸ 221
연습 문제 ▸ 228

제 9 장

전기분석화학 ▸ 231

9.1 전기분석화학의 방법들 ▸ 231
9.2 전량 전해와 전기화학 무게 분석법 ▸ 233
9.3 전하량 적정법 ▸ 237
9.4 전위차법과 전류법의 응용 예 ▸ 243
9.5 선형 전류-전압법과 펄스 전류-전압법 ▸ 247
9.6 펄스 전류-전압법의 예 ▸ 254
연습 문제 ▸ 257

제10장

전기화학 임피던스 스펙트럼 ▸ 259

10.1 직류 RC 직렬 회로 ▸ 259
10.2 교류 RC 직렬 회로 ▸ 261
10.3 교류 RC 병렬 회로 ▸ 267
10.4 전극의 임피던스 ▸ 269
10.5 전극의 임피던스 스펙트럼 ▸ 274
10.6 전기화학과 등가회로 ▸ 277
10.7 전기화학 임피던스 실험 ▸ 287
연습 문제 ▸ 289

제3부

미래 에너지 ▸ 291

제11장

에너지 저장 장치: 배터리 ▸ 293

11.1 배터리의 구성 요소 ▸ 293
11.2 배터리 성능 평가 ▸ 296
11.3 납 배터리 ▸ 298
11.4 다양한 2차 배터리 ▸ 303
11.5 Li 이온 배터리 ▸ 306
11.6 미래의 2차 배터리 ▸ 320
11.7 초고용량 커패시터 ▸ 323
11.8 Ragone 플롯 ▸ 326
연습 문제 ▸ 327

제12장

연료 전지와 전기화학 촉매론 ▸ 329

12.1 연료 전지 개요 ▸ 329
12.2 PEM 연료 전지 ▸ 331
12.3 다른 형태의 연료 전지 ▸ 335
12.4 수소 생산: 물의 전기분해 ▸ 340
12.5 촉매의 원리 ▸ 341
12.6 전기화학 촉매 활성의 정량적 표현 ▸ 344
12.7 Sabatier 원리 ▸ 345
12.8 d 밴드 이론 ▸ 350
12.9 HER 반응과 OER 반응 ▸ 353
12.11 전기화학 촉매 성능의 향상 ▸ 361
연습 문제 ▸ 362

제13장

반도체 전극의 광전기화학과 광촉매 ▸ 365

13.1 고체의 전기 전도성 ▸ 365
13.2 반도체 ▸ 367
13.3 반도체 전극 ▸ 369
13.4 반도체 전극의 전위 제어와 전기화학 ▸ 372
13.5 반도체 전극의 광전기화학 ▸ 376
13.6 반도체 전지의 형태 ▸ 381
13.7 나노결정 반도체 ▸ 384
13.8 광촉매: 물 분해와 CO_2 환원 ▸ 385
부록 ▸ 390
연습 문제 ▸ 393

찾아보기 ▸ 395

제 0 장 전기화학을 들어가면서

전기화학은 다양한 분야의 지식이 융합된 학문 분야이다. 전기화학을 이해하기 위해서는 무관해 보이는 많은 분야의 기초 지식이 필요하며, 특히 수학적 표현이 많은 전기화학 이론은 매우 난해하다는 인상을 주기에 충분하다. 이러한 전기화학 이론과 응용을 본격적으로 소개하기 전에 전기화학을 전반적으로 살펴보고자 한다.

현실 세계의 관찰과 형이상학 세계의 이론

자연 과학뿐만 아니라 사회 과학에도 적용되는 과학적 방법을 그림 0.1이 도시한다. **현실 세계**(physical world)에서 벌어지는 일을 **관찰**이라고 한다면, 그 관찰을 해석하려는 노력이 **과학**(science)이다. 과학의 궁극적 목표는 눈에 보이는 현실 세계 뒤에 보이지 않는 **형이상학 세계**(meta-physical world)를 구축하는 것이다. 대표적인 예가 기체 방정식이다. 관찰한 Boyle, Charles, Gay-Lussac과 Avogadro 법칙은 실험적 기체 방정식(PV = nRT)으로 요약된다. 한편 이상 기체 운동론의 이론적 기체 방정식은 실험적 기체 방정식과 같다. 관찰된 기체 방정식은 현실 세계에 속하고, 기체 운동론에서 유도된 기체 방정식은 형이상학 세계에 속한다. 그 둘이 같으므로 기체 운동론이라는 형이상학 세계에서 기체 방정식이라는 현실 세계를 해석했다고 할 수 있

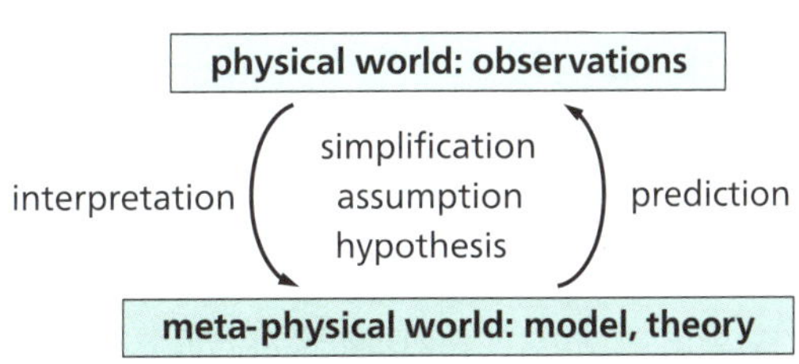

그림 0.1 관찰의 현실 세계와 모델 및 이론의 형이상학 세계.

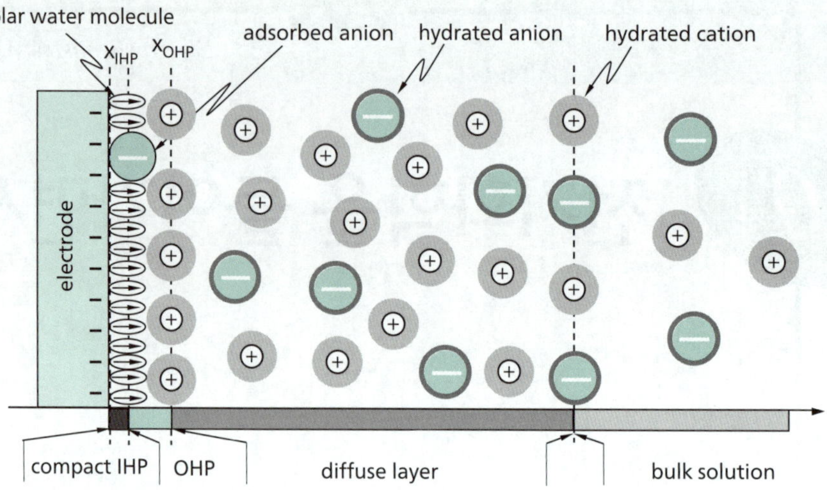

그림 0.2 전기화학 이중층 모델.

다. 그러나 모델로 사용한 이상 기체는 기체 입자의 부피와 그들의 상호 작용이라는 관점에서 현실 세계의 기체와 다르다. 그럼에도 불구하고 PV = nRT의 이상 기체 방정식은 실제 기체의 거동 예측에 매우 유용하다. 좀 더 정교한 해석과 예측이 필요한 경우, 현실 세계 기체의 비이상성을 고려한 van Der Waals 식을 사용한다. 그러므로 과학은 관찰한 현실 세계를 모델과 그 모델로부터 현실 세계에서 나타날 수 있는 거동을 유추하는 이론의 형이상학 세계로 표현하는 일이다.

형이상학 화학 세계의 모델은 거시적 현실 세계를 시각적으로 원자/분자의 미시적 수준에서 표현한다. 이상 기체 운동론에서 무질서하게 운동하는 기체 입자의 가시적 표현은 보이지 않는 그러나 운동하는 실제 기체 입자를 상상하기에 충분하다. 그림 0.2는 전극과 전해질 수용액의 계면을 미시적 수준에서 표현한 전기화학 이중층 모델이며, 이 모델로부터 많은 거시적 성질을 추론할 수 있다. 추론된 거동을 실험에서 관찰하여 모델을 검증하고, 검증된 모델을 활용하여 새로운 예측을 할 수 있다. 그러므로 모델을 이해하고, 모델로부터 거시적 성질을 유추할 수 있는 능력은 매우 중요하다. 하지만 모델은 현실 세계를 쉽게 이해하기 위하여 현실 세계를 단순화하거나 유추 과정에서 조건을 가정하므로 현실 세계와 정확히 일치하지 않는 경우가 많다. 따라서 단순화된 모델과 추론 과정의 가정에 관한 충분한 이해가 동반되어야 한다. "Theory guides; experiment decides."(N. Schoorl)라는 말을 되새겨 볼 필요가 있다.

과학에서 해당 분야의 모델과 이론의 이해는 필요하다. 모델과 이론이 없으면 현실 세계의 관찰을 이해할 수 없으므로 발생하는 현상을 이해할 수 없다. 예를 들면 어떤 문제가 발생했을 때, 목적과 일치하지 않는 현상을 이해할 수 없으므로 원인을 찾아 해결할 수 없다. 한편 모델과 이론이 없으면 예측을 할 수 없다. 그러므로 어떤 목적을 이루고자 할 때, 원하는 방향으로 가는 이성적 예측을 할 수 없게 되고, 많은 시도와 실패(trial and error)를 반복하게 되어 목적을 달성할 확률은 낮아진다(안개 속에서 나침반 없이 남쪽으로 가고자 하는 상황을 상상해 보라).

전기화학의 형이상학 세계

그림 0.3은 전기화학의 지도이다. 전기화학은 두 개의 전극과 전해질로 구성되는 전기화학 전지부터 시작한다. 두 전극의 평형 상태가 전기화학 반응의 진행 여부를 결정한다. 전지에서 관찰할 수

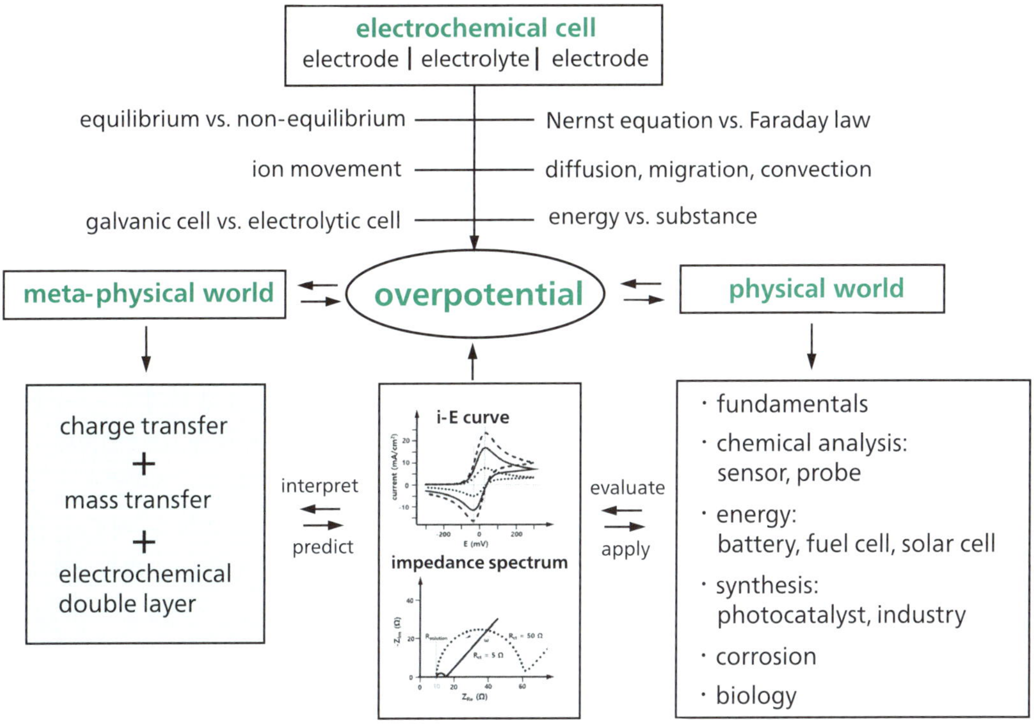

그림 0.3 전기화학의 지도.

있는 물리량은 Nernst 식과 Faraday 법칙으로 각각 표현되는 전압과 전하이다. 전해질에서 이온은 확산, 전기장 이동과 대류로 구분되는 힘을 받아 이동한다. 전지를 운용하는 방식은 전기 에너지의 획득 또는 물질의 합성으로 구분되는 전지의 목적에 의존한다. 평형 상태, 이온 이동과 전지 운영 방식에서 나타나는 전지의 특성은 **과전압**(overpotential)이라는 전기화학의 독특한 용어로 집약된다. 그러므로 현실 세계에서 거시적으로 나타나는 전지의 과전압이 전기화학의 가장 핵심적인 물리량이다.

과전압의 해석은 전기화학의 형이상학 세계에서 이루어진다. 전하 전달 과정, 물질 전달 과정과 전기화학 이중층으로 구성된 형이상학 세계(그림 0.3의 녹색 박스)의 모델에서 유추되는 거시적 현상을 이해할 때 과전압의 이해가 가능하다. 전기화학 모델로부터 거시적 거동을 유도하는 과정은 수학적 과정을 포함한다. 예를 들면 확산과 관련된 전류는 미분 방정식에서 유도된다. 확산 모델로부터 미분 방정식을 세우고, 그 해를 얻기 위하여 실험적 상황과 부합되는 조건을 가정한 후 미분 방정식의 해를 구해 확산 전류를 계산한다. 그러므로 확산 전류의 이해는 모델, 그 모델로부터 만들 수 있는 미분 방정식 그리고 조건(가정 포함)에 대한 이해를 바탕으로 한다. 미분 방정식의 해를 구하는 과정을 굳이 이해할 필요는 없다. 그러나 유도 과정의 시작과 끝을 반드시 가시적으로 이해해야 한다. 다시 말해 미분 방정식의 해에서 추론하는 가시적(그림으로 표현된) 거동을 정성적·정량적으로 이해하고 설명할 수 있어야 한다. 전기화학 형이상학 세계의 세 가지 모델이 복합적으로 작용하여 나타나는 예측된 거동은 그림 0.3이 예시하는 i-E 곡선과 임피던스 스펙트럼으로 나타난다. 그러므로 추론된 거동을 *보는*(see) 것이 아니라 *읽을*(read) 수 있어야 한다. 추론된 거동을 읽을 수 있을 때 전기화학의 형이상학 세계가 형성되었다고 할 수 있다.

앞에서 설명한 과정은 이론을 이용하여 일반적으로 '실험 결과'라고 하는 거동을 예측하는 과정이다. 그러나 현실 세계의 전지를 경험하는 실험은 전지의 암호화된 정보를 제공한다. 관찰된 정보(과전압) 속 암호를 이론이라는 눈으로 해독하여 실제 전지를 이해할 수 있다. 만약 이론이라는 형이상학 세계가 없다면 실험 결과를 해석할 수 없고, 실험 대상을 결코 이해할 수 없다.

기초 및 응용 과학 분야에서 매우 중요한 전기화학의 현실 세계를 이야기해 보자. 기초 전기화학은 전기화학의 형이상학 세계를 목적으로 하며, 분석화학 분야는 소형화가 가능한 전지의 특성을 정성분석과 정량분석을 위한 분석기기, 센서와 탐침에 활용한다. 부상하는 에너지 분야의 배터리, 연료 전지와 광전지의 근본이 전기화학이다. 전기화학을 이용한 금속 전해제련, 해수 전해와 전해정제의 역사는 매우 길며, 에너지 및 환경과 관련하여 물 분해와 CO_2 환원을 위한 광촉매의 중요성도 깊이 인식되고 있다. 부식도 전기화학 범주에 속한다. 생체 내의 신호 전달에서 전기화학의 이해는 필수적이다. 목적과 방법이 다양해 보이지만, 공통점은 전기화학이라는 형이상학 세계이다. 이런 분야에서 전지 과전압 측정 · 평가는 i-E 곡선과 임피던스 스펙트럼과 같은 거시적 거동에 기반하고 전기화학 이론이 과전압 조절 행위를 결정하는 근거이다. 예를 들면 배터리의 i-E 곡선인 충전 · 방전 곡선을 관찰하고, 더 성능이 우수한 배터리를 만들기 위하여 전지 재료와 제조 공정을 조정한다. 물론 전지 재료와 제조 공정의 형이상학 세계가 과전압 조정의 길잡이이므로 전기화학뿐만 아니라 해당 분야의 지식과 이론이 필요하다. 결론적으로 현실 세계 전지의 과전압 측정 · 평가와 전지의 구성 요소 조절을 통한 과전압 조절을 반복하여 응용 목적에 접근하는 방법이 모든 전기화학 응용에 적용된다.

전기화학의 형이상학 세계는 100년이 넘는 시간 동안 과학자들이 축적한 결과물이다. 앞으로 소개할 형이상학의 세계로 들어가면, 전기화학을 이해하고 이용할 수 있다. G.N. Lewis와 M. Randall이 1923년에 출간한 책(*Thermodynamics and the Free Energy of Chemical Substances*)에서 한 말을 되새겨 볼 필요가 있다. "It is not the coal but the combustion of coal which causes a steam engine to operate."

제 1 부

기본 개념

Electrochemistry: A Way to Future Energy

제1장 ▸ 전기화학의 전지
제2장 ▸ 전지 전해질과 이온 이동
제3장 ▸ 전기화학 전지의 전위차 측정
제4장 ▸ 전류가 흐르는 전지와 과전압
제5장 ▸ 전기화학 반응의 속도
제6장 ▸ 확산과 추출 전류-전압 곡선
제7장 ▸ 전기화학 이중층과 흡착

제 1 장 전기화학의 전지

차례

1.1 ▸ 전지
1.2 ▸ 화학과 전기의 만남: 전기화학
1.3 ▸ 전기화학 전지
1.4 ▸ 전극 평형 상태에 있는 전지
1.5 ▸ 비평형 상태에 있는 전지
1.6 ▸ 전기화학 연구의 목표

전기화학(electrochemistry)의 중심은 전기화학 전지(electrochemical cell)이다. 많은 사람이 많은 목적으로 다양한 형태의 전지를 사용하고 있다. 전지의 생김새와 성능은 매우 다양하지만, 작동 원리는 모두 같다. 이 장에서는 전기화학 전지의 기본 원리와 운영의 형태를 소개한다.

1.1 전지

영어에서는 배터리(battery) 혹은 셀(cell), 한자로는 電池(전지)라고 하는 전기화학 반응 장치는 현대 문명을 지탱하는 매우 중요한 발명품의 하나이다. 많은 전자 기기, 특히 휴대할 수 있는 소형 기기의 화면에는 그림 1.1a와 같은 전지의 상징적 그림이 있으며, 그 모양은 실제로 사용되는 전지의 형태와는 상관없이 흔히 보는 건전지의 모양을 본뜬 것이다.

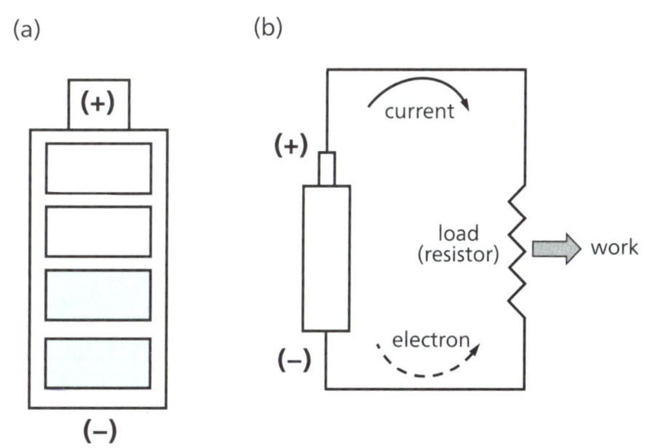

그림 1.1 (a) 전지를 상징하는 그림. (b) 전기적인 일을 하는 전지의 회로.

방전하는 전지가 일 또는 에너지를 방출하는 과정부터 시작하자. 그림 1.1b와 같이 회로를 연결하면 전류는 전지의 (+)극으로부터 전기 저항(resistance)으로 표시된 부하(load)를 거쳐 (−)극으로 흘러간다. 이 과정에서 우리는 전지에 연결된 부하의 종류(예: 손전등, 휴대폰, 손난로 등)에 따라 필요한 일 또는 에너지를 얻게 된다. 좀 더 구체적으로 **전하 운반체**(charge carrier)인 전자가 전위가 낮은 (−)극에서 나와 부하를 거쳐 전위가 높은 (+)극으로 이동하며, 부하가 전기 에너지를 목적하는 형태의 에너지(예: 손난로의 열에너지)로 변환한다.

참고 저항으로 표시된 부하

어떤 장치가 에너지원과 연결되어 일할 때, "에너지원에 부하가 걸린다"라고 한다. 다음의 글은 부하와 저항의 관계를 예로 설명한다.

> "선풍기 날개가 연결된 모터에 전기를 공급하면, 선풍기 날개는 바람을 일으키는 일을 한다. 공기와 선풍기 날개의 마찰은 선풍기 날개 또는 모터가 돌아가지 못하게 하는 저항으로 작용한다. 원하는 바람의 세기가 커질수록 모터가 해야 하는 일, 즉 선풍기에 걸리는 부하가 증가하게 된다. 부하가 증가하면, 요구되는 부하를 충족하기 위하여 선풍기는 더 많은 전력을 소비한다."

전지에서 일어나는 전기적 과정(그림 1.1b)을 물의 흐름을 이용하여 물레방아에서 일을 얻는 두 개의 연못에 비유할 수 있다(그림 1.2a). 물의 높이가 다른 두 개의 연못이 밸브와 물레방아가 설치된 파이프로 연결되어 있다. 연못 1의 수위가 연못 2의 수위보다 높으므로 물레방아를 중심으로 수압은 지점 1이 지점 2보다 높다. 만약 밸브가 닫혀 있으면 물의 흐름은 없지만, 밸브 양단의 수압 차이, 즉 지점 1과 지점 2의 수압 차이를 측정할 수 있다. 밸브를 열면 물은 연못 1에서 연못 2로 이동하면서 물레방아를 돌리게 되고 물레방아와 연결된 어떤 부하 장치를 이용하여 적절한 일을 얻을 수 있다. 이때 이동하는 물의 이동 속도, 즉 유동량(flux)에 따라 순간적으로 나오는 일의 양이 결정된다. 한편 물의 이동이 계속되는 동안, 연못 1의 수위는 감소하고 연못 2의 수위는 높아

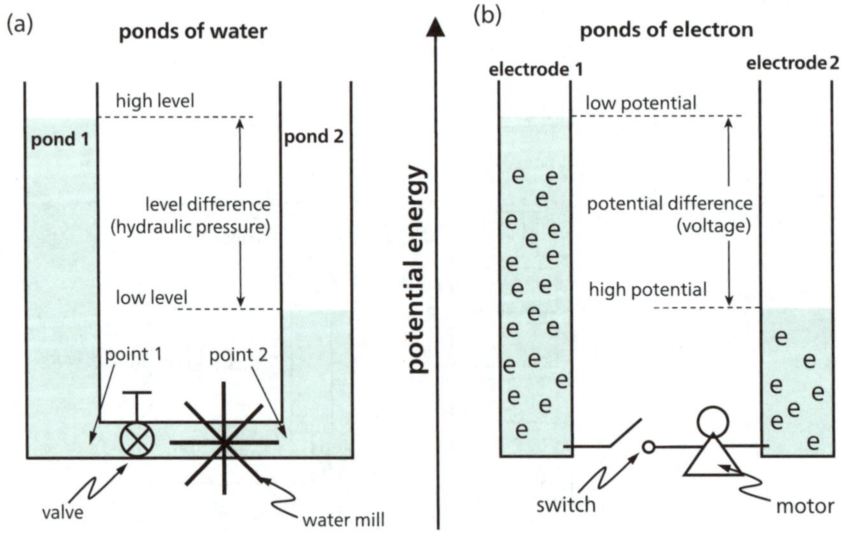

그림 1.2 (a) 물의 연못. (b) 전자의 연못.

지므로 두 연못의 수압 차이는 감소하고 순간적 일의 양도 감소한다. 두 연못의 수위가 같아지면 수압 차이는 없어지고 물레방아는 멈추게 된다. 이러한 과정을 에너지의 관점에서 표현하면 다음과 같다. 수위가 상대적으로 높은 연못 1의 물은 연못 2의 물보다 퍼텐셜 에너지(potential energy)가 높고, 퍼텐셜 에너지 차이는 수압의 차이로 나타난다. 밸브를 열면, 에너지 운반체인 물이 이동하여 에너지가 흐른다. 물의 퍼텐셜 에너지는 파이프 안에서 직선 운동 에너지(translational kinetic energy)로 바뀌고, 물레방아는 물의 직선 운동 에너지를 회전 운동 에너지(rotational kinetic energy)로 변환한다. 따라서 물레방아는 에너지 변환 장치이다. 물레방아가 순간적으로 변환하는 에너지의 양을 출력(power)이라고 하며, 그 출력 크기는 물의 유동량과 수압 차이가 결정한다. 이때 물레방아의 부하인 수력학적 저항(hydrodynamic resistance)이 유동량을 결정한다. 물레방아에서 얻을 수 있는 에너지 총량은 연못 1과 연못 2에 담겨 있는 물의 부피와 수압 차이에 의하여 결정된다.

그림 1.2b에 표현된 전자의 연못, 즉 전지(電池)에서는 그림 1.2a의 연못에서 물을 전자(electron)로 대체한 것이다. 여러 방법으로 하나의 물리적인 장소에 전자의 수를 많게 하고, 또 다른 물리적 장소에 전자의 수를 적게 할 수 있다. 그 방법의 하나가 전기화학이다. 앞으로 설명하게 될 전기화학을 이용하여 전극 1에 많은 전자가, 전극 2에는 적은 전자가 있게 만들면 두 전극 사이에는 전압 차이가 발생한다. 음전하의 전자가 많은 전극 1에서는 전자를 서로 밀어내려는 척력이 작용하므로 전자의 퍼텐셜 에너지는 높다. 반대로 전자가 적은 전극 2의 전자 퍼텐셜 에너지는 상대적으로 낮다. 그러므로 퍼텐셜 에너지의 관점에서 그림 1.2b의 전극 1과 전극 2가 그림 1.2a의 연못 1과 연못 2에 각각 상응한다. 두 전극에 존재하는 전자의 퍼텐셜 에너지 차이는 전위차(일반적으로 전압 voltage)로 표현된다. *물리에서 전자가 많은 전극을 "전극의 전위가 낮다."라고 표현하며, 반대로 전자가 적은 전극을 "전극의 전위가 높다."라고 표현한다.* 따라서 전자는 전위가 낮은 전극에서 전위가 높은 전극으로 이동한다. 반면 양전하의 흐름인 전류는 전위가 높은 곳에서 전위가 낮은 곳으로 이동한다. 이 부분이 다소 혼란스럽게 느껴질 수 있다. 그러나 전자의 흐름을 추적하는 것이 전기화학의 이해에 도움이 되므로, 전자 이동의 관점에서 전기화학을 논의한다. 두 전극을 전자가 이동할 수 있는 전선으로 연결하면 퍼텐셜 에너지가 높은(혹은 전위가 낮은) 전극 1의 전자는 퍼텐셜 에너지가 낮은(또는 전위가 높은) 전극 2로 이동하려 한다. 이때 스위치가 전자의 이동을 허용하게 되며, 이동하는 전자의 유동량을 '전류(current)'라고 한다. 두 전극과 연결된 모터(motor)는 전자의 퍼텐셜 에너지(electrical potential energy)를 회전 운동 에너지로 바꾸는 에너지 변환 장치이다. 모터의 출력은 두 전극 사이의 전압과 부하 저항이 결정하는 전류의 곱이다. 그림 1.2b에서 얻을 수 있는 에너지의 총량은 전극 1과 전극 2에 있는 전자의 수(전하량)과 전위 차이에 의해 결정된다.

표 1.1 그림 1.2에 도시한 물과 전자의 연못 에너지 변환 시스템의 물리적 성질

물리적 성질	물의 연못	전자의 연못	비고
에너지 운반체(양)	물(부피, m^3)	전자(전하량, C)	
에너지 차이(ΔE)	수압(Pa = Jm^{-3})	전압(V = JC^{-1})	에너지/매체 단위량
매체 이동 속도	유동량(m^3s^{-1})	전류(A = Cs^{-1})	매체 양/단위 시간
출력	power(W = Js^{-1})	power (W = Js^{-1})	매체 이동 속도 × ΔE
에너지 총량	energy(J)	energy (J)	매체 총량 × ΔE

표 1.1은 같은 원리로 작동하는 에너지 전환 장치인 물의 연못과 전자의 연못(그림 1.2)의 상응하는 물리적 성질을 비교한다. 물과 전자는 모두 퍼텐셜 에너지를 담는 운반체이며, 적절한 에너지 변환 시스템을 활용하면 각 운반체가 담고 있는 퍼텐셜 에너지는 유용한 형태의 에너지로 변환된다. 따라서 많은 수의 전자가 있는 (−)극과 적은 수의 전자가 있는 (+)극이 공간적으로 분리된 전자의 두 연못(그림 1.2b), 즉 전지를 상징하는 그림이 그림 1.1a이다. 물론 (+)극과 (−)극은 하나의 전지 안에 공존하지만, 다른 수의 전자가 있는 두 전극의 공간적 분리를 이해하는 것이 전기화학이다.

1.2 화학과 전기의 만남: 전기화학

화학과 전기가 만나는 전기화학을 이해하기 위해서는 화학의 반응성과 전극의 전위를 연결해야 한다.

물질의 화학 반응성은 상대 물질에 따라 변화할 수 있음을 그림 1.3이 예시한다. 1 M $CuSO_4$ 용액에 금속 Zn가 담겨 있는 그림 1.3a는 용액 속 Cu^{2+} 이온이 금속 Zn의 표면에 석출(deposit)되는 반응과 금속 Zn가 Zn^{2+} 이온으로 용액 속으로 녹아들어 가는 반응, 즉 Cu^{2+} 이온의 환원 반응과 금속 Zn의 산화 반응을 예시한다. 이 과정에서 금속 Zn가 내어놓은 전자는 Cu^{2+} 이온으로 이동한다. 이를 화학식으로 표현하면 다음과 같다.

$$Cu^{2+}(aq) + Zn(s) \longrightarrow Cu(s) + Zn^{2+}(aq)$$

한편, 그림 1.3b는 1 M $CuSO_4$ 용액에 담겨 있는 금속 Ag를 도시한다. 그림 1.3a의 반응으로부터 유추한다면, 아래와 같은 산화·환원 반응을 기대해 볼 수 있다.

$$Cu^{2+}(aq) + 2Ag(s) \longrightarrow Cu(s) + 2Ag^{+}(aq)$$

그러나 아무런 변화도 관찰되지 않는다. 왜 그럴까?

그림 1.3a의 변화를 단순한 산화·환원 반응의 관점이 아닌 아래와 같은 환원 반쪽 반응(reduction half reaction)의 관점에서 이해해 보자.

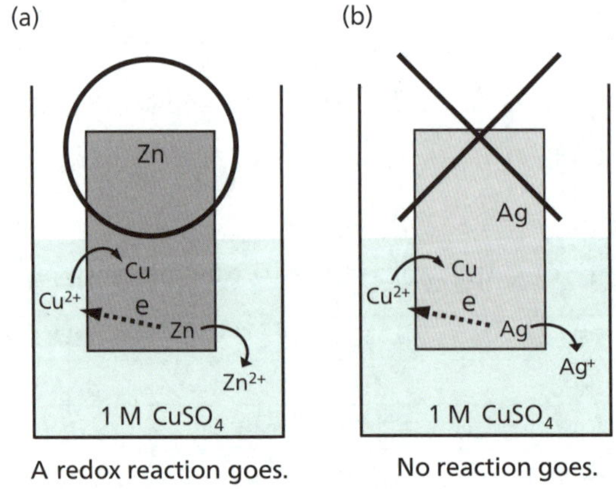

그림 1.3 1 M $CuSO_4$ 용액 속에 담겨 있는 Zn과 Ag의 반응성 비교. (a) 금속 Zn의 산화 반응과 Cu^{2+} 이온의 환원 반응은 진행한다. (b) 금속 Ag의 산화 반응과 Cu^{2+} 이온의 환원 반응은 진행하지 않는다.

$$Cu^{2+}(aq) + 2e \rightleftharpoons Cu(s)$$

$$Zn^{2+}(aq) + 2e \rightleftharpoons Zn(s)$$

그림 1.3a에서 Cu^{2+}/Cu 산화·환원쌍과 Zn^{2+}/Zn 산화·환원쌍이 서로 경쟁한다면, 환원되려는 경향이 큰 산화·환원쌍의 양이온은 환원되고, 환원되려는 경향이 작은 산화·환원쌍의 금속은 산화될 것이다. 이러한 일이 실제로 일어나므로, "환원되려는 경향은 Cu^{2+}/Cu 산화·환원쌍이 Zn^{2+}/Zn 산화·환원쌍보다 크다."라고 할 수 있다. 이 논리를 그림 1.3b에 적용하면 "환원되려는 경향은 Ag^{+}/Ag 산화·환원쌍이 Cu^{2+}/Cu 산화·환원쌍보다 크다."라고 할 수 있다. 그 이유는 Ag는 이미 환원된 상태에 있으므로 변화할 필요가 없고, Cu^{2+} 이온은 이미 산화된 상태에 있으므로 변화할 필요가 없기 때문이다. 따라서 그림 1.3b에서 아무런 변화가 관찰되지 않는다. 논의한 산화·환원쌍의 화학적 성질인 환원되려는 경향의 상대적 크기를 표 1.2에 정리하였다.

앞선 논의는 물질의 화학적 변화, 즉 이온에서 금속으로의 환원과 금속에서 이온으로의 산화라는 화학 반응에 초점을 두었다. 이제 초점을 바꾸어 전위의 관점에서 그림 1.3을 이해해 보자. 그림 1.3a에서 Cu^{2+}/Cu 산화·환원쌍이 환원하는 방향으로 변화가 일어나기 위해서는 전자가 필요하다. 이는 'Cu^{2+}/Cu 산화·환원쌍은 *전자가 상대적으로 부족한 상태*'를 의미한다. 반대로 Zn^{2+}/Zn 산화·환원쌍이 산화하는 방향으로 이동하기 위해서는 전자를 내어주어야 하며, 'Zn^{2+}/Zn 산화·환원쌍은 *전자가 상대적으로 풍부한 상태*'를 의미한다. 따라서 전자는 전자가 풍부한 상태에서 부족한 상태로 이동하려고 하므로 금속 Zn의 산화 반응과 Cu^{2+} 이온의 환원 반응이 일어난다. "전자가 상대적으로 많은 곳은 전위가 낮고, 전자가 상대적으로 적은 곳은 전위가 높다."는 것을 기억하면, "Zn^{2+}/Zn 산화·환원쌍의 전위는 낮고, Cu^{2+}/Cu 산화·환원쌍의 전위는 높다."라고 이야기할 수 있다. 이 논리를 그림 1.3b에 적용하면 전위는 Ag^{+}/Ag 산화·환원쌍이 Cu^{2+}/Cu 산화·환원쌍보다 높다. 그러므로 어떤 산화·환원쌍의 화학적 성질인 환원되려는 경향을 전기적 성질인 전위로 표현할 수 있다. 어떤 산화·환원쌍의 환원되려는 경향과 연관된 전위를 **환원 전위**(reduction potential)라고 한다. 따라서 어떤 산화·환원쌍의 환원되려는 경향을 전자를 끌어당기는 환원 전위로 해석할 수 있고, 환원 전위가 높다면 전자의 수가 적은 상태로 간주할 수 있다. 이 지점이 화학과 전기가 만나는 접점, 곧 전기화학이다.

참고 전위(electrical potential)와 전압(voltage)

물리학에서 전위는 어떤 전기장의 한 지점에서 단위 전하의 퍼텐셜을, 전압은 어떤 전기장에서 두 지점의 전위차를 의미한다. 그림 1.2에서 물의 연못과 전자의 연못의 대응하는 물리적 성질은 각각 수위와 전위, 수압(수위의 차이)과 전압(전위의 차이)이다. 전지에서 전극의 산화·환원쌍의 환원되려는 경향을 '환원 전위'로, 두 전극의 산화·환원쌍의 환원 전위차를 '전압'으로 표현한다.

표 1.2 환원되려는 경향과 환원 전위의 관계

산화·환원쌍	환원되려는 경향	환원 전위	가용한 전자의 수
Ag^{+}/Ag	강함	높음	적음
Cu^{2+}/Cu	↑	↑	↓
Zn^{2+}/Zn	약함	낮음	많음

1.3 전기화학 전지

전지의 구성을 논의하기에 앞서 일반적인 산화·환원 반응과 전기화학 반응을 구별할 필요가 있다. 그림 1.4와 같이 두 개의 산화·환원쌍(Ox_1 + ne ⇌ Red_1; Ox_2 + n′e ⇌ Red_2)이 반응하는 두 상황을 가정해 보자. 환원 전위는 Ox_1/Red_1 산화·환원쌍이 Ox_2/Red_2 산화·환원쌍보다 높은 조건에서 반응물 Ox_1과 Red_2가 만나면 Ox_1은 환원되고 Red_2는 산화되어 각각 Red_1과 Ox_2가 된다($Ox_1 + Red_2 \longrightarrow Red_1 + Ox_2$). 그림 1.4a에 도시한 바와 같이 환원되는 Ox_1과 산화되는 Red_2가 *같은 공간에서 접촉하여 전자를 직접 주고/받는 반응을 산화·환원 반응*이라고 한다. 예를 들면, 그림 1.3a에서와 같이 용액 속 Cu^{2+} 이온이 Zn의 표면과 접촉하면 금속 Zn으로부터 전자를 받은 Cu^{2+} 이온이 금속 Cu로 환원되어 석출하고, 전자를 잃은 금속 Zn은 Zn^{2+} 이온으로 산화되어 용액 속으로 녹아 들어가는 현상이 발생한다. 이러한 산화·환원 반응은 물질의 변화, 즉 화학적 변화에만 초점을 두고 있다. 반면 그림 1.4b가 예시하는 바와 같이 *각각 분리된 공간에서 일어나는 산화 반응과 환원 반응이 전기화학 반응이다.* 물질의 변화라는 관점에서 보면 전기화학 반응은 산화·환원 반응과 같다. 그러나 전기화학 반응에서는 산화되는 물질 Red_2는 전극을 통해 산화 반응 과정에서 내어놓는 전자를 외부 회로로 전달하고, 환원하는 물질 Ox_1은 전극을 통해 필요한 전자를 외부 회로에서 공급받아 환원 반응 과정이 진행된다. 따라서 공간적으로 분리된 전극과 외부 회로를 통하여 전자를 주거나 받는 산화·환원 반응이 전기화학 반응이다.

참고 산화·환원쌍을 표현하는 Ox와 Red

일반적인 산화·환원쌍을 'Ox + ne ⇌ Red'로 표현한다. 여기에서 'Ox'는 산화된 상태(oxidant) 또는 산화제(oxidizing agent)를 의미한다. 산화제는 다른 물질을 산화시키기 위하여 자신은 다른 물질로부터 전자를 가져와 환원되는 물질이다. 'Red'는 환원된 상태(reductant) 또는 환원제(reducing agent)를 의미한다.

전기화학 반응을 실현하는 전지를 단계적으로 그림 1.5에 도시한다. 그림 1.5a에서 왼쪽의 비커에는 1 M $ZnSO_4$ 수용액에 Zn 전극이 담겨 있고, 오른쪽의 비커에는 1 M $CuSO_4$ 수용액에 Cu 전극이 담겨 있다. 아직 외부 회로가 연결되지 않은 상황에서 각각의 산화·환원쌍 반쪽 반응은

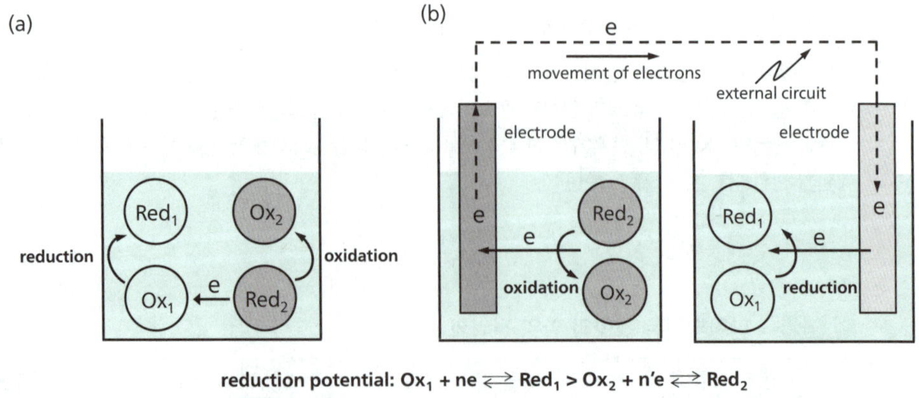

그림 1.4 산화·환원 반응과 전기화학 반응의 비교. (a) 산화·환원 반응은 두 반응물이 같은 공간에서 직접 전자를 주고받는 반응이다. (b) 전기화학 반응은 산화 반응과 환원 반응이 분리된 공간에서 일어나 외부 회로를 통하여 전자를 주고받는 산화·환원 반응이다.

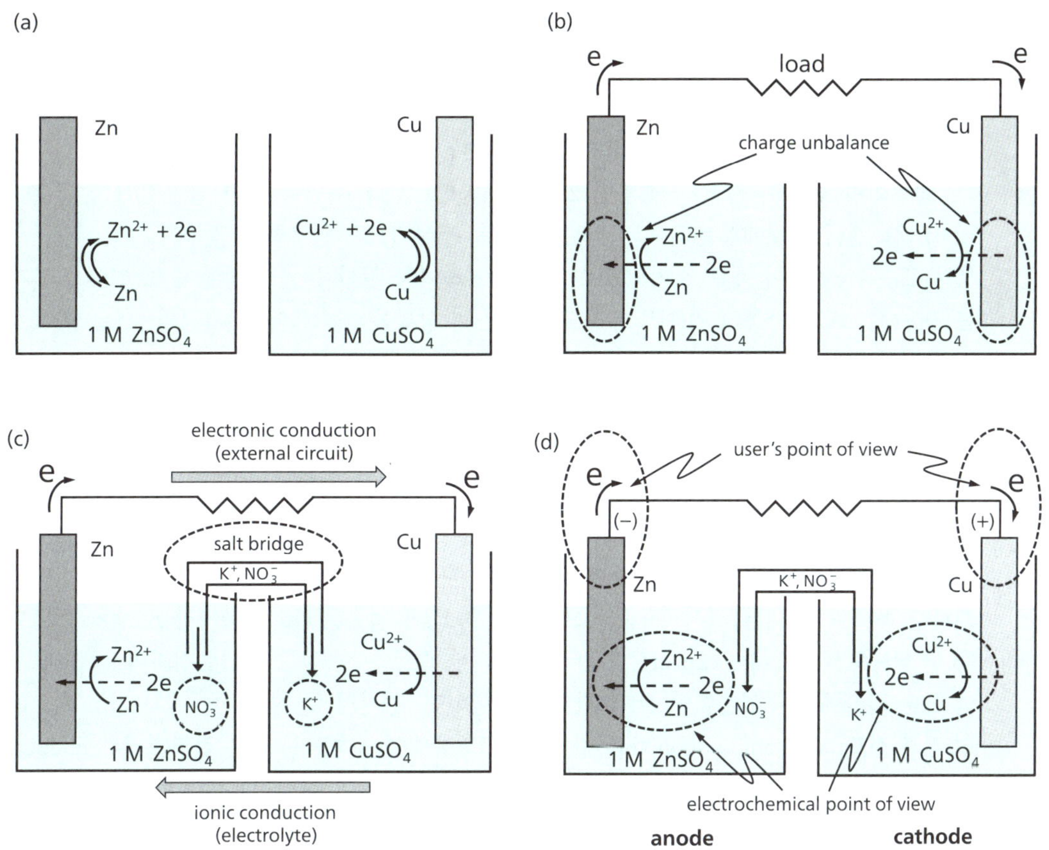

그림 1.5 **전지화학 전지가 구성되는 단계적 표현.** (a) 두 개의 분리된 공간에 두 개의 산화·환원쌍이 평형에 도달한 전극 평형 상태. (b) 부하를 포함한 외부 회로가 두 전극을 연결하면, 반응이 진행하여 각각의 전극 주변에 전하 불균형이 발생한 상태. (c) 염다리를 연결하여 전하 불균형이 해소된 상태. (d) 전지 사용자와 전기화학의 관점에 따른 전극의 명칭.

해당하는 전극 표면에서 전극 평형에 도달한다.

Zn 전극: $Zn^{2+}(aq) + 2e \rightleftharpoons Zn(s)$

Cu 전극: $Cu^{2+}(aq) + 2e \rightleftharpoons Cu(s)$

환원되려는 경향(환원 전위)은 Zn^{2+}/Zn 산화·환원쌍이 Cu^{2+}/Cu 산화·환원쌍보다 작다. 전자가 이동할 수 있도록 그림 1.5b와 같이 부하를 통하여 두 전극을 전선으로 연결하면 환원되려는 경향의 차이에 의하여 전자가 이동한다. 다시 말하면 환원되려는 경향이 큰 Cu^{2+}/Cu 산화·환원쌍에서 Cu^{2+} 이온이 금속 Cu로 변화하는 환원 반응이 진행되고, 환원되려는 경향이 작은 Zn^{2+}/Zn 산화·환원쌍에서 금속 Zn는 Zn^{2+} 이온으로 변화하는 산화 반응이 진행된다. 전지 전체 반응은 두 반응의 합인 금속 Zn의 산화 반응과 Cu^{2+} 이온의 환원 반응의 합으로 아래와 같이 표현된다.

Zn 전극: $Zn(s) \longrightarrow Zn^{2+}(aq) + 2e$

Cu 전극: $Cu^{2+}(aq) + 2e \longrightarrow Cu(s)$

전지 반응: $Zn(s) + Cu^{2+}(aq) \longrightarrow Zn^{2+}(aq) + Cu(s)$

산화 반응이 방출하는 전자는 Zn 전극에서 외부 회로를 통하여 Cu 전극으로 이동하여 환원 반응에 참여한다. 전기화학 반응이 진행되면 전자의 수는 산화 반응이 일어나는 Zn 전극이 환원 반응이 일어나는 Cu 전극보다 많다고 생각할 수 있다. 따라서 산화 반응이 일어나는 전극의 전위는 낮고, 환원 반응이 일어나는 전극의 전위는 높다.

전기화학 반응이 계속 진행되면 Zn 전극과 Cu 전극 주변에 전하 불균형이 발생한다(그림 1.5b). Zn 전극 주변에서는 Zn^{2+} 양이온이 계속 생성되므로 양전하가 많아지고, Cu 전극 주변에서는 Cu^{2+} 양이온이 계속 소비되므로 양전하가 적어져 전하 불균형 상황이 발생한다. 전자의 흐름 또는 전기화학 반응의 지속적 유지를 위해서 이 상황을 해소해야 한다(그림 1.5c). 이를 해결하는 방법의 하나가 잘 알려진 염다리(salt bridge)이다. 염다리는 KNO_3와 같은 강전해질 염(strong electrolyte salt)을 함유한 한천 젤을 채운 유리관으로, 양 끝단이 두 개의 비커 용액과 접촉하고 있어 이온이 이동할 수 있는 통로이다. 전하 불균형 상황이 발생하면 염다리의 K^+ 양이온은 Cu 전극 쪽으로 이동하고, NO_3^- 음이온은 Zn 전극 쪽으로 이동하여 전하 불균형이 해소된다. 이는 음이온이 Cu 전극에서 Zn 전극으로 이동하는 효과를 가져온다(같은 의미에서 양이온이 Zn 전극에서 Cu 전극으로 이동한다.). 그림 1.5c에 내포된 또 다른 중요한 의미가 있다. 음전하의 전자는 외부 회로를 통하여 Zn 전극에서 Cu 전극으로 이동하고, 음이온은 Cu 전극에서 Zn 전극으로 이동한다. 전하 운반체(charge carrier)는 전극 ⟶ 외부 회로 ⟶ 전극에서는 전자이고, 전극 ⟶ 용액 ⟶ 전극에서는 이온이다. 이를 다르게 표현하면, 전지의 두 전극 사이에서 외부 회로를 통하여 **전자 전도**(electronic conduction)가 일어나고, 용액을 통해서는 **이온 전도**(ionic conduction)가 일어난다. 결과적으로 그림 1.5c의 회로는 폐쇄 회로(closed loop circuit)이며, 이러한 상황에서만 전기화학 반응이 지속된다. 이온 전도가 일어나는 부분, 즉 전극과 접촉하고 있는 용액과 염다리를 **전해질**(electrolyte)이라 한다. *전지의 필수 구성 성분은 전기화학 반응이 일어나는 두 개의 전극과 이들 전극 사이에 이온 전도가 가능한 전해질이다.*

전지와 관련된 기본적인 용어를 정리해 보자(그림 1.5d). 관습적으로 산화 반응이 일어나는 전극을 왼쪽에, 환원 반응이 일어나는 전극을 오른쪽에 배치한다. 실제로 그렇게 반응이 일어나는지는 중요하지 않으며, 다만 그렇다고 가정한다. 물리학은 전자를 방출하는 전극을 cathode(사전적으로 '음극')로 정의하고, 전자를 받아들이는 전극을 anode(사전적으로 '양극')로 정의한다. 환원 반응이 일어나는 전극에서 전자가 방출되어 전해질의 반응 물질로 이동한다. 반면 산화 반응이 일어나는 전극은 전자를 전해질의 반응 물질로부터 받는다. 따라서 물리학의 정의에 따라 산화 반응이 일어나는 Zn 전극을 **anode**, 환원 반응이 일어나는 Cu 전극을 **cathode**라고 한다.

anode: $Zn(s) \longrightarrow Zn^{2+}(aq) + 2e$ (전자가 전해질에서 전극으로 이동)

cathode: $Cu^{2+}(aq) + 2e \longrightarrow Cu(s)$ (전자가 전극에서 전해질로 이동)

그런데 두 전극을 표현하는 또 다른 방법이 있다. 그림 1.5d는 Zn 전극을 (−)극으로, Cu 전극을 (+)극으로 표현하고 있다. Cu 전극을 cathode(음극)라고도 하고, 또 (+)극이라고도 한다. Zn 전극도 마찬가지이다. 같은 전극에 대한 상반된 표현은 전지를 보는 관점의 차이에 기인한다. 전지 사용자는 전지 안에서 일어나는 일에는 사실 크게 관심이 없다. 따라서 전지 사용자의 관점에서 보면 전자를 내어놓는 Zn 전극을 cathode로 간주하여 (−)극으로, 전자를 받는 Cu 전극을 anode로 생각하여 (+)극으로 정의하는 것이 타당하다. 그러나 *전지를 연구하는 전기화학의 관심은 전극과 전해질 사이의 계면(interface)에서 일어나는 전기화학 반응*이다. 따라서 전기화학의 관점에서는 전자를 전해질로부터 받는 Zn 전극을 anode로, 전자를 전해질로 내어놓는 Cu 전극을 cathode로 정의하는 것이 타당하다. 이러한 표현적 혼선을 방지하기 위하여 우리말에서 cathode를 '환원 전극'으로, anode를 '산화 전극'으로 번역한다.

전기화학 전지를 다음과 같이 정리할 수 있다. 전지는 두 개의 전극과 이온 전도가 가능한 전해질로 구성된다. 산화 전극에서는 환원 전위가 낮은 산화·환원쌍 반쪽 반응이 산화되는 쪽으로 반응이 진행되어(산화 반응이 발생하여) 전자를 방출한다. 산화 전극에서 방출된 전자는 전기 전도가 가능한 외부 회로를 통하여 환원 전극으로 이동하고, 환원 전위가 높은 또 다른 산화·환원쌍 반쪽 반응에 공급되어 환원 반응이 진행된다. 전해질에 존재하는 이온의 이동, 즉 이온 전도가 산화 전극과 환원 전극의 계면에서 발생하는 전하 불균형을 해소한다. 결국 산화되는 물질과 환원되는 물질의 화학 퍼텐셜 차이는 분리된 공간에서 산화 반응과 환원 반응을 허용하는 전지를 통하여 전위차(전압)로 변환되고, 전지는 외부 회로를 통한 전자의 흐름으로 화학 에너지를 전기 에너지로 변환한다.

1.4 전극 평형 상태에 있는 전지

전지에서 외부 회로 부하 저항의 크기가 ∞이면 전지에 전류가 흐르지 않는다. 이 상황에서 각 전극은 접촉하고 있는 산화·환원쌍과 평형에 이르는 전극 평형 상태(equilibrium with an electrode)에 있게 된다. 두 전극의 평형 환원 전위차가 전지 전압으로 나타난다.

전지의 전압을 측정하는 방법이 그림 1.6에 도시되어 있다. 그림 1.6을 이해하기 위해서는 직류 전압계(DC voltmeter) 혹은 전위차계(potentiometer)를 이해해야 한다. 직류 전압계에 흑색 (−) 단자와 적색 (+) 단자가 있다. (−) 단자를 'COM(common의 약자)' 혹은 'GND(ground의 약자)'로 표시하기도 한다. 전압계는 두 전극의 전위차를 측정하는 장치로서, (−) 단자를 전위가 낮은 전극과 연결하고, (+) 단자를 전위가 높은 전극과 연결하여 + 값을 얻는 것이 일반적 규약(protocol)이다. 다시 말해 전위가 낮은 전극이 전압 측정의 상대적 기준(0 V)이다. 산화 전극의 전위가 낮으므로 산화 전극에 (−) 단자를 연결하여 환원 전극의 전위를 상대적으로 측정한다. 전압계와 전지를 그림 1.6a와 같이 연결하면, 그 측정값은 이론적으로 +1.103 V이고, 측정된 전압이

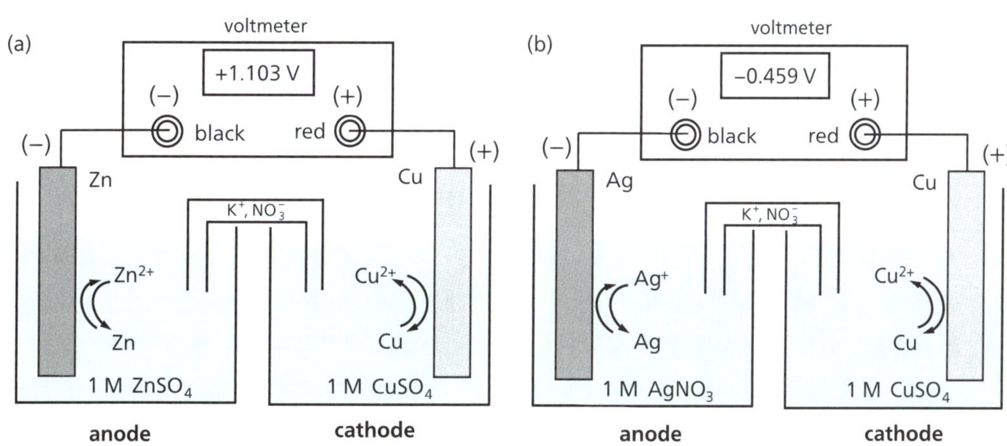

그림 1.6 전극 평형 상태에 있는 전지 전압의 측정. (a) 자발적 반응과 (b) 비자발적 반응. 전압계의 (−)극은 산화 반응이 일어날 것으로 예측되는 전극에 연결되어야 한다.

전지 전압(E_{cell})이다. 전지 전압을 **환원 전극 전위(E_{cat})**와 **산화 전극 전위(E_{an})**로 다음과 같이 표시한다;

$$E_{cell} = E_{cat} - E_{an} \tag{1.1}$$

따라서 전지 전압은 두 전극에서 각각 평형에 도달한 산화·환원쌍 반쪽 반응의 환원되려는 경향 차이인 환원 전위차의 정량적 표현이다.

그림 1.6b는 그림 1.6a의 산화 전극을 Ag(s)와 1 M $AgNO_3$ 수용액으로 대체한 그림이다. 그림 1.6a와 같은 전압 측정 회로를 구성하면, 이론적 전압은 −0.459 V이다. 표 1.2에 나타낸 바와 같이 환원되려는 경향은 Ag^+/Ag 산화·환원쌍이 Cu^{2+}/Cu 산화·환원쌍보다 크기 때문에 관습적으로 산화 전극이라고 생각하는 왼쪽 전극에서 Ag^+(aq)의 환원 반응이 일어나고, 환원 전극이라고 생각하는 오른쪽 전극에서는 Cu(s)의 산화가 일어난다. 따라서 Cu 전극의 전위는 Ag 전극의 전위보다 낮다. 그러나 0 V의 기준점으로 설정되는 전압계의 (−) 단자는 전위가 높은 Ag 전극에 연결되어 있고, 상대적으로 전위가 낮은 Cu 전극에 (+) 단자가 연결되어 있으므로 전지 전압은 음의 값이다.

그림 1.6은 전기화학 실험에서 측정되는 전지 전압의 중요성을 시사한다. 전지의 표현에 있어서 산화 전극을 왼쪽에, 환원 전극을 오른쪽에 관습적으로 배치한다고 이미 설명했다. 실제의 실험에 있어서 전지 전압을 측정할 때 산화 전극이라고 추측되는 전극에 전압계의 (−) 단자를 연결하고, 환원 전극이라고 판단되는 전극에는 (+) 단자를 연결하여 전지 전압을 측정해야 한다. 이렇게 하는 것이 그림 1.6의 내용을 실행하는 것이다. 그렇게 했을 때 측정된 전지 전압의 값이 양이면, 각 전극에서 일어나는 반응은 추측 혹은 판단한 반응이 일어난다(그림 1.6a). 그러나 전지 전압이 음이면 추측 혹은 판단한 반응의 역반응이 일어난다(그림 1.6b). 다시 말해, 산화 전극이라고 생각한 전극에서 환원 반응이 일어나고, 환원 전극이라고 추측한 전극에서 산화 반응이 일어난다. 따라서 실제 전지의 전압을 측정하였을 때, 전압계의 (−) 단자가 연결된 전극과 측정된 전지 전압의 부호는 전극에서 일어나는 반응의 방향을 판단할 수 있는 근거이다. 따라서 전지 전압의 부호는 전압계와 연결하는 전극에 따라 그 부호가 바뀔 수 있음을 기억해야 한다.

전기화학을 포함한 산화·환원 반응과 관련하여 많은 산화·환원쌍과 환원 전위가 문헌에 있다. 그렇다면 환원 전위의 기준(reference)은 무엇인가? 전지 전압은 두 산화·환원쌍이 나타내는 상대적인 전위차이다. 만약 어떤 기준이 있어, 그 기준에 대하여 많은 산화·환원쌍의 환원 전위를 비교한다면 여러 가지 면에서 매우 유용하다. 전기화학에서 사용하는 전위 기준은 그림 1.7에 도시한 **표준 수소 전극**(standard hydrogen electrode, SHE)이다. 표준 수소 전극의 산화·환원쌍 반응은 다음과 같다.

$$2H^+(aq, 1.0\ M) + 2e \rightleftharpoons H_2(g, 1\ atm),\ 25°C \tag{1.2}$$

식 (1.2)는 표준 상태의 H^+/H_2 산화·환원쌍이 Pt 전극 표면에서 전극 평형에 있음을 의미한다. 표준 상태는 열역학의 표준 상태(25°C, 고체와 액체는 순수한 상태, 기체의 압력은 1 atm, 용액의 농도는 1 M)이다. 표준 상태를 정의한 이유는 환원 전압은 전기화학 반응에 참여하는 물질의 농도와 온도에 따라 변화하기 때문에 비교 대상이 모두 표준 상태일 때를 기준으로 한다. 따라서 SHE는 순수한 Pt 전극이 H^+의 농도(정확하게 활동도)가 1.0 M인 수용액에 1 atm(정확하게 활동도)의 H_2 기체를 불어넣어 평형에 도달한 상태의 전위이며, 이 전위를 0.000 V로 정의한다. 어떤 산화·환원쌍 반응(Ox + ne $\rightleftharpoons$ Red)의 환원 전위($E_{Ox/Red}$)를 측정하기 위해서 그림 1.7과 같이 전지를 구

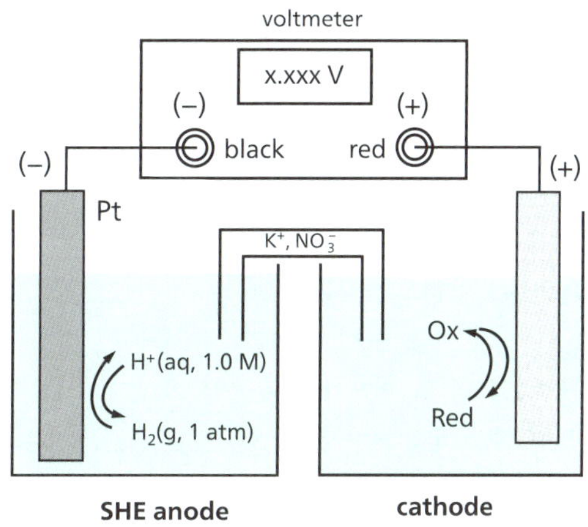

그림 1.7 **표준 수소 전극(SHE)을 이용한 산화·환원쌍의 환원 전위 측정.**

성한다. SHE를 산화 전극으로, 측정하고자 하는 산화·환원쌍 반응이 일어나는 전극을 환원 전극으로 가정하고 전지의 전압을 측정한다. 이렇게 측정된 전지 전압은 다음과 같이 표현할 수 있다.

$$E_{cell} = E_{cat} - E_{an} = E_{Ox/Red} - E_{SHE} = E_{Ox/Red} - 0.000 = E_{Ox/Red} \tag{1.3}$$

측정된 전지 전압은 $E_{Ox/Red}$가 되며, 만약 관심의 산화·환원쌍이 표준 상태에 있었다면 표준 상태에서 측정된 전위임을 표시하기 위하여 '°'을 위 첨자로 붙인다. 즉 $E^{\circ}_{Ox/Red}$를 산화·환원쌍($Ox + ne \rightleftharpoons Red$)의 표준 환원 전위(standard reduction potential)라고 한다. 따라서 *표준 환원 전위는 표준 상태의 산화·환원쌍이 환원 방향으로 진행할 때 나타나는 전위*이다.

표 1.3은 대표적 산화·환원쌍의 표준 환원 전위를 제시한다. "표준 환원 전위가 높다."라는 표현은 "환원되려는 경향이 크다." 혹은 "환원된 상태로 존재하려는 경향이 크다."로 해석한다. 그 역도 성립한다. 예를 들면 Au의 표준 환원 전위(1.83 V)는 다른 일반적인 금속에 비하여 매우 높다. 그래서 Au는 산화가 잘되지 않고, 환원된 상태인 금속으로 자연 상태에 존재한다. 이에 반하여 Na의 표준 환원 전위(−2.714 V)는 매우 낮다. 따라서 금속 Na은 산화가 매우 잘 되고, 자연에서 산화된 상태인 Na^{+} 이온으로 존재한다. 한편 $Cr_2O_7^{2-}$의 표준 환원 전위는 1.36 V로 매우 높다. 따라서 $Cr_2O_7^{2-}$는 환원이 잘 되므로 산화제로 사용된다.

표준 환원 전위는 산화·환원 반응의 방향성 예측에 매우 유용하다. 예를 들면 표준 환원 전위는 Zn^{2+}/Zn 산화·환원쌍이 Cu^{2+}/Cu 산화·환원쌍보다 낮다. 그러므로 Zn(s)가 Cu^{2+}(aq)를 만나면 산화·환원 반응이 일어난다. 그러나, Cu(s)가 Zn^{2+}(aq)를 만나면 Cu는 이미 환원된 상태에, Zn^{2+}(aq)는 이미 산화된 상태에 있으므로 아무런 반응이 일어나지 않는다. 표준 환원 전위의 활용에 있어서 표준 환원 전위는 Gibbs 자유 에너지(Gibbs free energy)와 같이 열역학적 상태함수(thermodynamic state function)임을 기억해야 한다(제3장). 표준 환원 전위의 차이는 자발적 반응의 방향을 의미하지만 실제로 그 방향으로의 변화 여부를 보장하지 못한다. 다시 말해 예측된 방향으로 반응이 자발적으로 일어날 수 있음을 의미하지만, 반응의 속도, 즉 "반응이 얼마나 빠르게 일어나는가?"를 예측할 수 없다. 반응 속도는 열역학의 문제가 아니라 반응 속도론(reaction kinetics)의 문제이기 때문이다.

표 1.3 대표적 표준 환원 전위(25°C, 수용액, 표준 수소 전극 기준)

산화·환원쌍	환원 전위(V)
$Au^+ + e \rightleftharpoons Au$	1.83
$H_2O_2 + 2H^+ + 2e \rightleftharpoons 2H_2O$	1.763
$Cr_2O_7^{2-} + 14H^+ + 6e \rightleftharpoons 2Cr^{3+} + 7H_2O$	1.36
$O_2 + 4H^+ + 4e \rightleftharpoons 2\ H_2O$	1.229
$Ag^+ + e \rightleftharpoons Ag$	0.7991
$O_2 + 2H^+ + 2e \rightleftharpoons H_2O_2$	0.695
$Fe(CN)_6^{3-} + e \rightleftharpoons Fe(CN)_6^{4-}$	0.3610
$Cu^{2+} + 2e \rightleftharpoons Cu(Hg)$	0.345
$Cu^{2+} + 2e \rightleftharpoons Cu$	0.340
$Hg_2Cl_2 + 2e \rightleftharpoons 2Hg + 2Cl^-$	0.26816
$Hg_2Cl_2 + 2e \rightleftharpoons 2Hg + 2Cl^-$ (sat'd KCl)	0.2415
$AgCl + e \rightleftharpoons Ag + Cl^-$	0.2223
$Sn^{4+} + 2e \rightleftharpoons Sn^{2+}$	0.15
$Sn^{2+} + 2e \rightleftharpoons Sn$	−0.1375
$Cd^{2+} + 2e \rightleftharpoons Cd(Hg)$	−0.3515
$Cd^{2+} + 2e \rightleftharpoons Cd$	−0.4025
$Fe^{2+} + 2e \rightleftharpoons Fe$	−0.44
$Zn^2 + 2e \rightleftharpoons Zn$	−0.7626
$2H_2O + 2e \rightleftharpoons H_2 + 2OH^-$	−0.828
$Al^{3+} + 3e \rightleftharpoons Al$	−1.676
$Mg^{2+} + 2e \rightleftharpoons Mg$	−2.356
$Na^+ + e \rightleftharpoons Na$	−2.714
$Ca^{2+} + 2e \rightleftharpoons Ca$	−2.84
$K^+ + e \rightleftharpoons K$	−2.925
$Li^+ + e \rightleftharpoons Li$	−3.045

전지 전압 측정 회로를 나타낸 그림 1.6과 1.7에서 "전압은 측정되지만, 전류는 흐르지 않는다."라는 것을 다시 강조한다. 그 이유는 전압계에 있다. 이상적인 전압계의 입력 저항(input resistance), 정확하기는 입력 임피던스(input impedance)가 무한대(∞)이기 때문이다. 전압을 측정하는 전압계의 입력 저항이 무한대이면, 회로가 끊어진 상태, 즉 **열린 회로**(open circuit) 상태이다. 따라서 전류는 흐를 수 없다. 전류가 흐르지 않는 상황에서 각 전극의 산화·환원쌍이 전극 평형에 도달되어 있으므로 산화 반응과 환원 반응이 일어나지 않는 전극에서 전자를 방출할 수도 공급받을 수도 없다. 이것이 표준 환원 전압이 평형 상태를 다루는 열역학적 상태함수인 이유이다.

1.5 비평형 상태에 있는 전지

그림 1.8a와 같이 유한한 크기 저항($R \ll \infty$)의 부하로 두 전극을 연결하면 전자가 이동하기 시작하고, 각 전극에서 전자를 방출하거나 소비하는 전기화학 반응이 진행된다. 다시 말해 부하를 연결

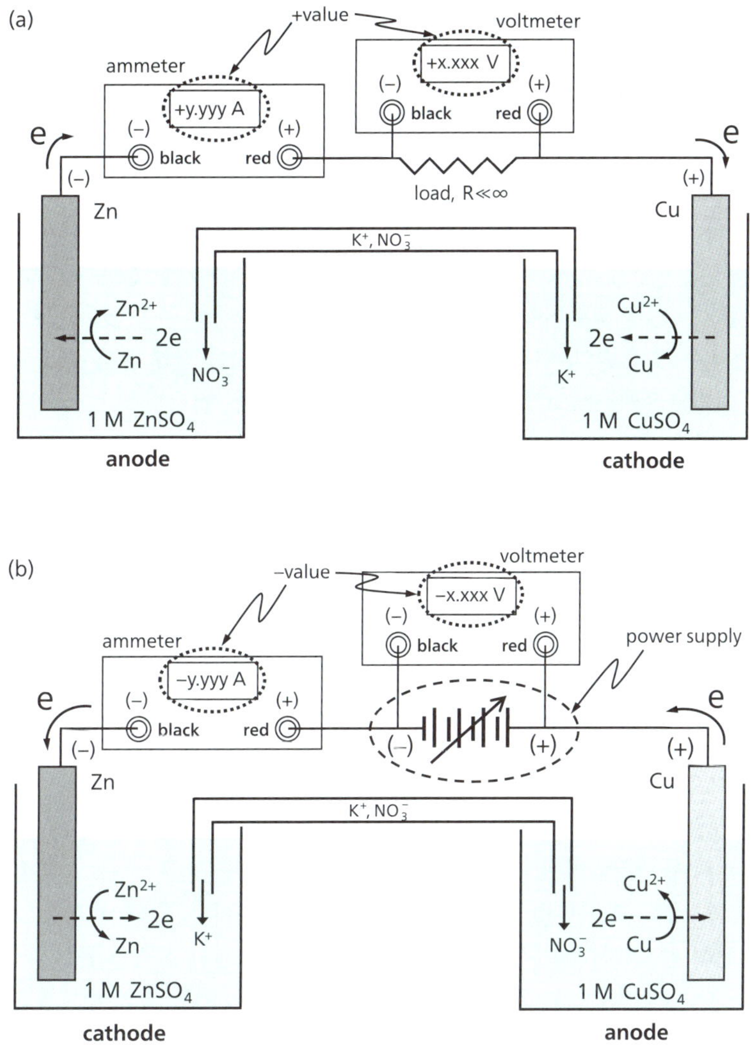

그림 1.8 **비평형 상태에 있는 전지.** (a) 갈바니 전지. (b) 전해 전지.

하기 전에는 전극 평형 상태에 있던 전지가 부하를 연결하면 전극 사이의 비평형 상태에 있게 된다. 전지의 비평형 상태에서 전자가 흐르는 방향은 두 전극의 환원 전위 차이에 의하여 결정된다. 구체적으로 Zn 전극에서는 산화 반응이, Cu 전극에서는 환원 반응이 일어난다. 전지 전압과 전류를 측정하기 위하여 전압계와 전류계의 (−)극이 Zn 전극에 연결되어 있음을 주목하라. 전지 전압은 부하 저항의 전압이며, 전류의 크기를 전지 전압과 부하 저항이 결정한다. 비평형 상태의 전지 전압은 이론적으로 계산할 수 없지만, 이론적 전압 +1.103 V보다는 작은 양의 값이다. 전류도 양의 값으로 측정되겠지만, 그 값도 이론적으로 계산할 수 없다. 다시 말해 전류가 흐를 때 주어진 회로의 부하에 따라 전지 전압과 전류가 변화하므로 이론적 접근이 어렵다. 이러한 형태의 전지가 화학 에너지를 전기 에너지로 바꾸는 에너지 변환 장치인 **갈바니 전지**(galvanic cell)이다. 갈바니 전지의 대표적인 예는 방전(discharge)하는 배터리이다. '이상적으로' 전류는 전지의 반응물 중에서 한계 시약(limiting reactant)이 모두 소모될 때까지 흐른다.

그림 1.8b는 부하 대신에 전력공급장치(power supply)가 두 전극을 연결하고 있다. 만약

Zn 전극에서 예상하는 $Zn(s) \longrightarrow Zn^{2+}(aq) + 2e$의 산화 반응보다 역반응인 $Zn^{2+}(aq) + 2e \longrightarrow Zn(s)$의 환원 반응이 필요하다면 어떻게 할 것인가? 실제로 Zn 전해 제련 공정에서 금속 Zn을 생산하기 위하여 이런 역반응이 사용된다. 환원 전위가 낮은 Zn^{2+}/Zn 산화·환원쌍을 환원되는 방향으로 반응을 유도하기 위해서는 Zn 전극에 전자를 강제로 밀어 넣어야 한다. 다시 말해 전력공급장치의 (−) 단자는 Zn 전극에 전자를 강제로 밀어 넣기 위해서 충분히 낮은 전위를 유지해야 한다. 반면, 전력공급장치의 (+) 단자는 전위를 충분히 높여 Cu^{2+}/Cu 산화·환원쌍에서 전자를 강제에 뽑아내어 Cu의 산화 반응을 유도한다. 전지의 이러한 운용은 그림 1.2에서 물레방아를 거꾸로 돌리는 일을 외부에서 공급하면(즉, 펌프를 이용하면) 물을 낮은 곳에서 높은 곳으로 강제로 밀어 올리는 것과 같다. 이러한 방식으로 작동하는 전지를 **전해 전지**(electrolytic cell)라고 한다.

그림 1.8b에서 Zn^{2+}/Zn 산화·환원쌍이 있는 왼쪽이 환원 전극으로 작동하고 있음에 주목하라. 전해 전지의 전압을 예측하기 위하여 식 (1.1)($E_{cell} = E_{cat} - E_{an}$)을 사용한다. 전력공급장치가 환원 전극에 인가하는 전압(E_{cat})이 산화 전극에 인가하는 전압(E_{an})보다 낮으므로(즉, $E_{cat} < E_{an}$), 전지 전압(E_{cell})은 음의 값을 갖는다. 실제로 Zn의 환원 반응을 유도하기 위해서는 −1.103 V보다 더 낮은 전압(예: −3.0 V)을 전지에 인가해야 한다. 전자의 이동 방향이 그림 1.8a의 방향과 반대이므로 전류의 값도 음의 부호를 갖는다. 전해 전지는 전력공급장치가 공급하는 전기 에너지를 화학 에너지로 변환하며, 그 과정에서 물질의 화학적 변화와 에너지 저장이 동시에 일어난다. 예를 들면 Zn 전해 제련 공정에서는 $Zn^{2+}(aq)$를 Zn(s)로 변환하는 것이 목적이다. 한편 Li 배터리의 충전 과정에서 Li^+ 이온은 Li 금속으로 환원되며, 전기 에너지를 화학 에너지로 바꾸어 배터리 안에 에너지를 저장하는 것이 목적이다.

그림 1.8에서 강조하고자 하는 또 다른 측면이 있다. 전압계의 (+) 단자는 그림 1.8에서 모두 Cu 전극에 연결되어 있다. 그러나 Cu 전극에서 일어나는 반응은 그림 1.8a의 갈바니 전지에서 환원 반응이고, 그림 1.8b의 전해 전지에서 산화 반응이다. 한편 전지 전압은 갈바니 전지에서 양이고, 전해 전지에서 음이다. 그러므로 전해 전지 회로에서 전력공급장치의 출력 전압을 조절하면 전지를 갈바니 전지 또는 전해 전지로 운용할 수 있다. 예를 들면 전력공급장치의 출력 전압의 극성이 그림 1.8b와 같으면 전해 전지가 되고, 반대이면 갈바니 전지가 된다. 그러므로 전력공급장치와 연결된 전지 회로에서 전력공급장치의 출력 전압과 극성을 조절하면 원하는 방향으로 전기화학 방향을 유도할 수 있다.

전기화학 반응의 방향을 조절하기 위한 전해 전지 회로에서 전기적 변수는 전지 전압(E)과 전지 전류(i)이다. 그러나 전력공급장치는 두 변수를 동시에 제어할 수 없다. 예를 들어 Ohm의 법칙($E = iR$)을 생각해 보자. 전압과 전류는 하나의 관계식으로 표현되므로, 하나가 독립 변수가 되면 다른 하나는 종속 변수가 된다. 두 변수의 관계를 결정짓는 것이 저항 R이다. 같은 원리가 전지에도 적용된다. 어떤 형태의 전지이든 전류가 흐르면, 다시 말해 진행하는 전기화학 반응은 상황을 매우 복잡하게 만든다. 주된 이유는 전류의 흐름을 방해하는 저항의 발생이다. 비유하면, 수영장에 서 있으면 물의 저항을 느낄 수 없으나, 이동하기 시작하면 물의 저항이 생겨난다. 이동 속도가 증가할수록 물의 저항은 더 커진다. 같은 이유에 의하여 전지에 전류가 흐르지 않으면 저항도 발생하지 않으므로 전지의 이해는 매우 간단하다. 그러나 전지에 전류가 흐르면 여러 가지 이유에서 화학적 반응에 대한 다양한 저항이 발생한다. 전해 전지 회로를 이용하여 전지 전압을 제어하면서 전류의 변화[즉, $i = f(E)$], 또는 전지의 전류를 제어하면 전압의 변화[즉, $E = f(i)$]를 관찰하여 전지의 저항 특성을 이해하는 것이 전기화학 연구의 일반적인 방법이다.

1.6 전기화학 연구의 목표

전기화학은 관심의 대상인 전지가 보이는 전류-전압 관계를 다양한 방법을 이용하여 이해하는 것이다. 거시적 수준에서 전압과 전류의 관계를 관찰하여 전지와 관련된 저항 특성을 관찰하고, 그 저항 특성을 미시적 수준, 즉 원자 · 분자 수준에서 이해하기 위하여 분광법, 현미경 등 다양한 연구 방법이 동원된다. 거시적 정보와 미시적 정보를 통합하여 전극에서 일어나는 현상을 이해하는 과학이 전기화학이다. 더 나아가 얻은 지식을 바탕으로 화학 · 물리 · 생화(물)학적 방법을 동원하여 전지의 저항 특성을 조절하여 전지가 우리가 원하는 목적을 구현하는 전지를 만드는 것이 전기화학 연구의 궁극적 목표이다.

주요 용어

전지	전자 전도와 이온 전도	전해 전지
환원 전위	표준 수소 전극	
전지의 구성 요소	갈바니 전지	

연습 문제

1.1 주어진 조건에서 물과 전자의 연못이 하는 에너지 출력(W)과 총량(J)을 계산하라.

(a) 수압 0.1 Pa의 물이 1 m^3s^{-1}의 속도로 1분 동안 이동할 때

(b) 전압 0.1 V의 전자가 1 A의 속도로 1분 동안 이동할 때

1.2 어떤 Li 배터리의 전압과 용량은 각각 3.7 V와 5000 mAh이다. 다음의 질문에 답하라.

(a) 배터리에 저장된 전하량을 계산하라.

(b) 배터리에 저장된 에너지를 계산하라.

(c) 배터리가 전류 5000 mA를 부하에 흘릴 때, 출력을 계산하라.

(d) 직렬 또는 병렬로 연결된 두 개의 배터리가 전류 5000 mA를 부하에 흘릴 때, 각 연결의 출력과 작동 시간을 계산하라.

1.3 다음의 자료를 이용하여 표준 상태 조건에 있는 아래의 혼합 용액에서 일어나는 반응을 설명하라.

$$A^+(aq) + e \rightleftharpoons A(aq),\ E^\circ_A$$

$$B^+(aq) + e \rightleftharpoons B(aq),\ E^\circ_B$$

$$\text{단, } E^\circ_A > E^\circ_B$$

(a) A^+ 이온과 B^+ 이온, (b) A^+ 이온과 B, (c) A와 B^+ 이온, (d) A와 B.

1.4 문제 1.3의 산화·환원쌍이 표준 상태에 있고, 전극으로 Pt를 사용하는 전기화학 전지를 구성하고 설명하라. 평형 상태의 전지 전압 측정을 위한 전압계의 각 단자를 전지와 연결하고, 전지 전압을 식으로 표현하라. 전지 전압의 부호를 판단하라.

1.5 문제 1.3의 전지에 전력공급장치를 연결하여 비자발적 반응이 일어나는 전해 전지로 운영하고자 한다. 전력공급장치의 각 단자를 전지와 연결하라. 어떤 범위의 전력공급장치 출력 전압에서 비자발적 반응이 일어나는가?

1.6 그림 1.8a에서 염다리를 Cu 전선으로 교체하면 부하에 전류는 흐르는가? 답에 대한 이유를 설명하라.

제 2 장 전지 전해질과 이온 이동

차례

2.1 ▸ 이온-용매 상호 작용: Born 모델
2.2 ▸ 이온-이온 상호 작용: Debye-Hückel 모델과 활동도
2.3 ▸ 이온의 이동
2.4 ▸ 이온의 확산
2.5 ▸ 이온의 전기장 이동
2.6 ▸ 전기화학 퍼텐셜, 운반율과 접촉 전위
▸ 부록

전기화학 전지의 전해질은 이온 전도를 담당한다. 용액, 용융염 혹은 고체 등 모든 전해질에서 이온 전도를 위한 이온의 이동은 반드시 일어나야 한다. 전지의 전해질이 수용액인 경우가 많으므로, 수용액에 존재하는 이온 이동 현상을 소개한다. 수용액의 이온은 용매인 물 분자와 이온-용매 상호 작용을, 그리고 다른 이온들과 이온-이온 상호 작용을 한다. 그 상호 작용을 이해하면 수용액에 존재하는 이온의 상태를 알 수 있다. 수용액 속 이온은 농도 차이에 의하여 **확산**(diffusion)하며, 전위 차이에 의하여 **전기장 이동**(migration)한다. 이온 이동을 설명하는 가장 기본적인 물리량은 이온의 **이동도**(mobility)이다. 그러므로 확산과 전기장 이동을 설명하는 이론은 이온 이동도의 미시적 해석에 초점을 둔다. 이온 이동도와 연관하여 이온 이동에 수반되는 다양한 전기화학적 현상도 소개한다.

전해질에서 일어나는 이온의 이동을 이해하기 위해서는 화학 지식뿐만 아니라 전기와 관련된 지식이 절대적으로 필요하므로, 이 장의 부록에 전기 퍼텐셜을 화학 퍼텐셜과 비교하여 소개하고, 전기화학에서 중요한 커패시터를 유전 상수와 관련하여 설명한다.

2.1 이온-용매 상호 작용: Born 모델

이온성 고체는 양이온과 음이온 사이의 정전기적 인력에 의하여 결정 형태로 안정화되어 있다. 이온성 고체가 용매에 용해되는 과정에서 고체 결정의 이온은 분산하고 용매 분자에 의하여 둘러싸인다. 특히 수용액의 극성 물 분자가 이온을 둘러싸는 **수화**(hydration) 과정에서 이온의 에너지가 낮아진다. 수화 과정을 **이온-용매 상호 작용**(ion-solvent interaction)이라고 한다.

그림 2.1a는 이온-용매 상호 작용을 묘사하는 **Born 모델**이다. Born 모델은 이온이 진공 속에 있을 때와 전해질 속에 있을 때의 에너지 차이를 비교한다. 반지름이 r이고 전하량이 +ze인 양이온을 생각해 보자. 이온이 진공에 있다면 주변에 용매가 존재하지 않으므로 이온-용매 상호 작용은 없다. 양이온의 전하 +ze를 이온으로부터 제거(discharge)하는 과정의 일 W_1은 다음과 같다.

$$W_1 = \int_{+ze}^{0}(1/4\pi\varepsilon_{vac}\varepsilon_0)(q/r)dq = -(1/8\pi\varepsilon_{vac}\varepsilon_0)(ze)^2/r \qquad (2.1)$$

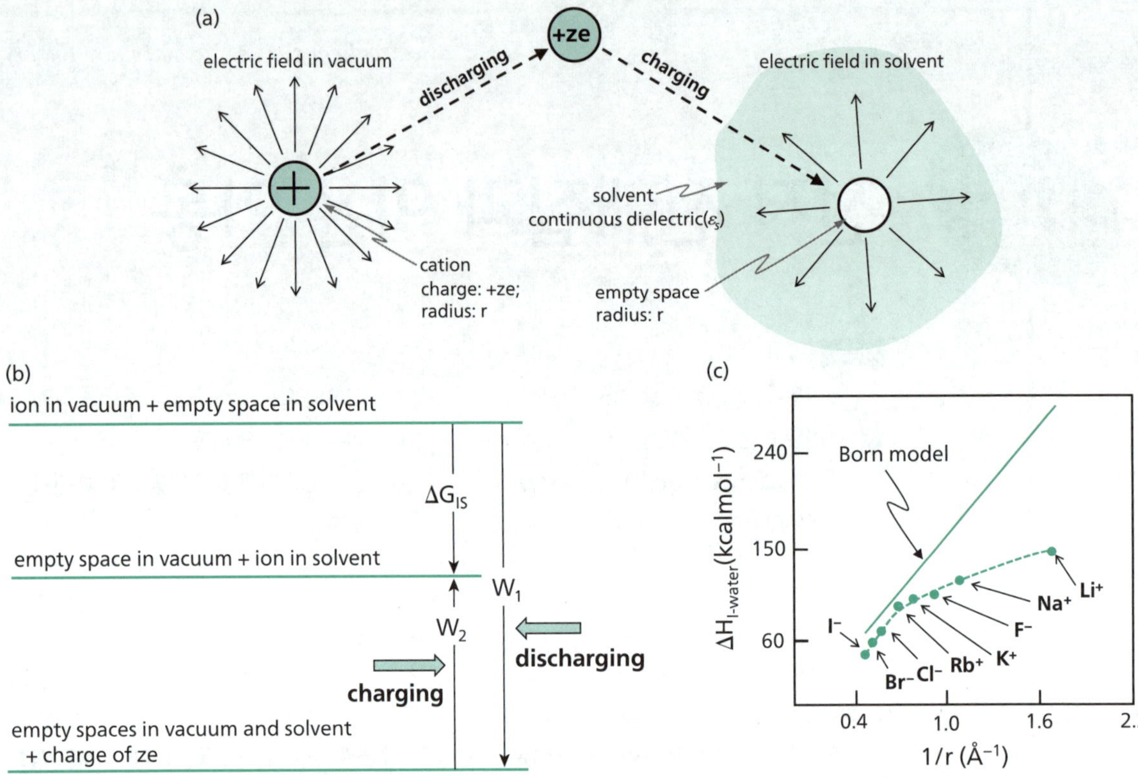

그림 2.1 **이온-물 상호작용의 Born 모델.** (a) 이온-물 상호작용을 계산하기 위한 진공과 용매 속 이온의 전하 제거 및 주입 과정. (b) 과정 (a)의 일과 상호 작용의 깁스 자유 에너지 ΔG_{IS}의 관계. (c) 계산된 이온-물 상호작용의 엔탈피 $\Delta H_{I\text{-}water}$와 실험에서 측정된 $\Delta H_{I\text{-}water}$의 비교(J. O'M. Bockris, A.K.N. Reddy, *Modern Electrochemistry*, Plenum, 1973).

식 (2.1)에서 ε_0와 $\varepsilon_{vac}(= 1)$은 각각 진공 유전 상수(permittivity of free space)와 진공의 비유전 상수(relative permittivity)이다. 부록 A에서 논의한 바와 같이 q/r는 양이온의 퍼텐셜이며, 적분 구간은 +ze의 전하를 이온에서 제거되는 과정을 의미한다. 비유전 상수가 ε_s인 연속적 유전체로 가정하는 용매에 반지름 r인, 그러나 전하가 없는 비어 있는 공간을 생각해 보자. 용매 속 비어 있는 공간에 아직 전하가 없으므로 이온-용매 상호 작용은 없다. 진공 속 이온으로부터 제거한 전하(+ze)를 용매 속 빈 공간에 충전하는(charging) 과정의 일 W_2는 아래와 같다.

$$W_2 = \int_0^{+ze}(1/4\pi\varepsilon_s\varepsilon_0)(q/r)dq = +(1/8\pi\varepsilon_s\varepsilon_0)(ze)^2/r \tag{2.2}$$

$\varepsilon_s > 1$인 용매는 전하 +ze의 전기장 세기를 $1/\varepsilon_s$만큼 감소하므로 W_2의 값은 $1/\varepsilon_s$만큼 감소한다. 이온-용매 상호 작용의 Gibbs 자유 에너지 ΔG_{IS}는 W_1과 W_2의 합이며(그림 2.1b), 이온 1 mol에 대하여 다음과 같이 표현된다.

$$\Delta G_{IS} = N_A(W_1 + W_2) = -N_A(1/8\pi\varepsilon_0)[(ze)^2/r](1 - 1/\varepsilon_s) \tag{2.3}$$

식 (2.3)에서 N_A는 Avogadro 수이다. $\varepsilon_s > 1$이므로 이온-용매 상호 작용 ΔG_{IS}는 음의 값으로 이온과 용매 사이에 인력이 작용함을 의미한다. 식 (2.3)에서 이온 반지름이 작을수록, 용매의 비유전 상수가 클수록 ΔG_{IS}는 감소한다.

그림 2.1c는 Born 모델에 의하여 계산된 이온-물 상호 작용의 엔탈피 $\Delta H_{I\text{-}water}$와 실험에서 측

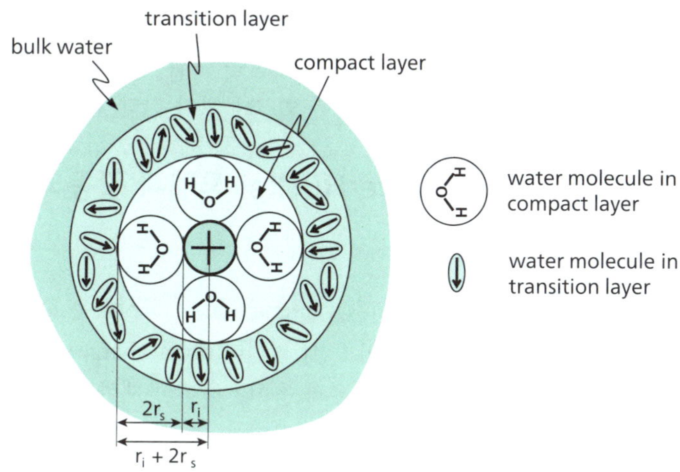

그림 2.2 결정 이온 반지름만을 고려한 Born 모델을 보완하는 이온 수화층.

정된 $\Delta H_{I\text{-water}}$를 비교한 그림이다. 실험값은 이온의 크기가 큰 경우 이론값에 비교적 접근하지만, 크기가 작은 경우에는 상당히 벗어난다. 그런데 양이온과 음이온의 반지름(이온성 고체 결정에서 측정된)에 각각 0.85와 0.1 Å이라는 마법수를 더하면 이론값이 실험값에 근접한다. 한편 식 (2.3)의 물 비유전 상수 ε_s는 78.49로, 이온과 멀리 떨어진 벌크 물(bulk water)의 값이다. 그러나 78.49보다 작은 어떤 실효값 ε_{eff}(예: ~5)를 가정하고 계산하면 Born 모델에 의한 직선이 오른쪽 아래로 이동하여 이론값이 실험값과 유사해진다. 따라서 마법수와 실효적 비유전 상수를 설명할 수 있는 Born 모델의 보완이 필요하다.

그림 2.2는 Born 모델을 보완한 그림이다. 물 분자는 쌍극자이며, 양이온과 접촉하고 있는 물 분자의 이온-쌍극자 상호작용은 매우 강하다. 양이온 근처의 물 분자는 밀접층(compact layer)을 형성하여 열에너지를 잃고, 이온과 함께 이동할 정도로 그 상호작용은 강하다. 밀접층과 벌크 물의 중간에는 양이온의 전기장에 적게 영향을 받는 전이층(transition layer)이 존재한다. 밀접층이 앞서 언급한 마법수와 실효적 비유전 상수를 설명한다. Bohn 모델의 이온 반지름은 결정 이온 반지름이다. 그러나 수용액의 이온 반지름은 물 밀접층의 두께($2r_s$: 물 분자의 크기)도 고려해야 하므로 그림 2.2에서 ($r + 2r_s$)가 실효 반지름이 된다(표 2.1). 한편 이온 반지름이 큰 경우 이온-물

표 2.1 수화되지 않은 이온과 수화된 이온의 크기[1]

양이온	이온 크기(Å)	수화된 크기(Å)	음이온	이온 크기(Å)	수화된 크기(Å)
H^+	–	2.80	Cl^-	1.81	3.32
Li^+	0.60	3.82	NO_3^-	2.64	3.35
Na^+	0.95	3.58	SO_4^{2-}	2.90	3.79
K^+	1.33	3.31	OH^-	1.76	3.00
NH_4^+	1.48	3.31	ClO_4^-	2.92	3.38
Mg^{2+}	0.72	4.28	PO_4^{3-}	2.23	3.39
Ca^{2+}	1.00	4.12	CO_3^{2-}	2.66	3.94
Ba^{2+}	1.35	4.04			

[1] E.R. Nightingale, Jr. J. *Phys. Chem.* 1959, 63, 9, 1381~1387. American Chemical Society.

상호 작용이 감소하여[식 (2.3)] 반지름이 큰 음이온은 수화되는 정도가 작으므로, 마법수가 작다. 이온과 접촉한 물은 정렬된 쌍극자이고, 벌크 물은 무질서한 쌍극자이다. 그러므로 물의 비유전 상수는 물 분자가 정렬된 밀접층이 무질서한 벌크 물보다 작다(제7장 참조).

2.2 이온-이온 상호 작용: Debye-Hückel 모델과 활동도

▶ Debye-Hückel 모델

그림 2.3은 이온-이온 상호 작용(ion-ion interaction)을 묘사하는 Debye-Hückel 모델이다. +ze의 중심 양이온을 부피가 없는(반지름이 0인) 점전하(point charge)로 가정한다. 전해질에서 중심 양이온의 주변에 용매인 물과 다른 양이온과 음이온들이 존재한다. 논의의 편리를 위하여 중심 이온이 전기적 영향을 미치는 가상 경계를 표시하였다. 중심 양이온의 전기장에 의하여 음이온은 가상 경계 안으로 끌려오고, 양이온은 가상 경계 밖으로 밀려난다. 가상 경계 내부를 **이온 분위기**(ionic atmosphere)라고 한다. 따라서 음이온 농도는 이온 분위기 안이 이온 분위기 밖보다 높고, 양이온 농도는 그 반대이다. 여기에서 기억해야 할 것은 그림 2.3의 이온 분위기를 2차원 원으로 묘사했지만, 실제로는 3차원 구(sphere)이다.

이온 분위기가 충족해야 하는 조건은 전기적 중성이다. 이온 분위기 안에 있는 모든 이온의 전하 총합은 −ze가 되어야 중심 양이온 전하 +ze와 전기적 중성을 유지할 수 있다. 이 조건이 충족된 상황에서 중심 양이온 전하 +ze와 이온 분위기의 전하 −ze 사이에 전기적 인력이 작용한다. 이것이 이온-이온 상호 작용의 핵심이다.

이온-이온 상호 작용의 에너지를 계산하기 위해서는 이온 분위기 내의 전하 분포를 알아야 한다. 이론적 접근을 위하여 이온 분위기 안의 이온들은 −ze의 전하가 연속적으로 퍼져 있는 전하 구름(charge cloud)으로, 용매인 물은 비유전 상수 ε_s인 연속 매질로 가정한다(그림 2.3). 다소 복잡한 수학적 유도 과정을 거쳐 중심 양이온이 이온 분위기를 형성하는 과정에서 한 일 W는 희석 용액(dilute solution)에서 아래와 같다.

$$W = -(N_A/2)(1/8\pi\varepsilon_s\varepsilon_o)(ze)^2/r_D \tag{2.4}$$

식 (2.4)에서 $\mathbf{r_D}$는 아래에서 상세히 설명할 **Debye 길이**(Debye length)이다. 음의 값을 가지는 W는 중심 양이온의 전하 +ze와 이온 분위기의 음전하 −ze 사이에 인력이 작용하여 중심 양이온을

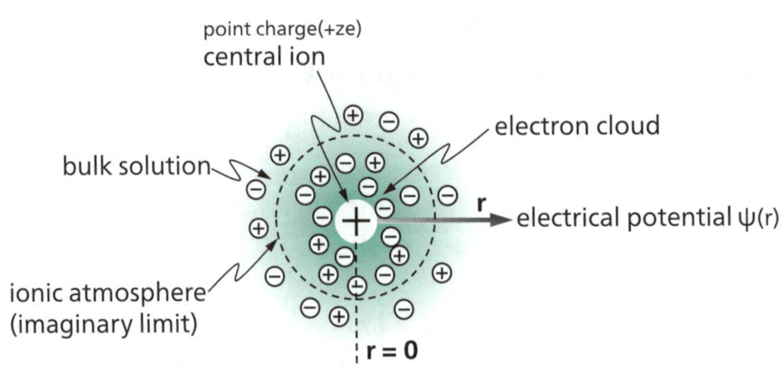

그림 2.3 **이온-이온 상호 작용을 묘사하는 Debye-Hückel 모델.** 중심 양이온 점전하 주변의 음이온과 양이온으로 구성된 이온 분위기.

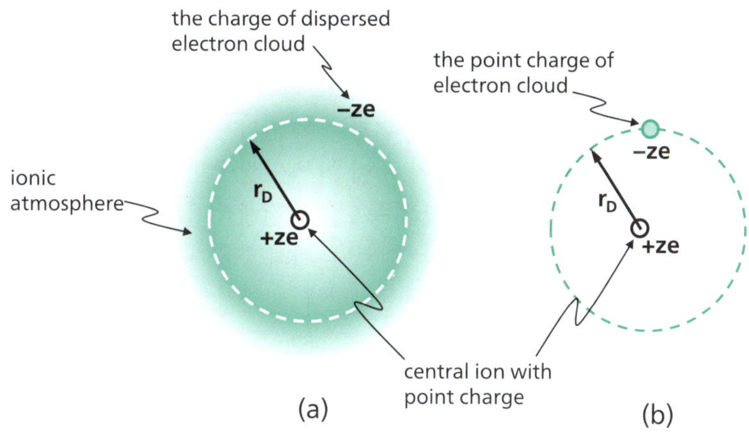

그림 2.4 **이온 분위기의 전하 밀도.** (a) Debye 길이에서 부분 전하 밀도가 가장 높음. 진할수록 전하 밀도가 높다. (b) Debye 길이에 위치한 −ze 전하.

포함한 이온 분위기의 퍼텐셜 에너지 감소를 의미한다. 또한 $N_A/2$는 상호 작용의 중복 계산을 피하기 위해서이며, ε_s는 이온 분위기 형성 과정에서 용매의 역할이다. r_D는 중심 양이온 전하 +ze와 이온 분위기 전하 −ze 사이의 평균 거리를 의미한다. 그림 2.4a는 중심 양이온으로부터 거리 r_D에서 이온 분위기의 전하 밀도가 가장 높음을 예시한다. 이를 다시 표현하면 그림 2.4b와 같이 반지름 r_D의 구 표면에 −ze 전하가 위치하는 것과 같다.

이온 분위기의 평균 반지름인 Debye 길이 r_D는 이온 이동 현상의 이해에 매우 중요한 개념이다. Debye 길이는 식 (2.4)의 유도 과정에서 도출되는 개념인데 다음과 같이 표현된다.

$$1/r_D = BI^{1/2} \tag{2.5}$$

$$B = (8\pi N_A e^2/1000\varepsilon_s\varepsilon_o k_B T)^{1/2} \tag{2.6}$$

$$I = (1/2)\sum_i C_i z_i^2 \tag{2.7}$$

식 (2.6)에서 k_B는 Boltzman 상수이며, 식 (2.7)에서 C_i와 z_i는 용액 내 이온 i의 농도(M)와 전하가(valence)이다. 식 (2.7)의 I는 용액의 **이온 세기**(ionic strength)라고 한다. 용액의 농도가 높아지면, 이온의 수가 많아져 이온 분위기 안으로 유입되는 음이온의 수는 증가하여 중심 양이온과 이온 분위기 안의 이온들 사이의 상호 작용이 증가하여 r_D는 감소한다. 한편 이온의 z_i가 증가하면 중심 이온과 이온 분위기 안 이온들 사이의 상호 작용도 증가하여 r_D는 감소한다. 따라서 r_D에 영향을 줄 수 있는 용액의 구성 성분과 농도를 표현하는 것이 이온 세기이며, Debye 길이는 $I^{-1/2}$에 비례함을 기억할 필요가 있다. 용매의 비유전 상수 ε_s도 r_D에 영향을 준다[식 (2.6)].

Debye-Hückel 모델은 이온-이온 상호 작용을 통하여 중심 이온의 퍼텐셜 에너지 감소를 예측한다. 중심 이온의 전기 퍼텐셜 감소는 용액의 화학 퍼텐셜 감소로 나타난다. 그러므로 Debye-Hückel 모델의 전기 퍼텐셜과 용액의 화학 퍼텐셜을 비교할 필요가 있다.

▶ 화학 퍼텐셜과 활동도

어떤 물질 X의 수용액의 화학 퍼텐셜 μ를 X의 농도가 결정한다. 화학 퍼텐셜을 형식 농도(formal concentration) [X]로 표현하면 아래와 같다.

$$\mu = \mu° + RTln[X] \tag{2.8}$$

식 (2.8)에서 $\mu°$는 X의 표준 화학 퍼텐셜(standard chemical potential)이다. 비전해질 X를 먼저 생각해 보자. 농도가 낮으면 분산된 분자 사이 거리가 멀어 분산된 분자 사이의 상호 작용은 없다. 그러나 농도가 증가하면 용질 분자 사이 쌍극자-쌍극자 또는 분산력(dispersion force) 등의 상호 작용이 있을 수 있다. 그러므로 낮은 농도의 비전해질 용액에서 분자 간 상호 작용을 무시할 수 있다. 그러나 X가 전해질이면 상황은 다르다. 전해질에 이온이 존재하게 되고 이온 사이에 정전기적 인력이라는 강한 상호 작용이 항상 존재한다. 따라서 낮은 농도의 비전해질에 적용할 수 있는 식 (2.8)을 비록 낮은 농도라도 전해질에 적용하는 것은 부적절하다.

전해질에서 이온-이온 상호 작용의 크기 $\Delta\mu$는 상호작용이 없는 이상 용액(ideal solution)과 상호 작용이 있는 실제 용액(real solution)의 화학 퍼텐셜 차이이다. 이상 용액의 농도는 **형식 농도**(formal concentration) C로, 실제 용액의 농도는 **활동도**(activity) A로 표현하는 것이 일반적이며, 두 농도 사이의 관계는 **활동도 계수**(activity coefficient) **f**를 도입하여 A = fC로 표현한다. 그러므로 이온-이온 상호 작용의 크기 $\Delta\mu$는 활동도 계수 f로 다음과 같이 표현된다.

$$\Delta\mu = RTln(A/C) = RTlnf \tag{2.9}$$

따라서 전해질에서 어떤 이온의 활동도 계수를 측정하면 그 이온의 $\Delta\mu$를 실험적으로 측정하는 것이고, 이를 이론적 일 W[식 (2.4)]와 비교하면 된다.

$$\Delta\mu = RTlnf = -(N_A/2)(1/8\pi\varepsilon_s\varepsilon_o)(ze)^2/r_D = W \tag{2.10}$$

불행하게도 양이온과 음이온의 분리는 불가능하므로 양이온과 음이온의 평균 활동도를 활용한다. 예를 들면 농도가 C인 NaCl 수용액에는 Na^+ 이온과 Cl^- 이온이 모두 있으므로 NaCl의 **평균 화학 퍼텐셜**(mean chemical potential) $\mu_\pm$는 다음과 같다.

$$\mu_\pm = (\mu_{Na^+} + \mu_{Cl^-})/2 = (\mu°_{Na^+} + \mu°_{Cl^-})/2 + RTln(C_{Na^+}C_{Cl^-})^{1/2} + RTln(f_{Na^+}f_{Cl^-})^{1/2} \tag{2.11}$$

식 (2.11)에서 NaCl의 평균 활동도 계수는 $(f_{Na^+}f_{Cl^-})^{1/2}$이며, 이를 전해질 $(M^{z+})_{\nu_+}(X^{z-})_{\nu_-}$에 대하여 일반화하면 다음과 같다.

$$lnf_\pm = (1/\nu)(\nu_+ lnf_+ + \nu_- lnf_-),\ \nu = \nu_+ + \nu_- \tag{2.12}$$

식 (2.4)에서 이론적 $logf_\pm$는 다음과 같이 정리된다.

$$logf_\pm = -A(z_+z_-)I^{1/2},\ A = (1/2.303)(N_Ae^2/2\varepsilon_sRT)B \tag{2.13}$$

식 (2.13)의 B는 식 (2.6)에 정의되어 있다.

식 (2.13)의 중요한 의미를 다음과 같이 정성적으로 요약할 수 있다.

(i) 오른편은 실험에서 제어할 수 있는 변수를 포함한다. 그 변수는 전해질 종류(z_+와 z_-)와 농도(C), 용매의 비유전 상수(ε_s)이다.

(ii) 이러한 실험 변수들은 결국 중심 이온을 둘러싼 이온 분위기의 Debye 길이를 조절한다. 예를 들면 $r_D \propto C^{-1/2}$이므로 전해질의 농도를 증가하면 Debye 길이는 감소한다.

표 2.2 여러 전해질의 평균 활동도 계수(25°C, 수용액)[1]

농도(M)	HCl	KCl	$CaCl_2$	H_2SO_4	$LaCl_3$
0.001	0.966	0.966	0.888	0.830	0.790
0.005	0.929	0.927	0.789	0.639	0.636
0.01	0.905	0.902	0.732	0.544	0.560
0.05	0.830	0.816	0.584	0.340	0.388
0.10	0.798	0.770	0.524	0.266	0.356
0.50	0.769[2]	0.652	0.510[2]	0.155	0.303[2]
1.00	0.811	0.607	0.725	0.131	0.387
2.00	1.011	0.577	1.554	0.125	0.954

[1] P. Atkins, J. de Paula, *Atkins' Physical Chemistry*, 10th Ed, Oxford University, 2002.

[2] 평균 활동도의 최저점.

(iii) 이온 분위기 외부의 이온들이 중심 이온을 볼 때 중심 이온의 전하는 이온 분위기에 의해 차폐된다.

(iv) 그러므로 이온 분위기는 이온의 실효 농도인 활동도를 감소한다(표 2.2).

Debye-Hückel 모델과 활동도의 비교

이제 Debye-Hückel 모델에서 계산된 평균 활동도와 실험에서 측정된 활동도를 비교할 수 있다. 식 (2.13)에 의하면 log $f_\pm$와 $I^{1/2}$는 직선의 관계에 있으며, 이온과 무관하게 온도가 일정한 조건에서 용매의 비유전 상수 ε_s와 전해질의 유형인 z_+와 z_-가 그 기울기를 전해질을 구성하는 결정한다. 전해질이 무한히 희석되면, 이온 세기 I는 0에 수렴하고, $f_\pm = 1$이 된다. 이온 세기가 0에 수렴하는 상황은 이상 용액에 가깝고, $f_\pm = 1$이 됨은 합리적이다. 그런 관점에서 Debye-Hückel

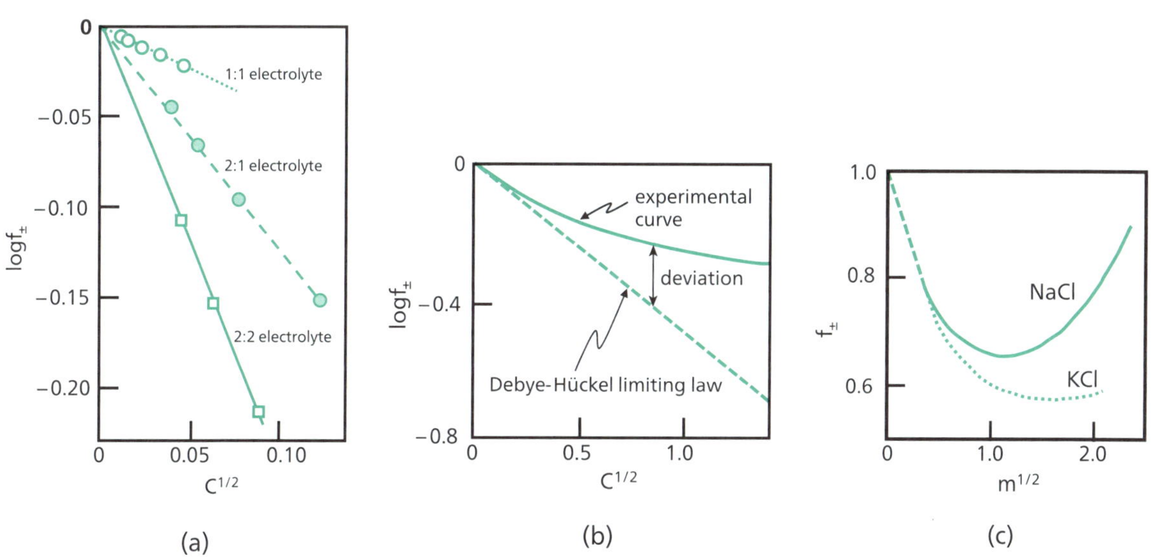

그림 2.5 **농도와 평균 활동도와의 관계.** (a) 낮은 농도(Debye-Hückel 한계 식). (b) 중간 농도(Debye-Hückel 확장 식). (c) 높은 농도. J. O'M. Bockris, A.K.N. Reddy, Modern Electrochemistry, Plenum, 1973.

모델은 타당하다. 그림 2.5a는 실험값과 Debye-Hückel 모델의 직선을 비교한 그림이다. 전해질의 유형에 따라 실험값과 모델에 의한 직선은 잘 일치한다. 그러므로 전해질 용액 속에서 중심 이온 주변에 이온 분위기가 형성되는 Debye-Hückel 모델은 타당하다.

그림 2.5b는 전해질의 농도를 높였을 때, 평균 활동도 계수 $f_{\pm}$와 식 (2.13)에 의한 이론값을 비교한 그림이다(그림 2.5a와 b의 농도 차이에 주목). 바로 알 수 있는 사실은 농도가 낮을 때에만 Debye-Hückel 모델에 의한 값이 실험값과 일치한다는 것이다. 농도가 낮으면 이온들 사이의 거리가 매우 멀다. 0.001 M 1:1 전해질에서 Debye 길이와 중심 이온 반지름의 비는 약 100:1로서 Debye 길이가 이온 반지름보다 매우 크므로 중심 이온을 점전하로 간주한 가정은 타당하다. 농도가 낮을 때(1:1 전해질의 경우 0.01 M 이하)에만 식 (2.13)이 유효하므로 식 (2.13)을 **Debye-Hückel 한계 법칙**(Debye-Hückel limiting law)이라고 한다. 그러나 농도가 0.1 M로 증가하게 되면 Debye 길이는 감소하여 Debye 길이와 중심 이온의 반지름의 비는 약 10:1 정도가 된다. 이 상황에서는 중심 이온의 크기를 무시할 수 없다. 중심 이온의 크기를 어떤 유한한 a로 가정하고 식 (2.13)에 반영하면 아래와 같은 식을 얻을 수 있다.

$$\log f_{\pm} = -A(z_+z_-)I^{1/2}/(1 + a/r_D) = -A(z_+z_-)I^{1/2}/(1 + BaI^{1/2}) \qquad (2.14)$$

식 (2.14)의 A와 B는 식 (2.13)과 (2.6)에 각각 정의되어 있다. 농도가 낮아지면 이온 세기 I가 0에 수렴하여 r_D가 ∞이므로 식 (2.14)는 식 (2.13)이 된다. 즉 식 (2.14)는 무한히 희석된 전해질이라는 한계 상황에서 '점전하'라는 가정에 수렴하므로 식 (2.14)는 타당하다. 그렇다면 '중심 이온의 크기 a를 어떻게 결정할 것인가?'라는 문제가 남게 된다. 일반적으로 식 (2.14)의 $\log f_{\pm}$ 값이 실험값에 접근하도록 a를 매개변수(parameter)로 조절하여 결정한다(표 2.3). 예를 들면 표 2.3에서 Li^+ 이온과 K^+ 이온의 크기를 비교하면 Li^+ 이온의 크기가 더 크다. 표 2.1에서 보면 결정 반지름은 Li^+ 이온이 더 작지만, 많이 수화되므로 표 2.3에서 활동도 계수와 연관된 유효 반지름은 더 크다. 이러한 방식으로 그림 2.5b에서 이론값과 실험값의 불일치를 해소할 수 있다. 식 (2.14)를 **Debye-Hückel 확장 법칙**(Debye-Hückel extended law)이라 하며, 1:1 전해질에서 0.1 M의 농도까지 적용할 수 있다.

표 2.3 Debye-Hückel 확장 법칙의 이온 크기[1]

이온 크기 a(Å)	이온
2.5	Ag^+, Rb^+, Cs^+, NH_4^+
3.0	K^+, Cl^-, Br^-, I^-, CN^-, NO_3^-
3.5	OH^-, F^-, SCN^-, HS^-, ClO_4^-, IO_3^-, MnO_4^-
4.0	PO_4^{3-}, SO_4^{2-}, HPO_4^{2-}, CrO_4^{2-}
4.5	Na^+, Pb^{2+}, CO_3^{2-}, HCO_3^-, $H_2PO_4^{2-}$
5.0	Sr^{2+}, Ba^{2+}, Cd^{2+}, Hg^{2+}, S^{2-}, $Fe(CN)_6^{4-}$
6.0	Li^+, Ca^{2+}, Cu^{2+}, Zn^{2+}, Sn^{2+}, Mn^{2+}, Fe^{2+}, Ni^{2+}, Co^{2+}
8.0	Mg^{2+}, Be^{2+}
9.0	H^+, Al^{3+}, Fe^{3+}, Cr^{3+}, Sc^{3+}, Y^{3+}, In^{3+}
11.0	Th^{4+}, Zr^{4+}, Ce^{4+}, Sn^{4+}

[1] J. Kielland, J. *Am. Chem. Soc.* 1937, 59, 1675.

그림 2.5c는 전해질 농도와 평균 활동도 계수의 관계에서 최저점이 있음을 예시한다(표 2.2). 농도가 증가하면 활동도 계수는 계속 감소함을 식 (2.14)가 예측한다. 또한 1:1 전해질이라도 전해질의 이온이 다르면 평균 활동도 계수도 변화한다. 이는 이온의 개별 특성이 반영되어야 함을 의미하는데, Debye-Hückel 모델은 이온의 전하를 고려하지만, 이온의 개별 특성은 고려하지 않는다.

그림 2.5c가 예시하는 최저점과 이온 종류의 의존성을 자유수(free water)와 이온쌍(ion pair) 개념으로 설명한다. 이온 농도가 증가하면 이온-이온 상호 작용뿐만 아니라 이온-용매 상호 작용도 중요해진다. 이온 농도가 낮을 때에는 이온을 둘러싸는 물인 수화수(hydrating water)가 많지 않으므로, 이온 수화에 참여하지 않는 자유수의 양은 실질적으로 변함이 없다. 그러나 이온 농도가 증가하면, 수화수의 양은 증가하고 자유수의 양은 감소하게 된다. 수화수를 다른 이온이 사용할 수 없으므로 자유수의 활동도는 감소하여 이온 활동도를 증가시킨다. 한편 이온 농도가 증가하면, 반대 전하를 가지는 이온들 사이의 거리가 감소하게 되어 이온쌍을 형성할 수 있다($M^+(aq) + X^-(aq) \rightleftharpoons MX(aq)$). 이온쌍 형성은 가역 반응이므로 이온 농도가 증가할수록 이온쌍은 더 많이 생성될 것이고, 이온 분위기를 형성하여 평균 활동도 계수를 지배하는 자유 이온(free ion) 농도는 감소한다. 중성 이온쌍은 이온 분위기 형성에 아무런 역할을 하지 못하므로 자유 이온 농도의 감소는 이온 세기의 감소와 평균 활동도 계수의 증가로 이어진다.

Debye-Hückel 모델의 흠결인 높은 농도에서 관찰되는 평균 활동도 계수의 변화를 자유수와 이온쌍의 개념으로 정성적으로 설명하였다. 이 외에도 Debye-Hückel 모델을 보완하는 여러 가지 항목이 있지만, 지금까지의 설명은 전기적 인력에 의하여 수용액 속 이온을 이온 분위기가 둘러싸고 있으며, 이온 분위기의 크기(Debye 길이)는 농도와 이온의 전하가에 의존함을 이해하기에 충분하다. 이온 분위기의 거시적 표현이 활동도 계수임을 기억할 필요가 있다.

2.3 이온의 이동

전해질의 이온 전도는 이온 이동에 기반한다. 이온이 이동하는 원인은 그림 2.6과 같이 세 가지이다. 용액 속 어느 한 공간(그림 2.6a의 점선 원)의 농도가 높으면, 농도가 높은 곳으로부터 낮은 곳으로 이온은 **확산**(diffusion)한다. 그림 2.6b와 같이 전기 퍼텐셜 차이(전기장)가 존재하면 양이온은 (−)극으로, 음이온은 (+)극으로 이동하며, 이 현상을 **전기장 이동**(migration)이라고 한다. 확산과 전기장 이동에서 용매는 정지해 있고, 이온만 이동한다. 압력, 온도 또는 밀도 등의 차이에

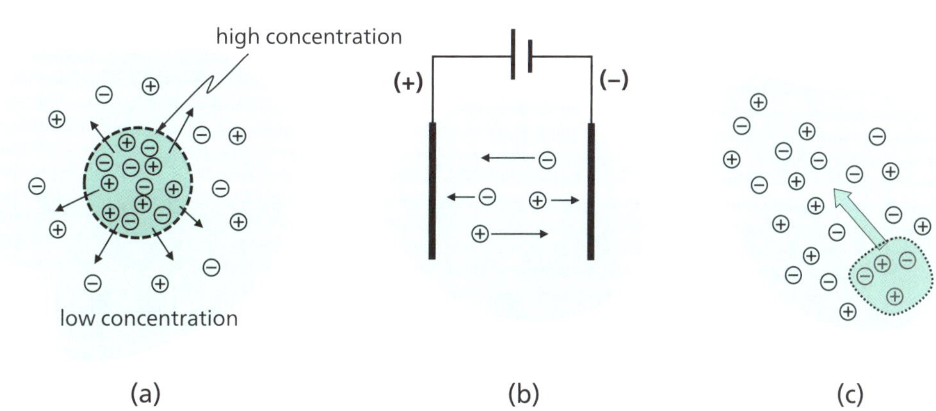

그림 2.6 **이온 이동의 유형.** (a) 확산. (b) 전기장 이동. (c) 대류.

의하여 용매 자체가 이동하면, 용매와 함께 이온도 이동한다. 이러한 이동을 **대류**(convection)라고 한다(그림 2.6c). 전기화학 연구에 있어서 이온 이동의 세 가지 유형 모두 이용된다. 그러나 이 장에서는 확산과 전기장 이동만을 설명한다.

참고 전기장 이동

물체가 차지하고 있는 공간을 바꾸는, 즉 우리말에 '이동'에 해당하는 여러 영어 단어가 있다. 'movement'는 일반적인 운동을 뜻한다. 'transport'는 이동하는 물체의 출발지와 목적지가 정해진 이동인 운반을 뜻한다. 'transference'는 양도라는 의미가 강하다. 'drift'는 느린 속도의 운동을 뜻하며, 이 책에서는 '흐름'이라고 한다. 'migration'은 전기장의 영향으로 이온이 이동하는 현상이다. 많은 전기화학 우리말 문헌에서 'migration'을 '이동'이라고 번역하였으나, 일반적인 이동과 구분이 잘되지 않으므로 이 책에서는 '전기장 이동'으로 표현한다.

이온은 질량이 있는 입자이므로 이동하기 위해서는 힘이 필요하다. 이온이 이동하기 위해서는 거리 차이 dx에 따른 퍼텐셜 차이가 만드는 힘 **F**가 필요하다. 확산은 화학 퍼텐셜 μ(농도)의 차이에 기인하므로 이온 한 개의 확산을 유발하는 힘 $\mathbf{F_d}$는 다음과 같다.

$$\mathbf{F_d} = -d\mu/dx \qquad (2.15)$$

한편 전기장 이동은 전극 사이의 전압인 전기 퍼텐셜 Ψ의 차이에 기인하므로 전하량이 +ze인 이온 한 개의 전기장 이동을 초래하는 힘 $\mathbf{F_m}$은 다음과 같다.

$$\mathbf{F_m} = -zed\Psi/dx \qquad (2.16)$$

다시 말해 확산은 거리에 따른 화학 퍼텐셜의 차이, 전기적 이동은 거리에 따른 전기 퍼텐셜의 기울기에 의하여 발생하는 현상으로, 식 (2.15)와 (2.16)에서 (−) 부호는 낮은 퍼텐셜 쪽으로 이온이 이동함을 의미한다.

참고 무작위 걸음(random walk)과 평균 이동 거리

한 번에 x만큼 이동하는 물체의 1차원 무작위 걸음을 N번 반복한 경우를 생각해 보자. 이동 방향은 무작위이므로 N번 걸은 후, 원점에서 멀어진 위치 x의 평균 ⟨x⟩는 다음과 같다.

$$\langle x \rangle = \sum_i x_i / N$$

이 식에서 N = ∞이면 걷는 방향의 무작위성 때문에 $\sum_i x_i = 0$이므로, ⟨x⟩ = 0이 된다. 그러므로 무작위 걸음 후 개별 물체의 통계적 평균 위치 변동은 없다. 그러나 N번의 걸음 동안 이동한 거리를 다음과 같이 계산한다.

$$\langle x^2 \rangle = \sum_i x_i^2 / N$$

x_i^2은 x_i의 부호를 제거하므로 N이 증가해도 $\langle x^2 \rangle$는 0에 수렴하지 않는다. $\langle x^2 \rangle$를 제곱 평균 거리(mean square distance)라고 한다. $\langle x^2 \rangle$은 N에 비례하며, 걸음 한 번에 시간이 소요되므로 걸은 총 시간 t에도 비례한다.

$$\langle x^2 \rangle \propto N \propto t$$

그러므로 이동한 거리는 다음과 같은 제곱 평균 제곱근(root mean square, rms) 거리로 표현한다.

$$\text{rms 거리} = \langle x^2 \rangle^{1/2} \propto t^{1/2}$$

화학 또는 전기 퍼텐셜 기울기에 영향을 받는 이온은 이동하며, 동시에 열에너지에 의한 무작

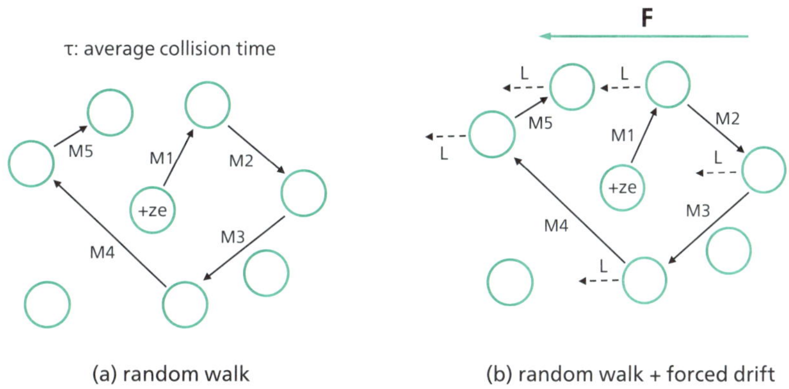

그림 2.7 **이온 이동과 무작위 걸음.** (a) 외부 힘이 없을 때. (b) 외부 힘이 있을 때.

위 걸음을 통해 이동한다. 그림 2.7은 이러한 상황을 묘사한다. 그림 2.7a는 무작위 걸음만을 통한 이온의 이동을 예시한다. 예를 들면 어떤 이온이 이동 M1을 하고 그 후에 이동 M2, 그리고 계속 해서 충돌하며 이동하는 상황을 상상해보자. 그 평균 충돌 시간은 τ이다. 이러한 충돌을 N번 하였을 때, 무작위 걸음의 특성에 따라 평균 위치 $\langle x \rangle = 0$이므로 이온은 통계적으로 이동하지 않는다. 이온을 이동시키는 힘 **F**가 있는 그림 2.7b를 생각해 보자. **F**[식 (2.15) 또는 (2.16)]에 의하여 이온은 그림 2.7b에서 왼쪽으로 가속되어 τ 동안 거리 L을 이동한다. 충돌 직후 이온은 이동 M1의 과정 동안 얻은 속도를 모두 잃는다고 가정하면, 이동 M2의 과정에서 이온은 속도 0에서 다시 **F**에 의해 가속되어 L만큼 이동한다. 이러한 이동을 N번 한다면 무작위 걸음에 의한 위치 변동은 없지만, L의 방향은 일정하므로 **F**에 영향을 받는 위치 변동은 NL이다. 다시 말해 이온은 충돌과 다음 충돌까지 L/τ라는 일정한 평균 속도로 이동한다. 이 평균 속도가 **흐름 속도**(drift velocity) $\mathbf{v_d}$이며, 다음과 같이 표현된다.

$$v_d = (\mathbf{F}/m)\tau \tag{2.17}$$

식 (2.17)에서 m은 이온의 질량이다. 식 (2.17)을 다음과 같이 바꾸면 이동하는 이온의 개별적 이동 특성에 관한 물리량이 도출된다.

$$v_d = (\tau/m)\mathbf{F} \tag{2.18}$$

F는 화학 또는 전기 퍼텐셜 기울기와 관련되어 있으므로 이온과는 상관없는 물리량이다. 그러나 (τ/m)은 이온의 개별 이동 특성을 반영하는 물리량으로 **이동도**(mobility) **u**를 아래와 같이 정의한다:

$$u = v_d/\mathbf{F} = \tau/m \tag{2.19}$$

참고 유동량(flux)

이동하는 물질의 양을 표시하는 용어는 유동량(flux) J이다. 유동량은 아래 그림에 표시된 바와 같이 1 s 동안 단면적이 1 cm^2인 기준면을 통하여 이동하는 물질의 양으로 정의된다. 물질의 양은 관심의 대상에 따라 다르다. 예를 들면 물이 이동하는 경우, 물질의 양은 물의 부피가 될 수도 있고 물의 무게가 될 수도 있다. 화학에서 물질의 양은 mol이다. 따라서 앞으로 사용할 유동량 J의 단위는 $mol cm^{-2} s^{-1}$이다.

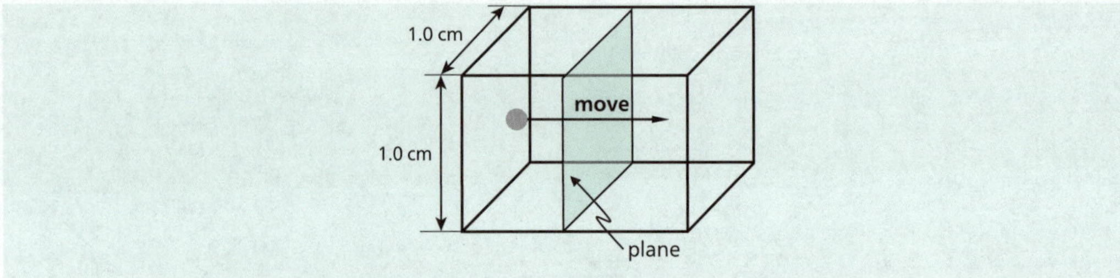

따라서 확산과 전기장 이동에 의한 각각의 유동량 J_d와 J_m은 다음과 같다.

$$J_d(\text{molcm}^{-2}\text{s}^{-1}) = v_d C = uC\mathbf{F_d} = -uCd\mu/dx \quad \textbf{(2.20a)}$$

$$J_m(\text{molcm}^{-2}\text{s}^{-1}) = v_d C = uC\mathbf{F_m} = -uzCd\Psi/dx \quad \textbf{(2.20b)}$$

$$J_m(\text{Ccm}^{-2}\text{s}^{-1}) = -zFuCd\Psi/dx \quad \textbf{(2.20c)}$$

이온 한 개에 관한 식 (2.15)와 (2.16)을 농도 C로 곱한 것이 유동량이다. 또한 식 (2.20b)와 (2.20c)는 각각 전기장 이동 유동량을 각각 mol과 전하 C로 다르게 표현한 것으로 의미는 같다. 참고로 식 (2.17)과 (2.18)은 이온 한 개에 관한 식이고, 식 (2.20)은 농도 C를 고려한 식이다.

식 (2.20)의 의미는 매우 중요하다. 확산과 전기장 이동은 다르게 보이지만, 모두 이동도 u에 비례한다. 확산과 전기장 이동의 차이점은 공간적으로 변화하는 퍼텐셜의 종류이다. 확산에서는 화학 퍼텐셜이고, 전기장 이동에서는 전기 퍼텐셜이다. 그러므로 이온 이동을 설명하는 근본이 이동도이다. 앞으로 소개할 내용은 이동도 u의 이해에 초점을 둔다.

2.4 이온의 확산

정상 상태 확산

그림 2.8a와 같이 농도가 거리 x와 선형 관계에 있을 때 이온의 확산 이동을 생각해 보자. 확산 유동량 J_d는 실험적으로 다음과 같은 **Fick의 제1법칙**에 의해 표현된다.

$$J_d = -DdC/dx \quad \textbf{(2.21)}$$

식 (2.21)의 D는 **확산 계수**(diffusion coefficient)이다. D의 단위가 cm^2s^{-1}이면 C의 단위는

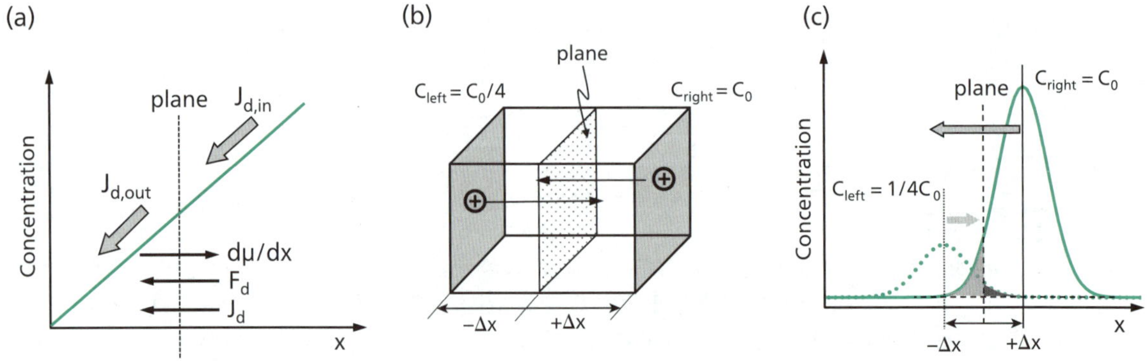

그림 2.8 **정상 상태 확산.** (a) 농도 기울기와 확산 유동량. (b) 기준면 주변의 농도. (c) 확산과 무작위 걸음.

molcm^{-3}, J_d의 단위는 molcm^{-2}s^{-1}이다. 그림 2.8a에서 농도 기울기 dC/dx가 일정하므로 그림 2.8b의 기준면으로 유입하는 $J_{d,in}$과 기준면에서 유출하는 $J_{d,out}$은 일정하고 기준면의 농도는 일정하게 유지된다. 이러한 확산을 **정상 상태 확산**(steady-state diffusion)이라고 한다. 식 (2.8)과 (2.20a)에서 다음과 같은 식이 유도된다.

$$J_d = uC(-d\mu/dx) = uC[-(RT/C)(dC/dx)] = -uRT\,dC/dx \tag{2.22}$$

식 (2.21)과 (2.22)를 비교하면, 이온 이동도 u를 얻을 수 있다.

$$u = D/RT \tag{2.23}$$

식 (2.23)을 **Einstein 관계**(Einstein relation)라고 한다. 확산 계수 D를 측정하면, 이동도 u를 식 (2.23)에서 계산할 수 있다. 그러므로 빠르게 이동하는 이온이 빠르게 확산한다.

확산 현상을 이온의 무작위 걸음 모델의 미시적 관점에서 생각해 보자. 그림 2.8b에 묘사한 바와 같이, 이온이 통과하는 면이 중앙에 있고 양쪽으로 Δx만큼 분리된 면의 농도는 t = 0에서 오른쪽이 C_0이고 왼쪽은 $C_0/4$이다. 확산이 시작되면 무작위 걸음에 의한 이온 농도 분포는 +Δx와 −Δx를 중심으로 넓어진다(이동 거리는 증가하지만, 평균 위치는 변함이 없음). 기준면을 지나는 이온의 수는 왼쪽에서 오른쪽으로 이동하는 경우보다 오른쪽에서 왼쪽으로 이동하는 경우가 더 많다(그림 2.8c). 결과적으로 농도가 높은 오른쪽에서 농도가 낮은 왼쪽으로 확산이 일어난다. 이동한 제곱 평균 거리 $\langle x^2\rangle$은 확산 계수와 시간으로 다음과 같은 **Einstein-Smoluchowski 식**으로 표현된다.

$$\langle x^2\rangle = 2Dt \tag{2.24}$$

그러므로 시간 t 동안 이온이 확산한 거리는 평균적으로 $(2Dt)^{1/2}$이며, 이 관계를 기억할 필요가 있다.

비정상 상태 확산

농도가 시간에 따라 변화하는 **비정상 상태**(non-steady-state) **확산**을 그림 2.9를 예로 설명한다. 면 A와 B가 dx만큼의 거리를 두고 마주한 육면체가 있다(그림 2.9a). 각 면의 이온 농도와 면 사이의 농도는 그림 2.9b와 같다. 농도 기울기는 면 A가 면 B보다 크므로 확산 유동량 J_A는 J_B보다 크다.

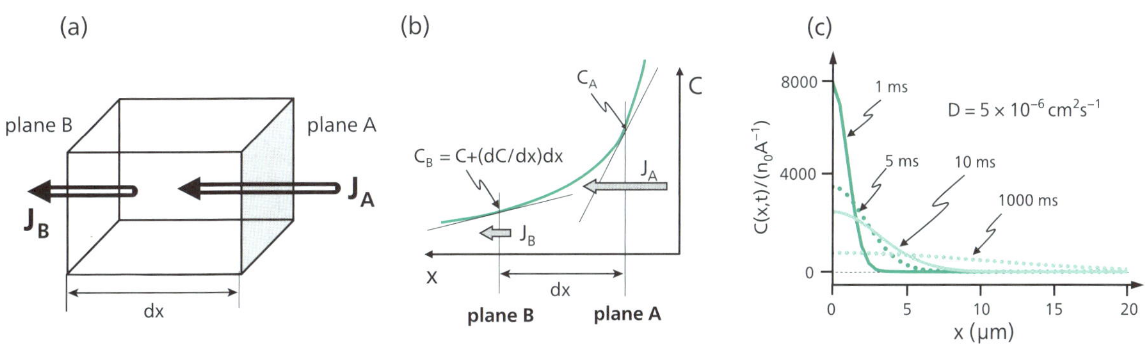

그림 2.9 **비정상 상태 확산.** (a) 기준면과 확산 유동량. (b) 농도 기울기와 확산 유동량. (c) 시간에 따른 농도 변화.

그러므로 면 A와 B 사이의 이온 농도는 시간에 따라 증가하는 비정상 상태이다. 면 A와 B를 통과하는 확산 유동량 J_A와 J_B는 각각 다음과 같다.

$$J_A = -DdC/dx$$
$$J_B = -Dd[C + (dC/dx)dx]/dx$$
$$= -DdC/dx - D(d^2C/d^2x)dx$$

그러므로 육면체 안의 확산 유동량의 변화 dJ는 다음과 같다.

$$dJ = J_A - J_B = D(d^2C/d^2x)dx$$

dJ/dx가 시간에 대한 농도 증가율(dC/dt)이므로 다음과 같이 표현할 수 있다.

$$\partial C/\partial t = D\partial^2 C/\partial x^2 \tag{2.25}$$

식 (2.25)가 **Fick의 제2법칙**이다.

Fick의 제2법칙의 예를 x 방향으로 1차원 확산할 때 거리와 시간에 따른 농도 변화를 도시하는 그림 2.9c에서 살펴보자. 면적 A인 평면에 있는 이온 n_0 mol이 x = 0에서 +x 방향으로 일차원 확산할 때 미분 방정식 식 (2.25)의 해인 농도 C(x,t)를 다음의 조건에서 구한다.

초기 조건: t = 0에서 면적 A인 평면에 n_0 mol이 있다,

경계 조건: (i) 모든 x에서 C(x,t)는 유한하다,

(ii) 이온 mol 수는 항상 n_0이다.

$$C(x,t) = (n_0/A)(\pi Dt)^{1/2}\exp(-x^2/4Dt)$$

확산 시간이 증가할수록 농도 분포는 넓어지며, 주어진 위치에서 시간에 따라 농도가 변화한다.

2.5 이온의 전기장 이동

▶ 전기장 이동의 실험적 표현: 전기 전도도

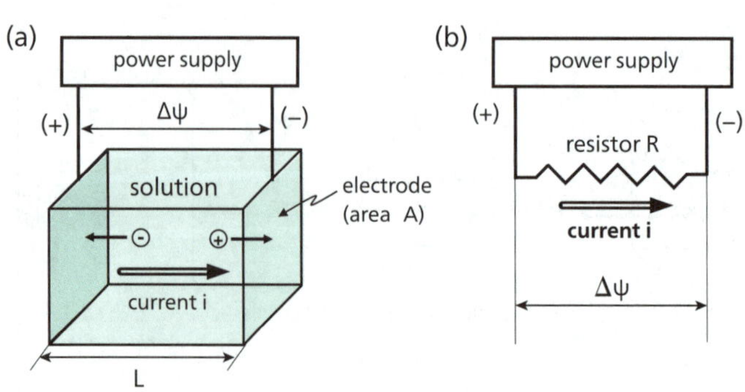

그림 2.10 **이온의 전기장 이동.** (a) 전기장 이동을 위한 회로. (b) 전기 저항으로 표현한 전해질.

그림 2.10a와 같이 면적 A인 두 개의 전극이 전해질 속에 거리 L만큼 떨어져 있는 장치에 전력공급장치가 두 전극에 전압 $\Delta\Psi$를 인가한 상황을 생각해 보자. 각 전극에서 전기화학 반응은 없다. 양이온은 (−)극으로, 음이온은 (+)극으로 이동하므로 두 전극에는 전류 i가 흐른다. 다시 말해 전해질 이온은 $\Delta\Psi$에 의해 이동하여 전해질의 전기 전도도(electrical conductivity)가 나타난다. 전기 전도도를 저항 R로 표현하면 그림 2.10b와 같으며 Ohm의 법칙을 적용할 수 있다.

$$i = \Delta\Psi/R$$

한편 전해질의 저항과 **비전도도**(specific conductivity) σ의 관계는 다음과 같다.

$$\sigma = (L/A)/R \tag{2.26}$$

그러므로 비전도도는 1 cm^2 면적의 전극이 1 cm 떨어져 있을 때 측정된 전도도($\Omega^{-1}cm^{-1}$)이다.

참고 전도도 단위

Ω^{-1}을 siemen S로 표현하기도 한다. 즉 1 S = 1 Ω^{-1}. 그러므로 전도도 단위는 $\Omega^{-1}cm^{-1}$ 또는 Scm^{-1}이다.

전하 운반체인 이온의 농도가 높으면 비전도도는 증가한다. 단위 농도에 대한 비전도도인 **몰 전도도**(molar conductivity) Λ_m을 다음과 같이 정의한다.

$$\Lambda_m = \sigma/C \tag{2.27}$$

식 (2.27)에서 Λ_m의 단위는 $\Omega^{-1}cm^2mol^{-1}$이며, 농도의 단위는 $molcm^{-3}$이다.

같은 농도라도 이온의 종류에 따라 Λ_m은 변할 수 있다. 예를 들면 Mg^{2+} 이온 1 mol이 운반하는 전하량은 Na^+ 이온 1 mol이 운반하는 전하량의 2배이다. 따라서 단위 전하에 대한 몰전도도인 **당량 전도도**(equivalent conductivity) Λ를 다음과 같이 정의한다.

$$\Lambda = \Lambda_m/z = \sigma/zC \tag{2.28}$$

Λ의 단위는 $\Omega^{-1}cm^2N^{-1}$이다(N은 normal 농도이며, N = zC임). 당량 전도도는 이온의 전하 ±ze 중에서 전자 한 개의 전하에 대한 전도도이다. 그러므로 당량 전도도는 이온의 전하 한 개가 이동하여 나타나는 거시적 물리량이다.

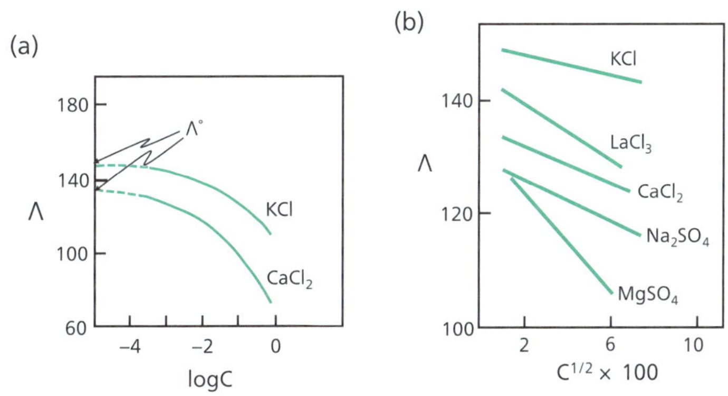

그림 2.11 **농도와 당량 전도도와의 관계.** (a) 무한 희석 용액으로의 추세. (b) 전해질 유형에 따른 변화(Kohlausch 식).

그림 2.11a는 KCl과 $CaCl_2$의 당량 전도도와 농도의 관계를 보여준다. 일반적으로 농도가 증가하면 이온 분위기가 형성되면서 이온-이온 상호 작용의 증가로 당량 전도도는 감소한다(비전도도 σ는 증가함). 이온 분위기가 형성되지 않는 **무한 희석 용액의 당량 전도도** $\Lambda°$는 그림 2.11a의 곡선을 C $\longrightarrow$ 0로 추세(extrapolation)하여 결정한다.

그림 2.11b는 다양한 전해질($(M^{z+})_{\nu_+}(X^{z-})_{\nu_-}$)의 당량 전도도 그림이다. 당량 전도도와 $C^{1/2}$의 관계는 0.01 N 이하에서 선형적이며, 아래와 같은 **Kohlausch 식**으로 표현한다.

$$\Lambda = \Lambda° - GC^{1/2} \tag{2.29}$$

절편 $\Lambda°$와 기울기 G는 전해질 유형인 z_+와 z_-가 결정한다.

Λ는 양이온과 음이온이 동시에 전기장 이동을 할 때의 전도도이다. 개별 이온의 전도도를 독립적으로 생각할 수 있을까? 이 질문은 이온들이 서로 영향을 미치지 않는 독립적인 전기장 이동을 묻고 있다. 무한히 희석된 용액에서는 개별 이온은 독립적이므로 개별 이온의 한계 당량 전도도 $\lambda°$의 합은 $\Lambda°$와 같다.

$$\Lambda° = \nu_+\lambda_+^\circ + \nu_-\lambda_-^\circ \tag{2.30}$$

그러나 전해질 농도가 증가하면 이온-이온 상호 작용이 발생하여 이온 전도도는 더 이상 독립적이지 않다. Kohlausch 식은 전기장 이동과 연관된 이온-이온 상호 작용의 거시적 관찰이다. *미시적 수준에서 논의할 전기장 이동 이론은 실험적 Kohlausch 식을 설명해야 한다.*

▸ 전기장 이동의 미시적 표현

앞 절에서 전기장 이동의 유동량 J_m은 다음과 같다.

$$J_m = v_dC = uC\mathbf{F_m} = -zFuCd\Psi/dx \tag{2.20c}$$

용액에 여러 종류의 이온이 있다면, 모든 이온의 전기장 이동 전류는 다음과 같다.

$$i = \sum_j z_jFC_ju_jd\Psi/dx \tag{2.31}$$

식 (2.31)를 이용하여 비전도도 σ를 다음과 같이 표현한다.

$$\sigma = i/(d\Psi/dx) = \sum_j z_jFC_ju_j \tag{2.32}$$

$z = z_+ = z_-$이고 $C = C_+ = C_-$인 전해질에 대해서 식 (2.32)를 아래와 같이 간단히 정리할 수 있다.

$$\sigma = zFC(u_+ + u_-) \tag{2.33}$$

식 (2.33)을 몰 전도도와 당량 전도도로 다음과 같이 변환한다.

$$\Lambda_m = \sigma/C = zF(u_+ + u_-) \tag{2.34}$$

$$\Lambda = \Lambda_m/z = F(u_+ + u_-) \tag{2.35}$$

식 (2.35)는 당량 전도도 Λ를 이동도 u로 표현한다. 그러나 이동도 u는 농도에 의존하지 않으므로

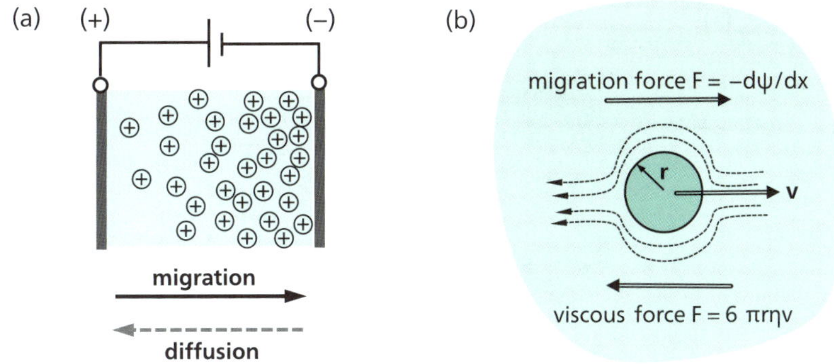

그림 2.12 (a) 동시에 일어나는 전기장 이동과 확산 이동. (b) 용매 점성에 의한 저항 힘(Stokes 법칙).

당량 전도도 Λ도 농도에 의존하지 않는다. 따라서 두 전극 사이의 전압 $\Delta\Psi$가 만드는 힘에 의한 전기장 이동만으로 Kohlausch 식을 설명할 수 없다. 이 서술은 '전기장 이동에 있어서 $\Delta\Psi$가 만드는 힘 이외에 다른 힘이 있다.'라는 말과 같다. 전기장 이동과 관련된 다른 힘을 알아보자.

그림 2.10a의 상황에서 양이온만 고려해 보면 양이온은 (−)극으로 이동한다(그림 2.12a). 양이온 농도가 (−)극 근처에서 높으므로, 양이온은 (+)극으로 확산하려 할 것이다. 다시 말해 두 전극에 전위차를 인가하면 전기장 이동이 농도 차이를 유발하여 확산 힘이 발생한다. 그러므로 전기장 이동이 개시되면 이온은 전기장에 의한 힘($-d\Psi/dx$)과 확산 힘($-d\mu/dx$)을 동시에 받는다.

식 (2.35)에 Einstein 관계[식 (2.13)]를 대입하면, 다음과 같은 식이 얻어진다.

$$\Lambda = (zF^2/RT)(D_+ + D_-) \qquad (2.36)$$

Nernst-Einstein 식으로 알려진 식 (2.36)은 그림 2.12a에서 설명한 바와 같이 전기장 이동과 확산의 연관을 반영한다. 확산 계수의 농도 의존성은 Debye-Hückel 한계 법칙($\ln f = -AC^{1/2}$)을 고려하면 다음과 같이 표현된다.

$$D = D_0(1 - A'C^{1/2}) \qquad (2.37)$$

식 (2.37)에서 D_0는 무한 희석 용액에서의 확산 계수이다. Kohlrausch 식[식 (2.29)]과 식 (2.37) 모두 $C^{1/2}$에 비례한다. 그러나 식 (2.29)와 (2.37)의 실험적 기울기는 서로 다르며, 이는 Λ와 D의 농도 의존성 차이를 의미한다. 농도의 영향이 없는 무한 희석 전해질에서 Λ와 D는 각각 Λ°와 D_0에 수렴하므로 Nernst-Einstein 식은 유효하다. 그러나 농도가 증가하면서 발생하는 이온-이온 상호작용이 Λ와 D에 영향을 주는 방식이 다르다. 따라서 Nernst-Einstein 식은 무한 희석 조건에서 Kohlausch 식을 설명하지만, 관찰된 당량 전도도의 농도 의존성을 설명하지 못한다.

이온이 어떤 매체(medium)에서 이동하면 그 매체의 저항을 받는다. 점성(viscosity)이 η인 연속 매체에서 반지름 r의 구형 물체가 속도 v로 이동하면(그림 2.12b), 매체의 점성은 이동 방향의 반대 방향으로 아래와 같이 이동을 방해하는 저항 힘을 유발한다.

$$\mathbf{F} = 6\pi r\eta v \qquad (2.38)$$

식 (2.38)을 **Stokes 법칙**이라고 한다. 정지한 물체가 이동하는 힘을 받으면 가속된다. 속도가 증가하므로 점성 힘도 증가하게 되고, 두 힘이 같아지면 입자의 흐름 속도는 종단 속도(terminal velocity)

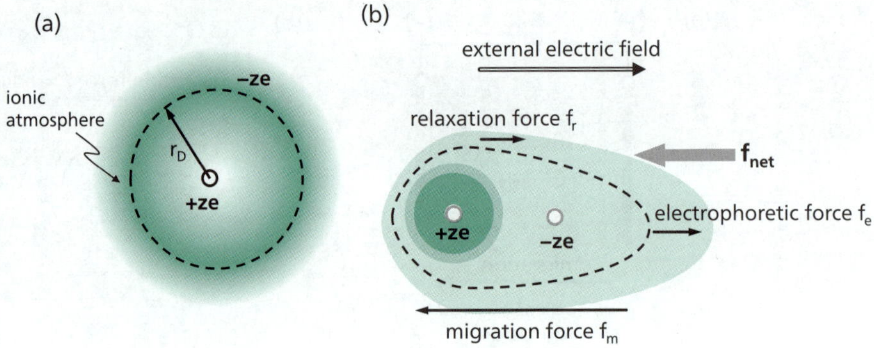

그림 2.13 **이온 분위기와 전기장 이동.** (a) 이온이 정지했을 때. (b) 이온이 이동할 때. 전기장 이동 힘, 완화 힘과 전기영동 힘의 관계.

v_d에 이른다. 즉, 전기장 이동의 경우 다음의 식이 성립한다.

$$-d\Psi/dx = 6\pi r\eta v_d \tag{2.39}$$

이 관계를 이용하면 이동도를 아래와 같이 표현할 수 있다.

$$u = v_d/(-d\Psi/dx) = 1/6\pi r\eta \tag{2.40}$$

그러므로 종단 속도를 측정하면 이동도를 계산할 수 있다. 특히 식 (2.23)과 (2.40)을 결합하면 아래와 같은 **Stokes-Einstein 관계**로 알려진 식을 도출할 수 있다.

$$D = k_BT/6\pi r\eta \tag{2.41}$$

식 (2.41)은 이온의 확산 이동에도 점성 힘이 작용함을 의미한다. 그러나 식 (2.40)은 아직 Kohlrausch 식을 설명하지 못한다.

지금까지 소개한 힘 이외에 추가적으로 작용하는 힘이 더 있다. 그림 2.13a는 정지된 이온의 이온 분위기를 보여주고 있다. 외부 전기장이 없으면 이온 분위기의 중심과 양이온의 중심이 일치하므로 전기적 중성이 유지된다. 그런데 외부 전기장이 존재하면 중심 이온이 전기장 이동을 개시하여 왼쪽으로 이동하게 되고, 중심 양이온의 (+) 전하가 이온 분위기 (−) 전하의 중심으로부터 분리된다(그림 2.13b). 그 이유는 이온 분위기가 이동한 양이온을 중심으로 새로운 이온 분위기를 형성하기 위한 시간이 필요하기 때문이다. 따라서 이온 분위기는 구형에서 달걀 모양으로 변형된다. 그러므로 이온 분위기의 전하 중심은 중심 양이온을 당기는 힘을 발휘하여 다시 두 개의 중심을 일치하려고 한다. 전기장 이동 방향에서 이온 분위기 중심의 (−) 전하가 앞선 중심 양이온을 당기는 힘을 **완화 힘**(relaxation force) $\mathbf{f_r}$이라 한다. 한편, 이온 분위기는 반지름이 Debye 거리인 구에 −ze 전하가 분산되어 있으므로 외부 전기장의 (+)극 방향으로 이온 분위기 전체가 끌리는 **전기영동 현상**(electrophoresis)을 보인다. 전기영동 현상에 의한 힘을 **전기영동 힘**(electrophoretic force) $\mathbf{f_e}$이라 하며, 그 방향은 양이온의 전기장 이동 방향과 반대이다. 따라서 이온이 전기장 이동 과정 중에 주변의 이온 분위기로 인하여 전기장 이동을 방해하는 힘이 발생하고, 전기적 이동의 흐름 속도는 감소하게 된다(그림 2.13b에서 $f_{net} = f_m - f_r - f_e$). 따라서 이온 분위기는 농도와

표 2.4 Debye-Hückel-Onsager 식 상수 P와 Q(1:1 전해질 25°C)[1]

용매	P	Q
물	60.20	0.229
methyl alcohol	156.1	0.923
ethyl alcohol	89.7	1.83
acetone	32.8	1.63
acetonitrile	22.9	0.716
nitromethane	125.1	0.708
nitrobenzene	44.2	0.776

[1] J. O'M. Bockris, A.K.N. *Reddy, Modern Electrochemistry*, Plenum, 1973.

표 2.5 이온의 한계 당량 전도도와 이동도(수용액, 25°C)[1]

이온	한계 당량 전도도, $\lambda°(\Omega^{-1}cm^{-1}N^{-1})$	이동도[2], $u(cm^2s^{-1}V^{-1})\times10^4$
H^+	349.82	36.25
K^+	73.52	7.619
Na^+	50.11	5.193
Li^+	38.69	4.010
NH_4^+	73.4	7.61
$\frac{1}{2}Ca^{2+}$	59.50	6.166
OH^-	198	20.5
Cl^-	76.34	7.912
Br^-	78.4	8.13
I^-	76.85	7.96
NO_3^-	71.44	7.404
OAc^-	40.9	4.24
ClO_4^-	68.0	7.05
$\frac{1}{2}SO_4^{2-}$	79.8	8.27
HCO_3^-	44.48	4.610
$\frac{1}{3}Fe(CN)_6^{3-}$	101.0	10.47
$\frac{1}{4}Fe(CN)_6^{4-}$	110.5	11.45

[1] A.J. Bard, L.R. Faukner, *Electrochemical Methods:fundamental and applications*, 2nd Ed, Wiley, 2001.
[2] $u = \lambda/zF$로 계산

연관이 있으므로 전기 전도도도 당연히 농도와 연관된다.

전기장 이동은 전기장 힘, 확산 힘, 점성 힘, 완화 힘, 전기영동 힘이 복합적으로 작용한 결과이다. 이러한 힘들을 반영하여 이동도를 이론적으로 유도하여 당량 전도도 Λ와 농도 C의 관계를 정리한 **Debye-Hückel-Onsager 식**은 다음과 같다.

$$\Lambda = \Lambda° - (P + Q\Lambda°)C^{1/2},$$

$$P = (zeF/900\pi\eta)(8\pi z^2e^2/1000\varepsilon_s k_B T)^{1/2}, \qquad Q = (zeF/6\varepsilon_s k_B T)(8\pi z^2e^2/1000\varepsilon_s k_B T)^{1/2}$$

Debye-Hückel-Onsager 식의 상수 P와 Q는 이온 전하가 z, 용매 비유전 상수 ε_s와 점성 계수 η와 온도 T의 함수임을 기억할 필요가 있다. 용매에 따른 상수 P와 Q를 표 2.4에 제시한다.

Debye-Hückel-Onsager 식은 낮은 농도에서 실험 결과와 잘 일치한다. 그러나 높은 농도에서는 실험 결과와 차이를 보인다. 차이가 나는 이유는 유도 과정의 가정 때문이다. 예를 들면, 이온 분위기를 고려할 때 중심 이온을 점 전하로, 이온쌍이 형성되지 않는다고 가정했다. 또한 이온 분위기의 완화와 전기영동 현상을 독립적이라고 가정했는데, 실제로는 그렇지 않다. Debye-Hückel-Onsager 식이 Kohlrausch 식과 완전히 일치하지 않지만, 이온의 이동 과정에서 일어나는 일을 원자 및 분자 수준에서 이해할 수 있는 충분한 그림을 제공한다.

결국 이동도 u는 여러 가지 현상들이 복합적으로 작용한 결과이다. 그러나 이동도는 확산과 전기장 이동을 포함한 많은 상황에서 물체 이동을 설명하는 근본이다. 일반적으로 정밀히 제어할 수 있는 전기장 이동 실험에서 한계 당량 전도도 $\lambda°$를 측정하여 이온 이동도 u를 산출한다. 수용액 속 다양한 이온의 한계 당량 전도도와 이동도를 표 2.5에 소개한다.

2.6 전기화학 퍼텐셜, 운반율과 접촉 전위

화학 퍼텐셜과 전기 퍼텐셜의 공간적 차이가 유발하는 이온 이동은 전해질과 관련된 여러 가지 독특한 전기화학의 현상으로 나타난다.

▶ 전기화학 퍼텐셜

이온은 화학 퍼텐셜 차이에 의한 확산과 전기 퍼텐셜 차이에 의한 전기장 이동을 통해 전해질 속을 이동한다. 그리고 그 둘은 이미 논의한 바와 같이 서로 연결되어 있다. 화학 및 전기 퍼텐셜의 영향을 이온에 동시에 적용하면 여러 측면에서 편리하다. 그림 2.14와 같이 +ze의 전하를 가지고 농도가 C인 양이온이 농도 기울기와 전기장의 영향에 동시에 놓여 있는 상황을 생각해 보자. 이온 주변의 농도 기울기 때문에 양이온은 화학 퍼텐셜이 낮은 왼쪽으로 이동하고, 동시에 양이온은 전기장의 영향을 받으므로 전기 퍼텐셜이 낮은 오른쪽으로 이동할 것이다. 퍼텐셜 중첩의 원리에 따라 양이온이 느끼는 퍼텐셜은 화학 퍼텐셜과 전기 퍼텐셜의 합이다. 그 합이 **전기화학 퍼텐셜** (electrochemical potential) μ_{EC}이며, 아래와 같이 표현한다.

$$\mu_{EC} = \mu + zF\Psi \tag{2.42}$$

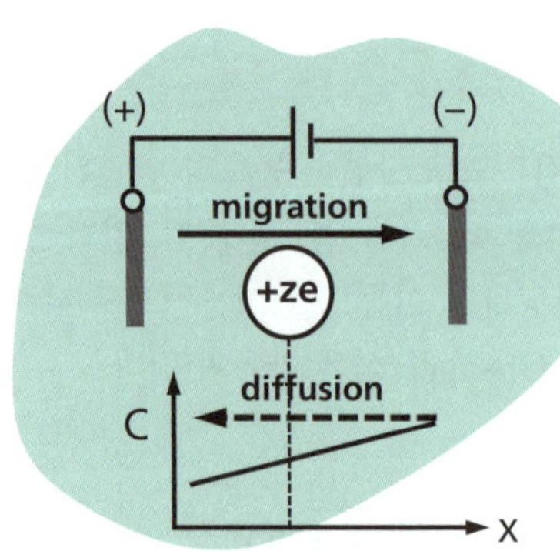

그림 2.14 화학 퍼텐셜과 전기 퍼텐셜의 합인 전기화학 퍼텐셜.

μ는 물질 1 mol에 대하여 정의하고, Ψ는 전하 1 C에 대한 정의이다. 이온 1 mol은 전하량 zF에 해당하므로 Ψ과 zF를 곱하면, 두 퍼텐셜은 이온 1 mol을 기준으로 정의되는 값이 된다. 전기화학 퍼텐셜을 사용하면 그림 2.14의 상황에 놓인 이온의 이동 현상에 관한 설명이 매우 편리해진다.

전기장의 세기가 크지 않는 조건에서 유동량과 전기화학 퍼텐셜의 관계를 유도하는 과정은 매우 복잡한데, 그 결론은 다음과 같다.

$$\begin{aligned} J = i/zF &= -(DC/RT)d\mu_{EC}/dx \\ &= -DdC/dx + (DC/RT)(zF)d\Psi/dx \end{aligned} \quad (2.43)$$

식 (2.43)에서 오른쪽 첫 번째 항은 확산에 의한 유동량, 두 번째 항은 전기장 이동에 의한 유동량을 의미한다. $[Ag(CN)_2]^-(aq) + e \longrightarrow Ag(s) + 2CN^-(aq)$ 반응을 생각해 보자. 이 반응이 일어나는 전극은 전위가 낮은 환원 전극이므로 음이온 반응물 $[Ag(CN)_2]^-$ 이온은 전기장 이동으로 환원 전극에 접근할 수 없다. 그러나 전극에서 $[Ag(CN)_2]^-$ 이온이 소비되므로 농도 기울기가 존재하고 $[Ag(CN)_2]^-$ 이온은 환원 전극으로 확산한다. 확산 유동량이 전기장 이동 유동량보다 크다면 $[Ag(CN)_2]^-$ 음이온이 전위가 낮은 환원 전극으로 이동하여 $[Ag(CN)_2]^-$ 이온의 환원 반응이 일어난다. 이러한 현상을 설명하는 것이 식 (2.43)이다.

▶ 운반율

이온의 이동은 농도 기울기와 전기 퍼텐셜 기울기에 기인한다. 그렇다면 동일한 조건에 놓인 이온들은 동일한 양의 전류를 운반할까? 결론은 '아니다'이다. 간단한 설명은 개별 이온을 둘러싼 이온 분위기의 크기가 다르므로 이동 속도 차이가 발생한다. 이동 속도 차이와 농도는 개별 이온이 운반하는 전류의 크기 차이를 유발한다.

다양한 이온이 있는 전해질의 이온 전도도는 존재하는 모든 이온의 이동에 의한다. 그러나 각 이온의 이동 속도가 다르므로, 특정한 이온이 전체 전류에 기여하는 정도도 다르다. 이온 j가 운반하는 전류 i_j가 전체 전류 i_T에 대한 분율로 이온 j의 **운반율**(transference number, transport number) $\mathbf{t_j}$를 다음과 같이 정의한다.

$$t_j = i_j/i_T = i_j/\sum_j i_j \quad (2.44)$$

$$\sum_j t_j = 1 \quad (2.45)$$

운반율은 이온 j의 이동 속도의 차이에 기인하므로, 이동도로 다음과 같이 표현한다.

$$t_i = z_j u_j C_j/\sum_j z_j u_j C_j \quad (2.46)$$

식 (2.46)을 이용하여 농도 C인 HCl 용액 속에 있는 H^+ 이온의 운반율 t_{H^+}를 예로 계산하면 아래와 같다.

$$\begin{aligned} t_{H^+} &= 1u_{H^+}C/(1u_{H^+}C + 1u_{Cl^-}C) \\ &= u_{H^+}/(u_{H^+} + u_{Cl^-}), \ (u_{H^+} = 36.25 \times 10^{-4}, u_{Cl^-} = 7.912 \times 10^{-4}, \text{표 2.5}) \\ &= 36.25 \times 10^{-4}/(36.25 \times 10^{-4} + 7.912 \times 10^{-4}) \\ &= 0.82 \end{aligned}$$

표 2.6 여러 전해질 속 양이온의 운반율(t_+)(수용액, 25°C)[1]

전해질[2]	농도(N)			
	0.01	0.05	0.1	0.2
HCl	0.825	0.8292	0.8314	0.8337
NaCl	0.3918	0.3876	0.3854	0.3821
KCl	0.4902	0.4899	0.4898	0.4894
NH_4Cl	0.4907	0.4905	0.4907	0.4911
KNO_3	0.5084	0.5093	0.5103	0.5120
Na_2SO_4	0.3848	0.3829	0.3828	0.3828
K_2SO_4	0.4829	0.4870	0.4890	0.4910

[1] A.J. Bard, L.R. Faukner, Electrochemical Methods:fundamental and applications, 2nd Ed., Wiley, 2001.

[2] 음이온의 운반률 $t_- = 1 - t_+$.

H^+와 Cl^- 두 이온이 존재하지만, 전류의 82%를 이동도가 큰 H^+ 이온이 운반한다.

다음은 농도비가 1:1000인 HCl과 NaCl 혼합 전해질 속 H^+ 이온의 운반율 t_{H^+}을 계산하면 다음과 같다.

$$t_{H^+} = 1u_{H^+}C_{HCl}/(1u_{H^+}C_{HCl} + 1u_{Na^+}C_{NaCl} + 1u_{Cl^-}(C_{HCl} + C_{NaCl}))$$

$$= u_{H^+}/(u_{H^+} + u_{Na^+}1000 + u_{Cl^-}1001) \ (u_{Na^+} = 5.19 \times 10^{-4}, \text{표 } 2.5)$$

$$= 0.003$$

H^+ 이온의 운반율은 0.3%이다. 이동도가 높은 H^+ 이온일지라도 농도가 낮으면 운반율이 낮다. 그러나 어떤 이유에서 H^+ 이온 농도 기울기가 존재하면 H^+ 이온은 확산을 시작하여 전하 운반에 참여할 수 있다. 예를 들면 H^+ 이온 농도 결정을 위하여 전류 또는 전하량을 측정하고자 할 때, 반응에 참여하지 않는 불활성 전해질을 많이 넣으면(위의 예에서는 NaCl), H^+ 이온은 확산에 의해서만 이동하여 실험 결과의 해석이 단순해진다. 전기화학 실험에서 연구 대상 물질의 전기장 이동을 방지하고 확산 이동만을 위하여 넣는 전해질이 **지지 전해질**(supporting electrolyte)이다.

▶ 접촉 전위

그림 2.15a와 같이 농도가 다른 두 전해질이 이온만 통과시키는 막(membrane)으로 분리되어 혼합되지 않고, 접촉만 하는 상황을 생각해 보자. 전극이 없으므로 외부 전기장도 없다. 접촉면을 경계로 농도 차이가 있으므로 왼쪽 전해질에 있는 이온은 오른쪽 전해질로 확산 이동한다. 양이온의 이동도 u_+가 음이온의 이동도 u_-보다 크다면, 양이온이 음이온보다 먼저 접촉면을 넘는다. 양이온이 계속 오른쪽으로 이동하면 접촉면에서 뒤따르는 음이온과 앞선 양이온 사이에 인력이 발생하여 양이온과 음이온의 이동이 모두 정지된다. 결국 그림 2.15b와 같이 양이온과 음이온의 공간적 분리는 전위차(전압)를 유발한다. 이온이 확산하여 형성된 전하 분리가 만드는 전위차를 **확산 전위**(diffusion potential)라고 한다. 두 전해질이 접촉했을 때 생성된다고 해서 **접촉 전위**(junction potential)라고도 하며, 두 전해질이 막으로 분리되어 있으므로 **막 전위**(membrane potential)라고도 한다.

이온 이동이 정지된 상황은 확산 유동량 J_d와 확산 전위에 의한 전기장 이동 J_m의 방향이 서로

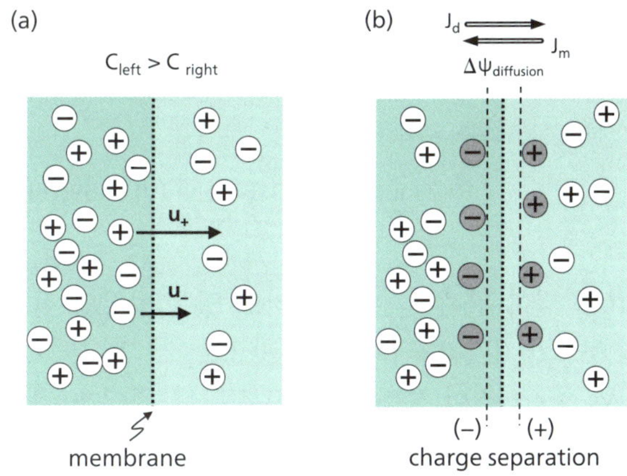

그림 2.15 **확산 전위의 형성.** (a) 확산 이동 속도의 차이. (b) 전하의 분리.

반대이고 그 크기는 같음을 의미한다. 식 (2.43)에서 다음과 같은 표현을 얻을 수 있다.

$$\begin{aligned} J &= i/zF \\ &= -(DC/RT)d\mu_{EC}/dx \\ &= -DdC/dx + (DC/RT)(zF)d\Psi/dx = 0 \end{aligned} \quad \textbf{(2.47a)}$$

$$J_d = -DdC/dx = -(DC/RT)(zF)d\Psi/dx = -J_m \quad \textbf{(2.47b)}$$

그림 2.15b의 상황에서 식 (2.47b)를 dx에 대하여 적분하여 정리하면 확산 전위 $\Delta\Psi_j$와 농도와의 관계는 다음의 식으로 얻어진다.

$$(RT/zF)\ln(C_{left}/C_{right}) + \Delta\Psi_j = 0 \quad \textbf{(2.48)}$$

식 (2.48)은 막을 경계로 농도 차이에 의한 화학 퍼텐셜 차이가 전기 퍼텐셜 차이인 전압 $\Delta\Psi_j$로 나타나는 것을 의미한다.

확산 전위가 형성되기 위해서는 전하의 이동이 필요하다. 따라서 식 (2.48)에 이온의 이동 속도가 반영된 운반율을 도입하면 다음의 식이 얻어진다.

$$-d\Psi_j = (RT/F)\sum_i(t_i/z_i)d\ln A_i \quad \textbf{(2.49)}$$

식 (2.49)는 농도와 무관한 운반율을 가정한다. 활동도 계수가 1이고, 농도 변화가 선형이라고 가정하면 확산 전위는 다음과 같은 Henderson 식으로 표현된다.

$$\begin{aligned} -\Delta\Psi_j = (RT/F)\{[\textstyle\sum_i(|z_i|u_i/z_i)(C_{right} - C_{left})]/[\sum_i(|z_i|u_i)(C_{right} - C_{left})]\} \\ \times \ln(\textstyle\sum_i|z_i|u_iC_{right}/\sum_i|z_i|u_iC_{left}). \end{aligned} \quad \textbf{(2.50)}$$

확산 전위는 접촉 용액의 활동도 차이와 구성 이온의 이동도 차이에 기인한다는 사실을 기억해야 한다.

참고 (RT/F)ln[x]

상수(R = 8.314 $JK^{-1}mol^{-1}$, T = 298.15 K, F = 9.649 × 10^4 $Cmol^{-1}$)와 상용 log를 자연 ln으로 변환하면, 다음의 관계가 성립한다(단위에 주목하라).

$$RT/F\ln[x] = 0.05916\log[x]\ (V) = 59.16\log[x]\ (mV)$$

그림 2.16과 같이 전해질들이 접촉하고 있는 상황의 접촉 전위를 계산해 보자. 우선 그림 2.16a와 같이 농도가 각각 0.1과 0.01 M HCl(u_{H^+} = 36.25 × 10^{-4} $cm^2s^{-1}V^{-1}$, u_{Cl^-} = 7.912 × 10^{-4} $cm^2s^{-1}V^{-1}$) 전해질이 접촉하고 있는 상황에 식 (2.50)을 적용하여 접촉 전위를 계산하면 다음과 같다.

$$\begin{aligned}-\Delta\Psi_j &= (RT/F)\{[(0.01 - 0.1)u_{H^+} - (0.01 - 0.1)u_{Cl^-}] \\ &\quad /[(0.01 - 0.1)u_{H^+} + (0.01 - 0.1)u_{Cl^-}]\} \\ &\quad \times \ln[(0.01u_{H^+} + 0.01u_{Cl^-})/(0.1u_{H^+} + 0.1u_{Cl^-})] \\ &= -38\ mV\end{aligned}$$

계산된 접촉 전위 38 mV는 그림 2.16a의 윗부분에 표시한 것과 같이 0.01 M HCl 전해질의 전위가 더 높음을 의미한다. 이는 H^+ 이온이 더 빠르므로 0.01 M 전해질에 양의 전하층이 생기고, 상대적으로 느린 Cl^- 이온이 0.1 M 전해질에 남아 음의 전하층을 생성하기 때문이다(그림 2.16a의 아랫부분).

그림 2.16b는 0.1 M HCl 전해질과 0.01 M HCl 전해질이 1.0 M KCl 전해질을 사이에 두고 접촉하고 있는 상황을 묘사한다. 이때 KCl 전해질(u_{K^+} = 7.619 × 10^{-4} $cm^2s^{-1}V^{-1}$)은 두 HCl을 연결하는 염다리이다. 먼저 용액 I과 II 사이의 접촉 전위를 식 (2.50)에 의해 다음과 같이 계산한다.

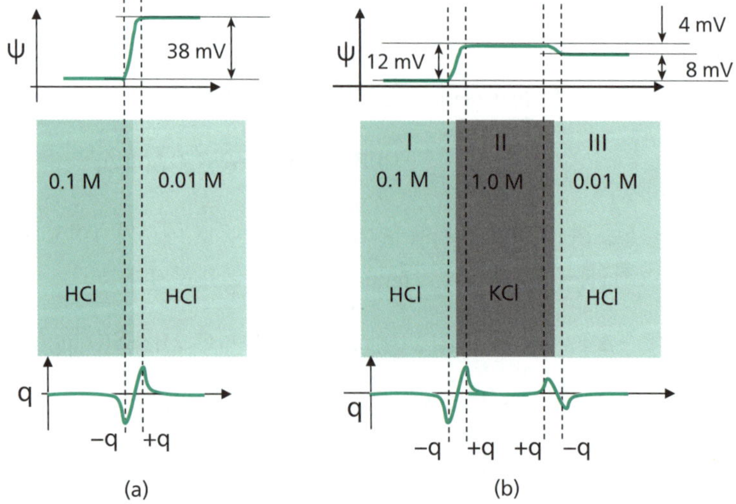

그림 2.16 **확산 전위와 염다리.** (a) 염다리가 없을 때. (b) 염다리가 있을 때.

$$
\begin{aligned}
-\Delta\Psi_{j,I-II} &= (RT/F)\{[(1.0-0)u_{K^+} + (0-0.1)u_{H^+} - (1.0-0.1)u_{Cl^-}] \\
&\quad /[(1.0-0)u_{K^+} + (0-0.1)u_{H^+} + (1.0-0.1)u_{Cl^-}]\} \\
&\quad \times \ln[(1.0u_{K^+} + 1.0u_{Cl^-})/(0.1u_{H^+} + 0.1u_{Cl^-})] \\
&= +12\ \text{mV}
\end{aligned}
$$

용액 I과 II 사이의 접촉 전위 +12 mV는 K^+ 이온보다 Cl^- 이온이 더 빠르므로 용액 I에 Cl^- 에 의한 음이온 층이 형성되었음을 의미한다. 같은 방법으로 계산한 용액 II과 III 사이의 접촉 전위 $\Delta\Psi_{j,II-III}$는 −4 mV이며, 빠르게 이동하는 Cl^- 이온의 전하층이 용액 III에 생성되었다는 것을 인식할 수 있다. 그러므로 용액 I과 용액 III 사이의 전압은 +8 mV가 된다. 그림 2.16a에서 이동도 차이가 큰 이온들로 구성된 HCl 전해질의 접촉 전위는 38 mV로 크지만, 이동도가 비슷한 KCl 전해질로 두 전해질을 연결(bridging)하면 접촉 전위를 8 mV로 줄일 수 있다. 그러므로 염다리에 사용되는 전해질은 구성 이온의 이동도가 비슷해야 한다. 주로 사용되는 전해질은 KCl($t_+ = 0.49$), KNO_3($t_+ = 0.51$), CsCl($t_+ = 0.5025$), RbBr($t_+ = 0.4958$), NH_4I($t_+ = 0.49$)이다. 또한 접촉 전위의 형성을 주도하는 염다리 전해질의 농도가 높아지면 접촉 전위가 감소한다.

부록

A. 전기의 이해

전하 +q의 중심 전하(central charge)를 향해 전하 q′의 시험 전하가 접근하고 있는 상황을 고려해 보자. 두 전하의 부호가 같으면 반발력이 작용하고, 반대이면 인력이 작용한다. 두 전하 사이의 거리가 r일 때, 두 전하 사이의 전기힘 F는 다음과 같다.

$$F = qq'/4\pi\varepsilon_0\varepsilon_r r^2 \tag{A2.1}$$

식 (A2.1)에서 ε_0과 ε_r은 각각 진공 유전 상수(vacuum dielectric constant 또는 permittivity of free space)와 전하가 존재하는 매질(medium)의 비유전 상수(relative permittivity 또는 dielectric constant)이다. ε_r은 매질의 유전율 ε와 ε_0의 비율($\varepsilon_r = \varepsilon/\varepsilon_0$)이다. $\varepsilon_0 = 8.85419 \times 10^{-12}$ F/m(또는 $C^2N^{-1}m^{-2}$)이므로, ε은 ε_0와 단위가 같고, ε_r은 단위가 없다.

한편 q와 q′의 거리가 r일 때, 두 전하의 **퍼텐셜 에너지 U**는 q′이 거리 ∞에서 거리 r까지 이동하면서 외부에 하는 일로 정의하며 다음과 같이 표현된다.

$$U = -\int_\infty^r \mathbf{F}dr = -\int_\infty^r (qq'/4\pi\varepsilon_0\varepsilon_r r^2)dr = qq'/4\pi\varepsilon_0\varepsilon_r r \tag{A2.2}$$

그러므로 두 전하의 부호가 같으면 U > 0이므로 묶이지 않은 계(unbound system)가 되고, 반대이면 U < 0이므로 묶인 계(bound system)가 된다.

식 (A2.2)를 보는 관점은 두 가지이다.

식 (A2.2)를 시험 전하 q′의 양과 부호가 변화하는 관점에서 보자. 식 (A2.2)를 q′에 대하여 미분하면 다음과 같다.

$$dU/dq'_{(q,r\,=\,\text{constant})} = q/4\pi\varepsilon_0\varepsilon_r r = \Psi \tag{A2.3}$$

표 A2.1 전하 +ze 이온의 농도가 C인 용액과 연관된 여러 물리화학적 용어의 정의와 단위

	전기	화학	참고
작용하는 성질 (operating property)	전하, q C	화학 물질의 농도, C $molm^{-3}$	MKS 단위를 기준으로 농도 C의 단위로 $molm^{-3}$를 사용 표시
퍼텐셜 에너지 (potential energy)	U J	ΔG J	
퍼텐셜 (potential)	$\Psi = dU/dq$ $= q/4\pi\varepsilon_r\varepsilon_0 r$ JC^{-1}	$\mu = (dG/dn)_{P,T}$ $= \mu° + RT\ln C$ $J/(molm^{-3}) = Jm^3mol^{-1}$	n: 이온의 mol 수 μ°: 표준 상태의 화학 퍼텐셜
장 (場, field)	$-d\Psi/dx$ $JC^{-1}m^{-1} = Vm^{-1}$	$-d\mu/dx$ $Jm^3mol^{-1}m^{-1} = Jm^2mol^{-1}$	거리(공간) 변화에 따른 퍼텐셜 변화
힘 (force)	$-q(d\Psi/dx) = -zF(d\Psi/dx)$* $(mol)(Cmol^{-1})(JC^{-1}m^{-1}) = Jm^{-1}$	$-C(d\mu/dx)$ $(molm^{-3})(Jm^2mol^{-1}) = Jm^{-1}$	F: Faraday 상수
일 (work)	$\int[-zeF(d\Psi/dx)]dx$ J	$\int[-C(d\mu/dx)]dx$ J	

* +ze의 전하를 갖고 농도가 C인 이온의 화학 퍼텐셜에 의한 힘과 전기 퍼텐셜 Ψ에 의한 힘을 비교하기 위해서는 비교하는 양이 같아야 한다. mol 단위를 기준으로 하면 Avogadro 수(N_A)의 이온이 전해질에 있으므로 이온 1 mol의 전하량은 $+zeN_A = +zF$이다.

식 (A2.3)의 Ψ는 중심 전하 q와 거리 r이 일정한 상황에서 q′에 따른 U의 변화 비율이다. 전하량이 +1 C인 시험 전하 q′의 퍼텐셜 에너지, 즉 단위 전하량에 대한 퍼텐셜 에너지를 **전기 퍼텐셜**(electrical potential) Ψ로 정의한다(Ψ를 전위라고도 함). 그러므로 Ψ의 단위는 J/C (= V)이다. 양이온 A^+와 B^+가 r이라는 거리에 떨어져 있는 고체 결정에서 B^+ 이온이 B^{2+} 이온으로 산화되는 화학적인 예를 생각해 보자. 식 (A2.2)에 의하면 q′이 +1e에서 +2e로 전하가 증가하였으므로 퍼텐셜 에너지는 산화 과정에서 증가한다. $\Delta q' = +e$이므로 증가한 퍼텐셜 에너지 ΔU는 +eΨ이다($\Delta U = +e\Psi$). 그러므로 전기 퍼텐셜 또는 전위 Ψ는 시험 전하 변화량에 따른 퍼턴셜 에너지 변화를 결정하는 물리량이다.

시험 전하 q′이 이동하여 거리 r이 변화하는 관점에서 식 (A2.2)를 보자. 식 (A2.3)을 r에 대하여 미분하면 다음과 같은 식이 얻어진다.

$$-d\Psi/dr_{(q\,=\,\text{constant})} = +q/4\pi\varepsilon_0\varepsilon_r r^2 \quad \textbf{(A2.4a)}$$

$$= +F/q' \quad \textbf{(A2.4b)}$$

$$= +E \quad \textbf{(A2.4c)}$$

식 (A2.4a)는 q′가 이동할 때, 전위의 변위를 의미한다. 식 (A2.1)을 식 (A2.4a)에 대입하면 식 (A2.4b)가 얻어지는데, 이는 시험 전하 q′이 받는 전기힘 F를 의미한다. 식 (A2.4c)는 F/q′를 **전기장**(electric field) **E**로 정의한다. 중심 전하 q가 있으면 q는 식 (A2.4a)로 표현되는 전기장을 만들어내고, 시험 전하 q′은 전기장에서 전기힘을 받아 공간에서 이동한다. 전기장 단위는 $JC^{-1}m^{-1}$(=

Vm^{-1})이다. q과 q′의 부호가 같으면 척력이 작용하여 거리 r이 증가하므로, q′은 퍼텐셜(전위)이 감소하는 방향으로 이동한다. 반대로 q과 q′의 부호가 다르면 인력이 작용하여 거리 r이 감소하므로, q′는 퍼텐셜(전위)이 감소하는 방향으로 이동한다. 결론적으로 q과 q′의 부호와 무관하게 q′는 퍼텐셜(전위)이 감소하는 방향으로 힘을 받아 이동한다. q과 q′의 부호는 물리적인 이동 방향을 결정한다.

지금까지 논의한 물리 법칙과 전기화학을 연결할 필요가 있다. 물리에서 전기와 관련된 기준 q는 +1 C의 양전하이다. 전기화학의 산화·환원 반응은 q′를 변화시켜 전기 퍼텐셜(전위)을 변화시킨다. 한편 전기 퍼텐셜(전위)의 공간적 차이에 따른 이온의 이동은 전해질의 이온 전도를 설명한다. 그러므로 전기화학적으로 반응하는 물질과 이동하는 이온의 전기 퍼텐셜 에너지는 변화한다. 전기화학을 명확하게 이해하기 위해서는 전기힘, 전기 퍼텐셜 에너지, 전기 퍼텐셜(전위)과 전기장에 대한 뚜렷한 구분과 이해가 필요하다.

전기화학의 논의 과정에 전기적 용어와 화학적 용어가 혼재되어 사용된다. 그러나 혼용되는 용어는 개념적으로 동일하지만 표현에서 차이가 있다. 전기에서는 전하가 주된 관심사이지만 화학에서는 물질의 상태와 양이 주된 관심사이다. 그러므로 전기에서는 전하의 양과 부호가 전기 퍼텐셜 에너지를 결정하지만, 화학에서는 물질의 농도와 상태가 화학 퍼텐셜 에너지를 결정한다. 그 예가 전기 퍼텐셜은 식 (A2.3)으로 표현된다. 반면 화학 퍼텐셜은 열역학에서 다음의 식에 의하여 표현된다.

$$\mu = (dG/dn)_{P,T} = \mu^\circ + RT\ln C \qquad \textbf{(A2.5)}$$

식 (A2.5)에서 μ°는 화학의 표준 상태를 기준으로 정의되는 표준 퍼텐셜이며, RTlnC는 표준 상태에서 농도가 벗어난 정도를 고려한 항이다. 식 (A2.3)과 (A2.5)를 비교하면 유사한 점이 있다. 두 물리량 모두 퍼텐셜 에너지에서 각각 전하와 물질의 농도 변화로 정의된다. 표 A2.1에 제시한 바와 같이 다른 물리량의 정의도 유사하다. 그러므로 전기적 환경과 화학적 환경에서 같은 개념의 물리량 단위가 모두 같다. 전기적 환경과 화학적 환경을 연결하는 고리가 환원 전위이다(제1장).

B. 커패시터와 유전상수

부록 A에서 전하에 의한 전기 퍼텐셜 에너지를 소개하였다. 유전율 $\varepsilon(=\varepsilon_0\varepsilon_r)$이 식 (A2.1~A2.4)에 모두 포함되는데, 전기 퍼텐셜 에너지를 결정하는 매우 중요한 개념이다. 전기화학에서 커패시터(capacitor)와 커패시턴스(capacitance)는 반드시 이해해야 하는 중요한 개념이므로 유전율과 함께 설명한다.

그림 A2.1a와 같이 진공에서 d만큼의 거리로 분리된 두 개의 전극(면적 A)에 전압 V를 인가하면, 전극은 q_{vac}의 전하로 충전된다. 전하를 충전하는 이러한 장치를 커패시터라고 하며, 충전할 수 있는 용량(capacity)을 커패시턴스 C라고 한다. 커패시턴스와 전압과의 관계는 아래와 같다.

$$C_{vac} = q_{vac}/V \qquad \textbf{(A2.6)}$$

커패시턴스의 단위는 F(farad)이며, $1\ F = 1\ CV^{-1}$이다. 그림 A2.1a의 경우, 커패시턴스 C는 다음과 같이 표현된다.

$$C_{vac} = \varepsilon_0 A/d \qquad \textbf{(A2.7)}$$

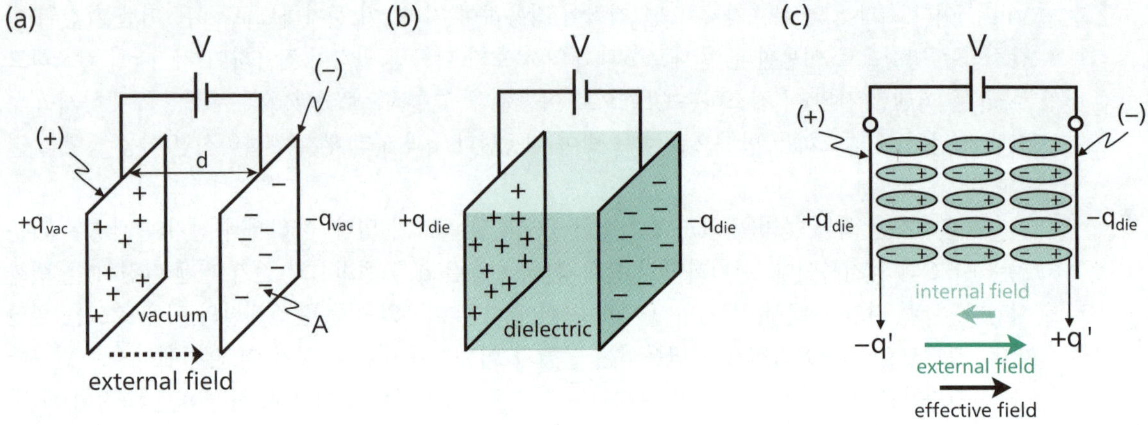

그림 A2.1 **커패시터와 유전체.** (a) 진공 커패시터. (b) 유전체 커패시터. (c) 유전체 커패시터의 전기장.

그림 A2.1b와 같이 두 전극 사이에 나일론 혹은 종이 등의 유전체를 넣으면 충전하는 전하량이 증가한다. 다시 말해 유전체(dielectric)를 두 전극 사이에 삽입하면 커패시턴스가 증가한다. 그 이유는 그림 A2.1c에서 같이 외부에서 전극에 전압을 인가하면 유전체를 구성하는 물질이 외부 전기장에 의하여 분극(polarization)되어 유도 전기 쌍극자를 형성하기 때문이다. 이러한 쌍극자는 외부 전기장의 반대 방향으로 정렬하여 내부 전기장을 형성하여, 두 전극 사이의 실효 전기장을 감소시킨다. 따라서 인가된 외부 전압 V와 실효 전기장이 같아지기 위해서는 충전되는 전하량(q_{die})이 그림 A2.1a보다 더 커져야 한다. 그림 A2.1b의 커패시터 커패시턴스는 아래와 같다.

$$C_{die} = q_{die}/V \qquad \textbf{(A2.8)}$$

$q_{die} > q_{vac}$이고 V는 일정하므로 $C_{die} > C_{vac}$이다. 유전체를 삽입하면 커패시턴스가 증가한다. 유전체가 삽입된 C_{die}는 유전체의 유전율 ε으로 표현하면 아래와 같다.

$$C_{die} = \varepsilon A/d = \varepsilon_r \varepsilon_0 A/d \qquad \textbf{(A2.9)}$$

진공, 건조한 공기와 물의 비유전 상수 ε_r의 값은 1.00000, 1.00059, 78.49이다. 식 (A2.8)과 (A2.9)을 연결하면 다음의 식이 얻어진다.

$$q_{die}/V = \varepsilon_r \varepsilon_0 A/d \qquad \textbf{(A2.10)}$$

q_{die}, A와 d가 일정한 조건에서 ε_r의 값이 증가할수록 V의 값은 감소한다. V의 값은 커패시터의 실효 전기장 세기를 의미하므로, 일정한 크기의 전하가 만드는 전기장 세기는 유전율이 큰 물질에서 거리에 따라 빠르게 감소한다.

주요 용어

이온-용매 상호 작용	활동도와 활동도 계수	무작위 걸음
이온-이온 상호 작용	Debye-Hückel 법칙	이동도
이온 분위기	확산	전기화학 퍼텐셜
Debye 길이	전기장 이동	운반율
이온 세기	대류	접촉 전위

연습 문제

2.1 전해 물질 $Li^+(PF_6)^-$를 적절한 용매에 녹인 전해질이 Li 이온 배터리에 사용된다. 그러한 전해질에서 이온 전도는 Li^+ 이온이 주로 담당한다. 용매가 만족해야 할 여러 가지 성질 중에서 용매의 점성은 작고 비유전율은 커야 한다. 그 이유를 이온-용매 상호작용과 이온 이동의 관점에서 설명하라.

2.2 0.01 M NaCl 수용액의 Cl^- 이온 주변에 형성된 이온 분위기의 크기 Debye 길이 r_D를 생각해 보자. 식 (2.5)~(2.7)을 참고하여 다음과 같이 용액의 성질을 변화했을 때 r_D의 증감 방향을 예측하고, 화학적·물리적 이유를 설명하라.

(a) 불활성 전해질 KNO_3 첨가

(b) 용매를 물($\varepsilon_s = 78.49$)에서 ethylene carbonate($\varepsilon_s = 89.6$)로 교환

(c) 온도 T 증가

2.3 0.1 M KCl 용액이 이온만 통과하는 막을 경계로 0.1 M NaCl 용액과 0.1 M HCl 용액과 각각 아래와 같이 분리되어 있다. Ψ(KCl 용액) = 0 V일 때, 표 2.5를 참조하여 NaCl 용액과 HCl 용액의 전위 부호와 절대값을 반정량적으로 비교하라.

$$0.1\text{ M KCl} \mid 0.1\text{ M NaCl},\quad 0.1\text{ M KCl} \mid 0.1\text{ M HCl}$$

2.4 농도비가 1:1000인 HCl과 NaCl 혼합 전해질 속 H^+ 이온의 운반율 t_{H^+}를 식 (2.46)을 이용하여 계산하면 0.003이다. Na^+와 Cl^- 이온의 운반율을 계산하라.

2.5 0.01 M KCl 용액과 0.01 M LiCl 용액이 이온만 통과하는 막으로 분리되어 있다. Li^+과 K^+ 이온의 이동도는 각각 4.010×10^{-4}과 7.619×10^{-4} $cm^2s^{-1}V^{-1}$이다(표 2.5). 다음의 질문에 답하라.

(a) 제시한 이동도는 무한 희석된 용액의 한계 당량 전도도($\lambda°$)에서 $u = \lambda°/zF$로 계산한 이동도이며, 이동도는 Li^+ 이온이 K^+ 이온보다 작다. 그러나 고체 이온성 결정에서 측정한 이온 크기는 Li^+ 이온이 K^+ 이온보다 작다(표 2.1). 무한 희석 조건에서 Li^+과 K^+ 이온의 이동도와 이온 크기의 관계를 설명하라.

(b) 어떤 이온이 이동하여 접촉 전위가 발생하는가?

(c) 식 (2.50)을 이용하여 접촉 전위를 계산하라.

제 3 장 전기화학 전지의 전위차 측정

차례

3.1 ▸ 환원 전위 측정을 위한 전지
3.2 ▸ 농도와 전지 전압
3.3 ▸ Nernst 식의 응용
3.4 ▸ 지시 전극의 유형
3.5 ▸ 기준 전극
3.6 ▸ 이온 선택성 전극

전기화학 전지의 전위차는 각 전극의 환원 반응성 차이를 의미한다. 그러므로 올바르게 측정된 전지의 전위차는 전극의 반응성을 파악할 수 있는 매우 중요한 관찰이다. 또한 전해 전지에서는 전지의 전위차를 제어하여 전기화학 반응의 반응성을 조절한다. 전지의 전위차(전압)를 측정하는 기술인 전위차법(potentiometry)을 소개한다. 또한 전기화학 반응은 아니지만, 이온 이동이 관련된 이온 선택성 전극도 논의한다.

3.1 환원 전위 측정을 위한 전지

그림 3.1은 관심 대상인 산화·환원쌍의 환원 전위를 측정하는 전지를 예시한다. 그림 3.1a에서 평형에 도달한 산화 전극과 환원 전극의 개별 반응은 다음과 같다.

산화 전극: $AgCl(s) + e \rightleftharpoons Ag(s) + Cl^-(aq)$ (KCl 포화 수용액) $E = +0.197\ V$

환원 전극: $Ox + ne \rightleftharpoons Red$

산화 전극은 Ag 선(wire)에 AgCl을 도포한 Ag/AgCl 전극과 KCl 포화 전해질(4.2 M, 25°C)로 구성되어 있다. Ag/AgCl 산화 전극의 환원 전위는 SHE 전극에 대하여 +0.197 V이다. 한편 산화 전극과 환원 전극의 전해질은 다공성 유리막(porous glass membrane)으로 연결되어 있다. 산화 전극과 환원 전극의 전해질은 다공성 유리막의 연결된 많은 작은 구멍(pore)들을 채우게 된다. 따라서 두 전해질은 전기적으로 접촉하지만 쉽게 혼합되지 않으며, 두 용액의 접촉면을 통하여 이온 전도가 가능하다. 다공성 유리막을 사용하면 염다리(제1장)의 번거로움을 피할 수 있다. 전압계의 (−) 단자를 Ag/AgCl 전극에 연결하여 전지 전압(E_{cell})을 측정하면 다음과 같이 관심 대상인 산화·환원쌍의 환원 전위($E_{Ox/Red}$)를 측정할 수 있다.

$$E_{cell} = E_{cat} - E_{an} = E_{Ox/Red} - E_{AgCl/Ag}$$

$$E_{Ox/Red} = E_{cell} + 0.197(V) \quad (3.1)$$

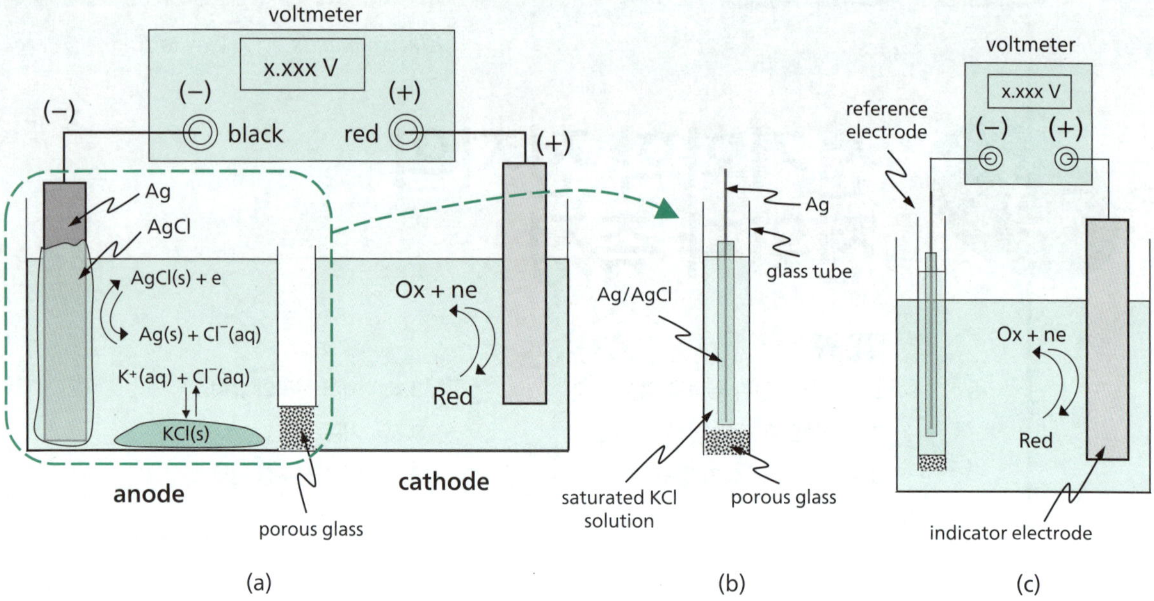

그림 3.1 **산화·환원쌍의 환원 전위를 측정하는 전지.** (a) Ag/AgCl|포화 KCl 용액‖Ox, Red|M 전지. (b) 기준 전극(Ag/AgCl|포화 KCl 용액‖). (c) Ag/AgCl 기준 전극과 지시 전극.

식 (3.1)에 의하여 계산된 또는 측정된 $E_{Ox/Red}$는 SHE의 전위를 기준으로 한 환원 전위이다. 따라서 그림 3.1a의 전지는 표준 수소 전극의 실험적 번거로움(특히 수소 기체를 불어넣어야 하는)을 피하면서 관심 대상인 산화·환원쌍의 환원 전위를 쉽게 측정할 수 있는 전지의 한 예이다.

그림 3.1a의 산화 전극을 더 편리한 형태로 바꿀 수 있다. 그림 3.1a의 점선으로 표시된 부분을 그림 3.1b와 같이 간단히 유리관 안에 넣을 수 있다. 그러면 전지 전압을 측정할 때마다 그림 3.1a의 전극을 만들 필요가 없으며, 보관도 편리하다. 이러한 전극을 이용하여 그림 3.1a와 같은 개념으로 구성한 전지를 그림 3.1c에 도시한다. 그림 3.1b에서 Cl^- 이온의 농도가 일정하다는 조건이 충족되면 산화 전극 전위는 일정하게 유지되고, 전지 전압 측정의 편리한 기준으로 사용할 수 있으므로 유리막을 포함한 산화 전극을 **기준 전극**(reference electrode)이라고 한다. 반면 관심 대상인 산화·환원쌍의 환원 전위($E_{Ox/Red}$)를 나타내는 환원 전극을 **지시 전극**(indicator electrode)이라고 한다. 이러한 방법을 통하여 관심 대상인 산화·환원쌍의 환원 전위를 측정하는 기술이 **전위차법**(potentiometry)이다. 전위차법에서 기준 전극의 전위를 정확하게 알고 있다면(또는 일정하게 유지된다면), 실험의 관심을 연구 대상인 지시 전극에 집중할 수 있다.

전위차법으로 측정된 전지 전압은 기준 전극에 대한 지시 전극의 전위차임을 기억할 필요가 있다. 측정된 전지 전압은 양의 값일 수도 있고, 음의 값일 수도 있다. 양의 값은 지시 전극의 환원 전위가 기준 전극의 환원 전위보다 큼을 의미한다. 그 역도 옳다. 따라서 전위차법에서 전압계의 (−) 단자를 반드시 기준 전극에 연결해야 한다.

3.2 농도와 전지 전압

전위차법으로 측정된 지시 전극 전위와 화학을 연결할 수 있다. 그 실마리는 전지가 에너지 변환 장치라는 것에서 시작한다. 전지는 화학 에너지를 전기 에너지로 바꾸어 두 전극에 연결된 부하가 전기적인 일(work)을 하는 장치이다.

구체적으로 화학 에너지와 전기적인 일의 관계를 살펴보자. 그림 3.2에서 표준 상태에 있는 Zn과 Cu의 전지가 열역학적 계(system)이며, 전지와 연결된 부하가 주위(surrounding)이다.

참고 열역학적 표준 상태

열역학적 표준 상태의 온도는 25°C이다. 물질의 표준 상태는 그 물질의 상태에 의존한다. 기체는 1 atm이며, 고체와 액체는 순수한 상태이다. 용액의 경우, 농도는 1 M이다.

아래의 반응이 표준 상태에서 열역학적 가역 과정(thermodynamic reversible process)을 따라 진행한다고 가정하자.

$$Zn(s) + Cu^{2+}(aq) \rightleftharpoons Zn^{2+}(aq) + Cu(s)$$

화학의 관점에서 계의 화학 에너지 변화 ΔG°_{rxn}을 계산할 수 있다[헤스의 법칙(Hess's law)]. ΔG°_{rxn}은 반응물과 생성물의 표준 생성 Gibbs 자유 에너지(standard formation Gibbs free energy) ΔG°_f를 사용하여 다음과 같이 표현된다.

$$\begin{aligned}\Delta G^\circ_{rxn} &= \Sigma\Delta G^\circ_f(\text{생성물}) - \Sigma\Delta G^\circ_f(\text{반응물}) \\ &= \{\Delta G^\circ_{f,Zn^{2+}} + \Delta G^\circ_{f,Cu}\} - \{\Delta G^\circ_{f,Zn} + \Delta G^\circ_{f,Cu^{2+}}\} \\ &= \Delta G^\circ_{f,Zn^{2+}} - \Delta G^\circ_{f,Cu^{2+}}\end{aligned}$$

전기의 관점에서 주위가 받은 일을 계산해 보자. Zn 원자 한 개가 Cu^{2+} 이온 한 개에 두 개의 전자를 전달하는 2 전자 과정이므로, 1 mol의 Zn가 반응하면 2 mol의 전자가 전압 E°_{cell}을 통해 이동하면서 일을 한다. 정의에 따라 전기적인 일 W를 전하량 Q와 전압 E로 표현하면 다음과 같다.

$$\begin{aligned}W &= QE \ (\text{Q의 단위: C; E의 단위: V}) \\ &= (nF)E^\circ_{cell}\end{aligned}$$

(n = 반응물 1 mol의 반응에 관여하는 전자의 mol 수; F = Faraday 상수)

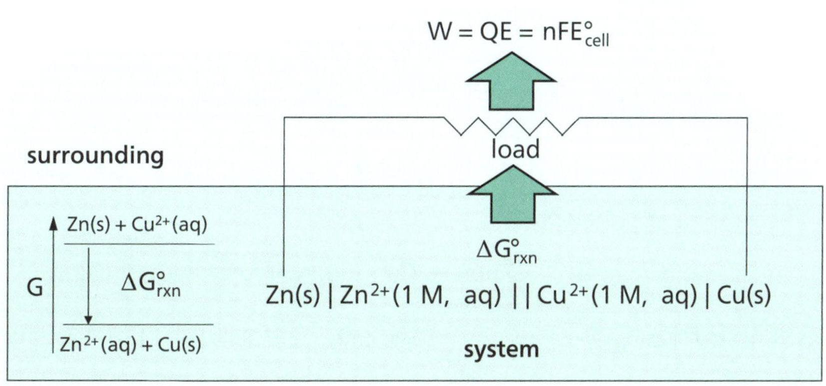

그림 3.2 화학 에너지와 전기 에너지. $Zn(s)|Zn^{2+}(1\ M, aq)\|Cu^{2+}(1\ M, aq)|Cu(s)$ 전지에서 화학 에너지 변화와 전기적인 일.

평형을 유지하면서 반응이 진행하는 열역학적 가역 과정을 가정했으므로, 화학 에너지의 변화(ΔG°_{rxn})는 부하에 의하여 모두 전기적인 일(W)로 변환된다. 다시 그림 3.2로 돌아가 보면, 계의 에너지는 ΔG°_{rxn}만큼 낮아졌고 주위는 W만큼 에너지를 얻었다. 에너지 보존 법칙에 따라 ΔG°_{rxn}와 W의 절대값은 같지만, 그 부호는 서로 반대이다.

$$\Delta G^\circ_{rxn} = -nFE^\circ_{cell} \tag{3.2}$$

$\Delta G^\circ_{f,Zn^{2+}}$와 $\Delta G^\circ_{f,Cu^{2+}}$는 각각 −147.06과 +65.49 $kJmol^{-1}$이므로 ΔG°_{rxn}는 −212.6 $kJmol^{-1}$이고, E°_{cell}은 +1.103 V이므로 전기적인 일 $-nFE^\circ_{cell}$은 −212.7 $kJmol^{-1}$이다(1 VC = 1 J). 다시 말해, 반응 Gibbs 자유 에너지 변화가 전지 전압과 전하량으로 나타난다. *식 (3.2)는 열역학적 가역 과정의 조건에서 성립함*을 기억할 필요가 있다.

비표준 상태에서 전지 반응이 진행한다면 어떤 일이 발생할까? 비표준 상태에서 임의의 물질 X의 Gibbs 자유 에너지는 다음과 같이 표현한다.

$$\Delta G_X = \Delta G^\circ_X + RT\ln A_X \tag{3.3}$$

식 (3.3)에서 A_X, R과 T는 각각 X의 활동도, 기체 상수와 온도(K)이다.

참고 농도의 표시

용액 내 용질의 농도는 몰 농도이고, 기체의 농도는 분압이다.

참고 Fugacity

Fugacity는 기체의 활동도이다.

활동도는 형식 농도 [X]와 활동도 계수 f_X로 다음과 같이 표현된다.

$$A_X = f_X[X] \tag{3.4}$$

따라서 식 (3.3)은 다음과 같이 표현된다.

$$\begin{aligned}\Delta G_X &= \Delta G^\circ_X + RT\ln A_X \\ &= \Delta G^\circ_X + RT\ln f_X[X]\end{aligned} \tag{3.5}$$

다음과 같이 Cu^{2+} 이온과 Zn^{2+} 이온의 활동도가 1이 아닌 비표준 상태에서 가역적 반응이 진행하는 경우를 생각해 보자.

$$Zn(s) + Cu^{2+}(aq) \rightleftharpoons Zn^{2+}(aq) + Cu(s)$$

이 상황에서 ΔG_{rxn}은 다음과 같다(고체 Zn와 Cu의 활동도는 '1'이므로 생략).

$$\begin{aligned}\Delta G_{rxn} &= \Sigma\Delta G(\text{생성물}) - \Sigma\Delta G(\text{반응물}) \\ &= [\Delta G^\circ_{f,Zn^{2+}} + RT\ln A_{Zn^{2+}}] - [\Delta G^\circ_{f,Cu^{2+}} + RT\ln A_{Cu^{2+}}] \\ &= [\Delta G^\circ_{f,Zn^{2+}} - \Delta G^\circ_{f,Cu^{2+}}] + RT\ln(A_{Zn^{2+}}/A_{Cu^{2+}})\end{aligned} \tag{3.6}$$

식 (3.6)에 식 (3.2)의 관계를 대입하면 다음과 같은 식이 얻어진다.

$$-nFE_{cell} = -nFE^{\circ}_{cell} + RT\ln(A_{Zn^{2+}}/A_{Cu^{2+}})$$

이를 정리하면 다음과 같은 **Nernst 식**(Nernst equation)으로 표현된다.

$$E_{cell} = E^{\circ}_{cell} - (RT/nF)\ln(A_{Zn^{2+}}/A_{Cu^{2+}}) \quad (3.7)$$

식 (3.7)에 식 (3.4)를 대입하여 정리하면 다음과 같아진다.

$$\begin{aligned} E_{cell} &= E^{\circ}_{cell} + (RT/nF)\ln(A_{Zn^{2+}}/A_{Cu^{2+}}) \\ &= E^{\circ}_{cell} + (RT/nF)\ln(f_{Zn^{2+}}/f_{Cu^{2+}}) + (RT/nF)\ln([Zn^{2+}]/[Cu^{2+}]) \quad (3.8) \end{aligned}$$

일반적인 산화·환원쌍($Ox + ne \rightleftharpoons Red$)을 Nernst 식으로 다음과 같이 표현한다.

$$\begin{aligned} E &= E^{\circ} - (RT/nF)\ln(A_{Red}/A_{Ox}), \\ &= E^{\circ} - (0.05916/n)\log(A_{Red}/A_{Ox}) \text{ at } 25^{\circ}C \quad (3.9) \end{aligned}$$

Nernst 식과 관련하여 기억해야 하는 두 가지가 있다. 첫째, Nernst 식은 열역학에 근거하여 유도된 식으로 평형 상태에 있는 경우에만 적용할 수 있다. 전류가 흐르는 상황은 열역학적으로 비평형 동적(dynamic) 상황이므로 Nernst 식을 적용할 수 없다. 둘째, 활동도 계수는 이온 세기에 의존한다. 예를 들면 Zn^{2+} 이온의 활동도 계수는 0.1 M $ZnSO_4$ 수용액과 0.1 M $ZnSO_4$ + 0.1 M NaCl 혼합 수용액에서 다르다. 표 3.1은 Fe^{3+}/Fe^{2+} 산화·환원쌍 환원 전위가 용액의 환경에 따라 크게 변함을 예시한다. 환경에 따라 식 (3.8)의 활동도 계수 f가 변화하므로, $[E^{\circ} + (RT/nF)\ln f]$는 특정 환경에서 측정한 환원 전위가 되며, 이를 **형식 환원 전위**(formal reduction potential)라고 한다. 특히 생물학 분야의 전기화학은 생체 환경이라는 특수한 조건에서 고려되므로, 형식 환원 전위의 이해는 중요하다. 따라서 Nernst 식에 의하여 예측된 전위는 화학적 환경에 따라 변할 수 있음을 기억해야 한다.

3.3 Nernst 식의 응용

계산의 편리함을 위하여 아래에서 서술하는 Nernst 식의 응용에 활동도 대신 형식 농도를 사용한다.

표 3.1 반응 환경과 형식 환원 전위의 변화 (25°C, 수용액, SHE 기준)[1]

$Fe^{3+} + e \rightleftharpoons Fe^{2+}$

용액	전위(V)
1 M HCl	0.70
10 M HCl	0.53
1 M $HClO_4$	0.735
1 M H_2SO_4	0.68
2 M H_3PO_4	0.46

[1] A.J. Bard, L.R. Faulkner, Electrochemical Methods: fundamental and applications, 2nd Ed, Wiley, 2001.

▶ 농도차 전지

그림 3.3a에서 전지의 산화 전극과 환원 전극의 구성은 같으며, 단지 Zn^{2+} 이온의 농도가 다르다. 두 전극의 반응을 다음과 같이 표현할 수 있다.

산화 전극: $Zn^{2+} + 2e \rightleftharpoons Zn,\ E^{\circ}_{Zn^{2+}/Zn} = -0.763\ V$

환원 전극: $Zn^{2+} + 2e \rightleftharpoons Zn,\ E^{\circ}_{Zn^{2+}/Zn} = -0.763\ V$

각 전극의 상황을 적용한 Nersnt 식은 다음과 같다.

산화 전극: $E_{an} = E^{\circ}_{Zn^{2+}/Zn} - (0.059/2)\log([Zn]/[Zn^{2+}]_{an})$

환원 전극: $E_{cat} = E^{\circ}_{Zn^{2+}/Zn} - (0.059/2)\log([Zn]/[Zn^{2+}]_{cat})$

전지 전압 E_{cell}은 다음과 같다.

$$
\begin{aligned}
E_{cell} &= E_{cat} - E_{an} \\
&= [E^{\circ}_{Zn^{2+}/Zn} - (0.059/2)\log([Zn]/[Zn^{2+}]_{cat}] - [E^{\circ}_{Zn^{2+}/Zn} - (0.059/2)\log([Zn]/[Zn^{2+}]_{an}] \\
&= (0.059/2)\log[[Zn^{2+}]_{cat}/[Zn^{2+}]_{an}] \\
&= (0.059/2)\log(1.0/0.01) = 0.059\ V
\end{aligned}
$$

전지 전압이 양의 값이므로, 그림 3.3의 전지와 부하를 연결하면 산화 전극에서는 산화 반응이 일어나 Zn^{2+} 이온 농도가 증가하고, 환원 전극에서는 환원 반응이 일어나 $Zn^{2+}(aq)$ 농도가 감소한다. 이상적으로 이 전지 반응은 두 전극의 Zn^{2+} 이온의 농도가 같아질 때까지 진행한다. 한편 Zn^{2+} 이온의 농도가 다른 두 용액이 이온만을 통과시킬 수 있는 막에 의하여 분리된 상황을 그림 3.3b에 도시하였다. 식 (3.3)에 의하여 농도가 높은 용액의 화학 퍼텐셜이 높으므로 농도가 높은 용액의 Zn^{2+} 이온은 농도가 낮은 용액으로 이동할 것이다. 전기적 중성을 유지하기 위하여 음이온도 이동해야 하는데, Zn^{2+} 이온와 음이온의 운반율이 같다면 확산 전류가 생성되지 않으므로 양쪽의 농도가 같아질 때까지 이동할 것이다. 그림 3.3b에 예시한 Zn^{2+} 이온의 물리적 공간 이동은 그림 3.3a의 산화 반응과 환원 반응에 의한 농도 변화와 같다. 두 전극에 있는 반응 물질의 농도 차이에 의한 전지를 **농도차 전지**(concentration cell)라고 한다. 농도차 전지는 농도 차이에 따른 화학 퍼텐셜 차이를 전기 퍼텐셜 차이로 변환하는 전지이다.

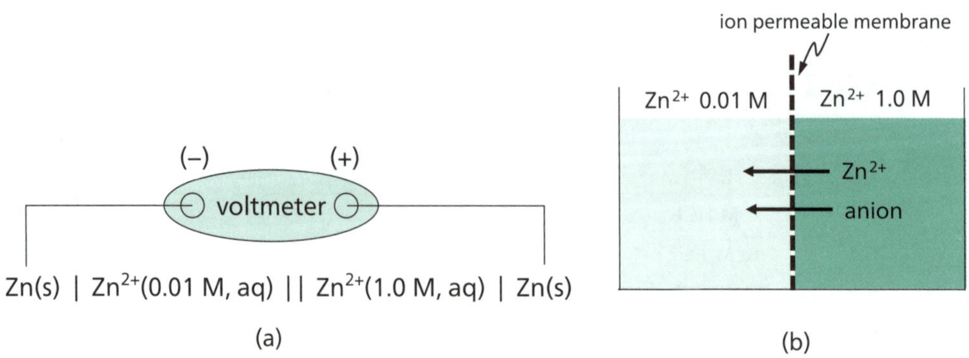

그림 3.3 **농도차 전지.** (a) $Zn(s)|Zn^{2+}(0.01\ M, aq)\|Zn^{2+}(1.0\ M, aq)|Zn(s)$ 전지. (b) =이온 투과 막으로 분리된 농도가 다른 Zn^{2+} 용액 사이 이온의 이동.

▶ 전극 반응과 연관된 화학 평형 반응

전지 반응에 참여하는 산화·환원쌍이 다른 화학 반응과 연계되는 경우, 연계된 화학 반응이 전지 전압에 영향을 준다. Zn^{2+} 이온이 NH_3와 반응하여 착화합물(complex)을 형성하는 경우를 예로 살펴보자.

산화·환원 반응: $$Zn^{2+} + 2e \rightleftharpoons Zn,\ E^{\circ}_{Zn^{2+}/Zn} \quad (3.10)$$

화학 반응: $$Zn^{2+} + nNH_3 \rightleftharpoons Zn(NH_3)_n^{2+}\ (n = 1\sim4) \quad (3.11)$$

산화·환원 반응과 착화합물의 반응이 같은 공간에서 일어나면, Zn^{2+} 이온이 두 반응의 공통 이온이므로 두 반응은 연계된다. 착화합물 형성 상수는 매우 크므로 $Zn(NH_3)_n^{2+}$ 착화합물 형성 반응[식 (3.11)]의 평형은 오른쪽으로 이동하고, 산화·환원 반응[식 (3.10)]은 왼쪽으로 이동한다. 결과적으로 전기화학 반응에 참여하는 Zn^{2+} 이온 농도는 감소하게 되어 전지 전압도 변화하게 된다. 따라서 산화·환원 반응과 연결된 화학 반응의 존재 여부에 따른 전지 전압의 이해는 매우 중요하다.

아래에서 전기화학 반응과 화학 반응이 연결된 몇 가지를 살펴보자. 그림 3.4a는 SHE를 산화 전극으로, 고체 AgCl(s)과 평형에 있는 Ag(s) 전극을 환원 전극으로 구성한 전지를 보여준다. 산화 전극이 SHE이므로 전지 전압은 환원 전극의 전위와 같다. 따라서 환원 전극만을 설명한다. 환원 전극에서는 그림 3.3b와 같이 아래의 두 가지 반응이 연계된다.

산화·환원 반응: $$Ag^{+} + e \rightleftharpoons Ag,\ E^{\circ}_{Ag^{+}/Ag} = 0.799\ V \quad (3.12)$$

화학 반응: $$Ag^{+} + Cl^{-} \rightleftharpoons AgCl(s),\ K_{sp} = 1.8\times10^{-8} \quad (3.13)$$

Ag 전극의 전위는 다음과 같은 과정을 거쳐 AgCl의 이온곱 상수(K_{sp})를 포함하는 식으로 표현할 수 있다.

$$\begin{aligned} E_{cell} = E_{cat} &= E^{\circ}_{Ag^{+}/Ag} + (RT/nF)\ln[Ag^{+}] \leftarrow K_{sp} = [Ag^{+}][Cl^{-}]\text{를 대입} \\ &= E^{\circ}_{Ag^{+}/Ag} + (RT/nF)\ln([Cl^{-}]/K_{sp}) \\ &= E^{\circ}_{Ag^{+}/Ag} - (RT/nF)\ln K_{sp} + (RT/nF)\ln[Cl^{-}] \\ &= \text{constant} + (RT/nF)\ln[Cl^{-}] \quad (3.14) \end{aligned}$$

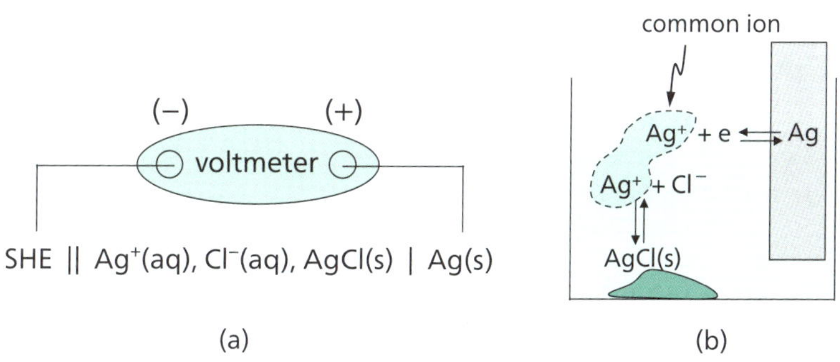

그림 3.4 **침전 반응과 연계된 전기화학 반응.** (a) SHE || Ag^{+}(aq), Cl^{-}(aq) | Ag(s) 전지. (b) 연계 모식도.

한편 식 (3.12)와 식 (3.13)의 역반응을 합하면, 그림 3.3a의 환원 전극에서 일어나는 전체 반응은 다음과 같다.

$$AgCl(s) + e \rightleftharpoons Ag + Cl^- \qquad (3.15)$$

식 (3.15)가 표현하는 산화·환원쌍의 Nernst 식은 다음과 같다.

$$E_{cell} = E_{cat} - E_{an} = E^\circ_{AgCl/Cl^-} + (RT/nF)\ln[Cl^-] \qquad (3.16)$$

식 (3.14)와 식 (3.16)을 비교하면, 다음과 같은 결론에 도달한다.

$$E^\circ_{AgCl/Cl^-} = E^\circ_{Ag^+/Ag} - (RT/nF)\ln K_{sp} = 0.799\ V + (0.059/1)\log(1.8 \times 10^{-8}) = 0.224\ V$$

표 1.3에서 E°_{AgCl/Cl^-}는 0.222 V로 실험 정밀도와 활동도 차이 등을 고려하였을 때 두 값은 같다. 식 (3.12)에서 출발하여 식 (3.14)에 이르는 과정은 헤스의 법칙을 적용하는 과정이므로 식 (3.12)와 식 (3.15)는 같은 정보를 가지고 있다.

한가지 강조하고 싶은 점은 만약 $E^\circ_{Ag^+/Ag}$를 알고 있고 $[Cl^-]$를 제어한다면, AgCl의 K_{sp} 값을 식 (3.14)를 이용하여 구할 수 있다. Cl^- 이온이 없는 $AgNO_3$ 용액에서 $Ag^+ + e \rightleftharpoons Ag$ 산화·환원쌍의 $E^\circ_{Ag^+/Ag}$를 측정하고, $AgNO_3$ 용액에 알고 있는 양의 Cl^-를 넣어 AgCl의 K_{sp}를 결정할 수 있다. 한편 식 (3.16)을 이용하면 Cl^-의 활동도를 측정할 수 있다.

또 다른 예는 그림 3.5에 도시한 바와 같이 환원 전극이 약산 HA와 그 짝염기 A^-로 구성된 완충 용액의 H^+ 이온이 $H_2(g)$와 Pt 전극 표면에서 평형을 이루고 있는 전지이다. 다음과 같은 두 반응이 서로 연계되어 있다.

산화·환원 반응: $H^+ + 2e \rightleftharpoons 1/2H_2(g),\ E^\circ_{H^+/H_2} = 0.0\ V$ (3.17)

화학 반응: $HA \rightleftharpoons H^+ + A^-,\ K_a$ (3.18)

전지 전압은 아래의 과정을 거쳐 약산의 해리 상수 K_a가 포함된 식으로 표현할 수 있다.

$$\begin{aligned} E_{cell} = E_{cat} &= E^\circ_{H^+/H_2} - (RT/nF)\ln[H^+] \\ &= E^\circ_{H^+/H_2} + 0.059pH \leftarrow pH = pK_a + \log([A^-]/[HA])\text{를 대입} \\ &= E^\circ_{H^+/H_2} + 0.059pK_a + 0.059\log([A^-]/[HA]) \\ &= 0.059pK_a + 0.059\log(C_b/C_a) \end{aligned} \qquad (3.19)$$

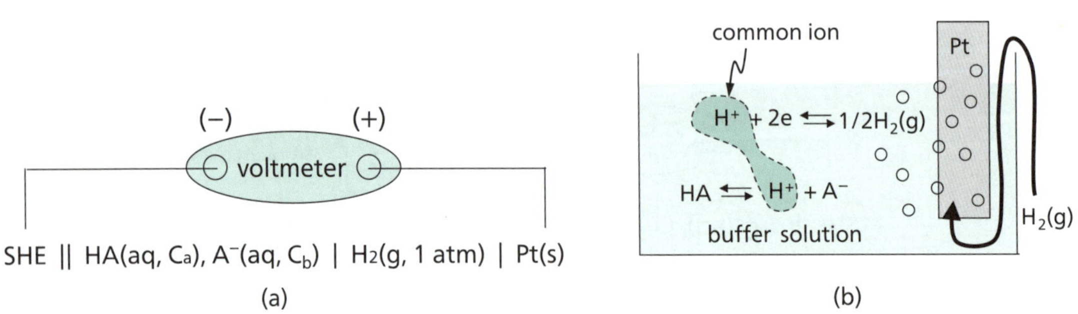

그림 3.5 **산/염기 반응과 연계된 전기화학 반응.** (a) SHE‖HA(aq, C_a), A^-(aq, C_b)|H_2(g, 1 atm)|Pt(s) 전지. (b) 연계 모식도.

산의 농도 C_a와 짝염의 농도 C_b는 실험 변수, 즉 제어되는 독립 변수이므로 약산 HA의 K_a를 전위차법으로 측정할 수 있다.

결론적으로 주어진 상황에서 측정한 지시 전극의 전위를 해석할 때, 관심의 대상인 산화·환원쌍의 평형에 영향을 미치는 다른 화학 반응의 존재 여부를 확인해야 한다.

3.4 지시 전극의 유형

전위차법으로 측정하고자 하는 산화·환원쌍(Ox + ne $\rightleftharpoons$ Red)의 형태에 따라 지시 전극을 네 가지 유형으로 분류할 수 있다.

유형 1. Ox와 Red가 모두 전해질에 있는 경우, 지시 전극은 불활성 도체이다. 예를 들면 $Fe^{3+}(aq)/Fe^{2+}(aq)$의 경우, 산화·환원 반응에 참여하지 않는 불활성 Pt를 지시 전극으로 사용한다. 불활성 지시 전극으로 사용할 수 있는 전극은 Pt, Au, C 등이 있다. 예로 제시한 지시 전극의 전위(E_{ind})는 다음과 같다.

$$E_{ind} = E^{\circ}_{Fe^{3+}/Fe^{2+}} - (0.059/2)\log(A_{Fe^{2+}}/A_{Fe^{3+}})$$

위의 식에서 알 수 있듯이, 이 유형의 경우 Ox와 Red 활동도의 비를 알 수 있다.

유형 2. Ox가 용액에 있고 Red가 금속인 경우, 지시 전극으로 그 금속을 사용한다. 예를 들면 $Cu^{2+}(aq)/Cu(s)$의 경우 Cu(s)가 지시 전극이다. 이 경우 Ox는 대부분 금속 양이온이며, Red에 해당하는 금속 지시 전극이 전기화학 반응에 참여한다. 지시 전극의 전위는 다음과 같다.

$$E_{ind} = E^{\circ}_{Cu^{2+}/Cu} - (0.059/2)\log(1/A_{Cu^{2+}})$$

유형 3. 유형 2의 금속 양이온과 화학 반응으로 연결된 음이온의 활동도를 측정할 수 있다. 이미 설명한 Ag/AgCl 전극을 통하여 Cl^- 음이온의 활동도를 측정하는 것이 한 예이다.

또 다른 예는 금속 양이온과 착화합물을 형성하는 EDTA(ethylenediaminetetraacetic acid) Y^{4-} 음이온의 활동도 측정이다. 그림 3.6과 같이 환원 전극의 전해질에 미량의 HgY^{2-}(~10^{-4} M)를 넣으면 Hg^{2+}/Hg 산화·환원쌍과 HgY^{2-} 형성 반응이 연결되어 하나의 산화·환원쌍이 되며, 다음과 같이 지시 전극의 전위를 표현할 수 있다.

$$E_{ind} = E^{\circ}_{HgY^{2-}/Hg/Y^{4-}} - (0.059/2)\log(A_{Y^{4-}}/A_{HgY^{2-}})$$

HgY^{2-}의 형성 상수 K_f는 6.3×10^{21}로 매우 크기 때문에 넣어준 HgY^{2-}는 Y^{4-}의 상당한 활동도 범위에서 해리하지 않으므로 HgY^{2-}의 활동도를 상수로 간주할 수 있다. 따라서 위의 식은 다음과 같이 변형되어 Y^{4-}의 활동도 변화가 지시 전극 전위에 나타난다.

$$E_{ind} = \text{constant} - (0.059/2)\log(A_{Y^{4-}}) \quad \textbf{(3.20)}$$

이러한 유형의 지시 전극은 양이온과 연계된 음이온의 활동도 측정뿐만 아니라, 적정 실험에서 적정 곡선 작성 및 종말점 결정에 활용될 수 있다. 예를 들면 농도를 결정하고자 하는 금속 이온 M^{n+}의 미지 시료에 미량의 HgY^{2-}를 넣으면 다음의 평형이 형성된다.

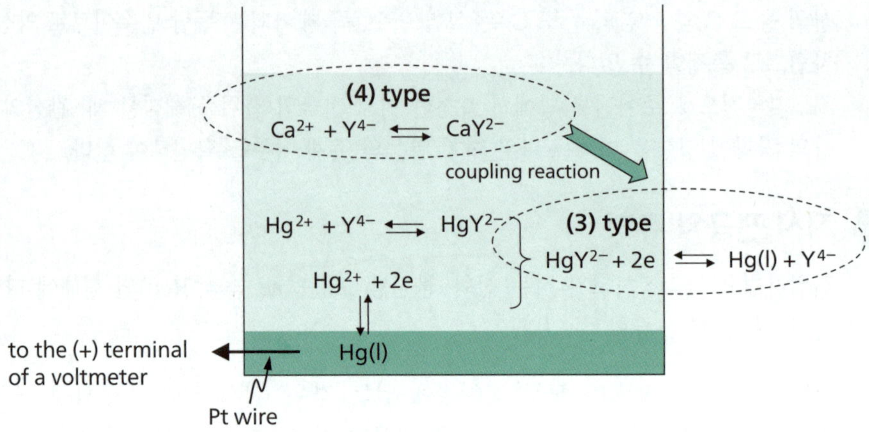

그림 3.6 지시 전극 유형 3과 4의 반응 연계 모식도.

$$Hg^{2+} + Y^{4-} \rightleftharpoons HgY^{2-} \quad (3.21)$$

$$M^{n+} + Y^{4-} \rightleftharpoons MY^{(n-4)-} \quad (3.22)$$

적정을 시작하면 식 (3.22)의 반응이 오른쪽으로 진행되고, 당량점에 접근하면 Y^{4-}의 농도가 급격히 증가하기 시작한다. Y^{4-}의 농도 증가는 식 (3.20)에 의해 전지 전압 감소로 연결된다. 당량점을 지나면 Y^{4-}의 농도 증가가 둔화하므로 전지 전압은 일정해진다. 그러므로 식 (3.21) 반응이 Y^{4-}의 농도를 탐지(probe)한다.

유형 4. 유형 3에서 음이온과 다른 금속 양이온의 평형 반응이 존재한다면 다른 금속 양이온의 활동도를 측정할 수 있다. 예를 들면 Ca^{2+} 이온의 활동도를 측정하기 위해 그림 3.6의 전해액에 소량의 CaY^{2-}를 넣어주면, 그림 3.6에 나타낸 바와 같이 CaY^{2-}의 평형 반응에서 형성된 Y^{4-}와 $HgY^{2-}/Hg/Y^{4-}$ 산화·환원 반응이 연결된다. CaY^{2-} 형성 상수의 관계를 식 (3.20)에 대입하면 다음과 같이 E_{ind}와 Ca^{2+} 이온의 활동도 관계를 유도할 수 있다.

$$E_{ind} = \text{constant}' - (0.059/2)\log(1/A_{Ca^{2+}})$$

유형 2~4는 반응성이 있는 금속 양이온, 그 금속 양이온과 연결되는 음이온, 그리고 그 음이온과 연결되는 다른 양이온의 활동도와 연관된 전위를 지시 전극이 나타내는 것이다.

3.5 기준 전극

전기화학 전지의 전위 측정과 제어의 기준인 기준 전극은 전기화학 실험에서 매우 중요하다. 그러므로 실제 사용 가능한 기준 전극의 성능과 한계를 잘 이해해야 한다.

기준 전극이 갖추어야 할 첫째 조건은 일정한 전위이다. 다른 말로 표현하면 **이상적 비분극 전극**(ideally nonploarizable electrode)이 기준 전극이어야 한다. 이상적 비분극 전극은 제4장에서 상세히 설명하겠지만, 간단히 정의하면 전류가 흘러도 전압이 변화하지 않는 전극이다. 전위차법에서 입력 저항이 무한대인 전압계(제1장)를 기준 전극과 지시 전극에 연결하므로 전류는 흐르지 않아야 한다. 그러나 실제 전압계의 입력 저항은 유한하므로 전지 전압에 의하여 전류가 흐를 수 있다. 만약 이 전류가 기준 전극의 전위를 변화시킨다면 기준 전극의 역할을 유지할 수 없다. 따라서 약간의 전류가 흐르더라도 전위가 변하지 않는 이상적 비분극 전극이 기준 전극으로 사용되어야 하지만, 현실적으로 그런 전극은 없다. 그러므로 전위차법에서 입력 저항이 높은 전압계와 이상적 비분극 전극에 가장 가까운 전극을 사용한다. 둘째 조건은 간편성이다. SHE는 학문적으로는 중요하지만, 실제 사용은 많은 불편함을 초래한다. 그림 3.1b와 같이 간편하게 제작할 수 있고, 보관 및 사용이 쉬운 기준 전극이 실용적이다. 셋째 조건은 기준 전극이 측정하고자 하는 지시 전극의 반응에 영향을 미치지 말아야 한다. 이러한 관점에서 실질적으로 사용되는 기준 전극을 소개한다.

▶ 기준 전극의 전극 반응

수용액 전기화학에서 가장 많이 사용되는 기준 전극을 표 3.2에 정리한다. Ag/AgCl 전극과 카로멜(caromel) 전극의 전위는 Cl^- 이온 농도에 따라 변화함에 주목해야 한다. Cl^- 이온이 관여하지 않는 난용성 염의 전극 반응도 소개한다. 또한 실용 기준 전극 전위의 온도 의존성도 고려할 사항이다.

표 3.2 수용액 전기화학에서 많이 사용되는 기준 전극과 전위(25°C)

전극 반응	이름	용액	전위 (vs. SHE, V)
$AgCl(s) + e \rightleftarrows Ag(s) + Cl^-(aq)$	$Ag\|AgCl\|Cl^-$, silver-silver chloride electrode	$A_{Cl^-} = 1$ M	0.2224
		포화 KCl(4.2 M)	0.1976
		KCl(1 M)	0.2368
		KCl(0.1 M)	0.2894
$Hg_2Cl_2(s) + 2e \rightleftarrows 2Hg(l) + 2Cl^-(aq)$	$Hg\|Hg_2Cl_2\|Cl^-$, calomel electrode	$A_{Cl^-} = 1$	0.2682
		포화 KCl(4.2 M)[2]	0.2415
		KCl(1 M)	0.2807
		KCl(0.1 M)	0.3337
$Hg_2SO_4(s) + 2e \rightleftarrows 2Hg(l) + SO_4^{2-}(aq)$	$Hg\|Hg_2SO_4\|SO_4^{2-}$, mercury sulfate electrode	$A_{SO_4^{2-}} = 1$	0.6158
		포화 K_2SO_4	0.650
		H_2SO_4(0.5 M)	0.682
$HgO(s) + H_2O + 2e \rightleftarrows 2Hg(l) + 2OH^-(aq)$	$Hg\|HgO\|OH^-$, mercury oxide electrode	$A_{OH^-} = 1$ M	0.097
		NaOH(1.0 M)	0.140
		NaOH(0.1 M)	0.165

[2] saturated calomel electrode(SCE)

▶ 기준 전극의 구조

Ag/AgCl 기준 전극의 구조는 그림 3.1a에서 이미 설명하였다. 그림 3.7a가 카로멜 기준 전극의 구조이다. 다공성 유리막으로 입구를 막은 유리관 안에 Hg, 카로멜(Hg_2Cl_2)과 KCl의 반죽(paste), 그리고 액체 Hg를 적층하고 전선을 연결하여 전기적 접촉을 만든다. 외부 유리관을 KCl 용액으로 채워 카로멜 전극을 완성한다.

기준 전극의 염다리로 편리하게 사용하는 다공성 유리막에 세심한 주의가 필요하다. 다공성 유리막을 경계로 접촉 전위가 발생할 수 있으며, 다공성 유리막을 통한 전해질의 이동은 오염이라는 문제를 유발할 수 있다.

다공성 유리막에 발생하는 접촉 전위는 전위차 측정 오차의 원인이 된다. 기준 전극과 지시 전극의 접촉하는 두 전해질의 성분과 농도는 대개 다르므로 다공성 유리막을 경계로 이온 확산이 일어나 접촉 전위(E_j)가 발생할 수 있다. 측정되는 전지의 전압은 두 전극의 전위차와 접촉 전위의 합이다.

$$E_{cell} = (E_{cat} - E_{an}) + E_j \tag{3.23}$$

접촉 전위와 전지 전위차의 크기가 비슷하면 상당한 오차가 발생한다. 예를 들면 전지 전위차 ($E_{cat} - E_{an}$) = 60 mV이고 접촉 전위 E_j = 30 mV이면, 50%의 오차가 발생한다. 따라서 기준 전극 다공성 유리막의 접촉 전위를 제거 또는 최소한으로 유지하거나, 불가피하다면 일련의 측정에서 최소한 일정하게 유지해야 한다. 이를 해결하는 방법은 운반율이 비슷한 양이온과 음이온으로 구성된 높은 농도의 전해질을 사용하는 것이다. 이러한 목적에 부합하는 대표적 전해질은 KCl과 KNO_3이다(제2장 8절). 또한 높은 농도의 전해질 성분이 접촉 전위의 발생을 주도하므로, 지지 전해질의 농도를 높게 유지해야 한다.

다공성 유리막을 통한 전해질의 이동은 지시 전극 전해질을 오염시킬 수 있다. 다공성 유리막의 구멍 크기가 μm 수준이면 접촉하고 있는 전해질이 반대편으로 이동할 수 있다. 예를 들면 지시 전극의 전해질이 기준 전극의 전해질로 이동하면 기준 전극의 전해질 농도가 감소하여(예: Ag/AgCl 기준 전극에서 Cl^-의 농도), 기준 전극의 전위가 변화한다. 한편 기준 전극의 전해질 수위가 지시 전극의 전해질 수위보다 높으면 기준 전극 전해질이 지시 전극 전해질로 이동한다. 그러한 경우 기준 전극의 전압은 일정하게 유지되지만, 지시 전극 전해질의 오염이라는 문제가 발생할 수 있다. 예를 들면 기준 전극을 구성하는 높은 농도의 KCl 전해질이 지시 전극으로 이동할 경우, 다른 전기화학 반응을 매우 잘 방해하는 물질로 유명한 Cl^- 이온의 농도는 무시할 수 없을 수도 있다. Cl^- 이온의 방해를 해결하는 방법은 두 가지이다. 하나는 Cl^- 이온이 관여하지 않는 전극 반응을 채택한 기준 전극(표 3.2)을 사용하는 것이다. 다른 방법은 그림 3.7b에 소개하는

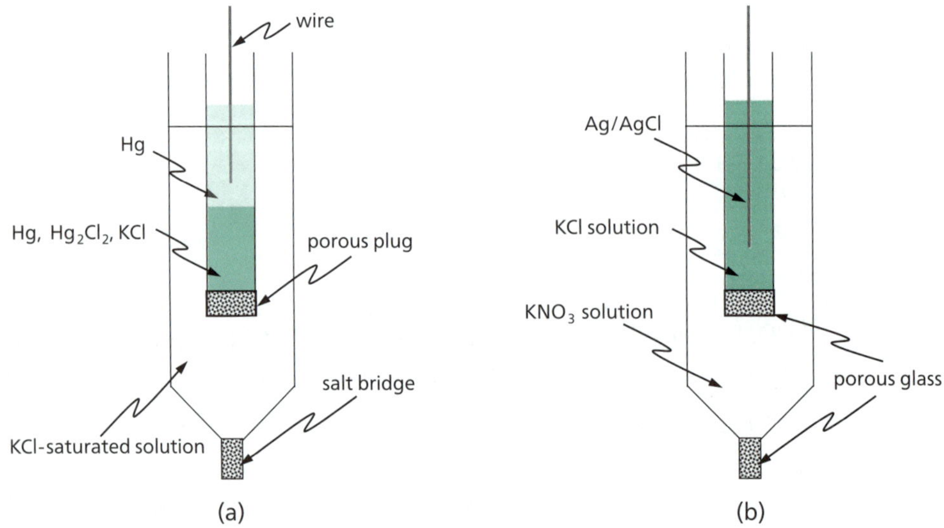

그림 3.7 **카로멜 기준 전극.** (a) 일반적인 카로멜 기준 전극. (b) 이중 접촉 기준 전극.

이중 접촉 기준 전극(double junction reference electrode)이다. 일반적인 Ag/AgCl 기준 전극을 다공성 유리막이 있는 다른 유리관 안에 넣고, 기준 전극 주변을 접촉 전위를 발생하지 않는 KNO_3 전해질로 채운다. Ag/AgCl 기준 전극의 KCl 전해질이 유출되더라도 KNO_3 용액에서 희석되고, 지시 전극 전해질로의 유출은 상당히 감소한다. 한편 구멍 크기가 나노미터 수준(4~20 nm)의 다공성 유리막을 사용하여 전해질 유출을 최소화할 수 있다. 그러나 구멍의 크기가 작으므로 큰 접촉 전위가 발생하는 문제가 있다. 유리 표면 수산기(~Si-OH)의 H^+ 이온이 높은 pH 용액에서 제거되어 유리 표면(~Si-O^-)이 음전하를 가지게 되고 음이온의 통과를 방해하여 접촉 전위가 발생할 수 있다. 또한 전해질의 이온 세기가 낮으면 상당한 크기의 접촉 전위가 발생할 수 있는데, 그 이유는 이온의 Debye 길이가 증가하여 상대적으로 큰 음이온의 이동이 불가능 혹은 느려지기 때문이다. 따라서 다공성 유리막과 관련하여 세심한 주의가 필요하다.

지시 전극의 전해질이 수용액이 아닌 경우, 수용액 전해질을 사용하는 기준 전극에서 유출되는 물이 문제를 유발할 수도 있다. 그러한 경우에는 CH_3CN 용매에서 일어나는 Ag^+/Ag 전극 반응을 이용한 기준 전극을 사용할 수도 있다. 한편, 비수용액 전해질 전기화학 연구에서 적당한 기준 전극을 구할 수 없는 경우, Au 혹은 Pt 선을 기준 전극으로 사용할 수 있다. 이러한 기준 전극을 준기준 전극(quasi-reference electrode)이라 하는데, 전극 전위를 알 수 없으므로 전위가 잘 알려진 산화·환원쌍을 이용하여 보정(calibration)해야 한다.

실험에서 사용되는 실제 기준 전극의 전위는 여러 가지 이유에서 변화할 수 있다. 그러므로 정확한 전위 측정을 위하여 사용하는 기준 전극의 전위를 수시로 점검할 필요가 있다.

▶ 다른 기준 전극에 대하여 측정된 전위차의 비교

전기화학 실험에서 연구자는 관심 대상인 산화·환원쌍 전위를 특정 기준 전극에 대하여 측정하여 측정값을 보고한다. 다양한 기준 전극이 사용될 수 있으므로 보고된 측정 전위를 비교하기 위하여 같은 기준 전극에 대한 전위 측정값으로 전환할 필요가 있다. 그림 3.8은 전위차 측정값의 변환을 예시한다. 임의의 산화·환원쌍 전위가 Ag/AgCl, KCl 1 M 기준 전극에 대한 전위차 측정값이 0.339 V인 경우를 생각해 보자. 이 값을 SHE에 대한 값으로 변환하고자 한다면, 표준 수소 전극에 대한 Ag/AgCl, KCl 1 M 기준 전극의 전위값이 0.237 V이므로 그 산화·환원쌍의 전위는 표준 수소 전극에 대하여 0.576 V가 된다.

수소와 관련된 기준 전극을 좀 더 세분할 필요가 있다. SHE의 전위는 이미 언급한 바와 같이(그림 3.7), H^+ 이온의 활동도가 1.0 M이고, H_2의 압력이 1 atm일 때 $2H^+ + 2e \rightleftharpoons H_2(g)$

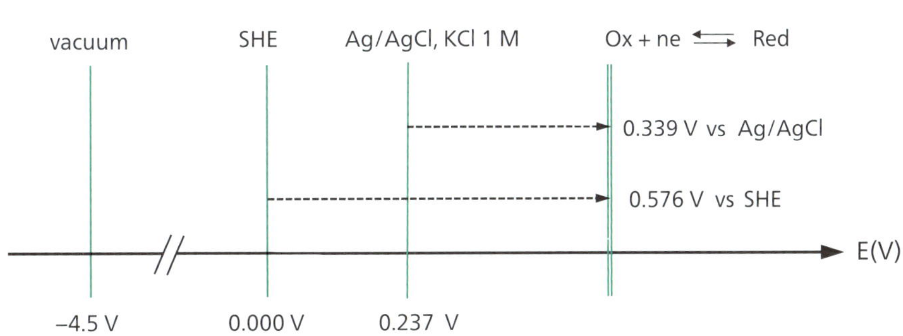

그림 3.8 기준 전극에 따른 측정 전위의 변환.

산화·환원쌍의 Pt 전극에서 측정된 전위를 모든 온도에서 0.000 V로 정의한다. 여기에서 중요한 것은 H^+ 이온의 농도가 아니라 H^+ 이온의 활동도이다. 그런데 H^+ 이온의 활동도를 정확히 제어하는 것은 현실적으로 불가능하므로, SHE의 조건을 충족할 수 없다. 좀 더 현실적인 방법은 제조할 수 있는 산 1.0 M 전해질[예: HCl/H_2(1 atm)]과 접촉한 Pt 전극의 전위를 0.000 V로 정의한다. 이 기준 전극이 **정상 수소 전극**(NHE, normal hydrogen electrode)이다. 관념적 SHE와 현실적 NHE는 조금 다르지만 혼용된다. 한편 에너지와 관련된 전기화학 분야(연료 전지, 태양 전지)에서 수소, 산소, 물과 관련된 전기화학 반응을 많이 연구한다. 관련 연구에서 전해질의 pH가 NHE 조건인 pH = 0인 경우는 매우 드물다. 그런데 Nernst 식을 적용하면 $2H^+ + 2e \rightleftharpoons H_2(g)$ 산화·환원쌍의 전위는 pH에 따라 변화한다($E_{H^+/H_2} = -0.059pH$ V). 따라서 pH ≠ 0인 전해질에서 측정된 전위를 NHE로 변환하는 과정은 H^+ 이온의 활동도에 관한 정보가 필요하다. 좀 더 현실적인 수소 기준 전극은 연구하는 전해질에서 $2H^+ + 2e \rightleftharpoons H_2(g)$ 산화·환원쌍의 전위를 0.000 V로 정의하는 기준 전극을 **상대 수소 전극**(RHE, relative hydrogen electrode)이라고 한다. 예를 들면, pH = 1인 용액에서 $H_2(g)$ 발생 반응은 "−59 mV vs. NHE에서 일어난다."는 표현과 "0 mV vs. RHE에서 일어난다."는 표현은 동일하다.

그림 3.8은 진공 속 정지한 자유 전자의 전위를 SHE에 대하여 −4.5 V로 표시한다. 그 값은 표준 수소 전극으로부터 전자 한 개를 제거하는데 4.5 eV(435 kJ/mol)의 에너지가 필요함을 의미한다. 에너지 관련 전기화학 연구에서 이론적 접근 방식이 상당히 보편화되어 있으며, 그러한 연구에서 에너지 또는 전위 기준은 진공 속 정지한 자유 전자이다. 그러므로 절대 기준은 전기화학의 이론적 연구와 전기화학 실험을 연결하는 고리이다(제11~13장).

3.6 이온 선택성 전극

이온 선택성 전극은 특정 이온의 농도를 간편하게 측정할 수 있는 기구로 분석화학에서 매우 중요하다. 이온 농도를 측정하는 원리는 전기화학 반응이 아닌 이온 이동에 근거한다. 선택성 막을 통과하는 이온의 농도 차이가 막과 접촉하고 있는 전해질의 전위차로 나타난다. 두 개의 전극을 이용하여 측정된 전해질 전위차를 이온 농도로 변환한다. 이온 이동에서 시작하여 이온 농도로 변환하는 과정을 설명한다.

Donnan 퍼텐셜

그림 3.9는 이온 선택성 전극에서 일어나는 이온 이동과 Donnan 퍼텐셜의 형성을 예시한다. 그림 3.9a는 부피가 같은 0.1 M NaCl 전해질 I과 0.002 M Na_zX(z = 100) 전해질 II가 반투막(semipermeable membrane)을 경계로 접촉하고 있는 평형 전 상황을 묘사한다. 전해질 II의 음이온 X^{z-}는 많은 음전하를 가지는 콜로이드 입자 또는 이온 교환 수지 매트릭스에 고정된 음이온이다. 콜로이드 입자 음이온은 반투막을 못 통과한다. 반면 이온 교환 수지와 전해질의 계면에서 이온 이동이 발생하므로 반투막이 필요하지 않다. 평형 전 이온의 농도를 표 3.3에 정리한다. 전해질 II의 Na^+ 이온 농도가 0.2 M임에 주목하라. 단순하게 보면 Na^+ 이온 농도는 전해질 II가 전해질 I보다 높으므로, Na^+ 이온은 전해질 II에서 전해질 I로 이동할 것으로 예상된다. 그러나 거대 음이온 X^{100-}는 막을 통과할 수 없으므로 그런 일은 일어나지 않는다. 대신 전해질 II에 Cl^- 이온이 없으므로, 전해질 I의 Cl^- 이온이 전해질 II로 이동한다(그림 3.9b). 그러나 Cl^- 이온 이동은 두 전해질의 Cl^- 이온 농도가 0.05 M이 될 때까지 진행되지 않는다. 그 이유는 전해질 II의 음이온 X^{100-}

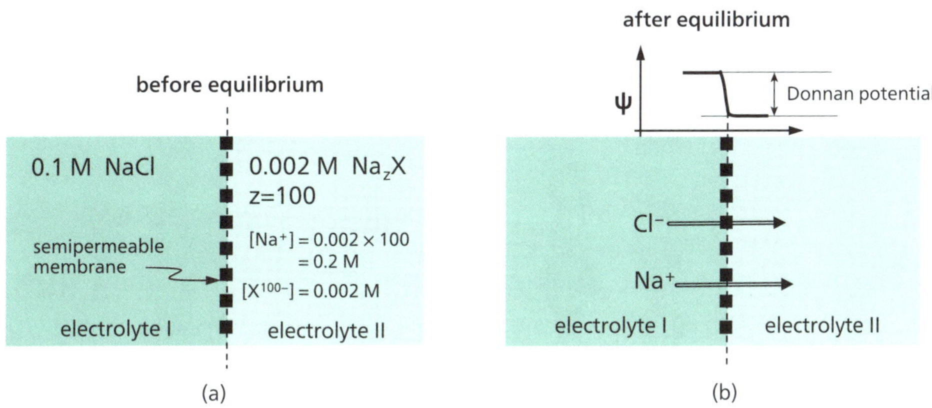

그림 3.9 Donnan 퍼텐셜. (a) 평형 전. (b) 평형 후.

는 같은 전하의 Cl^- 음이온을 배척(exclude)하기 때문이다. 또한 Na^+ 이온은 Cl^- 이온과 함께 막을 자유롭게 통과하여 이동한다. 결과적으로 전해질 I의 Cl^- 이온이 전해질 II로 이동하므로 전해질 I과 II의 Cl^- 이온 농도의 불균형이 전위차를 발생한다. 이를 정량적으로 살펴보자.

전해질 I과 전해질 II의 전위를 각각 Ψ(I)과 Ψ(II)이라고 하면, 평형 상태에서 전해질 I과 II에 있는 Na^+와 Cl^- 이온의 전기화학 퍼텐셜(제2장)이 같다.

$$\mu_{EC,Na^+}(I) = \mu_{Na^+}(I) + F\Psi(I) = \mu_{Na^+}(II) + F\Psi(II) = \mu_{EC,Na^+}(II) \quad (3.24)$$

$$\mu_{EC,Cl^-}(I) = \mu_{Cl^-}(I) - F\Psi(I) = \mu_{Cl^-}(II) - F\Psi(II) = \mu_{Cl^-}(II) \quad (3.25)$$

두 전해질의 전기 퍼텐셜 차이를 **Donnan 퍼텐셜($\Delta\Psi_{Donnan}$)**이라고 하며, 식 (3.24)와 식 (3.25)로부터 다음과 같이 표현된다.

$$\Delta\Psi_{Donnan} = \Psi(II) - \Psi(I) = (RT/F)\ln[C_{Na^+}(I)/C_{Na^+}(II)] = (RT/F)\ln[C_{Cl^-}(II)/C_{Cl^-}(I)] \quad (3.26)$$

식 (3.26)의 오른쪽 두 개의 항에서 다음의 식을 도출할 수 있다.

$$C_{Na^+}(I)C_{Cl^-}(I) = C_{Na^+}(II)C_{Cl^-}(II) \quad (3.27)$$

한편, 전해질 I과 II에서 전기적 중성이 충족되어야 하므로 다음의 식이 성립한다.

$$C_{Na^+}(I) = C_{Cl^-}(I),\ C_{Na^+}(II) = C_{Cl^-}(II) + zC_{X^{z-}}(II) \quad (3.28)$$

표 3.3 그림 3.9에서 평형 전과 평형 후의 이온 농도

	평형 전 농도(M)		평형 후 농도(M)	
이온	전해질 I	전해질 II	전해질 I	전해질 II
Na^+	0.1	0.2	0.1 − x (**0.075**)*	0.2 + x (**0.2025**)*
Cl^-	0.1	–	0.1 − x (**0.075**)*	x (**0.025**)*
X^{100-}	–	0.002	–	0.002

*평형 후 계산된 농도

그림 3.9의 상황에서 Donnan 퍼텐셜을 계산해 보자. 이동한 Cl^- 이온의 농도를 x라고 가정하면 표 3.3에서와 같이 평형 전과 후의 각 이온의 농도를 계산할 수 있다.

평형 후의 농도를 식 (3.27)에 대입하면, x = 0.025이다. $\Delta\Psi_{Donnan}$은 식 (3.26)에 의해 다음과 같다.

$$\Delta\Psi_{Donnan} = 0.059\log(0.025/0.075) = -28 \text{ mV}$$

결과적으로 Cl^- 이온이 전해질 I에서 전해질 II로 이동하였으므로, 전위는 전해질 I이 높아지고 전해질 II는 낮아진다(그림 3.9b 위). 이동한 Cl^- 이온의 농도가 Donnan 퍼텐셜을 결정한다.

▶ 이온 선택성 전극

그림 3.10a는 특정한 이온의 이동을 선택적으로 허용하는 이온 선택성 막을 활용하여 그 이온의 농도를 측정하는 **이온 선택성 전극**(ion selective electrode, ISE)의 그림이다. 기본 원리는 이온 선택성 막과 용액의 계면(interface)에 특정 이온의 농도에 따라 Donnan 퍼텐셜이 형성되고, 두 계면의 퍼텐셜 차이인 **막 전위**(membrane potential, 그림 3.10b)를 전위차법으로 측정한다(그림 3.10a). 막 전위는 내부 용액(internal solution)의 활동도(A^{in})와 외부 용액(external solution)의 활동도(A^{ex})에 의하여 결정되는데, A^{in}을 알고 있다면 A^{ex}를 결정할 수 있다. 두 계면의 막 전위를 측정하기 위해서는 두 계면 사이인 막 내부의 이온 전도성이 필요하다. 따라서 이온 선택성 막의 조건은 특정 이온에 대한 계면의 선택적 Donnan 평형과 막 내부의 이온 전도성이다.

그림 3.11은 H^+ 이온에 선택성을 갖는 유리 전극의 유리막(glass membrane)을 이용하여 pH 측정을 설명하는 그림이다. 유리는 그림 3.11a와 같이 SiO_4^{4-} 사면체 단위들이 꼭지점 공유로 형성된 비결정성 3차원 다공성 네트워크 구조의 물질이다. 그림 3.11b는 SiO_4^{4-} 사면체 단위의 3차원 구조를 2차원 구조로 표현한 것으로 다공성 채널을 강조한다. 네트워크의 산소 음이온은 전기

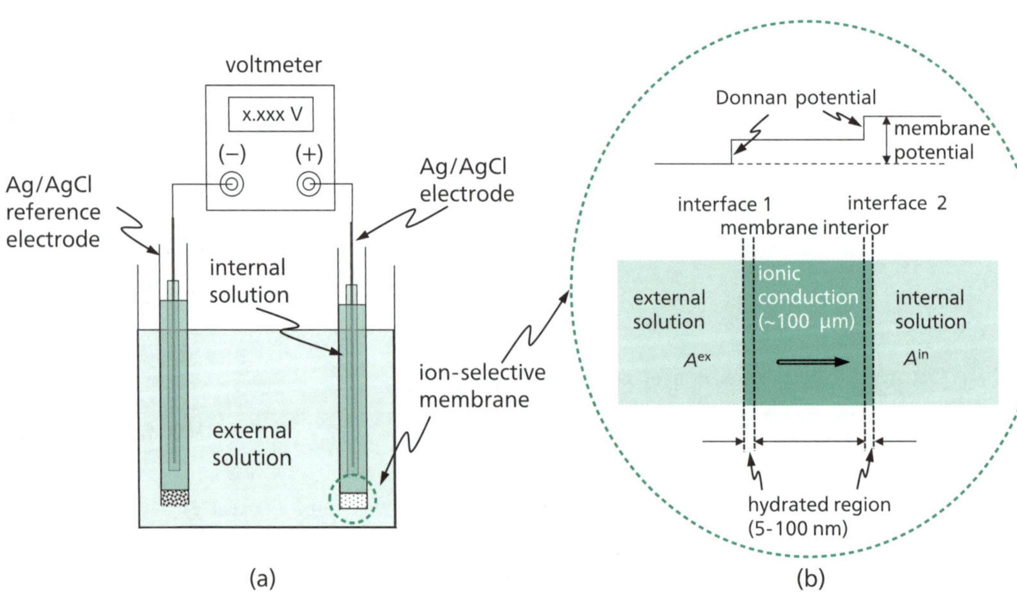

그림 3.10 **이온 선택성 전극.** (a) 이온 선택성 전극의 측정 회로. (b) 확대한 이온 선택성 막.

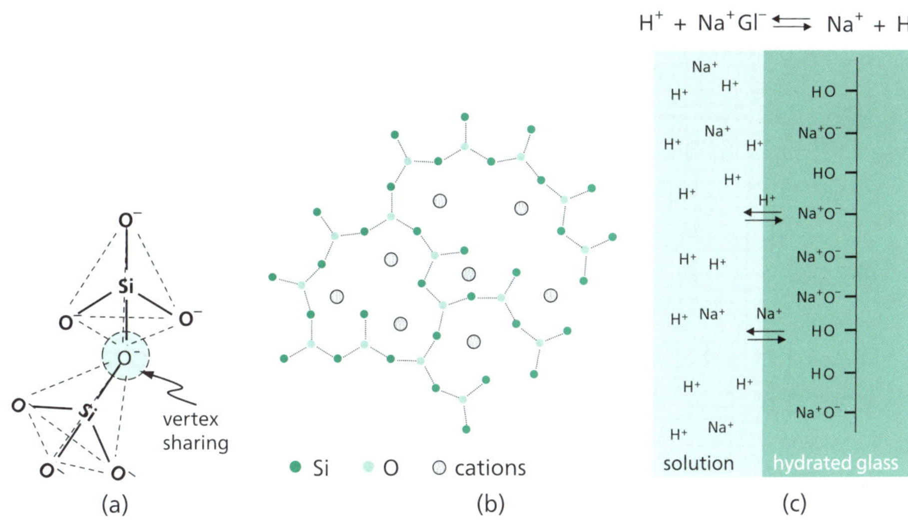

그림 3.11 **pH 측정을 위한 유리 전극.** (a) SiO_4 사면체의 꼭지점 공유. (b) SiO_4 사면체의 다공성 네트워크. (c) H^+ 이온 측정을 위한 유리막의 Donnan 평형.

적 중성을 만족해야 하므로 다공성 채널에 Li^+, Na^+, K^+, Ca^{2+}와 같은 금속 양이온이 존재한다. 특히 Na^+ 이온이 다공성 채널을 통하여 천천히 이동하여 유리막은 이온 전도성을 나타내지만, 유리막의 이온 전도성은 매우 낮아 저항값이 매우 크다($\sim 10^8$ Ω).

그림 3.11c는 그림 3.10b의 용액과 유리막 계면에서 Donnan 평형이 형성된 상황을 묘사한다. 계면이 형성되면 용액의 용매인 물이 유리에 침투하여 수십 nm 두께의 수화층이 형성되고, 수화층에서 다음과 같은 이온 교환 반응이 일어난다.

$$H^+ + Na^+Gl^- \rightleftharpoons Na^+ + H^+Gl^- \quad (3.29)$$

식 (3.29)의 Gl^-는 유리의 다공성 네트워크에 고정된 O^- 이온이다. 수화층과 용액의 H^+ 이온이 Donnan 평형에 있으면, 수화층과 용액에 있는 H^+ 이온의 전기화학 퍼텐셜은 같다.

$$\mu_{EC,H^+}^{sol} = \mu_{EC,H^+}^{hyd} \quad (3.30)$$

식 (3.30)을 화학 퍼텐셜과 전기 퍼텐셜로 각각 표현하면 다음과 같다.

$$\mu_{H^+}^{o,sol} + RT\ln A_{H^+}^{sol} + z_{H^+}F\Psi^{sol} = \mu_{H^+}^{o,hyd} + RT\ln A_{H^+}^{hyd} + z_{H^+}F\Psi^{hyd} \quad (3.31)$$

그림 3.11c에 묘사한 계면의 Donnan 퍼텐셜은 다음과 같다.

$$\Delta\Psi_{Donnan} = \Psi^{sol} - \Psi^{hyd} = (\mu_{H^+}^{o,sol} - \mu_{H^+}^{o,hyd}) + (RT/F)\ln(A_{H^+}^{hyd}/A_{H^+}^{sol}) \quad (3.32)$$

식 (3.32)는 하나의 용액/수화층 계면에 대한 표현이다. 그림 3.10b에 두 개의 계면이 있으므로 막 전위 E_m은 다음과 같다.

$$\begin{aligned} E_m &= (\Delta\Psi_{Donnan})_{interface2} - (\Delta\Psi_{Donnan})_{interface1} \\ &= (RT/F)\ln(A_{H^+}^{hyd}/A_{H^+}^{in}) - (RT/F)\ln(A_{H^+}^{hyd}/A_{H^+}^{ex}) \\ &= (RT/F)\ln(A_{H^+}^{ex}/A_{H^+}^{in}) \quad (3.33) \end{aligned}$$

막 전위는 내부 용액과 외부 용액의 H^+ 이온 활동도에 의하여 결정된다. 내부 용액은 제조되는 것으로 활동도를 알고 있다. 따라서 막 전위를 측정하여 외부 용액의 H^+ 이온 활동도를 결정할 수 있다.

식 (3.33)은 계면 1과 계면 2의 수화층 H^+ 이온의 활동도가 같다고 가정하고 Donnan 퍼텐셜 차이로 막 전위를 계산하여 얻은 결과이다. 그러나 각 계면에서 H^+ 이온과 Na^+ 이온 사이의 이온 교환 평형[식 (3.29)]이 존재하므로, 수화층 H^+ 이온의 활동도는 접촉하고 있는 용액의 H^+ 이온 활동도와 이온 교환 평형의 평형 상수 K에 의하여 결정된다. 따라서 계면 1과 계면 2에서 H^+ 이온과 Na^+ 이온의 활동도가 다르다. 엄밀히 말하면 두 이온의 활동도 차이에 의하여 그림 3.10c 막 내부에서 두 이온이 확산할 수 있는 확산 퍼텐셜이 존재한다(그래서 막 내부의 이온 전도성이 필요함). 즉 막 전위는 계면의 Donnan 퍼텐셜 항과 막 내부의 확산 퍼텐셜 항의 합이다. 이온의 확산은 이동도 u(제2장 참조)를 포함하므로 다소 복잡한 과정을 거쳐 막 전위는 최종적으로 다음과 같이 표현된다.

$$\begin{aligned} E_m &= \text{Donnan 퍼텐셜 항} + \text{확산 퍼텐셜 항} \\ &= (RT/F)\ln\{[(u_{Na^+}/u_{H^+})KA^{ex}_{Na^+} + A^{ex}_{H^+}]/[(u_{Na^+}/u_{H^+})KA^{in}_{Na^+} + A^{in}_{H^+}]\} \\ &= (RT/F)\ln[(k^{pot}_{H^+,Na^+}A^{ex}_{Na^+} + A^{ex}_{H^+})/(k^{pot}_{H^+,Na^+}A^{in}_{Na^+} + A^{in}_{H^+})] \end{aligned} \tag{3.34}$$

식 (3.34)에서 $(u_{Na^+}/u_{H^+})K$는 상수로서 전위차법 선택성 계수(potentiometric selectivity coefficient) k^{pot}라고 한다. 첨자 'H^+, Na^+'는 'H^+ 이온에 대한 Na^+ 이온의'이라는 뜻으로, $k^{pot}_{H^+,Na^+}$는 H^+ 이온 선택성 전극에서 Na^+ 이온의 선택성 계수이다. k^{pot}가 작을수록 Na^+ 이온이 막 전위에 대한 기여도가 작아져 H^+ 이온에 대한 선택성은 증가한다. 주어진 유리막의 k^{pot}는 상수이고 내부 용액과 관련된 항은 모두 상수이므로 식 (3.34)는 다음과 같이 간단히 표현할 수 있다.

$$E_m = \text{상수} + (RT/F)\ln(A^{ex}_{H^+} + k^{pot}_{H^+,Na^+}A^{ex}_{Na^+}) \tag{3.35}$$

만약 $A^{ex}_{H^+} >> k^{pot}_{H^+,Na^+}A^{ex}_{Na^+}$이면 식 (3.35)는 H^+ 이온의 활동도를 선택적으로 측정할 수 있음을 의미한다. 따라서 좋은 이온 선택성 전극은 간섭 이온의 전위차법 선택성 계수가 작다. 일반적으로 pH 측정용 유리막은 높은 pH에서 Na^+ 이온과 같은 알칼리 금속 양이온에 감응하는데, 이를 알카라인 오차(alkaline error)라고 한다. 유리막의 성분에 따라 알카라인 오차가 작은 유리막의 구매가 가능하다. 이를 역으로 이용하면 pH가 일정한 조건에서 Na^+, K^+, NH_4^+, Rb^+, Cs^+, Li^+, Ag^+ 이온과 같은 양이온을 유리 전극을 활용한 전위차법으로 정량할 수 있다.

이온 선택성 전극에는 유리 전극 외에도 결정 막 전극(crystalline membrane electrode)과 액체 막 전극(liquid membrane electrode)이 있다.

가장 전형적인 결정 막 전극이 불소 전극(fluoride electrode)이다. LaF_3 결정에 EuF_2를 도핑(doping)하여 막 내부의 이온 전도성을 높인다. LaF_3/EuF_2 막과 용액의 계면에서는 다음과 같은 평형을 통하여 막 전위를 발생한다.

$$LaF_3(\text{membrane}) \rightleftharpoons LaF_2^+(\text{membrane}) + F^-(aq)$$

결정 막 전극의 또 다른 계열은 난용성 Ag염(Ag salt)에 기초한 전극이다. 다양한 할로젠화 은(silver halide)과 황화은(silver sulfide)의 작은 결정을 디스크 형태로 압축한 막을 사용한다. 황화은은 이온 선택성 막의 전기 전도성을 높이며, 다음과 같은 반응에 의하여 Ag^+ 혹은 S^{2-} 이온의 농도를 측정할 수 있다.

$$Ag_2S(s) \rightleftharpoons 2Ag^+(aq) + S^{2-}(aq) \tag{3.36}$$

Cl^- 이온의 농도를 측정하고자 하는 경우, AgCl이 들어있는 황화은을 사용하면 아래의 식 (3.37)이 식 (3.36)과 평형을 이루어 막 전위가 형성된다.

$$AgCl(s) \rightleftharpoons 2Ag^+(aq) + Cl^-(aq) \tag{3.37}$$

액체 막 전극은 이온 운반체(ionophore)을 다공성 PVC 막에 스며들게 함침(impregnation)하여, 막의 계면에서 이온 교환 평형이 이루어지도록 한 전극이다. 예를 들면 Ca^{2+} 이온의 농도 측정을 위하여 소수성 Ca^{2+} 리간드와 전기적 중성을 위한 소수성 양이온을 소수성 용매에 녹여 다공성 PVC에 스며들게 한다. 소수성 물질을 사용하는 이유는 측정 대상인 수용액에 막이 용해되는 것을 방지하기 위함이다.

주요 용어

전위차법	Nernst 식	이온 선택성 전극
기준 전극	형식 환원 전위	Donnan 퍼텐셜
지시 전극	농도차 전지	

연습 문제

3.1 아래와 같은 전지의 전해질을 0.025 M $AgNO_3$ 용액으로 적정한다. 주어진 자료를 활용하여 물음에 답하라.

SCE ‖ NaCl(0.050 M, 50.0 mL) | AgCl | Ag

$$E_{SCE} = 0.242 \text{ V; } AgCl + e \rightleftharpoons Ag + Cl^-, E^\circ_{AgCl/Ag} = 0.222 \text{ V; } K_{sp,AgCl} = 1.8\times10^{-10}$$

(a) 넣은 $AgNO_3$ 용액의 부피가 0.0, 50.0, 100.0, 120.0 mL일 때 전지의 전압을 계산하라.

(b) 당량점의 전압은 얼마인가?

(c) 실제 적정 실험의 당량점 전압은 (b)의 전압과 일치하지 않을 것으로 예상한다. 그 이유를 설명하라.

3.2 다음의 자료를 근거로 Cu amalgam 생성 반응(Cu + Hg $\rightleftharpoons$ Cu(Hg))의 ΔG°를 계산하라. 또한 고체 Cu와 amalgam Cu의 안정성을 비교하라.

$$Cu^{2+} + 2e \rightleftharpoons Cu, E^\circ = 0.340 \text{ V; } Cu^{2+} + Hg + 2e \rightleftharpoons Cu(Hg), E^\circ = 0.345 \text{ V}$$

3.3 형식 농도가 0.10 M인 약산 HA 수용액으로 구성된 아래의 전지 전압은 −434 mV이다. HA의 pK_a를 계산하라($E_{Ag/AgCl(sat'd\ KCl)}$ = 0.198 V).

Ag | AgCl | sat′d KCl(aq) ‖ HA(aq, F = 0.1 M), H_2(g, 1 atm)|Pt

3.4 pH 측정을 위한 유리 전극의 보정을 위하여 2개 이상의 pH 표준 용액을 사용해야 한다. 한편 일반적 pH 측정 장치에는 2개의 조절 나사(knob)가 있다. 보정 과정은 한 표준 용액의 pH 값이 읽히도록 조절 나사를 조정하고, 다른 표준 용액에서 같은 작업을 반복한다. 이러한 과정을 여러 차례 반복해야 한다. 식 (3.35)를 근거로 이러한 보정 과정의 이유를 설명하라.

3.5 Li^+ 이온 선택성 전극은 다음의 식을 따른다.

$$E_m = \text{constant} + 0.05916\log A_{Li^+}$$

$A_{Li^+} = 0.010$ M일 때 $E_m = 100$ mV이다. $k^{pot}_{Li^+,K^+} = 1 \times 10^{-2}$일 때, $A_{Li^+} = 0.010$ M이고 $A_{K^+} = 0.10$ M인 혼합 용액의 Li^+ 이온 농도의 오차를 계산하라.

제 4 장 전류가 흐르는 전지와 과전압

차례

4.1 Faraday 법칙
4.2 전류가 흐르는 전지의 전압
4.3 분극 곡선
4.4 전하 전달 과정의 과전압
4.5 물질 전달 과정의 과전압
4.6 전하 전달 과전압과 물질 전달 과전압
4.7 물의 전기 분해와 분극 곡선
4.8 2-전극 시스템과 3-전극 시스템

전기화학 전지에 전류가 흐르면 과전압이 발생한다. 전기화학 반응 제어는 전기화학의 가장 핵심적인 개념인 과전압 조절과 같은 의미이다. 원하는 반응의 과전압을 줄여야 하고, 원하지 않는 반응의 과전압을 늘려야 한다. 그러므로 목표하는 전기화학 반응의 과전압을 측정하고, 전지를 화학적으로 조절하여 원하는 방향으로 과전압을 제어하는 것이 전기화학의 전부이다. 이 장에서는 과전압의 개념, 원인과 측정 방법을 소개한다. 이 장에서 소개하는 내용을 후속하는 장들에서 자세히 논의한다.

4.1 Faraday 법칙

전기화학의 화학 양론부터 논의를 시작하자. 전기화학의 양론은 물질의 양과 전하량 사이의 관계를 다룬다. 그림 4.1에 도시한 Zn^{2+}/Zn와 Cu^{2+}/Cu의 산화·환원쌍 갈바니 전지에서 아래와 같은 반응이 진행된다.

$$\text{산화 전극:} \quad Zn \longrightarrow Zn^{2+} + 2e \tag{4.1}$$

$$\text{환원 전극:} \quad Cu^{2+} + 2e \longrightarrow Cu \tag{4.2}$$

전자는 Zn 산화 전극에서 외부 회로를 통하여 Cu 환원 전극으로 이동하며, 이때 Cu 환원 전극에서 Zn 산화 전극으로 흐르는 전류 i를 전류계가 측정한다. 전류는 시간에 따라 변할 수 있는 물리량 i(t)이므로, 전하량 Q는 다음과 같다.

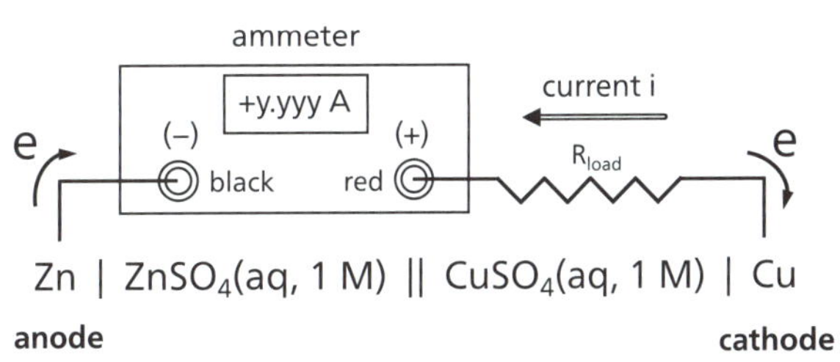

그림 4.1 Zn^{2+}/Zn와 Cu^{2+}/Cu의 산화·환원쌍으로 구성된 갈바니 전지.

$$Q = \int i(t)dt \tag{4.3}$$

Q를 Faraday 상수 F로 나누면 이동한 전자의 mol 수(= Q/F)를 계산할 수 있다. 식 (4.1)과 (4.2)의 균형이 맞는 반쪽 반응식(balanced half reaction)을 이용하여 생성되거나 소비된 물질의 mol 수를 계산할 수 있다.

소비된 Zn의 mol 수 = 전자의 mol 수 × (1 mol Zn/2 mol 전자)

생성된 Cu의 mol 수 = 전자의 mol 수 × (1 mol Cu/2 mol 전자)

이 관계를 Ox + ne $\rightleftharpoons$ Red 반쪽 반응에 대하여 일반화하면 아래의 관계를 얻을 수 있다.

$$Q = nF(\text{반응한 또는 생성된 물질의 mol 수}) \tag{4.4}$$

식 (4.4)를 **Faraday 법칙**이라고 하며, 반쪽 반응을 정확히 알고 있을 때 적용할 수 있다. 한편 식 (4.4)를 시간에 대하여 미분하면 전지에 흐르는 전류가 전기화학 반응의 속도라는 사실을 바로 인식할 수 있다.

$$dQ/dt = i = nF[d(\text{반응한 mol 수})/dt] = nF(\text{반응 속도}) \tag{4.5}$$

그러므로 전지에 흐르는 전류를 측정하면 전기화학 반응의 속도를 측정하는 것이며, 전류를 적분하면 반응의 양적 관계를 계산할 수 있다.

4.2 전류가 흐르는 전지의 전압

전지에 흐르는 전류는 전지에서 전기화학 반응이 일어나고 있음을 의미하며, 전류는 진행 중인 전기화학 반응의 반응 속도이다. 대부분의 전지는 전류가 흐르는 상황에서 사용하게 되고, 전류를 제어하는 것이 전기화학의 궁극적 목적이므로 전지 전류의 이해는 매우 중요하다.

전지 전류의 이해는 전기화학 반응이 **표면 반응**(surface reaction)이라는 사실로부터 출발한다. 그림 4.2a에 도시한 바와 같이 전기화학 반응이 일어나기 위해서는 크게 두 가지 과정이 연속적으로 일어나야 한다. Red ⟶ Ox + ne 산화 반응을 예로 생각해 보자. 반응물 Red가 전극 표

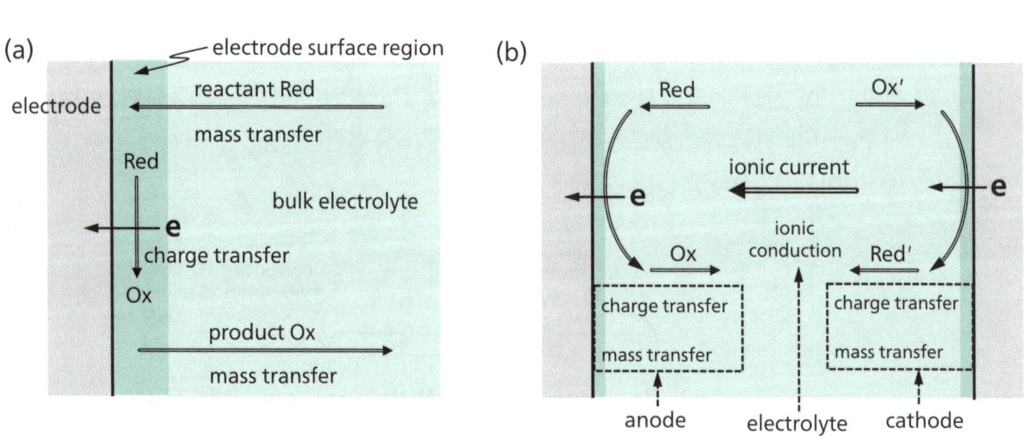

그림 4.2 **표면 반응인 전기화학 반응.** (a) 전하 전달 과정과 물질 전달 과정은 연속적으로 진행된다. (b) 전지를 구성하는 각각의 두 전극에서 전하 전달과 물질 전달이 동시에 이루어져야 한다.

면에서 생성물 Ox로 변환하는 화학 반응은 전자를 전극에 전달하는 **전하 전달**(charge transfer) 과정이다. 이러한 이유에서 전기화학 반응을 표면 반응이라고 한다. 반응물이 전극 표면에서 소비되므로, 반응이 지속되기 위해서는 벌크 전해질의 반응물 Red가 계속 전극 표면으로 공급되어야 한다. 또한 전극 표면에 축적된 생성물 Ox는 벌크 용액으로 계속 이동해야 한다. 이러한 반응물과 생성물의 이동을 **물질 전달**(mass transfer) 과정이라 한다. 그림 4.2b는 전체 반응이 Red + Ox′ ⟶ Ox + Red′인 전지에서 각각 반쪽 반응의 전하 전달과 물질 전달 과정이 산화 전극과 환원 전극 모두에서 일어나야 함을 예시한다. 또한 두 전극 사이에 이온 전도를 위한 벌크 전해질에서 이온 이동도 필요하다.

참고 전기화학 반응은 불균일 반응이다

기체 상태의 반응 혹은 용액에서 일어나는 반응은 반응계의 모든 부분에서 반응 속도가 동일하므로, **균일 반응**(homogenous reaction)이라 한다. 그러나 표면 반응(예: 기체/고체 또는 고체/액체)은 두 상태의 계면에서만 반응이 진행하므로 **불균일 반응**(heterogenous reaction)이라 한다.

전지 외부에서 관찰하는 전류는 화학의 관점에서는 반응 속도이다. 전기화학 반응의 속도인 전류는 그림 4.2b에 도시된 연속된 다섯 과정(각 전극의 전하 및 물질 전달 과정과 이온 전도를 위한 이온 이동 과정)에 의하여 결정된다. 다섯 과정 중에서 가장 느린 과정이 병목 현상을 일으켜 전기화학 반응 속도를 결정하고, 최종적으로 전지에 흐르는 전류 크기를 결정한다.

그림 4.2b의 각각 과정을 전기의 관점에서 저항으로 표시할 수 있다. 예를 들면, 식 (4.5)에서 전류는 반응 속도에 비례하고, 또한 전류는 저항에 반비례하므로 반응 속도와 저항의 관계는 아래와 같다.

$$(\text{반응 속도}) \propto 1/R \qquad (4.6)$$

전기화학 반응 속도와 저항의 등가성을 기반으로 실제 전지를 이상적 전지와 저항으로 표현하는 등가회로는 전지의 이해뿐만 아니라 많은 전기화학 측정 기술의 이해에 매우 유용하다.

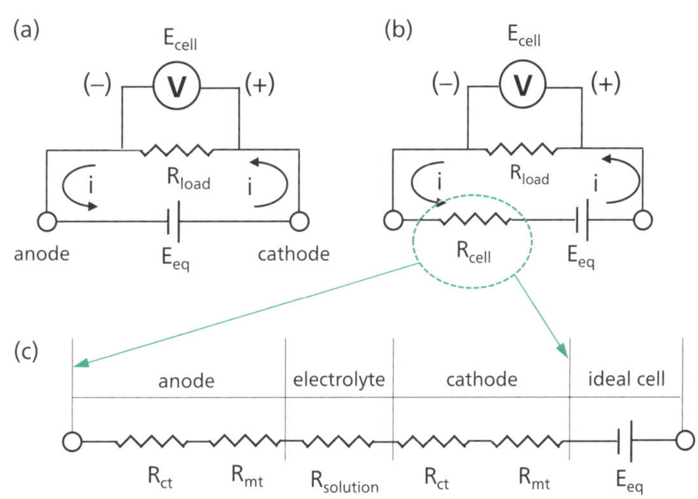

그림 4.3 **갈바니 전지의 등가회로.** (a) 전지 저항이 없는 이상적 갈바니 전지. (b) 전지 저항이 있는 실제 갈바니 전지. (c) 전하 전달 저항, 물질 전달 저항, 용액 저항과 이상적 갈바니 전지로 구성된 실제 갈바니 전지.

저항으로 표현된 전지에 흐르는 전류와 전압을 논의하자. 그림 4.1의 갈바니 전지의 평형 전압(E_{eq}), 즉 Nernst 식에 의하여 전류가 흐르지 않는 상황의 전압은 +1.10 V이다. 그림 4.3a에서 그림 4.1의 갈바니 전지를 전지 부호(|ǀ)로 표시하고, 부하 저항 R_{load}와 연결하면 전류가 흐른다. R_{load}에 전압계 V를 병렬로 연결하면 전류가 흐르는 상황에서 전지 전압 E_{cell}을 측정할 수 있다. 이상적인 전지, 다시 말해 저항 성분이 전혀 없는 전지를 가정한 회로가 그림 4.3a이다. 이때 흐르는 전류 i는 다음과 같다.

$$i = E_{eq}/R_{load} \tag{4.7}$$

따라서 전지 전압 E_{cell}은 다음과 같다.

$$E_{cell} = iR_{load} = E_{eq} \tag{4.8}$$

다시 말해 이상적인 전지의 전압은 전류가 흐르더라도 Nernst 식으로 계산된 평형 전압과 같다.

실제 전지 안에는 유한한 크기의 전지 저항(R_{cell})이 존재한다. 전류는 전압이 E_{eq}인 이상적인 전지에서 나와 R_{cell}을 통하여 흐르므로, 실제 전지는 이상적인 전지와 R_{cell}이 직렬로 연결된 그림 4.3b의 등가회로로 표현할 수 있다. 이 경우 전류 i는 다음과 같다.

$$i = E_{eq}/(R_{load} + R_{cell}) \tag{4.9}$$

그러므로 전지 전압 E_{cell}은 다음과 같다.

$$E_{cell} = iR_{load} = [R_{load}/(R_{load} + R_{cell})]E_{eq} \tag{4.10}$$

식 (4.10)에서 $R_{cell} > 0$이므로, $R_{load}/(R_{load} + R_{cell}) < 1$이다. 이는 $E_{cell} < E_{eq}$임을 의미한다. 식 (4.10)에서 다음의 관계를 얻을 수 있다.

$$E_{cell} + iR_{cell} = E_{eq}$$
$$E_{cell} = E_{eq} - iR_{cell} \tag{4.11}$$

식 (4.11)은 저항 성분이 있는 실제 갈바니 전지에서 모든 화학 에너지가 전기 에너지로 변환할 수 없음을 의미한다. 변환되지 않은 에너지는 어디로 갔을까? 산화·환원 반응 과정에서 방출되는 화학 에너지의 일부는 R_{cell}에 흐르는 전류 i에 의하여 열에너지로 전환된다. 전지에 많은 전류가 흐르면 전지 온도가 상승하는 경험이 있을 것이다. 또한 이상적인 경우와 실제적 경우를 비교하면 실제 전지의 전류와 전압이 모두 감소하므로, 얻을 수 있는 전력(= iE_{cell})도 감소한다.

그림 4.3c는 전지 저항을 세분한 등가회로이다. 그림 4.3c에 묘사한 바와 같이 저항 성분은 크게 산화 전극, 전해질, 환원 전극의 저항으로 구분한다. 각 전극의 저항은 다시 전하 전달 저항 R_{ct}와 물질 전달 저항 R_{mt}로 구분된다. 전해질은 이온 전도에 대한 용액 저항(solution resistance) $R_{solution}$을 갖는다. 전류는 다섯 개의 저항을 순차적으로 통과하므로 이들을 직렬로 연결한 것이 전지 저항 R_{cell}이다. 또한 저항 성분이 없는 이상적인 전지의 전압 E_{eq}가 전류를 흐르게 하는 기전력(electromotive force)이다.

그림 4.4는 전해 전지의 등가회로를 도시한다(그림 1.8b 참조). 갈바니 전지와 똑같은 저항 성분이 전해 전지에도 존재한다. 다만 전류의 방향이 반대로 바뀐 것 외에는 다른 것이 없다. 그 이유는 전지의 화학적 구성은 같지만, 화학 반응을 통한 전기 에너지의 획득(갈바니 전지) 혹은 전기

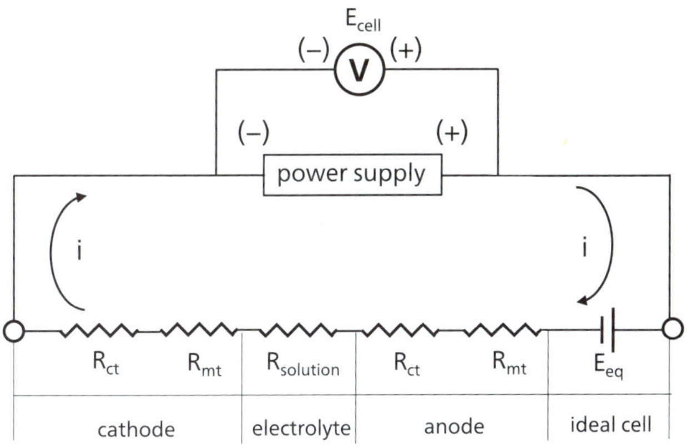

그림 4.4 전해 전지의 등가회로.

에너지를 이용한 화학 반응의 유도(전해 전지)라는 전지 운용의 방향이 서로 반대이기 때문이다. 전해 전지의 전지 전압 E_{cell}은 전력공급장치의 출력 전압이다.

식 (4.11)을 이용하여 전지 전압과 전지의 각 저항 성분과의 관계를 설정할 수 있다. 식 (4.11)의 R_{cell}에 등가회로 저항을 대입하여 정리하면 다음과 같다.

$$\begin{aligned} E_{cell} &= E_{eq} - iR_{cell} \\ &= E_{eq} - i(R_{cat,ct} + R_{cat,mt} + R_{solution} + R_{an,ct} + R_{an,mt}) \\ &= E_{eq} - iR_{cat,ct} - iR_{cat,mt} - iR_{solution} - iR_{an,ct} - iR_{an,mt} \\ &= E_{eq} - \eta_{cat,ct} - \eta_{cat,mt} - \eta_{an,ct} - \eta_{an,mt} - iR_{solution} \end{aligned} \tag{4.12}$$

각 저항 성분에 전류가 흐를 때 전압 강하 $-iR$이 일어나며, 전압 강하는 음의 값이다. 갈바니 전지의 E_{eq}는 양의 값이므로, 전지 저항의 존재는 앞서 설명한 바와 같이 전지의 출력 전압을 감소시킨다. 그러나 전해 전지의 E_{eq}는 음의 값이므로 저항 성분을 극복할 수 있는 더 낮은 외부 전압을 인가해야 한다. 전류가 증가하면 전압 강하가 더 커짐에 주목하라. 다시 말해 저항 성분에 의한 전압 강하는 반응 속도를 유지하기 위한 일종의 비용(cost)이다. 전하 전달 및 물질 전달과 관련된 전압 강하를 **과전압**(overpotential, η)이라고 한다. 많은 전기화학 문헌에서 과전압을 양의 값으로 표시하기도 하고, 음의 값으로 표시하기도 한다. 식 (4.12)에서는 과전압을 양의 값으로 표시하였으며, 그 앞에 음의 부호를 붙여 전압 강하가 일어나는 물리적 현상과 일치시켰다. 따라서 일반적으로 과전압이 크다는 표현은 저항 성분이 크며, 그 저항 성분을 극복하기 위해 더 많은 에너지가 소비됨을 의미한다고 이해해도 무방하다. 전해질과 관련된 전압 강하는 전극 반응과 무관하므로 **iR 전압 강하**(iR potential drop)라고 한다.

식 (4.12)에 $E_{eq} = E_{cat,eq} - E_{an,eq}$의 관계를 대입하여 정리하면 다음과 같다.

$$\begin{aligned} E_{cell} &= E_{cell,eq} - \eta_{cat,ct} - \eta_{cat,mt} - \eta_{an,ct} - \eta_{an,mt} - iR_{solution} \\ &= (E_{cat,eq} - E_{an,eq}) - \eta_{cat,ct} - \eta_{cat,mt} - \eta_{an,ct} - \eta_{an,mt} - iR_{solution} \\ &= (E_{cat,eq} - \eta_{cat,ct} - \eta_{cat,mt}) - (E_{an,eq} + \eta_{an,ct} + \eta_{an,mt}) - iR_{solution} \\ &= E_{cat} - E_{an} - iR_{solution} \end{aligned} \tag{4.13}$$

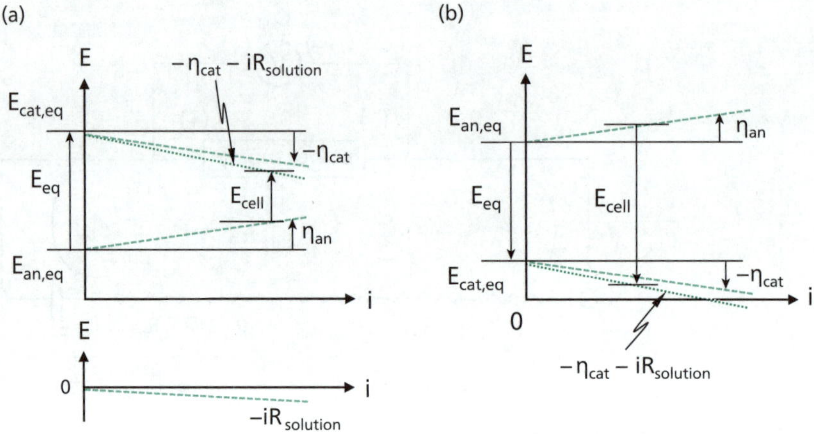

그림 4.5 **등가회로로 표현된 전지의 전류-전압 관계.** (a) 갈바니 전지. (b) 전해 전지.

식 (4.13)의 E_{cat}와 E_{an}은 각각 다음과 같다.

$$E_{cat} = E_{cat,eq} - \eta_{cat,ct} - \eta_{cat,mt} = E_{cat,eq} - \eta_{cat} \quad (4.14)$$

$$E_{an} = E_{an,eq} + \eta_{an,ct} + \eta_{an,mt} = E_{an,eq} + \eta_{an} \quad (4.15)$$

식 (4.13), (4.14), (4.15)는 각 전극 전위와 전해질 iR 전압 강하의 합이 전지 전압임을 의미한다. 예를 들면 환원 전극 전위 E_{cat}는 Nernst 식으로 표현되는 $E_{cat,eq}$와 전하 및 물질 전달 과전압의 합으로 표현된다[식 (4.14)]. 따라서 식 (4.13)은 전체 전지의 거동이 식 (4.14)와 (4.15)로 표현되는 개별 전극이 나타내는 거동의 합임을 의미한다. 예를 들면 전해 전지에서 환원 전극의 평형 전위는 낮으며(그림 4.4), 과전압은 환원 전극의 전위를 더욱 낮추고, 산화 전극의 전위는 과전압으로 더욱 높아져 전체 전지 전압은 더욱 낮아지게 된다. 이는 이미 기술한 논의와 일치한다. 갈바니 전지에서도 같은 논리를 적용하면 전지 전압은 과전압이 있을 때 감소한다. 따라서 식 (4.13)은 전하/물질 전달 현상을 포함하여 산화 전극과 환원 전극, 그리고 전해질을 개별적으로 고려할 수 있는 이론적 근거이다.

그림 4.5는 지금까지 논의한 과전압과 전지 전압의 관계를 요약하여 도시한 그림이다. 그림 4.5a는 그림 4.3c의 전지 등가회로를 갈바니 전지로 운영할 때, 전류의 크기에 따른 전지 전압의 변화를 도시한다. $i = 0$일 때 $E_{eq} = E_{cat,eq} - E_{an,eq}$이므로, E_{eq}는 $E_{an,eq}$에서 $E_{cat,eq}$로 가는 방향으로 양의 값이다. 전류가 증가함에 따라 환원 전극의 과전압 η_{cat}이 증가하여 환원 전극 전위 $E_{cat} = E_{cat,eq} - \eta_{cat}$는 감소한다. 반면 산화 전극의 과전압 η_{an}도 증가하여 산화 전극 전위 $E_{an} = E_{an,eq} + \eta_{an}$은 증가한다. $-iR_{solution}$은 아래에 따로 표시하며, $-\eta_{cat}$과 $-iR_{solution}$의 합을 점선으로 표시한다. 따라서 $i \neq 0$일 때 전지 전압 E_{cell}이 그림에 표시한 바와 같이 감소한다. 실제 갈바니 전지 전압은 평형 전압보다 작다. 그림 4.5b는 전해 전지의 그림이다. 전해 전지에서는 $E_{cat,eq}$가 $E_{an,eq}$보다 낮다는 사실에 주목하라. 따라서 E_{eq}는 음의 값이다. 갈바니 전지에서와 같이 전해 전류가 증가함에 따라 환원 전극의 과전압 η_{cat}이 증가하여 환원 전극 전위 $E_{cat} = E_{cat,eq} - \eta_{cat}$은 감소한다. 반면 산화 전극의 과전압 η_{an}이 증가하여 산화 전극 전위 $E_{an} = E_{an,eq} + \eta_{an}$은 증가한다. $-iR_{solution}$ 전압 강하까지 고려하면, E_{cell}은 증가한다.

참고 전류 밀도(j)

전기화학 반응은 표면 반응이다. 따라서 고체 전극과 액체 전해질이 접촉하는 모든 계면에서 반응이 발생하므로 전지 외부에서 관찰하는 전류 i는 전해질이 접촉하는 전극 면적에 비례한다. 서로 다른 전극에서 관찰된 전류를 비교하기 위해서는 전류 i를 접촉 전극 면적 A로 나눈 전류 밀도(current density) j(= i/A, 단위: Acm^{-2})를 비교해야 한다. 그러므로 전기화학 문헌에서 전류를 정량적으로 비교할 때 반드시 전류 밀도를 사용한다.

4.3 분극 곡선

전기화학 반응과 관련된 과전압을 어떻게 측정하는가? 과전압을 측정해야 전극과 산화·환원쌍이 결합한 반응계의 반응 속도를 평가할 수 있다. 과전압에 관한 정보는 전류와 전압의 상호 관계를 표현하는 **전류-전압 곡선**(i-E 곡선)에 있다.

전기화학 반응계가 주어진 전지 전압 E와 그 전압에서 정상 상태(steady state)에 도달하였을 때 관찰되는 전류 i의 관계인 i-E 곡선을 **분극 곡선**(polarization curve)이라 한다. 먼저 **분극**(polarization)이라는 용어를 이해하자. 커패시터(제2장 부록 B)의 두 전극에 전압을 인가하여 충전하는 과정을 '**분극한다**(polarize)'고 한다. 커패시터에 전압을 인가하지 않으면, 양전하의 중심과 음전하의 중심이 일치된 상태, 즉 커패시터의 두 전극은 비분극된(unpolarized) 상태에 있다. 그러나 전압을 인가하면 커패시터의 두 전극으로 양전하의 중심과 음전하의 중심이 분리되는 상태, 즉 커패시터의 두 전극은 분극된 상태에 있다. 다시 말해 커패시터를 분극하는 과정에서, 외부 전력공급장치가 커패시터의 두 전극에 양전하와 음전하를 공급하여(전류를 흘려) 두 전극을 충전(charging)하지만, 저항이 무한대인 유전체를 통하여 전류는 흐르지 않는다. 이 과정을 분극이라고 한다. 그러므로 분극 과정에서 커패시터는 충전된다. 그러나 실제 유전체의 저항은 무한대가 아니며, 허용된 전압 이상의 전압이 인가되면 유전체에 전류가 흘러 커패시터는 충전된 전하를 보관할 수 없으므로, 충전 기능을 잃게 되어 비분극화된다.

커패시터의 유전체를 전기화학 반응이 일어나는 전해질로 바꾸어보자. 전극의 전하 및 물질 전달 저항이 무한대이면, 전극에 전위를 인가하더라도 전류가 흐르지 않으므로 커패시터의 분극 현상과 같은 현상이 전극에 일어난다. 그런 전극을 **이상적 분극 전극**(ideally polarizable electrode)이라고 한다. 그림 4.6a에 묘사한 바와 같이 전극에 전위를 인가하여도 전류가 흐르지 않는

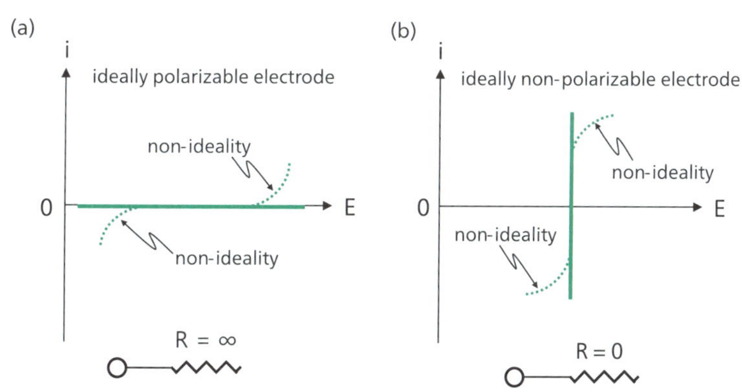

그림 4.6 (a) 이상적 분극 전극. (b) 이상적 비분극 전극. 점선은 비이상성을 표현한다.

다. 과전압의 관점에서 보면 이상적 분극 전극의 전하 전달 과전압이 무한대이므로, 전기화학 반응이 진행되지 않고 물질 전달 과정도 없다. 그러나 전극의 전위가 높아지거나 낮아지면 전기화학 반응이 일어나 전류가 흐르기 시작하는 비이상성을 실제 전극은 보인다. 이와 반대로 전극의 전하 및 물질 전달 저항이 없으면(즉, 전하/물질 전달 과전압이 없으면) 전기화학 반응이 빠르게 진행되어 전극 전위는 일정하게 유지된다(그림 4.6b). 그러한 전극을 **이상적 비분극 전극**(ideally non-ploarizable electrode)이라고 한다. 그러나 전류가 증가하면 비이상성이 실제 전극에서 나타난다.

분극 곡선을 실험적으로 얻기 위해서는 전극 두 개와 전해질이 필요하다. 그림 4.7a와 같이 이상적 비분극 전극 두 개와 용액 저항이 $R_{solution}$인 전해질로 구성된 전지를 생각해 보자. 전력공급장치의 스위치를 열어 놓으면, 전압계의 값은 두 전극의 평형 전압인 열린 회로 전압(open circuit potential, OCP) E_{eq}가 되고(두 전극이 동일한 경우 $E_{eq} = 0$) 전류계의 값은 0이 된다. 스위치를 닫고 전력공급장치가 전류 i를 공급하면 두 전극 사이에 저항 성분 $R_{solution}$만 있으므로(그림 4.7b) 기울기가 $1/R_{solution}$인 굵은 실선의 직선, 즉 Ohm의 법칙을 따르는 i-E 곡선을 관찰할 수 있다(그림 4.6c).

참고 그림 4.6에서 전압과 전류의 부호

그림 4.6과 같은 좌표계에서 전위 E를 표시하는 가로축은 오른쪽으로 갈수록 양의 값으로 증가하고, 전류 i를 표시하는 세로축은 위로 갈수록 증가한다. 먼저 세로축에 대하여 논의하자. 하나의 전극에서 전류는 두 가지 방향으로 표시된다. 외부에서 보았을 때 *전자는 산화 전극으로부터 나오고(전류는 산화 전극으로 들어가고), 환원 전극으로 들어간다(전류는 환원 전극으로부터 나옴)*. 여기에서 문제는 산화 전류를 양의 전류로 표시할 수도 있고 음의 전류로 표시할 수도 있다는 것이다. 전통적으로 산화 전류를 음의 전류로, 환원 전류를 양의 전류로 표현했다. 그 이유는 과거의 전기화학은 금속 양이온의 환원 반응에 초점을 두었기 때문이다. 그러나 현대 전기화학은 산화 전류를 양의 전류로 표현한다. 이에 따라 그림 4.6에서 양의 전류는 산화 전류이다. 전해 전지에서 전극 전위가 높을수록 산화 반응이 촉진되므로 산화 전류도 증가한다. 따라서 그림 4.6에서 가로축의 오른쪽으로 갈수록 전위가 증가하며 전류도 증가한다. 그러므로 주어진 i-E 곡선을 이해할 때, 가로축과 세로축의 정의를 확인해야 한다.

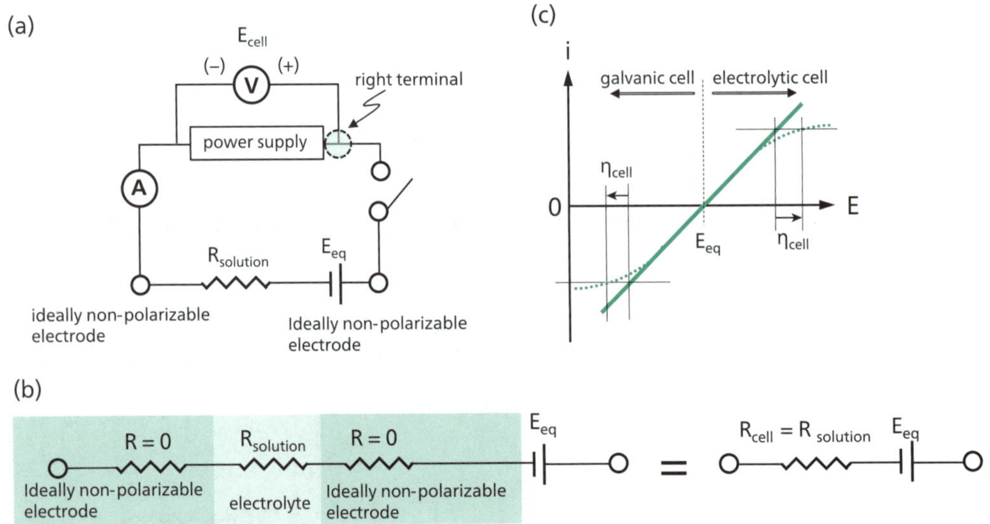

그림 4.7 **두 개의 이상적 비분극 전극으로 구성된 전해 전지.** (a) 전해 전지 회로. (b) 등가회로. (c) i-E 곡선.

그림 4.7c의 의미를 논의하기 위하여 그림 4.7a의 오른쪽 전극에 관점을 고정해 보자. 스위치가 열린 상태인 OCP에서 $E_{eq} > 0$이므로, 오른쪽 전극의 자발적 반응은 환원 반응이다. 스위치를 닫고 전력공급장치 오른쪽 단자의 전압을 E_{eq}보다 높여($E_{cell} > E_{eq}$) 양의 전류를 공급하면, 전자가 전극에서 나가는 산화 반응이 오른쪽 전극에서 진행된다. 오른쪽 전극에서 비자발적 산화 반응이 진행되므로 $E_{cell} > E_{eq}$ 구간에서 전지는 전해 전지로 작동한다. 반대로 오른쪽 단자의 전위를 E_{eq}보다 낮추어($E_{cell} < E_{eq}$) 음의 전류를 공급하면, 전자가 전극으로 들어가는 환원 반응이 오른쪽 전극에서 진행된다. 오른쪽 전극에서 자발적 환원 반응이 진행되는 전지는 갈바니 전지로 작동한다. 그렇다면 그림 4.7c는 그림 4.7a의 왼쪽 전극 전위가 일정하다는 조건에서 오른쪽 전극의 전위에 대한 전류 곡선이다.

실제 전극에서 전류가 증가하면 비이상성이 나타난다. 그 비이상성을 그림 4.7c의 점선으로 표현한다. E_{eq}를 기준으로 오른쪽은 전해 전지이므로 같은 양의 산화 전류를 흘리기 위해 실제 전위는 이상적 전위보다 더 높아야 한다. 이상적 전위와 실제 전위 사이의 차이, 즉 실선과 점선의 전위 차이가 과전압(η_{cell})이다. E_{eq}를 기준으로 왼쪽은 갈바니 전지이다. 여기에서도 마찬가지로 환원 전류가 증가하면 과전압이 나타나며, 그로 인하여 이상적 전위보다 더 낮은 실제 전위를 인가해야 환원 반응을 유도할 수 있다. i-E 곡선에 관한 논의는 앞 절의 논의(그림 4.5)와 일치한다.

그림 4.8a는 이상적 비분극 전극과 이상적 분극 전극이 용액 저항이 $R_{solution}$인 전해질을 사이에 두고 연결된 전해 전지이다. 그림 4.7과 달라진 점은 오른쪽 전극이 이상적 비분극 전극에서 이상적 분극 전극으로 대체되었다는 것이다. 이상적 분극 전극의 저항이 무한대이므로, 그림 4.8b와 같이 등가회로의 저항값도 무한대이다. 그러므로 이러한 전지는 그림 4.8c의 굵은 실선과 같이 전지 전압을 변화시켜도 전류가 흐르지 않는 i-E 곡선 특성을 보인다. 전위에 따라 이상적 비분극 전극은 전류를 보낼 수 있지만, 전류를 받아야 하는 이상적 분극 전극의 저항이 무한대이므로 전류가 흐를 수 없다. 따라서 *전지에 전류가 흐르기 위해서는, 흐르는 전류를 수용하기 위한 전기화학 반응이 두 개의 전극에서 반드시 동시에 일어나야 한다.* 이 조건이 지켜지지 않으면 그림 4.8c와 같이 흐르는 전류는 없다. 실제로 존재하는 이상적 분극 전극은 없으므로, 전지 전압이 높아지면

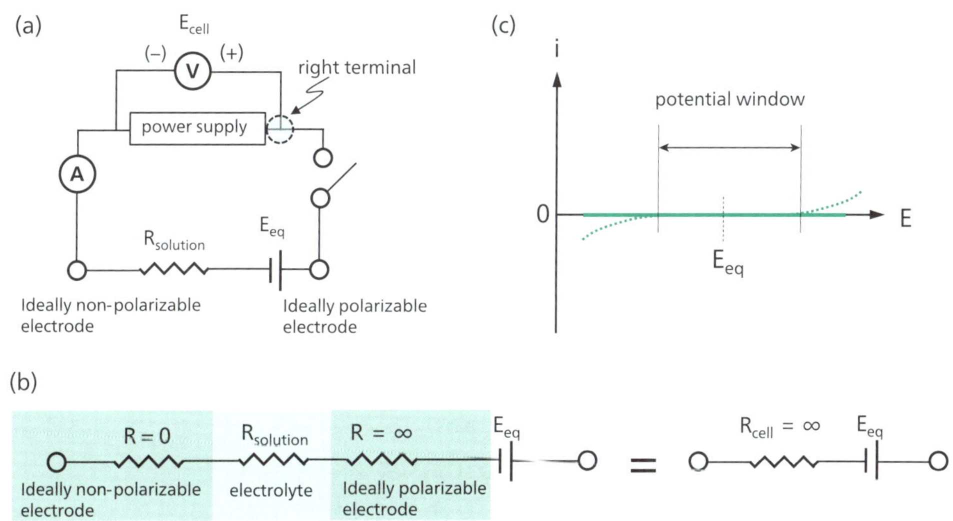

그림 4.8 이상적 비분극 전극과 이상적 분극 전극으로 구성된 전해 전지. (a) 전해 전지 회로. (b) 등가회로. (c) i-E 곡선.

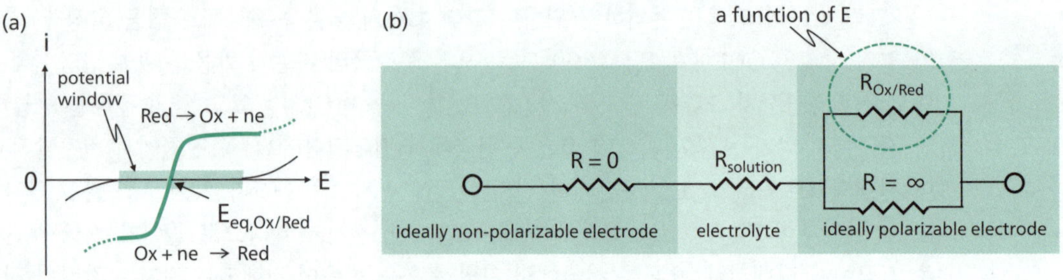

그림 4.9 **전해질에 Red와 Ox가 있는 이상적 비분극 전극과 이상적 분극으로 구성된 전지.** (a) 전해질을 교반하는 상황에서 얻은 i-E 곡선. (b) 등가회로.

이상적 분극 전극이라고 가정한 전극에서 산화 반응이 일어나 $R_{cell} \ll \infty$이 되고 양의 값을 갖는 산화 전류가 흐른다. 전압이 낮아지면 같은 이유에서 음의 전류가 흐른다.

그림 4.8은 전기화학 연구의 중요한 개념을 제공한다. 그림 4.8a의 오른쪽 전극이 이상적 분극 전극으로 작동하는 전압 구간에서는 그림 4.8c와 같이 전류가 흐르지 않는다. 전해질에 Red와 Ox가 존재하면 그림 4.9a에서 굵은 실선으로 표시된 Red의 산화 전류와 Ox의 환원 전류를 산화·환원쌍의 평형 전위($E_{eq,Ox/Red}$)의 오른쪽과 왼쪽에서 각각 관찰할 수 있다. 그렇다면 얇은 실선으로 표시한 i-E 곡선은 산화·환원쌍이 없는 상태의 바탕 전류 곡선(background current curve)이 된다. 바탕 전류 곡선의 전류가 0인 이상적 분극 전극이 Red 혹은 Ox의 전류를 관찰하는 전기화학 연구에 적합하다. 그러나 실제 분극 전극은 전압이 높거나 낮으면 전해질/전극의 계면에서 전기화학 반응이 일어나 전류가 흐르므로 바탕 전류가 증가하여 관심 대상인 산화·환원쌍의 전류와 중첩된다(그림 4.9a의 산화·환원쌍 i-E 곡선 양 끝의 점선). 전해질/전극의 계면에서 전기화학 반응이 일어나지 않는 전압 구간이 산화·환원쌍 연구에 적합하며, 그림 4.9a에서 녹색으로 표시한 전압 영역을 전위 창문(potential window)이라 한다. 실제로 사용되는 분극 전극은 Pt, Au, Hg 그리고 유리질 탄소(glassy carbon) 등이 있으며, 이들의 전위 창문이 전극을 구성하는 원소에 크게 의존한다.

그림 4.9b는 이러한 현상을 등가회로로 표현한 그림이다. 산화·환원쌍의 존재는 이상적 분극 전극에 전류가 흐를 수 있는 새로운 경로이며, 전기화학 반응 저항 $R_{Ox/Red}$가 전극 자체 저항 R과 병렬로 연결된다. 병렬로 연결하는 이유는 산화·환원쌍의 반응과 전극의 반응이 동시에 일어날 수 있기 때문이다. 전위 창문 영역에서는 $R \gg R_{Ox/Red}$이므로 전류는 저항 $R_{Ox/Red}$을 통하여 흐르게 된다. 전류 곡선의 모양이 Ohm의 법칙을 따르지 않는 이유는 $R_{Ox/Red}$가 화학적 이유에서 전위의 함수로서 변화하기 때문이다. 앞으로 소개할 그 화학적 이유를 이해하는 것이 전기화학이다.

그림 4.8은 전기화학 실험에서 또 다른 중요한 개념을 제공한다. 그림 4.8에서 왼쪽 전극은 전위가 변화하지 않는 이상적 비분극 전극이다. 따라서 전력공급장치가 인가하는 전지 전압 E_{cell}의 변화 ΔE_{cell}는 아래의 식에 의하여 그대로 오른쪽 이상적 분극 전극에 인가된다.

$$\Delta E_{cell} = \Delta E_{right} - \Delta E_{left} = \Delta E_{right} \tag{4.16}$$

그러므로 왼쪽 전극은 전지 전압의 기준이 되는 **기준 전극**이다. 이 기준 전극의 조건은 무한히 전류를 흘려도 전압이 변하지 않는 이상적 비분극 전극이다. 이에 반하여 오른쪽 전극은 앞서 논의한 바와 같이 전력공급장치가 인가하는 전지 전압의 변화에 따라 산화·환원쌍 연구에 활용될 수 있으므로, 전기화학 실험에서 실질적 작업을 한다고 하여 **작업 전극**(working electrode)이라고 한다. 작업 전극에 흐르는 전류를 왼쪽 전극이 공급한다. 왼쪽 전극이 작업 전극을 상대한다고 하여 왼쪽 전극을 **상대 전극**(counter electrode) 또는 **보조 전극**(auxiliary electrode)이라고 한다. 그러므로 그림 4.8에서 왼쪽 전극은 상대 전극과 기준 전극의 역할을 동시에 수행한다(그림 4.15). 상대 전극으로서 작업 전극의 전류를 충분히 수용할 수 있고, 기준 전극으로서 전위를 일정하게 유지하는 이상적 비분극 전극을 사용하면, 관찰되는 분극 곡선은 작업 전극의 전기화학을 반영하게 된다. 그러므로 기준 및 상대 전극의 전기화학과 구분되는 작업 전극의 전기화학을 연구할 수 있다. 앞으로 있을 논의에서 특별히 언급하지 않는 한, 작업 전극의 전기화학만 논의한다.

4.4 전하 전달 과정의 과전압

전극 전위의 조절은 무엇을 의미하는가? 그림 4.10은 전극의 전위를 조절할 때 일어나는 변화를 설명하는 그림이다. 아래와 같이 환원 반응과 산화 반응에 참여하는 어떤 물질 X를 가정해 보자.

$$\text{환원 반응:} \quad X + e \rightleftharpoons X^-$$
$$\text{산화 반응:} \quad X^+ + e \rightleftharpoons X \tag{4.17}$$

X의 분자 궤도(molecular orbital, MO)에는 HOMO(highest occupied MO)와 LUMO(lowest unoccupied MO)가 있다. X가 환원하는 반응을 묘사하는 그림 4.10a를 보자. 식 (4.17)에서 구분해야 하는 것은 화학종 X, X^-와 X^+는 전해질에 있고, 전자는 전극에 있다는 사실이다. *전극 전위를 조절하면 전해질에 있는 화학종은 아무런 영향을 받지 않으나, 전극에 있는 전자는 영향을 받는다.* 평형 전위 E_{eq}의 전극에 환원 과전압 η_{cat}를 인가하면, 다른 말로 전극 전위를 η_{cat}만큼 낮추면, 그림 4.10a의 오른쪽에 도시한 바와 같이 전자의 퍼텐셜 에너지는 $-e\eta_{cat}$만큼 증가한다(η_{cat}는 양의 값이고 전자의 전하량 e는 음의 값이므로, $-e\eta_{cat}$는 양의 값임). 전자의 퍼텐셜 에너지가 LUMO의 에너지와 비슷해지면 전극 속 전자는 비어 있는 LUMO로 이동하여 환원 반응이 일어난다(에너지 레벨의 에너지가 비슷할수록, 레벨 간 전자 이동의 확률이 높아짐). 반대로 전극 전위를 높여 X의 산화 반응을 유도하는 과정을 그림 4.10b가 묘사한다. 산화 과전압 η_{an}를 인가하면 전자의 퍼텐셜은 $e\eta_{an}$만큼 낮아지고 HOMO의 전자가 전극으로 이동하여 산화 전류가 흐르게 된

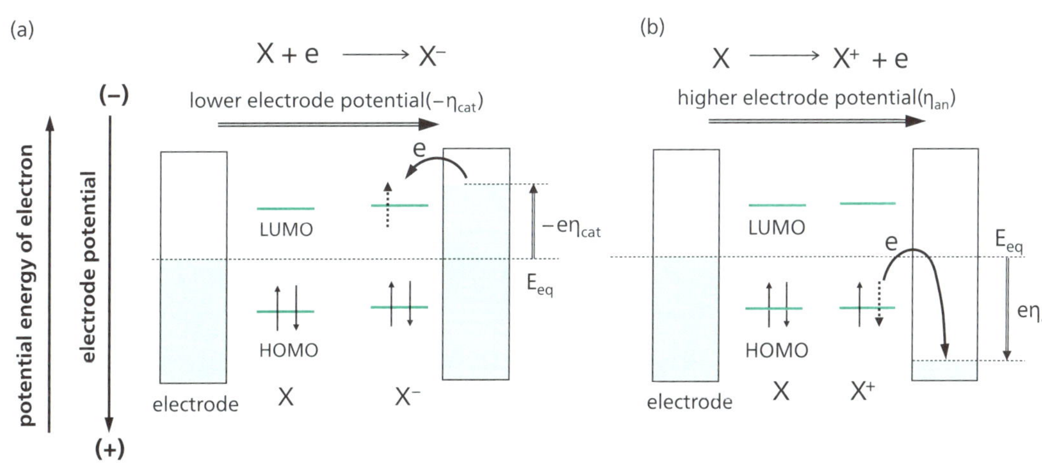

그림 4.10 **전극 전위, 전극 속 전자의 퍼텐셜 에너지와 반응물의 관계.** (a) 환원 반응. (b) 산화 반응.

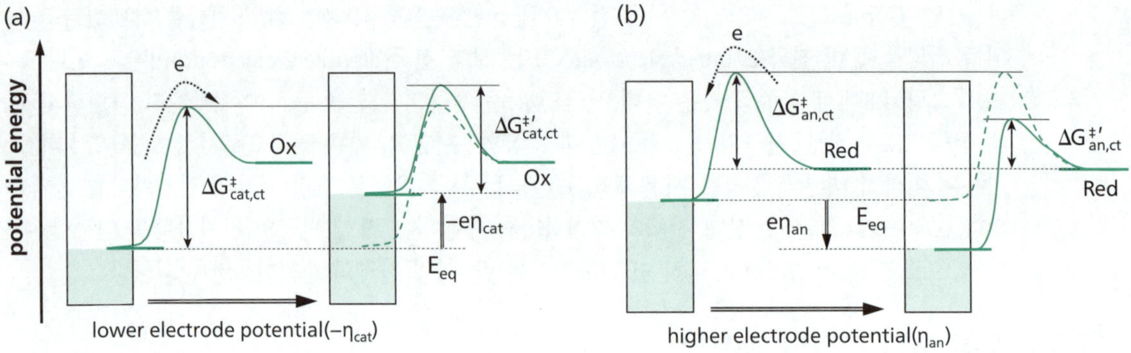

그림 4.11 **전자 전달 과정의 활성화 에너지와 전자 퍼텐셜 에너지.** (a) 환원 반응. (b) 산화 반응. (a)와 (b)의 오른쪽 그림의 쇄선은 전극 전위를 변화하기 전의 활성화 에너지 곡선.

다. 그러므로 전극 전위 조절은 전극 속 전자의 퍼텐셜 에너지를 조절하여 전하 전달 과정의 속도와 방향을 제어하는 것이다.

전극의 전자와 전해질의 반응물에서 일어나는 전하 전달 과정은 화학 반응의 범주에 속한다. 그림 4.11에 도시한 바와 같이, 전하 전달이 일어날 때 반응물과 전자는 전이 상태(transition state)를 거치게 된다. 전이 상태는 반응물과 생성물보다 에너지가 높은 상태이므로 전자의 이동 방향에 따라 **전하 전달 활성화 에너지**(charge transfer activation energy $\Delta G^{\ddagger}_{ct}$)가 있다. 따라서 에너지 장벽(barrier)인 전하 전달 활성화 에너지가 극복되면 전하 전달 과정이 비로소 진행하여 반응 속도인 전류가 관찰된다. 일반적인 화학 반응에서 온도를 증가하면(다시 말해 에너지를 공급하면) 활성화 에너지를 극복할 수 있는 충분한 에너지를 갖는 반응물의 수가 증가하여 반응 속도가 증가한다. 같은 원리로 전기화학에서는 전극 전위를 조절하여 반응에 참여하는 전자의 에너지를 변화시켜 반응 속도인 전류를 제어한다. 이러한 관점에서 보면 일반적인 화학과 전기화학은 같은 맥락에서 반응 속도를 조절한다. 그러므로 반응 속도의 제어 변수는 일반적인 화학 반응에서는 온도이지만, 전기화학에서는 온도와 전극 전위이다.

좀 더 구체적으로 살펴보자. 환원 반응을 묘사하는 그림 4.11a에서 평형 상태에 있는 반응계의 전자가 전극에서 Ox로 이동하는 환원 전하 전달 과정의 활성화 에너지는 $\Delta G^{\ddagger}_{cat,ct}$이다. 전극에 환원 과전압 η_{cat}를 인가하면, 에너지가 $-e\eta_{cat}$만큼 높아지는 전극 속 전자는 반응의 에너지 곡선을 위로 밀고 활성화 에너지는 $\Delta G^{\ddagger'}_{cat,ct}$로 감소한다. 활성화 에너지가 감소하였으므로 환원 반응의 전하 전달 속도가 증가한다. 다시 말해 전극 전위를 낮추면 환원 전류가 증가하므로 환원 과전압 η_{cat}은 전하 전달 저항을 감소한다. 여기에서 주목할 것은 환원 반응의 활성화 에너지는 감소하지만, 산화 방향의 활성화 에너지는 증가한다는 사실이다. 전극 전위를 낮추면 환원 반응 속도는 증가하고, 산화 반응 속도는 감소한다(제5장에서 상세히 설명). 그림 4.11b는 산화 반응에 산화 과전압 η_{an}이 미치는 영향을 예시한다. 전극에 산화 과전압 η_{an}을 인가하면, 에너지가 낮아진 전극 속 전자는 반응의 에너지 곡선을 아래로 당기고 활성화 에너지는 $\Delta G^{\ddagger}_{an,ct}$에서 $\Delta G^{\ddagger'}_{an,ct}$로 감소한다. 산화 과전압 η_{an}은 산화 전류를 증가하고, 산화 반응의 전하 전달 저항을 감소한다. 또한 전극 전위의 증가는 환원 반응 속도를 감소시킨다.

요약하면 전극 전위를 조절하여 과전압을 인가하는 것은 전극과 반응물 사이의 전하 전달 속도를 조절하는 것이다. 평형 전위 E_{eq}보다 전위를 낮추면 전극 속 전자의 에너지는 높아져 환원 반응 속도가 증가하고, E_{eq}보다 전위를 높이면 전극 속 전자의 에너지는 낮아져 산화 반응 속도가 증가한다. 그러므로 전하 전달 저항 R_{ct}는 과전압의 함수이다. 한 가지를 더 강조한다면, 전기 회로의 저항은 고정 저항이지만, 전기화학의 저항은 전위에 따라 변하는 가변 저항이다.

이상과 같이, 전극 전위 E를 조절하여 전하 전달 과정의 활성화 에너지를 조절할 수 있다. 물질 전달이 빠를 때 정의되는 과전압을 **전하 전달 과전압**(charge transfer overpotential, η_{ct}), 또는 **활성화 과전압**(activation overpotential, η_{ac})이라고 한다.

$$\eta_{ct} \text{ 또는 } \eta_{ac} = E - E_{eq} \text{ (물질 전달이 빠를 때)} \tag{4.18}$$

4.5 물질 전달 과정의 과전압

물질 전달 과정의 과전압을 이해하기 위해서는 전기화학 반응이 표면 반응 또는 불균형 반응임을 기억해야 한다. 이미 언급한 바와 같이 반응물은 전극 표면에 도착해야 전하 전달 과정을 진행할 수 있다. 따라서 전극이 감지하는 농도는 전극과 멀리 떨어진 벌크 전해질의 농도(C_O)가 아니며, 전극 표면의 반응물 농도(C_S)이다. 엄밀히 말하면 Nernst 식의 전극 전위 E는 다음과 같이 표현된다.

$$E = E° - (RT/nF)\ln(C_{S,Red}/C_{S,Ox}) \tag{4.19}$$

그림 4.12a가 묘사하는 상황을 생각해 보자. 가로축은 전극 표면으로부터 거리이고, 세로축은 반응물과 생성물의 농도이다. 전류가 흐르지 않는(반응이 진행하지 않는) 평형에서 벌크 전해질($x = \infty$)의 농도 $C_{O,Red}$와 전극 표면($x = 0$)에서의 농도 $C_{S,Red}$는 같다($C_{O,Red} = C_{S,Red}(E_{eq})$). *전하 전달 속도가 매우 빨라 전하 전달 과전압을 무시할 수 있는 상황에서* 전극 전위 E를 높여 Red의 산화 반응을 유도하면, 전극 표면의 Red가 소모되어 $C_{S,Red}(E)$가 감소한다($C_{S,Red}(E_{eq}) > C_{S,Red}(E)$). Red의 감소로 인한 산화 전극 과전압 η_{an}는 다음과 같다.

$$\begin{aligned}\eta_{an} &= E - E_{eq} \\ &= \{E° - (RT/nF)\ln[C_{S,Red}(E)/C_{S,Ox}(E)]\} - \{E° - (RT/nF)\ln[C_{S,Red}(E_{eq})/C_{S,Ox}(E_{eq})]\} \\ &= (RT/nF)\ln\{[C_{S,Red}(E_{eq})/C_{S,Red}(E)]/[C_{O,Ox}(E_{eq})/C_{S,Ox}(E)]\}\end{aligned} \tag{4.20}$$

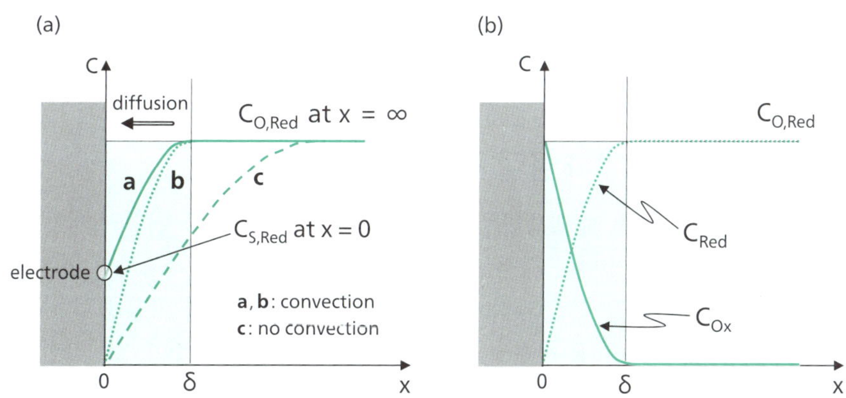

그림 4.12 **확산에 의한 물질 전달.** (a) 전극 표면 부근의 반응물 확산. (b) 반응물과 생성물의 확산.

산화 반응이 진행되었으므로 식 (4.20)에서 $C_{S,Red}(E_{eq})/C_{S,Red}(E) > 1$이고, $C_{O,Ox}(E_{eq})/C_{S,Ox}(E) < 1$이다. 그러므로 $\eta_{an} > 0$이다.

전극 표면에서 일어나는 일을 살펴보자. 산화 반응이 Red를 소모하므로 $C_{S,Red}(E)$가 일정한 정상 상태이기 위해서는 벌크 전해질로부터 Red가 계속 공급되어야 한다. Red는 전기장 이동, 확산과 대류에 의하여 전극 표면에 공급될 수 있다. 일반적인 전지에서 지지 전해질의 농도가 높으므로 전기장 이동에 의한 Red 이동을 무시한다(제2장). 전해질을 교반하면 Red는 대류에 의하여 $x = \delta$ 지점까지 벌크 전해질에서 이동하고, $x = \delta$에서 전극 표면까지는 확산 이동한다. $0 \le x \le \delta$인 구간은 전해질의 이동이 없는 정지된 층(stagnant layer)으로 확산만 일어나므로, 그 구간을 **확산층**(diffusion layer)이라 한다. 그림 4.12a에서 과전압 η_{an}이 크지 않은 상황인 곡선 a를 생각해 보자. $x = \delta$에서 Red 농도는 $C_{O,Red}$이고 전극 표면에서는 $C_{S,Red}$이므로 그 둘 사이에 농도 기울기($= (C_{S,Red} - C_{O,Red})/\delta$)가 존재하고, Red는 농도 기울기에 비례하는 속도로 전극 표면으로 확산 이동한다. 과전압 η_{an}을 더 높이면 전하 전달 속도는 증가하게 되고, 표면의 Red 농도는 더욱 감소하여 $C_{S,Red} = 0$인 곡선 b에 이르게 된다. 대류가 있는 상황이므로 확산층의 두께 δ는 그대로 유지된다. 곡선 a와 b를 비교하면 곡선 b의 농도 기울기가 더 크다. 따라서 과전압 η_{an}이 증가하면 Red의 확산 이동 속도가 증가한다. 식 (4.20)에 의하여 정의된 과전압, 즉 물질 전달을 촉진하는 과전압을 **물질 전달 과전압**(mass transfer overpontential, η_{mt}) 또는 **농도 과전압**(concentration overpotential, η_{conc})이라고 한다. 한편 곡선 b의 과전압 이상으로 농도 과전압을 증가하더라도 $C_{S,Red} < 0$이 될 수 없으므로 확산 이동 속도는 더 이상 증가할 수 없다. 따라서 곡선 b의 상황에서 흐르는 전류는 확산 이동이 허용하는 최대 전류이며, 확산 속도가 전류를 제한하므로 **확산 한계 전류**(diffusion limiting current, i_l)라고 한다.

한편 그림 4.12a의 곡선 b에서 Red의 이동을 언급하였다. 그러나 Red가 산화하면 전극 표면에서 Ox가 형성되고 전극 표면에서 Ox의 농도는 높다. 벌크 전해질에 Ox가 없다면 Ox 역시 그림 4.12b와 같이 확산층 내에서 확산 이동하고, $x \ge \delta$ 지점부터는 대류에 의하여 벌크 전해질로 이동한다.

이제 교반이 없는 정지한 전해질을 생각해보자. 그림 4.12a의 곡선 b의 상황에서 전해질 교반을 정지하면 Red 이동은 확산에만 의존하게 된다. 전극 표면에서 Red는 계속 소모되므로 일정한 전류를 유지하기 위해서 Red가 소모되는 속도인 전하 전달 속도(v_{ct})와 Red를 공급하는 속도인 물질 전달 속도(v_{mt})가 같아야 한다. 그러나 교반이 정지된 상태에서 벌크 전해질로부터 Red 이동 속도가 감소하면 Red의 농도 곡선이 그림 4.12a의 곡선 c와 같이 되어 확산 속도가 감소한다. 시간이 지남에 따라 확산층의 두께는 계속 증가하고, 농도 기울기가 감소하여 전류도 계속 감소한다. 이 상황이 전류가 시간에 따라 감소하는 **과도기 상태**(trasient state)이다.

4.6 전하 전달 과전압과 물질 전달 과전압

전지에 전류가 흐를 때 발생하는 과전압은 식 (4.18)의 전하 전달 과전압과 식 (4.20)의 물질 전달 과전압의 합이다. 예를 들면 전해 전지에서 전지 전류를 유도하기 위해 인가하는 과전압이 전하 전달 과정과 물질 전달 과정에 배분된다. 그 배분 비율을 어떻게 알 수 있을까? 그 해답은 그림 4.13에 예시하는 i-E 곡선에 있다. $E_{cell} = E_{eq}$이면 $i = 0$이므로 과전압은 없다. E_{cell}이 전압 구간 E_{eq}~E_1에 있는 경우를 보자. 이 구간의 특징은 E_{cell}이 증가해도 전류의 증가는 거의 없다. 그 이유는 이 전압 구간에서 과전압에 의하여 전하 전달 과정의 활성화가 충분하지 않기 때문이

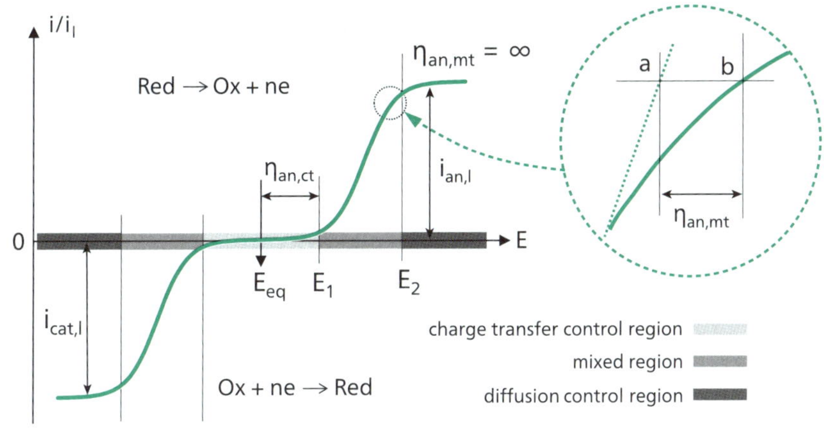

그림 4.13 **i-E 곡선과 과전압.** 계산 조건: $i_0/i_l = 0.001$, $i_{cat,l} = i_{an,l} = i_l$, T = 298 K.

다. 전하 전달 속도 v_{ct}가 아직 높지 않은 상태이므로 전극 표면에서 Red가 소모되는 속도는 작고, $C_{S,Red} \approx C_{O,Red}$이다. 확산층이 충분히 발달하지 않아(확산층의 두께 δ가 작아) 농도 기울기가 커서 확산 속도는 빠르다. 즉, $v_{ct} \ll v_{mt}$인 상태로 전하 전달 과정이 전류를 결정한다. E_{cell}를 계속 증가하면 전하 전달 속도는 지수함수적으로 증가한다(제5장). $E > E_2$인 구간에서는 $v_{ct} \gg v_{mt}$인 상태가 되어 $C_{S,Red}$가 0이 되므로 최대 물질 전달 속도에 이르게 된다(그림 4.12a 곡선 b). 따라서 상대적으로 속도가 느린 물질 전달 과정이 결정하는 산화 확산 한계 전류 $i_{an,l}$이 나타난다(제6장). E가 전압 구간 E_1~E_2에 있으면 $v_{ct} \approx v_{mt}$가 되어 전하 전달과 물질 전달 과정 모두가 전류에 기여한다. 그러므로 과전압의 크기가 전하 전달과 물질 전달 속도를 결정하고, 가장 느린 과정이 전류를 결정하게 된다. 과전압 구간을 구분하면, 전압 구간 E_{eq}~E_1은 전하 전달 속도가 전류를 결정하므로 **반응 속도 제어 영역**(kinetic control region)이라 하고, $E > E_2$인 전압 구간은 확산이 전류를 결정하므로 **확산 제어 영역**(diffusion control region)이라 한다. 두 영역 사이는 반응 속도가 확산 속도보다 커지는 전이 단계이므로 **혼합 영역**(mixed region)이라 한다.

반응 속도 제어 영역에서 전극에 인가된 과전압이 모두 전하 전달 과전압이 된다. 그림 4.13에서 다음과 같다.

$$\eta_{an,ct} = E_1 - E_{eq} \quad (4.21)$$

한편 물질 전달 과전압은 그림 4.13의 삽입 그림에 표시한 바와 같이 정의한다. 물질 전달의 속도가 매우 빠르면 점선 위 점 a의 전위에서 해당하는 전류가 관찰되어야 하지만, 그러하지 않은 상황에서 같은 양의 전류가 흐르기 위해서는 실선 위 점 b의 전위로 전극 전위가 이동해야 한다. 물질 전달 과전압 $\eta_{an,mt}$는 아래와 같다.

$$\eta_{an,mt} = E_b - E_a \quad (4.22)$$

식 (4.22)에 의하면 확산 제어 영역에서는 $\eta_{an,mt} = \infty$가 된다. Ox의 환원 전류 곡선(그림 4.13에서 음의 전류 곡선)에 대해서도 같은 논의를 할 수 있으며, 단지 과전압의 방향이 반대이다.

참고 일정 전위기와 일정 전류기

전지 전압을 제어하고 전류를 측정하거나, 전지 전류를 제어하고 전압을 측정하는 두 가지 형태의 실험이 전기화학 연구의 기본적인 방법이다. 전지 전압을 제어하기 위해서는 **일정 전위기**(potentiostat)를 사용한다. 전지 전압 제어는 과전압을 통하여 전하 전달과 물질 전달 속도를 제어하고, 이에 따른 전류를 측정하여 전지의 전하 전달과 물질 전달 과전압 특성을 이해한다. 이러한 실험을 **일정 전위 실험**(potentiostatic experiment) 또는 **일정 전위 제어**(potentiostatic control)라고 한다. 반면 일정한 전류를 전지에 보내는 **일정 전류기**(galvanostat)를 사용하면, 전지에 공급하는 전류를 수용하기 위하여 전지의 각 전극에서 전기화학 반응이 일어나며 각 전극에서 발생하는 과전압이 전지 전압에 반영된다. 그러므로 전지 전압을 측정하면 전지의 과전압 특성을 이해할 수 있다. 이러한 실험을 **일정 전류 실험**(galvanostatic experiment) 또는 **일정 전류 제어**(galvanostatic control)라고 한다.

4.7 물의 전기 분해와 분극 곡선

그림 4.14a는 직렬로 연결된 세 개의 전지가 1.0 M $NaNO_3$ 수용액 전해질에서 물을 전기 분해하여 수소와 산소를 발생하는 실험의 회로이다. 각 전지는 같은 재료의 전극으로 구성되며, 사용된 전극 재료는 각각 Pt, 스테인리스 스틸(stainless steel)과 흑연(graphite)이다. 일정 전류기가 직렬로 연결된 세 개 전지의 양 끝단에 연결되어 있으므로, 각 전지 전극의 부호를 그림 4.14a와 같이 표시할 수 있다. (−)로 표시된 환원 전극에서 $H_2(g)$가, (+)로 표시된 산화 전극에서 $O_2(g)$가 다음과 같이 생성된다.

산화 전극: $$2H_2O \longrightarrow O_2(g) + 4H^+ + 4e \quad (4.23)$$

환원 전극: $$2H^+ + 2e \longrightarrow H_2(g) \quad (4.24)$$

그림 4.14a의 회로는 일정 전류 실험으로 동일한 전류가 모든 전지에 흐르며, 그 전류를 수용

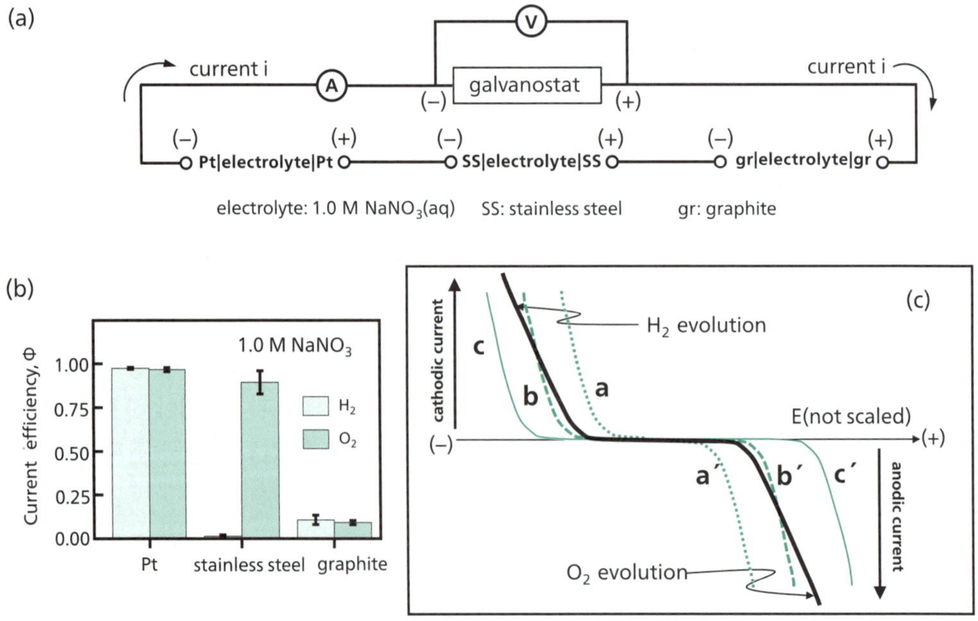

그림 4.14 Pt, 스테인리스 스틸과 흑연 전극에서 물 전기 분해. (a) 일정 전류 제어를 활용한 전지 회로. (b) 전극 재료에 따른 물 전기 분해 전류 효율. (c) 가상 분극 곡선을 이용한 실험 결과의 이해. (b)와 (c): Reprinted and adapted with permission from K. Kim, S.-H. Paik, C.K. Rhee, J. Chem. Edu. 2021, 98, 2381-2386. American Chemical Society.

하기 위하여 각 전지의 전극에서 어떠한 형태로든 전기화학 반응이 일어나야 한다. 그림 4.14a의 실험에서 전류 i를 시간 t 동안 흘렸으며, 일정 전류기의 전압이 비교적 일정하게 유지되었으므로 각 전극의 전기화학 반응은 정상 상태에서 진행되었다고 할 수 있다. 어떠한 전기화학 반응이 일어나든, 각각의 전지를 통하여 흐른 전하량 Q_o는 다음과 같다.

$$Q_o = it \tag{4.25}$$

한편 목표하는 생성물은 H_2와 O_2이므로, 발생한 H_2와 O_2의 부피를 측정하면 이들의 발생에 관여한 전하량 Q_m을 계산할 수 있다. 전지에 투여된 전하량 Q_o와 실제 목표하는 반응에 사용된 전하량 Q_m의 비를 **전류 효율**(current efficiency) 혹은 **Faraday 효율**(faradaic efficiency) Φ로 아래와 같이 정의한다.

$$\Phi = Q_m/Q_o \tag{4.26}$$

투여한 전류가 목표하는 반응에 모두 사용되었다면 $\Phi = 1$이 된다. 그러나 $\Phi < 1$이면, 투여된 전자의 일부는 목표하는 반응과 다른 부반응(side reaction)에 사용되었음을 의미한다.

그림 4.14b는 전극 재료에 따른 H_2와 O_2 발생 전류 효율 Φ을 도시한 그림이다. Pt 전극의 경우, H_2와 O_2의 Φ는 모두 1이다. 이는 투여된 전자가 모두 H_2와 O_2 발생에 사용되었으며, 두 기체의 부피비는 이론적 값인 2:1이다. 스테인리스 스틸 전극의 경우, H_2의 Φ는 0에 가까우며 O_2의 Φ는 1보다 작지만 근접해 있다. 그러므로 스테인리스 스틸 환원 전극은 부반응이 거의 모든 전자를 소비하여 H_2의 발생량은 0에 가깝다. 반면, 스테인리스 스틸 산화 전극은 O_2 발생 반응에 전자의 대부분을 소비하여 O_2 발생량은 Pt의 경우와 비슷하다. 흑연 전극의 Φ 값은 매우 낮아 부반응이 전자의 대부분을 소비한다. 그러나 두 Φ 값은 비슷하므로, 두 기체의 부피비는 2:1에 근접하지만 기체 발생량은 Pt의 경우보다 훨씬 적다. 그렇다면 부반응은 어떤 반응인가? 환원 전극의 부반응은 전해질의 구성 성분인 NO_3^- 이온의 환원이다. NO_3^- 이온의 환원 속도는 스테인리스 스틸 전극과 흑연 전극에서 매우 크므로 H_2의 발생을 압도적으로 억제한다. 또한 H_2 발생 Φ를 비교하면, 상대적인 NO_3^- 이온의 환원 속도는 스테인리스 스틸 전극이 더 크며 Pt 전극에서는 NO_3^- 이온의 환원 반응은 일어나지 않는다. 한편 스테인리스 스틸과 흑연 산화 전극의 부반응은 전극 자체의 산화 반응이다. 탄소인 흑연 전극은 CO_2, CO 등으로 심하게 산화되고, 스테인리스 스틸은 표면의 금속 원소들이 산화물 혹은 수용성 부식 산화물로 산화한다. 주어진 실험 조건에서 스테인리스 스틸의 산화가 흑연의 산화보다 매우 적게 진행한다고 할 수 있다. 따라서 불활성 금속인 Pt의 산화는 무시할 수 있다.

그림 4.14b의 결과를 분극 곡선으로 설명하는 것이 그림 4.14c이다. 그림 4.14c의 굵은 실선이 임의의 전극에서 H_2와 O_2가 생성되는 분극 곡선이다. 전극 전위는 왼쪽으로 갈수록 감소하며 환원 전류가 양의 값으로 표시되었음에 주의하라. 환원 전류부터 논의하자. NO_3^- 환원 반응의 분극 곡선 a, b, c는 전극 재료에 의존한다. 곡선 a와 H_2 발생 곡선의 조합은 스테인리스 스틸 환원 전극의 특성이다. 다시 말해 스테인리스 스틸 전극에서 과전압은 NO_3^- 환원 반응이 H_2의 발생 반응보다 작으므로, 스테인리스 스틸 전극에서는 NO_3^- 환원 반응이 H_2 발생 반응보다 더 높은 전위에서 일어난다. 따라서 스테인리스 스틸 전극의 H_2 발생의 Φ 값이 매우 낮다. 곡선 b와 H_2 발생 곡선의 조합은 흑연 전극에 해당한다. 흑연 전극에서 과전압은 NO_3^- 환원 반응과 H_2 발생 반응이 비슷하여 두 반응이 동시에 진행된다. Pt 전극에 해당하는 곡선 c는 NO_3^- 환원 반응 과전압이 매

우 높아 H_2 발생 반응이 선택적으로 일어난다. 즉 같은 반응이라도 전극 재료에 따라 분극 곡선의 위치가 다르며, 이에 따라 같은 전류가 흐르더라도 전류를 소비하는 반응이 바뀔 수 있다. 이와 같은 논리를 산화 분극 곡선에도 적용할 수 있다. 그러므로 1.0 M $NaNO_3$ 수용액 전해질에서 H_2와 O_2 발생을 목표로 하는 실험에서 Pt가 가장 효율적이다. 반면 스테인리스 스틸과 흑연은 부반응이 진행되어 효율성이 감소한다.

그림 4.14가 제시하는 전기화학적 의미는 아래와 같다.

(i) 전극과 전해질 계면의 전기화학적 정보는 분극 곡선에 담겨 있다. 분극 곡선은 반응이 시작되는 전위와 과전압에 따른 전하 전달 과정 속도의 변화에 관한 정보를 제공한다.

(ii) 분극 곡선은 전극 재료와 전해질 구성 성분에 의존한다. 전극은 단순히 전자가 출입하는 전도체가 아니라 전기화학 반응을 촉진하거나 지연할 수 있으며, 전기화학 반응에 직접 참여할 수도 있다. 또한 전기화학 불활성인 지지 전해질 이온도 반응에 참여할 수 있다.

그러므로 전기화학 연구에서 전위 제어 혹은 전류 제어를 통하여 얻어지는 분극 곡선은 반응의 종류와 과전압에 관한 정보를 담고 있다.

4.8 2-전극 시스템과 3-전극 시스템

과전압에 대한 정보를 담고 있는 i-E 곡선을 관찰하기 위해서 전지를 구성하여 실험을 수행한다. 전기화학 실험에서는 2-전극 시스템과 3-전극 시스템을 사용하는데, 이 둘을 명확히 구분할 필요가 있다.

2-전극 시스템

4.3절에서 두 개의 전극을 사용하는 **2-전극 시스템**을 논의하였으며, 지금까지 논의한 전지 역시 2-전극 시스템이다. 그림 4.15에 도시한 2-전극 시스템은 연구 대상인 작업 전극과 기준 전극과 상대 전극의 역할을 동시에 수행하는 이상적 비분극 전극으로 전지를 구성한다. 그러한 이상적 비분극 전극의 한 예가 $Ag|AgBr|Br^-$(1.0 M)이다. 이 전극이 이상적으로 행동하기 위해서는 Ag 선에 부착된 AgBr의 양이 많고 전해질 속 Br^-의 mol 수(= 농도 × 부피)가 많으면 물질 전달 과정의 과전압이 없다. 물론 반쪽 반응($AgBr + e \rightleftharpoons Ag + Br^-$)의 전하 전달 과정도 빨라야 한다. 현실적으로 그러한 이상적 비분극 전극은 많은 불편함과 전지 구성의 많은 어려움을 초래한다. 더욱 중요한 문제는 기준 전극과 상대 전극이 역할을 동시에 수행해야 하는 이상적 비분극 전극이

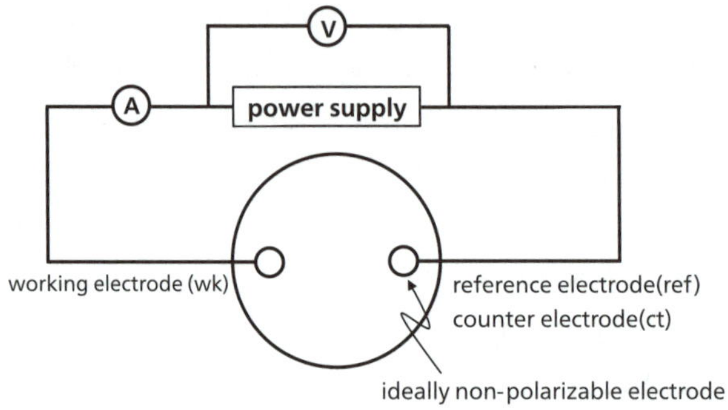

그림 4.15 **2-전극 시스템.**

이상성에서 벗어나 전위가 변화하면 작업 전극의 전위를 정확히 조절할 수 없다.

그림 4.16은 일반적인 전극으로 구성된 2-전극 시스템 전지에서 일어나는 일을 예시한다. 작업 전극 Pt 표면에 Cu를 석출(deposit)하고자 하는 실험으로 각 전극의 반쪽 반응은 아래와 같다.

작업 전극: $Cu^{2+} + 2e \rightleftharpoons Cu(s),\ E° = +0.34\ V$

기준 및 상대 전극: $4H^{+} + O_2(g) + 4e \rightleftharpoons 2H_2O,\ E° = +1.23\ V$

전지 반응: $2Cu^{2+} + H_2O \longrightarrow 2Cu(s) + O_2(g) + 4H^{+}$

그림 4.16a에 제시된 조건을 이용하여 E_{eq}를 계산하면 -0.95 V이다. 과전압을 고려하여 빠르게 Cu의 석출을 유도하기 위하여 일정 전위기가 $E_{cell} = -3.0$ V의 일정한 전압을 인가하였을 때 시간에 따른 전류는 그림 4.16b와 같이 감소한다. 이러한 전류 감소를 이해하기 위하여 다음과 같은 조건을 설정한다: (i) 작업 전극 Pt 표면에서 Cu의 전하 전달 속도는 매우 빠르므로 환원 반응의 전하 전달 과전압을 무시한다. (ii) 상대 전극 Pt 표면에서 산소가 발생하는 전하 전달 과정은 매우 느려 전하 전달 과전압이 크다. (iii) 전해질의 $R_{solution}$은 H_2SO_4의 농도가 높으므로 1 Ω으로 가정한다. 그림 4.16c는 전류가 감소하는 이유를 설명한다. Cu의 석출이 진행됨에 따라 Cu^{2+} 이온의 벌크 농도가 감소한다. 교반을 통한 일정한 확산층 두께를 가정하더라도 확산층 내의 농도 기울기는 급격하게 감소하여 Cu의 석출 속도인 전류는 감소한다. 그림 4.16d는 전류 감소에 따른 전지 전압을 각 진극의 전위와 $-iR_{solution}$ 전압 강하로 나누어 정성적으로 분석한 그림이다(전위를 나타내는 세로축은 임의의 척도를 사용함). 벌크 Cu^{2+} 이온 농도 감소는 $E_{cat,eq}$를 감소시키고, 확산

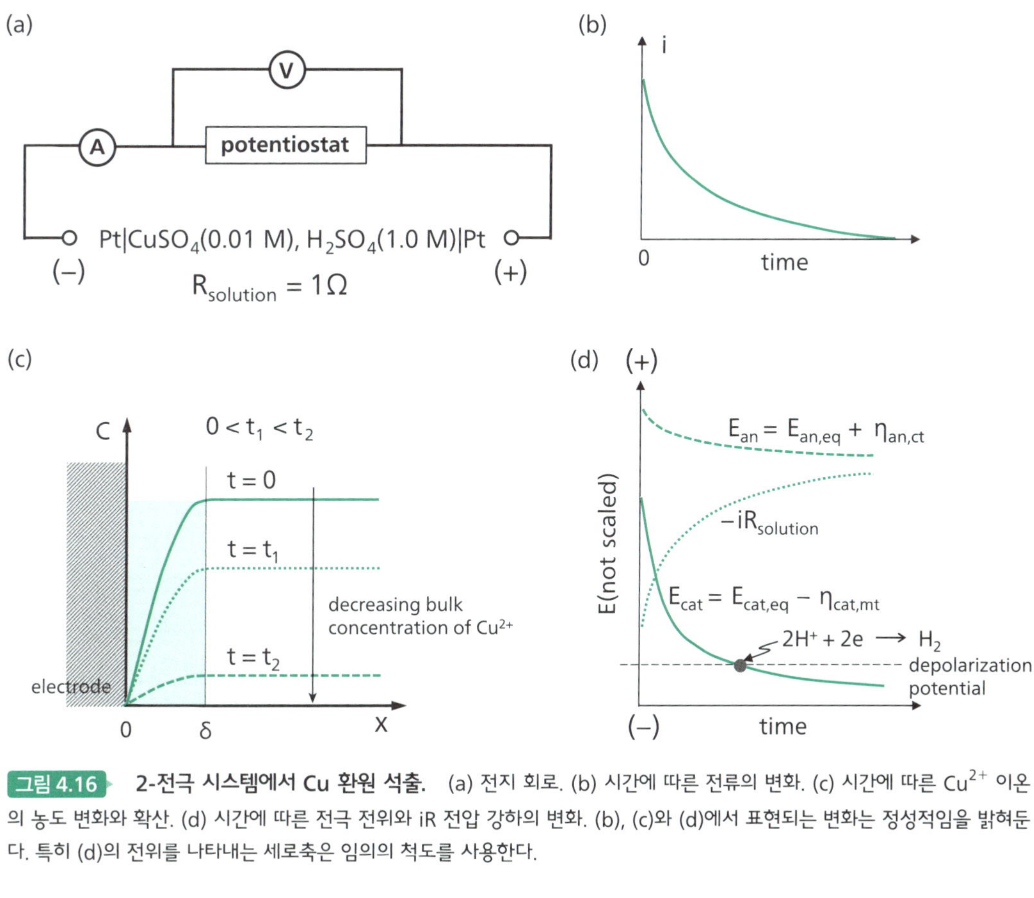

그림 4.16 2-전극 시스템에서 Cu 환원 석출. (a) 전지 회로. (b) 시간에 따른 전류의 변화. (c) 시간에 따른 Cu^{2+} 이온의 농도 변화와 확산. (d) 시간에 따른 전극 전위와 iR 전압 강하의 변화. (b), (c)와 (d)에서 표현되는 변화는 정성적임을 밝혀둔다. 특히 (d)의 전위를 나타내는 세로축은 임의의 척도를 사용한다.

층 농도 기울기 감소는 물질 전달 과전압($\eta_{cat,mt}$)을 증가한다. 따라서 환원 전극 전위 $E_{cat}(= E_{cat,eq} - \eta_{cat,mt})$는 계속 감소한다. 한편 전류가 감소하므로 $-iR_{solution}$은 높은 전위로 증가한다. 또한 전류 감소는 산소가 발생하는 상대 전극에서 전하 전달 과정 과전압($\eta_{an,ct}$)의 감소로 이어진다. 그러나 반응물인 H_2O의 농도는 매우 높고 농도 변화는 실질적으로 없으므로 $E_{an,eq}$는 일정하다. 따라서 $E_{an}(= E_{an,eq} + \eta_{an,ct})$도 낮은 전위로 이동한다. 그러나 Cu의 석출이 진행되는 동안 일정 전위기가 인가하는 전압은 시간과 상관없이 −3.0 V이므로 다음의 식이 성립한다.

$$E_{cell} = E_{cat} - E_{an} - iR_{solution} = -3.0 \text{ V} \qquad (4.27)$$

식 (4.27)의 의미는 매우 중요하다. 일정 전위 제어의 조건에서 식 (4.27)의 세 개 항의 합은 일정하지만, 그 각각의 값들은 그림 4.16d와 같이 변화한다. *특히 중요한 것은 작업 전극 전위의 제어가 불가능하다는 사실이다.* 작업 전극 전위가 계속 낮아져 H_2 발생($2H^+ + 2e \rightleftharpoons H_2(g)$) 전위에 도달하면(그림 4.15d), 전해질에 H^+ 이온이 풍부하므로 H_2 발생 반응이 진행된다. 그러한 일이 벌어지면 E_{cat}는 주어진 전지의 조건에서 H_2 발생 전위에 머무르게 되어 E_{cat}의 감소는 정지된다(그림 4.16d). 이러한 현상을 **탈분극**(depolarization)이라 한다. 탈분극 현상을 전기화학에서 이용하기도 하지만, 그림 4.16에서는 Cu의 석출을 방해한다. 다시 말해 Cu의 석출과 H_2 발생이 동시에 진행되어 전류 효율이 감소한다. 예시한 바와 같이 이상적 비분극 전극을 사용할 수 없는 경우, *2-전극 시스템은 작업 전극 전위의 불확실한 제어라는 문제점을 안고 있다.*

3-전극 시스템

앞서 소개한 2-전극 시스템의 문제점을 해결하기 위하여 **3-전극 시스템**을 사용한다. 2-전극 시스템에서 이상적 비분극 전극의 기준 전극과 상대 전극 기능을 분리하여, 작업 전극(wk), 기준 전극(ref)과 상대 전극(ct)으로 3-전극 시스템을 구성한다(그림 4.17의 오른쪽 아래). 작업 전극은 두 전극 시스템 모두에서 관심의 대상이다. 기준 전극은 전위차법에서 사용하는 기준 전극을 사용한다. 상대 전극은 작업 전극에 흐르는 전류를 허용할 수 있는 어떠한 전극도 가능하다.

3-전극 시스템은 작업 전극의 전위를 제어하기 위하여 **피드백 시스템**(feedback system)을 도입한다(그림 4.17의 음영 부분). 기준 전극에 대하여 전압계 V에서 측정된 작업 전극의 실제 전위($E_{wk,real}$)는 피드백 시스템에 입력된다. 실험에서 설정하는 작업 전극의 전위인 목표 전위($E_{wk,target}$)도 피드백 시스템에 입력된다. 피드백 시스템의 비교 회로는 목표 전위와 실제 전위의 차이(ΔE)를 출력 신호로 내보내고, 그 정보를 입력받은 제어 회로는 $\Delta E = 0$이 되도록 제어 명령을 전력공급장치에 보내고 전력공급장치는 상대 전극 전위를 제어한다. 제어하는 원리는 목표 전위에서 작업 전극에 흐르는 전류를 상대 전극이 공급할 수 있도록 상대 전극의 전위를 조절하는 것이다. 예를 들면 Cu의 석출이 작업 전극의 어떤 전위에서 1 mA의 환원 전류가 필요하다면, 전력공급장치는 상대 전극에서 1 mA의 산소 발생 산화 전류가 흐르도록 상대 전극의 전위를 조절한다. 다시 말해, 기준 전극과 작업 전극의 전위차를 측정하고, 작업 전극의 목표 전위와 실제 전위를 비교하여 상대 전극의 전위를 조절하여 작업 전극과 상대 전극 사이에 전류가 흐르게 만든다. 이 과정은 $\Delta E = 0$ 또는 $E_{wk,real} = E_{wk,target}$이 될 때까지 무한히 반복된다. 이러한 방식으로 3-전극 시스템의 피드백 시스템은 작업 전극의 전위가 목표 전위가 되도록 상대 전극의 전위를 제어하여 작업 전극에 흐르는 전류가 흐르도록 한다. 3-전극 시스템을 구현하는 일정 전위기에는 작업 전극, 기준 전극과 상대 전극을 위한 3개의 연결 단자가 있다(그림 4.18b). 기준 전극과 상대 전극 단자를 연결하면 3-전극 시스

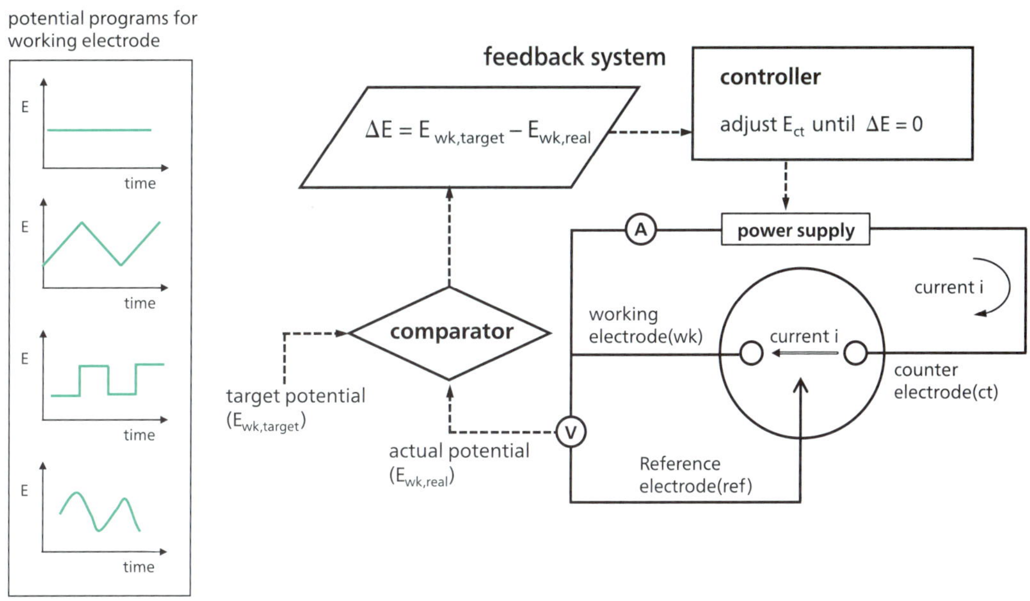

그림 4.17 3-전극 시스템(*오른쪽 아래*), 작업 전극 전위 제어를 위하여 도입된 피드백 시스템(*음영 부분*)과 다양한 전위 프로그램(*왼쪽*).

템은 2-전극 시스템이 된다. 한편 그림 4.17의 왼편에 있는 시간에 따른 작업 전극의 다양한 전위 프로그램을 피드백 시스템에 목표 전위로 입력하면, 작업 전극의 전위를 시간에 따라 다양하게 변화시킬 수 있으므로 연구의 스펙트럼을 넓힐 수 있다. 실험의 독립 변수인 E_{wk}와 전력공급장치에서 측정되는 종속 변수인 전류 i의 관계가 i-E 곡선이다.

3-전극 시스템이라도 작업 전극의 전위를 정확하게 제어하지는 못한다. 그림 4.18a에 도시한 바와 같이 작업 전극과 상대 전극은 전해질의 $R_{solution}$이라는 저항으로 연결되어 있다. 기준 전극이 물리적으로 작업 전극과 같은 위치에 있을 수 없으므로 작업 전극과 기준 전극 사이에는 항상 물리적인 거리가 있고, 그 거리에 비례하는 저항 성분이 존재한다. 그 저항을 **비보상 저항**(uncom-

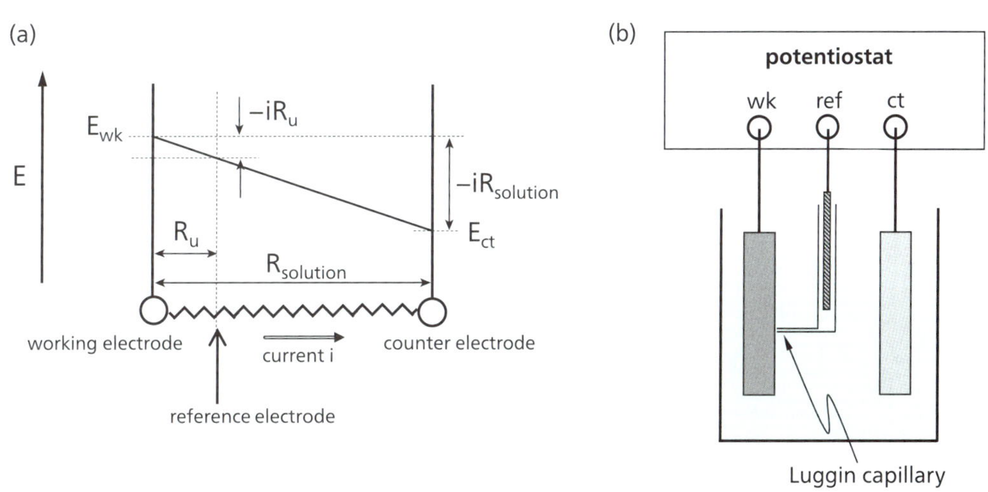

그림 4.18 (a) 3-전극 시스템의 비보상 저항 R_u. (b) Luggin 모세관.

pensated resistance, R_u)이라고 한다. 작업 전극과 상대 전극 사이에 전류 i가 흐르므로 기준 전극과 작업 전극 사이에는 iR_u의 전위차가 존재한다. 전류 i가 변화하면 기준 전극과 작업 전극 사이의 전위차도 변화한다. 그러나 전해질의 바탕 전해질 농도가 높아 $R_{solution}$이 작고, 적은 전류가 흐르면 큰 문제는 없다. 예를 들면 $R_{solution}$ = 1 Ω이고 1 mA의 전류가 흐른다면 iR_u는 1 mV이다. 그러나 지지 전해질의 농도가 낮거나, 많은 전류가 흐른다면 문제가 될 수 있다. 그런 경우에는 두 가지 해결 방법이 있다. 하나는 기준 전극을 작업 전극에 최대한 접근하면 R_u를 감소시키는 효과가 있다. 그러나 일반적인 기준 전극의 물리적 크기 때문에 작업 전극으로의 접근은 한계가 있다. 그림 4.18b와 같이 기준 전극을 삽입할 수 있는 Luggin 모세관은 작업 전극에 가깝게 접근할 수 있으므로, 모세관 끝 위치의 전해질 전위가 기준 전극에 전달되므로 R_u를 감소시키는 효과가 있다. 다른 방법은 일정 전위기에 있는 iR_u 보상 회로(compensation circuit)을 사용하는 것이다.

주요 용어

Faraday 법칙	분극 곡선	확산 한계 전류
전하 전달	이상적 분극 전극	일정 전위기
물질 전달	이상적 비분극 전극	일정 전류기
과전압	전하 전달 과전압	2-전극 시스템
iR 전압 강하	물질 전달 과전압	3-전극 시스템

연습 문제

4.1 E_{eq} = +3.0 V, R_{load} = 10 Ω인 갈바니 전지(그림 4.3b)의 R_{cell} 저항 성분은 아래의 표와 같다. 질문에 답하라.

	R_{ct}(Ω)	R_{mt}(Ω)	$R_{solution}$(Ω)
산화 전극	1	10	–
환원 전극	10	2	–
전해질	–	–	2

(a) R_{cell}을 계산하라.

(b) 부하 저항에 흐르는 전류 i, 전지 전압 E_{cell}과 전지 출력 P_{cell}(W)을 계산하라.

(c) 각 전극의 과전압과 전해질의 전압 강하를 계산하라.

(d) E_{eq}와 전지 전압 E_{cell}의 관계를 (c)의 답으로 계산하라.

(e) 이상적인 전지(R_{cell} = 0 Ω)와 비교하여 실제 전지의 전력 효율을 퍼센트 단위로 계산하라.

4.2 문제 4.1에서 R_{load} = 100 Ω이면, 실제 전지 전압을 계산하라. 문제 4.1의 전지 전압과 비교하여 그 이유를 설명하라.

4.3 전해 전지(그림 4.4) 전극의 평형 전압과 저항 성분은 아래의 표와 같다.

	평형 전압(V)	**R(Ω)**
왼쪽 전극	−0.8	3
오른쪽 전극	+0.3	7
전해질	–	1

(a) 전력공급장치를 연결하기 전, 즉 열린 회로에서 각 전극의 자발적 반응을 설명하고, 열린회로 전압인 평형 전압 E_{eq}를 계산하라.

(b) 두 전극에 전력공급장치를 연결하고 비가역 반응을 유도할 때, 전류와 전자의 이동 방향을 설명하라.

(c) 100 mA의 전류로 비가역 반응이 진행될 때, 두 전극의 전위와 전지 전압을 계산하라.

4.4 다음은 2-전극 시스템의 등가회로를 표현한 그림이다. ○은 이상적인 비분극 전극이며, 각 전극은 그림과 같이 전극 저항과 연결되어 있다. R_3는 0.0 V 미만의 전위에서는 ∞ Ω이며 그 이상의 전위에서는 0.5 Ω이다. 왼쪽 전극의 평형 전압 $E_{left,eq}$ = +0.2 V이고, 오른쪽 전극의 평형 전압 $E_{right,eq}$ = −0.1 V이다. 이 전지에 전력공급장치를 연결하여 전지 전압 $E_{cell} = E_{right} - E_{left}$를 조절한다. 다음의 질문에 답하라.

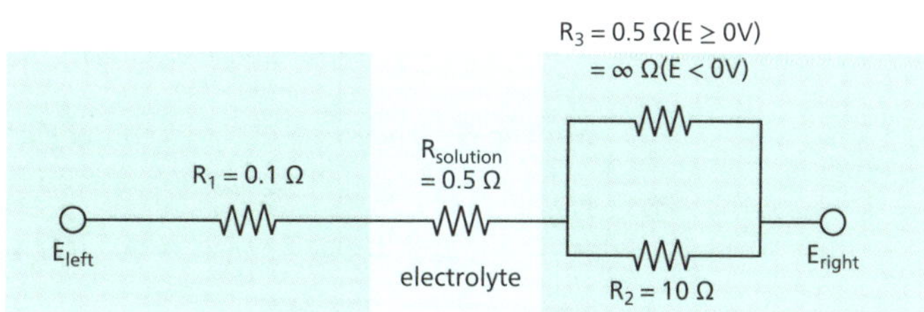

(a) 이 전지의 열린 회로 전압 V_{oc}와 전류를 계산하라.

(b) $E_{cell} = V_{oc} - 0.2$ V에서 전지 전류를 계산하고 전류의 방향을 서술하라.

(c) $E_{cell} = V_{oc} + 0.2$ V에서 전지 전류를 계산하고 전류의 방향을 서술하라.

(d) E_{cell}이 V_{oc}보다 +0.3과 0.4 V만큼 클 때 전지 전류를 계산하고 전류의 방향을 서술하라.

(e) (d)의 전류 방향에서 오른쪽 전극의 반응은 산화 반응인가?

(f) $E_{cell} = V_{oc} + 0.4$ V일 때 각 전극의 전위를 계산하라.

(g) 두 전극의 전위와 전압 강하의 합이 전력공급장치의 전압과 일치함을 증명하라.

4.5 다음 그림은 네 개의 전극 A~D에서 일어나는 반응의 분극 곡선이다. HER과 OER 반응의 조합은 물의 전기분해 반응으로 전기에너지를 화학에너지로 저장하는 전해 전지이다. 반면 HOR과 ORR 반응의 조합은 $H_2(g)$의 화학에너지를 전기에너지로 변화하는 갈바니 전지이다. 전해 및 갈바니 전지의 적절한 전극을 선택하고 그 이유를 설명하라.

전해 전지: HER($2H^+ + 2e \rightarrow H_2(g)$); OER($2H_2O \rightarrow O_2(g) + 4H^+ + 4e$)

갈바니 전지: HOR($H_2(g) \rightarrow 2H^+ + 2e$); ORR($O_2(g) + 4H^+ + 4e \rightarrow 2H_2O$)

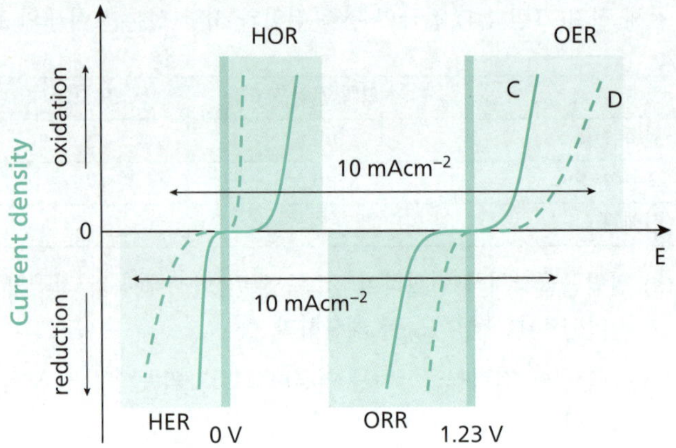

4.6 다음은 3-전극 시스템 일정전위기와 전극을 연결한 그림이다. 작업 전극의 평형 전위 E_{eq} = +0.1 V vs NHE이고, 기준 전극의 전위는 +0.2 V vs NHE이다. 산화 전류를 양의 전류로 정의하며, $(E_{ct} - E_{wk})$를 전압계로 측정한다. 다음의 질문에 답하라.

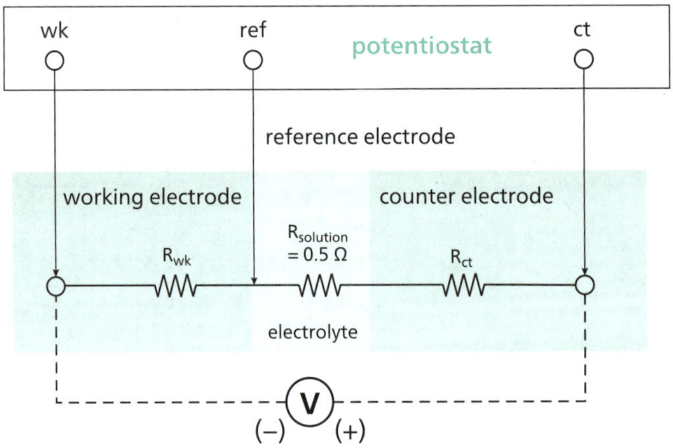

(a) 아래의 빈칸을 채우시오.

E_{wk} vs ref	η(V)	R_{wk}(Ω)	R_{ct}(Ω)	i(mA)	$E_{ct} - E_{wk}$(V)
−0.2		10	10		
−0.1				0	
0.0		1000	10		
+0.1		100	100		
+0.2		10	200		

(b) 작업 전극의 분극 곡선(i vs η)을 작성하고, 작업 전극에서 일어나는 산화 반응과 환원 반응의 상대적인 전하 전달 속도 크기를 비교하라. 단 물질 전달 속도는 무한대이다.

(c) 일반적인 일정전위기의 최대 출력 전압은 ±5 V이다. 그 이상의 전압을 요구하는 전지는 일정전위기의 과부하(overload) 상황을 유발한다. (a)의 답에 그런 상황이 존재한다. 일정전위기의 최대 출력 전압은 ±5 V일 때, 과부하가 발생하는 이유와 그 상황에서 E_{wk}(vs ref)를 계산하고 실험에 미치는 영향을 논의하라.

제 5 장 전기화학 반응의 속도

차례

5.1 ▸ 화학 반응 속도와 활성화 에너지
5.2 ▸ Butler-Volmer 식의 유도
5.3 ▸ Butler-Volmer 식의 해석
5.4 ▸ i-η 곡선
5.5 ▸ η의 크기에 따른 i-η 곡선
5.6 ▸ 다전자 다단계 전하 전달 반응
5.7 ▸ 다양한 전기화학 반응계의 전하 전달 속도
▸ 부록

전기화학 반응은 화학 반응에 속한다. 반응계가 정해지면 결정되는 반응 속도 상수가 화학 반응의 속도를 주도한다. 또한 온도를 조절하면 활성화 에너지와 연관된 반응 속도 상수가 변화하므로 일반적으로 반응 속도가 증가한다. 전기화학 반응에서도 같은 원리가 작동한다. 그러나 전기화학 반응은 과전압이라는 새로운 변수를 통하여 반응 속도를 조절할 수 있다. 전극의 과전압은 전극에 흐르는 전류를 유지하기 위해 진하 전달 괴정과 물질 전달 과정에 필요한 에너지를 공급하기 위해 인가하는 추가의 전위이다. i-E 곡선에 나타나는 전하 전달 과정의 과전압과 전기화학 반응 속도에 미치는 요소들을 소개한다.

5.1 화학 반응 속도와 활성화 에너지

▸ Arrhenius 식

반응을 관찰하는 시간 동안 반응이 실질적으로 진행될 때 화학적 변화를 실감할 수 있다. 열역학은 화학 반응의 방향성을 예측할 수 있으나, 반응 속도를 예측하지 못한다. 그러므로 **반응 속도**(reaction rate)를 실험적으로 측정하며, 반응 속도에 따라 관찰 시간이 결정된다. 다시 말해 주어진 관찰 시간 안에 변화가 일어나야 하고, 그 변화의 양을 측정하여 반응 속도를 산출한다.

다음의 간단한 반응을 이용하여 화학 반응 속도를 되짚어 보자.

$$AB + C \rightleftharpoons AC + B \tag{5.1}$$

식 (5.1) 반응의 반응 속도 r을 다음과 같이 정의한다.

$$r = -d[AB]/dt = -d[C]/dt = d[AC]/dt = d[B]/dt \text{ (단위: Ms}^{-1}\text{)} \tag{5.2}$$

그러므로 반응 시간에 따른 반응물 혹은 생성물의 농도를 측정하여 반응 속도를 산출한다. 측정한 반응 속도는 실험적으로 반응물 농도, 반응 차수(reaction order)와 반응 속도 상수(reaction rate constant)로 다음과 같이 표현된다.

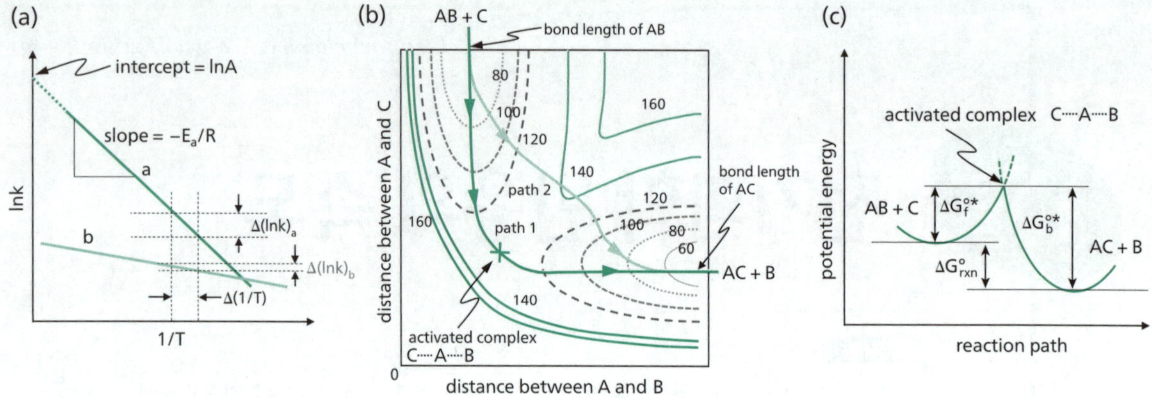

그림 5.1 **화학 반응과 활성화 에너지.** (a) Arrhenius 플롯. (b) 퍼텐셜 에너지 표면과 반응 경로. (c) 활성화 에너지와 반응 에너지. (b)의 숫자 단위는 $kJmol^{-1}$이다.

$$r = k[AB]^m[C]^n \tag{5.3}$$

식 (5.3)에서 k는 반응 속도 상수, m과 n은 반응 차수이다. 일정한 온도에서 농도를 변화시켜 반응 차수를 결정한 후, 반응 속도 상수를 계산한다. 반응 속도는 온도에 따라 일반적으로 증가하며, 다양한 온도에서 반응 속도 상수를 측정한 후 그림 5.1a와 같이 lnk와 1/T의 관계를 도시하면 **Arrhenius 플롯**(Arrhenius plot)이라고 하는 직선을 얻을 수 있다. 직선의 기울기는 **활성화 에너지**(activation energy, E_a)를 기체상수 R로 나눈 $-E_a/R$이며, 직선의 절편은 lnA로 정의하는 값이다. 이러한 관계를 표현한 **Arrhenius 식**(Arrhenius equation)은 다음과 같다.

$$k = A\exp(-E_a/RT) \tag{5.4}$$

식 (5.4)의 A는 지수 항 앞에 있다고 하여 **지수 앞 인자**(pre-exponential factor)라고 한다.

Arrhenius 식은 실험식이다. E_a는 온도가 반응 속도에 미치는 영향을 정량화하는 값이다. 예를 들면 그림 5.1a에서 E_a는 선 a가 선 b보다 크다. 따라서 같은 크기의 온도 변화 Δ(1/T)에 대하여 k의 변화량 Δ(lnk)는 선 a가 선 b보다 더 크다. 즉, E_a가 크면 온도 변화에 대하여 k의 증가 폭이 크므로 반응 속도가 빠르게 증가한다. 이러한 설명이 E_a의 실험적 해석이다.

좀 더 미시적 수준에서 Arrhenius 식을 이해해 보자. 특정 에너지를 가지는 분자의 분율(fraction)을 규정하는 Arrhenius 분포(distribution)는 온도를 올리면 E_a 이상의 에너지를 가지는 반응물의 분율 증가를 예측한다. 이를 고려하면 식 (5.4)의 지수 항 $\exp(-E_a/RT)$는 반응물이 에너지 장벽 E_a를 극복할 수 있는 확률로, A는 반응물들의 충돌 횟수로 생각할 수 있다. 즉 반응물들이 단위 시간에 A번 충돌하고, 그 충돌이 $\exp(-E_a/RT)$의 확률로 에너지 장벽을 넘어 생성물에 이른다. 그러므로 A와 $\exp(-E_a/RT)$의 곱은 반응물이 생성물에 이르는 효율적 충돌 횟수이다. 그런 의미에서 단위 시간당 충돌 횟수에 해당하는 A를 **주파수 요인**(frequency factor)이라고도 한다.

▶ 전이 상태 이론

이론의 관점에서 Arrhenius 식을 이해해 보자. 그림 5.1b는 퍼텐셜 에너지 표면(potential energy surface)에서 식 (5.1)의 반응이 진행되는 상황을 묘사한다. 그림 5.1b에 반응물 AB와 생성물 AC

의 원자간 거리를 각각 의미하는 가로축과 세로축이 있고, 두 축의 평면에 값이 표기된 에너지 등고선들이 있다. 그러므로 그림 5.1b는 3차원 그림이다. 반응물과 생성물의 결합 거리가 변하면 퍼텐셜 에너지도 변화함에 주목하라. 그림 5.1b의 윗부분이 식 (5.1)의 반응이 시작하는 부분이다. AB의 거리는 결합 길이이므로 AB는 에너지가 가장 낮은 위치에 있고, C는 AB와 멀리 떨어져 있다. 경로 1을 따라 AB의 A와 C가 가까워짐에 따라 반응계의 에너지는 증가하고, '+'로 표시한 지점에 접근할수록 A와 B는 멀어지고 A와 C는 가까워진다. '+'로 표시한 지점은 C⋯A⋯B로 표현되는 **활성화물**(activated complex) 또는 **전이 상태**(transition state)이다. 퍼텐셜 에너지 표면의 안장점(saddle point)인 전이 상태를 지나면 A와 B의 거리는 급격히 증가하고, A와 C의 거리는 감소하여 AC의 결합 길이에 수렴한다. AC로부터 B가 멀리 분리되면 반응계의 에너지는 낮아진다. 반응이 진행되는 경로를 **반응 축**(reaction coordinate) 또는 **반응 경로**(reaction path)라고 한다. 그림 5.1c는 그림 5.1b의 경로 1을 따라 퍼텐셜 에너지 변화를 그린 2차원 그림이다. $\Delta G_f^{\circ *}$로 표시한 에너지 차이가 식 (5.1) 반응에서 **정반응**(forward reaction)의 활성화 에너지이다. $\Delta G_b^{\circ *}$는 **역반응**(backward reaction)의 활성화 에너지이다. 또한 표준 반응 Gibbs 자유 에너지 ΔG_{rxn}°도 표시한다.

그림 5.1b에서 경로 1 이외에도 많은 다른 경로로 반응이 진행될 수 있다. 예를 들면 경로 2도 가능하다. 경로 1에서 전이 상태의 퍼텐셜 에너지는 120~140 $kJmol^{-1}$의 범위에 있다. 그러나 경로 2에서 전이 상태의 퍼텐셜 에너지는 140 $kJmol^{-1}$보다 확실히 크다. 활성화물의 원자간 거리는 경로 2가 경로 1보다 큼을 주목하라. 따라서 반응 속도는 경로 1이 경로 2보다 빠를 것이며, 상대적으로 느린 경로 2에 의한 반응을 관찰할 확률은 낮다.

활성화물을 생성하는 과정에 필요한 활성화 에너지는 활성화물의 내부 에너지 변화이다. 그림 5.1b에서 활성화물의 원자간 거리가 AB 또는 AC의 결합 길이와 다르므로 활성화 에너지는 표준 내부 에너지 변화 $\Delta E^{\circ *}$와 같다($E_a = \Delta E^{\circ *}$). $\Delta H^{\circ *} = \Delta E^{\circ *} + \Delta(PV)^*$이고, 응축상(condensed phase)에서 반응이 일어나면 $\Delta(PV)^* \approx 0$이므로 $E_a = \Delta E^{\circ *} \approx \Delta H^{\circ *}$이 된다. 한편 활성화 과정의 $\Delta S^{\circ *}$는 상수이고, $\Delta S^{\circ *}/R$은 단위가 없는 수이므로, Arrhenius 식의 상수 A를 다음과 같이 표현해도 무방하다.

$$A = A'\exp(\Delta S^{\circ *}/R) \tag{5.5}$$

따라서 식 (5.4)에 $\Delta H^{\circ *} \approx E_a$와 식 (5.5)를 대입하면 반응 속도 상수 k는 다음과 같이 표현된다.

$$\begin{aligned} k &= A\exp(-E_a/RT) \\ &= [A'\exp(\Delta S^{\circ *}/R)]\exp(-\Delta H^{\circ *}/RT) \\ &= A'\exp[-(\Delta H^{\circ *} + T\Delta S^{\circ *})/RT] \\ &= A'\exp(-\Delta G^{\circ *}/RT) \end{aligned} \tag{5.6}$$

$\Delta G^{\circ *}$를 **표준 활성화 자유 에너지**(standard activation free energy)라고 하며, $E_a = \Delta G^{\circ *}$이다.

주파수 요인 A′의 의미를 이해하기 위해 아래와 같은 간단한 단분자 반응(unimolecular reaction)을 논의하자.

$$A \rightleftharpoons B \tag{5.7}$$

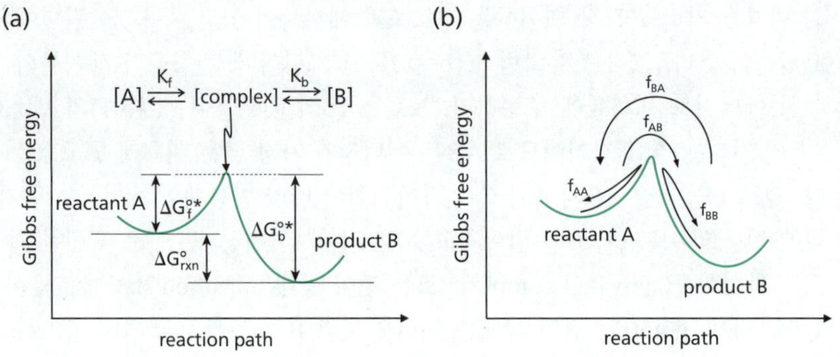

그림 5.2 A ⇌ B 단분자 반응. (a) 활성화물과 열적 평형에 있는 반응물과 생성물. (b) 활성화물이 A와 B가 되는 경우와 그 분율 f.

이 반응계가 그림 5.2a의 반응 경로에서 A와 활성화물 그리고 활성화물과 B가 열적 평형에 도달한다고 가정하자.

$$A \overset{K_f}{\rightleftharpoons} \text{활성화물} \overset{K_b}{\rightleftharpoons} B \tag{5.8}$$

각 방향의 평형 상수 K_f와 K_b, 그리고 표준 활성화 자유 에너지로 반응에 관여한 물질의 농도비를 아래와 같이 표현할 수 있다.

$$\begin{aligned} K_f &= [\text{활성화물}]/[A] = \exp(-\Delta G_f^{\circ *}/RT) \\ K_b &= [\text{활성화물}]/[B] = \exp(-\Delta G_b^{\circ *}/RT) \end{aligned} \tag{5.9}$$

식 (5.9)에서 활동도 계수를 1로, 활성화물이 A 또는 B로 변화하는 반응의 속도 상수를 k′으로 가정하자. 한편 그림 5.2b에 도시한 바와 같이 활성화물의 생성과 소멸을 네 가지 경우로 구분할 수 있다. A에서 생성된 활성화물이 B로 변화하는 분율을 f_{AB}로 표시하면, 식 (5.7)의 정반응 속도 r_f와 역반응 속도 r_b를 정반응과 역반응의 속도 상수 k_f와 k_b를 이용하여 다음과 같이 표현할 수 있다.

$$\begin{aligned} r_f &= k_f[A] = f_{AB}k'[\text{활성화물}] \\ r_b &= k_b[B] = f_{BA}k'[\text{활성화물}] \end{aligned} \tag{5.10}$$

식 (5.10)에 식 (5.9)를 대입하면 다음과 같은 식이 얻어진다.

$$\begin{aligned} k_f &= f_{AB}k'\exp(-\Delta G_f^{\circ *}/RT) \\ k_b &= f_{BA}k'\exp(-\Delta G_b^{\circ *}/RT) \end{aligned} \tag{5.11}$$

앞에서 평형을 가정하였으므로, $f_{AB} = f_{BA}$이다. 그러나 f_{AA}와 f_{BB}를 알 수 없고, f_{AB}와 f_{BA}도 알 수 없다. 0에서 1까지 변화하는 **통과 계수**(transmission coefficient) **t**를 도입하여 이 문제를 해결한다. t = 0이면 A ⟶ 활성화물 ⟶ B 또는 그 역반응은 전혀 일어나지 않으므로 반응이 진행되지 않는다. t = 1이면 A에서 생성된 활성화물 모두는 B가 되며, 그 역도 성립한다. 그러나 f_{AA}와 f_{BB}가 어떤 유한값을 가지면 t는 1보다 작은 값이 된다. 분율 대신 통과 계수를 도입하면 평형의 조건에서 식 (5.11)이 다음과 같이 표현된다.

$$k_f = (t/2)k'\exp(-\Delta G_f^{\circ *}/RT)$$
$$k_b = (t/2)k'\exp(-\Delta G_b^{\circ *}/RT) \quad (5.12)$$

그렇다면 A가 활성화물을 거쳐 B로 가는 방법은 무엇일까? 에너지가 높은 활성화물은 진동 활성화(vibrationally activated)되며, 특정 진동 주파수 ν에서 B로 변화한다면 활성화물의 진동 에너지는 다음과 같다.

$$E = h\nu, \text{ (h: Plank 상수)} \quad (5.13)$$

진동은 구성 입자들의 위치 변동이므로 활성화물의 진동 에너지를 운동론(kinetic theory)을 이용하여 운동 에너지로 표현할 수 있다. 두 개의 입자가 진동에 관여하므로 운동 에너지는 다음과 같다.

$$E = 2(k_BT/2) = k_BT \quad (5.14)$$

식 (5.14)에서 k_B는 Boltzmann 상수이다. 식 (5.13)과 (5.14)에서 $E = h\nu = k_BT$이므로, 활성화물이 B 또는 A로 변화하는 주파수 요인 k'은 다음과 같다.

$$k' = 2\nu = 2k_BT/h \quad (5.15)$$

식 (5.15)를 식 (5.12)에 대입하면, 속도 상수 k는 다음과 같이 표현된다.

$$k = t(k_BT/h)\exp(-\Delta G^{\circ *}/RT) \quad (5.16)$$

식 (5.16)는 Arrhenius 식에서 충돌 횟수를 의미하는 주파수 요인 A'이 활성화물의 진동 주파수 ν와 통과 계수 t의 곱임을 설명한다.

식 (5.16)을 다시 살펴보자. $\exp(-\Delta G^{\circ *}/RT)$ 항은 주어진 온도 T에서 $\Delta G^{\circ *}$의 에너지를 가지는 반응물의 분률이다. $\Delta G^{\circ *}$의 에너지를 가지는 반응물은 $\nu = k_BT/h$의 주파수로 진동하며, t의 확률로 반응이 일어난다. 그러므로 온도를 증가하면, $\Delta G^{\circ *}$의 에너지를 가지는 반응물의 분률이 증가하여 반응 속도 상수 k가 증가한다. $\Delta G^{\circ *}$와 ν는 반응 경로가 결정한다. 그러므로 일반적인 화학 연구에서 반응 속도를 조절하기 위해 반응 메카니즘이라고 하는 반응 경로의 조절(예: 촉매의 도입)이 중요하다.

반응 속도 상수[식 (5.16)]의 유도를 위해 평형을 가정하였으나, 반응 속도 상수를 비평형 상태에서 일어나는 반응 속도에도 적용할 수 있다.

5.2 Butler-Volmer 식의 유도

화학 반응의 속도 상수를 소개하였다. 전기화학 반응 속도인 전류와 전극 전위 또는 과전압의 관계를 살펴보자.

전류와 화학 반응 속도

화학 반응의 범주에 속하는 전기화학 반응의 속도 역시 일반적인 화학 반응의 속도를 표현하는 속도 상수로 표현된다. 화학 반응의 속도 상수는 온도만의 함수이지만, 전기화학 반응의 속도 상수는 온도와 전극 전위의 함수이다.

아래와 같은 전기화학 반응의 속도를 표현하는 방법을 알아보자.

$$\mathrm{Ox} + \mathrm{ne} \underset{k_b}{\overset{k_f}{\rightleftharpoons}} \mathrm{Red} \tag{5.17}$$

식 (5.17)에서 k_f와 k_b는 각각 정반응(환원 반응)과 역반응(산화 반응)의 속도 상수이다. 전기화학 반응 속도와 관련하여 Ox와 Red의 농도는 $C_{Ox}(x,t)$와 $C_{Red}(x,t)$로 표현한다. 전기화학 반응은 표면 반응이므로 농도는 전극 표면에서 떨어진 거리 x의 함수이다. 한편 전기화학 반응은 불균일 반응이므로 벌크 용액과 전극 표면 사이에 반응물과 생성물이 이동하므로 농도는 시간의 함수이다. 따라서 전극 표면에서 일어나는 전하 전달 과정의 정반응 속도 r_f와 역반응 속도 r_b는 다음과 같다.

$$r_f = k_f C_{Ox}(0,t) = i_{cat}/nFA$$
$$r_b = k_b C_{Red}(0,t) = i_{an}/nFA \tag{5.18}$$

여기에서 A는 전극 면적으로, i/A는 전류 밀도이다. 정반응과 역반응이 동시에 진행된다면, 반응계 외부에서 관찰되는 반응 속도 r_{net}는 다음과 같다.

$$r_{net} = r_f - r_b = k_f C_{Ox}(0,t) - k_b C_{Red}(0,t) \tag{5.19}$$

따라서 전극에 흐르는 전류 i는 다음과 같다.

$$i = i_{cat} - i_{an} = nFA[k_f C_{Ox}(0,t) - k_b C_{Red}(0,t)] \tag{5.20}$$

식 (5.20)의 왼쪽은 전기화학 반응 속도인 전류 i이고, 오른쪽의 항은 반응 속도 상수와 농도로 표시된 화학 반응 속도이다. 그 둘을 연결하는 것이 Faraday 법칙이다.

▶ 전기화학 반응 속도 상수와 과전압

제4장에서 전하 전달 과전압이 반응 활성화 에너지에 미치는 영향을 정성적으로 살펴보았다. 식 (5.20)과 전하 전달 과전압의 관계를 유도하기 위해, 표준 활성화 에너지에 미치는 전하 전달 과전압의 영향을 정량적으로 표현하면 그림 5.3과 같다. 그림 5.3은 에너지 곡선을 선형으로 가정한 것으로, 그림 5.2a에서 활성화물 부근의 에너지 곡선에 적용될 수 있다.

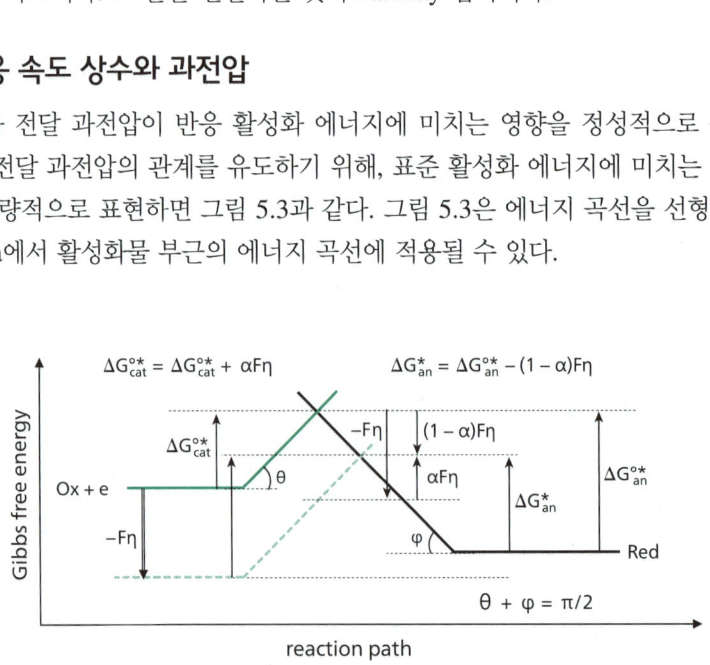

그림 5.3 **Ox + e ⇌ Red 반응의 퍼텐셜 에너지와 전달(비대칭) 계수.** 과전압 η에 의해 환원 반응의 퍼텐셜 에너지 직선은 −Fη만큼 평행 이동한다. θ + φ = 90°.

그림 5.3에서 아래와 같이 전자 한 개가 관여하는 단일 단계(single step) 산화·환원쌍을 논의한다.

$$Ox + e \underset{k_b}{\overset{k_f}{\rightleftharpoons}} Red \tag{5.21}$$

그림 5.3의 실선은 논의 대상인 산화·환원쌍이 표준 상태, 즉 표준 환원 전위 E°에 있을 때이다. 전극 전위를 E°에서 E로 증가하면 과전압 η(eta)는 아래와 같다.

$$\eta = E - E^\circ$$

과전압 η를 인가하면 전극 속 전자의 에너지는 −Fη만큼 낮아져 Ox + e의 퍼텐셜 에너지 직선은 점선과 같이 아래로 평행 이동한다. 전자의 에너지가 낮아지면 산화 반응과 환원 반응의 활성화 에너지도 변화한다. 두 활성화 에너지의 변화량은 **비대칭 계수**(asymmetry coefficient) 또는 **전달 계수**(transfer coefficient)라고 하는 α가 결정한다. 각 반응의 에너지 직선 기울기는 각 직선의 각도로 표시되며(그림 5.3), α는 다음과 같이 정의된다.

$$\alpha = \tan\theta/(\tan\theta + \tan\varphi) \tag{5.22}$$

약간의 삼각함수를 이용하면 산화 반응과 환원 반응 활성화 에너지 변화는 정량적으로 다음과 같다.

$$\Delta G^*_{an} = \Delta G^{\circ *}_{an} - (1 - \alpha)F\eta \tag{5.23}$$

$$\Delta G^*_{cat} = \Delta G^{\circ *}_{cat} + \alpha F\eta \tag{5.24}$$

산화 반응의 방향으로 과전압을 인가하였으므로, 지금까지의 정성적 논의에 따르면 산화 반응이 촉진되어야 한다. 식 (5.23)과 (5.24)에서 활성화 에너지가 산화 반응에서 $(1 - \alpha)F\eta$만큼 감소하고, 환원 반응에서 $\alpha F\eta$만큼 증가한다. 이는 '산화 반응은 가속되고, 환원 반응은 억제된다.'는 서술과 같다. 식 (5.23)과 (5.24)를 Arrhenius 식[식 (5.6)]에 대입하면 전기화학 반응의 반응 상수는 다음과 같이 표현된다.

$$k_{cat} = A_{cat}\exp(-\Delta G^{\circ *}_{cat}/RT)\exp[-\alpha F\eta/RT] \tag{5.25}$$

$$k_{an} = A_{an}\exp(-\Delta G^{\circ *}_{an}/RT)\exp[(1 - \alpha)F\eta/RT] \tag{5.26}$$

$E = E^\circ(\eta = 0)$이면 산화·환원쌍은 평형에 있고[즉, $C(0,t) = C(\infty,t)$], Ox와 Red의 벌크 용액 농도가 같다면[$C_{Ox}(\infty,t) = C_{Red}(\infty,t)$], 식 (5.20)에서 $i = 0$이므로 $k_{cat}C_{Ox}(\infty,t) = k_{an}C_{Red}(\infty,t)$이다. 그러므로 $k_{cat} = k_{an} = k^\circ$로 정의하면, k°는 전위 E°에서 정의되는 **표준 속도 상수**(standard rate constant)이다. 수학적 의미는 다음과 같다.

$$k^\circ = A_{cat}\exp(-\Delta G^{\circ *}_{cat}/RT) = A_{an}\exp(-\Delta G^{\circ *}_{an}/RT) \tag{5.27}$$

식 (5.27)을 식 (5.20)에 대입하면 다음과 같은 **Butler-Volmer 식**(Butler-Volmer equation, BV 식)이 얻어진다.

$$i = i_{cat} - i_{an} = FAk^\circ\{C_{Ox}(0,t)\exp[-\alpha F\eta/RT] - C_{Red}(0,t)\exp[(1 - \alpha)F\eta/RT]\} \tag{5.28}$$

지금까지 논의는 전자 한 개가 관여하는 반응[식 (5.21)]에 관한 것이다.

5.3 Butler-Volmer 식의 해석

▶ Butler-Volmer 식과 Nernst 식

BV 식은 과전압 변화에 따라 전극에 흐르는 전류 i를 예측하는 식이며, 유도 과정에서 아무런 실험적 사실이 도입되지 않은 이론적인 식이다. 따라서 BV 식의 검증은 실험적 사실과 일치해야 한다.

$n = 1$인 경우를 예를 들어 BV 식을 계속 논의한다.

$C_{Ox}(\infty,t)$와 $C_{Red}(\infty,t)$가 임의의 값인 산화·환원쌍이 평형 전압 E_{eq}에 있으면 $i = 0$이다. 그 조건에서 식 (5.28)은 Nernst 식과 일치해야 한다. $i = 0$이면 식 (5.28)은 다음과 같다.

$$FAk°C_{Ox}(0,t)\exp[-\alpha F(E_{eq} - E°)/RT] = FAk°C_{Red}(0,t)\exp[(1 - \alpha)F(E_{eq} - E°)/RT] \quad (5.29)$$

평형에서 표면 농도와 벌크 용액 농도가 같으므로[$C(0,t) = C(\infty,t)$], 식 (5.29)를 정리하면 아래와 같아진다.

$$\exp[-F(E_{eq} - E°)/RT] = C_{Ox}(0,t)/C_{Red}(0,t) = C_{Ox}(\infty,t)/C_{Red}(\infty,t) \quad (5.30)$$

식 (5.30)은 아래와 같이 Nernst 식으로 정리된다.

$$E_{eq} = E° - (RT/F)\ln[C_{Red}(\infty,t)/C_{Ox}(\infty,t)]$$

그러므로 임의의 농도 조건에서 평형에 있는 산화·환원쌍의 BV 식은 Nernst 식과 같다.

▶ 교환 전류

평형 조건에서 BV 식을 다른 관점에서 살펴보자. 평형에서 $i = i_{cat} - i_{an} = 0$이다. 이 서술은 $i_{cat} = i_{an}$을 의미하지, $i_{cat} = i_{an} = 0$을 의미하지 않는다. 다시 말해 $E = E_{eq}$의 평형은 산화 반응과 환원 반응이 계속 진행하는 동적 평형이다. $n = 1$인 경우 환원 전류와 산화 전류를 각각 다음과 같이 표현할 수 있다.

$$i_{cat} = FAk°C_{Ox}(\infty,t)\exp[-\alpha F(E_{eq} - E°)/RT]$$
$$i_{an} = FAk°C_{Red}(\infty,t)\exp[(1 - \alpha)F(E_{eq} - E°)/RT)] \quad (5.31)$$

또한 평형에서 $i_{cat} = i_{an}$이므로, 각각의 방향으로 흐르는 전류를 **교환 전류**(exchange current) $\mathbf{i_0}$라고 하며 다음과 같이 표현한다.

$$i_0 = i_{cat} = i_{an} \quad (5.32)$$

식 (5.30)에서 출발하여 i_0를 η가 포함되지 않은 식으로 다음의 과정을 거쳐 유도한다.

(i) 식 (5.30) 양변에 $(1 - \alpha)$ 승을 적용하면, $\exp[(1 - \alpha)F(E_{eq} - E°)/RT)] = [C_{Ox}(\infty,t)/C_{Red}(\infty,t)]^{(1-\alpha)}$이고,

(ii) 식 (5.30)과 (5.31)을 결합하면 $i_0 = i_{an} = FAk°C_{Red}(\infty,t)\exp[(1 - \alpha)F(E_{eq} - E°)/RT]$이 되고,

(iii) **(i)**의 결과를 **(ii)**에 대입하면 $i_0 = FAk°C_{Red}(\infty,t)[C_{Ox}(\infty,t)/C_{Red}(\infty,t)]^{(1-\alpha)}$이 되며,

(iv) **(iii)**의 결과를 정리하면 다음과 같다.

$$i_0 = FAk°C_{Ox}(\infty,t)^{(1-\alpha)}C_{Red}(\infty,t)^{\alpha} \quad (5.33)$$

식 (5.33)에 의하면 i_0는 k°*와 농도가 결정하는 전류이다*. 농도는 실험 변수이므로, 농도를 이용하여 i_0의 제어가 가능하다. 그러나 k°는 근본적으로 표준 활성화 자유 에너지 $\Delta G^{\circ *}$에 의해 결정되므로[식 (5.27)], 표준 상태에 있는 전기화학 반응계인 전극과 반응물/생성물의 조합에 의하여 결정된다. 전자 전달 과정 전후에 분자의 구조가 크게 변화하지 않는 반응(예: Anthracene + e $\rightleftharpoons$ Anthracene•$^-$)은 k°가 1~10 cms^{-1} 정도로 매우 빠르다. 한편 산소의 환원 반응($O_2 + 2H^+ + 2e \rightleftharpoons H_2O_2$, $H_2O_2 + 2H^+ + 2e \rightleftharpoons 2H_2O$)과 같이 다수의 전자가 관여하는 다단계 반응은 k°가 10^{-9} cms^{-1} 수준으로 매우 느리다. 식 (5.33)의 또 다른 의미는 비표준 상태의 주어진 농도 조건에서는 k° 대신 i_0로 전극의 반응 속도를 논의할 수 있다는 것이다. 그러나 전기화학 반응은 표면 반응이므로 서로 다른 전극의 반응 속도를 비교하기 위해서는 i_0보다 더 일반적인 **교환 전류 밀도 j_0**(= i_0/A, exchange current density)를 사용한다. 농도의 영향을 제거하기 위해 표준 상태에서 측정된 j_0를 **표준 교환 전류 밀도 j_0°**(standard exchange current density)를 사용하기도 한다.

5.4 i-η 곡선

▸ i-η 식의 유도

제4장에서 전기화학을 이해하기 위해서는 i-E 곡선의 이해가 필요하다고 강조하였다. i-E 곡선은 실험에서 얻는다. 한편 BV 식은 이론에 의하여 유도된 식이다. 이론에 근거하여 실험 결과를 해석하기 위해서는 실험적 거동과 이론이 예측하는 행동이 일치해야 한다. 따라서 BV 식을 실험적 i-E 곡선의 형태로 변형할 필요가 있다.

식 (5.28)의 BV 식에서 과전압 η를 전극에 인가된 전위 E와 표준 환원 전위 E°의 차이(η = E − E°)로 정의하였으며, 반응계의 반응 속도 상수는 k°이었다. 한편 앞 절에서 Ox와 Red가 존재하는 임의의 상황에서 평형 전압 E_{eq}를 포함하는 반응계의 반응 속도 상수를 i_0로 표현하였다. 과전압을 이론적이고 형식적인 E°를 기준으로 설정하는 것보다 실험에서 바로 측정할 수 있는 E_{eq}를 기준으로 설정하는 것이 실험 결과 해석에 편리하다. 그러므로 실험의 관점에서 보면 E_{eq}가 E°보다 훨씬 현실적이다. 따라서 E°를 기준으로 하는 k°보다 E_{eq}를 기준으로 하는 i_0로 전류 i를 표현하는 식이 필요하다.

E°를 기준으로 하는 식 (5.28)을 i_0로 표현되는 식 (5.33)으로 나누면 다음과 같다.

$$
\begin{aligned}
i/i_0 &= C_{Ox}(0,t)\exp[-\alpha F\eta/RT]/C_{Ox}(\infty,t)^{(1-\alpha)}C_{Red}(\infty,t)^{\alpha} \\
&\quad - C_{Red}(0,t)\exp[(1-\alpha)F\eta/RT)]/C_{Ox}(\infty,t)^{(1-\alpha)}C_{Red}(\infty,t)^{\alpha} \\
&= [C_{Ox}(0,t)/C_{Ox}(\infty,t)]\exp(-\alpha F\eta/RT)[C_{Ox}(\infty,t)/C_{Red}(\infty,t)]^{\alpha} \\
&\quad - [C_{Red}(0,t)/C_{Red}(\infty,t)]\exp[(1-\alpha)F\eta/RT][C_{Ox}(\infty,t)/C_{Red}(\infty,t)]^{-(1-\alpha)} \qquad (5.34)
\end{aligned}
$$

$[C_{Ox}(\infty,t)/C_{Red}(\infty,t)]^{\alpha}$ 항과 $[C_{Ox}(\infty,t)/C_{Red}(\infty,t)]^{-(1-\alpha)}$ 항은 식 (5.30)의 양변을 각각 α 승과 −(1 − α) 승을 하면 다음과 같이 표현된다.

$$
\begin{aligned}
[C_{Ox}(\infty,t)/C_{Red}(\infty,t)]^{\alpha} &= \exp[\alpha F(E_{eq} - E^\circ)/RT] \\
[C_{Ox}(\infty,t)/C_{Red}(\infty,t)]^{-(1-\alpha)} &= \exp[-(1-\alpha)F(E_{eq} - E^\circ)/RT] \qquad (5.35)
\end{aligned}
$$

식 (5.35)를 식 (5.34)에 대입/정리하면 다음과 같다.

$$\begin{aligned} i/i_0 &= [C_{Ox}(0,t)/C_{Ox}(\infty,t)]\exp[-\alpha F\eta/RT]\exp[\alpha F(E_{eq} - E°)/RT] \\ &\quad - [C_{Red}(0,t)/C_{Red}(\infty,t)]\exp[(1 - \alpha)F\eta/RT)]\exp[-(1 - \alpha)F(E_{eq} - E°)/RT] \\ &= [C_{Ox}(0,t)/C_{Ox}(\infty,t)]\exp\{-\alpha F[\eta - (E_{eq} - E°)]/RT\} \\ &\quad - [C_{Red}(0,t)/C_{Red}(\infty,t)]\exp\{(1 - \alpha)F[\eta - (E_{eq} - E°)]/RT\} \end{aligned} \quad (5.36)$$

식 (5.36)에서 지수 $\eta - (E_{eq} - E°) = (E - E°) - (E_{eq} - E°) = E - E_{eq}$가 되어 과전압을 정의하는 기준이 E°에서 E_{eq}로 바뀐다. i_0를 반응 속도 상수로 사용하는 BV 식은 식 (5.36)을 정리하여 다음과 같아진다.

$$\begin{aligned} i = i_0\{&[C_{Ox}(0,t)/C_{Ox}(\infty,t)]\exp[-\alpha F\eta/RT] \\ &- [C_{Red}(0,t)/C_{Red}(\infty,t)]\exp[(1 - \alpha)F\eta/RT]\} \end{aligned} \quad (5.37)$$

식 (5.37)에 의하여 표현되는 곡선을 **i-η 곡선**이라고 한다. $\eta = E - E_{eq}$이므로 i-η 곡선은 앞 장에서 논의한 특정 산화·환원쌍의 i-E 곡선을 E_{eq}만큼 평행 이동한 곡선이다. 그러므로 i-η 곡선은 일반화된 i-E 곡선이다. 식 (5.28)은 E°를 기준으로 한 BV 식이고, 식 (5.37)은 E_{eq}를 기준으로 한 BV 식임을 다시 한번 더 강조한다.

▶ 교환 전류와 i-η 곡선

식 (5.37)에서 오른쪽 앞의 항은 환원 전류 i_{cat}을, 뒤의 항은 산화 전류 i_{an}을 표현하는데, 환원 전류는 양의 전류로, 산화 전류는 음의 전류이다. 그러나 제4장에서 정의한 바와 같이 이 책에서는 산화 전류를 양의 전류로, 환원 전류를 음의 전류로 표현하는 설명을 특별히 명시하지 않는 한 계속 유지한다. 그러므로 식이 제시하는 전류의 부호와 그림에서 표현하는 전류의 부호는 서로 반대이다.

그림 5.4는 일반적인 i-η 곡선을 보여준다. 일반화를 위해 전류 i를 전류 밀도 j(= i/A)로 표현한다. i-η 식에서 표현된 산화 전류 j_{an}과 환원 전류 j_{cat}는 지수 함수적으로 증가하며 그림 5.4a에서 각각 점선으로 표시하였다. 관찰하는 전류 j는 두 전류의 합이다($j = j_{an} + j_{cat}$). $\eta = 0(E = E_{eq})$에서 $j_{an} = j_{cat} = j_0$이고 $j = 0$임에 주목하라. $\eta > 0$이면, 다시 말해 산화 반응 과전압을 인가하면 산화 반응이 환원 반응을 압도하여 $j_{an} > j_{cat}$이 되고, j는 양의 값이 된다. $\eta < 0$이면 환원 반응이 j를 결정하여 j는 음의 값이 된다. η를 계속 증가시키면 전하 전달 속도가 물질 전달 속도보다 커져 j는 확산에 의한 물질 전달이 제한되는 확산 한계 전류 j_l에 이르게 된다(그림 5.4b).

한편 그림 5.4c는 교환 전류 밀도 j_0에 따른 i-η 곡선의 변화를 보여준다. $j_0 = 10^0\ Acm^{-2}$이면, 전류는 거의 수직적으로 상승하여, 이상적 비분극 전극의 거동을 보인다. j_0가 감소하면 많은 과전압을 인가해야 전류가 흐른다. 구체적으로 2 μAcm^{-2}의 환원 전류를 흘리기 위해 j_0가 10^0, 10^{-6}, $10^{-9}\ Acm^{-2}$인 경우 각각 <1, ~30, ~390 mV의 환원 과전압이 필요하다. 그러므로 *산화·환원쌍과 전극으로 이루어진 전기화학 반응계의 j_0가 전극 반응을 유도하기 위한 과전압을 결정하는 중요한 요소*이다.

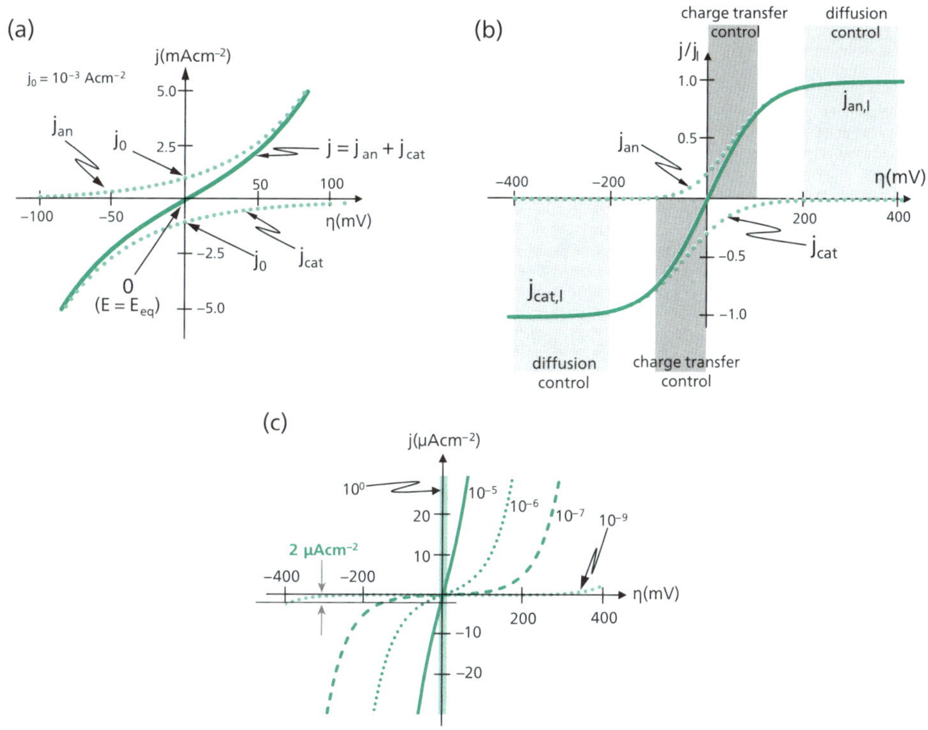

그림 5.4 **Bultler-Volmer 식의 i-η 곡선.** (a) η가 작을 때($j_0 = 10^{-3}$ Acm^{-2}). (b) η가 클 때($i_0/i_l = 0.4$, $i_{l,cat} = i_{l,an} = i_l$). (c) 다양한 j_0의 i-η 곡선. α = 0.5, T = 298 K.

▸ 전달 비대칭 계수와 i-η 곡선

제5장 2절에서 과전압에 의하여 전극 속 전자의 퍼텐셜 에너지 변화가 산화 반응과 환원 반응의 활성화 자유 에너지에 배분되는 변수로 전달(비대칭) 계수 α를 소개하였다. 그림 5.5는 α에 따른 전기화학 반응의 활성화 자유 에너지 변화를 구체적으로 도시한 그림이다. 과전압 η를 인가하면 전자의 에너지는 −Fη만큼 낮아진다. 그림 5.5a는 α = 0.5인 경우이며, θ = φ = 45°로 활성화물에 이르는 직선의 기울기가 같은 대칭적 상황을 묘사한다. 이 경우 산화 반응과 환원 반응의 활성화 자유 에너지 변화는 각각 다음과 같다.

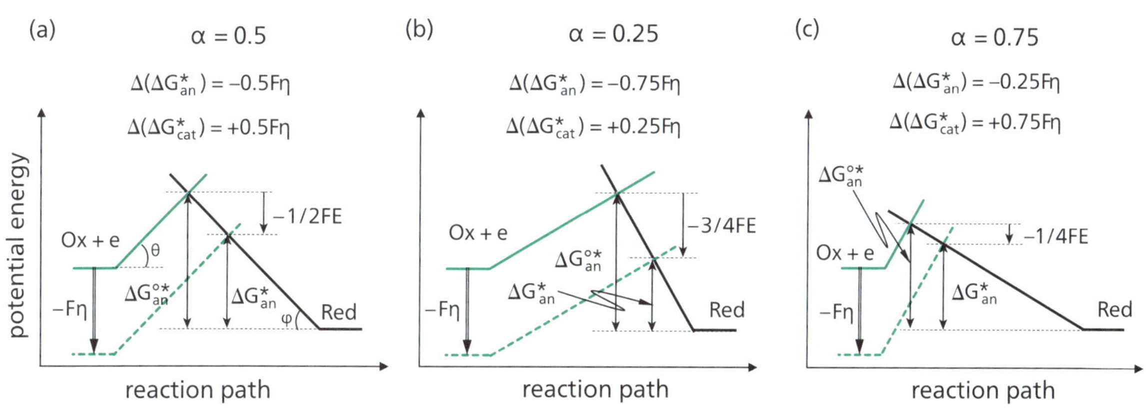

그림 5.5 **활성화 에너지에 미치는 전달 계수 α의 영향.** (a) α = 0.5(θ = φ = 45°). (b) α = 0.25(θ = 30°, φ = 60°). (c) α = 0.75 (θ = 60°, φ = 30°).

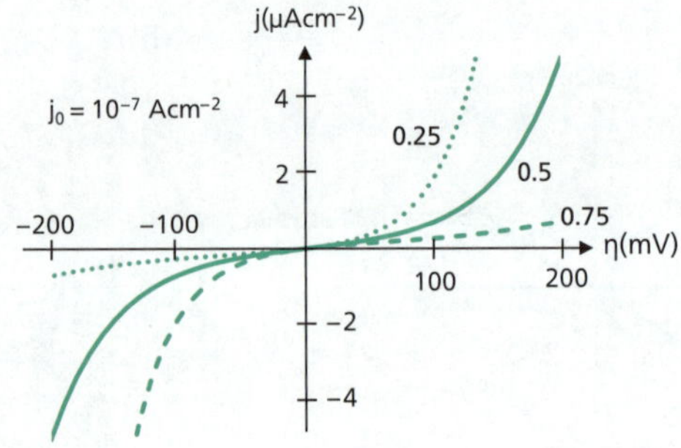

그림 5.6 **i-η 곡선에 미치는 전달 계수 α의 영향.** $j_0 = 10^{-7}$ Acm^{-2}. 실선: α = 0.5, 점선: α = 0.25, 쇄선: α = 0.75. T = 298 K.

$$\Delta(\Delta G^*_{an}) = \Delta G^*_{an} - \Delta G^{o*}_{an} = -0.5F\eta$$
$$\Delta(\Delta G^*_{cat}) = \Delta G^*_{cat} - \Delta G^{o*}_{cat} = +0.5F\eta \quad (5.38)$$

기울기가 동일하므로 활성화 자유 에너지는 산화 반응에서 0.5Fη만큼 감소하고, 환원 반응에서 0.5Fη만큼 증가한다. η에 의한 전자 에너지 변화가 두 반응에 대칭적으로 배분된다. α = 0.25인 그림 5.5b의 경우를 살펴보자. θ = 30°, φ = 60°로 두 반응이 활성화물에 이르는 직선의 기울기는 산화 반응이 더 크다. 산화 반응의 기울기가 더 크므로 $\Delta(\Delta G^*_{an})$가 대칭인 경우보다 더 큰 영향을 받는다. 따라서 동일한 η의 조건에서 α = 0.25인 경우 산화 반응 속도가 환원 반응 속도보다 더 크게 변화한다. 한편 α = 0.75인 경우는 θ = 60°, φ = 30°이며, α = 0.25인 경우와 반대 현상이 나타난다. 그러므로 α는 *과전압이 환원 반응에 영향을 주는 정도를 정량적으로 표현하는 지표이다.* α 값이 증가할수록 활성화물이 반응 경로에서 환원되는 Ox에 근접하여, 활성화물의 구조는 Ox와 유사해진다.

그림 5.6은 α에 따른 i-η 곡선의 변화를 예시한다. α = 0.5이면, 실선으로 표시한 바와 같이 η의 증가에 따른 전류 곡선이 대칭적이다. α = 0.25이면 η의 증가에 따른 전류 곡선(점선)은 비대칭적이다. 구체적으로 α = 0.25인 경우, 환원 반응은 과전압의 배분이 적으므로 동일한 전류를 얻기 위해 α = 0.5인 경우보다 더 큰 과전압이 필요하다. 반면 산화 반응은 과전압의 배분이 크므로 더 낮은 과전압에서 같은 양의 전류를 얻을 수 있다. α = 0.75인 경우는 α = 0.25인 경우의 반대이다(쇄선). 실험에서 관찰된 α 값은 대부분 0.3~0.7의 범위에 있다. 그러므로 j_0와 함께 전달 계수 α도 전극 반응의 전류를 결정하는 중요한 요소이다.

5.5 η의 크기에 따른 i-η 곡선

전기화학의 궁극적 목표는 원하는 전극 반응의 속도 또는 과전압의 조절이다. 실험에서 관찰된 i-E 곡선의 해석은 BV 식이 제시하는 교환 전류 밀도 j_0와 전달 계수 α라는 반응 속도론에 근거한다. BV 식이 제시하는 j_0와 α의 개념을 활용하여 목표하는 전극 반응을 반응 속도의 관점에서 평가할 수 있다. 실험에서 관찰된 i-E 곡선으로부터 j_0와 α를 얻는 과정을 살펴보자.

▶ 물질 전달이 전하 전달에 관여하지 않는 상황

(i) 선형 i-η 관계

전류가 적게 흐르면 C(0,t)와 C(∞,t), 즉 표면 농도와 벌크 용액 농도가 같다고 가정할 수 있다. η를 아주 작게 유지하여 소비되는 반응물의 양이 매우 적거나 용액을 잘 교반하여 반응물을 충분히 공급하는 상황에서 이 가정이 성립한다. 두 어떤 경우라도 물질 전달 속도가 전하 전달 속도보다 크다. 따라서 전류가 적게 흐르는 상황($i \le 0.1i_l$)에서는 $C(0,t) \approx C(\infty,t)$이므로 식 (5.37)은 다음과 같아진다.

$$i = i_0\{\exp[-\alpha F\eta/RT] - \exp[(1-\alpha)F\eta/RT]\} \quad (5.39)$$

η가 충분히 작을 때 식 (5.39)의 지수 항에 Taylor 전개를 적용하여 다음과 같은 i-η 선형 관계를 얻을 수 있다.

$$\begin{aligned} i &= i_0\{[1 + (-\alpha F\eta/RT)] - [1 + (1-\alpha)F\eta/RT]\} \\ &= -i_0F\eta/RT \end{aligned} \quad (5.40)$$

식 (5.40)을 Ohm의 법칙($E = IR$)과 같은 형태로 표현하면 다음과 같다.

$$\eta = -i(RT/i_0F) = -iR_{ct} \quad (5.41)$$

다시 말하면 전하 전달 저항은 다음과 같다.

$$R_{ct} = RT/i_0F \quad (5.42)$$

전하 전달 저항은 $\eta = 0$에서 j 곡선(그림 5.4a의 실선) 기울기의 역수이다. 그림 5.4c에서 j_0가 증가하면 그 기울기가 증가하고 그 역수인 R_{ct}는 감소한다. 이는 j_0가 증가하면 약간의 과전압에서도 전류가 잘 흐르므로, 전하 전달 저항값이 작아진다는 정성적 해석과 일치한다.

i-η 곡선이 식 (5.41)을 따르는 전압 구간, 다시 말해 i와 η의 관계가 선형인 구간은 η가 크지 않아 평형에 가까운 구간이다. 평형을 유지하면서 약간의 과전압을 인가하여 R_{ct}를 측정하면 식 (5.42)에 의하여 i_0를 얻을 수 있다.

(ii) 비선형 i-η 관계

η가 커지면 Taylor 전개를 할 수 없으나, 식 (5.39)의 지수 항 두 개 중 하나의 항은 커지고 나머지 항은 작아진다. 따라서 η의 방향에 따라 식 (5.39)는 다음과 같다.

$$\begin{aligned} &\eta \gg 0 \text{ (산화 과전압)}: \quad i = -i_0\exp[(1-\alpha)F\eta/RT] \\ &\eta \ll 0 \text{ (환원 과전압)}: \quad i = i_0\exp[-\alpha F\eta/RT] \end{aligned} \quad (5.43)$$

식 (5.43)의 양변에 log를 취하면 다음의 식이 얻어진다.

$$\begin{aligned} &\eta \gg 0: \quad \log|i| = \log|i_0| + [(1-\alpha)F/RT]\eta \\ &\eta \ll 0: \quad \log|i| = \log|i_0| + [(-\alpha)F/RT]\eta \end{aligned} \quad (5.44)$$

물질 전달 속도가 전하 전달 속도보다 크다는 조건에서 BV 식으로부터 유도된 식 (5.44)는 실험적으로 관찰된 Tafel 식 $\eta = a + b\log|i|$(a, b는 상수)와 같은 형태로, BV 식의 타당성을 뒷받침한다. 식 (5.44)의 log|i|-η의 관계를 그린 그림이 그림 5.7이며, log|i|-η 직선을 **Tafel 플롯**(Tafel plot)이라 한다. Tafel 플롯을 관찰하기 위해서는 물질 전달 속도가 전하 전달 속도보다 크다는 조건 외에도 추가의 조건이 필요하다. 식 (5.43)에서 η가 커서 다른 항을 무시하였으므로 실험에서

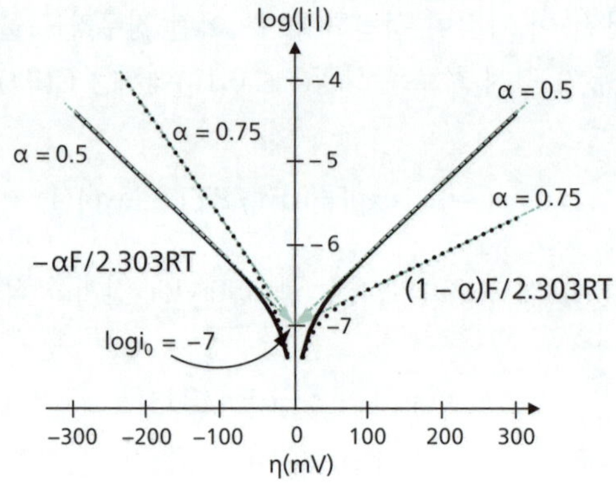

그림 5.7 **Tafel 플롯.** $i_0 = 10^{-7}$ Acm^{-2}. 실선: $\alpha = 0.5$, 점선: $\alpha = 0.75$. 실선과 점선의 기울기는 산화 전압과 환원 전압 영역에서 각각 $(1 - \alpha)F/2.303RT$와 $-\alpha F/2.303RT$이다. T = 298 K.

도 이 조건이 지켜져야 한다. 그 조건은, 예를 들면, 산화 과전압 조건에서 환원 전류는 산화 전류의 1% 미만이어야 한다($i_{cat}/i_{an} < 0.01$). 이 조건은 298K에서 η가 118 mV 이상인 전압 구간에서만 식 (5.44)가 성립한다는 뜻이다. η가 작을 때는 i-η의 관계가 선형이므로 식 (5.44)를 적용할 수 없다.

그림 5.7은 Tafel 플롯을 예시한다. 실선이 $i_0 = 10^{-7}$ Acm^{-2}이고, $\alpha = 0.5$인 경우의 Tafel 플롯이다. $\alpha = 0.5$이므로 산화 및 환원 전압 영역의 직선들은 $\eta = 0$인 세로축에 대하여 대칭적이다. 각 직선의 기울기는 식 (5.44)에서 알 수 있으며, $\eta > 120$ mV 전압 영역에서 직선 식의 기울기와 절편은 8.45×10^{-3} mV^{-1}과 −7이다. 또한 100 mV 이하의 과전압 영역(선형 i-η 구간)에서는 곡선은 직선으로부터 크게 벗어난다. 점선은 $\alpha = 0.75$인 경우의 Tafel 플롯이다. 환원 반응이 과전압의 영향을 더 크게 받으므로, 환원 과전압 영역의 직선이 더 가파르다. 그러나 각 직선의 절편은 −7로 α 값과 무관하다.

한 가지 더 언급해야 할 것은 **Tafel 기울기**(Tafel slope)이다. Tafel이 최초에 제안한 식은 $\eta = a + b\log|i|$이며, 이 식의 상수 b를 'Tafel 기울기'라고 한다. Tafel 식과 식 (5.44)는 동일한 관계를 다르게 표현한 것이다. 그러므로 그림 5.7에서 표현된 기울기는 1/b이므로, $\alpha = 0.5$인 경우 Tafel 기울기는 118 mV($= 1/8.45 \times 10^{-3}$ mV^{-1})이다.

▶ 물질 전달이 전하 전달에 관여하는 상황

i_0가 크거나 과전압 η가 계속 증가하면 전하 전달 속도가 물질 전달 속도와 대등하게 되고 결국에는 물질 전달 속도가 느려져 벌크 농도에 비례하는 확산 한계 전류 i_l이 나타난다(제4장). 이와 같은 상황에서 식 (5.37)의 $[C_{Ox}(0,t)/C_{Ox}(\infty,t)]$와 $[C_{Red}(0,t)/C_{Red}(\infty,t)]$를 $(1 - i/i_{l,cat})$과 $(1 - i/i_{l,an})$의 관계(제6장)를 대입하면 다음과 같은 i-η 곡선을 얻을 수 있다.

$$i/i_0 = (1 - i/i_{l,cat})\exp[-\alpha F\eta/RT] - (1 - i/i_{l,an})\exp[(1 - \alpha)F\eta/RT] \qquad \textbf{(5.45)}$$

식 (5.45)을 활용하여 $i_{l,cat} = i_{l,an}$의 조건에서 i_0/i_l의 값에 따라 계산한 i-η 곡선을 그림 5.8a에 제시한다. $i_0/i_l = 10$ 또는 5일 때, i-η 곡선의 변화는 실질적으로 없다. 다시 말해 전하 전달이 매우 빠르면(i_0/i_l이 매우 크면), i-η 곡선은 그림 5.8a의 짙은 녹색 실선에 수렴한다. 따라서 전하 전달

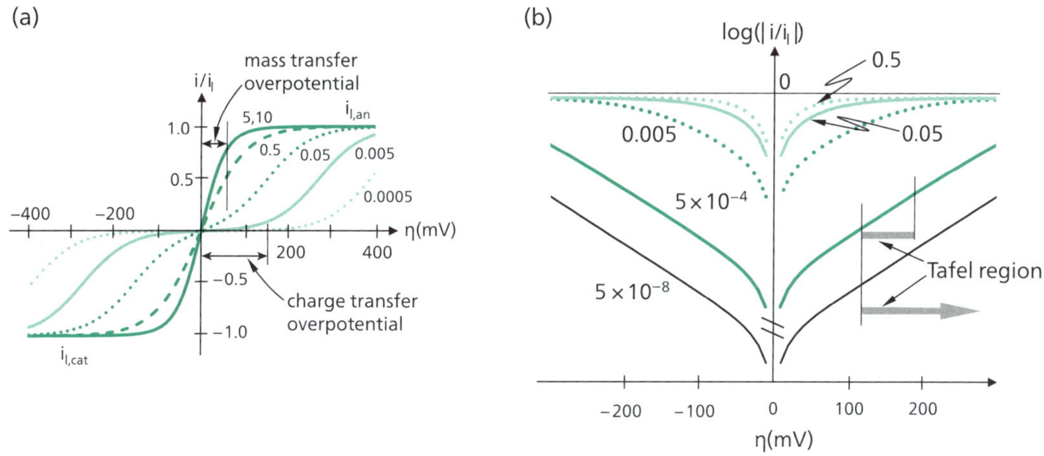

그림 5.8 **전하 전달과 물질 전달이 동시에 작동하는 반응.** (a) i-η 곡선. (b) Tafel 플롯. (a)와 (b)에서 곡선에 있는 수는 i_0/i_l이다. $i_{l,cat} = i_{l,an} = i_l$. T = 298K.

이 매우 빠른 조건에서 세로축과 검은색 실선 사이의 과전압은 물질 전달 과전압이다. 한편 i_0/i_l이 감소하면(전하 전달이 느려지면) i-η 곡선의 전류 증가 부분의 기울기가 감소하여 반응 속도 제어 영역이 넓어진다. 그러므로 전하 전달이 느린 경우, 전류가 상당히 증가할 때까지 인가하는 과전압은 전하 전달 과전압이다.

그림 5.8b는 그림 5.8a에 도시한 i-η 곡선의 Tafel 플롯이다. 그림 5.7의 Tafel 플롯은 순수하게 전하 전달 과정만 포함하는 BV 식을 도시한 것이지만, 그림 5.8b는 전하 전달 과정과 물질 전달 과정이 혼합된 식 (5.45)의 Tafel 플롯을 도시한다. $i_0/i_l = 5 \times 10^{-4}$와 5×10^{-8}인 경우의 Tafel 플롯은 그림 5.7과 유사하다. 그러나 i_0/i_l의 값이 0.005 이상이면 작은 과전압에서도 전류에 물질 전달 과정의 기여가 증가하여 $\log(|i/i_l|)$의 값이 0에 수렴한다. $i_0/i_l = 5 \times 10^{-4}$인 경우, 120 mV ≤ η ≤ 200 mV 구간에서 직선 기울기의 이론값인 8.45×10^{-3} mV^{-1}이 얻어지지만, 200 mV 이상으로 기울기 계산 영역을 확장하면 물질 전달 과정의 기여로 인하여 기울기가 계속 감소한다. 그러나 $i_0/i_l = 5 \times 10^{-8}$의 Tafel 플롯은 120 mV 이상의 전압 구간에서 이론 기울기 값을 보인다. Tafel 식이 적용되는 과전압 구간을 **Tafel 영역**(Tafel region)이라 하며, 그림 5.8b는 유의미한 Tafel 플롯을 얻기 위한 조건을 암시한다. Tafel 플롯은 최소자승법(least square method)을 이용하여 i_0와 α를 계산하는 것을 목적으로 하며, 그 값들이 유의미하기 위해서는 Tafel 영역이 넓어야 한다. 그림 5.8b에 예시한 바와 같이 넓은 Tafel 영역은 전하 전달 과정이 매우 느린 반응에서 관찰되며, 이러한 반응은 **비가역적**(irreversible)이다(부록 5A 참조). 이에 반하여 그림 5.8a에서 i_0/i_l = 5 또는 10인 경우와 같이 전하 전달 과정이 매우 빠른(i_0가 매우 큰) 반응은 **가역적**(reversible)이다. 가역 반응의 경우, 식 (5.45)의 $i/i_0 \approx 0$이며, Nernst 식으로 귀결된다. 전하 전달 과정의 속도가 비가역과 가역의 중간에 해당하면, 그 반응은 **준가역적**(quasi-revesible)이다. 그러므로 Tafel 플롯은 비가역적 전하 전달 과정에 적용할 수 있다.

식 (5.21)부터 식 (5.45)까지 서술한 내용은 전자 한 개가 관여하는 산화·환원쌍에 관한 것이었음을 다시 한번 더 강조한다.

5.6 다전자 다단계 전하 전달 반응

전기화학에서 다수의 전자가 관여하는 산화·환원쌍이 보편적이다. 예를 들면 Cu^{2+}의 환원 반응은 아래와 같이 두 개의 전자가 관여한다.

$$Cu^{2+} + 2e \rightleftharpoons Cu$$

두 개의 전자가 동시에 Cu^{2+} 이온에 전달될 수 있을까? 그러한 일은 벌어지지 않는다는 것이 전기화학의 일반적 통념이다. 그렇다면 전자가 한 개씩 순차적으로 Cu^{2+} 이온에 아래와 같이 전달되는 과정을 생각해 볼 수 있다.

$$Cu^{2+} + e \rightleftharpoons Cu^{+}$$
$$Cu^{+} + e \rightleftharpoons Cu$$

한편 전하 전달 과정에 화학 반응이 관여하는 전기화학 반응도 있다. Pt 표면에서 H_2 기체가 발생하는 반응이 대표적인 예이다. 그 반응은 다음과 같은 단계를 거쳐 일어난다.

$$H^{+}(aq) + e \rightleftharpoons H(ad)$$
$$2H(ad) \rightleftharpoons H_2(ad)$$
$$H_2(ad) \rightleftharpoons H_2(g)$$

전해질의 Pt 전극 표면과 접촉한 H^{+} 이온이 환원되어 **흡착된**(adsorbed) H 원자를 형성한다. 흡착된 H 원자가 Pt 표면에서 서로 결합하여 흡착된 H_2 분자를 형성하고, 흡착된 H_2 분자는 기체 H_2 분자로 탈착(desorb)한다.

이러한 예들은 제5장 2절부터 제5장 5절까지 설명한 전자 한 개가 관여하는 산화·환원쌍보다 여러 개의 전자가 관여하는 또는 화학 반응이 관여하는 산화·환원쌍이 보편적임을 보여준다. 그러한 경우에 i-E 곡선은 어떻게 될까?

다단계 반응 문제에 접근하는 방법은 **반응 속도 결정 단계**(rate determining step, RDS)의 도입이다. 여러 단계의 단위 반응 중에서 가장 속도가 느린 반응이 전체 반응 속도를 지배하며, 그 단계가 RDS이다. 따라서 RDS에 BV 식을 적용하고, RDS 전(front)과 후(rear)의 빠른 반응들이 RDS에 미치는 영향을 고려하여 다단계 반응의 반응 속도를 이해한다.

그림 5.9에서 n개의 전자가 관여하는 전기화학 반응($Ox + ne \rightleftharpoons Red$)을 한 개의 전자가 관

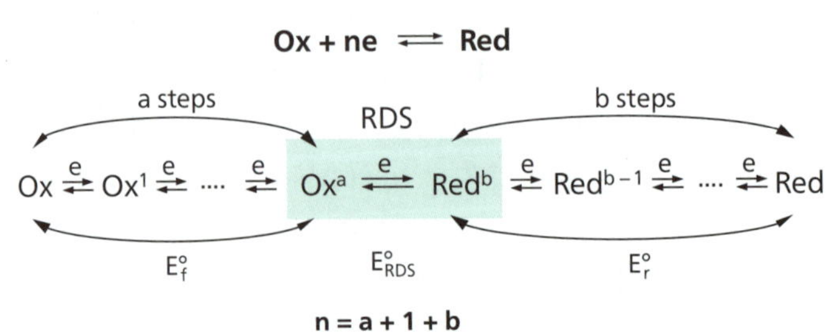

그림 5.9 **다전자 다단계 전하 전달 반응의 연속된 단일 단계.** 전체 반응: $Ox + ne \rightleftharpoons Red$. 전자가 a 개와 b 개가 속도 결정 단계 RDS 전과 후에 각각 관여한다. n = a + 1 + b. RDS 전과 후의 반응은 전자 한 개가 관여하는 단일 단계의 연속이다. 전과 후 반응의 평형 전압은 E°_f와 E°_r이다. RDS의 평형 전압과 비대칭 계수는 각각 E°_{RDS}와 α_{RDS}이다.

여하는 단일 단계 n개가 연속적으로 진행하는 반응으로 간주한다. Ox는 a 개의 전자를 한 개씩 순차적으로 받아 Ox^a가 되고, Ox^a가 전자 한 개를 더 받아 Red^b가 된다. 단일 단계 $Ox^a + e \rightleftharpoons Red^b$가 RDS이다. Red^b는 b 개의 전자를 연속적으로 더 받아 최종적으로 Red가 된다. n 개의 전자가 관여하는 반응이므로 $n = a + 1 + b$이다. RDS의 과전압 $\eta_{RDS}(= E - E^\circ_{RDS})$와 α_{RDS}를 가정하면 RDS에 의하여 흐르는 전류는 식 (5.28)을 활용하여 다음과 같이 표시할 수 있다.

$$\begin{aligned} i &= i_{cat,RDS} - i_{an,RDS} \\ &= nFAk^\circ_{RDS}\{C_{Ox^a}(0,t)\exp[-\alpha_{RDS}F(E - E^\circ_{RDS})/RT] \\ &\quad - C_{Red^b}(0,t)\exp[(1 - \alpha_{RDS})F(E - E^\circ_{RDS})/RT]\} \end{aligned} \tag{5.46}$$

식 (5.46) 오른쪽 항의 앞에 산화·환원쌍에 관여하는 전자의 수 n이 있는 이유는 RDS에서는 한 개의 전자가 관여하지만, RDS가 일어나면 전과 후의 빠른 반응에서는 (n − 1) 개의 전자가 무조건 관여하기 때문이다. 한편 식 (5.46)에서 Ox^a와 Red^b의 농도인 $C_{Ox^a}(0,t)$와 $C_{Red^b}(0,t)$는 RDS 전과 후의 반응 반응과 물질 전달 속도에 의하여 각각 결정된다.

(i) 가역적인 경우

그림 5.9에 도시한 모든 단계가 전기화학의 관점에서 가역적이면, 각각의 단일 단계는 평형에 도달한다. 이 상황에서는 $C_{Ox^a}(0,t)$와 $C_{Red^b}(0,t)$를 계산할 수 있다. RDS 전의 단일 단계 각각에 Nernst 관계를 적용하면 $C_{Ox^a}(0,t)$와 $C_{Ox}(0,t)$의 관계를 다음과 같이 얻을 수 있다.

$$\begin{aligned} C_{Ox^1}(0,t) &= C_{Ox}(0,t)\exp[-F(E - E^\circ_f)/RT], \\ C_{Ox^2}(0,t) &= C_{Ox^1}(0,t)\exp[-F(E - E^\circ_f)/RT] = C_{Ox}(0,t)\exp[-2F(E - E^\circ_f)/RT] \\ &\vdots \\ C_{Ox^a}(0,t) &= C_{Ox^{a-1}}(0,t)\exp[-F(E - E^\circ_f)/RT] = C_{Ox}(0,t)\exp[-aF(E - E^\circ_f)/RT] \end{aligned} \tag{5.47}$$

같은 유도 과정을 RDS 후의 단일 단계들에 적용하면 $C_{Red^b}(0,t)$와 $C_{Red}(0,t)$의 관계를 다음과 같이 얻을 수 있다.

$$C_{Red^b}(0,t) = C_{Red}(0,t)\exp[bF(E - E^\circ_r)/RT] \tag{5.48}$$

한편, 평형을 가정하면 식 (5.46)에서 $i = 0$이므로 $C_{Ox^a}(0,t)$와 $C_{Red^b}(0,t)$의 관계는 다음과 같다.

$$C_{Ox^a}(0,t)/C_{Red^b}(0,t) = \exp[F(E - E^\circ_{RDS})/RT] \tag{5.49}$$

식 (5.47), (5.48), (5.49)를 곱하면 다음의 관계가 얻어진다.

$$C_{Ox}(0,t)/C_{Red}(0,t) = \exp\{F[(a + 1 + b)E - (aE^\circ_f + E^\circ_{RDS} + bE^\circ_r)]/RT\} \tag{5.50}$$

식 (5.50)에서 그림 5.9의 모든 과정의 E°는 다음과 같다.

$$E^\circ = (aE^\circ_f + E^\circ_{RDS} + bE^\circ_r)/n \tag{5.51}$$

식 (5.51)을 식 (5.50)에 대입하여 정리하면 n개의 전자가 관여하는 산화·환원쌍의 Nernst 식을 얻을 수 있다.

$$E = E^\circ - RT/nF\ln[C_{Red}(0,t)/C_{Ox}(0,t)] \tag{5.52}$$

따라서 모든 과정이 가역적이면 식 (5.46)에서 출발하여 Nernst 식을 얻었으므로, 식 (5.46)은 타당하다.

(ii) 준가역적 또는 비가역적인 경우

RDS가 준가역적 또는 비가역적인 경우, 식 (5.46)은 식 (5.47)과 (5.48)의 관계를 이용하여 다음과 같이 표시된다.

$$\begin{aligned} i = nFAk^\circ_{RDS}C_{Ox}(0,t)&\exp[-aF(E - E^\circ_f)/RT]\exp[-\alpha_{RDS}F(E - E^\circ_{RDS})/RT] \\ &- C_{Red}(0,t)\exp[-bF(E - E^\circ_f)/RT]\exp[(1 - \alpha_{RDS})F(E - E^\circ_{RDS})/RT] \end{aligned} \tag{5.53}$$

식 (5.53)에서 $\exp[-aF(E - E^\circ_f)/RT]$와 $\exp[-bF(E - E^\circ_f)/RT]$ 항을 실험에서 얻는 것은 매우 어려운 일이다. 구체적인 경우를 고려하여 식 (5.53)을 간단히 만들어 실험 결과를 해석하는 것이 일반적인 접근 방법이다. 그러한 방법에 대하여 더 이상 언급은 하지 않는다. 그러나 과전압이 작은 경우의 접근 방법을 다음과 같이 기술한다. RDS가 가역 반응이 아니므로 식 (5.53)을 편리한 교환 전류로 표현되는 식으로 변형하는 것이 바람직하다. 그 과정은 매우 복잡하므로 유도 과정 없이 그 결과를 표현하면 다음과 같다.

$$\begin{aligned} i/i_0 = [C_{Ox}(0,t)/C_{Ox}(\infty,t)]&\exp[-(a + \alpha)F\eta/RT] \\ &- [C_{Red}(0,t)/C_{Red}(\infty,t)]\exp[(b + 1 - \alpha)F\eta/RT] \end{aligned} \tag{5.54}$$

전류가 작거나 물질 전달이 충분히 이루어진다면 $C(0,t) \approx C(\infty,t)$이므로 식 (5.54)는 다음과 같이 간략해진다.

$$i = i_0\{\exp[-(a + \alpha)F\eta/RT] - \exp[(b + 1 - \alpha)F\eta/RT]\} \tag{5.55}$$

$\eta(= E - E_{eq})$가 작다면 Taylor 전개를 이용하면 선형의 i-η 관계를 다음과 같이 얻을 수 있다.

$$i = -i_0nF\eta/RT \tag{5.56}$$

따라서 식 (5.56)을 Ohm 법칙과 비교하면, 과전압이 작을 때 여러 개의 전자가 관여하는 전기화학 반응의 전하 전달 과정도 저항 R_{ct}로 다음과 같이 표현할 수 있어 교환 전류를 측정할 수 있다.

$$R_{ct} = RT/nFi_0 \tag{5.57}$$

식 (5.57)은 후에 서술할 임피던스 분광법에서 전자가 관여하는 전기화학 반응의 전하 전달 속도를 측정하는 이론적 근거가 된다.

5.7 다양한 전기화학 반응계의 전하 전달 속도

그림 5.10은 다양한 전기화학 반응계의 교환 전류 밀도, 표준 교환 전류 밀도와 전달(비대칭) 계수를 비교한다. 주어진 반응 조건의 전류 밀도 j_0는 직선 화살표로, 표준 전류 밀도 j°_0는 쇄선 화살표

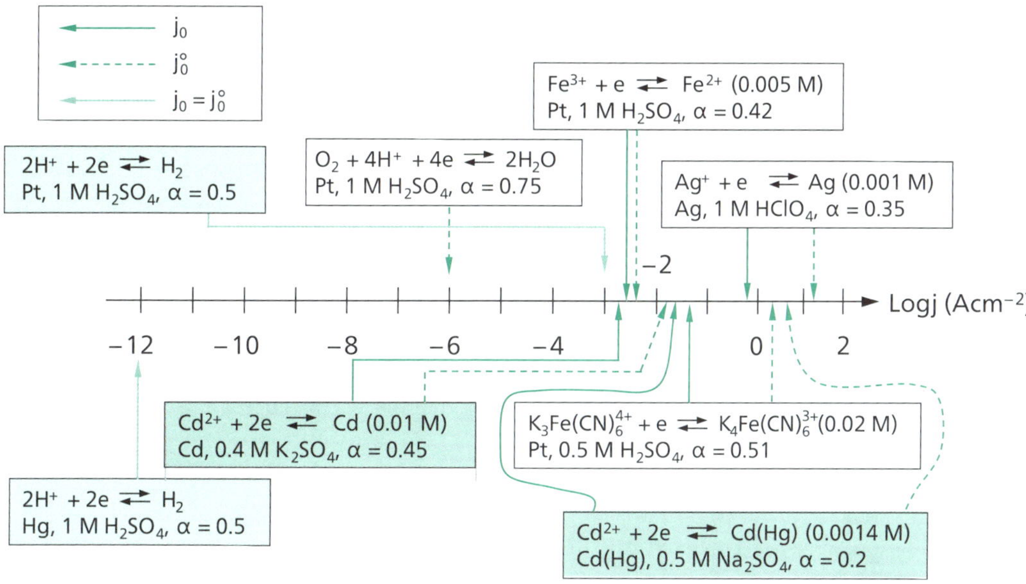

그림 5.10 **다양한 전기화학 반응계의 교환 전류 밀도(j_0), 표준 교환 전류 밀도(j_0°)와 비대칭 계수(α)의 비교.**
출처(C.H. Hamann, A. Hamnett, W. Vielstich, Electrochemistry, Wiley-VCH, 2007.)의 표를 그림으로 표현.

로 표시하였다. 제시한 반응 중에서 가장 빠른 반응은 Ag^+/Ag 산화·환원쌍으로 표준 전류 밀도는 10 Acm^{-2}보다 크다(그러므로 Ag/AgCl 기준 전극은 이상적 비분극 전극과 유사함). 또한 매우 빠른 반응으로 분류되는 $Fe(CN)_6^{3+}/Fe(CN)_6^{4+}$ 산화·환원쌍의 비대칭 계수 α는 0.51이며, 전기화학 연구에서 가역 반응의 전형적 실험 모델로 널리 활용된다. Fe^{3+}/Fe^{2+} 산화·환원쌍도 빠른 반응에 속한다. 산업적으로 중요한 H_2와 O_2 발생 반응을 속도의 관점에서 살펴보자. Pt 전극에서 H_2 발생 반응의 j_0°는 10^{-3} Acm^{-2}으로 매우 빠르므로 Pt는 수소 연료 전지의 산화 전극으로 사용된다. 한편 Pt 전극에서 O_2의 환원 반응(전류 밀도: 10^{-6} Acm^{-2})은 H_2 발생 반응에 비하여 느리다. 면적이 같은 Pt를 환원 전극(양극)과 산화 전극(음극)으로 사용하는 수소 연료 전지의 성능은 O_2의 느린 환원 반응이 결정하게 된다. 따라서 산화 전극에서 필요한 전류를 환원 전극이 공급하기 위해서는 환원 전극으로 사용되는 Pt의 양을 늘려야 하며, 연료 전지의 가격은 높아진다. 다른 예를 살펴보자. Hg 전극에서 H_2 발생 반응의 j_0°는 10^{-12} Acm^{-2}으로 비가역적이다. Hg 전극에서 수소가 발생하기 위해서는 음의 방향으로 매우 높은 과전압을 인가해야 하므로 Hg 전극의 전위 창문(그림 4.9)은 낮은 전위까지 확장된다. 이러한 이유에서 낮은 전위에서 일어나는 금속 이온의 환원 연구에 Hg 전극은 매우 유용하여, Hg 전극을 사용하는 폴라로그래피(polarography)가 ICP-AES가 발전하기 이전에 금속 이온의 정량 분석에 널리 활용되었다. Hg 전극의 다른 측면을 Cd^{2+} 환원 반응에서 알 수 있다. Cd(Hg) 전극은 금속 Cd이 Hg에 녹아 있는 아말감(amalgam)을 의미한다. Cd^{2+} 이온이 Cd(Hg) 전극에 석출되는 속도가 금속 Cd 전극에 석출되는 속도보다 빠르다. 표 1.3에서 $Cd^{2+} + 2e \rightleftharpoons Cd(Hg)$의 E°(−0.3515 V)는 $Cd^{2+} + 2e \rightleftharpoons Cd$의 E°(−0.4025 V)보다 높다. 이는 Cd 아말감이 금속 Cd보다 약 0.5 V 정도 열역학적으로 안정하다는 뜻이며, 전극에 따라 반응 경로가 변하여 반응 속도 또한 달라짐을 의미한다.

그림 5.11은 H_2와 O_2의 발생 반응 속도를 과전압으로 표시한 그림이다. 일정한 전류 밀도를 유지하기 위해 과전압은 변화한다. 빠른 반응은 작은 과전압이 필요하고, 느린 반응은 큰 과전압이

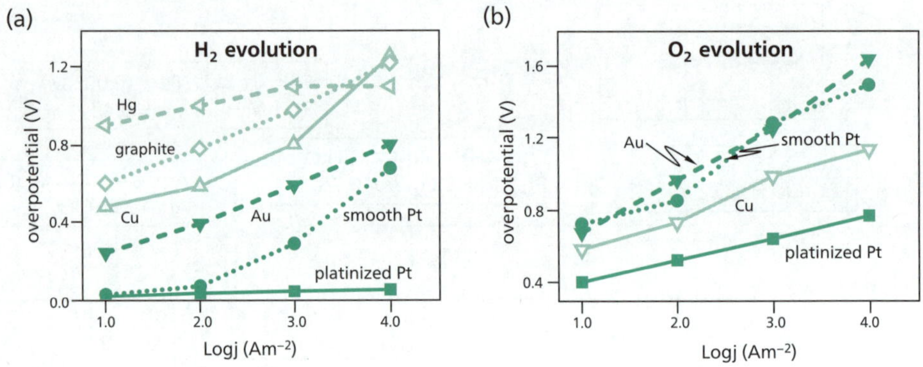

그림 5.11 **H_2와 O_2의 발생 전류 밀도와 과전압.** (a) H_2의 발생. (b) O_2의 발생. 출처(International Critical Tables, 1929, 6, 339.)의 표를 그림으로 표현.

필요하다. 따라서 일정한 전류 밀도 조건에서 큰 과전압은 낮은 반응 속도를 의미한다.

그림 5.11a는 여러 원소의 전극에서 진행하는 H_2 발생 반응의 과전압을 비교한다. platinized Pt는 금속 Pt에 Pt를 전기화학적으로 석출시킨 전극으로 그 표면은 원자 수준에서 매우 거칠다. 반면 smooth Pt는 금속 Pt를 잘 연마하여, 거울과 같이 만든 전극으로 platinized Pt에 비하여 매우 평탄하다. 두 Pt 전극의 과전압을 비교하면, platinized Pt의 과전압은 매우 낮지만, smooth Pt의 과전압은 전류 밀도가 증가하면 급격히 증가한다. 그 이유는 거칠기(roughness = 유효 면적/기하학적 면적)가 높은 platinized Pt 전극의 거친 표면에서 배위수가 적은 Pt 원자의 높은 반응성 때문이다. 따라서 같은 원소의 전극이 물리적 표면 형상에 따라 반응 속도가 달라지는 좋은 예이다. 한편, 전극의 구성 원소가 다르면 과전압도 변화한다. Pt의 과전압이 가장 낮으며, Hg의 과전압이 가장 높다.

그림 5.11b는 여러 원소의 전극에서 진행하는 O_2 발생 반응의 과전압을 비교한다. 전반적으로 H_2 발생 과전압보다 O_2 발생 과전압이 높으며, 이는 O_2 발생 반응의 복잡성에 기인한다. platinized Pt와 smooth Pt의 격차는 주목할 만하다. Au와 Cu에서 O_2 발생 반응의 과전압은 H_2와 발생 과전압과 비교하면 역전된다.

그림 5.10과 5.11이 보여주는 중요 핵심 요점은 전기화학의 반응 속도는 $\Delta G^{\circ *}$를 대변하는 k°, j_0 또는 j_0°와 인가하는 과전압 η에 의하여 결정된다는 것이다[식 (5.23), (5.24)]. 순수하게 화학적으로 결정되는 $\Delta G^{\circ *}$는 관심의 대상인 산화·환원쌍과 전극 조합이 결정한다. 더 나아가 전극이 $\Delta G^{\circ *}$에 기여하는 요소는 전극을 구성하는 원소와 그 원소의 원자들의 물리적 배열이라고 할 수 있다. 예를 들면 태양 전지에서 수소를 발생하는 전극으로 Hg보다는 Pt를 선택하고, Pt에 Pt를 석출하여 만든 platinized Pt이 가장 효율적일 것이다. 그 이유는 platinized Pt의 H_2 발생 과전압이 가장 낮기 때문이다. 그러므로 전극을 만드는 행위는 $\Delta G^{\circ *}$의 조절하는 행위이며, 그 결과가 과전압으로 나타난다.

부록

A. 전기화학에서 표현하는 반응의 가역성

화학적 가역성

반응물이 생성물을 만들고, 생성물이 다시 반응물로 되돌아가는 화학적 변화를 '**가역적**(reversible)이다'라고 한다. 대표적인 예가 아래와 같이 표현되는 아세트산의 해리(acid dissociation) 반응이다.

$$CH_3COOH + H_2O \rightleftharpoons CH_3COO^- + H_3O^+,\ K_a = 1.75\times10^{-5} \quad \text{(A5.1)}$$

pH를 조절하면 식 (A5.1)에서 아세트산 해리 반응 평형의 위치를 자유롭게 조절할 수 있다. 이는 산 해리 반응이 동적 평형에 있으며, 평형 상수는 평형을 정량적으로 표현한다. 한편 생성물이 반응물로 되돌아가지 않는 반응을 '**비가역적(irreversible)이다.**'라고 한다. 예를 들면, 아래와 같이 열린계(open system)에서 고체 $CaCO_3$를 열분해하면 생성물 기체 CO_2는 고체로부터 분리되므로 역반응은 일어나지 않는다.

$$CaCO_3(s) \xrightarrow{\Delta} CaO(s) + CO_2(g,\uparrow)\ \text{열린계} \quad \text{(A5.2)}$$

따라서 열린계에서 일어나는 $CaCO_3$ 열분해 반응은 비가역적이다. 그러나 닫힌계(closed system)에서 $CaCO_3$ 열분해 반응은 가역적이다.

열역학적 가역성

열역학에서 극미량(infinitesimal)의 변수를 조절하여 반응의 평형을 유지하면서 일어나는 변화를 가역적이라고 한다. 주어진 조건에서 평형의 상태는 다수가 존재할 수 없으므로 반응이 발생하는 길(path)은 하나만 존재한다. 그러나 평형에 도달하는 속도가 느리다면 열역학적 가역 변화는 많은 시간, 경우에 따라 무한대의 시간이 소요될 수 있다. 따라서 열역학적 가역성은 화학적 가역성에 평형 유지라는 조건이 부가된 가역성이다. 그러므로 반응계 내부 혹은 반응계와 주위(surrounding) 사이에 평형이 유지되지 않으면서 일어나는 반응은 열역학적으로 비가역이다. 일반적으로 빠른 반응은 반응 변수에 빠르게 적응하므로 평형이 유지되는 가역적 반응이지만, 느린 반응은 적응 속도가 느려 반응이 한 방향으로만 일어나므로 평형을 유지할 수 없어 비가역적 반응이다.

실험적 가역성

열역학적 가역성은 연구자의 관찰 시간에 의존한다. 표 A5.1를 예로 관찰 시간에 다른 가역성을 이해해 보자. 평형 도달 여부를 판단하는 규칙은 다음과 같다.

1. 연구자는 폭이 1 m인 창문을 통과하는 입자를 관찰한다.
2. 한 개의 입자가 ⟶ 방향으로 창문을 통과하면 다른 입자가 ⟵ 방향에서 창문으로 진입한다.
3. 양방향으로 같은 수의 입자가 창문을 통과하면(통과한 입자의 수가 2 이상이면) '그 입자의 이동은 평형에 도달한다.'라고 판정한다.

표 A5.1 관찰 시간에 따라 변화하는 폭 1 m 창문을 통과하는 입자의 수

입자	속도(ms^{-1})	관찰 시간(sec)		
		0.01	0.1	1
A	1000	10	100	1000
B	10	0.1	1	10
C	0.001	1×10^{-5}	1×10^{-4}	1×10^{-3}

입자 A의 속도는 매우 빠르므로 표에 주어진 관찰 시간과 상관없이 창문을 통과한 입자 A의 수는 10 이상이므로 입자 A의 이동은 항상 평형에 도달한다. 입자 B는 관찰 시간이 1초일 때 평형에 도달하지만, 그 이하의 관찰 시간에서는 평형에 도달하지는 못한다. 입자 C는 속도가 가장 느려 주어진 관찰 시간 동안에 창문을 통과하지 못하여 결코 평형에 도달할 수 없다. 따라서 입자 A는 항상 평형을 유지하므로 입자 A의 이동은 열역학적 가역 변화이다. 입자 C는 평형을 유지하지 못하므로, 입자 C의 이동은 열역학적 비가역 변화이다. 그러나 입자 B는 관찰 시간에 따라 평형을 유지할 수도 있다. 입자 B의 이동은 '**준가역적**(quasi-reversible)이다.'라고 한다. 다시 말해 입자 B의 이동은 관찰 시간에 따라 가역 반응 또는 비가역 반응으로 판정할 수 있다.

앞으로 설명할 많은 전기화학 실험 기술은 관찰 시간(time window)을 조절할 수 있다. 예를 들면 순환 전류-전압법(cyclic voltammetry)의 빠른 주사 속도는 짧은 관찰 시간을 의미한다. 따라서 관찰 시간에 따라 연구 대상 반응의 가역성이 변화할 수 있다. 이러한 이유에서 전기화학 문헌에서 '가역적'이라는 단어는 빠른 반응을, '비가역적'이라는 단어는 느린 반응을 의미한다.

주요 용어

전류와 화학 반응 속도	교환 전류	가역 반응
전기화학 반응 속도 상수와 과전압	i-η 곡선	비가역 반응
Butler-Volmer 식	전달(비대칭) 계수	준가역 반응
	Tafel 플롯	

연습 문제

5.1 전극 A와 B 표면에서 X^+의 환원 반응($X^+ + e \rightleftharpoons X$)의 표준 교환 전류 밀도 j_0°는 각각 10^{-2}과 10^{-12} Acm^{-2}이다(그림 5.10). 두 반응의 전달 계수 α는 모두 0.5이다. 같은 면적의 작업 전극 A 또는 B와 이상적 비분극 상대 전극 C, 그리고 같은 전해질로 전지를 구성한다. 전극 A와 B에서 같은 양의 X가 생성된다면(25°C), 두 전극 전위의 차이를 계산하고 그 의미를 설명하라. 산화 반응에 의한 전류는 무시한다. (단, 25°C에서 $F/RT = 38.92\ V^{-1}$.)

5.2 전극 A를 사용하여 $X^+ + Y \rightarrow X + Y^+$ 반응을 진행하고자 한다. 각 반쪽 반응의 전기화학 특성은 아래와 같다.

$$X^+ + e \rightleftharpoons X,\ E^\circ = -0.1\ V(vs\ NHE),\ k^\circ = 10^{-4}\ cms^{-1},\ \alpha = 0.4$$

$$Y^+ + e \rightleftharpoons Y,\ E^\circ = +0.7\ V(vs\ NHE),\ k^\circ = 10^{-7}\ cms^{-1},\ \alpha = 0.6$$

$[X^+] = [Y] = 1.0$ M 전해질과 1 cm^2의 전극 A 두 개로 전해 전지를 구성한다. 다음의 질문에 답하라.

(a) 전해 전지와 전력공급장치의 연결을 그림으로 표현하라.

(b) 전력공급장치가 0.1 A의 전류로 전해 반응을 유도할 때, 각 전극의 과전압과 전지 전압을 25°C에서 계산하라. (단, 물질 전달 속도는 무한히 크다고 가정함. 25°C에서 $F/RT = 38.92$ V^{-1}. *힌트*: 각 물리량의 단위를 주의하라.)

(c) 계산 결과의 의미를 설명하라.

5.3 문제 5.2에 제시된 X^+/X와 Y^+/Y 산화·환원쌍의 전기화학 특성을 활용하여 표준 상태에서 분극 곡선을 반정량적으로 그리고 설명하라. 문제 5.2의 답인 각 전극의 과전압과 전지 전압을 분극 곡선에 도시하라.

5.4 다음의 그림은 전극 A, B, C에서 일어나는 전기화학 반응의 분극 곡선이다. 다음의 질문에 답하라. (단 물질 전달 과정은 매우 빠르다.)

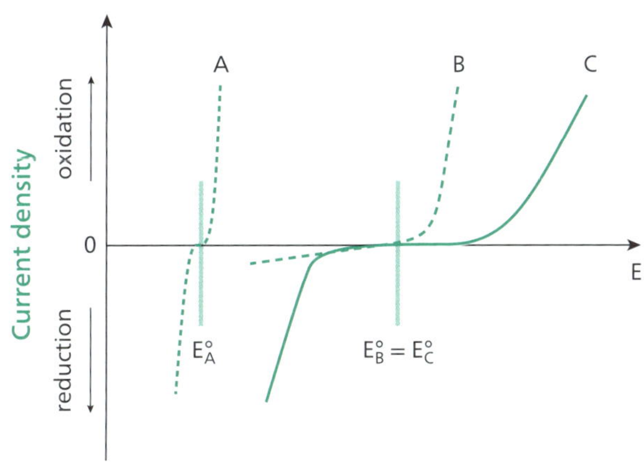

(a) 전달 계수 α의 상대적인 크기를 결정하라.

(b) 상대적인 표준 전류 밀도 j_0^o의 상대적인 크기를 결정하라.

(c) 전극 A와 전극 B 또는 C로 갈바니 전지와 전해 전지를 구성하고자 한다. 전극의 합리적인 조합과 역할을 결정하고, 이유를 설명하라.

제 6 장 확산과 추출 전류-전압 곡선

차례

6.1 i-E 곡선의 일반적 표현
6.2 추출 전류-전압 곡선을 얻는 방법
6.3 평면 전극에서의 추출 전류-전압 곡선
6.4 구형 전극에서의 확산
6.5 미세 전극에서의 확산
6.6 회전 디스크 전극
6.7 i-E 곡선과 시간 t

전기화학 반응의 과전압은 전위의 함수인 전류, 즉 i = f(E)를 관찰하여 측정한다. 그 함수 관계를 측정하는 기술이 **전류-전압법**(voltammetry)이며, 그 방법으로 관찰하는 전위와 전류의 구체적인 관계는 **전류-전압 곡선**(voltammogram) **i-E 곡선**으로 표현된다. 관찰한 i-E 곡선을 해석하여 과전압을 평가하고, 그 원인과 해결 방안을 찾는 것이 전기화학 연구이다.

i-E 곡선은 전하 선달 과정과 물질 진달 과정이 복합적으로 작용한 결과이다. 전하 전달 과정은 제5장에서 이미 설명하였다. 이 장에서는 확산을 통한 물질 전달 과정이 전류에 미치는 영향을 설명한다. 먼저 전하 전달 속도가 물질 전달 속도보다 매우 큰 상황(확산 제어 영역의 전위)에서 관찰되는 확산 한계 전류를 설명한다. 확산 한계 전류를 기준으로 두 속도가 대등해지는 상황(혼합 영역의 전위)에서 관찰되는 전류를 기술한다. 전극의 모양과 크기에 따른 확산 현상의 차이를 정지된 전해질에서 살펴보고, 이동하는 전해질에서 일어나는 대류가 확산에 미치는 영향을 살펴본다.

6.1 i-E 곡선의 일반적 표현

Ox + ne ⇌ Red 산화·환원쌍의 산화 반응을 유도하는 전위를 인가하여 전류가 흐르는 상황을 생각해 보자. Red가 산화하는 전위를 인가하면 그림 6.1a와 같이 인가한 전위에 따라 Red 표면 농도 $C_{Red}(0,t)$가 벌크 농도 $C_{Red}(\infty,t)$보다 낮아지고 농도 기울기가 발생하여 Red는 전극 표면으로 확산한다. 확산층 농도 기울기가 선형이라고 가정하면, 물질 전달 속도 v_{mt}는 Red의 확산 계수 D_{Red}, 농도 차이와 확산층 두께 δ로 다음과 같이 표현된다.

$$v_{mt} = D_{Red}[C_{Red}(\infty,t) - C_{Red}(0,t)]/\delta \quad (6.1)$$

농도는 실험에 따라 변화하므로, v_{mt}를 농도와 무관한 물질 전달 계수(mass transfer coefficient) $m_{Red}(= D_{Red}/\delta)$로 표현하면 식 (6.1)은 아래와 같다.

$$v_{mt} = m_{Red}[C_{Red}(\infty,t) - C_{Red}(0,t)] \quad (6.2)$$

물질 전달 계수는 δ에 의존하는데, δ는 앞으로 소개할 다양한 확산 모형이 결정한다. 따라서 v_{mt}는

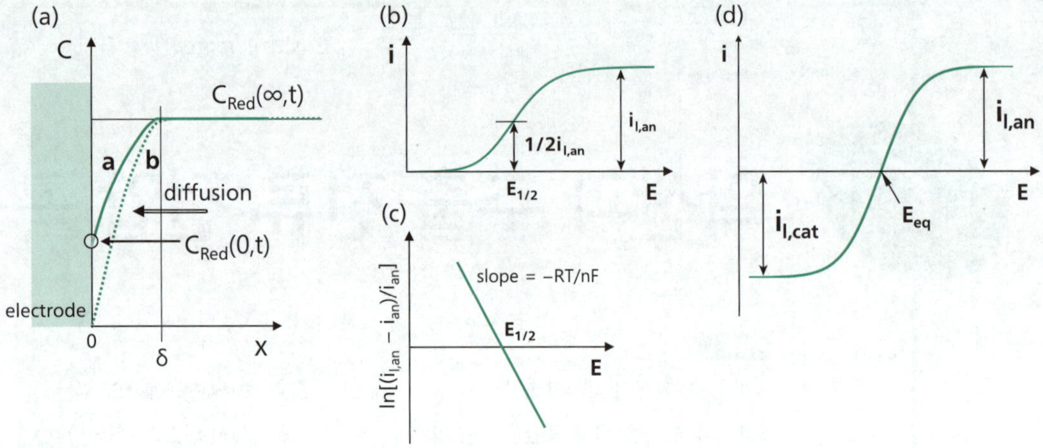

그림 6.1 **확산과 i-E 곡선.** (a) 전극 전위에 따른 $C_{Red}(0,t)$와 농도 기울기. (b) Red만 존재할 때의 i-E 곡선. (c) i-E 곡선의 기울기. (d) Red와 Ox 모두 존재할 때의 i-E 곡선. 가정: 가역 반응 Ox + ne $\rightleftharpoons$ Red.

확산 모형에 따라 달라진다. 확산 모형과 상관없이 물질 전달에 의한 Red의 산화 전류는 다음과 같다.

$$i_{an} = nFAm_{Red}[C_{Red}(\infty,t) - C_{Red}(0,t)] \tag{6.3}$$

전극에 인가한 전위가 Red 산화 반응의 확산 제어 영역에 있다면, $C_{Red}(0,t) = 0$이므로 산화 확산 한계 전류 $i_{l,an}$은 다음과 같다.

$$i_{l,an} = nFAm_{Red}C_{Red}(\infty,t) \tag{6.4}$$

확산 한계 전류가 벌크 농도에 비례함을 기억하라. 식 (6.4)를 식 (6.3)에 대입하여 정리하면, 임의의 전위에서 $C_{Red}(0,t)$를 i_{an}과 $i_{l,an}$으로 다음과 같이 표현할 수 있다.

$$C_{Red}(0,t)/C_{Red}(\infty,t) = 1 - i_{an}/i_{l,an}$$
$$C_{Red}(0,t) = (i_{l,an} - i_{an})/nFAm_{Red} \tag{6.5}$$

같은 논리를 Ox의 환원 반응에도 적용하면, $C_{Ox}(0,t)$를 i_{cat}과 $i_{l,cat}$로 다음과 같이 표현할 수 있다.

$$C_{Ox}(0,t)/C_{Ox}(\infty,t) = 1 - i_{cat}/i_{l,cat}$$
$$C_{Ox}(0,t) = (i_{cat} - i_{l,cat})/nFAm_{Ox} \tag{6.6}$$

$C_{Ox}(\infty,t) = 0$인 경우(전해질에 Red만 있는 경우) $i_{l,cat} = 0$이므로, 식 (6.6)의 $C_{Ox}(0,t)$는 다음과 같다.

$$C_{Ox}(0,t) = i_{an}/nFAm_{Ox} \tag{6.7}$$

식 (6.7)에서 식 (6.6)의 i_{cat}이 i_{an}으로 바뀌었는데, 그 이유는 $C_{Ox}(\infty,t) = 0$이므로, Ox를 생성하는 Red의 산화 전류 i_{an}이 $C_{Ox}(0,t)$를 결정하기 때문이다.

Ox + ne $\rightleftharpoons$ Red 반응이 매우 빠르다면(가역적이라면), $C_{Red}(0,t)$와 $C_{Ox}(0,t)$의 표현을

Nernst 식에 대입하여 다음과 같은 식이 얻어진다.

$$
\begin{aligned}
E &= E^\circ - (RT/nF)\ln[C_{Red}(0,t)/C_{Ox}(0,t)] \\
&= E^\circ + (RT/nF)\ln(m_{Red}/m_{Ox}) - (RT/nF)\ln[(i_{l,an} - i_{an})/i_{an}]
\end{aligned}
\tag{6.8}
$$

식 (6.8)에서 반드시 기억할 것이 있다. *가역 반응은 전하 전달 과정이 매우 빠르므로 항상 평형에 있으며, Nernst 식이 인가된 전위 E에 따라 Ox와 Red의 표면 농도를 결정한다.*

그림 6.1b는 Red만 있는 전해질의 i-E 곡선을 예시한다. S자 형태(sigmoid)의 i-E 곡선은 전류가 증가하는 파형(wave) 부분과 확산 제어 영역의 평탄한 부분(plateau)으로 구분할 수 있으며, 전체를 전류-전압파(voltammetric wave)라고 한다. 전류 i_{an}이 $1/2i_{l,an}$이 되는 전위인 **반파 전위**(half-wave potential) $\mathbf{E_{1/2}}$은 곡선의 위치를 표시하는 지표이며, 다음과 같다.

$$
E_{1/2} = E^\circ + (RT/nF)\ln(m_{Red}/m_{Ox}) \tag{6.9}
$$

$m_{Red} = m_{Ox}$이면 $E_{1/2} \approx E^\circ$이 된다. 그러나 $m_{Red} \neq m_{Ox}$이면 $E_{1/2} \neq E^\circ$이다. 식 (6.8)을 그림 6.1c와 같이 그래프로 그리면, 기울기가 $-RT/nF$인 직선이 얻어진다.

Red와 Ox가 모두 있는 가역 반응의 경우, 식 (6.5)를 Nernst 식에 대입하면 다음과 같은 식을 얻을 수 있다.

$$
\begin{aligned}
E &= E^\circ - (RT/nF)\ln[C_{Red}(0,t)/C_{Ox}(0,t)] \\
&= E^\circ + (RT/nF)\ln(m_{Red}/m_{Ox}) - (RT/nF)\ln[(i_{l,an} - i_{an})/(i_{cat} - i_{l,cat})]
\end{aligned}
\tag{6.10}
$$

식 (6.10)의 i-E 곡선이 그림 6.1d이며, $i = 0$인 전위가 E_{eq}이다.

지금까지의 논의에 의하면 i-E 곡선의 위치(반파 전위 $E_{1/2}$)와 크기(확산 한계 전류 i_l)는 모두 물질 전달 계수 m과 연관이 있다. 물질 전달 계수 m은 전극의 크기, 모양과 전해질의 대류 등의 확산 모형이 지배하므로, 전기화학에서 확산의 이해는 물질 전달 계수 m을 결정하는 확산 모형이 만드는 i-E 곡선의 변화를 이해하는 것이다.

6.2 추출 전류-전압 곡선을 얻는 방법

i-E 곡선의 모양은 전극 전위 프로그램(예: 그림 4.17)에 크게 의존한다. 그 이유는 전위 프로그램의 형태가 확산의 형태를 지배하기 때문이다. 전기화학 연구에서 사용되는 다양한 전위 프로그램 중에서 전위 계단 실험의 추출 i-E 곡선부터 논의하자.

그림 6.2가 **추출 i-E 곡선**(sampled i-E curve)을 얻는 실험적 방법을 예시한다. Red만 존재하는 정지된 전해질을 실험 상황으로 설정한다. 그림 6.2a의 i-E 곡선에 표시된 전위에서 그림 6.2b와 같은 전위 계단(potential step)을 전극에 인가한다. 전류가 흐르지 않는 E_0에서 임의의 전압 E_i로 $t = 0$에서 계단 모양의 전위 프로그램을 인가하여 Red 산화 반응을 유도하고 시간에 따른 전류를 측정하면 그림 6.2c와 같다. 이러한 실험 기술을 **시간-전류법**(chronoamperometry)이라고 한다. E_0에서 E_1으로 전위 계단을 인가하면, 과전압이 충분하지 않으므로 전류가 흐르지 않는다. E_0에서 E_2로 이동하면 산화 반응이 진행되므로 Red 표면 농도 $C_{Red}(0,t)$는 $C_{Red}(\infty,t)$에서 감소하여 Red의 확산이 시작된다(그림 6.1a 곡선 a). 물질 전달 속도가 충분하지 않다면, 시간에 따라 확산층은 넓어져 농도 기울기는 감소하여 전류도 계속 감소한다. E_0에서 E_3로 이동하면 i-t 곡선의 모

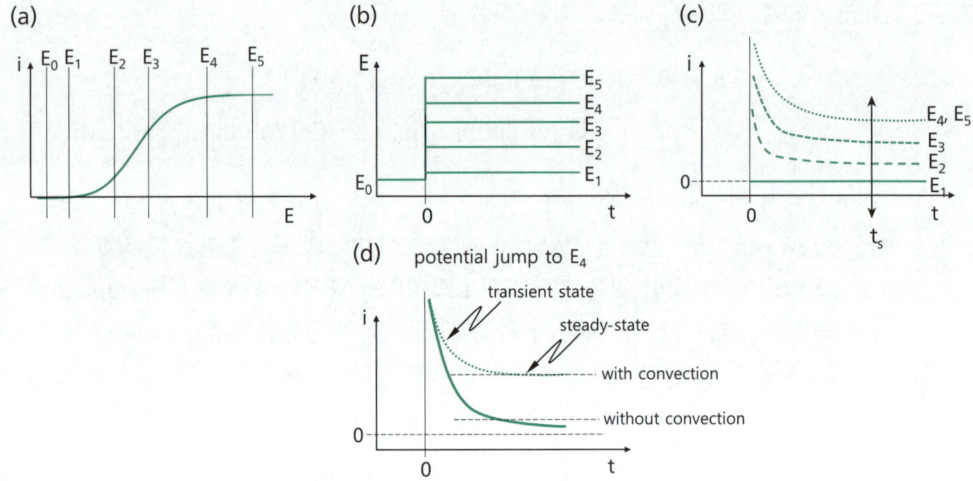

그림 6.2 **전위 계단 실험과 추출 전류-전압 곡선.** (a) 인가할 전위와 i-E 곡선. (b) 전위 계단. (c) 전위 계단 실시 후 전위에 따른 i-t 곡선. (d) 전해질을 교반할 때와 하지 않을 때 얻어지는 i-t 곡선의 비교.

양은 비슷하지만, $E_3 > E_2$이므로 더 많은 전류가 흐른다. E_0에서 전하 전달이 물질 전달보다 매우 빠른 전위인 E_4로 이동하면 $C_{Red}(0,t) = 0$(그림 6.1a 곡선 b)이 되어 확산 한계 전류가 흐르게 되고, 확산층이 시간에 따라 확장하므로 확산 한계 전류도 감소한다. E_0에서 E_5로 이동하여도 E_4의 상황이 그대로 유지되므로 더 이상의 전류 증가는 없다. 그림 6.2c와 같이 여러 전위의 전위 계단을 인가한 후 i-t 곡선을 관찰한다. 시간 t_s(sampling time)에서 i-t 곡선의 전류 $i(t_s)$를 추출하고(읽고) E의 함수로 표현하면 그림 6.2a와 같은 $i(t_s)$-E 곡선이 실험적으로 얻어진다. 전위 계단 실험에 의한 전류-전압 곡선을 **추출 전류-전압 곡선**(sampled current-voltage curve)이라 한다.

전해질의 대류가 있을 때와 없을 때의 차이는 무엇일까? 그림 6.2d는 E_0에서 E_4로 전위 계단을 인가하였을 때 전해질의 대류 유무에 따른 시간-전류 곡선을 비교한다. E_0에서 확산 제어 영역의 전압 E_4로 전위 계단($E_0 \longrightarrow E_4$)을 인가한 경우를 생각해 보자. 전하 전달 속도가 매우 크므로 $C_{Red}(0,t)$는 $C_{Red}(\infty,t)$에서 0으로 즉시 감소한다. 전극 표면으로 Red를 공급하는 물질 전달 속도보다 Red를 소비하는 전하 전달 속도가 더 크므로, 확산층 두께 δ는 계속 증가하고 농도 기울기는 계속 감소한다. 따라서 대류가 없는 전해질에서 전류는 확산 속도에 비례하여 계속 감소한다. 시간에 따라 전류가 변화하는 상태를 **과도기 상태**(transient state)라고 한다(그림 6.2d 실선). 한편 대류가 있으면 전극 표면 근처까지 물질 전달이 대류에 의하여 빠르게 진행되어 확산층 두께 $\delta_{convection}$은 일정하게 유지된다. 과도기 상태에서 생기는 확산층 두께 $\delta_{transient}$가 대류에 의하여 생기는 확산층 두께 $\delta_{convection}$보다 크면, 확산 속도는 $\delta_{convection}$의 지배를 받는다. $\delta_{convection}$은 일정하므로 전류도 일정하게 된다. 그 상태는 시간에 따라 전류의 변화가 없는 **정상 상태**(steady state)이다. 그러므로 전류는 대류가 없으면 정상 상태에 도달하지 못하지만, 대류가 있으면 정상 상태에 도달한다. 정상 상태에서 추출된 전류로 작성한 i-E 곡선을 **정상 상태 i-E 곡선**이라 한다. 그러나 과도기 상태에서 전류를 추출하더라도 추출 시간 t_s가 일정하면 확산 제어 조건에서 t_s 동안 형성된 확산층 두께는 일정하므로, 이를 **유사 정상 상태**(pseudo steady-state)라고 한다. 정상 상태 i-E 곡선과 유사 정상 상태의 i-E 곡선은 모양이 비슷하지만, 상세한 점에서 다르다. 그 이유는 대류 유무에 따라 물질 전달 계수 m이 다르기 때문이다. 확산 모형에 의존하는 물질 전달 계수의 이해가 뒤따르는 논의의 주제이다.

6.3 평면 전극에서의 추출 전류-전압 곡선

추출 전류-전압 곡선을 체계적으로 접근하기 위해서 정지한 전해질과 평면 전극(planar electrode)을 사용하여 전위 계단 실험을 진행하였을 때 얻어지는 $i(t_s)$-E 곡선을 다음과 같은 순서로 기술한다.

(i) 확산 속도가 전하 전달 속도보다 작아 전하 전달 과정을 전혀 고려할 필요가 없는 **확산 제어 영역의 확산 전류**

(ii) 모든 전위에서 전하 전달 속도가 확산 속도보다 빠른 **가역 반응**

(iii) 전하 전달 속도가 확산 속도와 대등한 **준가역/비가역 반응**

▶ 확산 제어 영역의 확산 한계 전류

Red만 존재하는 정지된 전해질을 실험 상황으로 설정한다. 그림 6.2a의 E_4 혹은 E_5로 전위 계단을 인가하여 Red ⟶ Ox + ne 반응이 평면 전극에서 일어날 때 확산 한계 전류 i_l을 계산하기 위해서 선형 Fick의 제2법칙을 적용한다.

$$\partial C_{Red}(x,t)/\partial t = D_{Red}(\partial^2 C_{Red}(x,t)/\partial x^2) \qquad \textbf{(6.11)}$$

식 (6.11)의 편미분 방정식의 해를 다음의 초기 조건과 경계 조건에서 구한다.

(i) 제1초기 조건: $C_{Red}(x,0) = C_{Red}(\infty,0)$
t = 0에서 Red 농도는 전극 표면과 벌크 전해질에서 같다.

(ii) 제2반무한 경계 조건(semi-infinite condition): $\lim_{(x\to\infty)} C_{Red}(x,t) = C_{Red}(\infty,0)$
전극 면적이 전해질 부피에 비하여 매우 작으면, 반응이 진행되어도 Red 벌크 농도는 변함이 없다.

(iii) 제3조건: t > 0에서 $C_{Red}(0,t) = 0$
실험에서 인가한 전위가 확산 제어 영역에 있다.

이러한 조건에서 식 (6.11)의 해는 다음과 같은 **Cottrell 식**(Cottrell equation)이다.

$$i_l(t) = nFAD_{Red}{}^{1/2}C_{Red}(\infty,t)/\pi^{1/2}t^{1/2} \qquad \textbf{(6.12)}$$

확산 한계 전류 $i_l(t)$는 그림 6.3a와 같이 $t^{-1/2}$에 비례하므로 t에 따라 감소하며, 삽입 그림은 $i_l(t)$와 $t^{-1/2}$의 비례 관계를 예시한다. 다시 말해 전위 계단 인가 후 평면 전극의 전류는 시간에 따라 변화하는 과도기 상태에 있다. 한편, 주어진 반응 시간 t에서 전극 표면으로부터의 거리 x에 따른 농도는 다음과 같이 오차 함수(error function)로 표현된다.

$$C_{Red}(x,t) = C_{Red}(\infty,0)\mathrm{erf}[x/2(D_{Red}t)^{1/2}] \qquad \textbf{(6.13)}$$

식 (6.13)을 도시한 그림 6.3b는 반응 시간이 증가하면 확산층 두께가 증가하고 전극 표면 부근의 농도 기울기가 감소함을 예시한다. $2(D_{Red}t)^{1/2}$를 확산층 두께 δ로 정의한다면, $D_{Red} = 5 \times 10^{-6}$ cm^2s^{-1}일 때 δ를 그림 6.3b에 ●로 표시한다. 구체적으로 t = 0.001 s일 때 δ = 1.4 μm이며, t = 1.0 s이면 δ = 45 μm이다. 그러므로 확산 제어 영역에서는 시간이 지남에 따라 확산층이 넓

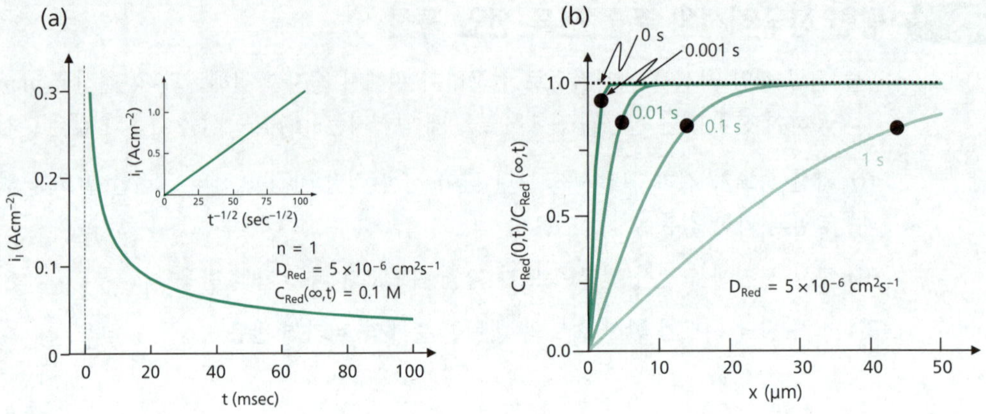

그림 6.3 **Cottrell 식.** (a) 시간에 따른 확산 한계 전류 i_l의 변화(삽입 그림: i_l-$t^{-1/2}$ 플롯). (b) 농도 프로파일. 가정: 가역 반응 Red → Ox + e, 평면 전극, $D_{Red} = 5 \times 10^{-6}$ cm^{2}s^{-1}, $C_{Red}(\infty,t) = 0.1$ M, T = 298K.

어진다. 확산층 두께의 단위가 μm임을 기억할 필요가 있다.

확산 제어 영역에서 전하 전달 속도는 확산 속도보다 항상 크므로, Cottrell 식의 확산 한계 전류 $i_l(t)$를 가역, 준가역, 비가역 반응에 모두 적용할 수 있다.

▶ 가역 반응

가역 반응은 전하 전달 속도가 매우 빠르므로, 전위 계단 실험에서 인가하는 모든 전위에서 전하 전달 속도는 물질 전달 속도보다 항상 크다. 그러므로 인가하는 전위는 물질 전달 과전압이다. 또한 전하 전달 속도가 매우 빠르므로 Nernst 식이 $C_{Red}(0,t)$와 $C_{Ox}(0,t)$를 결정한다.

$$E = E° - (RT/nF)\ln[C_{Red}(0,t)/C_{Ox}(0,t)] \quad \textbf{(6.14)}$$

전하 전달 과정이 물질 전달 과정보다 빠르므로 식 (6.12)의 초기 및 경계 조건을 그대로 적용한다. 한편 반응이 진행되면 전극 표면으로 들어오는 반응물의 양과 전극 표면에서 나가는 생성물의 양이 같아야 하므로 다음과 같은 확산 유동량의 수지(balance) 조건이 추가로 필요하다.

$$D_{Ox}[\partial C_{Ox}(0,t)/\partial x]_{x=0} + D_{Red}[\partial C_{Red}(0,t)/\partial x]_{x=0} = 0 \quad \textbf{(6.15)}$$

초기 및 경계 조건과 식 (6.15)가 항상 지켜지는 가역 반응에서 Red와 Ox에 대한 Fick의 제2법칙 해 i(t)는 다음과 같다.

$$i(t) = [nFAD_{Red}{}^{1/2}C_{Red}(\infty,t)/(\pi^{1/2}t^{1/2})][\xi\theta/(1 + \xi\theta)] \quad \textbf{(6.16)}$$

식 (6.16)의 θ(theta)와 ξ(xi)는 각각 다음과 같다.

$$\theta = C_{Ox}(0,t)/C_{Red}(0,t) = \exp[nF(E - E°)/RT] \quad \textbf{(6.17)}$$

$$\xi = (D_{Ox}/D_{Red})^{1/2} \quad \textbf{(6.18)}$$

θ는 식 (6.14)의 다른 표현이며, ξ는 Ox와 Red의 확산 속도의 차이를 반영하는 항이다. 식 (6.16)의 오른쪽 앞항은 Cottrell 식이며, Red ⟶ Ox + ne 반응이 확산 제어 영역에서 진행될 때 얻어

지는 확산 한계 전류 $i_l(t)$이다. E가 매우 큰 확산 제어의 경우, $\theta \approx \infty$이므로 $[\xi\theta/(1 + \xi\theta)] \approx 1$이다. 따라서 식 (6.16)을 다음과 같이 간략하게 표시할 수 있다.

$$i(t) = i_l(t)[\xi\theta/(1 + \xi\theta)] \tag{6.19}$$

식 (6.19)의 의미는 다음과 같다.

(i) $i_l(t)$는 확산 제어 영역에서 관찰할 수 있는 최대 전류이다.

(ii) 확산 제어 영역보다 낮은 전위인 혼합 영역(그림 6.2의 E_2 또는 E_3)에서 관찰되는 전류를 생각해 보자. 가역 반응이므로 물질 전달 속도가 전류를 결정한다. 물질 전달 속도를 결정하는 농도 기울기를 어떻게 산출할 수 있는가? 농도 기울기를 알기 위해서 Red와 Ox 표면 농도와 확산 속도의 정보가 필요하다. 가역 반응이므로 Nernst 식의 다른 형태인 θ가 Red와 Ox 표면 농도를 결정한다. 한편 ξ가 Red와 Ox의 확산 속도비를 제공한다. θ와 ξ의 곱인 $\xi\theta$는 주어진 전위에서 농도 기울기를 결정하여 물질 전달 과정의 속도를 반영한다. 예를 들면 θ가 일정한 상황(일정 전위의 상황)에서 $\xi > 1$이면 Red의 유입 속도가 $\xi = 1$인 경우보다 느리므로 $i(t)(\xi > 1) < i(t)(\xi = 1)$이다. 그러므로 $\xi\theta$는 임의의 전위에서 물질 전달 속도를 의미하며, $[\xi\theta/(1 + \xi\theta)]$는 물질 전달 속도가 최대인 $i_l(t)$에 대한 상대적인 전류 $i(t)$를 결정한다.

(iii) 따라서 $[\xi\theta/(1 + \xi\theta)]$는 임의의 전위 E에서 $i_l(t)$와 $i(t)$의 관계를 조정하는 보정 인자(adjusting factor)이다.

(iv) 그러므로 임의의 전위 E에서 임의의 시간 t의 전류가 $i(t)$이다.

식 (6.19)를 Nernst 식의 형태로 바꾸면 다음과 같다.

$$\begin{aligned} E &= E^\circ + (RT/nF)\ln(D_{Red}/D_{Ox})^{1/2} + (RT/nF)\ln[(i_l(t) - i(t))/i(t)] \\ &= E_{1/2} + (RT/nF)\ln[(i_l(t) - i(t))/i(t)] \end{aligned} \tag{6.20}$$

그림 6.4a는 식 (6.20)을 도시한 그림이다. 임의의 전류 추출 시간 t_s에서 $i(t_s)/i_l(t_s)$가 가로축의 값이다. 따라서 평면 전극에서 관찰되는 추출 전류-전압 곡선의 일반적인 모양, 즉 t_s와 무관한 모양이 그림 6.4a이다. 확산 제어 영역의 확산 한계 전류는 과도기 상태의 $i_l(t)$이고, t_s가 증가하면 $i_l(t)$의 절대적인 값은 감소한다. 그러나 $i(t_s)/i_l(t_s) = \xi\theta/(1 + \xi\theta)$이므로, $i(t_s)/i_l(t_s)$는 t_s의 영향을 제거한 일반적인 값이다. 검은색 실선은 $n = 1$과 $D_{Ox}/D_{Red} = 1$일 때의 추출 전류-전압 곡선이다. 가역 반응이 진행할 때 물질 전달 속도가 무한히 크다면 이상적 비분극 전극의 특성인 무한한 기울기의 i-E 곡선(그림 5.4c)이 E°에서 나타나야 한다. 그러나 물질 전달 속도가 유한하므로 기울기가 있는 i-E 곡선이 나타난다. 그러므로 가역 반응에는 물질 전달 과전압만 있다.

추출 전류-전압 곡선의 위치는 $E_{1/2}$이다. 식 (6.9)와 식 (6.20)을 비교하면 $(m_{Red}/m_{Ox}) = (D_{Red}/D_{Ox})^{1/2}$임을 알 수 있다. 그 이유는 Cottrell 식에서 정지된 전해질 속 평면 전극의 선형 확산 모형이 $D^{1/2}$에 의존하기 때문이다. 구체적으로 그림 6.4a에서 $D_{Ox}/D_{Red} = 1$인 짙은 녹색 실선의 $E_{1/2} = E^\circ$이지만. $D_{Ox}/D_{Red} = 2$인 옅은 녹색 실선의 $E_{1/2} = 8.9$ mV($= 25.7\ln\sqrt{2}$ mV 또는 $59.1\log\sqrt{2}$ mV)이다. Red의 확산 속도가 느리므로 같은 전류를 유지하기 위하여 더 큰 물질 전달 과전압이 필요하고, 증가한 과전압이 8.9 mV이다.

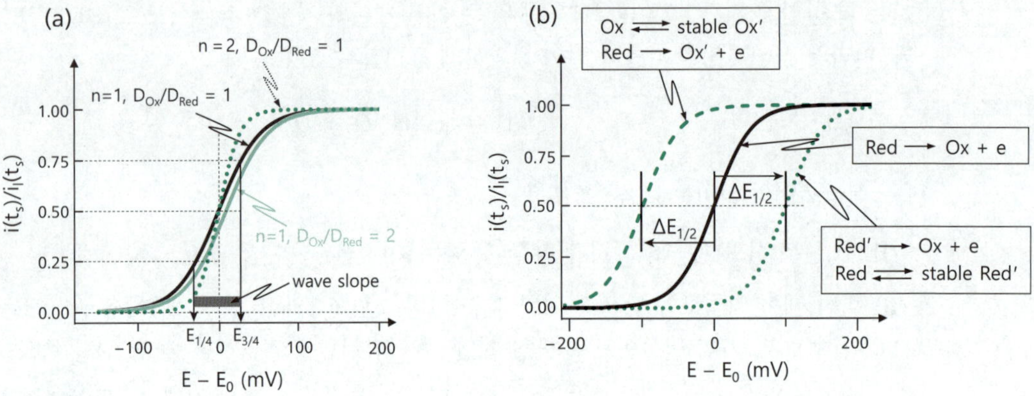

그림 6.4 **Red ⇌ Ox + ne 가역 반응의 추출 전류-전압 곡선.** 평면 전극 및 $C_{Ox}(\infty,t) = 0$을 가정함. (a) 변수에 따른 추출 전류-전압 곡선의 변화. 검은색 실선: n = 1, $D_{Ox}/D_{Red} = 1$, 녹색 실선: n = 1, $D_{Ox}/D_{Red} = 2$, 점선: n = 2, $D_{Ox}/D_{Red} = 1$. (b) 선행/후속 화학 반응에 의한 추출 전류-전압 곡선의 이동. 실선: 선행/후속 화학 반응이 없는 경우, 점선: Red ⇌ stable Red′ 선행 반응이 있는 경우, 쇄선: Ox ⇌ stable Ox′ 후속 반응이 있는 경우. T = 298 K.

추출 전류-전압 곡선의 기울기는 파형 기울기(wave slope)로 표현한다. 파형 기울기는 $3/4i_l(t)$의 전위 $E_{3/4}$과 $1/4i_l(t)$의 전위 $E_{1/4}$의 차이이며, 298 K에서 가역 반응의 $|E_{3/4} - E_{1/4}| = 2.303RT/nF = 59/n$ mV이다. 실험에서 측정한 i-E 곡선의 파형 기울기가 2.303RT/nF이면, 가역 반응으로 판단할 수 있다. 그림 6.4a에서 $D_{Ox}/D_{Red} = 1$일 때 파형 기울기는 n = 2인 경우(점선)가 n = 1인 경우(검은색 실선)보다 작다. 그러므로 파형 기울기는 전기화학 반응의 가역성과 반응에 참여하는 전자의 수를 나타내는 지표이다.

추출 전류-전압 곡선의 위치는 Red ⟶ Ox + e 반응에 선행하거나 후속하는 화학 반응에 영향을 받는다. 선행 또는 후속 반응이 없는 경우의 i-E 곡선을 그림 6.4b에서 실선으로 표시하였다. 만약 Ox가 더 안정한 Ox′이 되는 후속 반응($Hg^{2+} + Y^{4-} \rightleftharpoons HgY^{2-}$)이 전기화학 반응($Hg^{2+} + 2e \rightleftharpoons Hg$)과 평형에 있는 경우(후속 반응의 속도가 매우 빠른 경우), Red가 산화되어 Ox가 빠르게 Ox′으로 안정화되므로, Red ⟶ Ox′ + e 전체 반응의 i-E 곡선은 더 낮은 전위로 $\Delta E_{1/2}$만큼 이동한다(그림 6.4b의 쇄선). Ox′이 Ox보다 안정하므로 Red의 산화 반응의 과전압이 감소하기 때문에 이러한 전위 이동 현상이 발생한다. 전위차법에서 i = 0이므로 Ox ⇌ Ox′ 반응의 평형 상수가 표준 전위 이동을 설명하지만(제3장), i-E 곡선의 경우 i ≠ 0이므로 $\Delta E_{1/2}$의 정량적 이해를 위해 후속 반응의 평형 상수와 함께, Ox와 Ox′의 확산 계수 차이 그리고 평형에 참여하는 다른 물질의 농도 등이 고려되어야 한다. Red가 안정한 Red′을 형성하는 선행 반응도 같은 논리를 적용할 수 있다(그림 6.4b의 점선). Red′가 더 안정하므로 Ox로 산화하기 위해서는 더 높은 과전압이 필요하다.

그림 6.5는 평면 전극에서 전위 계단을 인가한 후 전극 표면으로부터 거리의 함수로 $C_{Red}(x,t_s)$와 $C_{Ox}(x,t_s)$를 도시한 농도 프로파일이다. 그림 6.5a는 E − E° = 0 mV로 전위 이동을 한 후 0.1과 1.0 s 후의 농도 프로파일을 비교한다. 평형 전위이므로 Nernst 식에 의하여 $C_{Red}(0,t_s) = C_{Ox}(0,t_s)$이다. t_s가 증가하면 확산층 두께가 증가하고 농도 기울기도 감소한다. 확산 제어 영역인 E − E° = 200 mV 전위에서 $C_{Red}(0,t_s) = 0$이고 $C_{Ox}(0,t_s) = C_{Red}(\infty,t)$가 되고, Ox는 빠르게 확산하여 전극 표면에서 멀어진다(그림 6.4b). 그림 6.4c는 $E - E° = E_{1/2}$에서 D_{Red}는 일정하지만 D_{Ox}/D_{Red} = 1과 2인 경우의 농도 프로파일을 비교한다. $E_{1/2}$에서 $i = 1/2i_l$이므로, 일정한 D_{Red}

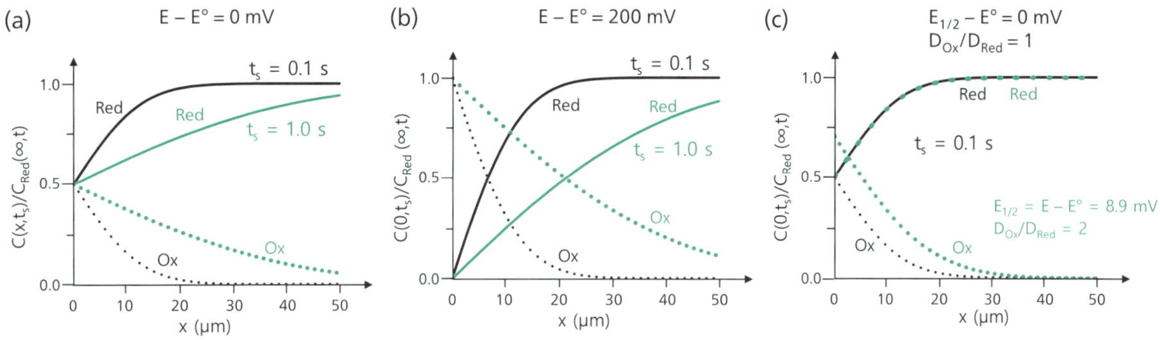

그림 6.5 **Red ⇌ Ox + ne 가역 반응의 계단 전위를 인가한 후 전류 추출 시간 t_s에서 $C_{Red}(x,t_s)$와 $C_{Ox}(x,t_s)$ 프로파일.** 평면 전극 및 $C_{Ox}(\infty,t) = 0$을 가정함. (a) E – E° = 0 mV에서 t_s = 0.1 또는 1.0 s. (b) E – E° = 200 mV에서 t_s = 0.1 또는 1.0 s. (c) E – E° = $E_{1/2}$에서 t_s = 0.1 s일 때 D_{Ox}/D_{Red} = 1 또는 2.

의 Red는 같은 속도로 확산하여 두 경우 $C_{Red}(x,t_s)$는 동일하다. 그러나 $D_{Ox}/D_{Red} = 2$이면, 빠르게 확산하는 Ox의 유동량과 수지를 맞추기 위하여 느리게 확산하는 Red의 반응은 더 높은 전위에서 빠르게 산화되어야 한다. 그러므로 $D_{Ox}/D_{Red} = 2$인 경우 $E_{1/2}$ = 8.9 mV이다(그림 6.4).

▶ 준가역 및 비가역 반응

전하 전달 속도는 준기역 반응과 비가역 반응이 가역 반응보나 작나. 가역 반응의 경우 모든 전위에서 전하 전달 속도가 물질 전달 속도보다 항상 크므로, 물질 전달 속도만을 고려하여 추출 전류-전압 곡선을 이해하였다. 준가역 또는 비가역 반응의 경우에는 전하 전달 속도가 물질 전달 속도보다 항상 큰 것은 아니다. 예를 들면 Tafel 플롯을 상기해 보면 비가역 반응에서 과전압이 작을 때에는 전하 전달 속도가 물질 전달 속도보다 작다. 따라서 가역 반응이 아닌 경우에는 전하 전달 속도와 물질 전달 속도의 상대적인 크기가 고려되어야 한다.

전하 전달 속도와 물질 전달 속도의 상대적인 크기는 다음과 같은 과정을 거쳐 구할 수 있다. 편의를 위하여 전해질에 Red만 있는 상황, 즉 Red ⟶ Ox + e의 산화 반응을 생각해 보자. 주어진 전위에서 전류 i는 다음과 같다.

$$\begin{aligned} i/FA &= D_{Red}(\partial C_{Red}(x,t)/\partial x) \\ &= k^\circ\{C_{Red}(0,t)\exp[(1-\alpha)F\eta/RT] - C_{Ox}(0,t)\exp[-\alpha F\eta/RT]\} \end{aligned} \quad (6.21)$$

식 (6.21)에서 과전압 η = E − E°이다. 주어진 η에서 식 (6.21)의 위 오른쪽 항은 Red 확산에 의한 전류이며, 아래 오른쪽 항은 전하 전달에 의한 전류이다. 식 (6.21)의 해를 구하는 과정에서 다음과 같은 매개 변수 H를 정의한다.

$$H = k^\circ\exp[(1-\alpha)F\eta/RT]/D_{Red}^{1/2} + k^\circ\exp[-\alpha F\eta/RT]/D_{Ox}^{1/2} \quad (6.22)$$

H는 전하 전달 속도와 확산 속도의 상대적인 값을 나타낸다. 예를 들면 식 (6.22) 오른쪽 첫 항의 분자는 Red 산화 반응 전하 전달 속도를, 분모는 Red 확산 속도를 의미한다. 그러므로 매개 변수 H는 산화 반응과 환원 반응 각각의 전하 전달 속도와 물질 전달 속도비 합이다. η가 매우 큰 경우, 식 (6.22)에서 환원과 관련된 항 $k^\circ\exp(-\alpha F\eta/RT)/D_{Ox}^{1/2} \approx 0$이며, 이때 H는 산화 반응과 관련된

전하 전달과 물질 전달 속도비를 나타낸다. $\eta \approx 0$이면, 산화 반응과 환원 반응이 모두 전류에 기여하므로, H는 산화와 환원 반응의 속도비 모두를 포함한다. 전위 계단 인가 전에 Red만 존재한다면 시간의 함수로서 전류 i(t)[식 (6.21)의 해]는 다음과 같다.

$$i(t) = \{FAk^{\circ}C_{Red}(\infty,t)\exp[(1-\alpha)F\eta/RT]\}[\exp(H^2t)\mathrm{erfc}(Ht^{1/2})] \quad \textbf{(6.23)}$$

식 (6.23)을 두 가지 성분으로 구분할 수 있다. $\{FAk^{\circ}C_{Red}(\infty,t)\exp[(1-\alpha)F\eta/RT]\}$ 항은 물질 전달 속도가 매우 클 때 전하 전달 속도의 최대값이며, $[\exp(H^2t)\mathrm{erfc}(Ht^{1/2})]$ 항은 최대 전하 전달 속도에 대한 물질 전달 속도비를 의미한다. 따라서 식 (6.23)은 i(t)에 기여하는 전하 전달 속도의 비율을 결정한다.

$C_{Red}(\infty,t) \neq 0$, $C_{Ox}(\infty,t) = 0$인 경우, 식 (6.23)은 다음과 같다.

$$i(t) = [FAD_{Red}{}^{1/2}C_{Red}(\infty,t)/(\pi^{1/2}t^{1/2})][\xi\theta/(1+\xi\theta)]F(\lambda) \quad \textbf{(6.24a)}$$

$$F(\lambda) = \pi^{1/2}\lambda\exp(\lambda^2)\mathrm{erfc}(\lambda) \quad \textbf{(6.24b)}$$

$$\lambda = \{k^{\circ}\exp[(1-\alpha)F\eta/RT]\}/\{(D_{Red}/t)^{1/2}[\xi\theta/(1+\xi\theta)]\} \quad \textbf{(6.24c)}$$

복잡한 식 (6.24)의 의미를 하나씩 살펴보자. 식 (6.24a)의 첫째 괄호는 전하 전달이 매우 빠른 상황의 확산 한계 전류를 나타내는 Cottrell 식이다. 식 (6.24a)의 둘째 괄호는 전하 전달이 매우 빠른 가역 반응의 물질 전달 속도를 보정하는 항이다. 따라서 식 (6.24a)에서 첫 두 괄호의 곱은 가역 반응의 i(t)이다. 식 (6.24a)의 함수 F(λ)는 준가역 및 비가역 반응을 위하여 전하 전달 속도와 물질 전도 속도의 상대적인 비가 반영된 함수이다. F(λ)를 설명하기 전에 λ를 정의하는 식 (6.24c)를 먼저 살펴보자. 식 (6.24c)에서 $k^{\circ}\exp[(1-\alpha)F\eta/RT]$ 항은 $\eta = E - E^{\circ}$, 즉 전위의 함수로 표현되는 산화 반응 속도이다. 식 (6.24c)에서 $\{(D_{Red}/t)^{1/2}[\xi\theta/(1+\xi\theta)]\}$ 항은 전위에 따른 표면 농도비 θ, 확산 계수 비의 제곱근 ξ, 그리고 Red의 농도 기울기가 복합적으로 고려된 물질 전달 속도를 표현한다. 따라서 λ는 주어진 전위에서 물질 전달 속도에 대한 상대적인 전하 전달 속도를 의미한다. 예를 들면 λ가 작으면 상대적으로 작은 전하 전달 속도를, λ가 크면 상대적으로 큰 전하 전달 속도를 의미한다. 이러한 이유에서 λ는 물질 전달 속도에 대한 전하 전달 속도를 상대적으로 표현하는 반응 속도 지표(kinetic index)이다.

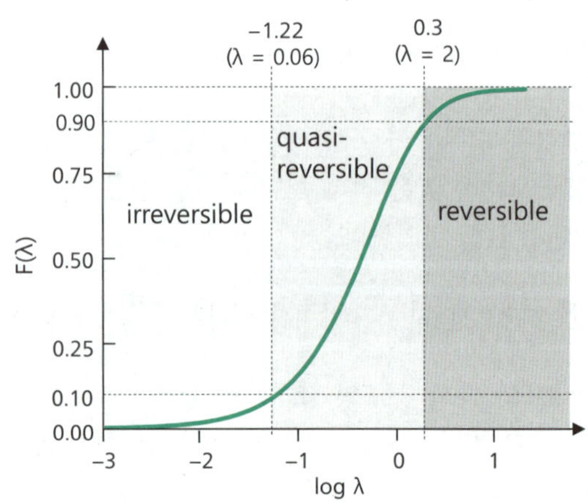

그림 6.6 **F(λ)-logλ 플롯.** 시간-전류법과 추출 전류-전압법에 적용 가능한 반응 속도 지표.

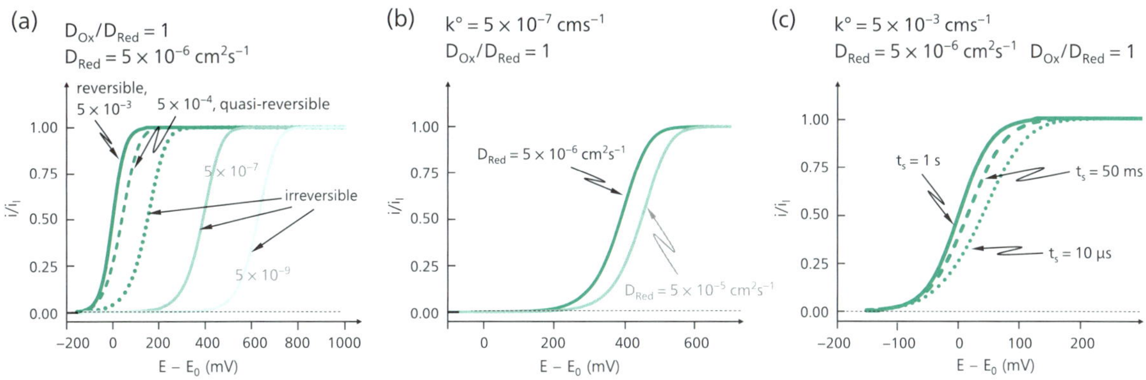

그림 6.7 **준가역 및 비가역 반응의 추출 전류-전압 곡선.** (a) 표준 반응 속도 상수 k°와 i-E 곡선. 숫자는 k°(cms^{-1})이다. 조건: $D_{Red} = 5 \times 10^{-6}\ cm^2s^{-1}$, $D_{Ox}/D_{Red} = 1$, $t_s = 1$ s. (b) D_{Red}와 i-E 곡선. 조건: $D_{Ox}/D_{Red} = 1$, $k° = 5 \times 10^{-7}\ cms^{-1}$, $t_s = 1$ s. (c) 전류 추출 시간 t_s와 i-E 곡선. 조건: $D_{Red} = 5 \times 10^{-6}\ cm^2s^{-1}$, $D_{Ox}/D_{Red} = 1$, $k° = 5 \times 10^{-3}\ cms^{-1}$. 반응: Red → Ox + e. T = 298 K.

그림 6.6은 λ와 F(λ)의 관계를 표현한다. $\log\lambda < -1.22(\lambda = 0.06)$ 구간에서는 $F(\lambda) < 0.1$이며, 전하 전달 속도가 매우 느려 i(t)도 작으며 인가하는 과전압은 전하 전달 과전압이다. $\log\lambda > 0.3(\lambda = 2)$ 구간에서는 $F(\lambda) > 0.9$이며, 전하 전달 속도가 물질 전달 속도보다 높으므로 인가하는 과전압은 물질 전달 과전압이다. $-1.22 < \log\lambda < 0.3$ 구간은 인가하는 과전압이 전하 전달 과정과 물질 전달 과정에 배분되는 혼합 영역이다. λ를 결정하는 주요 변수는 표준 속도 상수 k°, 과전압 η, 확산 계수 그리고 전류를 추출하는 시간 t_s이다[식 (6.24c)]. 그러므로 반응계(전극, 반응물과 생성물)가 정해지면, k°와 확산 계수가 정해지고, 실험에서 η와 t_s를 조절한다. 다시 말해 준가역/비가역 반응에서 η의 증가는 $F(\lambda)(= v_{ct}/v_{mt})$의 증가와 같은 의미이다. 그러므로 식 (6.24a)는 $v_{ct} \gg v_{mt}$인 가역 반응의 i-E 곡선과 준가역/비가역 반응의 v_{ct}/v_{mt}의 곱을 의미한다.

그림 6.7은 k°, D_{Red}, t_s가 추출 전류-전압 곡선에 미치는 영향을 예시한다. i-E 곡선들의 위치와 모양은 k°에 상당히 의존한다(그림 6.7a). $k° = 5 \times 10^{-3}\ cms^{-1}$의 곡선은 그림 6.4의 가역 반응의 곡선과 일치한다. k°의 값이 작아질수록 i-E 곡선은 양의 방향으로 이동하는데(표 6.1), 그 이유는 k°가 작아질수록 λ를 증가하기 위해서 과전압이 증가하기 때문이다. 한편 $k° = 5 \times 10^{-9}\ cms^{-1}$인 경우 파형 기울기($|E_{3/4} - E_{1/4}|$)가 90 mV로, 가역 반응의 59 mV보다 크므로 k°가 감

표 6.1 **그림 6.7의 추출 전류-전압 곡선과 반응 속도 지표**

$k°(cms^{-1})$	$E_{1/2}$(mV)	λ°	가역성	추가 정보		
				t_s	λ°	가역성
5×10^{-3}	0	4.5×10^{0}	가역	1 s	4.5×10^{0}	가역
				50 ms	1.0×10^{0}	준가역
				10 μs	1.4×10^{-2}	비가역
5×10^{-4}	40	4.5×10^{-1}	준가역			
5×10^{-5}	160	4.5×10^{-2}	비가역			
				$D_{Red}(cm^2s^{-1})$		λ°
5×10^{-7}	390	4.5×10^{-4}	비가역	5×10^{-6}		4.5×10^{-4}
				5×10^{-5}		1.4×10^{-4}
5×10^{-9}	625	4.5×10^{-6}	비가역			

소하면 파형 기울기가 완만해진다. 그림 6.7b는 $k° = 5 \times 10^{-7}$ cms^{-1}일 때, D_{Red}가 5×10^{-6} cm^2s^{-1}에서 5×10^{-5} cm^2s^{-1}로 증가하는 경우 i-E 곡선이 약 60 mV 정도 양의 방향으로 이동함을 예시한다. 다시 말해 D_{Red}가 증가하면 확산 속도가 증가하므로 같은 양의 전류를 허용하기 위해서 60 mV의 전하 전달 과전압을 추가로 인가하여 전하 전달 속도를 증가해야 한다. 그림 6.7c는 전류 추출 시간 t_s에 따른 i-E 곡선의 변화를 예시한다. $t_s = 1$ s이고 $k° = 5 \times 10^{-3}$ cms^{-1}일 때, 실선으로 표시한 i-E 곡선 가역 반응의 곡선과 일치한다. 그러나 t_s가 감소하면 파형 기울기는 감소하여 $E_{1/2}$은 양의 방향으로 이동한다. $k° = 5 \times 10^{-3}$ cms^{-1}이므로 전하 전달 속도는 충분히 크다. 그러나 확산층 두께는 시간에 의존하므로(그림 6.3, 6.5), t_s가 감소하면 확산층을 통한 물질 전달 속도는 증가한다. 그러므로 t_s가 감소하면 물질 전달 속도가 전하 전달 속도보다 상대적으로 증가하므로 가역성은 감소한다.

반응계의 k°와 D_{Red} 그리고 실험의 t_s와 η가 전하 전달 속도와 물질 전달 속도의 상대적인 비인 λ와 F(λ)를 결정함을 그림 6.7이 예시한다. 서로 다른 반응계의 가역성을 비교하기 위해서는 통일된 기준이 필요하며, $E = E°(\eta = 0)$를 기준으로 정하여 E°의 λ인 λ°를 비교하면 가역성을 비교할 수 있다. 그림 6.7의 추출 전류-전압 곡선의 λ°를 표 6.1에 정리하였다. 그림 6.6에서 $\lambda° > 2$인 반응은 전하 전달 속도가 크므로, 가역 반응으로 분류한다. 반면 $\lambda° < 0.06$이면 E°에서 Red ⟶ Ox + e 산화 반응 속도가 환원 속도보다 10배 이상이므로 환원 속도를 무시할 수 있다. 이러한 반응을 비가역 반응으로 분류한다. 그 중간인 $0.06 < \lambda° < 2$인 반응을 준가역 반응으로 분류한다(J. Bard, L.R. Faulkner, Electrochemical Methods: fundamental and applications, 2001, 2nd Ed., Wiley). 그림 6.7a와 관련하여 k°에 따라 λ°는 크게 변화한다. $k° = 5 \times 10^{-3}$ cms^{-1}일 때 $\lambda° = 4.5$이며, i-E 곡선은 그림 6.4a에 도시한 가역 반응의 i-E 곡선과 일치한다. 그러므로 앞에서 설정한 가역 반응의 조건($\lambda° > 2$)은 타당하다. k°가 감소하면 λ°는 그림 6.6에서 준가역 영역을 거쳐 비가역 영역까지 감소한다. 그림 6.7b와 관련하여 D_{Red}가 10배 증가하면 확산 속도가 $\sqrt{10}$배 증가하므로 λ°는 $1/\sqrt{10}$로 감소한다. 그림 6.7c와 관련한 λ°의 분석은 흥미롭다. 전류 추출 시간 t_s가 감소하면 가역 반응이 비가역 반응으로 보인다. 제5장 부록에서 언급한 바와 같이 관찰 시간에 따른 반응의 겉보기 가역성 변화의 한 예이다.

추출 전류-전압 곡선은 전하 전달 속도와 물질 전달 속도의 상대적인 크기의 관점에서 이해해야 한다. 반응물, 전극, 전해질로 구성되는 반응계가 k°과 확산 계수를 결정하고, 전위와 전류 추출 시간을 조절하여 관찰하는 추출 전류-전압 곡선을 해석하여 전기화학 반응계의 성질을 파악할 수 있다.

6.4 구형 전극에서의 확산

반지름이 r_0인 구형 전극을 생각해 보자. 유리 모세관에 매달린 지름이 약 0.1 cm 정도인 Hg 방울(hanging Hg drop) 전극(그림 7.1a)이 폴라로그래피(polarography)에 이용되는 전형적인 구형 전극이다. 구형 전극에 전위 계단 실험을 진행하였을 때, 확산 한계 전류 i_l을 이론적으로 살펴보자.

구형 전극의 확산 전류를 계산하기 위해서는 구형 좌표계로 표현되는 Fick 제2법칙을 사용한다. 평면 전극과 유사한 경계 조건을 적용하여 구한 미분 방정식의 해, 확산 전류는 다음과 같다.

$$i_l(t) = nFAD_{Red}C_{Red}(\infty,t)[1/(\pi D_{Red}t)^{1/2} + 1/r_0] \quad (6.25)$$

식 (6.25)의 확산 한계 전류를 평면 전극과 같이 $t^{-1/2}$에 비례하는 항과 t와 무관하게 일정한 항으

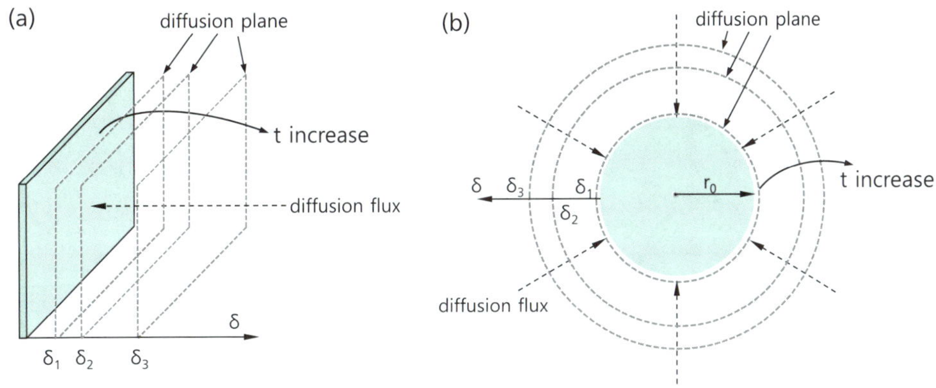

그림 6.8 **확산면의 성장.** (a) 평면 전극. (b) 구형 전극.

로 구분할 수 있다. $t^{-1/2}$에 비례하는 부분을 평면(planar) 확산 한계 전류 $i_{l,p}(t)$로, 일정한 부분을 구형(spherical) 확산 전류 $i_{l,s}(t)$로 하겠다. 그러므로 식 (6.25)를 다음과 같이 표현할 수 있다.

$$i_l(t) = i_{l,p}(t) + i_{l,s}(t) \tag{6.26}$$

전위 계단을 구형 전극에 인가한 후 $t = \infty$이면, $i_{l,p}(\infty)$는 0에 수렴하지만 $i_{l,s}(\infty)$는 일정한 값을 유지한다. 평면 전극과 구형 전극에 관한 각각의 식 (6.12)와 (6.25)를 다음과 같이 이해할 수 있다. t가 증가하면 평면 전극은 확산층 두께의 지속적 증기에 따른 농도 기울기 감소로 전류가 시간에 따라 감소하는 과도기 상태를 유지한다. 그러나 구형 전극은 전류가 일정한 정상 상태에 도달한다.

그림 6.8은 전위 계단 실험의 시간이 흐름에 따라 평면 전극과 구형 전극의 확산 특성을 비교한다. 그림 6.8a는 실험 시간에 따른 평면 전극의 확산층 두께 δ와 확산면(diffusion plane)의 위치 변화를 예시한다. 그림 6.3b에서 설명한 바와 같이 실험 시간 t가 증가하면 δ도 증가한다. 평면 전극 크기가 수십 μm의 δ보다 크다면 Red가 통과하는 확산면의 면적은 전극 면적과 같으며 일정하게 유지된다. 제2장에서 언급한 바와 같이 전극 표면으로 확산하는 Red의 유입량($mol s^{-1}$)은 농도 기울기에 의하여 결정되는 확산 속도와 확산면 면적의 곱이다. 그러므로 평면 전극의 확산면 면적이 일정하므로 전극 표면에 도달하는 Red의 양은 δ에 의존하는 농도 기울기에 의해 결정된다. 따라서 δ가 $t^{1/2}$에 비례하여 증가하므로 농도 기울기와 확산 한계 전류는 $t^{-1/2}$에 비례한다. 한편 그림 6.8b는 구형 전극에서 확산면의 변화를 예시한다. 구형 전극에서 확산면은 전극의 모양을 닮은 구형이다. 전위 계단 인가 후 확산층 두께 δ_1이 전극 반지름 r_0에 비하여 매우 작으면 확산면 면적은 전극 면적과 비슷하여 평면 전극의 거동인 평면 확산 한계 전류 $i_{l,p}(t)$가 전체 전류 $i_l(t)$를 결정한다. 그러나 t가 증가하여 확산층 두께가 δ_2로 증가하면 넓어진 확산면을 통한 Red의 유입량은 증가하고 전극 표면의 농도 기울기는 평면 전극의 경우보다 크다. 확산층 두께가 δ_3으로 증가하여도 확산 유입량은 일정하게 유지되어 전극 표면의 농도 기울기는 일정하다. 따라서 확산층의 두께가 전극 크기에 비하여 크면, 확산 한계 전류는 구형 확산 한계 전류 $i_{l,s}(t)$에 수렴한다.

그림 6.9a는 반지름이 10 μm인 구형 전극에서 Red ⟶ Ox + e 반응에 확산 제어 영역의 전위로 전위 계단 실험을 진행했을 때 확산 한계 전류의 변화를 예시한다. 점선과 검은색 실선은 각각 평면 확산 한계 전류 $i_{l,p}(t)$와 구형 확산 한계 전류 $i_{l,s}(t)$이다. 전극 전류 $i_l(t)$는 실험 초기에는 $i_{l,p}(t)$에 의하여 결정되지만, 실험 시간이 증가할수록 $i_{l,s}(t)$에 수렴하여 정상 상태에 도달한다. 구체적으로 그림 6.9a의 조건에서 평면 확산 한계 전류와 구형 확산 한계 전류가 같아지는 시간은

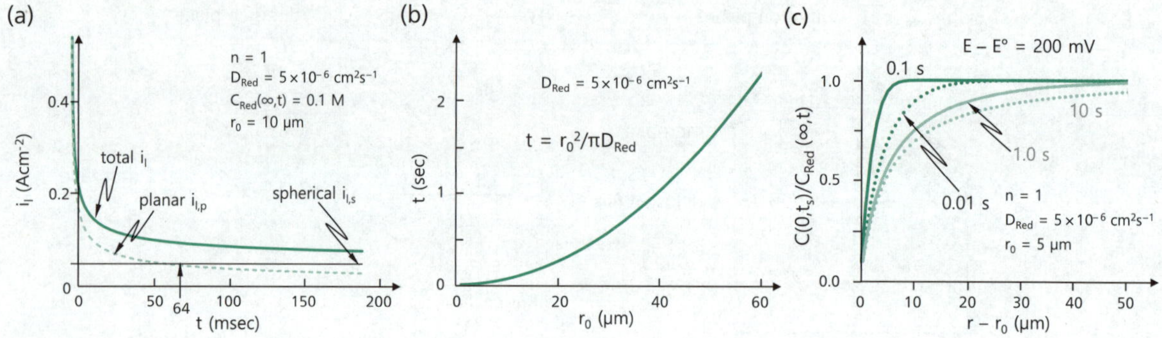

그림 6.9 **구형 전극의 Cottrell 식.** (a) 시간에 따른 확산 한계 전류 i_l의 변화. (b) $i_{l,p}(t) = i_{l,s}(t)$가 되는 시간과 전극 반지름의 관계. (c) 농도 프로파일. 가정: 가역 반응 Red → Ox + e, 평면 전극, $D_{Red} = 5 \times 10^{-6}\ cm^2s^{-1}$, $C_{Red}(\infty,t) = 0.1$ M, T = 298 K.

64 ms이며, 그림 6.9b에 도시한 바와 같이 그 시간은 구형 전극 반지름의 제곱에 비례하여 증가한다. 반지름이 0.1 cm인 Hg 구형 전극의 경우, 전위 계단 실험 개시 후 $D_{Red} = 5 \times 10^{-6}\ cm^2s^{-1}$일 때 약 640 s 후에 $i_{l,s}(t)$가 $i_{l,p}(t)$와 같아지므로 일반적인 관찰 시간(예: 폴라로그래피에서 5 s 미만)에서는 전극이 구형일지라도 정상 상태에 도달하지 못하며, 확산과 관련해서 평면 전극으로 간주해도 무방하다. 그러나 전극 지름이 확산층 두께 δ 정도로 작아지면 구형 전극의 확산 모델을 진지하게 고려해야 한다. 그림 6.9c는 지름이 5 μm인 구형 전극에 Red ⟶ Ox + e 가역 반응의 확산 제어 전위를 인가하였을 때 시간에 따른 농도 프로파일을 도시한다. 평면 전극의 농도 프로파일(그림 6.5b)과 비교하면 전극 표면 부근의 농도 기울기는 구형 전극이 평면 전극보다 더 크며 시간이 증가하여도 크게 변화하지 않는다.

6.5 미세 전극에서의 확산

전극의 크기는 전해 반응의 규모에 의존한다. 반응물 대부분 또는 전부를 반응시키는 **전량 전해**(bulk electrolysis)는 대면적 전극을 사용한다(제9장). 전극에 동일한 양의 전류가 흐를 때, 전극 면적이 클수록 과전압이 작아지므로 전력을 효율적으로 사용할 수 있다. 반면 전기화학 연구에서는 면적이 $1\sim10^{-3}\ cm^2$인 전극(디스크형을 가정했을 때 지름은 1~0.05 cm)을 사용한다. 그러므로 일반적인 실험은 작은 면적의 전극, 큰 부피의 전해질과 짧은 전해 시간의 조건에서 진행된다. 따라서 반응물의 벌크 농도는 실질적으로 변화하지 않으므로, 평면 전극의 확산 모델을 적용할 수 있다. 전극 크기에 제약이 있는 실험(예: 세포의 in-vivo 실험) 또는 짧은 시간에 정상 상태에 도달할 필요가 있는 실험에서 전극 크기(< 20 μm)가 확산층 두께와 유사한 **미세 전극**(micro electrode)을 사용한다.

참고 전극 면적과 과전압

Red → Ox + ne 반응에서 산화 전류 i_{an}은 다음과 같다.

$$i_{an} = nFAk^\circ C_{Red}(0,t)\exp[(1-\alpha)F\eta/RT].$$

위의 식은 같은 양의 전류를 전극에 흘릴 때, 전극 면적 A가 클수록 전하 전달 과전압 η가 감소함을 의미한다. 한편 전하 전달 과전압이 작으면 $C_{Red}(0,t)$가 높게 유지되어 확산층 두께가 작아 확산도 빠르게 이루어지므로 물질 전달 과전압도 작다. 따라서 전극의 면적이 크면 과전압이 감소한다.

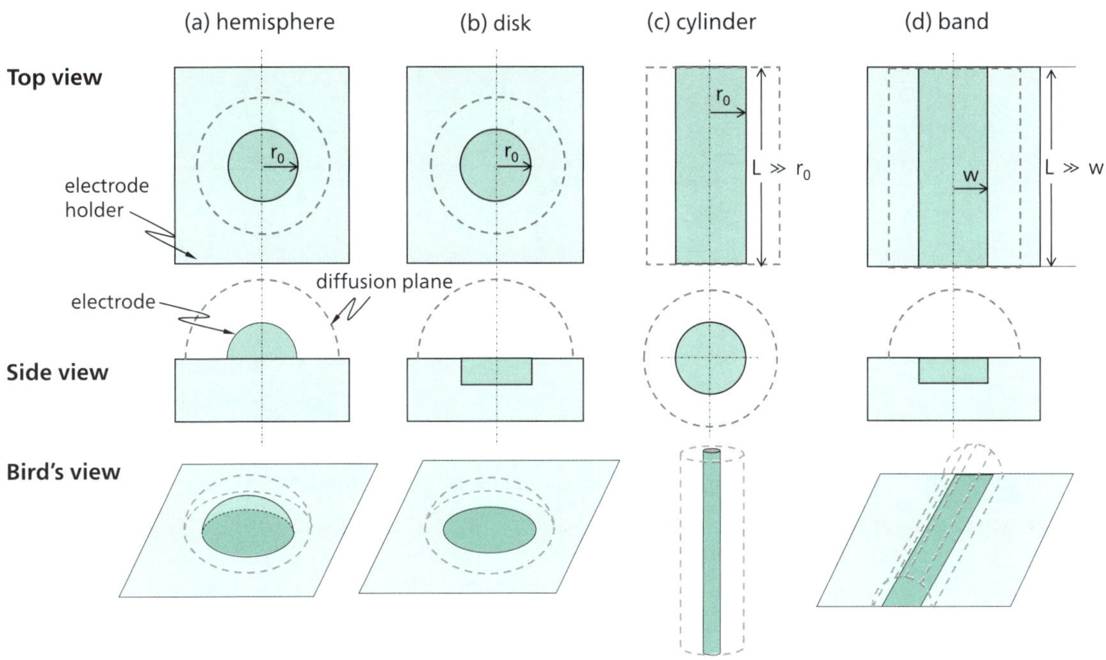

그림 6.10 **미세 전극 모양과 확산면.** (a) 반구형. (b) 디스크형. (c) 실린더형. (d) 띠형.

참고 미세 전극(micro electrode)와 극미세 전극(ultramicro electrode)

전극의 크기를 지칭하는 용어가 문헌에 따라 차이가 있다. 이 책에서는 크기가 지름 1~0.05 cm인 전극을 '전극'으로, 지름 20 μm인 전극을 '미세 전극'으로 지칭한다. 그러나 문헌에 따라 연구용 전극을 대면적 전극과 구분하여 미세 전극으로, 이 책의 미세 전극을 극미세 전극으로 부르기도 한다. 그러므로 문헌을 읽을 때, 전극 크기를 지칭하는 용어에 세심한 주의가 필요하다.

그림 6.10은 4가지 형태의 미세 전극을 예시한다. 반구형 미세 전극 또는 디스크형 미세 전극은 이상적 분극의 거동을 보이는(불활성) 전극 표면에 Pt 등의 금속을 석출하여 만들 수 있고, 유리 혹은 Teflon과 같은 불활성 매체에 전극 물질을 삽입하여 만들 수 있다(그림 6.10a와 b). 원통형(cylinder) 미세 전극은 지름이 매우 작은 긴 금속 또는 도체 선이다(그림 6.10c). 띠형(band) 미세 전극은 불활성 매체에 금속 띠를 심거나 석출하여 제작한다. 미세 전극의 크기 r_0(또는 w)는 일반적으로 20 μm 이하이다. 원통형과 띠형 미세 전극의 경우, 전극의 길이 L은 r_0(또는 w)에 비하여 매우 크다. 그림 6.10에 미세 전극의 확산면을 점선으로 도시하였다. 각 미세 전극의 확산면 형태(확산 모형)는 전극 모양에 의존하므로, 각 미세 전극의 물질 전달 계수 m과 확산 한계 전류가 다르다.

(i) 구형/반구형 미세 전극

구형 미세 전극의 $i_l(t)$는 구형 전극이 보이는 확산 전류의 시간 의존성인 식 (6.25)와 동일하다. 따라서 구형 전극의 정상 상태 확산 한계 전류 $i_{l,sphere}(\infty)$는 다음과 같다.

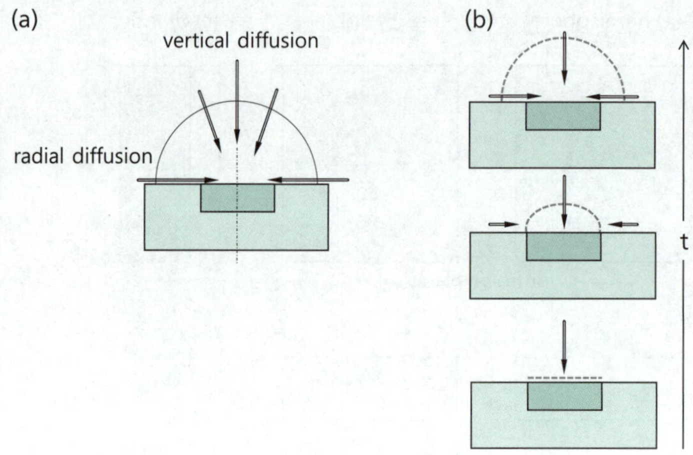

그림 6.11 **디스크형 미세 전극에서의 확산.** (a) 확산이 일어나는 방향. (b) 시간에 따른 확산면의 성장.

$$i_{l,sphere}(\infty) = [nFAD_{Red}C_{Red}(\infty,t)/r_0] = nFD_{Red}C_{Red}(\infty,t)(4\pi r_0) \quad \mathbf{(6.27)}$$

반구형 미세 전극의 경우, 식 (6.27)에 1/2을 곱한다.

(ii) 디스크형 미세 전극

시간에 따른 디스크형 미세 전극 확산면의 성장을 그림 6.11에 도시하였다. 그림 6.11a와 같이 전극 표면으로의 확산은 두 가지 방향에서 이루어진다. 하나는 전극 표면에 수직 방향으로 확산하는 수직 확산(vertical diffusion)이고, 다른 하나는 전극 표면과 평행한 방향으로 확산하는 수평 확산(radial diffusion)이다. 실험 초기에는 그림 6.11b의 아래에 도시한 바와 같이 수직 확산이 주로 일어나 평면 전극 확산 모델과 같다. 확산층 두께 δ가 r_0와 비슷해지면 수평 확산이 작동하기 시작하여 반응물의 확산량이 증가한다(말단 효과, edge effect). 실험이 계속 진행되면 수직과 수평 확산의 크기가 대등하게 되어 확산면은 결국 반구 형태가 된다.

디스크형 미세 전극의 확산 한계 전류 $i_{l,disk}$를 표현하기 위하여 확산 거리 $2(D_{Red}t)^{1/2}$과 전극 반지름 r_0의 비를 제곱한 무차원 시간 τ를 이용한다.

$$\tau = \{[2(D_{Red}t)^{1/2}]/r_0\}^2 = 4D_{Red}t/r_0^2 \quad \mathbf{(6.28)}$$

식 (6.28)의 τ는 확산면의 모양에 영향을 주는 확산층 두께와 전극 반지름의 상대적 크기(그림 6.11b)를 반영한다. τ의 함수로서 $i_{l,disk}(\tau)$는 다음과 같다.

$$i_{l,disk}(\tau) = [4nFAD_{Red}C_{Red}(\infty,t)/\pi r_0]f(\tau) \quad \mathbf{(6.29)}$$

복잡하게 수학적으로 표현되는 f(τ)는 τ = ∞에서 1이다. f(∞) = 1이므로 정상 상태의 $i_{l,disk}(\infty)$는 다음과 같다.

$$i_{l,disk}(\infty) = 4nFAD_{Red}C_{Red}(\infty,t)/\pi r_0 = nFD_{Red}C_{Red}(\infty,t)(4r_0) \quad \mathbf{(6.30)}$$

(iii) 원통형 미세 전극

원통형 극미세 전극의 확산층 두께는 실험 시간에 따라 원통의 축과 수직인 방향으로 증가하므로 확산면의 형태도 원통형이다(그림 6.10c). 물론 원통의 양 끝단에서도 극미세 전극의 효과가 있으나 원통 길이 L은 원통 반지름 r_0보다 매우 크므로($L \gg r_0$) 무시한다. 원통형 미세 전극의 확산 전류는 식 (6.28)에 정의된 τ로 표현되는데, τ가 매우 큰 경우, 다음과 같다.

$$i_{l,cylinder}(\text{large } \tau) = 2nFAD_{Red}C_{Red}(\infty,t)/(r_0 \ln\tau) \quad (6.31)$$

식 (6.31)은 분모에 $\ln\tau$ 항을 포함하므로 $i_{l,cylinder}$는 정상 상태에 도달할 수 없다. 그러나 τ가 무한히 커지면 $\ln\tau$ 항의 값은 크게 변하지 않으므로 $i_{l,cylinder}(\text{large } \tau)$는 정상 상태에 도달했다고 간주한다($i_{l,cylinder}(\text{large } t) \approx i_{l,cylinder}(\infty)$).

(iv) 띠형 미세 전극

띠형 미세 전극의 확산층 두께는 실험 시간에 따라 2차원 띠 축에 수직한 방향으로 증가하여 확산면의 형태는 반원통형이다(그림 6.10d). 실험 시간이 많이 증가하면, 띠형 극미세 전극의 확산 전류 $i_{l,band}(\text{large } t)$는 다음과 같다.

$$i_{l,band}(\text{large } t) = 2nFAD_{Red}C_{Red}(\infty,t)/[w\ln(64D_{Red}t/w^2)] \quad (6.32)$$

식 (6.32)도 분모에 lnt 항이 있으므로 원통형 극미세 전극과 같이 $i_{l,band}(\text{large } t)$는 정상 상태에 도달했다고 간주한다($i_{l,band}(\text{large } t) \approx i_{l,band}(\infty)$).

미세 전극의 확산면은 전위 계단 실험 시간이 증가하면 확장되어 전극 표면의 농도 기울기를 일정하게 유지하여 정상 상태 확산 한계 전류를 얻을 수 있다. 물질 전달 계수 $m_{Red}(= D_{Red}/\delta)$를 포함하는 확산 한계 전류(식 (6.4))와 미세 전극의 정상 상태 확산 한계 전류[식 (6.27), (6.30)~(6.32)]를 비교하면 미세 전극의 모양에 따른 물질 전달 계수를 얻을 수 있다. 예를 들면 물질 전달 계수는 구형/반구형 미세 전극에서 D_{Red}/r_0이고, 디스크형 미세 전극에서는 $4D_{Red}/\pi r_0$이다. 명백한 것은 미세 전극의 경우 정상 상태에 도달할 수 있고, 정상 상태 확산 한계 전류 크기를 전극 모양이 결정한다는 것이다. 또 미세 전극의 중요한 장점은 확산 한계 전류가 전극 크기에 반비례하고 전극의 크기가 작으므로 전류 밀도가 일반적 평면 전극에 비하여 크다는 것이다.

6.6 회전 디스크 전극

참고 층류와 난류

유체(fluid)의 흐름은 층류(laminar flow)와 난류(turbulent flow)로 분류한다. 흐름 속도가 작을 때, 그림 (a)와 같이 흐름의 수직 방향으로 유체가 혼합되지 않는 흐름이 층류이다. 층류의 특징은 파이프 중앙에서 흐름 속도가 가장 크고, 파이프 벽에서 유체와 파이프 사이 마찰 때문에 흐름 속도는 없다. 그러나 흐름 속도가 클 때, 수직 방향으로 유체가 혼합되는 흐름이 난류이다[그림 (b)].

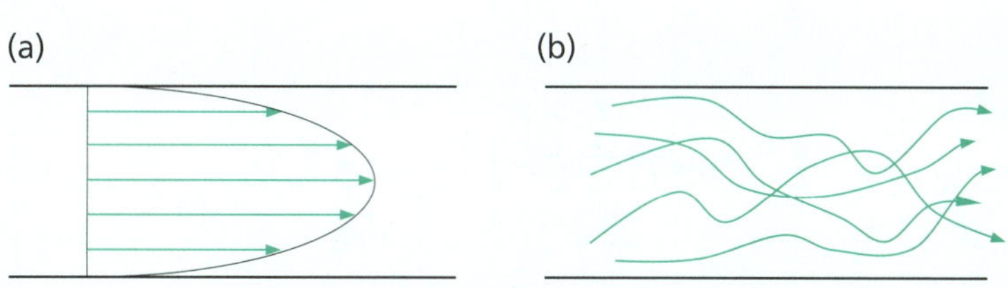

유리 전유체 흐름의 분류. (a) 층류. (b) 난류.

참고 회전 속도

일반적 회전 속도의 단위는 1분에 회전하는 횟수인 rpm(revolution per second)이고, 과학적 회전 속도(각속도(angular velocity)) ω의 단위는 1초에 회전하는 각도인 $rads^{-1}$이다. 두 단위는 혼용되므로, 다음과 같은 두 단위 사이의 관계를 이해할 필요가 있다.

$$\omega(rads^{-1}) = rpm(revolution\ min^{-1})(1\ min/60\ s)(2\pi\ rad/revolution) = (\pi/30)rpm.$$

전기화학 실험에서 확산과 관련하여 중요한 실험이 **회전 디스크 전극**(rotating disk electrode, RDE) 실험이다.

▶ RDE의 전해질 흐름과 Levich 식

그림 6.12는 회전하는 RDE 부근의 전해질 이동을 묘사한다. 디스크 형태의 전극이 비활성 몰드(예: Teflon)에 삽입되어 있어 전극의 전면만 전해질에 노출되고, 전극이 일정 전위기와 전기적으로 접촉하는 구조로 제작된 전극 뭉치가 RDE이다. 전극이 각속도 ω로 회전하면 전해질은 난류 형태로 전극 표면에 수직한 −z 방향으로 이동한다. 전해질이 전극 표면에 가까워지면 −z 방향의 흐름이 r 방향, 즉 전극 중심에서 수평 방향으로 바뀌어 전극 표면을 따라 이동한다(그림 6.12의 밑면도). 이때 전해질과 전극 표면 사이의 마찰은 전해질 흐름을 수직 난류에서 수평 층류로 바뀐다. 다시 말해 전극 표면에 수직 방향으로 유입되던 난류 전해질은 전극 표면과 평행한 층류로 전극 표면 전체를 따라 이동한다. 그러므로 반응물은 수직 난류를 따라 전극 표면 근처까지 대류에 의하여 전달되고, 수평 층류의 수직 방향으로 확산하여 전극 표면까지 이동한다.

확산과 대류가 동시에 일어나는 RDE에서 대류/확산 식은 다음과 같다.

$$\partial C/\partial t = D\nabla^2 C - v\cdot\nabla C \qquad (6.33)$$

식 (6.33)의 오른쪽에서 ▽는 gradient이며, 첫째 항과 둘째 항은 각각 확산 이동과 대류 이동을 의

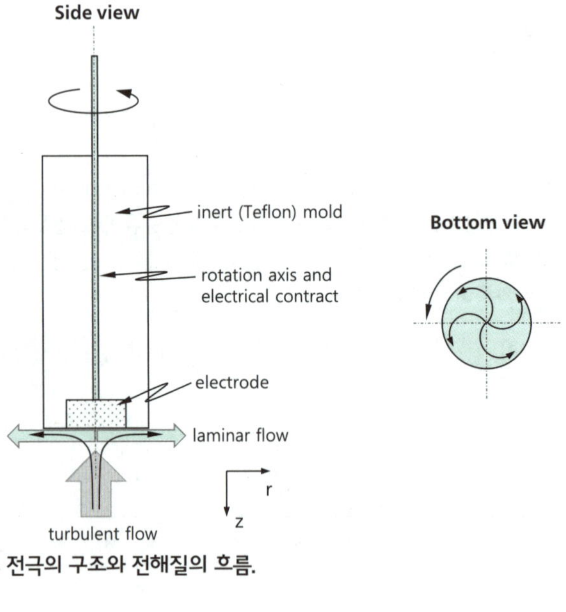

그림 6.12 회전 디스크 전극의 구조와 전해질의 흐름.

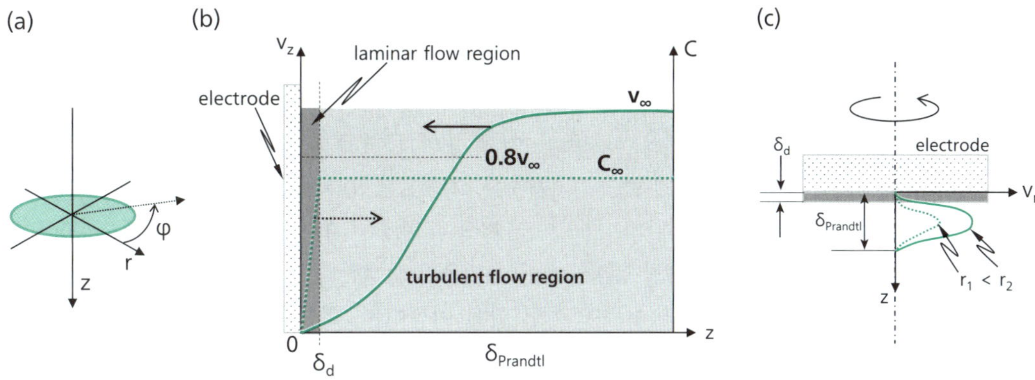

그림 6.13 회전 디스크 전극에서 전해질의 흐름. (a) 원통형 좌표계. (b) z 방향의 전해질 흐름과 농도 프로파일. (c) r 방향의 전해질 흐름.

미한다. 특히 둘째 항에서 **v**는 대류 속도 벡터이며 **v**·▽는 벡터 곱을 의미한다. 식 (6.33)의 해를 얻기 위해서는 원통 좌표계(그림 6.13a)를 도입하는 것이 편리하다. 원통 좌표계에서 난류에 의한 대류는 −z 방향으로 일어나며, 그 속도는 v_z이다. 반면 층류에 의한 대류는 r 방향으로 일어나며, 그 속도는 v_r이다. 전극 전위를 확산 제어 영역으로 인가하면 정상 상태($\partial C/\partial t = 0$)가 되며, 전극 표면에서 농도가 일정하다는 가정을 도입하면 식 (6.33)은 다음과 같이 변환된다.

$$D\partial^2 C/\partial z^2 = v_r \partial C/\partial r + v_z \partial C/\partial z \qquad (6.34)$$

식 (6.34)의 해를 얻기 위해서는 v_z와 v_r를 알아야 한다. 반응물 농도를 C(z)로 표시하면 전위가 확산 제어 영역에 있으므로 전극 표면에서 반응물 농도 C(0) = 0이다. RDE는 정상 상태에 빠르게 도달하므로 농도 C(x,t)에서 시간 t를 제외하고 C(x)로 표현한다. 이러한 조건에서 전극 표면 근처의 v_z와 v_r은 각각 다음과 같다.

$$v_z = -0.51\omega^{3/2}\nu^{-1/2}z^2 \qquad (6.35a)$$

$$v_r = 0.51\omega^{3/2}\nu^{-1/2}rz \qquad (6.35b)$$

식 (6.35)에서 ν는 전해질의 점성 η를 밀도 ρ로 나눈 값으로 정의되는 동점도(kinematic viscosity)이다. 동점도는 이동하는 유체의 운동량 이동까지 고려한 점도이며, 수전해질의 ν 값은 약 0.01 $cm^2 s^{-1}$이다. 먼저 v_z에 대하여 논의해보자(그림 6.13b). $z = \infty$에서 대류 속도 v_∞는 다음과 같다.

$$v_\infty = 0.8845(\omega\nu)^{1/2} \qquad (6.36)$$

식 (6.36)은 회전 속도가 빠를수록, 전해질의 유동성이 좋을수록 벌크 전해질이 빠르게 전극 표면으로 이동함을 의미한다. 그러나 대류하는 전해질이 전극에 가까워지면($z \longrightarrow 0$) v_z는 식 (6.35a)에 의하여 감소한다. $v_z \approx 0.8v_\infty$이 되는 지점에서 전극 표면과 수평 방향으로 전해질 흐름 속도 v_r이 증가하기 시작한다(그림 6.13c). $0.8v_\infty$이 되는 지점을 Prandtl 층 두께(Prandtl layer thickness) $\delta_{Prandtl}$라고 하며, 다음과 같이 표현된다.

$$\delta_{Prandtl} = 3.6(\nu/\omega)^{1/2} \qquad (6.37)$$

예를 들면 회전 속도가 1000 rpm일 때 $\delta_{Prandtl} \approx 352\ \mu m$이다. 그림 6.13c는 전극 표면 근처에서 v_r의 분포를 예시한다. 전해질이 $\delta_{Prandtl}$에 접근하면 v_z는 z^2에 비례하여 감소하므로[식 (6.35a)] 전극 표면 근처에서 흐름 속도가 급격히 감소한다. 한편 식 (6.35b)에 따라 v_r는 전극 표면으로 접근할수록 증가한다. 그러나 회전하는 전극 표면과 전해질 사이에 마찰력이 존재하므로 표면에서 $v_r \approx 0$이다. $z = \delta_{Prandtl}$과 $z = 0$에서 $v_r = 0$이므로, $0 < z < \delta_{Prandtl}$ 구간에서 전극의 반지름에 의존하는 최대 v_r이 나타난다. 그러므로 전극 표면($z = 0$)에서 $v_z \approx 0$이며, $v_r \approx 0$이다. 다시 말해 전극 표면에 정지된 전해질 층(stagnant layer)이 존재한다. 정지된 전해질 층에서 $-z$ 방향으로 일어나는 물질 이동은 대류 이동이 아닌 확산 이동이며, 확산층 두께 δ_d와 $\delta_{Prandtl}$의 관계는 다음과 같다.

$$\delta_d = (D/\nu)^{1/3}\delta_{Prandtl} \qquad (6.38)$$

$D = 5 \times 10^{-6}\ cm^2s^{-1}$인 경우, $\delta_d \approx 0.08\delta_{Prandtl}$이다. 다시 말해 그림 6.13c에서 전극과 전해질의 마찰에 의하여 생겨난 v_r의 분포에서 전극 표면과 인접한 전해질의 층류에서만 확산이 일어난다. 회전 속도가 1000 rpm일 때 δ_d는 ~28 μm이며, 이 값은 평면 전극에 전위 계단 인가 후 t = 0.1~1 s 동안에 형성되는 확산층 두께의 값(그림 6.5a와 b)과 비슷하다.

v_z와 v_r를 알았으므로 식 (6.34)의 해를 얻을 준비가 되었다. 식 (6.34)의 해를 얻고 확산 제어 조건에서 전극 표면의 농도 기울기는 다음과 같다.

$$(\partial C/\partial z)_{z=0} = 0.62D^{-1/3}\nu^{-1/6}\omega^{1/2}C(\infty) \qquad (6.39)$$

식 (6.39)는 r을 포함하고 있지 않으므로, RDE 표면 전체에서 농도는 균일하다. $C(0) = 0$을 가정하였으므로, δ_d는 다음과 같다.

$$\delta_d = 1.61D^{1/3}\nu^{1/6}\omega^{-1/2} \qquad (6.40)$$

식 (6.40)의 중요한 의미는 확산층 두께 δ_d가 $\omega^{-1/2}$에 비례하므로 실험을 통하여 δ_d를 제어할 수 있다는 사실이다. 식 (6.39)를 확산 한계 전류 i_l로 변환하면 다음과 같은 **Levich 식**이 된다.

$$i_l = nFAC(\infty)/\delta_d = 0.62nFAD^{2/3}\nu^{-1/6}\omega^{1/2}C(\infty) \qquad (6.41)$$

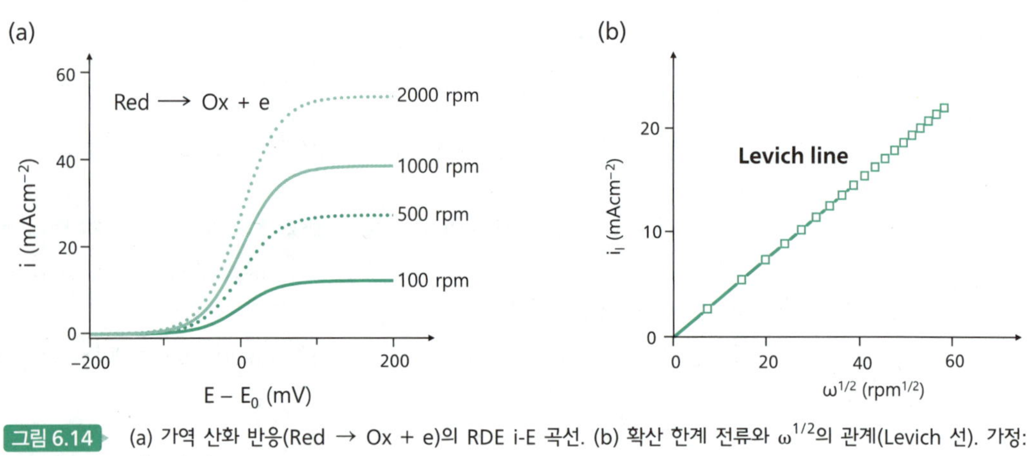

그림 6.14 (a) 가역 산화 반응(Red → Ox + e)의 RDE i-E 곡선. (b) 확산 한계 전류와 $\omega^{1/2}$의 관계(Levich 선). 가정: $D_{Red} = 5 \times 10^{-6}\ cm^2s^{-1}$, $C(\infty) = 0.1$ M, T = 298 K.

식 (6.41)과 식 (6.4)를 비교하면 RDE의 물질 전달 계수 m_{Red}와 m_{Ox}는 다음과 같다.

$$m_{Red} = 0.62D_{Red}^{2/3}\nu^{-1/6}\omega^{1/2} \quad (6.42a)$$
$$m_{Ox} = 0.62D_{Ox}^{2/3}\nu^{-1/6}\omega^{1/2} \quad (6.42b)$$
$$(m_{Ox}/m_{Red}) = (D_{Ox}/D_{Red})^{2/3} \quad (6.42c)$$

그림 6.14a는 RDE에서 모사한 Red $\longrightarrow$ Ox + ne 가역 산화 반응의 추출 전류-전압 곡선이다. 가역 반응의 i-E 곡선 모양은 RDE와 정지된 평면 전극(그림 6.4)이 큰 차이를 보이지 않는다. 예를 들면 그림 6.14a i-E 곡선의 반파 전위 $E_{1/2}$는 $E° + (RT/nF)\ln(m_{Red}/m_{Ox}) = E° + (RT/nF)\ln(D_{Red}/D_{Ox})^{2/3}$으로, 도시한 곡선에서 $D_{Red} = D_{Ox}$이므로 $E_{1/2} = E°$이다. 그러나 $D_{Red} \neq D_{Ox}$이면 RDE와 정지된 평면 전극의 $E_{1/2}$은 일치하지 않는다. 한편 RDE의 회전 속도 ω가 증가함에 따라 확산층 두께가 감소하여 확산 속도가 증가하므로 확산 제어 영역의 확산 한계 전류가 증가한다. 또한 전위와 무관하게 모든 전류가 $\omega^{1/2}$의 영향을 받으므로 $E_{1/2}$의 변동은 없다. 그림 6.14b는 확산 한계 전류와 $\omega^{1/2}$의 선형 관계(Levich line)를 예시한다.

Koutechý-Levich 식

RDE의 핵심은 확산층 두께를 조절하여 물질 전달 속도 v_{mt}의 제어가 가능하다는 것이다. 전극에 흐르는 전류 i를 물질 전달 속도 v_{mt}와 전하 전달 속도 v_{ct}의 상대적 크기가 결정한다. 만약 v_{ct}가 일정한 상황(과전압이 일정한 상황)에서 RDE의 회전 속도 ω를 조절하여 v_{mt}를 제어하면, 두 속도의 상대적 크기가 정해지고 관찰하는 전류 i를 지배하는 과정은 ω에 따라 변화한다.

그림 6.15를 생각해 보자. ω가 작을 때에는 확산층이 두꺼우므로 확산 속도가 작아 $v_{ct} \gg v_{mt}$가 되어 흐르는 전류는 확산 전류(i_d)이다. 가역 반응은 모든 전위에서, 준가역/비가역 반응은 확산 제어 영역의 전위에서 이에 해당하며, 전류 i와 $\omega^{1/2}$의 관계는 원점을 지나는 Levich 선으로 표현된다(그림 6.15의 확산 한계 영역). ω가 아주 크면 확산층 두께가 매우 작으므로 $v_{ct} \ll v_{mt}$가 되어 전류는 전하 전달 과정이 지배하는 i_{ct}가 된다. 이 경우, v_{mt}가 아무리 변화하여도 전류의 변화는 없다. 준가역/비가역 반응의 전극 전위가 반응 속도 제어 영역에 있을 때가 이에 해당한다(그림 6.15의 반응 속도 한계 영역). v_{ct}와 v_{mt}가 대등한 상황($v_{ct} \approx v_{mt}$)에서는 물질 전달과 전하 전달이 동시에 작동하므로 전류 i는 두 과정에 모두 영향을 받는다($i = i_{ct} + i_d$)(그림 6.15의 혼합 영

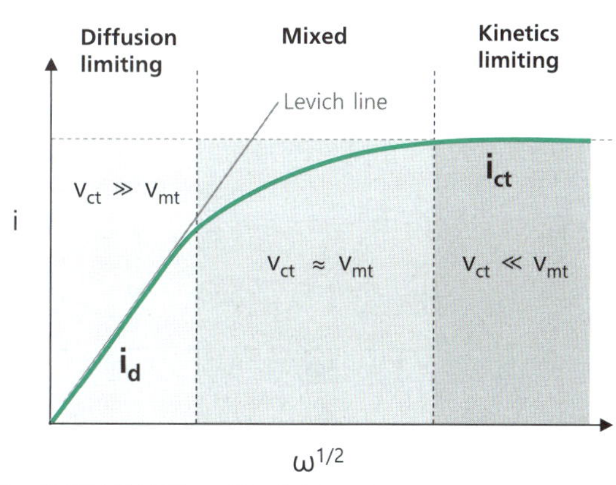

그림 6.15 **RDE 회전 속도 ω와 전류의 관계.** 전하 전달 속도와 물질 전달 속도의 상대적 비가 전류를 지배한다.

역). 과전압이 일정하면 v_{ct}가 일정하므로 i_{ct}는 고정값이지만, $\omega^{1/2}$의 함수인 i_d는 변화하는 값이다. 혼합 영역에서 $i = i_{ct}(\eta) + i_d(\omega^{1/2})$이므로 $\omega^{1/2}$과 전극 전류 i의 관계에서 $\omega^{1/2}$를 변화시키면 고정값 i_{ct}를 산출할 수 있다. i_{ct}는 표준 속도 상수 k°와 연결되므로(제5장), 전하 전달 속도를 측정할 수 있다.

비가역 Red ⟶ Ox + e 산화 반응에 과전압 η를 인가하면 식 (5.28)로부터 전류 i(η)를 다음과 같이 표현할 수 있다.

$$\begin{aligned} i(\eta) &= FAk^\circ C_{Red}(0)\exp[(1-\alpha)F\eta/RT] \\ &= FAk(\eta)C_{Red}(0) \end{aligned} \tag{6.43}$$

식 (6.43)의 $C_{Red}(0)$는 식 (6.5)을 이용하여 다음과 같이 표현할 수 있다.

$$i(\eta) = FAk(\eta)C_{Red}(\infty)(1 - i(\eta)/i_l) \tag{6.44}$$

$v_{ct} \ll v_{mt}$ 조건에서 전류 $i_{ct}(\eta) = FAk(\eta)C_{Red}(\infty)$로 정의하면, 식 (6.44)는 다음과 같이 변형된다.

$$i(\eta) = i_{ct}(\eta)(1 - i(\eta)/i_l) \tag{6.45a}$$

$$1/i(\eta) = 1/i_{ct}(\eta) + 1/i_l \tag{6.45b}$$

식 (6.45a)를 정리하면 식 (6.45b)가 되고, RDE의 i_l은 식 (6.41)로 표현되므로, 식 (6.45b)는 다음과 같다.

$$1/i(\eta) = 1/i_{ct}(\eta) + 1/[0.62nFAD^{2/3}\nu^{-1/6}C(\infty)\omega^{1/2}] \tag{6.46}$$

식 (6.46)을 **Koutechý-Levich 식**이라 한다. 큰 과전압의 $i_{ct}(\eta)$는 매우 크므로(확산 제어 영역), 식 (6.46)은 Levich 식이 된다. 그러나 작은 과전압의 $i_{ct}(\eta)$는 작으므로(혼합 영역), i(η)는 $\omega^{1/2}$이 증가하면 $i_{ct}(\eta)$에 수렴한다(그림 6.15).

그림 6.16은 준가역적 반응에 Koutechý-Levich 식을 적용하여 표준 속도 상수 k°를 결정하는 모사 실험의 과정을 예시한다. 그림 6.16a는 준가역 반응 Red ⟶ Ox + e가 RDE에서 보이는 추출 전류-전압 곡선이다. $E_{1/2}$은 가역 반응에 비하여 높은 전압 쪽으로 약 60 mV 이동하고, 회전 속

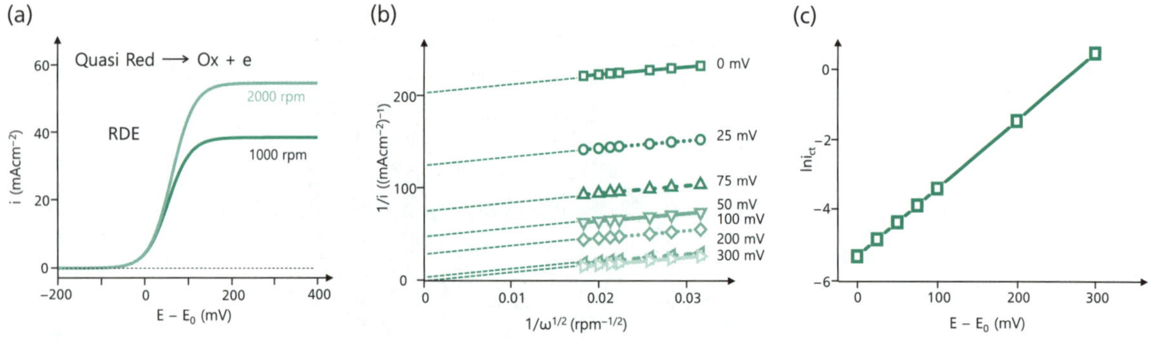

그림 6.16 준가역 산화 반응(Red → Ox + ne)의 Koutechý-Levich 거동. (a) RDE i-E 곡선. (b) Koutechý-Levich 플롯. (c) $\ln[i_{ct}(\eta)]$-η 플롯. 가정: $k^\circ = 5 \times 10^{-4}\ cms^{-1}$, $\alpha = 0.5$, $D_{Red} = D_{Ox} = 5 \times 10^{-6}\ cm^2s^{-1}$, $C(\infty) = 0.1$ M, T = 298 K.

도가 증가하면 확산 한계 전류가 증가한다. 다양한 ω에서 i-E 곡선을 얻고, 여러 과전압 η에서 전류 $i(\eta)$를 측정하고, $1/i(\eta)$를 $\omega^{-1/2}$에 대하여 도시한 그래프가 그림 6.16 (b)이다. Koutechý-Levich 직선 기울기는 식 (6.46)에서 $1/[0.62nFAD^{2/3}\nu^{-1/6}C(\infty)]$이므로 그림 6.16b의 직선들은 모두 평행하다. $1/i_{ct}(\eta)$는 직선의 절편이다. 그러나 $1/i_{ct}(\eta)$를 산출하기 위해서 실험에서 관찰한 직선을 추세한다. ω를 무한히 증가시키면 추세 없이 $1/i_{ct}(\eta)$를 얻을 수 있지만, 현실에서는 불가능하다. 일반적으로 ω는 수백~수천 rpm 범위에 있는데, 회전 속도가 낮으면 주변의 진동이 실험을 방해하고 너무 높으면 전해질이 튀는 등 실험적 어려움이 있다. 그림 6.16b에서 확실한 것은 i_{ct}는 η의 함수이다. 예를 들면 η = 300 mV는 그림 6.15a에서 확산 한계 영역에 해당하고, $i_{ct}(\eta)$가 매우 크므로 $1/i_{ct}(\eta)$는 원점에 수렴한다. i_{ct}와 η의 관계는 i_{ct}의 정의에서 얻을 수 있다.

$$\begin{aligned} i_{ct}(\eta) &= FAk(\eta)C_{Red}(\infty) \\ &= FAk^\circ C_{Red}(\infty)\exp[(1-\alpha)F\eta/RT] \end{aligned} \tag{6.47}$$

식 (6.47)의 양변에 자연로그를 취하면 η에 대한 직선 식을 얻을 수 있다.

$$\ln i_{ct}(\eta) = \ln[FAk^\circ C_{Red}(\infty)] + (1-\alpha)(F/RT)\eta \tag{6.48}$$

그림 6.16b의 절편으로 구한 $i_{ct}(\eta)$를 η에 대하여 도시한 그래프가 그림 6.16c이다. 식 (6.48)과 비교하면 그림 6.16c 직선의 기울기와 절편이 각각 $(1-\alpha)(F/RT)$와 $\ln[FAk^\circ C_{Red}(\infty)]$이다. 그러므로 Koutechý-Levich 직선을 작성할 수 있으면 α와 k°를 구할 수 있다. 비록 모사 실험이기는 하지만, 그림 6.16c 직선의 기울기와 절편에서 α = 0.5와 $k^\circ = 5 \times 10^{-4}$ cms^{-1}임을 확인할 수 있다.

6.7 i-E 곡선과 시간 t

전기화학 연구에서 i-E 곡선의 이해는 매우 중요하다. 전하 전달 과정과 물질 전달 과정이 복합적으로 작용하여 2차원 그림인 i-E 곡선을 얻을 수 있다. i-E 곡선은 반응 속도 상수 k°와 확산 계수 D에 대한 정보를 담고 있다. 그 두 상수의 상대적 크기가 과전압으로 나타난다. 그러므로 i-E 곡선에서 k°와 D를 정성적 측면 또는 정량적 측면에서 읽어내야 한다. 그러나 i-E 곡선의 해석에서 한 가지 잊기 쉬운 것이 시간 t이다. i-E 곡선을 기록할 때 전극이 정상 상태에 있다면 시간의 영향은 없다. 그러나 과도기 상태에 있다면 i-E 곡선은 시간의 함수이며, 해석에 있어서 시간의 영향을 반드시 고려해야 한다. 그러므로 i-E 곡선을 얻는 실험은 i-E-t의 3차원 실험임을 반드시 기억해야 한다.

주요 용어

전류-전압법
물질 전달 계수
반파 전위
Cottrell 식
반응 속도 지표
구형 전극
미세 전극
회전 디스크 전극
Levich 식
Koutechý-Levich 식

연습 문제

6.1 가역 반응 Ox + e $\rightleftharpoons$ Red의 E° = 0.0 V이고 k° = 5 × 10^{-2} cms^{-1}이다. 1 cm^2의 평면 전극에서 $C_{Red}(\infty,t)$ = 0.1 M이고 $C_{Ox}(\infty,t)$ = 0 M인 전해질에서 추출 전류-전압 실험을 진행한다. $D_{Red} = D_{Ox} = 1 \times 10^{-5}$ cm^2s^{-1}이다. 다음의 질문에 답하라.

(a) 확산 한계 상황에 해당하는 전위 +0.3 V를 인가하였을 때, 확산 한계 전류 $i_l(t_s = 0.5\ s)$과 전극 표면으로 확산하는 Red 유동량 J($mols^{-1}$)를 계산하라.

(b) Butler-Volmer 식[식 (5.28)]을 이용하여 전위 +0.3 V에서 전하 전달 과정에 의하여 흐르는 전류 i_{ct}를 계산하라. α = 0.5과 매우 빠른 물질 전달 속도, 즉 $C_{Red}(0,t) = C_{Red}(\infty,t)$를 가정한다.

(c) $i_{ct}/i_l(t_s = 0.5\ s)$를 계산하고 그 의미를 설명하라.

6.2 연습 문제 6.1의 조건에서 계단 전위 +0.05 V를 인가한다. 다음의 질문에 답하라.

(a) $\theta = C_{Ox}(0,t)/C_{Red}(0,t)$, $C_{Ox}(0,t)$, $C_{Red}(0,t)$를 계산하라.

(b) 전위 +0.05 V에서 Cottrell 식을 적용할 수 있는가? 합리적인 이유를 제시하라.

(c) 전위 +0.05 V에서 확산에 의한 물질 전달 전류 $i_{mt}(t_s = 0.5\ s)$를 계산하라.

(d) 전위 +0.05 V에서 반응 속도 지표 λ를 계산하고, 과전압은 어떤 과정과 연관되는지 판단하라.

6.3 Red만 있는 전해질에서 RDE를 이용하여 추출 전류-전압 곡선 실험을 수행한다.

(a) 회전수 0 rpm과 2000 rpm에서 가역 반응의 전류 추출 시간 t_s를 변화하면 확산 한계 전류의 변화와 그 이유를 설명하라.

(b) 준가역 반응의 전류 추출 시간을 변화하면 회전수 0 rpm과 2000 rpm에서 얻은 i-E 곡선 $E_{1/2}$의 기울기 변화를 설명하라.

6.4 E° = 0 mV인 가역 반응(n = 1)에 대하여 추출 전류-전압 실험을 진행한다. D_{Red}/D_{Ox} = 2이다. $E_{1/2}$에 관한 다음의 질문에 답하라.

(a) D_{Red}/D_{Ox} = 2일 때, 다음의 전극에서 관찰되는 $E_{1/2}$를 계산하라.

평면 전극(5 mm); 반구형 전극(2 mm); 디스크 전극(15 μm); RDE(3 mm)

(b) 위의 전극 중에서 t_s에 따라 $E_{1/2}$이 변화하는 전극은 무엇인가? 그 이유를 설명하라.

6.5 아래의 그림과 같이 반지름 10 μm 디스크형 미세 전극이 불활성 전극에 L의 간격으로 1차원 배열을 하고 있다. 확산 한계 영역의 전위로 전위 계단을 인가하면 시간에 따른 확산 모형을 설명하라.

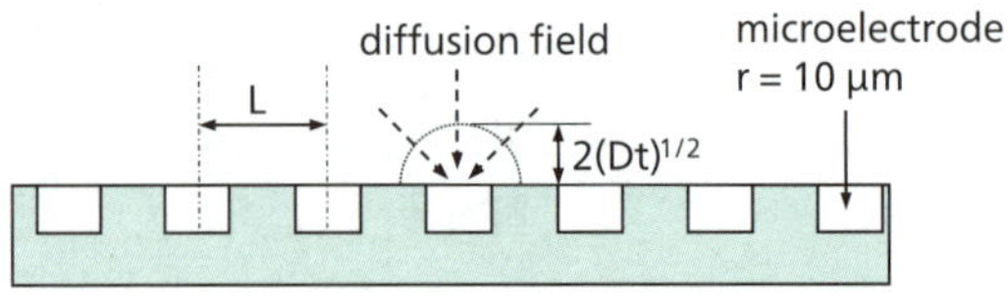

제 7 장 전기화학 이중층과 흡착

차례

7.1 ▸ 전기 모세관과 커패시턴스
7.2 ▸ 전기화학 이중층
7.3 ▸ 전극에 흐르는 두 종류의 전류
7.4 ▸ 흡착 현상
7.5 ▸ 전기화학 이중층과 전하 전달 과정
7.6 ▸ 확산층과 이온 분산층

전극에 흐르는 전류는 두 가지 원인에 기인한다. 하나는 이미 소개한 전하 및 물질 전달 과정의 전류이고, 다른 하나는 이 장의 주제 전기화학 이중층의 전류이다. 동시에 흐르는 두 전류의 구분은 전기화학에서 매우 중요하다. 그러므로 전기화학 이중층의 형성 과정을 이해해야, 이를 통하여 흐르는 전류를 이해할 수 있다. 또한 전기화학 이중층은 전하 전달 과정에도 영향을 미치므로, 그 영향이 나타나는 원리를 살펴볼 필요가 있다. 전기화학 이중층 형성 과정에서 발생하는 흡착 현상도 함께 소개한다.

7.1 전기 모세관과 커패시턴스

그림 7.1a와 같이 전해질 속 모세관에 매달려 있는 Hg 구형의 전극을 생각해 보자. 질량 m인 Hg 전극에 작용하는 중력 mg는 아래 방향으로 작용한다. 한편 액체 Hg 방울의 표면과 평행한 방향으로 작용하는 표면장력(surface tension) γ의 합(그림 7.1a 아래)은 위 방향으로 작용한다. 표면장력이 중력보다 더 크면 Hg 전극은 모세관에 매달려 있게 된다. 그러나 모세관 위의 Hg 저장 용기

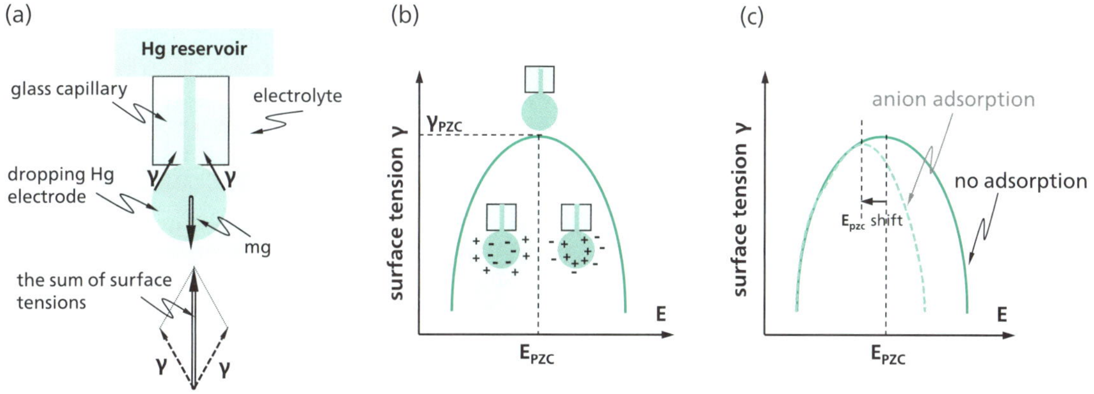

그림 7.1 낙하 Hg 전극(DME)과 표면장력. (a) 낙하 Hg 전극의 모형도와 표면장력 벡터. (b) 표면장력과 전위의 이상적 관계(γ-E 곡선). (c) 흡착된 음이온에 의한 γ-E 곡선의 변화.

(reservoir)에서 Hg가 일정한 속도로 계속 공급되면 중력이 표면장력보다 커지는 순간 Hg 전극은 모세관에서 분리되어 낙하한다. 그래서 Hg 전극을 낙하 Hg 전극(dropping Hg electrode, DME)이라고 한다. Hg의 공급 속도가 일정하다면 DME가 떨어지는 시간은 표면장력에 비례한다.

Hg와 같이 형태가 변화할 수 있는 전극에 전위를 인가하면 표면장력이 변화한다. 전극에 전위를 인가하는 행위는 전극에 전자를 주입하거나 제거하는 행위이다. 전극은 전하 운반체 전자가 무한히 많은 도체이므로 전하는 전극 표면에 존재한다. 전극이 전해질과 접촉하므로, 전극 표면 전하와 반대 전하의 이온이 전해질에서 전극 표면으로 이동하여 두 개의 전하층이 마주 보게 된다(그림 7.1b). 개별 전하층의 전하는 서로 반발하여 전극 면적을 증가하려고 하므로 표면장력이 감소한다. 따라서 DME의 낙하 시간은 감소하게 된다. 그림 7.1b는 DME 전위의 함수로서 DME의 낙하 시간에 비례하는 표면장력의 변화를 예시한다. 전극에 전하가 존재하지 않을 때는 전극 표면에 형성되는 이온층이 없으므로 표면장력은 최대가 되며, 그 전위를 **영 전하 전위**(potential of zero charge, PZC) E_{PZC}라고 한다. E_{PZC} 이상으로 전위를 높이면 전극 내부 표면은 (+) 전하로 대전되고 전해질 외부 표면에 음이온 전하층이 형성되어 표면장력이 감소한다. E_{PZC} 이하로 전위를 낮추면 전극 표면에 양이온 전하층이 형성되므로 DME의 표면장력이 감소한다. 전극 전위에 따른 이와 같은 표면장력의 변화를 **전기 모세관 현상**(electrocapillary)이라고 한다.

전기 모세관 현상을 정량적으로 살펴보자. 전극 표면의 전하 밀도가 q_M일 때 전극 전위를 dE 만큼 변화시키면 전극 표면이 받은 일은 $q_M dE$이고, 표면장력은 $d\gamma$만큼 변화한다. 이들의 관계는 다음과 같다.

$$q_M dE + d\gamma = 0 \tag{7.1a}$$

$$d\gamma/dE = -q_M \tag{7.1b}$$

식 (7.1b)를 Lippmann 식이라 한다. 전극 표면을 경계로 전극 전하와 전해질 이온층의 반대 전하가 마주 보고 있으므로 커패시턴스가 C_{in}인 커패시터(제2장 부록 B 참고)가 형성된다. q_M은 C_{in}과 E로 다음과 같이 표현된다.

$$q_M = C_{in}(E - E_{PZC}) \tag{7.2}$$

식 (7.1b)와 (7.2)를 결합한 후, 양변을 적분하면 다음의 식이 얻어진다.

$$\int_{\gamma}^{\gamma_{PZC}} d\gamma = -\int_{E}^{E_{PZC}} q_M dE = -\int_{E}^{E_{PZC}} C_{in}(E - E_{PZC})dE \tag{7.3a}$$

$$\gamma_{PZC} - \gamma = +C_{in}(E - E_{PZC})^2/2 \tag{7.3b}$$

그러므로 이상적 γ-E의 관계는 그림 7.1b와 같이 E_{PZC}에서 γ_{PZC}가 최대인 포물선이다. 한편 식 (7.1b)를 E에 대하여 미분하면 다음과 같은 식이 얻어진다.

$$d^2\gamma/dE^2 = -dq_M/dE = -C_{dif} \tag{7.4}$$

식 (7.4)의 커패시턴스 C_{dif}를 **미분 커패시턴스**(differential capacitance)라고 하며, 식 (7.3)의 커패시턴스 C_{in}를 **적분 커패시턴스**(integral capacitance)라고 한다. 그 의미를 좀 더 상세히 살펴보자. 그림 7.2에 예시한 바와 같이 q_M-E 곡선에서 적분 구간 E_{PZC}~E_1의 면적을 $(E_1 - E_{PZC})$로 나누면 평

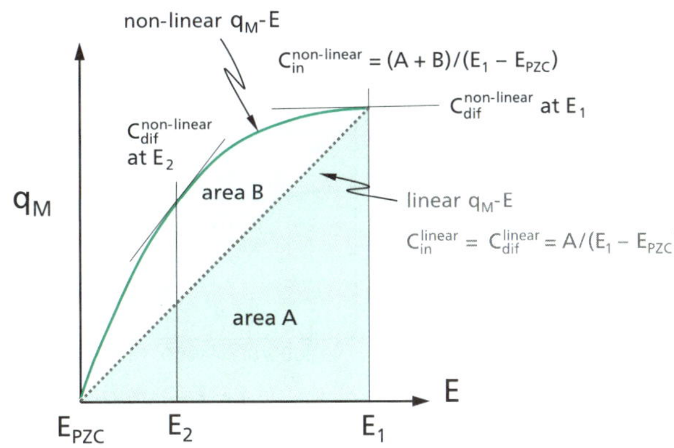

그림 7.2 적분 커패시턴스(C_{in})와 미분 커패시턴스(C_{dif})의 정의.

균 커패시턴스인 C_{in}을 얻는다. 반면 q_M-E 곡선을 특정 E에서 미분하면 $C_{dif}(E)$를 얻는다. 그림 7.2의 점선과 같이 q_M-E 관계가 선형이면 E_1과 E_2에서 기울기는 동일하므로 $C_{dif}^{linear}(E_1) = C_{dif}^{linear}(E_2)$이다. 또한 C_{in}^{linear} = 면적 $A/(E_1 - E_{PZC})$는 직선의 기울기를 의미하므로 선형 q_M-E 관계에서 $C_{in}^{linear} = C_{dif}^{linear}$이다. 그러나 그림 7.2의 실선과 같이 q_M-E 관계가 비선형이면 상황은 달라진다. E_1과 E_2에서 q_M-E 곡선 기울기가 다르므로 $C_{dif}^{non\text{-}linear}(E_1) \neq C_{dif}^{non\text{-}linear}(E_2)$이다. 또한 $C_{in}^{non\text{-}linear}$도 $C_{dif}^{non\text{-}linear}(E)$와 같다는 보장이 없다. 그러므로 $C_{in}^{non\text{-}linear} \neq C_{dif}^{non\text{-}linear}$이다. 이러한 비선형성을 초래하는 대표적인 예가 음이온 흡착이다. 음이온이 흡착하면 그림 7.1c의 쇄선 γ-E 곡선과 같이 E_{PZC}보다 낮은 전위에서는 변화가 없지만 높은 전위에서는 변화하여 E_{PZC}가 낮은 전위로 이동하는 현상이 나타난다.

실험적으로 표면장력 γ의 측정보다는 전위의 함수인 C_{dif}의 측정이 보편적이다. Hg와 같이 변형이 가능한 액체 전극의 γ를 쉽게 측정할 수 있지만, 변형되지 않는 고체 전극의 γ 측정은 불가능하다. 그러나 고체 전극에 임피던스법(제10장)을 활용하면 쉽게 C_{dif}를 측정할 수 있다. 따라서 C_{dif}-E 관계를 논의하는 것이 일반적이다.

그림 7.3은 역사적으로 매우 중요한 KF 용액 속 DME의 미분 커패시턴스 C_{dif}와 전위 E의 관계를 보여준다. C_{dif}-E의 관계는 KF의 농도에 크게 의존한다. E_{PZC}를 중심으로 C_{dif}의 최소점은 낮은 농도에서 뚜렷하지만 높은 농도에서 사라진다. 전극 전위 E가 E_{PZC}에서 멀어지면 농도의 증가에 따라 C_{dif}는 변화한다. 일반적인 C_{dif}의 값은 평탄한 고체 전극에서 5~50 μFcm^{-2}의 범위에 있으며, 전극의 종류, 표면 상태, 전위, 전해질의 조성과 농도에 의존한다.

7.2 전기화학 이중층

전기 모세관 현상은 전극 표면을 경계로 두 개의 전하층이 있음을 증명한다. 하나는 전극 전위가 결정하는 전극 전하층과 다른 하나는 전극 전하와 반대의 전하를 갖는 전해질 이온층이다. 서로 마주하는 두 개의 전하층을 **전기화학 이중층**(electrical double layer)이라고 한다. 반대 전하의 두 전하층이 서로 마주 보고 있으므로 이들은 커패시터가 되고, 그 커패시턴스가 전위에 따라 변화하는 미분 커패시턴스 C_{dif}이다. 그림 7.3에 예시한 바와 같이 C_{dif}는 전위와 전해질의 농도에 의존한다. 이러한 사실은 전극 전위와 전해질의 농도가 전해질의 이온층 형성에 영향을 미쳐 거시적 C_{dif}를 결정함을 암시한다. 그러므로 전해질 이온층의 미시적 설명은 그림 7.3을 설명해야 한다.

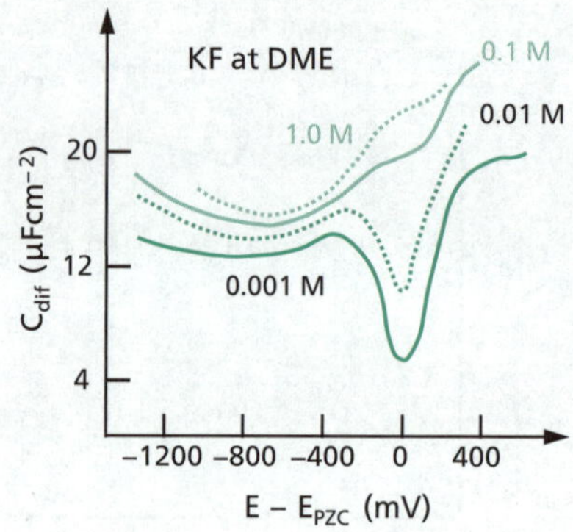

그림 7.3 **KF 용액의 농도에 따른 DME C_{dif}-E 곡선.** (Reprinted and modified with permission from D.C. Grahame, Chem. Rev. 1947, 41, 441. American Chemical Society.)

Helmholtz 모델

Helmholtz 모델의 전기화학 이중층은 거리 d만큼 분리된 두 개의 전하층이 유전 상수 ε인 유전체(용매)를 사이에 두고 전압 E에 의하여 전하 q를 저장하는 단순한 커패시터이다. 이들의 관계는 다음과 같다.

$$q = \varepsilon E/d \tag{7.5}$$

식 (7.5)의 미분 커패시턴스 C_{dif}는 다음과 같다.

$$C_{dif} = dq/dE = \varepsilon/d \tag{7.6}$$

식 (7.6)에 의하면 Helmholtz 모델의 미분 커패시터는 전해질 농도 및 전극 전위와 무관하게 일정하므로, 그림 7.3에서 나타난 C_{dif}의 최저점을 설명하지 못한다.

Gouy-Chapman 모델

그림 7.4는 Gouy-Chapman (GC) 모델을 도시한다. 전도체 전극의 전하 운반체인 전자 농도는 높으므로 전극 전하는 전극 표면에 존재한다. 그러나 전해질의 전하 운반체인 이온 농도는 낮으므로, 이온은 하나의 전하층으로 존재하지 않고, 그림 7.4와 같이 전해질 공간에 흩어진 상태로 분포한다. 그림 7.4에서 전극 전하가 음이므로 전극 표면 근처에서 양이온의 수가 벌크 용액보다 많은 과잉 상태이며, 음이온의 수는 벌크 용액보다 적은 부족 상태이다(그림 7.4의 위). 전극 표면에서 양이온의 과잉 정도와 음이온의 부족 정도는 최대이며, 전극 표면에서 멀어지면 양이온과 음이온의 농도는 벌크 농도에 수렴한다. 양이온과 음이온의 농도가 벌크 농도와 다른 층을 **이온 분산층**(diffuse layer)이라고 한다. 이온 분산층에 양이온이 음이온보다 많으므로 이온 분산층의 전체 전하는 양이며, 그 크기는 전극의 음전하와 같다. 그러므로 전극 전하와 이온 분산층 전하를 합하면 전체적 전기적 중성을 유지하게 된다. 이온 분산층 내의 전위 Ψ는 전극 전위 $\Psi_0(= E - E_{PZC})$와 과잉 양 전하에 의한 전위의 합이다. 다시 말해 과잉 양 전하의 전위와 전극 전위 Ψ_0는 반대 부호를 가지므로 전극 표면에서 멀어지면 Ψ는 증가하여 전해질 전위 $\Psi_{solution}$에 수렴한다. 이러한 논의는 이온 분위기(제2장)의 논리와 같다. 다시 말해 전극은 전하량 조절이 가능한 거대한 이온으로, 개념적으로 이온 분산층은 이온 분위기와 같다.

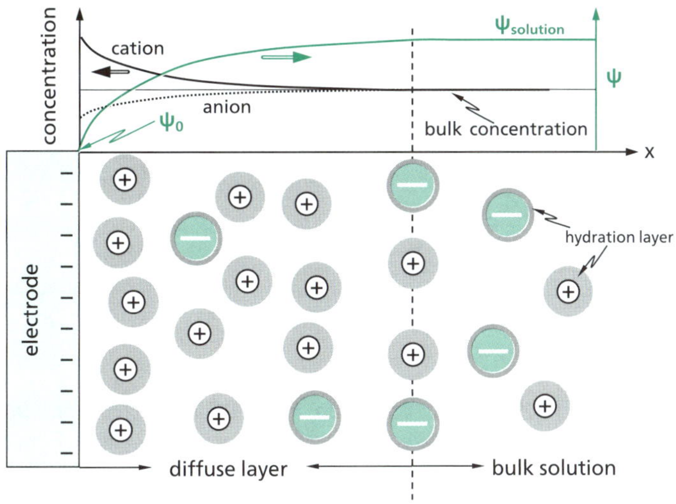

그림 7.4 Gouy-Chapman 모델의 전기화학 이중층.

참고 Diffusion layer와 diffuse layer

diffusion layer와 diffuse layer를 한국어 문헌에서 통상적으로 모두 '확산층'으로 번역한다. 그러나 그 의미는 상당히 다르다. 'diffusion'은 명사로 확산하는 행동을 의미하므로 'diffusion layer'를 번역한 '확산층'은 '물체가 확산하는 층'이다. 'diffuse'는 동사가 아니라 '퍼져 있는' 상태를 표현하는 형용사이다. 그러므로 'diffuse layer'는 '이온들이 공간적으로 흩어진 층'을 의미한다. 또한 'diffuse layer'가 형성되는 원인은 확산(diffusion)이 아니라 전기장 이동(migration)이다. 그러므로 한국어 전기화학 문헌에서 나오는 '확산층'은 어떤 의미의 '확산층'인지 잘 구분해야 한다. 이 책에서 'diffuse'라는 단어를 '흩어져 있는'을 의미하는 한자어 '분산(分散)'을 사용하여 'diffuse layer'를 '이온 분산층'으로 번역한다.

이온 분산층 내 전위 Ψ의 변화를 전극 표면으로부터의 거리 x에 대하여 정량적으로 표현해 보자. 이론적 전개는 이온 분위기의 전기 퍼텐셜을 유도하는 과정과 유사하다. 매우 복잡한 유도 과정을 생략하고, z:z 전해질(예: NaCl, $CaSO_4$)에 대한 최종 결과를 다음과 같이 소개한다.

$$\tanh(ze\Psi/k_BT)/\tanh(ze\Psi_0/k_BT) = \exp(-\kappa x) \quad \textbf{(7.7a)}$$

$$\kappa = [2n^\circ z^2e^2/(\varepsilon_r\varepsilon_0 k_BT)]^{1/2} \quad \textbf{(7.7b)}$$

식 (7.7)에서 k_B는 Boltzman 상수, T는 절대 온도, n°는 벌크 전해질의 이온 개수 농도, z는 이온의 전하가, e는 전자 전하량, 용매의 ε_r과 ε_0는 각각 비유전 상수와 자유 공간 유전율이다. 전극 전위 E와 E_{PZC}의 차이를 일반화하기 위하여 $\Psi_0 = |E^\circ - E_{PZC}|$로 정의한다. 또한 전기화학적 불활성(electrochemically inactive)인 전해질 이온을 가정하므로 전기화학 반응은 없다. 희석 수용액(ε_r = 78.49)을 가정하면 298K에서 κ는 다음과 같다.

$$\kappa = (3.29 \times 10^7)zC^{1/2} \propto I^{1/2} \quad \textbf{(7.8)}$$

식 (7.8)에서 C는 전해질의 농도(M)이며, I는 이온 세기이다. 식 (7.8)의 결과인 κ의 단위가 cm^{-1}이므로 1/κ의 단위는 거리를 의미하는 cm이다. 1/κ의 물리적 의미는 전극 전위 E가 E_{PZC}에 수렴

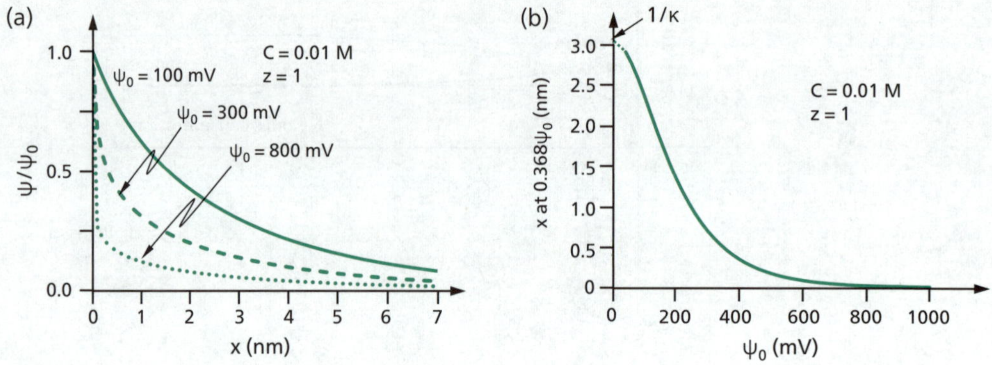

그림 7.5 전극 전위 Ψ_0와 Gouy-Chapman 모델의 전기화학 이중층 특성. (a) Ψ_0의 함수로서 (Ψ/Ψ_0)-x 곡선. (b) $(1/e)\Psi_0(= 0.368\Psi_0)$가 되는 거리 x와 Ψ_0의 관계. 가정: 수용액의 ε_r = 78.49, 1:1 전해질, z = 1, C = 0.01 M, T = 298 K.

할 때($E - E_{PZC} = \Psi_0 \longrightarrow 0$), 가상적으로 형성되는 이온 분산층 두께이다. $E = E_{PZC}$이면, 이온 분산층은 형성하지 않는다. 그러나 $E \neq E_{PZC}$의 조건에서 형성되는 이온 분산층의 두께는, 예를 들면 높은 농도의 전해질에서 이온들이 전극 표면에 더 가깝게 접근하므로 감소하게 된다(이온 분위기 형성 과정을 생각하라). 따라서 $1/\kappa$은 주어진 전해질의 이온 세기가 이온 분산층 두께에 미치는 영향을 반영한다. 결론적으로 식 (7.7)은 전해질과 전극 전위가 이온 분산층의 Ψ에 미치는 영향을 표현하는 식이다. 구체적으로 κ를 포함하는 오른쪽 항은 전해질의 영향을, Ψ_0를 포함하는 왼쪽 항은 전극 전위의 영향을 반영한다.

그림 7.5와 7.6은 식 (7.7)과 (7.8)을 활용하여 계산한 이온 분산층의 특성을 예시한다.

그림 7.5a는 0.01 M 전해질에서 전극 표면으로부터 거리 x에 따른 이온 분산층 전위 Ψ의 변화를 보여준다. 일반적으로 Ψ/Ψ_0는 전극에서 멀어지면 $\Psi/\Psi_0 = 0$가 되어 Ψ는 $\Psi_{solution}$에 수렴한다. 한편 전극 전위 Ψ_0가 증가하면 Ψ/Ψ_0의 감소 비율은 증가한다. 구체적으로 Ψ_0가 100 mV일 때에는 완만하게 감소하지만, 800 mV일 때에는 급격하게 감소한다. 그림 7.5b는 Ψ_0의 함수로서 $\Psi/\Psi_0 = 1/e = 0.368$이 되는 거리 x를 도시한다. x는 $\Psi_0 < 400$ mV의 영역에서 급격히 감소하고, $\Psi_0 > 600$ mV의 영역에서는 0에 수렴한다. 이러한 거동은 전극 전위가 E_{PZC}에서 멀어지면 전극은 반대 전하의 이온을 강하게 끌어당겨 이온 농도가 높은 얇은 이온 분산층을 형성함을

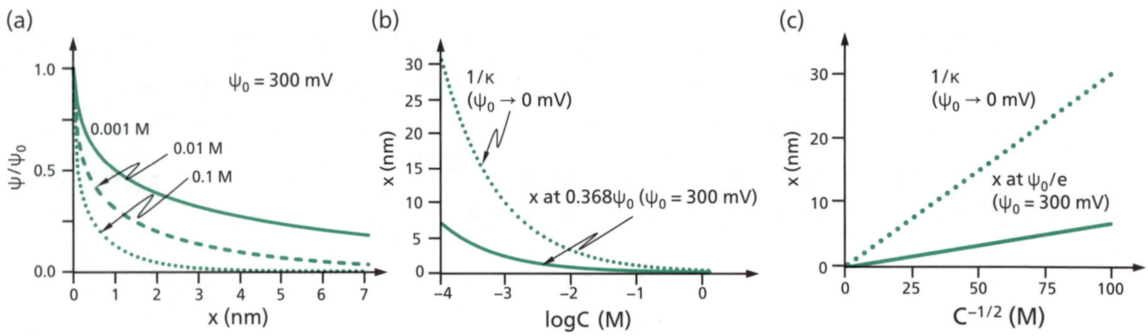

그림 7.6 전해질 농도 C와 Gouy-Chapman 모델의 전기화학 이중층 특성. (a) C의 함수로서 (Ψ/Ψ_0)-x 곡선. (b) logC와 전기화학 이중층 두께. (c) $C^{-1/2}$과 전기화학 이중층 두께. 가정: 수용액의 ε_r = 78.49, 1:1 전해질, z = 1, T = 298 K.

의미한다. 한편 Ψ_0가 E_{PZC}에 수렴하면 이온 분산층이 사라지므로 추세한 x가 $1/\kappa$이다. 그러므로 $1/\kappa$은 $E = E_{PZC}(\Psi_0 = 0)$에서 가상적 이온 분산층의 두께이며, 그 값은 전해질 이온 세기가 결정한다[식 (7.8)]. 그러므로 이온 분산층 두께 x를 전해질과 전극 전위가 결정한다.

그림 7.6은 이온 분산층 특성과 전해질 농도의 관계를 예시한다. 그림 7.6a는 $\Psi_0 = 300$ mV일 때 Ψ/Ψ_0 변화의 농도 의존성을 보여준다. 전해질 농도가 높아질수록 전극 표면으로 이동할 수 있는 이온의 수가 많아지므로 이온 분산층의 이온 농도는 증가하여 Ψ의 감소 비율이 증가한다. 그림 7.6b는 전해질 농도와 Ψ_0가 증가할수록 $\Psi = 0.368\Psi_0$가 되는 x인 이온 분산층 두께의 감소를 도시한다. 구체적으로 C = 0.0001 M(또는 logC = −4)일 때 Ψ_0가 ~0 mV에서 300 mV로 증가하면 이온 분산층 두께가 30 nm에서 7 nm로 감소한다. 반면 C = 0.1 M일 때 이온 분산층 두께는 0.9 nm에서 0.2 nm로 감소한다. Ψ_0가 낮을 때에도 이온 분산층의 두께는 전해질 농도에 상당히 의존한다(그림 7.6b의 점선). 농도가 낮으면 전극 부근에 적은 양의 이온이 있어 이온 분산층 형성 과정에서 Ψ_0에 크게 영향을 받지만, 농도가 높으면 이미 많은 양의 이온이 있으므로 Ψ_0에 적게 영향을 받는다. 그림 7.6c는 그림 7.6b의 x를 $C^{-1/2}$에 대하여 도시한 그림이다. 선형 관계는 이온 분산층 두께 x가 $C^{-1/2}$, 즉 이온 세기 $I^{-1/2}$[식 (7.8)]에 비례함을 의미한다. 그러므로 이온 분산층 Ψ의 감소를 대변하는 이온 분산층 두께는 전극 전위 Ψ_0와 이온 세기 I(또는 전해질 농도 C)에 의하여 결정됨을 기억할 필요가 있다.

이제 미분 커패시턴스 C_{dif}를 계산할 수 있다. 전자기학을 이용하여 Ψ_0의 함수로 전극 전하량 q_M을 얻으면 이온 분산층의 전하량은 $-q_M$이 된다. q_M을 Ψ_0로 미분한 미분 캐퍼시턴스 C_{dif}는 다음과 같다.

$$C_{dif} = dq_M/d\Psi_0 = 228zC^{1/2}\cosh(19.5z\Psi_0) \tag{7.9}$$

식 (7.9)는 희석 용액과 298 K의 조건에서 유도된 식이다. 미분 커패시턴스 C_{dif}와 농도 C의 단위는 각각 μFcm^{-2}과 M이다. 그림 7.7은 농도의 함수로서 계산된 C_{dif} 곡선을 예시한다. E_{PZC}를 중심으로 U자 모양이 C_{dif} 곡선의 특징이며, 농도가 증가하면 C_{dif}의 값이 무한히 증가한다. 이러한 특징은 커패시턴스는 두 전하층 사이의 거리에 반비례함[식 (7.6)]을 기억하면 쉽게 이해할 수 있다. 농도가 낮은 전해질에서 Ψ_0가 작을 때(E_{PZC} 근처), 두꺼운 이온 분산층의 두께가 E에 따라 크게 변하지 않으므로 C_{dif}는 작으며 많이 변하지 않는 U자 밑부분에 해당한다. 반면 Ψ_0가 증가하면 (E_{PZC}에서 멀어지면) 이온 분산층 두께가 감소하므로 C_{dif}는 급격히 증가한다. 앞에서 강조하였듯이 이온 분산층 두께가 0에 수렴하므로 C_{dif}는 무한히 증가한다. 또한 농도가 증가하면 이온 분산층 두께가 감소하여 Ψ_0에 대한 의존성이 E_{PZC} 근처에서도 증가하므로 C_{dif} 곡선은 U자 모양에서 V자 모양으로 변화한다.

GC 모델이 예측하는 그림 7.7과 실험 결과인 그림 7.3을 비교하면, GC 모델의 C_{dif}를 다음과 같은 관점에서 정리할 수 있다.

(i) 전해질의 농도가 낮을 때 관찰되었던 U자 특징이 그림 7.7에서도 나타났으므로 GC 모델은 타당하다. 그러나 그림 7.3에서 농도가 증가하면 U자 특징이 없어지는데, 그림 7.7에서는 그러하지 않다.

(ii) 그림 7.3에서 전극 전위 E가 E_{PZC}에서 멀어질 때 C_{dif}가 변화하기는 하지만 비교적 일정하게 유지되는 특징이 있는데, 그림 7.7에서는 무한히 증가한다.

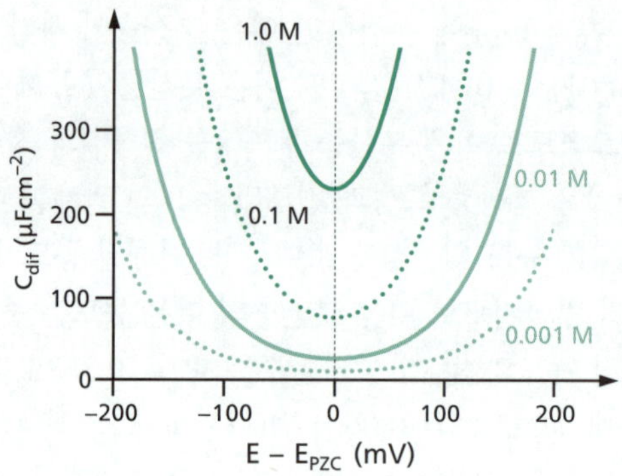

그림 7.7 **Gouy-Chapman 모델의 미분 커패시턴스 C_{dif}와 농도.** 가정: 수용액의 ε_r = 78.49, 1:1 전해질, z = 1, T = 298 K.

(iii) 농도가 증가하면 C_{dif}의 값이 그림 7.3과 7.7에서 모두 증가한다. 농도가 증가하면 이온 분산층의 두께가 감소하여 전극 전하와 이온 분산층 전하 사이의 거리가 감소하므로 C_{dif}의 크기가 증가한다.

(iv) C_{dif}의 값을 비교하면 계산된 값이 측정된 값보다 크다. 구체적으로 계산된 값은 일반적인 전극의 커패시턴스 측정값 5~50 μFcm^{-2}보다 매우 크다. GC 모델이 예측하는 거리가 실제 거리보다 작다면 C_{dif}의 값은 더 크게 계산될 것이다. 예를 들면 그림 7.5b에서 $\Psi_0 = E - E_{PZC}$ = 1000 mV일 때, Ψ가 $0.368\Psi_0$이 되는 거리 x는 0.005 nm이다. 수화된 이온의 크기가 ~0.25 nm 이상이므로(표 2.3), 계산된 0.005 nm는 불합리하다. 이러한 상황이 발생하는 이유는 이온을 점전하로 간주하였기 때문이다.

그러므로 GC 모델은 그림 7.3을 부분적으로 설명한다.

▸ Gouy-Chapman-Stern 모델

그림 7.8은 GC 모델을 보완하는 Gouy-Chapman-Stern(GCS) 모델이다. GC 모델(그림 7.4)과 큰 차이점은 이온 분산층이 시작되는 위치가 전극 표면에서 분리되어 있다는 것이다. 그림 7.8에서 전극 표면을 경계로 금속 쪽에 음전하가 있고, 전해질과 접촉하는 전극 표면에 극성 물 분자의 밀착층이 있다. 그 밀착층의 물 분자 중심을 연결하는 면을 **밀착 내부 Helmholtz 면**(compact inner Helmholtz plane, IHP)이라고 한다. 이는 이온이 수화되는 과정에서 이온 표면에 형성되는 물 분자 밀착층과 같은 개념이다(그림 2.2). IHP 위에 수화된 양이온이 전극 전기장의 영향을 받아 하나의 층을 형성한다. 양이온의 중심을 연결하는 면을 **외부 Helmholtz 면**(outer Helmholtz plane, OHP)이라고 한다. OHP에서부터 과잉 양이온과 부족 음이온이 존재하는 이온 분산층이 형성된다. 전극 표면으로부터 더 멀어지면 전극 전기장의 영향이 미치지 않는 벌크 용액이 된다. 주목할 사항은 흡착된 음이온이다. 음이온은 수화층의 일부 혹은 전부가 제거되면서 IHP를 뚫고 전극 표면과 강하게 상호작용하여 흡착할 수 있다. 흡착 현상은 후에 자세히 다룬다.

GCS 모델에서 전해질 전위 Ψ가 전극 표면으로부터 감소하는 거동은 OHP를 기준으로 다르다. 전기화학 이중층 전위 Ψ는 전극 표면(x = 0)에서 OHP의 위치 x_{OHP}까지는 선형적으로, x_{OHP}부터 시작하는 이온 분산층에서 지수 함수적으로 감소한다. OHP 전위 Ψ_{OHP}는 전극 표면에서

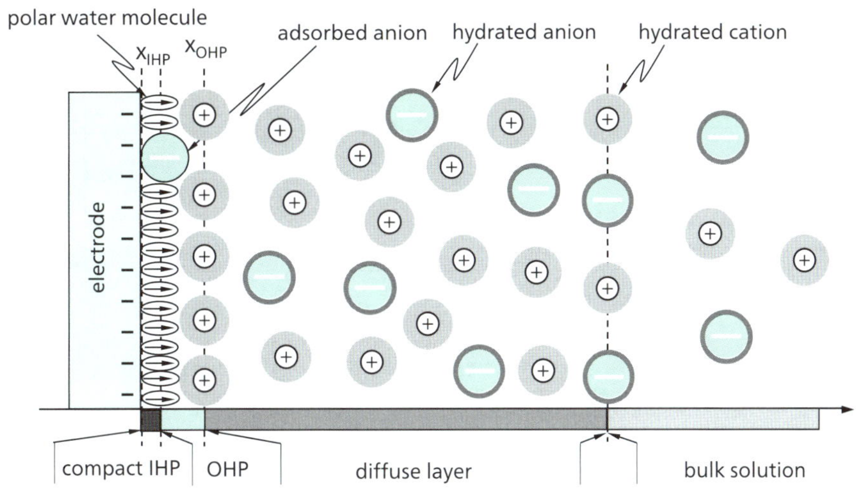

그림 7.8 Gouy-Chapman-Stern 모델의 전기화학 이중층.

OHP에 이르기까지 추가의 전하가 관여하지 않으므로 전극 전위 Ψ_0, 전극 표면과 OHP 사이에 있는 물 밀착층의 비유전 상수 ε_H와 거리 x_{OHP}에 의해 결정된다.

$$\Psi_0 = \Psi_{OHP} - [(d\Psi/dx)_{x = x_{OHP}})]x_{OHP} \quad (7.10a)$$

$$[(d\Psi/dx)_{x = x_{OHP}})] = -(8n^\circ k_B T/\varepsilon_H \varepsilon_0)^{1/2} \sinh(ze\Psi_{OHP}/2k_B T) \quad (7.10b)$$

$$= -(1.6885 \times 10^6)C^{1/2} \sinh(ze\Psi_{OHP}/2k_B T) \quad (7.10c)$$

전극 전기장의 영향을 받지 않는 벌크 용액의 경우, 극성 물 분자는 열에너지에 의하여 무작위로 배열된다. 그러나 전극 전기장의 영향을 강하게 받는 IHP의 물은 일정하게 배열되어 있다. 이러한 이유에서 ε_H는 물 또는 희석된 수용액의 비유전 상수(78.49)보다 작으며 일반적으로 5~6의 범위에 있다고 알려져 있다. 식 (7.10b)에서 $\varepsilon_H = 5$로 가정했을 때 T = 298 K에서 상수들을 정리하면 식 (7.10c)가 된다. 그러므로 Ψ_{OHP}를 가정하면 Ψ_0를 계산할 수 있다. 한편 x_{OHP}부터 Ψ_{OHP}의 영향을 받아 이온 분산층이 형성되므로, 이온 분산층의 Ψ는 식 (7.7a)를 다음과 같이 변형하면 다음과 같다.

$$\tanh(ze\Psi/k_B T)/\tanh(ze\Psi_{OHP}/k_B T) = \exp[-\kappa(x - x_{OHP})] \quad (7.11)$$

식 (7.10)과 (7.11)을 활용하여 Ψ_{OHP} = 150 mV에서 모사한 Ψ 프로파일이 그림 7.9a이다. 전극 표면부터 x_{OHP}까지 Ψ는 선형적으로 감소하며, x_{OHP} 이상에서는 지수 함수적으로 감소한다. x_{OHP}에서 $1/\kappa$만큼 떨어진 거리의 전위를 제타 퍼텐셜(zeta potential) Ψ_ξ이라고 하며, 전하를 가지는 입자의 크기 측정에 중요한 물리적 성질이다.

Helmholtz 층의 존재는 전하 전달 과정의 근본적 원인이다. 그림 7.9a의 조건에서 전극에 228 mV의 전위를 인가하면 Ψ_{OHP} = 150 mV가 되며, 전극 표면과 OHP 사이의 전기장 세기는 1.6×10^8 Vm^{-1}(= 78 mV/0.5 nm)이 된다. 전극 표면과 OHP 사이의 전기장 세기는 일반적으로 10^8~10^9 Vm^{-1}인데, 이 정도 크기의 전기장 안에 있는 분자는 상당히 변형되어 전자를 전극과 교환하게 된다. 그림 7.9b는 농도에 따른 $|\Psi_0|$와 $|\Psi_{OHP}|$의 관계를 보여준다. $|\Psi_0|$가 증가하면, 반

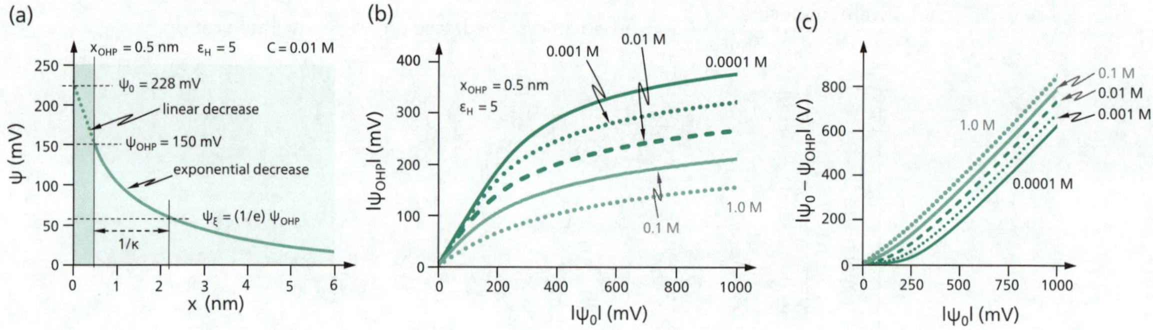

그림 7.9 **Gouy-Chapman-Stern 모델의 전기화학 이중층 특성.** (a) 전기 퍼텐셜 Ψ과 거리 x. (b) Ψ_{OHP}와 Ψ_0의 관계. (c) $|\Psi_0 - \Psi_{OHP}|$와 $|\Psi_0|$의 관계. 가정: Helmholtz층 $\varepsilon_H = 5.0$, 이온 분산층 $\varepsilon_r = 78.49$, 1:1 전해질, z = 1, $x_{OHP} = 0.5$ nm, $\Psi_{OHP} = 150$ mV, C = 0.01 M, T = 298 K.

대 전하의 이온이 이온 분산층으로 모이게 되고 OHP의 반대 전하 이온의 수가 증가하여 $|\Psi_{OHP}|$가 결정된다. 그림 7.9c는 $|\Psi_0|$의 함수로서 $|\Psi_0 - \Psi_{OHP}|$를 예시한다. $|\Psi_0|$가 증가하면 $|\Psi_0 - \Psi_{OHP}|$도 증가하는데, 이는 $|\Psi_0|$가 높을수록 OHP에 있는 반대 전하의 양이 증가하여 IHP에서 Ψ가 급격하게 감소함을 의미한다. 또한 농도가 증가하면 Ψ_{OHP}가 더욱 낮아지는데, OHP와 이온 분산층에 더 많은 반대 전하의 이온이 모이기 때문이다. 결국 $(|\Psi_0 - \Psi_{OHP}|/x_{OHP})$로 정의하는 전극 표면의 전기장 세기는 전극 전위 Ψ_0와 전해질 농도가 지배한다. 그러므로 *전극 전위와 전해질 농도의 제어는 Helmholtz 내 전기장 세기를 조절하여 전하 전달 과정 속도의 제어를 의미한다.*

전극 표면에 형성된 GCS 모델의 커패시턴스를 계산해 보자. 그림 7.10a는 직렬로 연결된 두 개의 커패시터를 예시한다. 하나는 Helmholtz 층에서 형성되는 Helmholtz 캐퍼시터($C_{Helmholtz}$)이고, 다른 하나는 이온 분산층에 형성되는 이온 분산층 캐퍼시터($C_{diffuse}$)이다. 두 캐퍼시터가 직렬로 연결되므로 전기화학 이중층에 의한 미분 캐퍼시턴스 C_{dif}는 다음과 같다.

$$1/C_{dif} = 1/C_{Helmholtz} + 1/C_{diffuse} \tag{7.12}$$

각각의 커패시턴스는 다음과 같다.

$$C_{Helmholtz} = \varepsilon_H\varepsilon_0/x_{OHP} \tag{7.13a}$$

$$C_{diffuse} = \varepsilon\varepsilon_0\kappa\cosh(ze\Psi_{OHP}/2k_BT) \tag{7.13b}$$

$$= \varepsilon\varepsilon_0(3.29 \times 10^7)zC^{1/2}\cosh(ze\Psi_{OHP}/2k_BT) \tag{7.13c}$$

식 (7.13a)의 $C_{Helmholtz}$는 두 전하층이 비유전 상수 ε_H인 유전체를 사이에 두고 거리 x_{OHP}만큼 분리된 단순한 커패시터의 커패시턴스이다. 그러므로 $C_{Helmholtz}$는 전위와 전해질 농도와 무관하다. 반면 $C_{diffuse}$를 표현하는 식 (7.13b)에서 1/κ은 거리이므로 기본적으로 식 (7.13a)와 같은 형태이고, cosh항은 이온 분산층 전하와 관련된다. 식 (7.13b)와 (7.13c)는 식 (7.9)에서 Ψ_0가 Ψ_{OHP}로 바뀐 식이다. 그러므로 $C_{diffuse}$는 전극 전위와 전해질 농도의 함수이다.

그림 7.10b는 GCS 모델의 미분 커패시턴스 C_{dif}와 농도의 관계를 예시한다. C_{dif} 곡선은 E_{PZC} 부근의 전위에서는 U 모양의 곡선을, E_{PZC}로부터 멀리 떨어진 전위에서 일정한 커패시턴스의 직선으로 구성되어 있다. 또한 계산된 C_{dif} 값은 그림 7.3의 실험값과 유사하다. 그림 7.10c는

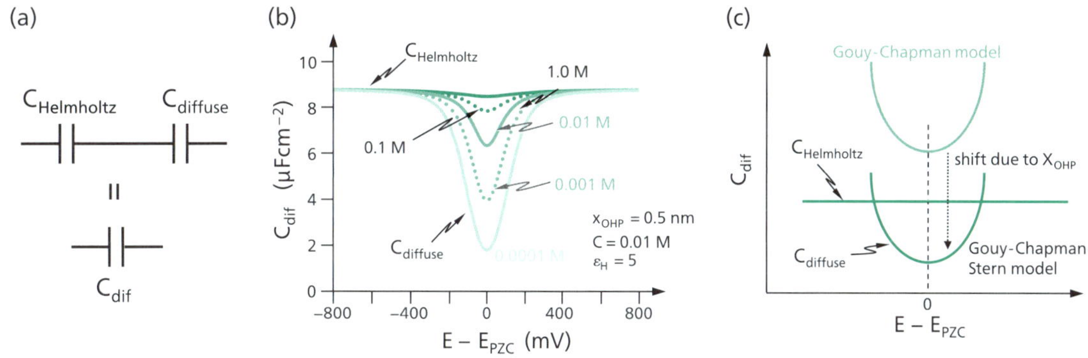

그림 7.10 **Gouy-Chapman-Stern 모델의 미분 커패시턴스 C_{dif}.** (a) $C_{Helmholtz}$와 $C_{diffuse}$를 직렬로 연결한 C_{dif}. (b) 농도 C에 따른 C_{dif}. (c) GC 모델과 GCS 모델의 $C_{diffuse}$ 비교. 가정: OHP의 $\varepsilon_H = 5.0$, 이온 분산층의 $\varepsilon_r = 78.49$, 1:1 전해질, z = 1, $x_{OHP} = 0.5$ nm, T = 298 K.

$C_{Helmholtz}$와 $C_{diffuse}$의 상대적 크기를 설명한다. 점전하 이온이 전극 표면에 가깝게 접근할 수 있는 GC 모델(그림 7.7)에서보다 x_{OHP}가 이온이 접근할 수 있는 최소 거리인 GCS 모델에서 $C_{diffuse}$는 더 작다. 그러므로 U자 모양의 $C_{diffuse}$ 곡선은 GCS 모델에서 아래로 이동한다. $C_{Helmholtz}$ 직선과 $C_{diffuse}$ 곡선이 중첩되면 작은 커패시턴스가 C_{dif}를 결정하므로[식 (7.12)], E_{PZC} 부근의 전위에서는 $C_{diffuse}$가, E_{PZC}로부터 멀리 떨어진 전위에서는 $C_{Helmholtz}$가 C_{dif}를 지배하여 그림 7.10b의 곡선이 나타난다. 농도가 증가하면 $C_{diffuse}$ 곡선은 위로 이동하게 되어 C_{dif}에 대한 $C_{diffuse}$의 기여는 점진적으로 감소한다. 결국 높은 농도의 전해질에서는 모든 전위에서 $C_{Helmholtz}$가 지배하여 C_{dif}는 일정하게 된다.

그림 7.3과 그림 7.10b를 비교하면 GCS 모델은 실험 결과를 전반적으로 설명하지만, 완벽하지는 않음을 알 수 있다. 특히 $C_{Helmholtz}$가 전위와 무관하게 일정하다는 GCS 모델은 수정이 필요하다. 식 (7.13a)에서 ε_H와 x_{OHP}는 일정하다고 가정하였다. 그러나 $|E - E_{pzc}|$가 큰 경우, IHP의 정렬된 물 밀착층이 강한 전기장의 영향을 받으므로 ε_H가 변화할 수 있다. 한편 $E > E_{PZC}$이면 음이온이, $E < E_{PZC}$이면 양이온이 OHP에 있게 된다. 양이온과 음이온의 크기가 다를 수 있으므로, 또 이온의 종류에 따라 그 크기가 다를 수 있으므로 x_{OHP}가 일정하다는 가정은 무리가 있다. 이 이외에도 이온 분산층에서 이온쌍의 형성 등 다양한 현상들이 C_{dif}를 전위에 따라 변화시킬 수 있다. 그럼에도 불구하고 GCS 모델은 전기화학 이중층의 커패시턴스를 이해하는 미시적 그림을 전반적으로 제공한다.

▶ 흡착과 전기화학 이중층 커패시턴스

전해질의 이온들, 특히 음이온은 전극 표면에 흡착하여 IHP에 존재할 수 있다. Hg 전극 표면에 Tl^+ 이온을 제외한 금속 양이온들은 흡착하지 않는다. 그러나 OH^-와 F^- 이온을 제외한 음이온들은 흡착한다. 음이온이 전극 표면에 흡착하는 이유는 크기가 큰 음이온의 최외각 전자쌍이 부분적으로 쉽게 전극으로 이동할 수 있기 때문이다. 흡착한 음이온이 IHP에 있으면 양이온을 OHP로 더 끌어올 수 있으므로 E_{PZC}는 낮은 값으로 이동한다(그림 7.1c). 그림 7.11은 다양한 전해질과 접촉하는 낙하 Hg 전극 DME의 E_{PZC} 이동을 예시한다. F^-는 흡착하지 않는 이온이므로 E_{PZC}는 비교적 일정하게 유지된다. 그러나 Cl^-, Br^-, I^- 이온은 흡착하는 음이온이므로 E_{PZC}가 낮은 전압

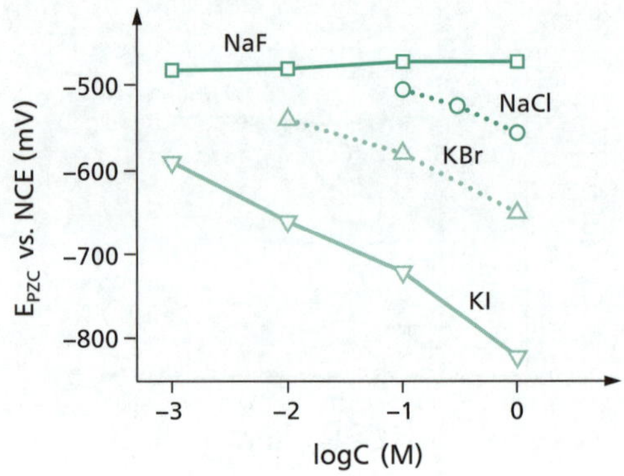

그림 7.11 **다양한 전해질의 농도에 따른 DME E_{PZC}의 변화.** (출처의 표를 그림으로 도시하였음. 출처: D.C. Grahame, Chem. Rev. 1947, 41, 441. American Chemical Society.)

으로 이동한다. 같은 농도(예: 1 M)에서 비교해 보면, 이동하는 정도는 $Cl^- < Br^- < I^-$ 순서이다. 이온의 흡착 능력이 클수록 더 많은 이온이 전극 표면에 흡착하므로, E_{PZC}가 더욱 낮은 전위로 이동하게 된다. 한편 같은 전해질에서 이온 농도가 증가하면, 더 많은 이온이 흡착하므로 E_{PZC}는 더욱 낮은 전위로 이동한다. 결국 전해질에서 바라보는 전극 전하는 흡착한 음이온의 수 또는 전하에 영향을 받게 된다.

IHP의 구조는 전극과 접촉하고 있는 전해질의 조성에 의존한다. 하나의 예가 방금 논의한 음이온의 흡착이다. 또 다른 예로 그림 7.12에서와 같이 전해질에 있는 중성 분자가 전극 표면에 흡착한 IHP(예: pentanol을 포함한 KCl 전해질과 접촉하고 있는 DME)를 생각해 보자. pentanol이 없는 경우, γ-E 곡선은 그림 7.12a의 점선으로 표현된 포물선[식 (7.3b)]으로, IHP에 정렬된 극성 물 분자 밀착층이 존재한다. 한편 E_1~E_2 구간에서 중성 분자가 전극 표면에 흡착하면, 중성 분자의 단분자층(molecular monolayer)이 IHP에 있으므로 표면장력은 일정하다(실선). E_1~E_2 구간 밖에서는 중성 분자가 탈착(desorb)하여 IHP는 다시 물 분자 밀착층으로 바뀌어 점선과 일치하게 된다. 미분 커패시턴스 C_{dif}를 얻기 위하여 그림 7.12a의 γ-E 곡선을 E에 대하여 2번 미분하면[식 (7.4)], 그림 7.12b의 C_{dif}-E 곡선이 얻어진다. 중성 분자가 없는 경우(그림 7.12b의 점선), γ-E 곡선은 포물선이므로 C_{dif}는 일정하다. 중성 분자가 흡착하는 경우(그림 7.12b의 실선) E_1과 E_2에서 C_{dif}의 급격한 변화가 있다. 그 이유는 전위가 증가하는 방향에서 보면 IHP가 E_1에서는 물 분자층

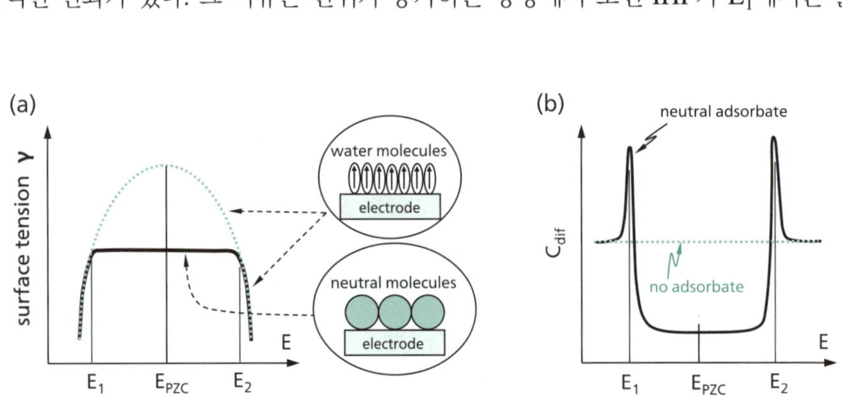

그림 7.12 **중성 분자의 흡착과 전기화학 이중층.** 중성 분자의 흡착에 의한 (a) 가상적 γ-E 곡선. (b) 가상적 C_{dif}-E 곡선의 변화.

에서 중성 분자층으로, E_2에서는 중성 분자층에서 물 분자층으로 바뀌므로 $C_{Helmhortz}$가 급격하게 변화하기 때문이다. 이와 동시에 C_{dif}의 변화는 전극 전하의 변화를 유도하여 전류의 흐름을 수반한다. E_1~E_2 구간에서 안정한 중성 분자 흡착층의 ε_H는 물 분자층의 ε_H보다 작으므로, C_{dif}는 작지만 일정하다.

▶ 전기화학 이중층 커패시턴스를 결정하는 요소들

전기화학 이중층은 Helmholtz층과 이온 분산층으로 구성된다. 두 개의 층을 구성하는 요소들이 전기화학 이중층 커패시턴스 C_{dif}를 결정한다. Helmholtz층을 전해질의 용매가 구성하므로 용매의 종류(물, 유기 용매)와 용매 분자의 정렬에 의한 유전 상수 ε_H과 두께 x_{OHP}가 $C_{Helmholtz}$를 결정한다. 이와 함께 전극 표면에 흡착하는 이온 또는 분자도 $C_{Helmholtz}$에 영향을 미친다. 한편 용매와 이온이 이온 분산층을 구성하므로 용매 유전 상수 ε과 이온 종류, 그리고 농도가 $C_{diffuse}$를 결정한다. 이러한 요소들은 실험에서 선택할 수 있는 변수들이다. 물론 전극 전위도 $C_{Helmholtz}$와 $C_{diffuse}$에 영향을 줄 수 있음도 기억해야 한다.

7.3 전극에 흐르는 두 종류의 전류

전극이 전해질과 접촉하면 전기화학 이중층이 형성되어 커패시턴스 C_{dif}가 생성된다. 전극 전위를 변화하면 전극 전하 q_M도 변화하므로 C_{dif}에 흐르는 전류 i를 식 (7.4)에서 다음과 같이 표현한다.

$$i = dq_M/dt = C_{dif}dE/dt \tag{7.14}$$

식 (7.14)는 전극 전위 혹은 C_{dif}가 변화하면 전극에 전류가 흐름을 의미한다.

그림 7.13a는 그림 4.4의 전지 등가 회로에 전기화학 이중층 커패시턴스 C_{dif}까지 고려한 전극의 등가회로이다. 전극을 통과하여 흐르는 전류는 전하 전달 과정의 저항 R_{ct}에 흐르는 전류와 전기화학 이중층 커패시턴스 C_{dif}에 흐르는 전류이다. R_{ct}에 흐르는 전류는 Faraday 법칙을 따르므로 **faraday 전류**(faradaic current) $\mathbf{i_f}$라고 한다. 반면 C_{dif}에 흐르는 전류는 산화·환원 반응과 무관하며 Faraday 법칙을 따르지 않으므로 **비faraday 전류**(non-faradaic current) $\mathbf{i_{nf}}$라고 한다. 산화·환원 반응의 전하 전달과 전기화학 이중층 형성은 상호 연관이 없으므로 등가 회로에서 R_{ct}와 C_{dif}를 병렬로 연결한다. 그러나 물질 전달 과정은 전하 전달 과정과 연관되므로 R_{mt}는 R_{ct}와 직렬로 연결한다. 그러므로 전극에 흐르는 전류 i는 i_f와 i_{nf}의 합이다. 다시 말해 전극의 전류는 전극 표면에서 전하 전달과 전기화학 이중층 형성으로 분리되어 흐르며 전하가 계면을 떠나면 용액 저항 $R_{solution}$을 지나 상대 전극에 도달한다. 상대 전극의 계면에서 전류는 상대 전극에서 일어나는 전하 전달

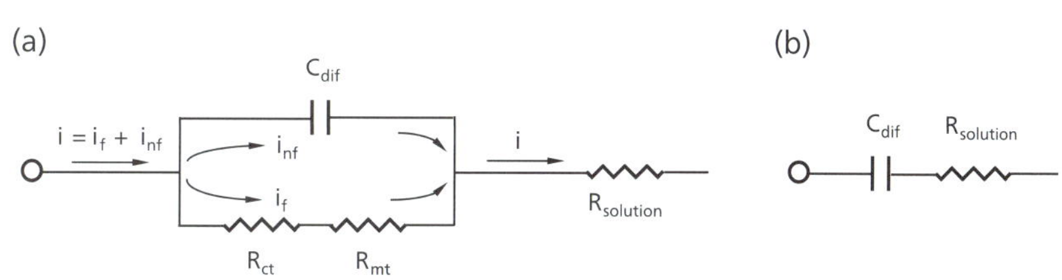

그림 7.13 **전극의 등가회로.** (a) 전기화학 이중층, 전하 전달과 물질 전달을 고려한 전극 등가회로. (b) 이상적 분극 전극의 등가회로.

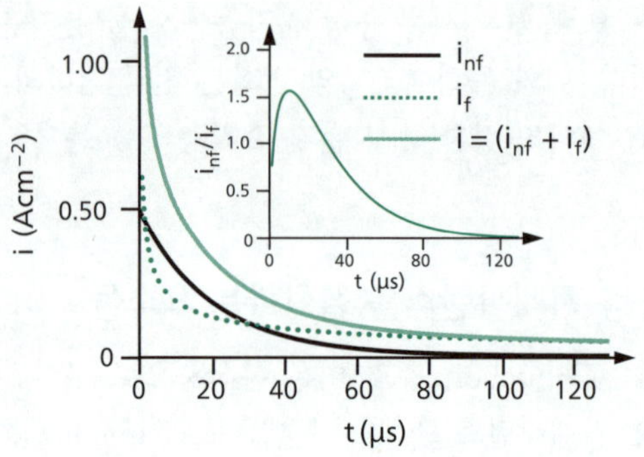

그림 7.14 **시간 t에 따른 faraday 전류(i_f)와 비faraday 전류(i_{nf})의 비교.** 삽입 그림: t와 i_{nf}/i_f. i_{nf} 계산의 가정: C_{dif} = 20 μFcm^{-2}, $R_{solution}$ = 1 Ω. i_f 계산의 가정: 가역 반응, C_{Red} = 0.005 M, D_{Red} = 5 × 10^{-6} cm^{2}s^{-1}, T = 298 K, 전위 계단: 0 mV에서 500 mV.

과정과 전기화학 이중층 형성에 따른 i_f와 i_{nf}로 분리되어 흐르고 다시 합쳐져 전극을 빠져나가게 된다.

이상적 분극 전극을 다시 생각해 보자. 그림 7.13a에서 $R_{ct} = \infty$이면 전하 전달 과정이 발생하지 않고 $i_f = 0$이다. 이 상황은 전기화학 이중층의 이온들이 산화·환원 반응에 참여하지 않는 전기화학적 비활성(electrochemically inactive) 이온이면 가능하다. $R_{ct} = \infty$인 이상적 분극 전극 표면(제4장)에서는 비faraday 전류 i_{nf}만 흐르게 된다. 이상적 분극 전극의 등가회로는 C_{dif}와 $R_{solution}$이 직렬로 연결된 그림 7.13b이다.

그림 7.14는 이상적 분극 전극에 전위 계단을 인가했을 때 C_{dif}에 흐르는 전류를 도시한다. RC 회로에 t = 0에서 전위 E를 인가하면, 회로에 흐르는 전류 $i_{nf}(t)$는 다음과 같다.

$$i_{nf}(t) = (E/R)\exp(-t/RC) \tag{7.15}$$

전류 i를 계산하기 위하여 전극의 전형적인 값 C_{dif} = 20 μFcm^{-2}, $R_{solution}$ = 1 Ω으로 가정하였으며, 전위 계단은 E = 0 mV에서 500 mV이다. 그림 7.14의 검은색 실선이 C_{dif}에 흐르는 전류이다. $i_{nf}(0)$ = 0.5 Acm^{-2}(= 0.5 V/1 Ω)이고, 전류는 지수 함수에 따라 감소한다. $i_{nf}(\tau) = (1/e)i_{nf}(0) = 0.368 i_{nf}(0)$이 되는 시간 τ (= RC)를 **RC 시간 상수**(time constant)라고 하며, τ는 i_{nf}가 감소하는 속도를 결정하는 요소이다. 일반적인 전기화학 실험에서 지지 전해질의 농도가 τ를 결정한다.

그림 7.14의 점선은 이상적 분극 전극에 Red만 있는 전해질에서 E = 0 mV에서 500 mV로 이동하는 전위 계단을 인가했을 때 가역 반응 Red ⟶ Ox + e 반응의 Cottrell 확산 전류[식 (6.12)]이다. faraday 전류 i_f는 $t^{-1/2}$에 비례하므로 전위 계단 초기에는 실선 i_{nf}보다 빠르게 감소하지만, 시간이 지나면 i_f는 i_{nf}보다 큰 값을 유지한다. 그림 7.14의 녹색 선으로 표시한 전극 전류 i는 ($i_f + i_{nf}$)이므로 i_{nf}는 관심의 대상인 i_f 측정에서 **배경 전류**(background current)이다. i_{nf}/i_f를 시간에 대하여 도시한 삽입 그림에서 전위 계단 초기에는 전극 전류에 i_{nf}가 크게 기여함을 알 수 있다. 전극 전위가 시간의 함수인 전기화학 연구에서 배경 전류 i_{nf}가 항상 존재한다. 특히 전위가 급격히 변화하는 빠른 실험에서 i_{nf}가 i_f 측정의 감도(sensitivity)를 감소할 수 있다.

7.4 흡착 현상

흡착은 혼합될 수 없는 두 개의 상(phase)이 만나는 계면(interface)에서 일어나는 현상이다. 전기화학의 주된 관심사인 고체 전극과 액체 전해질이 접촉하면 전극 표면(electrode surface)이라고 하는 계면에서 전기화학 이중층이 형성되고 전하 전달이 진행된다. 이미 언급하였지만, 전극 표면에 흡착하는 전해질의 구성 물질은 계면의 커패시턴스에 영향을 미친다. 이뿐만 아니라 흡착한 물질이 전하 전달 과정에 참여하기도 하고 영향을 주기도 한다. 흡착 현상은 고체-액체뿐만 아니라 고체-기체, 액체-액체, 고체-고체 계면에서도 발생하는 일반적인 현상으로, 표면 화학(surface chemistry)에서 그 이해는 중요하다.

흡착하는 물질(adsorbate)이 전극 표면에 흡착하는 흡착 위치(adsorption site)에 대해 간단히 설명한다. 그림 7.15a는 면심 입방 구조(face-centered cubic, fcc)로 조밀하게 쌓인(close-packed) fcc 금속의 단면도이다. 첫 번째 층의 금속 표면 원자와 두 번째 층 이하의 층에 있는 벌크 금속 원자는 배위수(coordination number)가 다르다. 표면 원자는 9개의 다른 원자와 접촉하고 있지만, 벌크 금속 원자는 12개의 다른 원자와 접촉하고 있다. 그러므로 배위수가 작은 원자로 구성된 표면은 화학 퍼텐셜이 높으므로(불안정하므로), 표면적을 줄이려는 표면장력이 작용하며 표면의 에너지를 낮추려고 한다. 표면의 에너지를 낮추는 방법은 크게 두 가지이다. 변형이 가능한 액체 Hg는 표면 원자의 수가 가장 적은 구를 형성하여 표면적을 최소화하는 방법이 하나이다. 다른 하나는 다른 물질과 결합하여 표면 에너지를 낮추려는 현상인 흡착이다. 흡착이 일어나는 표면의 위치를 흡착 자리(adsorption site)라고 하며, fcc(111) 표면에 흡착할 수 있는 흡착 자리를 그림 7.15b에 예시한다. CO와 같은 작은 분자 또는 원자는 표면 금속 원자 위(atop 자리), 두 금속 원자 사이(bridge 자리) 그리고 세 금속 원자 사이(hollow 자리)에 흡착할 수 있다. benzene과 같이 큰 분자는 흡착 자리를 특정하기 쉽지 않다. 그러므로 분자의 흡착 자리는 흡착물과 표면에 따라 다양할 수 있다.

표면과 물질 G의 흡착 과정은 일반적으로 다음과 같이 표현한다.

$$\mathrm{G} + * \longrightarrow \mathrm{G}* \tag{7.16a}$$

$$\mathrm{G(aq)} \longrightarrow \mathrm{G(ad)} \tag{7.16b}$$

식 (7.16a)에서 *는 흡착 자리이다. 표면에 흡착한 G의 양을 **표면 과잉 농도**(surface excess concentration) Γ라고 하는 2차원 농도(molcm^{-2})로 표현한다. 흡착물이 단원자층(monatomic layer) 혹은 단분자층(mono-molecular layer)을 형성한다고 가정했을 때, 최대 흡착량을 **포화 표면 과잉 농도**(saturated surface excess concentration) Γ_s라고 한다. 물론 흡착물이 여러 개의 층을 형성한다면 표면 과잉 농도는 Γ_s보다 클 수 있다.

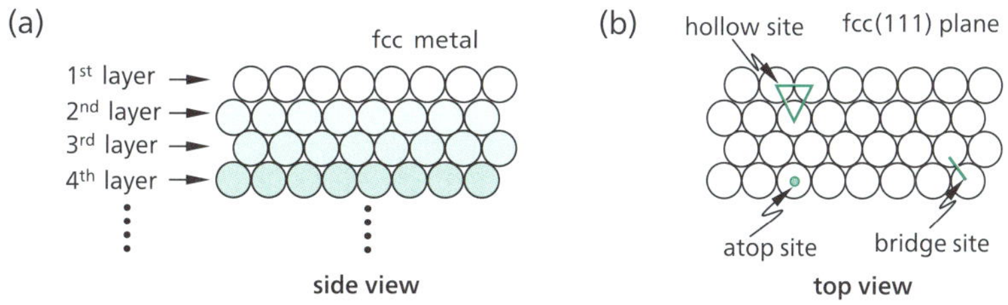

그림 7.15 **면심 입방 구조(fcc) 금속.** (a) 단면도. (b) (111) 표면의 흡착점.

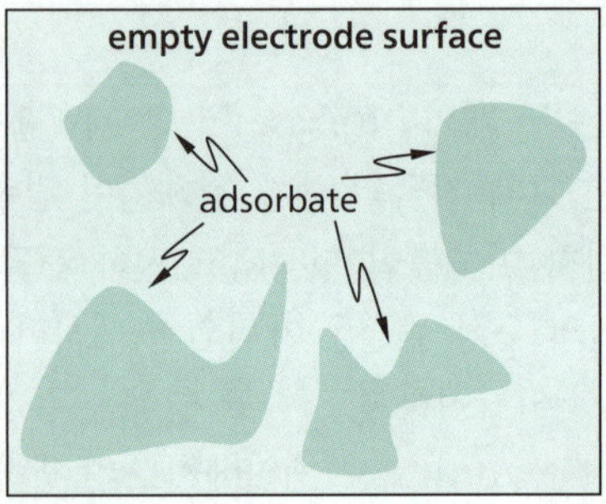

그림 7.16 전극 표면과 흡착물의 가상도.

일반적인 흡착 반응은 평형 반응이다. 이 서술은 흡착 과정의 역과정, 즉 탈착 과정이 있음을 의미한다. 따라서 가역 흡착 반응을 다음과 같이 표현할 수 있다.

$$G(aq) \underset{r_{de}}{\overset{r_{ad}}{\rightleftharpoons}} G(ad) \quad \textbf{(7.17)}$$

흡착 과정의 속도 r_{ad}와 탈착 과정의 속도 r_{de}가 같으면 흡착 반응은 평형에 도달한다. r_{ad}는 전해질 속 G의 농도 C에 비례한다. 일반적인 벌크 전해질의 평형과 달리 흡착 과정의 평형에서 더 고려해야 사항이 있다. 표면의 비어 있는 흡착 자리에 G가 흡착하므로, 비어 있는 흡착 자리의 2차원 농도가 필요하다. 식 (7.16a)와 같이, 흡착 자리 *와 흡착물이 1:1의 관계에 있다면 $\Gamma = 0$의 조건에서 *의 농도는 Γ_s이다. 그림 7.16을 생각해 보자. 흡착물이 이미 표면에 존재하고, 그 농도가 Γ라면 비어 있는 흡착 자리의 농도는 $(\Gamma_s - \Gamma)$이다. 흡착 평형과 관련하여 **덮힘률**(coverage) θ라고 하는 표면 농도를 다음과 같이 정의한다.

$$\theta = \Gamma/\Gamma_s \quad \textbf{(7.18)}$$

Γ가 $molcm^{-2}$로 표현되는 절대 농도라면, θ는 단위가 없는 상대 농도이다. 그렇다면 그림 7.16에서 비어 있는 흡착 자리 *의 농도는 $(1 - \theta)(= (\Gamma_s - \Gamma)/\Gamma_s)$이다. 이제 식 (7.17)의 흡/탈착 속도를 다음과 같이 표현할 수 있다.

$$r_{ad} = k_{ad}(1 - \theta)C \quad \textbf{(7.19a)}$$

$$r_{de} = k_{de}\theta \quad \textbf{(7.19b)}$$

식 (7.19)에서 k_{ad}와 k_{de}는 각각 흡/탈착 과정의 속도 상수이다. 평형 상태에서는 $r_{ad} = r_{de}$이므로 θ와 C의 관계는 다음과 같다.

$$\theta = KC/(1 + KC) \quad \textbf{(7.20)}$$

$K = k_{ad}/k_{de}$인 흡착 평형 상수를 포함하는 식 (7.20)을 **Langmuir 흡착 등온식**(Langmuir adsorption isotherm)이라 한다. 그림 7.17a는 흡착 평형 상수 K에 따른 흡착 등온 곡선을 예시한다. 평형 상수가 크면 낮은 용액 농도에서도 $\theta = 1$인 포화 농도 Γ_s에 도달한다. 그러나 평형 상수가 작으면 Γ_s에 도달하기 위해서는 높은 용액 농도가 필요하다. 일반적으로 등온 흡착 곡선을 실

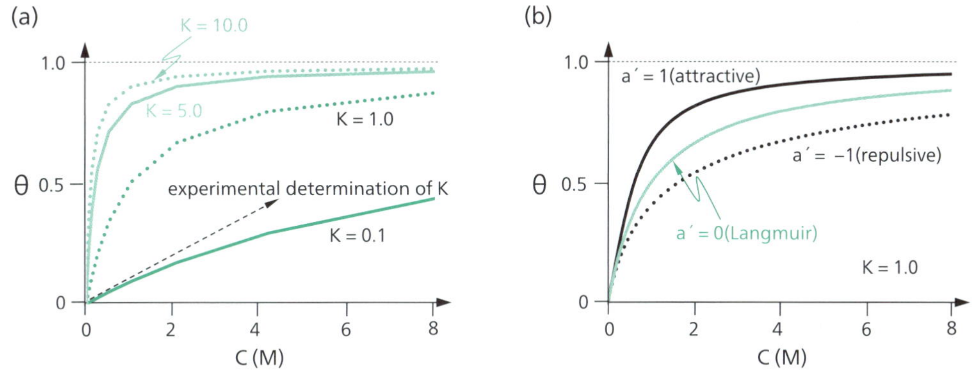

그림 7.17 **흡착 등온 곡선.** (a) Langmuir 흡착 등온 곡선. (b) Frumkin 흡착 등온 곡선.

험적으로 관찰하고, 낮은 용액 농도에서 실험적으로 평형 상수 K를 결정한다. 흡착 평형 상수를 측정하면, $\Delta G^\circ = -RT\ln K$의 관계를 이용하여 흡착 Gibbs 자유 에너지 ΔG°_{ad}를 얻을 수 있다.

Langmuir 등온 흡착식은 다음의 가정에 기초한다.

(i) 흡착은 특정 흡착 자리에서 일어나며, 모든 흡착 자리는 동일하다.

(ii) 하나의 흡착 분자(원자)는 하나의 흡착 자리만을 차지하며, 모든 흡착 자리가 점유되면 흡착은 중단되어 단분자(원자)층이 최대 표면 농도이다.

(iii) 흡착 에너지는 θ와 상관없이 일정하다.

가정 (i)은 항상 충족되지 않는다. 그림 7.15b가 예시한 바와 같이, 특히 작은 분자 또는 원자가 흡착할 때 다양한 흡착 자리가 가능한 경우가 많다. 한편 흡착을 통하여 분자 혹은 원자의 다층(multiple layer)이 형성되는 경우가 많으므로 가정 (ii)도 항상 옳은 것은 아니다. 가정 (iii)은 이상적 가정이다. 흡착물의 표면 농도가 증가하면 흡착물 사이의 거리가 감소하여 상호작용이 작동하기 시작한다. 그 상호작용은 척력일 수도 있고, 인력일 수도 있다. 또한 흡착물이 무질서하게 흡착 자리에 흡착하지만, 표면에서 이동하여 규칙적 2차원 구조를 형성할 수 있다. 이와 같은 한계에도 불구하고 Langmuir 흡착 등온식은 단순함 때문에 θ-C의 정량적 관계를 얻기 위하여 널리 이용된다.

Langmuir 흡착 등온식의 한계점을 극복하기 위하여 흡착 에너지의 덮힘률 의존성을 도입한다. 예를 들면, Frumkin 흡착 등온식에서 ΔG°_{ad}는 다음과 같이 표면 과잉 농도 Γ에 비례한다.

$$\Delta G^\circ_{ad}(a) = \Delta G^\circ_{ad}(0) - 2a\Gamma \quad \textbf{(7.21a)}$$

$$KC = [\Gamma/(\Gamma_s - \Gamma)]\exp(-2a\Gamma/RT) \quad \textbf{(7.21b)}$$

$$KC = [\theta/(1 - \theta)]\exp(-a'\theta) \quad \textbf{(7.21c)}$$

식 (7.21a)에서 a는 실험에서 얻은 흡착 등온 곡선과 식 (7.21b) 또는 (7.21c)($a' = 2a\Gamma_s/RT$)의 이론 곡선을 일치하기 위한 매개 변수이다. 그러므로 a′을 실험적으로 결정한다. a = 0이면 이론 곡선은 Langmuir 흡착 등온 곡선이 된다. a > 0이면 $\Delta G^\circ_{ad}(a) < \Delta G^\circ_{ad}(0)$이므로 흡착물 사이에 인력이 작용한다. a는 일반적으로 −2~2의 값이며 전극 전위에 따라 변화할 수 있다. 그림 7.17b는 Frumkin 흡착 등온식을 예시한다. a′ = 0인 Langmuir 곡선(녹색 실선)과 비교하면, 같은 농도에서 인력

이 작용하는($a' = 1$인) 곡선(검은색 실선)은 덮힘률이 높다. 그러나 척력이 작용하는($a' = -1$인) 곡선(점선)은 덮힘률이 낮다.

이온 또는 중성 분자의 흡착 현상을 이해하기 위해서는 흡착 등온 곡선의 관찰이 필요하다. 이를 위해서는 흡착물의 표면 과잉 농도 Γ 또는 덮힘률 θ를 측정해야 하며, 전기화학적 방법 외에도 다른 표면 과학 연구 방법이 활용된다. 흡착물의 농도뿐만 아니라 흡착물의 2차원 구조와 흡착물의 화학적 상태는 흡착 현상을 이해하는 중요한 정보이다.

참고 다양한 덮힘률의 정의

흡착물의 덮힘률은 흡착물의 농도를 측정하는 방법에 따라 다르게 정의될 수 있다.

(i) 앞에서 설명한 바와 같이 Γ_s를 측정할 수 있으면, 식 (7.18)의 정의를 따른다.

$$\theta = \Gamma/\Gamma_s$$

(ii) 단위 면적을 기준으로 흡착 위치와 흡착물의 개수 또는 mol을 알 수 있으면, 덮힘률을 다음과 같이 정의한다.

$$\theta = (\text{흡착물의 mol/단위 면적})/(\text{흡착 위치의 mol/단위 면적})$$

(iii) 흡착물의 면적(그림 7.16)을 알 수 있는 경우, 덮힘률을 다음과 같이 정의한다.

$$\theta = (\text{흡착물의 면적})/(\text{표면의 면적})$$

흡착을 논의하는 문헌에서 위의 세 가지 정의는 모두 사용될 수 있으므로, 덮힘률을 사용할 때 사용하는 덮힘률의 정의를 반드시 언급해야 한다. 위의 덮힘률 정의는 독립적인 것이 아니라 상호 변환이 가능하다.

흡착 현상은 전기화학 반응에 많은 영향을 미친다. 가장 대표적인 예가 Pt 전극 표면에 강하게 흡착하는 I^- 이온 또는 CO이다. Pt 표면을 완전히 덮는 I^- 이온의 단원자층과 CO의 단분자층은 빈 Pt 표면에서 일어나는 H_2 기체의 발생을 완전히 차단한다. Pt 표면에서 H_2 기체의 발생은 다음과 같은 과정으로 진행된다.

$$H^+(aq) + Pt_{surface} + e \rightleftharpoons H-Pt_{surface} \quad \textbf{(7.22a)}$$

$$2H-Pt_{surface} \rightleftharpoons H_2(g) + 2Pt_{surface} \quad \textbf{(7.22b)}$$

$H-Pt_{surface}$는 환원된 H 원자가 표면의 Pt 원자와 결합된, 다시 말해 H 원자가 표면의 Pt 원자에 흡착된 형태이다. 흡착된 H 원자가 결합하여 기체 H_2가 되어 Pt 표면에서 탈착한다. 그러므로 Pt 표면이 I^- 이온 또는 CO 분자로 완전히 덮이면 식 (7.22a)의 반응은 일어나지 않는다. 또 다른 예는 methanol, ethanol, formic acid 등을 연료로 사용하는 연료 전지의 Pt 산화 전극 표면에서 유기 연료는 분해 흡착하여 CO 분자와 유사한 촉매독(catalytic poison)을 생성한다(제12장). 촉매독은 표면에 강하게 흡착하여 산화 반응에 필요한 유효 Pt 전극 표면을 감소시키므로 Pt 전극의 효율에 악영향을 준다. 한편 흡착 현상을 이용하기도 한다. thiol 분자(HS−R)의 S는 금 전극 표면에 매우 강하게 흡착한다. HS−R의 alkyl group R에 전기화학적 활성이 있는 작용기를 부착하여 전극에 새로운 기능을 부여하는 **변형 전극**(modified electrode)을 제작할 수 있다. 또한 도금 분야에서는 도금막의 광택을 발현하기 위해 gelatin 등의 유기물을 전해질에 첨가하기도 한다. 이러한 예들은 흡착 현상들이 전기화학 반응과 밀접한 관계에 있음을 입증한다.

7.5 전기화학 이중층과 전하 전달 과정

▶ Frumkin 효과

제5장에서 Ox + e $\rightleftharpoons$ Red 반응의 산화 반응 속도[식 (5.28)]를 다음과 같이 표현하였다.

$$i_{an} = FAk^\circ \exp[(1 - \alpha)F(E - E^\circ)/RT]C_{Red}(0,t) \tag{7.23}$$

식 (7.23)에서 전극 표면($x = 0$)에서 Red의 농도 $C_{Red}(0,t)$와 전극 전위 $E(= \Psi_0 - \Psi_{solution})$를 전기화학 이중층과 관련하여 다시 생각해 볼 필요가 있다. 식 (7.23)의 논의에서 전기화학 이중층은 전혀 고려되지 않았다. 그러나 전해질이 형성하는 전기화학 이중층은 존재하므로 식 (7.23)에서 전기화학 이중층이 전하 전달 과정에 미칠 수 있는 영향을 고려할 필요가 있다.

전기화학 이중층이 있을 때와 없을 때 전극 표면 부근에서 Red의 환경은 다르다. 전극 전위 $E(= \Psi_0 - \Psi_{solution})$에서 지지 전해질의 불활성 이온이 이온 분산층을 형성한다. 지지 전해질에 포함된 반응물 Red가 전극 표면으로 접근할 때의 상황을 생각해 보자.

(i) 반응물 Red가 이온($z \neq 0$)이면, Red는 가장 가깝게 접근할 수 있는 거리 x_{OHP}까지 이동한다. Red가 전극 표면에 흡착하지 않는다면, OHP에 있는 Red는 Ψ_{OHP}의 영향을 받으므로 x_{OHP}에서 Red의 유효 농도는 다음과 같다.

$$C_{Red}(x_{OHP},t) = C_{Red}(\infty,t)\exp(-zF\Psi_{OHP}/RT) \tag{7.24}$$

예를 들면 $E > E_{PZC}$일 때, 음이온 Red는 OHP에 존재하여 OHP의 Red 농도는 벌크 농도보다 높다(그림 7.18a의 오른쪽 아래). 그러나 $E < E_{pzc}$이면, 음이온 Red는 OHP에 접근할 수 없으므로 OHP의 Red 농도는 벌크 농도보다 낮다(그림 7.18a의 왼쪽 위). Red가 양이온이면 반대 현상이 일어난다. 한편 Red가 중성 분자($z = 0$)이면, Red는 전기화학 이중층 형성에 참여하지 않으므로, OHP의 Red 농도는 벌크 농도와 같다. 그러므로 OHP의 Red 유효 농도는 Red의 전하가 z에 의존한다.

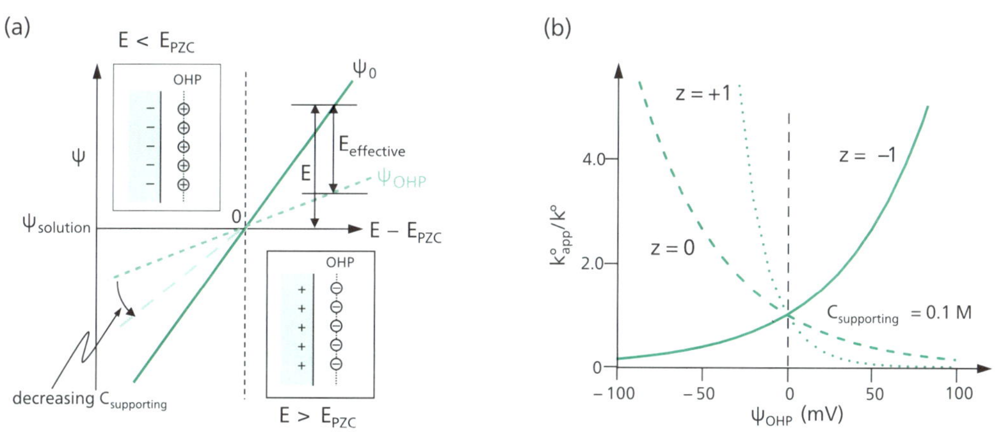

그림 7.18 **Frumkin 효과.** (a) 전극 전위 E와 Ψ_{OHP}의 관계 모식도. (b) 0.1 M 전해질에서 반응물 Red의 전하가 z에 따른 (k°_{app}/k°)-Ψ_{OHP}의 관계. 가정: Helmholtz층 $\varepsilon_H = 5.0$, 이온 분산층 $\varepsilon_r = 78.49$, $x_{OHP} = 0.5$ nm, $\Psi_{OHP} = 150$ mV, T = 298K

(ii) 전하 전달을 유도하는 전위차(전압)는 전기화학 이중층이 없으면 $E = (\Psi_0 - \Psi_{solution})$이다(그림 7.18a). 그러나 전기화학 이중층이 있으면, $(E - \Psi_{OHP})$인 유효 전위차 $E_{effective}$가 전하 전달을 유도한다. 그러므로 전기화학 이중층이 있는 전극에서 전하 전달 과정은 OHP에서 유효 농도와 유효 전위차를 고려해야 한다. 따라서 식 (7.23)은 다음과 같이 변경된다.

$$i_{an} = FAk^\circ \exp[(1-\alpha)F(E_{effective} - E^\circ)/RT][C_{Red}(\infty,t)\exp(-zF\Psi_{OHP}/RT)] \quad \textbf{(7.25a)}$$

$$= FAk^\circ \exp[(1-\alpha)F(E - \Psi_{OHP} - E^\circ)/RT][C_{Red}(\infty,t)\exp(-zF\Psi_{OHP}/RT)] \quad \textbf{(7.25b)}$$

$$= FAk^\circ \exp[-(1-\alpha+z)F\Psi_{OHP}/RT]C_{Red}(\infty,t)\exp[(1-\alpha)F(E - E^\circ)/RT] \quad \textbf{(7.25c)}$$

식 (7.25c)는 식 (7.25a)를 Ψ_{OHP}로 정리한 식이다. 식 (7.25c)와 (7.23)을 비교하면, 전기화학 이중층이 존재할 때 Ψ_{OHP}가 표준 속도 상수 k°에 영향을 주며, 그 영향을 포함하는 겉보기(apparent) 표준 속도 상수 k°_{app}을 다음과 같이 정의할 수 있다.

$$k^\circ_{app} = k^\circ \exp[-(1-\alpha+z)F\Psi_{OHP}/RT] \quad \textbf{(7.26)}$$

식 (7.26)에서 지수항은 전기화학 이중층의 Ψ_{OHP}에 의하여 OHP에서 반응물의 유효 농도와 유효 전위차를 반영하며, 이를 **Frumkin 효과**(Frumkin effect)라고 한다.

그림 7.18b는 지지 전해질의 농도가 0.1 M일 때, Red의 전하가 z와 Ψ_{OHP}가 k°_{app}/k°에 미치는 영향을 구체적으로 표현한다. $E = E_{PZC}$, 즉 $\Psi_{OHP} = 0$이면 $k^\circ_{app}/k^\circ = 1$이 되어 전기화학 이중층의 효과가 없음에 주목하라. $z = 0$이면(쇄선) OHP에서 Red 농도는 변함이 없다. 그러므로 k°_{app}/k°의 변화는 유효 전위차의 영향만을 반영한다. 구체적으로 $E > E_{PZC}$이면 $\Psi_{OHP} > 0$이므로 $k^\circ_{app}/k^\circ < 1$이 된다. 반대로 $E < E_{PZC}$이면 $\Psi_{OHP} < 0$이므로 $k^\circ_{app}/k^\circ > 1$이 된다. $z = +1$이면(점선) OHP의 Red 농도 변화가 k°_{app} 영향을 준다. $\Psi_{OHP} < 0$이면 양이온이 OHP에 축적되므로 OHP에 양이온 Red 농도가 높아져 k°_{app}/k°는 더욱 증가하게 되고, $\Psi_{OHP} > 0$이면 음이온이 축적되므로 k°_{app}/k°는 빠르게 감소한다. $z = -1$이면(실선) $\Psi_{OHP} > 0$에서 $k^\circ_{app}/k^\circ > 1$이 된다. 그러므로 전위 E에서 측정하는 Red 산화 반응의 속도 상수 k°_{app}는 E_{PZC}와의 상대적인 위치와 Red의 전하가에 따라 변화한다. 따라서 k°를 정확히 알기 위해서는 Frumkin 효과를 보정해야 한다. Ψ_{OHP}는 지지 전해질 농도의 함수임을 기억할 필요가 있다(그림 7.9). 그러나 Frumkin 효과 보정 작업은 현실적으로 거의 불가능하므로 반응 속도 상수와 측정한 실험적 상황을 동시에 보고해야 한다. 다시 말하면 관찰하는 반응 속도 또는 전류는 지지 전해질에 영향을 받는다.

▶ $S_2O_8^{2-}$ 음이온 환원 반응

Frumkin 효과의 실험적 한 예는 그림 7.19의 Hg 전극에서 일어나는 peroxydisulfate 음이온 환원 반응($S_2O_8^{2-} + 2e \longrightarrow 2SO_4^{2-}$)이다. 그림 7.19a의 세로축은 관찰된 $S_2O_8^{2-}$ 환원 전류를 확산 제어 전류 i_l에 대하여 표준화한 전류 i/i_l이며, 가로축은 전극 전위 $E(= \Psi_0)$이다. 0 mV 이하의 전위에서 $S_2O_8^{2-}$ 환원 반응은 확산 제어에 도달한 상태이므로 전위가 감소하면 가는 쇄선으로 표시한 바와 같이 이상적으로 $i/i_l = 1$이 유지되어야 한다. 그러나 지지 전해질의 농도가 0.01 M 정도로 낮아지면 $S_2O_8^{2-}$의 환원 전류는 예상과 다르게 0 mV보다 더 낮은 전극 전위에서 감소한다(그림 7.19a). 또한 전해질의 이온 종류와 용매에 따라 감소하는 정도가 다르다. 왜 그럴까? 하나씩 논의

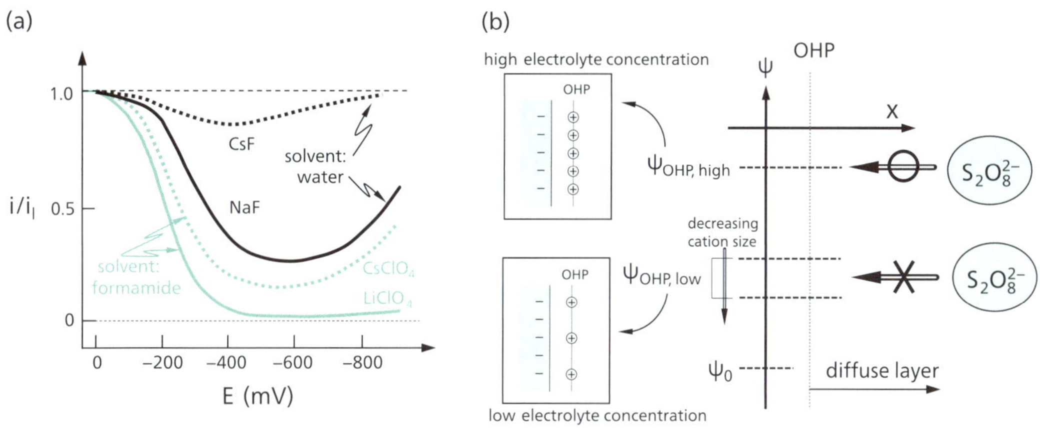

그림 7.19 **Hg 전극에서 일어나는 peroxydisulfate 음이온 환원 반응($S_2O_8^{2-}$ + 2e → $2SO_4^{2-}$).** (a) 환원 반응의 i-E 곡선. 지지 전해질의 용매는 물(검은색 선)과 formamide(녹색 선)이며 각 비활성 용질의 농도는 0.01 M이다. (b) 지지 전해질 농도에 따른 Ψ_{OHP} 변화와 $S_2O_8^{2-}$ 이온의 전극 표면 접근 모식도. [(a): Modified under the terms of Creative Commons Attribution Noncommercial License from W.R. Fawcett, J. Solid State Electrochem. 2011, 15, 1347-1358, Springer.]

해보자.

낮은 농도에서 그림 7.19a의 현상이 나타나는 이유를 먼저 생각해 보자. 지지 전해질의 농도가 OHP에 존재하는 양이온 농도를 지배하여 OHP의 전위 Ψ_{OHP}를 결정한다. 그림 7.19b의 왼쪽에 묘사한 바와 같이 전해질의 농도가 높을수록 더 많은 양이온이 OHP에 많이 존재하게 되므로, 높은 전해질 농도의 $\Psi_{OHP,high}$가 낮은 전해질 농도의 $\Psi_{OHP,low}$보다 높다. $S_2O_8^{2-}$ 음이온이 환원되기 위해서는 이온 확산층에서 전극 표면으로 이동해야 하는데, Ψ_{OHP}가 낮으면 $S_2O_8^{2-}$ 음이온 농도는 OHP에서 낮아진다. 또한 유효 전위(= $\Psi_0 - \Psi_{OHP}$)가 감소하여(그림 7.18a의 녹색 쇄선) 환원 반응에도 불리하다. 그러므로 낮은 농도의 지지 전해질 용액에서 그림 7.19a와 같은 i-E 곡선이 나타난다.

지지 전해질에 있는 양이온의 크기 효과를 생각해 보자. 수용액 지지 전해질의 양이온이 Na^+ 이온일 때(검은색 실선)보다 Cs^+ 이온일 때(검은색 점선), $S_2O_8^{2-}$ 음이온의 환원 전류는 증가한다. 고체 결정에서 측정한 이온의 크기가 증가하면 이온 분위기 크기가 감소하여(표 2.3) 실효 농도인 활동도가 증가한다(형식 농도는 모두 0.01 M). 따라서 양이온 크기가 커지면, 더 많은 양이온이 OHP에 존재하므로, Ψ_{OHP}는 증가하여 유효 전위는 증가한다(그림 7.19b). 따라서 같은 조건에서 지지 전해질의 양이온이 커지면 전류는 증가한다.

지지 전해질의 용매를 논의하자. formamide의 비유전 상수 ε_s는 108로, 물의 비유전 상수 78.49보다 크다. 그러므로 같은 크기의 이온(예: Cs^+)을 비교하면, 물보다 formamide에서 생성되는 이온 분위기의 크기가 더 크므로[식 (2.5)] 활동도는 감소한다[식 (2.13)]. 따라서 $S_2O_8^{2-}$ 음이온의 환원 반응은 수용액 전해질(그림 7.19a의 검은색 점선)보다 formamide 전해질(녹색 점선)에서 더 감소한다. formamide 전해질에서도 환원 전류는 $Li^+ < Na^+ < K^+ < Cs^+$ 순으로 증가한다.

그러므로 그림 7.19a는 전기화학 이중층에 의한 Frumkin 효과, 이온-이온 상호작용과 이온-용매 상호작용이 전하 전달 과정에 영향을 미치는 좋은 실험적 예이다.

Frumkin 효과는 전기화학 이중층이 전기화학 반응의 이해에 있어서 매우 중요한 요소이다. 전기화학 이중층을 미시적 수준에서 이해하는 GCS 모델은 전하를 모든 공간에 평균적으로 분포하는 일종의 전자구름으로 가정하고 통계적으로 처리하였다. 그러나 분산된 이온은 전자구름이 아닌 입자이다. 한편 그림 7.18에서 Ψ_{OHP}와 ε_H를 상수로 가정하였는데, 실제 전극에서는 전해질의 복잡성 및 개별 이온의 특이성 등에 의하여 그러한 가정이 유지된다고 할 수 없다. 또한 일반적인 고체 전극에서 형성되는 전기화학 이중층의 정량적인 정보 획득은 거의 불가능하므로, GCS 모델을 이용한 예측은 부정확하다. 그럼에도 불구하고 지지 전해질의 종류 및 농도 영향 등에 영향을 받는 전하 전달 과정을 정성적으로 이해할 수 있는 근거를 GCS 모델은 제공한다.

▶ 흡착과 전하 전달 과정

전해질에 포함된 이온의 흡착도 전하 전달 과정에 영향을 줄 수 있다. 음이온이 흡착하면 Ψ_{OHP}는 감소하고, 양이온이 흡착하면 Ψ_{OHP}는 증가한다. 그러므로 앞서 설명한 Fumkin 효과와 같은 원리에 의하여 IHP에서 이온 흡착물이 전하 전달 속도를 변화할 수 있다. 그림 7.20은 이온의 흡착이 전하 전달 속도에 미치는 영향을 예시한다. Hg 전극에서 CrO_4^{2-} 이온의 환원 전류는 전해질 내 R_4N^+ ammonium 양이온 농도에 따라 변화한다. ammonium 이온 농도가 증가함에 따라 환원 전류는 증가하다가 최고점을 지나 감소한다. ammonium 이온의 alkyl group의 탄소 수가 1에서 4로 증가하면 전류 최고점이 낮은 농도 쪽으로 이동한다. 이러한 현상을 설명하기 위하여 그림 7.20의 양편에 전극의 상황을 도시하였다. ammonium 이온 농도가 낮으면 흡착된 ammonium 이온의 덮힘률이 낮다(등온 흡착 곡선). 양이온이 흡착하였으므로 Ψ_{OHP}는 증가하고 반응물 CrO_4^{2-} 음이온의 농도는 OHP에서 높아진다. 그러므로 ammonium 이온 농도가 증가할수록 환원 전류도 증가한다(그림 7.20에서 최고점의 왼쪽). ammonium 이온 농도가 높아지면 흡착된 ammonium 이온의 덮힘률도 증가하고, Ψ_{OHP} 역시 증가하므로 OHP에서 반응물의 농도도 더욱 증가한다. 그러나 반응물이 반응할 수 있는 빈 전극 표면의 면적은 감소하므로 환원 전류는 감소한다(그림 7.20에서 최고점의 오른쪽).

그러므로 지지 전해질과 전극 사이에 형성되는 전기화학 이중층은 비faraday 전류가 흐르는

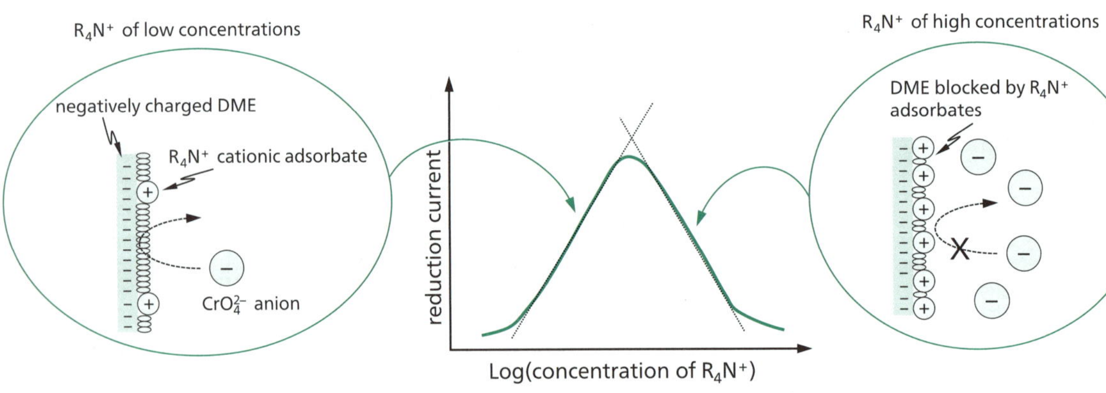

그림 7.20 R_4N^+ ammonium 이온의 흡착과 음이온 CrO_4^{2-} 환원 전류의 관계를 설명하는 개념도.

커패시터, 그리고 전하 전달 속도와 연관된 OHP 전위로 특징되는 전지의 한 부분이다.

7.6 확산층과 이온 분산층

전극 표면으로 이온이 확산하는 확산층(diffusion layer)과 전극 표면 근처에서 생성되는 이온 분산층(diffuse layer)을 포함하는 전기화학 이중층을 명확히 구분할 필요가 있다. 전극은 전해질과 접촉하는데, 일반적으로 전해질은 이온 전도를 위한 높은 농도의 불활성 지지 전해질과 반응물을 포함한다. 제2장에서 논의한 바와 같이 이온 전도는 농도가 높은 지지 전해질의 불활성 이온이 담당한다. 그러나 전극이 반응물을 소비하면 반응물의 농도 기울기가 형성되어 반응물이 전극 표면으로 확산하는 확산층이 형성된다. 반응물이 확산 이동을 하는 환경을 만드는 이유는 연구 결과의 편리한 해석이다. 확산층의 두께는 제6장에서 논의한 바와 같이 수십 μm이다. 한편 전극 전위의 영향을 받은 전극 근처의 전해질 용액, 특히 농도가 높은 지지 전해질의 불활성 이온이 전기장 이동을 하여 두께가 수 nm인 전기화학 이중층을 형성한다. 전기화학 이중층의 구조는 전극 전위와 전해질에 의존하며 전기화학 반응에 의존하지 않는다. 그럼에도 불구하고 전기화학 이중층은 전기화학 반응에 영향을 미칠 수 있다.

확산층과 전기화학 이중층의 두께는 큰 차이가 있다. 예를 들면 전기화학 이중층 논의에서는 nm 단위를, 반응물 확산 논의에서는 μm 단위를 사용하였다. 거리 단위는 확산 현상이 전기화학 이중층보다 매우 크다. 그러므로 확산의 입장에서 보면 x_{OHP}는 무시할 수 있다. 다시 말해 반응물은 x_{OHP}까지 접근할 수 있지만, $C(x_{OHP},t) \approx C(0,t)$라고 할 수 있다. 그러므로 제6장에서 논의한 확산 현상은 전기화학 이중층과 무관하게 유효하다.

주요 용어

전기 모세관 현상	Helmholtz 모델	비faraday 전류
영 전하 전위	Gouy-Chapman 모델	Langmuir 흡착 등온식
미분 커패시턴스	이온 분산층	Frumkin 흡착 등온식
적분 커패시턴스	Gouy-Chapman-Stern 모델	Frumkin 효과
전기화학 이중층	faraday 전류	

연습 문제

7.1 아래의 그림은 불활성 NaA 수용액 전해질과 전극이 접촉했을 때 GCS 모델의 OHP 커패시턴스 C_H와 이온 분산층 커패시턴스 $C_{diffuse}$를 단순하게 그린 그림이다. 다음의 질문에 답하라.

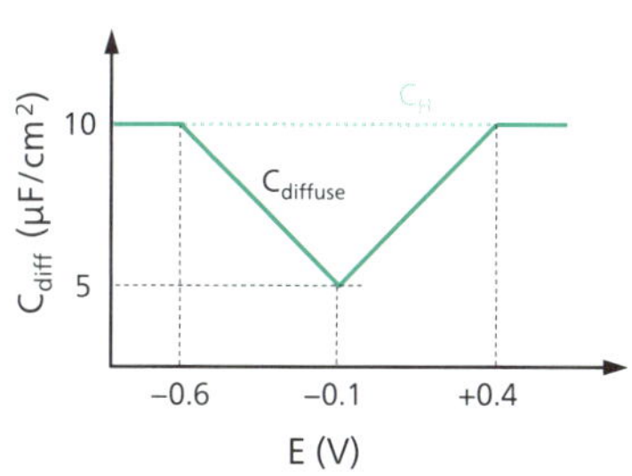

(a) 영전하 전위 E_{PZC}를 밝혀라. 전극 표면에 이온 흡착은 발생하는가?

(b) 전극 전위가 E_{PZC}에서 –0.5 V로 이동했을 때, 흐르는 전하량을 계산하라.

(c) 전극 전위가 E_{PZC}에서 +0.5 V로 이동했을 때, 흐르는 전하량을 계산하라.

(d) (a)의 답을 고려하여 NaA의 농도가 증가하면 E_{PZC}의 이동 방향과 전극 커패시턴스의 증감을 설명하라.

7.2 면적이 1 cm^2인 전극 표면은 흡착 물질 B(ad)로 포화되어 있다. 0.5 V에서 강하게 흡착하는 중성 분자 M을 전해질에 주입하면 B(ad)는 M으로 다음과 같이 치환된다.

$$\mathrm{B(ad)} + \mathrm{M(aq)} \rightarrow \mathrm{B(aq)} + \mathrm{M(ad)}$$

다음의 질문에 답하라.

(a) M을 전해질에 주입하여 B(ad)가 완전히 치환되는 과정에서 +5 μC의 전하가 흘렀다. 전류가 흐른 이유를 설명하고, 변화한 물리량을 계산하라.

(b) B(ad)는 전해질의 음이온 B^-(aq)가 아래와 같이 산화/흡착하여 생성된다.

$$\mathrm{B(ad)} + \mathrm{e} \rightleftharpoons \mathrm{B^-(aq)}$$

B(ad)를 M으로 치환하는 과정에서 −65 μC의 전하가 흘렀다. (a)에서 일어나는 과정과 B(ad)의 환원/탈착 과정이 동시에 일어난다면 B(ad)의 포화 과잉 농도 Γ_s를 계산하라.

7.3 비faraday 전류 i_{nf}는 faraday 전류 i_f 관찰의 배경 전류이다. Red 가역 산화 반응의 전위 계단 실험에서 i_f/i_{nf} 비율을 향상하기 위하여 아래의 실험 변수 증감 방향을 결정하고 설명하라.

(a) 이상적인 지지 전해질 농도

(b) 전류 추출 시간 t_s

(c) 전극 면적 A

(d) Red 농도 C_{Red}

(e) 전해질 교반 속도 v

7.4 비가역 반응 Ox + e $\rightleftharpoons$ Red (E° = 0 V)를 생각해 보자. C_{Red} = 1 M, C_{Ox} = 0 M인 불활성 지지 전해질(E_{PZC} = 0 V)에서 중성 분자 Red의 산화 반응을 유도하기 위하여 전극에 전위 0.1 V를 인가한다. 다음의 질문에 답하라.

(a) 전극 전위 Ψ_0 = 0.1 V, OHP 전위 Ψ_{OHP} = 0.05 V, 전해질 전위 $\Psi_{solution}$ = 0 V일 때, 전극 표면으로부터의 거리 x와 전위 Ψ 변화를 도시하고 설명하라.

(b) 표준 속도 상수 = k°, 반응의 전달 계수 α = 0.5일 때, Butler-Volmer 식을 이용하여 전위 0.1 V에서 산화 반응 속도 상수 k를 계산하라.

(c) Red의 전하가 z = 0일 때의 전극 전위 0.1 V에서 산화 반응 속도 상수 k′을 계산하라.

(d) k와 k′를 비교하고 설명하라.

(e) 지지 전해질의 농도가 증가할 때 k′의 변화를 예측하라.

7.5 아래는 RDE를 이용하여 Red를 포함하는 불활성 지지 전해질에서 관찰한 i-E 곡선이다. Red의 산화 반응은 전위 E_2에서 확산 한계 전류 i_l에 도달한다. 지지 전해질에 중성 물질 M을 주입하면, M은 E_1~E_3의 전위 구간에서 흡착하며, M의 덮힘률 θ는 0.5에 이른다. 다음의 질문에 답하라.

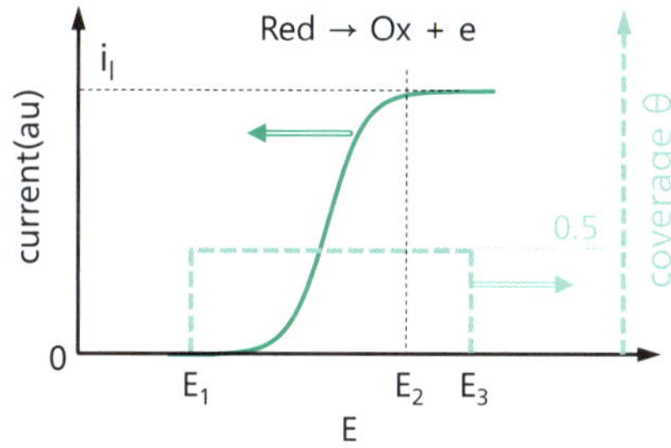

(a) M의 덮힘률 θ가 0.5일 때, RDE로 관찰하는 Red 산화 반응의 i-E 곡선을 예측하고 설명하라.

(b) M를 추가로 주입할 때, i-E 곡선의 변화를 도시하고, 덮힘률 변화 Δθ와 전류 변화 Δi의 관계를 표현하라.

제2부

전기화학 연구 기술

Electrochemistry: A Way to Future Energy

제8장 ▸ 전위 주사 전류-전압 곡선
제9장 ▸ 전기분석화학
제10장 ▸ 전기화학 임피던스 스펙트럼

제 8장 전위 주사 전류-전압 곡선

8.1 ▸ 전위 계단 실험과 선형 전위 주사 실험
8.2 ▸ 가역 반응의 선형 전위 주사 i-E 곡선
8.3 ▸ 비가역 · 준가역 반응의 선형 전위 주사 i-E 곡선
8.4 ▸ 순환 전위 주사 i-E 곡선
8.5 ▸ 순환 전위 주사 i-E 곡선에 영향을 미치는 전해질
8.6 ▸ 다양한 확산 모델의 순환 전위 주사 i-E 곡선
8.7 ▸ 균일 반응과 연계된 불균일 반응의 순환 전위 주사 i-E 곡선
8.8 ▸ i-E 곡선을 이해하는 관점
8.9 ▸ Pt와 Au의 순환 전위 주사 i-E 곡선

전기화학 반응계의 전기화학적 특성을 가장 쉽게 관찰할 수 있는 측정 기술이 전위 주사 전류-전압법이다. 그런 이유에서 전위 주사법이 전기화학 특성의 진단 목적으로 널리 활용되며, 전위 주사법으로 작성된 i-E 곡선이 많은 전기화학 문헌에 발표된다. 그러므로 전기화학의 이해에 있어서 전위 주사법과 전위 주사법으로 작성된 i-E 곡선의 이해는 필수적이다. 전하 전달, 물질 전달 그리고 전기화학 반응과 연계된 균일 반응이 복합적으로 작용하는 결과물인 전위 주사법의 i-E 곡선의 이해는 쉽지 않다.

전위 주사법의 i-E 곡선을 단계적으로 소개한다. 제6장에서 논의한 전위 계단 실험과 비교하여 전위 주사법의 필요성과 차별성을 논의하고, 선형 주사법과 순환 주사법의 기본적 i-E 곡선을 전하 전달과 확산 물질 전달의 상대적 속도 관점에서 설명한다. 그 외에 전해질 대류, 전극 크기와 모양의 영향, 그리고 전기화학 반응과 연계된 균일 반응의 역할을 살펴본다. 논의한 이론을 Pt와 Au 전극의 실례를 통하여 논의한다.

8.1 전위 계단 실험과 선형 전위 주사 실험

전기화학 반응 연구에서 i-E 곡선은 중요하다. 제6장에서 소개한 전위 계단 실험에 많은 시간이 소요된다. 그림 8.1a와 같은 연속적인 전위 펄스 프로그램을 전극에 인가하는 전위 계단 실험이 많은 시간이 필요한 이유를 생각해 보자. E_{0i}에서 E_i로 전위 계단을 전극에 인가한 후 시간 τ에서 전류를 측정 또는 추출한다. 연속된 전위 계단의 전위 E_j를 인가하기 전 전극 전위는 E_{0j}로 돌아와야 한다. 전위 계단 실험의 가정 중 하나는 '$E_{0i} = E_{0j}$일 때, 그 전위에서 전극 상태는 같다.'이다. 이 가정을 만족하기 위해서는 세심한 주의가 필요하다. 예를 들면, i번째 펄스 후 E_{0j}로 돌아왔을 때, i번째 펄스에서 생성된 확산층의 농도 기울기가 그대로 남아있을 수 있다. 그 상태에서 j번째 펄스를 인가하면 Cottrell 식의 '$C(0,t) = C(\infty,t)$'라는 가정을 만족할 수 없으므로 예측하는 i-E 곡선을 얻

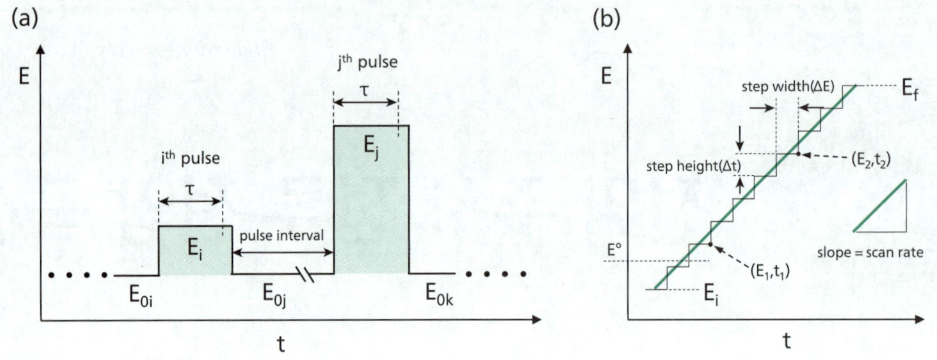

그림 8.1 **i-E 곡선의 전위 프로그램.** (a) 연속 전위 펄스 프로그램. (b) 연속 전위 계단 프로그램과 선형 전위 주사 프로그램. 점 (E_1,t_1)와 (E_2,t_2)는 그림 8.3과 연계하여 설명한다.

을 수 없다. 그러므로 펄스 간격(pulse interval) 동안 직전 펄스의 확산층 기억을 제거해야 한다. 또 다른 예는 i번째 펄스에서 금속 이온이 금속으로 전극 표면에 석출된 경우, 석출된 금속을 제거해서 깨끗한 전극 표면을 만들어 전극의 상태도 같아야 한다. 그러므로 '전극 상태는 같다.'라는 조건을 만족하기 위해서 펄스 간격이 길어지고 전위 계단 실험 시간이 길어진다.

실행 시간이 긴 전위 계단 실험의 문제점을 두 가지 방향에서 접근하여 해결한다. 하나의 접근 방법은 전기화학 역사에서 중요한 낙하 Hg 전극 DME(그림 7.1)를 이용하는 폴라로그래피(polarography)이다. Hg 전극이 모세관에 매달려 있는 동안 그림 8.1a의 i번째 펄스를 인가하고 전류를 기록한다. Hg 저장 용기에서 Hg가 일정한 속도로 계속 공급되므로 모세관에서 분리된 Hg 방울이 낙하하면서 전해 용액을 교반하여 i 번째 펄스 실험에서 발생한 확산층 기억을 제거한다. 한편 모세관에서는 새로운 Hg 방울이 생성되므로 깨끗한 전극 표면이 전해질에 노출되므로 i 번째 펄스 실험의 모든 기억은 완전히 제거된다. 이러한 방법으로 Cottrell 식의 가정이 준수되어 추출 전류-전압 곡선을 얻을 수 있다. 이 실험 방법을 **일반 펄스 전류-전압법**(normal pulse voltammetry, NPV)이라고 한다.

또 다른 접근 방법은 그림 8.1b의 가는 실선으로 표현된 연속 전위 계단 프로그램을 전극에 인가하는 것이다. 그림 8.1a의 실험에서 펄스 간격이 없는 연속된 전위 계단 실험, 즉 어느 한 전위의 기억이 보존된 상태에서 다음 단계의 전위로 이동하는 실험이다. 전위 계단의 폭(width)이 충분히 작으면, 연속 계단 전위 프로그램은 E_i에서 E_f까지 일정한 속도 dE/dt로 변화하는 선형 전위 주사 프로그램(녹색 실선)이 된다. 이러한 실험 방법을 **선형 전위 주사 전류-전압법**(linear potential sweep voltammetry, **LSV**)이라고 한다. 그림 8.1b에서 녹색 실선의 기울기 dE/dt를 **주사 속도**(scan rate) v라고 하며, 시간에 따른 전위는 다음과 같다.

$$E = E_i + vt \quad (8.1)$$

E_i와 E_f의 상대적인 크기에 따라 v의 부호가 결정된다. v는 산화 실험에서 양의 값이며, 환원 실험에서 음의 값이다. LSV는 주사 과정에서 선행 전위의 기억, 특히 확산과 관련된 농도 기울기의 기억이 보존된 실험이므로 Cottrell 식이 적용되는 S자 모양의 i-E 곡선을 기대할 수 없다. 그러므로 LSV 실험을 해석할 수 있는 새로운 이론이 필요하다. 그러나 실험 시간은 전위 계단 실험보다 LSV 실험이 매우 단축되어 빠르게 실험을 진행할 수 있다.

참고 전위 주사의 영어 단어

전위 주사를 의미하는 영어 단어는 'scan', 'sweep', 'ramp'이다. 'scan'은 2차원 표면을 point-by-point로 조사하는 것을 의미하며, 'sweep'은 빠르게 휩쓸고 지나감을 표현한다. 그러므로 'scan'과 'sweep'은 i-E 곡선에서 독립 변수인 전위 E에 따른 종속 변수 전류 i를 조사하는 것을 뜻한다. 경사가 있는 길을 의미하는 'ramp'는 그림 8.1b에서 시간에 따른 E의 선형 변화에 기울기가 있음을 표현한다. 세 단어 모두 전위 주사를 뜻한다.

8.2 가역 반응의 선형 전위 주사 i-E 곡선

LSV의 i-E 곡선을 이해하기 위해 먼저 가역 반응 $Ox + ne \rightleftharpoons Red$를 생각해 보자. 가역 반응의 전하 전달 과정은 모든 전위에서 매우 빠르므로, 확산에 의한 물질 전달 속도가 전류를 결정한다. 전하 전달 속도를 제외하고 확산 속도만 고려하면 가역 반응의 LSV를 쉽게 정량적으로 표현할 수 있다.

▶ i-E 곡선의 정성적 이해

LSV의 i-E 곡선을 정성적으로 이해하기 위해서 전극에 흐르는 전류를 두 가지 관점에서 이해해야 한다. 그림 8.2를 보자. Red만 포함하는 정지된 전해질과 평면 전극에서 일어나는 가역 산화 반응($Red \longrightarrow Ox + ne$)을 예로 들어 논의한다. 어떤 전위를 인가하면 Butler-Volmer 식에 의해 Red 산화 반응의 전하 전달 속도가 결정되어 Red가 소비되는 속도가 결정된다. 전극 표면에서 Red가 전하 전달 과정에 의해 소비되는 속도를 전극이 **요구하는 Red 유동량 J'^{ct}_{Red}**로 정의한다. 한편 전극에서 소비되는 Red를 공급하기 위해 확산층이 Red를 공급할 수 있는 속도를 **공급 가능한 Red 유동량 J'^{dif}_{Red}**로 정의한다. 두 유동량 중 상대적으로 작은 유동량이 실효 유동량 J_{Red}가 되어, 다음과 같이 산화 전류 i_{an}으로 나타난다.

$$i_{an} = nFAJ_{Red} \tag{8.2}$$

$J'^{ct}_{Red} < J'^{dif}_{Red}$이면 전하 전달 제어 상황이며, $J'^{ct}_{Red} > J'^{dif}_{Red}$이면 물질 전달(확산) 제어 상황이다. 이것이 이해해야 할 관점 중의 하나이다.

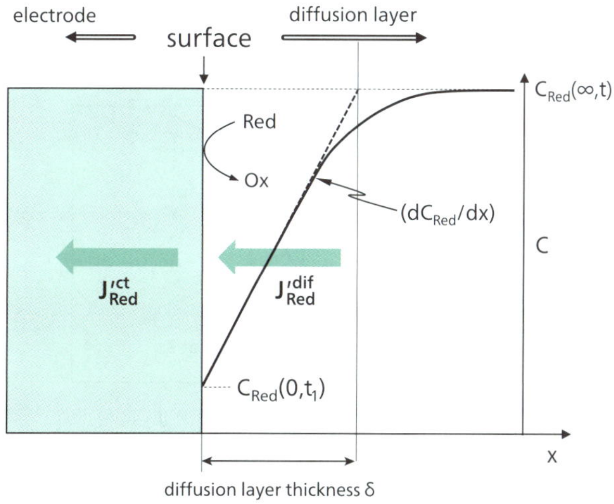

그림 8.2 전하 전달 과정이 요구하는 유동량 J'^{ct}_{Red}와 확산층이 공급할 수 있는 공급 가능한 유동량 J'^{dif}_{Red}의 관계.

다른 관점은 전극 전위와 시간이 J'^{ct}_{Red}와 J'^{dif}_{Red}의 상대적 크기를 결정하는 변수임을 인식하는 것이다.

그림 8.1b에 도시한 연속 전위 계단 중에서 한 계단을 생각해 보자. 그림 8.1b의 점 (E_1,t_1)에서 Red ⟶ Ox + ne 산화 반응이 진행되어 확산층 내 Red 농도 프로파일이 그림 8.3a의 검은색 선과 같다고 가정하자. 과전압 $\eta(= E_1 - E°)$가 크지 않으므로 표면 농도 $C_{Red}(0,t_1)$은 벌크 농도 $C_{Red}(\infty,t)$와 큰 차이가 없다. $t = t_1$에서 전위 계단 ΔE를 인가하면, Nernst 식에 의해 Red 표면 농도는 $C_{Red}(0,t_1)$보다 낮아져 전극이 요구하는 Red 유동량은 $J'^{ct}_{Red}(E_1, t_1)$에서 $J'^{ct}_{Red}(E_1 + \Delta E,t_1)$로 즉각 증가한다. 그러나 확산은 느리므로 Red의 공급 가능한 유동량은 즉시 변화하지 않고 점(E_1,t_1)의 확산층 유동량 $J'^{dif}_{Red}(E_1,t_1)$에 머무른다. $J'^{dif}_{Red}(E_1,t_1)$는 다음과 같이 표현된다.

$$J'^{dif}_{Red}(E_1,t_1) = D_{Red}(dC_{Red}/dx)_{x=0} \quad \textbf{(8.3a)}$$

$$= D_{Red}\{[C_{Red}(\infty,t) - C_{Red}(0,t_1)]/\delta\} \quad \textbf{(8.3b)}$$

즉 전위는 ΔE만큼 증가했음에도 불구하고 확산층은 E_1일 때의 농도 프로파일을 그대로 기억한다. 계단 폭 Δt 동안 Red가 확산하는 거리$((2D_{Red}\Delta t)^{1/2})$ 안에 있는 Red의 양(그림 8.3a의 음영 부분)은 많으므로 확산층 두께는 천천히 증가하여 농도 프로파일은 그림 8.3a의 녹색 선으로 변화한다. 결과적으로 Δt 동안 농도 기울기가 증가하고 J'^{dif}_{Red}도 증가하여 산화 전류가 증가한다. 그림 8.3a는 과전압이 크지 않을 때 과전압의 증가 ΔE는 전류의 증가로 이어짐을 예시한다.

이제 과전압이 큰 상황인 그림 8.1b의 점 (E_2,t_2)를 논의해 보자. 그림 8.3b의 검은색 선이 점 (E_2,t_2)에서 확산층 농도 프로파일이다. 과전압이 크므로 $J'^{ct}_{Red}(E_2,t_2)$가 크고, 매우 낮은 $C_{Red}(0,t_2)$와 함께 두꺼운 확산층이 발달해 있다. 전위 계단 ΔE를 인가하면 Red 표면 농도는 더욱 감소하고 전극이 요구하는 Red 유동량도 증가한다. 그림 8.3b에서 칠한 부분의 면적이 작으므로 공급할 수 있는 Red 유동량은 매우 작아 확산층 두께는 빠르게 증가한다(그림 8.3b의 녹색 선). 결과적으로 큰 과전압에서 ΔE는 농도 기울기와 전류를 감소시킨다. NPV에서 전위 펄스 사이에 확산층이 제거되고 일정한 시간 τ에서 전류를 추출하므로 (유사) 정상 상태의 확산 전류가 항상 관찰된다. 그러나 연속 전위 계단 실험에서 전위 계단 사이에 확산층이 보존되므로 과전압이 큰 전위에서 확산 전류는 감소한다. 이것이 일반 펄스 법과 전위 주사법의 차이이다.

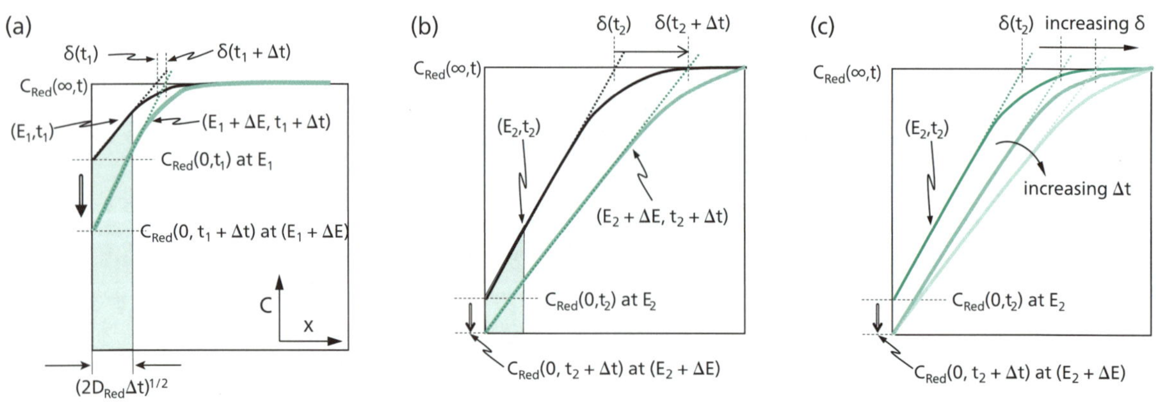

그림 8.3 연속 전위 계단 실험(그림 8.1b)에서 확산층의 변화. (a) 작은 과전압(그림 8.1b)의 점 (E_1,t_1). (b) 큰 과전압(그림 8.1b)의 점 (E_2,t_2). (c) 시간창 Δt가 변화하는 경우.

전위 계단 폭 Δt 동안 일어나는 확산층 변화는 시간에 따라 변화하는 과도기 현상이다. 그림 8.3에서 과전압의 크기에 따라 속도 차이는 있지만, Δt 동안 확산층 두께가 증가한다. 그러므로 Δt가 증가하면 확산층 두께도 증가한다. 그림 8.3c가 예시하는 바와 같이 점 (E_2,t_2)에서 Δt가 증가할수록 농도 기울기와 전류는 더욱 감소한다. ΔE가 일정할 때 Δt를 변화하는 것은 주사 속도 $v(=\Delta E/\Delta t)$의 변화와 같다. 예를 들면 Δt를 증가시키면 주사 속도는 줄어든다. 그러므로 주사 속도는 어떤 전위에 머무르는 시간에 해당하며, 그 시간 동안 확산층 변화가 일어나 전류를 결정한다. 결국 Δt 또는 주사 속도 v가 제6장에서 언급한 시간창(time window)이다. 그러므로 주사 속도는 전위 주사 실험에서 전류의 크기를 결정하는 요소 중의 하나이다. 이미 언급하였지만, Δt가 작으면, 그림 8.1b의 연속 전위 계단 실험은 선형 전위 주사 실험이 된다.

i-E 곡선의 정량적 표현

가역 반응의 LSV i-E 곡선을 정량적으로 논의하자. 전위의 함수인 전류는 주사 속도가 설정하는 시간창 동안 형성되는 확산층 Red 농도 기울기에 의해 결정된다. 그러므로 가역 반응의 LSV i-E 곡선을 정량적으로 표현하기 위해서는 Fick 제2법칙의 해를 얻어 Red 농도 프로파일을 알아야 한다. LSV와 연관된 Fick 제2법칙[식 (6.11)]의 해를 얻는 과정은 제6장에서 논의했던 전위 계단 실험의 초기 조건과 경계 조건을 그대로 사용한다. 다만 시간의 함수인 전극 전위[식 (8.1)]를 Nernst 식과 연관하여 다음과 같은 경계 조건을 고려해야 한다.

$$E = E_i + vt = E^\circ + (RT/nF)\ln[C_{Ox}(0,t)/C_{Red}(0,t)] \quad \textbf{(8.4a)}$$

$$C_{Ox}(0,t)/C_{Red}(0,t) = \exp[(E_i + vt - E^\circ)(nF/RT)] \quad \textbf{(8.4b)}$$

식 (8.4b)에서 가역 반응의 $C_{Ox}(0,t)$와 $C_{Red}(0,t)$는 전위에 의해 결정됨을 다시 상기할 필요가 있다. LSV에 관한 Fick 제2법칙의 해를 얻는 과정은 매우 복잡하므로 유도 과정을 생략하고, 전위와 전류의 관계를 표현하는 다음과 같은 최종식을 제시한다.

$$i_{an} = nFA(nFD_{Red}/RT)^{1/2}v^{1/2}C_{Red}(\infty,t)R^{rev}[n(E - E_{1/2})] \quad \textbf{(8.5)}$$

식 (8.5)에서 전위의 함수 $R^{rev}[n(E - E_{1/2})]$은 수학적으로 표현되는 식이 아니며, 해석학적 수치로 표현되는 가역 반응의 무차원 Randles-Sevcik 식이다. 또한 식 (8.5)에서 $E_{1/2} = E^\circ + (nF/RT)\ln(D_{Red}/D_{Ox})^{1/2}$로 제6장의 반파 전위와 같다. 그림 8.4a의 곡선이 Randles-Sevcik 식을 식 (8.5)에 적용하여 얻은 LSV 곡선이다. 식 (8.5)으로 표현되는 LSV의 특징은 i_{an}이 ${D_{Red}}^{1/2}$, $C_{Red}(\infty,t)$와 $v^{1/2}$에 비례한다는 사실이다. 반무한 선형 확산을 가정했으므로 i_{an}은 ${D_{Red}}^{1/2}$과 $C_{Red}(\infty,t)$에 당연히 비례한다. i_{an}과 주사 속도 v의 관계는 LSV의 고유한 특징이다.

그림 8.4가 예시하는 50 mVs^{-1}의 전위 주사 속도로 −300 mV에서 600 mV까지 주사한 LSV i-E 곡선과 여러 전위에서 반응물 Red와 생성물 Ox의 확산층 농도 프로파일을 살펴보자.

점 I: 전위 주사의 시작 전위 E_i(−300 mV)에서 Red 산화 반응은 진행되지 않으므로, $J'^{ct}_{Red} = J'^{dif}_{Red} = 0$이다. 그러므로 표면 농도와 벌크 농도는 동일하다(초기 조건).

점 II: 전위 주사가 시작되어 t = 5 s에서 전위가 −50 mV에 도달하면, −50 mV의 전위가 $C_{Red}(0,5)$를 결정하며 과전압이 크지 않고 전극 주변에 Red가 풍부하므로 확산층 두께 δ가 작다. Ox가 생성되므로 $C_{Ox}(0,5) > 0$이고, Ox는 전극 표면에서 벌크 용액으로 확산해 나간다.

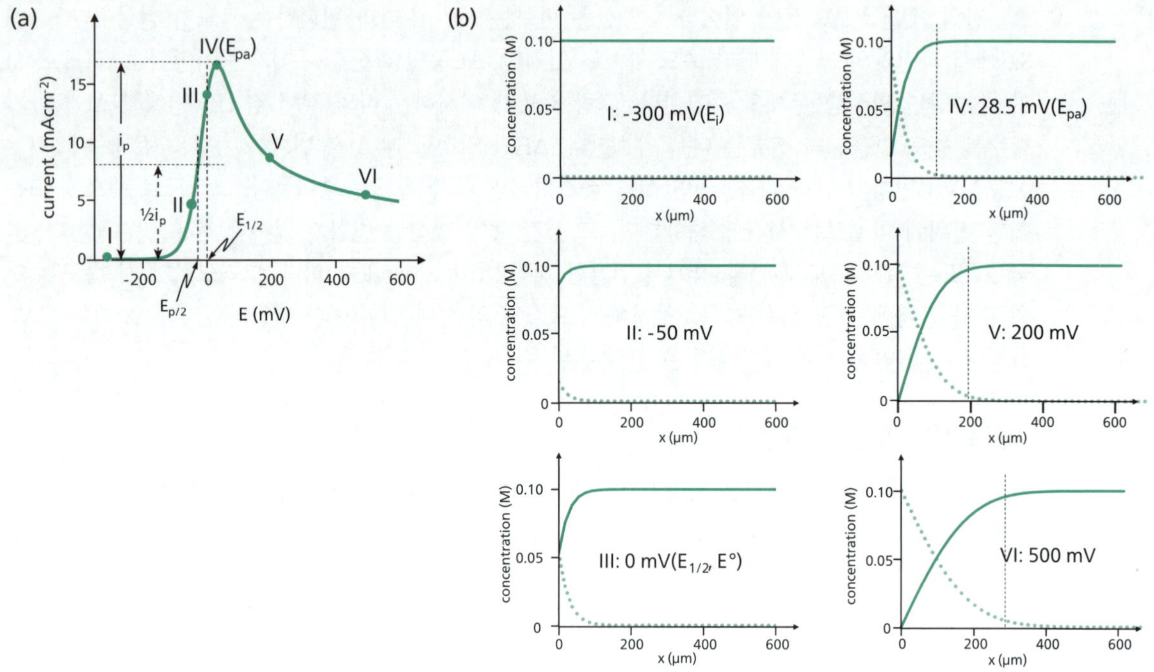

그림 8.4 **가역 Red 산화 반응의 LSV.** (a) i-E 곡선. (b) i-E 곡선의 각 점에서 농도 프로파일. 가정: E° = 0 mV, n = 1, k° = 1 cms^{-1}, α = 0.5, $D_{Red} = D_{Ox} = 1 \times 10^{-5}$ cm^2s^{-1}, $C_{Red}(\infty,t) = 0.1$ M, v = 50 mVs^{-1}, T = 298 K.

점 III: 전위 0 mV(t = 6 s)에서 전류는 증가한다. $D_{Red} = D_{Ox}$를 가정하였으므로 전위 0 mV = $E_{1/2}$ = E°이다. E = E°이므로 $C_{Red}(0,6) = C_{Ox}(0,6)$이다. 한편 $C_{Red}(0,6) < C_{Red}(0,5)$이고, J'^{ct}_{Red}가 증가하여 δ도 증가한다. 그러나 느린 확산 속도 때문에 Red 농도 기울기는 점 III이 점 II보다 크므로 더 많은 전류가 흐른다. 점 II에서 점 III으로 이동하는 과정은 그림 8.3a에 해당한다.

점 IV: t = 6.7 s에서 전위는 28.5 mV이며 i_{an}은 전류 최고점 피크에 도달한다. 점 III에서 점 IV로 이동하는 과정도 그림 8.3a의 설명을 적용할 수 있다. 그러나 농도 기울기는 28.5 mV에서 최대가 되어 전류는 최고점에 도달한다.

점 V: 전위 주사를 지속하면 t = 10 s에서 전위는 200 mV에 도달하며, 전류는 감소한다. 점 IV에서 점 V로 이동 과정은 Red가 빠르게 고갈되어 Red 농도 기울기가 급속히 감소하는 그림 8.3b의 상황이다.

점 VI: t = 16 s의 500 mV에서 농도 기울기가 더욱 감소하여 그림 8.3b의 상황이 더욱 강화된다. 그러므로 전류는 점 V보다 점 VI이 더 작다.

선형 전위 주사 실험의 i-E 곡선은 S 자형 곡선이 아닌 피크형 곡선이다. 그 이유는 선형 전위 주사 실험 과정에서 전위가 변화하는 동안 확산층이 연속적으로 변화하기 때문이다.

NPV와 LSV 두 실험 방법의 시간을 비교해 보자. 그림 8.1a의 NPV에서 펄스 간격이 확산층 기억을 제거하는 시간을 포함하여 1 s이고 펄스 간 전위 차이가 2 mV라고 가정하면, 50 mV의 전위 변화에 25 s가 소요된다. 반면 그림 8.4a의 LSV에서 주사 속도가 50 mVs^{-1}이므로 1 s가 소요된다. 그러므로 LSV 실험이 NPV 실험보다 빠르다.

두 실험의 진행 과정에서 형성되는 확산층 두께도 차이가 있다. 흥미로운 사실은 농도 프로파일의 확산 거리 단위가 NPV 법에서 수십 μm이고(그림 6.3), LSV 실험에서 수백 μm이다(그림 8.4). 그 이유는 두 실험 방법의 시간창이 다르기 때문이다. 일반 펄스 전류-전압 실험은 각 펄스의 전류 추출 시간(0.01~0.1 s) 동안 발달하는 확산층을 관찰하지만, LSV 실험(그림 8.4)은 18 s (= [600 mV − (−300 mV)]/50 mVs^{-1}) 동안 발달하는 확산층을 관찰한다.

i-E 곡선의 특징

LSV의 i-E 곡선의 정량적 특징은 식 (8.5)에서 유도되는 성질이다(그림 8.4). 피크 전류 i_p는 다음과 같다.

$$i_p = 0.4463(F^3/RT)^{1/2}n^{3/2}AD_{Red}{}^{1/2}C_{Red}(\infty,t)v^{1/2} \quad (8.6a)$$

$$= (2.69 \times 10^5)n^{3/2}AD_{Red}{}^{1/2}C_{Red}(\infty,t)v^{1/2} \quad (8.6b)$$

식 (8.6b)에 제시하는 각 물리량의 단위는 다음과 같다: 전극 면적 A는 cm^2, Red 확산 계수 D_{Red}는 cm^2s^{-1}, C_{Red}는 $molcm^{-3}$, 주사 속도 v는 Vs^{-1}이며, T = 298 K일 때 i_p의 단위는 A이다. 식 (8.6)에서 $\mathbf{i_p \propto AC_{Red}(\infty,t)v^{1/2}}$를 반드시 기억해야 한다. 피크 위치 E_p는 T = 298 K에서 다음과 같다.

$$E_p = E_{1/2} + 1.109(RT/nF) = 28.5/n \text{ mV} \quad (8.7)$$

식 (8.7)에서 가역 반응의 E_p는 E°와 n에만 의존함을 기억해야 한다. 한편 반파 전위 $E_{1/2}$의 결정은 전위 계단 실험의 S형 i-E 곡선에서는 쉽지만, 그림 8.4a의 LSV i-E 곡선에서는 쉽지 않다. 이를 대체하기 위해 i = $1/2i_p$가 되는 전위 $E_{p/2}$를 아래와 같이 정의하면 $E_{1/2}$은 T = 298 K에서 다음과 같다.

$$E_{p/2} = E_{1/2} - 1.09(RT/nF) = E_{1/2} - 28.5/n \text{ mV} \quad (8.8)$$

한편 전류 피크의 폭은 T = 298 K에서 다음과 같다.

$$|E_p - E_{p/2}| = 2.20(RT/nF) = 56.5/n \text{ mV} \quad (8.9)$$

그러므로 식 (8.6)~(8.9)의 LSV i-E 곡선 특성을 나타내는 반응은 가역 반응이다. 가역 환원 반응의 경우 식 (8.7)과 (8.8)에서 부호를 반대로 바꾼다.

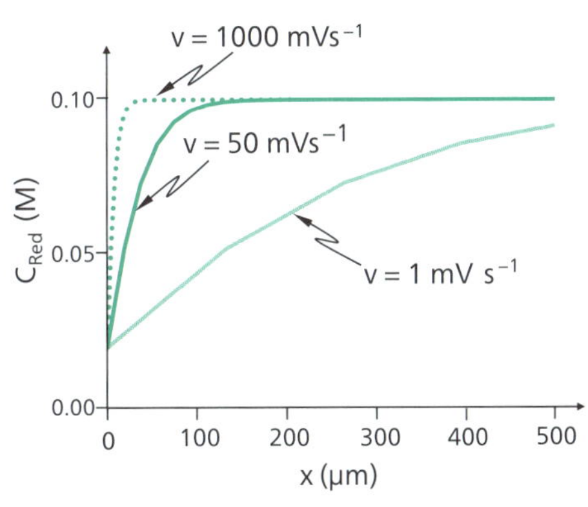

그림 8.5 주사 속도와 확산층 농도 프로파일. 가정: E° = 0 mV, n = 1, k° = 1 cms^{-1}, α = 0.5, $D_{Red} = D_{Ox} = 1 \times 10^{-5}$ cm^2s^{-1}, $C_{Red}(\infty,t)$ = 0.1 M, T = 298 K.

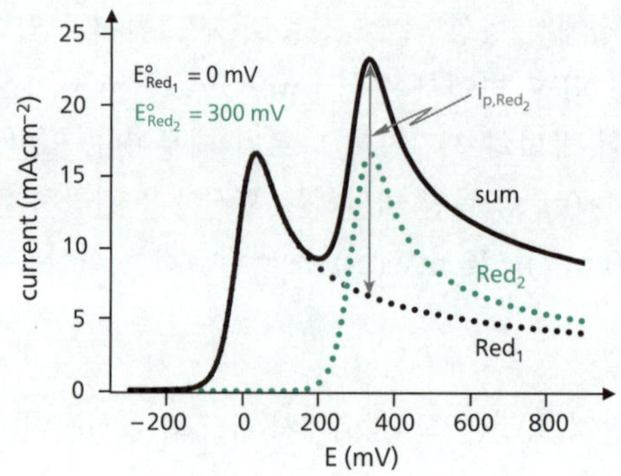

그림 8.6 **가역 Red_1과 Red_2 산화 반응의 LSV. Red_1과 Red_2 산화 반응은 상호 독립적이다.** 가정: $E°_{Red_1} = 0$ mV, $E°_{Red_2} = 300$ mV, n = 1, $k°_i = 1$ cms^{-1}, $\alpha = 0.5$, $D_{Red_i} = D_{Ox_i} = 1 \times 10^{-5}$ cm^2s^{-1}, $C_{Red_i}(\infty,t) = 0.1$ M, v = 50 mVs^{-1}, T = 298 K. i = 1, 2.

그림 8.5는 주사 속도 v가 결정하는 실험 시간창과 확산층 농도 기울기 변화를 예시한다. 농도 기울기가 최대가 되는 E_p에서 Red 농도 프로파일을 주사 속도의 함수로 보여준다. 주사 속도에 의한 시간창 $\Delta t = (RT/nFv)$이다. v = 50 mVs^{-1}를 기준으로 살펴보면, 주사 속도가 1000 mVs^{-1}로 증가하면 시간창이 1/20로 감소하여 확산층 두께가 증가할 충분한 시간이 없으므로 농도 기울기가 9.71 Mcm^{-1}에서 43.3 Mcm^{-1}로 $\sqrt{20}$배 증가한다. 반면 주사 속도가 1 mVs^{-1}로 감소하면 확산층은 충분히 발달하여 농도 기울기가 감소한다. 확산층의 두께가 $(D\Delta t)^{1/2}$에 비례하므로, 농도 기울기에 비례하는 전류도 주사 속도 $v^{1/2}$에 비례한다.

그림 8.6은 독립적인 두 개의 산화·환원쌍이 존재할 때의 LSV i-E 곡선이다. E°는 Red_1가 0 mV, Red_2가 300 mV로 가정하였다. Red_1와 Red_2가 서로 독립적이면 점선으로 표시된 바와 같이 각각의 i-E 곡선이 나타난다. 그러나 관찰되는 i-E 곡선은 Red_1와 Red_2가 각각 나타내는 i-E 곡선(점선)의 합(실선)이다. 그러므로 Red_2의 피크 전류 i_{p,Red_2}는 Red_1의 전류를 빼주어야 한다.

i-E 곡선과 비faraday 전류

전극이 전해질과 접촉하면 전기화학 이중층이 형성되어 전기화학 이중층 커패시턴스 C_{dl}이 생성된다. LSV 실험의 전위 주사 과정에서 다음과 같은 비faraday 전류가 항상 흐르게 된다.

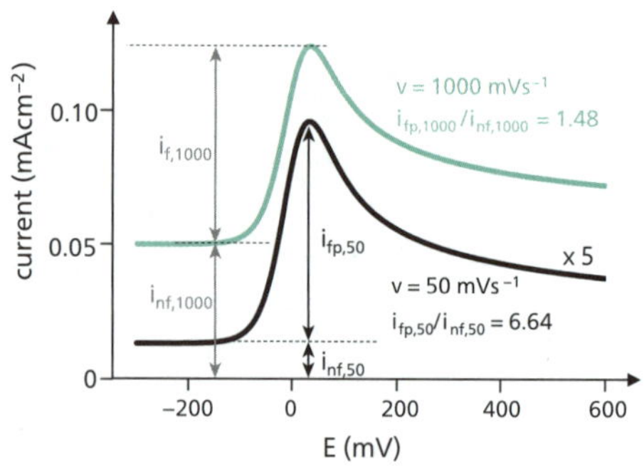

그림 8.7 **LSV i-E 곡선과 비faraday 전류(i_{nf}):** 50 mVs^{-1}(검은색 선), 1000 mVs^{-1}(녹색 선). 가정: $E°_{Red} = 0$ mV, n = 1, $k° = 1$ cms^{-1}, $\alpha = 0.5$, $D_{Red} = D_{Ox} = 1 \times 10^{-5}$ cm^2s^{-1}, $C_{Red}(\infty,t) = 1 \times 10^{-4}$ M, $C_{dl} = 50$ μFcm^{-2}, $R_{solution} = 1$ Ω, T = 298 K.

$$i_{nf} = C_{dl}(dE/dt) = C_{dl}v \quad (8.10)$$

식 (8.10)에서 기억해야 할 것은 i_{nf}와 주사 속도 v의 비례 관계이다. C_{dl} = 50 μFcm^{-2}, $R_{solution}$ = 1 Ω을 가정했을 때, v = 50 mVs^{-1}이면 i_{nf}는 2.5 × 10^{-3} mAcm^{-2}이다. 주사 속도가 20배 증가하여 v = 1000 mVs^{-1}가 되면, i_{nf}는 5.0 × 10^{-2} mAcm^{-2}로 증가한다.

i_f와 i_{nf}의 크기를 비교해 보자. C_{Red} = 0.1 M일 때 i-E 곡선(그림 8.4a)의 i_f(~10 mAcm^{-2})와 i_{nf}(< 10^{-2} mAcm^{-2})를 비교하면 i_{nf}를 무시할 수 있다. 그러나 C_{Red} = 1 × 10^{-4} M이면 그림 8.7과 같이 i_{nf}의 영향이 i-E 곡선에 나타난다. 0.1 mM 반응물 Red를 포함하는 높은 농도의 지지 전해질에서 50 mVs^{-1}의 속도로 주사 전위를 실행하면 2.5 × 10^{-3} mAcm^{-2}인 $i_{nf,50}$과 곡선 형태의 $i_{f,50}$이 합해진 검은색 i-E 곡선이 얻어진다. E_p에서 $i_{fp,50}/i_{nf,50}$ = 6.64이다. 주사 속도가 1000 mVs^{-1}로 증가하면 녹색 i-E 곡선에서 $i_{fp,1000}/i_{nf,1000}$ = 1.48이다. 그러므로 반응물의 농도가 낮을 때, 또는 주사 속도가 클 때 비faraday 전류가 배경 전류가 되어 연구의 주안점인 faraday 전류의 관찰을 방해한다. 다시 말해 낮은 반응물 농도와 빠른 주사 속도 때문에 신호-대-배경 비율(signal-to-background ratio, S/B비)이 감소하여 LSV의 감도(sensitivity)가 감소한다.

8.3 비가역·준가역 반응의 선형 전위 주사 i-E 곡선

비가역·준가역 반응은 가역 반응보다 전하 전달 과정이 느리다. 가역 반응에서는 항상 확산 과정이 전류를 결정하지만, 비가역·준가역 반응에서는 두 전달 과정 중 속도가 상대적 느린 과정이 전류를 결정한다. 그러므로 비가역·준가역 반응의 선형 전위 주사 i-E 곡선의 모양은 그림 8.8과 같이 전하 전달 과정의 표준 속도 상수 k°에 따라 변화한다.

비가역 반응의 i-E 곡선

비가역 반응의 i-E 곡선도 Fick 제2법칙의 해를 알아야 구할 수 있는데, 가역 반응의 경계 조건인 식 (8.5)를 아래와 같은 비가역 산화 반응(Red ⟶ Ox + e)의 전하 전달 속도가 결정하는 산화 전류 i_{an}으로 대체한다.

$$i_{an} = FAk°\exp\{(1 - \alpha)[E(t) - E°](F/RT)\}C_{Red}(0,t) \quad (8.11a)$$

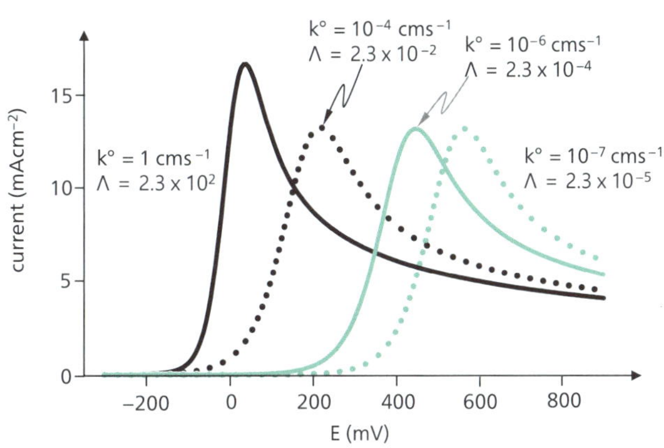

그림 8.8 LSV i-E 곡선과 표준 반응 속도 상수 k°. Λ의 정의는 식 (8.14)를 참고하라. 가정: E° = 0 mV, n = 1, α = 0.5, D = D_{Red} = D_{Ox} = 1 × 10^{-5} cm^{2}s^{-1}, C_{Red}(∞,t) = 0.1 M, v = 50 mVs^{-1}, T = 298 K.

$$= FAD_{Red}[dC_{Red}(x,t)/dx]_{x=0} \quad \textbf{(8.11b)}$$

비가역 반응은 k°가 매우 작으므로 식 (8.11a)는 Butler-Volmer 식에서 산화 전류를 표현하는 항만 고려한다. 식 (8.11b)는 전하 전달과 물질 전달의 유동량이 같음($J_{Red}^{ct} = J_{Red}^{dif}$)을 의미한다. E(t) = ($E_i$ + vt)의 관계를 식 (8.11a)에 대입하여 Fick 제2법칙의 미분 방정식을 풀면 비가역 반응의 전류 i_{an}은 다음과 같이 표현된다.

$$i_{an} = FA(F\alpha D_{Red}/RT)^{1/2}v^{1/2}C_{Red}(\infty,t)S^{irrev}[(F/RT)(1-\alpha)(vt)] \quad \textbf{(8.12)}$$

식 (8.12)에서 함수 $S^{irrev}[(F/RT)(1-\alpha)(vt)]$도 해석학적 수치로 표현되는 비가역 반응의 무차원 함수이다. 식 (8.12)가 가역 반응의 식 (8.5)과 다른 점은 i_{an}의 결정에 비대칭 계수 α의 관여이다. 비가역 산화 반응의 전하 전달 속도를 유지하기 위해서는 전하 전달 과전압이 필요하고, (1 − α)는 인가된 과전압이 산화 반응에 배분하는 비율을 의미하므로(제5장), 전하 전달 과전압이 인가되는 비가역 반응의 i_{an}을 표현하는 식 (8.12)에 α가 포함된다. 구체적으로 S^{irrev} 함수 앞부분에 $\alpha^{1/2}$이, S^{irrev} 함수 속에 α가 있다. 또한 S^{irrev} 함수에 있는 v는 주사 속도에 따른 시간창의 효과를 의미한다. 시간창의 효과를 다음과 같이 정의하는 **반응 속도 지표**(kinetic index)로 논의할 수 있다.

$$\Lambda = k°/(D_{Red}{}^{\alpha}D_{Ox}{}^{(1-\alpha)}vF/RT)^{1/2} \quad \textbf{(8.13a)}$$

$$= k°/(DvF/RT)^{1/2} \quad \textbf{(8.13b)}$$

식 (8.13a)에서 $D_{Red} = D_{Ox}$이면 식 (8.13b)가 된다. 식 (8.13)이 정의하는 Λ는 전하 전달 속도와 확산 속도의 비이다. k°는 전하 전달 속도이고, $(DvF/RT)^{1/2}$은 시간창 Δt(= RT/nFv) 동안에 형성되는 확산 계수 D의 물질이 확산층 두께 $(D\Delta t)^{1/2}$에서 확산하는 속도($D/(D\Delta t)^{1/2}$)이다. Λ가 크면 전하 전달 속도가 확산 속도보다 크므로 물질 전달 과전압이 작동하여 반응의 가역성이 증가한다. Λ가 작으면 전하 전달 속도가 확산 속도보다 느리므로 전하 전달 과전압이 작동하여 반응의 비가역성이 증가한다. 그러므로 전하 전달 과정의 가역성을 주사 속도 v를 포함하여 다음과 같이 정의한다.

가역 반응: $\Lambda > 15$, 또는 $k° > 0.3v^{1/2}$ cms^{-1}

준가역 반응: $15 > \Lambda > 10^{-2(1+\alpha)}$ 또는 $0.3v^{1/2} > k° > 2 \times 10^{-5}v^{1/2}$ cms^{-1}

비가역 반응: $\Lambda < 10^{-2(1+\alpha)}$ 또는 $k° < 2 \times 10^{-5}v^{1/2}$ cms^{-1}

그림 8.8은 D = 1×10^{-5} cm^2s^{-1}일 때 k° 값에 따른 LSV i-E 곡선을 예시한다. 가역 반응(k° = 1 cms^{-1})의 i-E 곡선(검은색 실선)은 비교 기준이다. k° 값이 감소할수록 피크 전위 E_p가 전하 전달 과전압으로 인하여 높은 전위로 이동하며 피크 전류 i_p는 가역 반응에 비하여 감소한다. 앞의 가역성 분류기준에 의하면, v = 50 mVs^{-1}이고 $k° < 10^{-6}$ cms^{-1}일 때가 LSV의 관점에서 비가역 반응이다. 반면 $k° < 10^{-4}$ cms^{-1}이면 준가역 반응이다.

비가역 산화 반응의 i-E 곡선을 정량적으로 살펴보자. 피크 전류 i_p는 다음과 같다.

$$i_p = (2.99 \times 10^5)AC_{Red}(\infty,t)(1-\alpha)^{1/2}D_{Red}{}^{1/2}v^{1/2} \quad \textbf{(8.14)}$$

식 (8.14)와 (8.6)에 제시된 물리량의 단위는 모두 같다. 특기할 점은 비가역 반응의 i_p와 $(1-\alpha)^{1/2}$

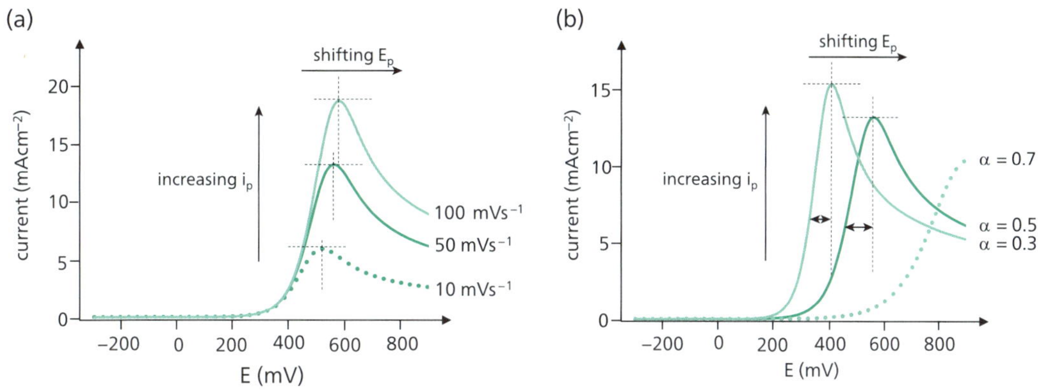

그림 8.9 **비가역 반응 LSV i-E 곡선에 미치는 주사 속도와 비대칭 계수의 영향.** (a) 주사 속도의 영향. (b) 비대칭 계수의 영향. 가정: $E° = 0$ mV, $n = 1$, $k° = 1 \times 10^{-7}$ cms^{-1}, $D = D_{Red} = D_{Ox} = 1 \times 10^{-5}$ cm^2s^{-1}, $C_{Red}(\infty,t) = 0.1$ M, $T = 298$ K. (a) $\alpha = 0.5$, (b) $v = 50$ mVs^{-1}.

의 비례 관계이다. 한편 피크 위치 E_p는 다음과 같다.

$$E_p = E° + [RT/(1 - \alpha)F]\{0.780 + \ln(D_{Red}{}^{1/2}/k°) + \ln[(1 - \alpha)vF/RT]^{1/2}\} \quad \textbf{(8.15)}$$

비가역 반응의 E_p는 전하 전달, 확산 및 주사 속도에 모두 영향을 받는다. $\ln(D_{Red}{}^{1/2}/k°)$ 항에서 $k°$가 작으면, Red 소비 속도가 감소하여 $C_{Red}(0,t)$가 높게 유지된다(그림 8.3a). 그러므로 최대 농도 기울기가 되는 $C_{Red}(0,t)$로 가기 위해서는 전하 전달 과전압이 더 필요하게 되고 E_p는 양의 방향으로 이동한다. $\ln[(1 - \alpha)vF/RT]^{1/2}$ 항에서 v가 크면(시간창이 작으면) Red가 소비되는 시간이 짧다. 그러므로 최대 농도 기울기가 되는 $C_{Red}(0,t)$에 도달하기 위해 더 많은 시간이 필요하여 E_p는 양의 방향으로 이동한다. 또한 최대 농도 기울기에 도달하기 위한 전하 전달 과전압의 배분을 의미하는 α가 식 (8.15)에 포함된다. 가역 반응의 E_p는 이러한 요소들에 영향을 받지 않고 일정하다는 특징[식 (8.7)]과 대비된다. 한편 비가역 반응 i-E 곡선의 피크 폭은 아래와 같다.

$$|E_p - E_{p/2}| = 1.857RT/[(1 - \alpha)F] = 47.7/(1 - \alpha) \text{ mV at 298 K} \quad \textbf{(8.16)}$$

그림 8.9는 주사 속도와 비대칭 계수에 따른 비가역 반응의 LSV i-E 곡선 변화를 예시한다. 그림 8.9a에서 주사 속도 v가 증가하면 피크 위치 E_p는 높은 전위로 이동하고, 피크 전류 i_p도 증가한다. 큰 v는 시간창의 크기를 감소하므로 최대 농도 기울기에 도달하기 위해서 전하 전달 과전압이 더 필요하므로 전류 피크는 높은 전위에서 나타나고, 피크 전류는 더 커진다. 한편 50 mVs^{-1}일 때 i-E 곡선의 피크 폭은 95.4 mV로, 가역 반응(그림 8.8)의 56.5 mV($n = 1$)보다 넓다. 이는 느린 비가역 반응에서 최대 농도 기울기에 도달하기 위해서 더 많은 시간이 필요하기 때문이다. 그림 8.9b는 비대칭 계수 α의 영향을 보여준다. α가 증가할수록 E_p는 높은 전위로 이동하고, 피크 전류 i_p는 감소한다. $(1 - \alpha)$가 산화 반응에 배분되는 전하 전달 과전압의 비율이므로, 작은 α의 반응에서 높은 비율의 과전압이 산화 반응에 배분되므로 낮은 전위에서 전류 피크가 나타난다. 같은 이유에서 $\alpha = 0.7$인 경우 피크는 930 mV에 있어 그림 8.9b의 범위를 벗어난다. 또한 작은 과전압이 필요한 작은 α의 산화 반응은 빠르게 최대 농도 기울기에 도달하므로 피크 전류 i_p도 크다. 그림 8.9가 예시하는 정성적 변화는 식 (8.14)~(8.16)의 예측과 일치한다.

비가역 환원 반응의 LSV i-E 곡선의 정량적 특징을 아래에 정리한다.

$$i_p = (2.99 \times 10^5)AC_{Red}(\infty,t)(1-\alpha)^{1/2}D_{Red}{}^{1/2}v^{1/2} \quad \textbf{(8.17a)}$$

$$E_p = E° + [RT/(1-\alpha)F]\{0.780 + \ln(D_{Red}{}^{1/2}/k°) + \ln[(1-\alpha)vF/RT]^{1/2}\} \quad \textbf{(8.17b)}$$

$$|E_p - E_{p/2}| = 1.857RT/[(1-\alpha)F] = 47.7/(1-\alpha) \text{ mV at 298 K} \quad \textbf{(8.17c)}$$

▶ 준가역 반응의 i-E 곡선

비가역 반응에서 Red ⟶ Ox + e 산화 반응만을 고려하였다. 그러나 k°는 준가역 반응이 비가역 반응보다 크므로 Ox + e ⟶ Red 환원 반응을 무시할 수 없다. 그러므로 산화 반응과 환원 반응이 동시에 작동하는 다음과 같은 경계 조건을 고려해야 한다.

$$i_{an} = FAk°\exp\{(1-\alpha)(F/RT)(E(t)-E°)\}\{C_{Red}(0,t) - C_{Ox}(0,t)\exp[(F/RT)(E(t)-E°)]\} \quad \textbf{(8.18a)}$$

$$= FAD_{Red}[dC_{Red}(x,t)/dx]_{x=0} \quad \textbf{(8.18b)}$$

식 (8.18a)의 $C_{Ox}(0,t)\exp[(E(t)-E°)(F/RT)]$항은 산화 반응의 역반응인 환원 반응의 전류로 전위 E(t)에 따라 산화 반응과 환원 반응이 동시에 일어남을 의미한다. $E(t) = (E_i + vt)$의 전위 주사 관계식을 식 (8.18)에 대입하여 Fick 제2법칙의 미분 방정식을 풀면 준가역 반응의 전류 i_{an}이 다음과 같이 표현된다.

$$i_{an} = FA(D_{Red}F/RT)^{1/2}v^{1/2}C_{Red}(\infty,t)Q^{quasi}(E) \quad \textbf{(8.19)}$$

식 (8.19)에서 $Q^{quasi}(E)$도 해석학적 수치로 표현되는 함수이다. 그림 8.10a는 $k° = 1 \times 10^{-3}$ cms^{-1}와 $\alpha = 0.5$를 가정하여 주사 속도의 영향을 예시하는 준가역 반응의 i-E 곡선이다. v = 1 mVs^{-1}일 때 준가역 반응의 i-E 곡선(옅은 녹색)은 가역 반응의 i-E 곡선(검은색 점선)과 거의 일치한다. 주사 속도가 증가하면, 비가역 반응에서와 같이 피크 위치 E_p는 높은 전위로 이동하고 피크 전류 i_p는 증가한다. 그림 8.10b는 50 mVs^{-1}의 주사 속도에서 α의 영향을 보여준다. α가 증가할수록 비가역 반응에서와 같이 E_p는 높은 전위로 이동하고 i_p는 감소한다. 그러나 그림 8.9b와

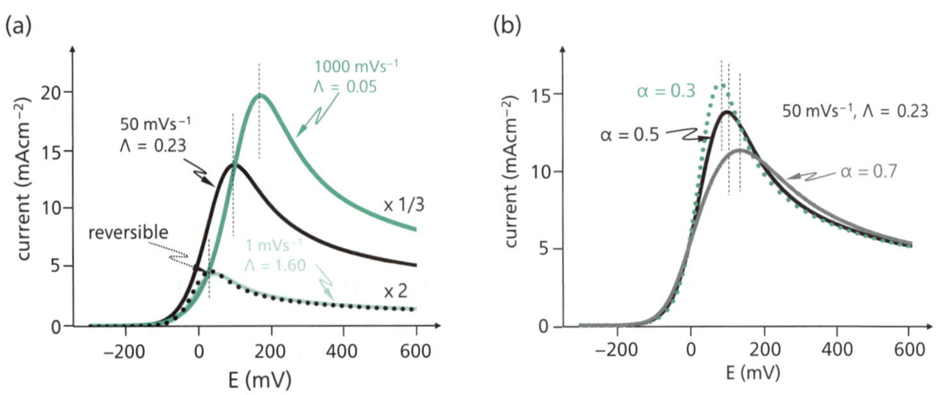

그림 8.10 **준가역 반응 LSV i-E 곡선에 미치는 주사 속도와 비대칭 계수의 영향.** (a) 주사 속도의 영향. (b) 비대칭 계수의 영향. 가정: E° = 0 mV, n = 1, $k° = 1 \times 10^{-3}$ cms^{-1}, $D = D_{Red} = D_{Ox} = 1 \times 10^{-5}$ cm^2s^{-1}, $C_{Red}(\infty,t) = 0.1$ M, T = 298 K. (a) α = 0.5, (b) v = 50 mVs^{-1}.

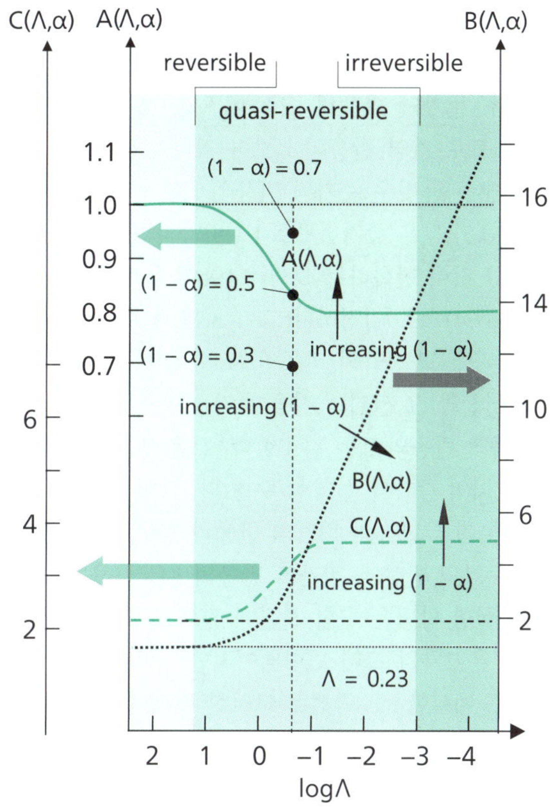

그림 8.11 **함수 A(Λ,α), B(Λ,α)와 C(Λ,α)와 Λ.** 제시하는 곡선은 $\alpha = 0.5$에서 $\log\Lambda$에 따른 각 함수의 값 변화이다. 가역, 준가역, 비가역 반응의 분류는 본문에 제시한 기준에 의한다. (H. Matsuda and Y. Ayabe, Z. Electrochem., 1955, 59, 494에서 발췌하여 재구성하였음.)

비교하면 변화 거동이 상당히 다르다. 준가역 반응의 i_p, E_p와 $|E_p - E_{p/2}|$는 아래와 같다.

$$i_p = i_p(\text{reversible})A(\Lambda,\alpha) \tag{8.20a}$$

$$= (2.69 \times 10^5)n^{3/2}AD_{Red}^{\ 1/2}C_{Red}(\infty,t)v^{1/2}A(\Lambda,\alpha) \tag{8.20b}$$

$$E_p = E_{1/2} + (RT/F)B(\Lambda,\alpha) \tag{8.20c}$$

$$= E_{1/2} + 26B(\Lambda,\alpha)\ \text{mV at 298 K} \tag{8.20d}$$

$$E_{p/2} - E_p = (RT/F)C(\Lambda,\alpha) \tag{8.20e}$$

$$= 26C(\Lambda,\alpha)\ \text{mV at 298 K} \tag{8.20f}$$

식 (8.20)에서 A(Λ,α), B(Λ,α)와 C(Λ,α)는 수치로 표현되는 함수이며, $\alpha = 0.5$일 때 $\log\Lambda$에 대한 각 함수의 값 변화를 그림 8.11에 예시하며, Λ 값에 따른 반응의 가역성 구분도 함께 제시한다. $\log\Lambda$ 축의 양 끝부분의 가역 반응과 비가역 반응에서 α가 일정할 때 A(Λ,α), B(Λ,α)와 C(Λ,α)의 값은 일정하므로 i_p, E_p와 $|E_p - E_{p/2}|$에 관하여 앞서 소개한 식을 적용할 수 있다. 준가역 반응의 i-E 곡선을 예시하는 그림 8.10을 그림 8.11의 관점에서 논의해 보자. 그림 8.10a에 주사 속도에 대응하는 Λ 값을 제시하였다. 예를 들면 $v = 1\ \text{mVs}^{-1}$일 때, $\Lambda = 1.60(\log\Lambda = 0.2)$으로 그림

8.11에서 보면 가역 반응의 영역에 매우 근접해 있으므로 i-E 곡선이 가역 반응의 i-E 곡선과 매우 유사하다. 주사 속도가 증가하여 Λ 값이 감소하면 A(Λ,0.5) 값은 감소하고, B(Λ,0.5)와 C(Λ,0.5)의 값은 증가한다. 준가역 반응의 $i_p[\propto v^{1/2}A(\Lambda,\alpha)$, 식 (8.20b)]는 $v^{1/2}$에 비례하여 증가하지만 A(Λ,α)는 < 1이므로 가역 반응의 i_p보다 작다. 그러므로 i_p의 증가 비율은 준가역 반응에서 작다. 반드시 기억해야 할 것은 준가역 반응의 i_p는 $v^{1/2}$에 더 이상 비례하지 않는다는 것이다. 한편 B(Λ,0.5)와 C(Λ,0.5) 값은 증가하므로 E_p는 양의 방향으로 더 이동하고, $|E_p - E_{p/2}|$는 더 넓어진다. 비대칭 계수 α 값이 변화하는 그림 8.10b를 논의해 보자. 주사 속도는 50 mVs^{-1}이므로 Λ = 0.23(logΛ = −0.64)으로 일정하다(그림 8.11의 수직 쇄선). 논의하는 반응은 산화 반응이므로, 산화 반응에 배분되는 과전압의 비율인 (1 − α)를 고려해야 한다. 예를 들면 A(Λ,α) 함수인 그림 8.11의 녹색 실선과 그 선위의 점을 보자. (1 − α)가 감소하면(또는 α가 증가하면), A(0.23,α)도 감소하여 준가역 반응의 i_p는 감소한다. 같은 방식을 B(0.23,α)와 C(0.23,α)에 적용하면 E_p의 이동과 $|E_p - E_{p/2}|$의 증가를 설명할 수 있다. 그림 8.10이 예시한 바와 같이 준가역 반응의 LSV i-E 곡선의 예측은 가역 반응과 비가역 반응의 경우보다 복잡하다.

가역 반응, 준가역 반응과 비가역 반응의 i-E 곡선을 모두 보여주는 그림 8.8로 다시 돌아가 보자. 전위 주사 실험 방법은 실험 시간이 짧으므로 전기화학 연구에서 많이 이용된다. 피크 형태의 LSV i-E 곡선은 2차원 그래프 형태이지만, 주사 속도에 의한 시간창이 포함되어 있다는 사실을 인지해야 한다. 예시한 i-E 곡선은 모사한 결과이므로 E°를 알고 있다. 그러나 실제 실험에서는 다른 실험 또는 문헌에서 E°를 알 수 없다면 연구 대상 반응의 가역성 판단이 쉽지 않다. 그러나 주사 속도를 변화하여 지금까지 논의한 i-E 곡선의 특성과 비교하면 반정량적(semi-quantitative) 판단을 내릴 수 있다.

8.4 순환 전위 주사 i-E 곡선

순환 전위 주사의 전위 프로그램

순환 전위 주사법(cyclic voltammetry)은 그림 8.12와 같이 시작 전위 E_i에서 시작하여 일정한 전위 주사 속도 +v로 E_1까지 전위를 증가하고 다시 −v의 주사 속도로 E_2까지 전위를 변화시켜 하나의 순환 주기를 완성한다. 그 이후, E_1과 E_2 사이를 반복하는 후속 순환 주기가 이어진다. 반드시 $E_i = E_2$일 필요는 없으며, $E_i < E_1$일 필요도 없다. 그러므로 필요에 따라 세 개의 전위를 설정한다. 전위를 바꾸는 시간을 t_{rev}라고 하면, $E_i = E_2$인 조건에서 순환 주기 과정 중 임의 시간 t에서

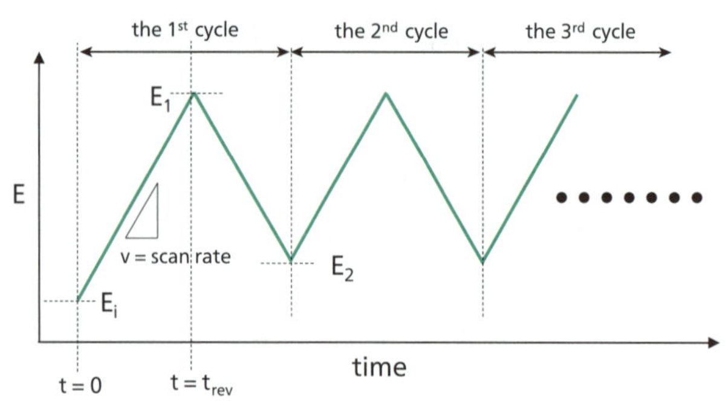

그림 8.12 순환 전위 주사의 전위 프로그램.

전위는 다음과 같다.

$$E = E_i + vt \qquad (0 \leq t \leq t_{rev})$$
$$E = E_i + 2vt_{rev} - vt \qquad (t_{rev} \leq t) \tag{8.21}$$

식 (8.21)에서 $v > 0$이면 양의 방향으로 전위 주사가 시작되고, $v < 0$이면 음의 방향으로 전위 주사가 시작된다.

가역 반응의 순환 전위 주사 i-E 곡선

그림 8.13은 $n = 1$인 가역 산화 반응($Red \longrightarrow Ox + e$)의 **순환 전위 주사 i-E 곡선**(cyclic voltammogram, 이하 CV)과 여러 전위에서 Red와 Ox의 농도 프로파일을 예시한다. Red만 있는 전해질에서 산화 반응을 유도하기 위해, -300 mV(E_i)에서 $+300$ mV(E_1)까지 $v = 50$ mVs^{-1}의 주사 속도로 전위 주사를 진행한다. 양의 방향 주사에서 그림 8.4a의 LSV i-E 곡선에서 일어난 일이 발생한다. $+300$ mV에 도달한 후 -300 mV(E_2)까지 전위 주사 방향을 바꾸면 그림 8.13a의 점 I에서 점 VI까지의 i-E 곡선이 나타난다. 그러므로 -300 mV에서 출발하여 $+300$ mV까지 양의 방향 주사 후 다시 -300 mV까지 음의 방향 주사 동안 얻은 i-E 곡선이 첫 순환 주기의 CV이다.

음의 방향 주사 과정에서 일어나는 일을 이해하기 위해 그림 8.13b에 예시한 농도 프로파일을 살펴보자.

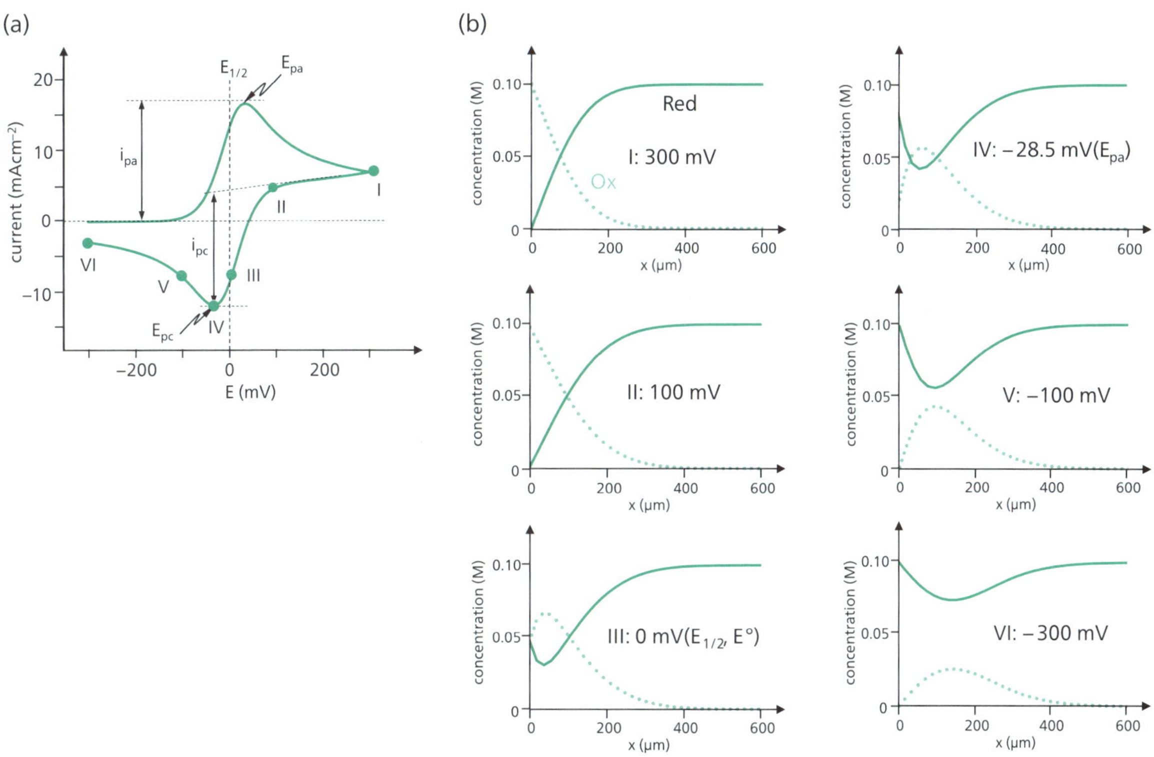

그림 8.13 **가역 Red 산화 반응의 순환 전위 주사.** (a) i-E 곡선(CV). (b) 음의 방향 주사 과정의 농도 프로파일. 양의 방향 주사 과정의 농도 프로파일은 그림 8.4를 보라. 가정: $E° = 0$ mV, $n = 1$, $k° = 1$ cms^{-1}, $\alpha = 0.5$, $D_{Red} = D_{Ox} = 1 \times 10^{-5}$ cm^{2}s^{-1}, $C_{Red}(\infty,t) = 0.1$ M, $v = 50$ mVs^{-1}, $T = 298$ K.

점 I: 전위 주사 방향이 바뀌는 +300 mV는 확산 제어 전위이므로 Red의 표면 농도는 0이며, 생성된 Ox의 표면 농도는 Red의 벌크 농도와 같다.

점 II: 전위가 100 mV에 도달하는 동안에도 Red의 산화 반응이 우세하지만 산화 반응 속도가 감소하므로, Red 표면 농도는 점차 증가하고, Ox 표면 농도는 점차 감소한다. 그러나 전체적인 농도 프로파일은 점 I과 매우 유사하다. 점 II를 지나면서 Ox의 환원 반응 속도가 증가하면서 전류는 급속히 감소한다.

점 III: 0 mV는 $D_{Red} = D_{Ox}$인 조건에서 $E_{1/2}$와 E°에 해당하는 전위이다. 그러므로 Red와 Ox의 표면 농도는 같지만, 농도 프로파일은 매우 다르다. 구체적으로 농도 프로파일에서 Red는 최저점을, Ox는 최고점을 보인다. 프로파일의 최고점은 Ox가 전극 표면으로 확산하며, 동시에 벌크 전해질로 확산함을 의미한다. Ox의 환원 반응이 우세하므로 Ox가 전극 표면에서 소비되어 필요한 Ox를 공급하기 위해 Ox가 전극 표면으로 이동해야 하고, 동시에 이미 생성되었던 Ox가 벌크 용액으로 확산한다. Ox의 환원 반응으로 생성된 Red는 전극 표면으로부터 벌크 전해질로 확산하고, 동시에 이미 발달한 농도 기울기에 의해 벌크 전해질에서 전극 표면으로 확산하므로 최저점이 나타난다. 이러한 일들이 발생하는 이유는 확산 속도가 전하 전달 속도보다 상대적으로 느리므로 전하 전달 과정에 의한 표면 농도 변화를 확산층이 느리게 대응하기 때문이다.

점 IV: 음의 방향으로 전위 주사를 계속 진행하여 −28.5 mV에 도달하면 환원 전류 i_{cat}는 최고점에 이른다. 점 III의 농도 프로파일 특징이 더욱 강화되어 전극 표면 부근의 농도 기울기는 최대가 되고 확산 제어가 시작된다.

점 V: 전위가 −100 mV에 도달하면 전극 표면 부근의 농도 기울기가 감소하여 전류는 감소한다.

점 VI: −300 mV에서 농도 기울기가 더욱 감소한다. 특기할 사항은 순환 전위 주사를 시작했던 전위로 되돌아왔지만, 농도 프로파일은 시작했을 때의 프로파일(그림 8.4b의 점 I)과 다르다는 사실이다.

그림 8.13a의 CV가 가역 반응의 전형적인 CV이다. 다시 한번 더 강조하지만, 가역 반응의 전하 전달 과정은 매우 빠르므로, 상대적으로 느린 물질 전달 과정이 전극 표면과 접촉하고 있는 확산층의 농도 프로파일과 농도 기울기를 결정하여 전류를 지배한다. 그러므로 순환 전위 주사 과정에서 그림 8.4와 8.13에 예시한 농도 프로파일의 변화를 머릿속에서 상상할 수 있어야 한다.

그림 8.14는 그림 8.13a의 첫 순환 주기 이후에 순환 주기를 반복했을 때의 CV이다. 두 번째 주기는 −300 mV에서 양의 방향으로 진행한다. 그러나 농도 프로파일이 첫 주기의 시작(그림 8.4b의 점 I)과 끝 전위(그림 8.13b의 점 VI)에서 다르므로, 두 번째 주기의 CV는 점 VI의 프로파일에서 시작하여 첫 주기의 CV와 다르다. 세 번째와 네 번째 순환 전위 주사의 CV는 거의 일치한다. 그러므로 두 번째 주기 이후에 확산층 농도 프로파일의 변화는 일정한 형태에 수렴한다.

가역 반응 CV의 특징을 정량적으로 살펴보자. 그림 8.13a에 표시한 바와 같이 CV의 특징은 피크 전위와 피크 전류이다. 양의 방향 주사에서 피크 전위를 E_{pa}, 음의 방향 주사에서 피크 전위를 E_{pc}라고 했을 때, $\Delta E_p = |E_{pa} - E_{pc}|$는 다음과 같다.

$$\Delta E_p = |E_{pa} - E_{pc}| = 57.0/n \text{ mV} \tag{8.22}$$

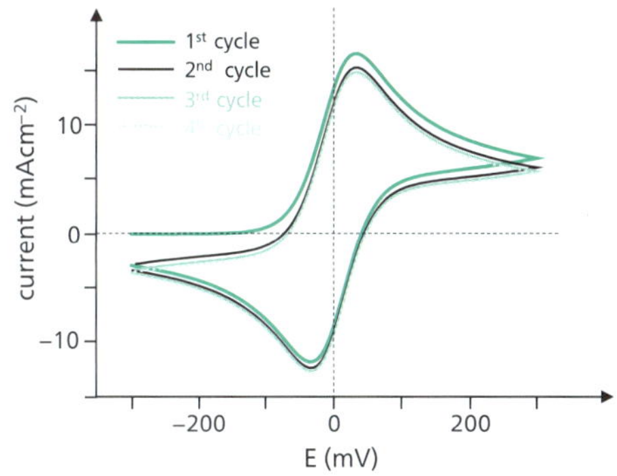

그림 8.14 **가역 Red 산화 반응의 연속 순환 전위 주사 CV.** 가정: $E° = 0$ mV, $n = 1$, $k° = 1$ cms^{-1}, $\alpha = 0.5$, $D_{Red} = D_{Ox} = 1 \times 10^{-5}$ cm^2s^{-1}, $C_{Red}(\infty,t) = 0.1$ M, $v = 50$ mVs^{-1}, $T = 298$ K.

식 (8.22)는 전위 주사 방향을 바꾸는 전위 E_{rev}가 $|E_{pa} - E_{rev}| = \infty$일 때 적용할 수 있다. 그림 8.15a는 E_{rev}에 따른 CV 모양의 변화를 예시한다. $|E_{pa} - E_{rev}| > 35/n$ mV이면, CV의 모양은 크게 변화가 없다고 알려져 있다. 그림 8.15a는 이를 만족하므로 CV의 모양은 크게 변화가 없다. 그러나 $E_{pa} - E_{rev} = \infty$의 조건은 현실적이지 않다. 이론적으로 $E_{rev} = 100$ mV인 경우 ΔE_p는 60.5 mV 정도이다. 식 (8.22)와 3.5 mV 정도의 차이가 있지만, 실제 실험에서는 전위 측정의 오차 수준이다. 그러므로 식 (8.22)를 일반적으로 적용해도 무방하다.

피크 진류 i_{pa}와 i_{pc}는 그림 8.13a와 같이 정의한다. i_{pa}는 양의 방향 주사에서 $i = 0$를 기준으로 결정한다. i_{pc} 결정을 위한 기준은 그림 8.15a에서 설명한다. 예를 들면 $E_{rev} = 200$ mV에서 i_{pc}의 기준은 회색의 가는 점선이다. 거울면을 기준으로 오른쪽은 200 mV를 지나 전위 주사 과정의 환원 전류 곡선이다. 그 곡선의 거울면에 대칭되는 곡선이 i_{pc}의 기준선이 된다. 피크 전류는 그림 8.15b에서 예시한 바와 같이 $v^{1/2}$에 비례한다[식 (8.6)]. 그러나 가역 반응에서 다음과 같은 두 피크 전류의 비는 항상 일정하다.

$$i_{pa}/i_{pc} = 1 \tag{8.23}$$

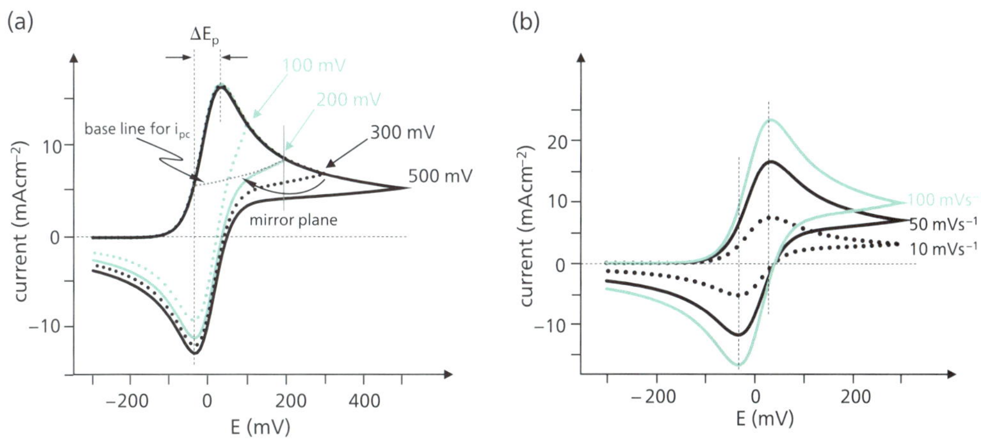

그림 8.15 **가역 Red 산화 반응의 CV.** (a) 전위 주사 방향을 바꾸는 전위 E_{rev}의 영향($v = 50$ mVs^{-1}). (b) 전위 주사 속도의 영향. 가정: $E° = 0$ mV, $n = 1$, $k° = 1$ cms^{-1}, $\alpha = 0.5$, $D_{Red} = D_{Ox} = 1 \times 10^{-5}$ cm^2s^{-1}, $C_{Red}(\infty,t) = 0.1$ M, $T = 298$ K.

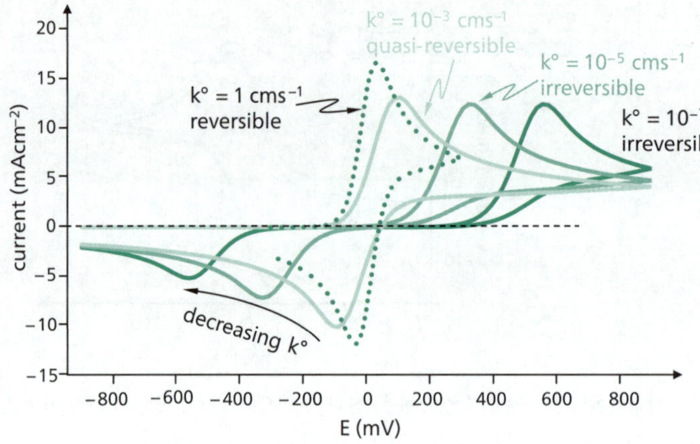

그림 8.16 **비가역·준가역 Red 산화 반응의 CV.** 가정: $E° = 0$ mV, $n = 1$, $k° = 1$ cms^{-1}, $\alpha = 0.5$, $D_{Red} = D_{Ox} = 1 \times 10^{-5}$ cm^{2}s^{-1}, $C_{Red}(\infty,t) = 0.1$ M, $v = 50$ mVs^{-1}, $T = 298$ K.

그러므로 어떤 전기화학 반응의 CV에서 식 (8.22)와 (8.23)의 특징이 나타나면 그 반응은 가역 반응이다.

비가역 · 준가역 반응의 순환 전위 주사 i-E 곡선

그림 8.16은 비가역 반응과 준가역 반응의 순환 전위 주사 i-E 곡선을 예시한다. 표준 속도 상수 k°가 감소할수록 E_{pa}는 양의 방향으로, E_{pc}는 음의 방향으로 이동한다. 그 이유는 전하 전달 과정을 유도하기 위해 전하 전달 과전압이 증가하기 때문이다. 또한 피크 전류비 i_{pa}/i_{pc}는 k°가 감소할수록 증가한다. 이는 음의 방향 전위 주사 과정에서 Ox의 환원 반응을 유도하기 위해 높은 전하 전달 과전압이 필요하므로, 환원 반응이 진행되지 않은 상태에서 오랜 시간 동안 전위 주사가 진행되어야 한다. 그러므로 그 시간 동안 전극 표면 부근의 Ox가 벌크 전해질로 확산하기 때문에 환원에 필요한 Ox의 농도가 낮아지므로 i_{pc}가 감소한다. 따라서 k°가 감소할수록 i_{pc}는 감소하고 i_{pa}/i_{pc}

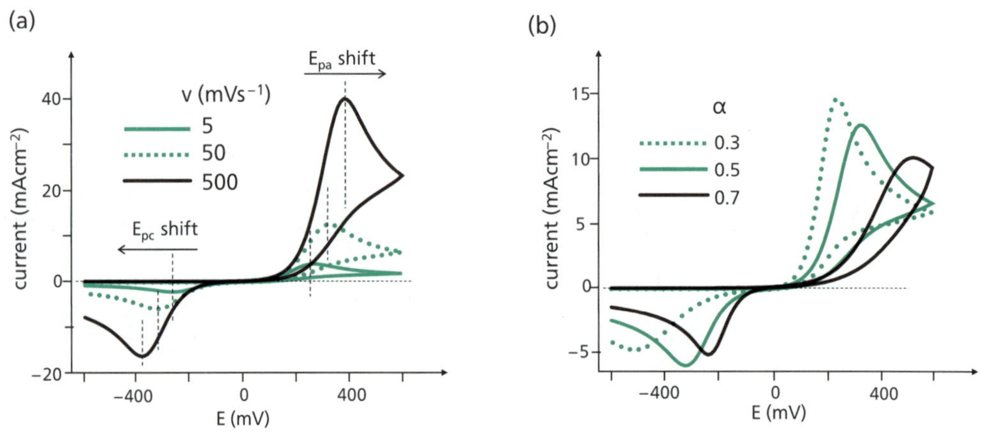

그림 8.17 **비가역·준가역 Red 산화 반응의 CV에 미치는 순환 전위 주사 속도와 비대칭 계수의 영향.** (a) 순환 전위 주사 속도($\alpha = 0.5$). (b) 비대칭 계수. 가정: $E° = 0$ mV, $n = 1$, $k° = 1 \times 10^{-5}$ cms^{-1}, $D_{Red} = D_{Ox} = 1 \times 10^{-5}$ cm^{2}s^{-1}, $C_{Red}(\infty,t) = 0.1$ M, $T = 298$ K. (a) $\alpha = 0.5$. (b) $v = 50$ mVs^{-1}.

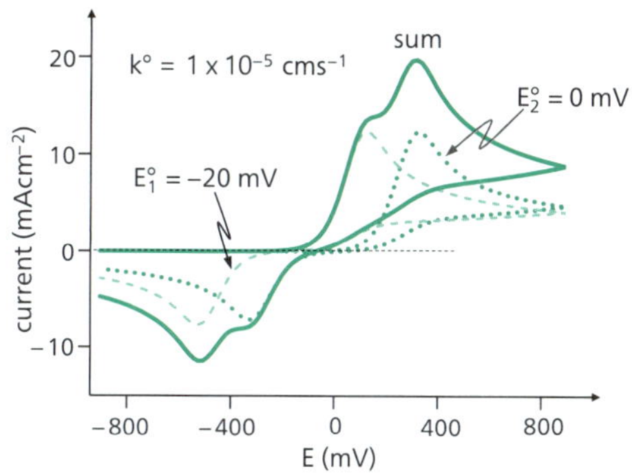

그림 8.18 **독립적인 두 개의 비가역 Red 산화 반응 CV.** 가정: E° = −20 mV와 0 mV, n = 1, $k^\circ = 1 \times 10^{-5}$ cms^{-1}, α = 0.5, $D_{Red} = D_{Ox} = 1 \times 10^{-5}$ cm^2s^{-1}, $C_{Red}(\infty,t) = 0.1$ M, v = 50 mVs^{-1}, T = 298 K.

는 증가한다. i_{pa}의 크기는 LSV의 기준을 적용한다.

그림 8.17은 $k^\circ = 1 \times 10^{-5}$ cms^{-1}인 Red 산화 반응(n = 1)의 CV에 미치는 순환 전위 주사 속도 v와 비대칭 계수 α의 영향을 예시한다. 주사 속도가 증가하면, E_{pa}와 E_{pc}는 각각 양과 음의 방향으로 이동하여 ΔE_p가 증가한다(그림 8.17a). v가 증가하면 확산에 필요한 시간창이 감소하므로 최대 농도 기울기에 도달하는 시간이 증가하여 피크 위치가 이동한다[식 (8.12)]. 또한 과전압이 증가하므로 피크 전류도 증가한다. 그림 8.17b에서 α가 증가하면 E_{pa}와 E_{pc}는 모두 양의 방향으로 이동한다. α가 인가된 과전압을 환원 반응에 배분하는 비율임을 상기하면 α가 클수록 산화 반응에 많은 과전압이, 환원 반응에는 적은 과전압이 필요하므로 E_{pa}와 E_{pc}가 모두 양의 방향으로 이동한다. 또한 피크 전류의 변화도 같은 관점에서 이해할 수 있다.

그림 8.16과 8.17에서 살펴본 바와 같이 비가역 및 준가역 반응의 CV 특징은 순환 주사 속도 v, 표준 반응 속도 상수 k°와 비대칭 계수 α에 의해 결정된다. 실험에서 순환 주사 속도의 함수로서 관찰한 CV가 보여주는 ΔE_p와 i_{pa}/i_{pc}의 변화를 해석하면 관찰한 반응의 가역성을 정성적으로 판단할 수 있다.

그림 8.18은 E°가 각각 −20과 0 mV인 독립적인 두 개의 비가역 산화 반응의 CV를 예시한다. 두 반응은 서로 영향을 미치지 않으므로 쇄선과 점선으로 표시한 각 산화 반응의 CV도 역시 독립적이다. 그러므로 관찰되는 전류(실선)는 각각의 반응이 나타내는 전류의 합이다.

8.5 순환 전위 주사 i-E 곡선에 영향을 미치는 전해질

순환 전위 주사 i-E 곡선 CV의 모양은 전하 전달 과정, 물질 전달 과정과 전위 주사 속도에 의해 결정된다. 그러나 전지의 구성 요소인 전해질도 CV의 모양에 영향을 준다. 전극 표면의 전기화학 이중층 커패시터가 LSV i-E 곡선에 영향을 줄 수 있음을 이미 소개하였다. 3-전극 시스템의 작업 전극과 기준 전극 사이의 전해질 저항 성분인 비보상 저항(4.8절)도 CV의 모양에 영향을 미친다. 전기화학 이중층 커패시터와 비보상 저항이 CV에 미치는 영향을 살펴보자.

▶ 전기 이중층 커패시터

그림 8.19는 전기화학 이중층 커패시터 C_{dl}에 의한 비faraday 전류 i_{nf}와 Red 산화 반응($C_{Red}(\infty,t)$ = 1 mM)에 의한 faraday 전류 i_f를 예시한다. $i_{nf} = C_{dl}v$ [식 (8.10)]이므로 주사 방향에 따라 i_{nf}

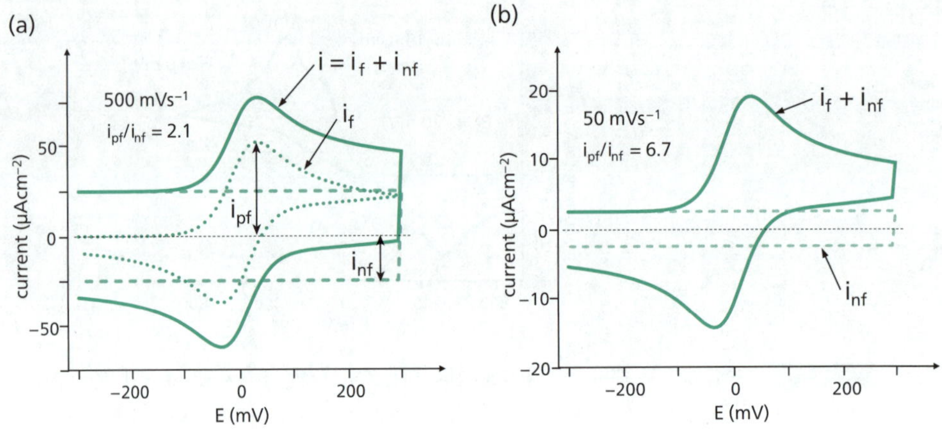

그림 8.19 **전기 이중층 커패시턴스가 영향을 미치는 가역 Red 산화 반응 CV.** 가정: $E° = 0$ mV, $n = 1$, $k° = 1$ cms^{-1}, $\alpha = 0.5$, $D_{Red} = D_{Ox} = 1 \times 10^{-5}$ cm^2s^{-1}, $C_{Red}(\infty,t) = 1 \times 10^{-4}$ M, $C = 50$ μFcm^{-2}, $T = 298$ K.

의 부호가 결정된다. 그러므로 순환 전위 주사 한 주기 동안 i_{nf}는 그림 8.19a의 쇄선과 같이 나타난다. 한편 faraday 과정은 비faraday 과정과 독립적이므로 i_f는 점선으로 표시한 곡선이다. 그러므로 관찰하는 전류 i(실선)는 i_f와 i_{nf}의 합이다. 결국 i_{nf}는 i의 배경 전류가 된다. $v = 500$ mVs^{-1}인 그림 8.19a에서 신호 대 배경 비는 $i_{pf}/i_{nf} = 2.1$이다. $v = 50$ mVs^{-1}이면 i_{pf}는 $v^{1/2}$에 비례하지만, i_{nf}는 v에 비례하므로 그림 8.19b와 같이 i_{pf}/i_{nf}는 6.7로 증가한다. 그러므로 i_f를 명확하게 관찰하기 위해서는 i_{pf}의 크기, 즉 i_{pf}/i_{nf}는 커야 한다. 빠른 실험(큰 v), 반응물의 농도가 낮은 실험(작은 i_{pf}), 또는 지지 전해질의 커패시턴스가 큰 실험(큰 C_{dl})에서는 i_{pf}/i_{nf}가 감소하여 i_f의 관찰에 문제가 발생한다.

비보상 저항

그림 8.20a는 3-전극 시스템의 각 전극과 일정 전위기가 연결된 모식도이다. 등가회로로 묘사한

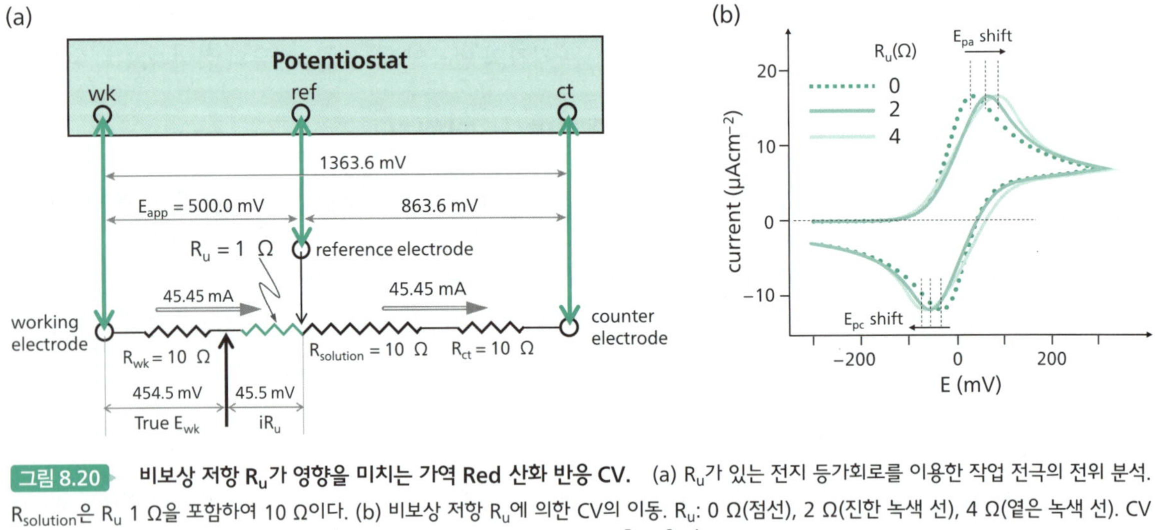

그림 8.20 **비보상 저항 R_u가 영향을 미치는 가역 Red 산화 반응 CV.** (a) R_u가 있는 전지 등가회로를 이용한 작업 전극의 전위 분석. $R_{solution}$은 R_u 1 Ω을 포함하여 10 Ω이다. (b) 비보상 저항 R_u에 의한 CV의 이동. R_u: 0 Ω(점선), 2 Ω(진한 녹색 선), 4 Ω(옅은 녹색 선). CV 가정: $E° = 0$ mV, $n = 1$, $k° = 1$ cms^{-1}, $\alpha = 0.5$, $D_{Red} = D_{Ox} = 1 \times 10^{-5}$ cm^2s^{-1}, $C_{Red}(\infty,t) = 0.1$ M, $T = 298$ K.

전지에서 작업 전극과 기준 전극 사이에 있는 비보상 저항 R_u를 굵은 녹색으로 표시하였다. 구체적으로 작업 전극에서 상대 전극까지의 전해질 저항 $R_{solution}$에서 기준 전극의 위치에 따라 R_u가 정해진다(제4장). 그림 8.20a에서 기준 전극의 위치를 전해질 저항 10 Ω 중에서 R_u가 1 Ω이 되도록 설정하였다. 그러므로 작업 전극과 기준 전극 사이의 저항은 11 Ω이고, 기준 전극과 상대 전극 사이의 저항은 19 Ω이다. 일정 전위기가 작업 전극과 기준 전극 사이에 500 mV의 전압을 목표하면, 작업 전극과 기준 전극 사이의 저항을 통해 45.45 mA(= 500 mV/11 Ω)의 전류가 흐른다. 이 전류는 기준 전극으로 들어가는 것이 아니라 상대 전극으로 흐른다. 상대 전극이 이 전류를 수용하기 위해서, 일정 전위기가 기준 전극과 상대 전극 사이의 전압 863.6 mV(= 45.45 mA × 19 Ω)를 상대 전극에 인가한다. 그러므로 작업 전극과 상대 전극 사이의 전압은 1363.6 mV가 된다. 이 방식이 일정 전위기가 작동하는 방법이다. 문제는 일정 전위기가 인가하는 E_{app}가 작업 전극의 전위 E_{wk}와 같아야 하지만, 비보상 저항의 존재로 인하여 $E_{app} \neq E_{wk}$이다. 구체적으로 그림 8.20a에서 E_{app} = 500 mV이지만 E_{wk} = 500 mV − 45.45 mA × 1 Ω = 454.5 mV이다. 일반적으로 E_{app}, E_{wk}와 R_u의 관계는 다음과 같다.

$$E_{app} = E_{wk} + iR_u \tag{8.24}$$

i-E 곡선을 작성할 때, E_{app}를 가로축에 표시하므로 $R_u \neq 0$이면 $E_{app} \neq E_{wk}$이므로 CV는 왜곡(distort)된다. 그림 8.20b는 R_u의 영향을 예시한다. 양의 방향 주사에서 전위가 −100 mV까지 $i \approx 0$이므로 iR_u 전압 강하를 무시할 수 있다. 그러나 전류 피크에서 i가 크므로 E_p가 높은 전위로 이동하여 피크 모양이 왜곡된다. 음의 방향 주사에서도 같은 현상이 일어나므로 E_p는 더 낮은 전위로 이동한다. 그러므로 R_u가 증가하면 ΔE_p는 증가하고 왜곡 현상은 더 커진다. iR_u 전압 강하를 줄이기 위해서는 i와 R_u가 감소해야 한다. i를 줄이기 위해서는 전극 면적을 줄이고, 주사 속도를 낮추어야 한다. 그러므로 R_u가 큰 전해질에서는 미세 전극과 낮은 주사 속도를 사용하는 것이 바람직하다. R_u를 줄이기 위해서 높은 농도의 지지 전해질을 사용하는 것이 일반적이다. 또한 Luggin 모세관을 사용하여 기준 전극과 작업 전극 사이의 거리를 줄인다.

8.6 다양한 확산 모델의 순환 전위 주사 i-E 곡선

지금까지 논의한 순환 전위 주사 i-E 곡선은 평면 전극과 정지한 전해질에서 나타나는 과도기적 선형 확산 현상을 다루었다. 전기화학 실험을 실행하는 환경이 변화하면 선형 확산과는 다른 특수한 확산 모델이 나타날 수 있다(제6장). 그런 경우 나타나는 CV의 모양을 살펴보자.

▶ 미세 전극과 회전판 전극

미세 전극과 회전판 전극(RDE)은 전위 계단 실험에서 과도기 상태를 지나 정상 상태에 도달하는 특성이 있다(제6장). 그러므로 정상 상태에서 나타나는 CV를 살펴보자.

그림 8.21a와 b는 반지름이 4 μm인 반구형 전극의 CV를 예시한다. 그림 8.21a는 전위 주사 속도가 1 또는 5 mVs^{-1}일 때 나타나는 CV이며, 그 특징은 양과 음의 방향 주사에서 동일한 S자형의 곡선이다. 1 또는 5 mVs^{-1}의 시간창에서 반구형 전극의 확산층은 양의 방향 주사에서 충분히 발달하여 정상 상태의 확산층 두께(δ_{ss})에 도달한다(그림 8.21c의 검은색 선). 후속하는 음의 방향 주사에서도 그 기울기는 그대로 유지되므로 양의 방향 주사 i-E 곡선과 같다. 그러므로 정상 상

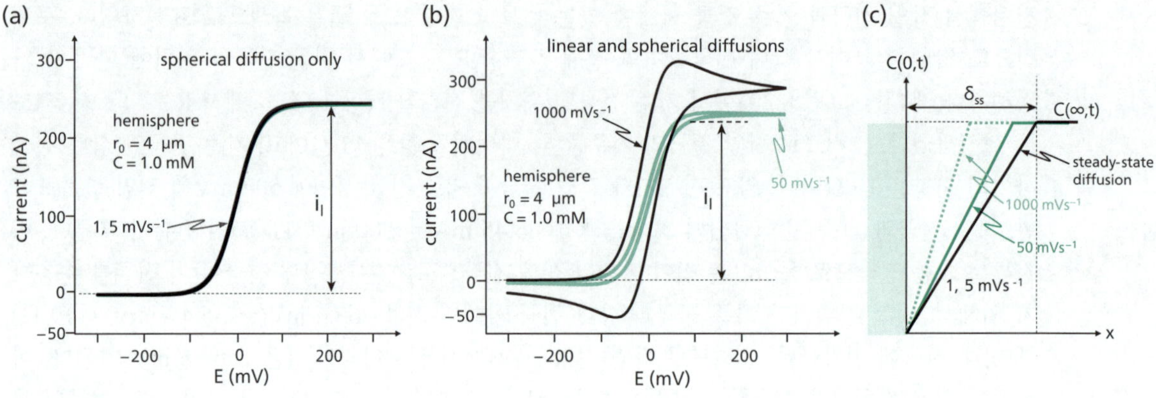

그림 8.21 **전위 주사 속도가 미치는 반구형 미세 전극(r_0 = 4 μm)의 CV.** (a) 1과 5 mVs^{-1}. (b) 50과 500 mVs^{-1}. 가정: E° = 0 mV, n = 1, k° = 1 cms^{-1}, α = 0.5, $D_{Red} = D_{Ox} = 1 \times 10^{-5}$ cm^2s^{-1}, T = 298 K. (c) 반구형 미세 전극의 확산층 모식도.

태의 특징인 S자형의 곡선이 얻어지며 100 mV 이상의 전위에서 관찰되는 전류가 확산 한계 전류 i_l이다. 그러므로 그림 8.21a의 CV는 제6장의 추출 i-E 곡선과 동일하다. 전위 주사 속도를 증가하면 그림 8.21b가 예시하는 CV가 얻어진다. 전위 주사 속도가 50 mVs^{-1}일 때 관찰되는 CV는 녹색 곡선이다. 주사 속도가 증가하면 시간창이 감소하므로 확산층이 충분히 발달하지 않아 그림 8.21c의 녹색 실선으로 묘사한 확산층 두께가 δ_{ss}보다 작다. 그러므로 농도 기울기가 증가하여 정상 상태보다 큰 전류가 흐른다. 후속하는 음의 방향 주사에서도 같은 이유로 더 큰 환원 전류(환원 전류는 음의 전류이므로 더 낮은 전류)가 흐르게 된다. 결과적으로 양쪽의 방향 주사 과정에서 전류는 일치하지 않고 차이가 있는 이력 현상(hysteresis)이 나타난다. 50 mVs^{-1}의 시간창 동안 반구형 미세 전극은 정상 상태에 도달하지 못하므로 선형 확산과 구형 확산이 동시에 작동하여 이력 현상이 관찰되는 것이다. 따라서 200 mV 이상의 전위에서 흐르는 전류도 선형 확산이 추가로 작동하므로 정상 상태의 확산 한계 전류보다 크다. 주사 속도가 1000 mVs^{-1}로 더욱 증가하면(그림 8.21b의 회색 선) 선형 확산의 CV 특징인 전류 피크가 두드러지게 나타난다. 이때의 농도 기울기는 그림 8.21c의 점선이다. 결국 반구형 미세 전극의 크기에 의해 결정되는 δ_{ss}와 주사 속도에 의해 결정되는 시간창의 관계가 CV의 모양을 지배한다.

유사한 현상을 RDE 실험에서 관찰할 수 있다. RDE의 회전 속도 ω가 δ_{ss}를 결정한다[식 (6.39)]. 일정한 ω에서 전위 주사 속도가 증가하면 선형 확산이 영향을 미친다. 반면 일정한 전위 주사 속도에서 ω가 감소하면 δ_{ss}가 증가하여 선형 확산이 작동한다. 그러므로 RDE 실험에서 ω와 v의 조합은 그림 8.21c에서 설명한 같은 이유에서 그림 8.21에 예시한 CV를 관찰할 수 있다.

▶ 얇은 층 전지

매우 작은 거리로 분리된 전극과 유리 벽 사이에 전해질의 얇은 층이 있는 전지를 **얇은 층 전지**(thin layer cell)라고 한다. 얇은 층 전지를 다양한 형태로 제작할 수 있는데, 그림 8.22는 한 예를 도시한다. 얇은 층 전지가 되기 위해서, 전극과 유리벽 사이의 거리 L은 실험 시간 t와 물질 확산 계수 D에 의해 결정되는 확산 거리 $(2Dt)^{1/2}$보다 작아야 한다. 예를 들면 D = 1 × 10^{-5} cm^2s^{-1}인 물질을 60 s 동안 실험한다면, 확산하는 거리는 약 350 μm이다(그림 8.4와 8.13 참조). 일반적으로 L ≤ 100 μm가 되도록 얇은 층 전지를 제작한다. 이러한 형태의 전극을 전해질과 접촉하면

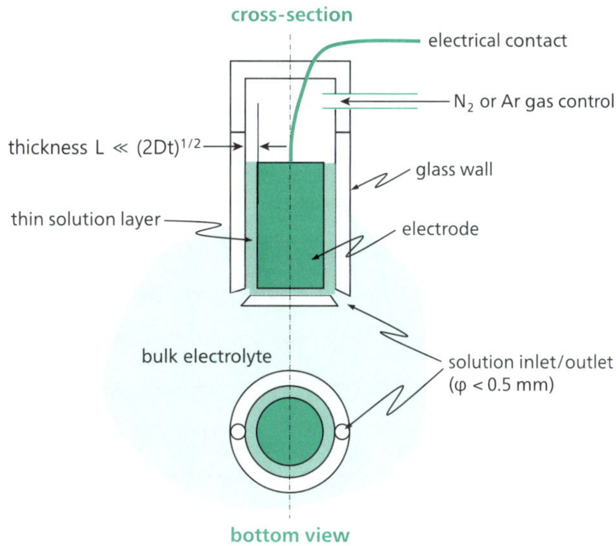

그림 8.22 얇은 층 전지.

지름이 매우 작은 용액 출입구(solution inlet/outlet)를 통해 전극과 유리벽 사이의 공간이 모세관 현상에 의해 전해질로 채워진다. N_2 혹은 Ar 기체를 주입하면 얇은 층의 전해질은 용액 출입구를 통하여 제거되고, 기체 주입을 중단하면 다시 새로운 전해질이 채워져 얇은 층의 용액을 교체할 수 있다.

얇은 층 전지의 확산 현상은 일반적인 선형 확산과 다르다. 일반적인 반무한 선형 확산에서 $L = \infty$이므로 반응물은 전극 표면으로 무한정 공급될 수 있으며, 그 공급 속도는 선형 확산 현상이 지배한다. 그러나 $L \ll (2Dt)^{1/2}$인 얇은 층 전지에서는 전극 면적 A와 얇은 층 두께 L의 곱인 얇은 층 전해질의 부피 $V(= AL)$ 안에 있는 반응물의 양$(= C(\infty,t)V)$이 한정되므로 전위 주사 과정에서 빠르게 고갈되어 반응물이 무한정 공급될 수 없다. 또한 생성물은 얇은 층을 떠날 수 없어 얇은 전해질 층에 머무르게 된다. 만약 L이 $(2Dt)^{1/2}$보다 커지면 선형 확산 현상이 나타나게 된다. 그러므로 $L \ll (2Dt)^{1/2}$의 조건이 성립될 때 얇은 층 전지의 특징을 관찰할 수 있다.

그림 8.23은 얇은 층 전지에서 일어나는 Red 산화 반응(Red ⟶ Ox + e)의 순환 전위 주사 i-E 곡선을 예시한다. 그림 8.23a는 가역 반응의 CV이며, 그 특징은 $E_{pa} = E_{pc}$, 즉 피크 분리가 없다는 것이다. 일반적인 전지의 CV에서 나타나는 피크 분리 현상(그림 8.13)은 선형 확산이 주요 원인이지만, 선형 확산이 없는 얇은 층 전지에서 CV의 피크 분리가 없다. 예를 들면 물질 전달 계수 m은 선형 확산에서 $D^{1/2}$에 비례하지만 얇은 층 전지의 확산에서는 D에 비례한다. 그러므로 유리벽에서 전극 표면까지 L만큼의 거리를 반응물은 확산하지만, 반무한 선형 확산의 모형을 따르지 않는다. 전위 주사 과정에서 E°까지 얇은 층의 Red 공급이 충분하여 전류가 증가하지만 E°를 지나면 Red가 고갈되어 전류가 감소하며 150 mV에서 얇은 층의 모든 Red는 Ox로 산화된다. 주사 방향이 바뀌는 300 mV에서 전해질 얇은 층에는 Ox만 존재한다. 음의 방향 주사 과정에서도 동일한 전류의 변화가 발생한다. 연속된 순환 주사에서 반응물과 생성물 모두 얇은 층을 떠날 수 없으므로 반무한 선형 확산의 경우와 같이 CV 모양의 변화(그림 8.14)는 없다. 피크 전류 i_{pa}와 i_{pc}는 다음과 같다.

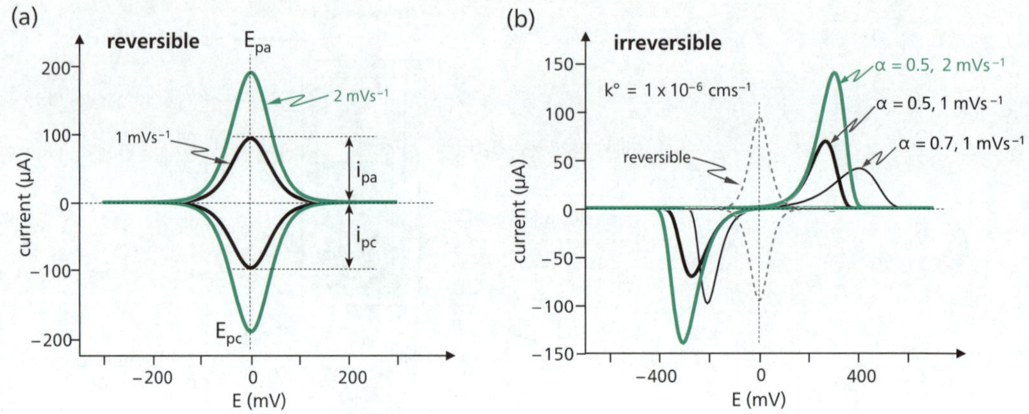

그림 8.23 **얇은 층 전지에서 Red 산화 반응의 CV.** (a) 가역 반응. (b) 비가역 반응. 가정: E° = 0 mV, n = 1, $D_{Red} = D_{Ox} = 1 \times 10^{-5}\ cm^2s^{-1}$, $C_{Red}(\infty,t) = 0.1$ M, A = 1 cm^2, L = 10 μm, T = 298 K, (a) α = 0.5, k° = 1 cms^{-1}, v = 1 mVs^{-1}, (b) k° = $1 \times 10^{-5}\ cms^{-1}$.

$$i_p = n^2F^2vVC_{Red}(\infty,t)/4RT \quad \textbf{(8.25)}$$

식 (8.25)에서 $VC_{Red}(\infty,t)$는 얇은 층에 있는 Red의 mol 수를 의미한다. 가장 큰 특징은 $i_p \propto v$이다. 선형 확산의 $i_p \propto v^{1/2}$와 대조적이다. 그림 8.23a에서 주사 속도를 1 mVs^{-1}에서 2 mVs^{-1}로 증가하면 i_p가 2배 증가한다.

그림 8.23b는 얇은 층 전지에서 일어나는 비가역 Red 산화 반응(Red ⟶ Ox + e)의 순환 전위 주사 i-E 곡선을 예시한다. 양의 방향 주사에서 반응을 개시하기 위한 전하 전달 과전압이 필요하므로 산화 피크는 양의 방향으로 이동한다. 가역 반응(쇄선)과 비가역 반응(검은색 굵은 실선)을 비교하면 몇 가지 차이점이 있다. E_{pa}를 중심으로 가역 반응은 대칭적이지만, 비가역 반응은 비대칭이다. 구체적으로 E_{pa}를 중심으로 전류 곡선의 기울기는 낮은 전위에서가 높은 전위에서보다 작다. 그 이유는 낮은 전위에서 과전압이 충분하지 않기 때문이다. 이는 비대칭 계수 α가 증가하면 더욱 두드러진다(그림 8.23b의 녹색 실선과 얇은 검은색 실선). 비가역 반응의 피크 위치 E_p는 n = 1인 반응에서 다음과 같다.

$$E_{pa} = E° + [RT/(1-\alpha)F]\ln[ARTk°/(1-\alpha)FVv] \quad \textbf{(8.26a)}$$

$$E_{pc} = E° - (RT/\alpha F)\ln(ARTk°/\alpha FVv) \quad \textbf{(8.26b)}$$

주사 속도의 증가는 모두 E_{pa}와 E_{pc}를 각각 양과 음의 방향으로 이동시키지만 비대칭 계수의 증가는 모두 양의 방향으로 이동시킨다. 피크 전류 i_p는 n = 1인 반응에서 다음과 같다.

$$i_{pa} = (1-\alpha)F^2vVC_{Red}(\infty,t)/2.718RT \quad \textbf{(8.27a)}$$

$$i_{pc} = \alpha F^2vVC_{Red}(\infty,t)/2.718RT \quad \textbf{(8.27b)}$$

식 (8.27)에서 비가역 반응의 i_p도 v에 비례한다. 그러나 i_p는 비가역 반응이 가역 반응[식 (8.25)]보다 작다. 비대칭 계수의 증가는 i_p를 감소시키고, 주사 속도의 증가는 i_p를 증가시킨다. 그림 8.23b는 식 (8.26)과 (8.27)과 관련된 성질을 모두 예시한다.

얇은 층 전지의 활용에 유의할 점이 있다. 전위 주사 실험 과정에서 반응물과 생성물이 얇은 층에 머물러 있어야 하고, 벌크 전해질로부터 유입 또는 벌크 전해질로 유출이 없어야 한다. 이러한 조건을 충족하기 위해 얇은 층 전해질과 벌크 전해질 사이의 접촉을 최소로 유지해야 한다. 그러한 이유에서 그림 8.22에서 전해질의 출입구가 매우 작다. 두 전해질 사이의 최소화된 접촉은 두 용액 사이의 저항을 증가시킨다. 또한 기준 전극이 작업 전극에 접근할 수 없으므로 얇은 층 전지 실험에서 비보상 저항 R_u는 크다. 주사 속도가 크다면 iR_u 전압 강하가 증가하여 CV가 왜곡된다. 그러므로 얇은 층 전지 실험에서 낮은 주사 속도($< 10\ mVs^{-1}$)를 일반적으로 사용한다.

흡착하는 반응물과 생성물

전기화학 반응에 참여하는 반응물과 생성물이 항상 전해질에 있지는 않다. 전극 표면에 흡착한 상태에서 다음과 같은 전하 전달 과정이 발생할 수 있다.

$$\mathrm{Ox(ad)} + \mathrm{ne} \rightleftharpoons \mathrm{Red(ad)} \tag{8.28}$$

물론 둘 중의 하나만 흡착할 수도 있으며, 벌크 전해질에 흡착하지 않은 Red와 Ox가 존재할 수 있다. 그러나 단순한 논의를 위해 식 (8.28)의 반응을 고려한다. 예를 들면, Red가 있는 용액과 전극을 접촉하면 Red가 흡착하고, 흡착력이 충분히 크면 Red가 없는 지지 전해질로 전극을 옮겨 다음과 같은 반응을 유도할 수 있다.

$$\mathrm{Red(ad)} \rightleftharpoons \mathrm{Ox(ad)} + \mathrm{ne} \tag{8.29}$$

식 (8.29)의 반응인 Red(ad)의 산화 반응을 생각해 보자. 생성물인 Ox도 전극 표면에 흡착된 상태를 유지한다. 이러한 상황은 얇은 층 전지에서 유리 벽이 전극 표면에 밀착된 상태($L \approx 0$)와 같다. 유한한 값의 L을 가지는 얇은 층 전지에서 반응물과 생성물은 확산 이동을 한다. 그러나 $L \approx 0$인 흡착층에서 전극 표면의 수직 방향으로 확산 이동은 없다. 그러므로 식 (8.29)는 얇은 층 전지의 두 극한 중 하나이다(다른 극한은 $L \longrightarrow \infty$이다).

그림 8.24는 흡착하는 Red의 산화 반응[식 (8.29)]의 CV를 예시한다.

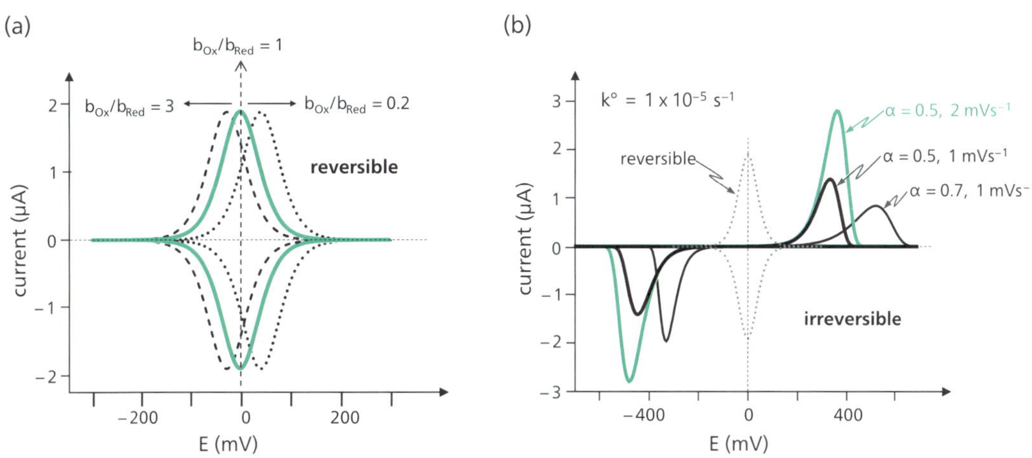

그림 8.24 흡착한 Red(ad) 산화 반응의 CV. (a) 가역 반응. (b) 비가역 반응. 가정: $E° = 0$ mV, $n = 1$, $\Gamma_{Red}^{initial} = 2.0 \times 10^{-9}\ molcm^{-2}$, $A = 1\ cm^2$, $T = 298$ K, Langmuir 등온 흡착, (a) $\alpha = 0.5$, $k° = 1\ s^{-1}$, $v = 1\ mVs^{-1}$, (b) $k° = 1 \times 10^{-5}\ s^{-1}$.

가역 Red(ad) 산화 반응의 CV를 보여주는 그림 8.24a에서 녹색 실선에 우선 집중해 보자. 식 (8.29) 반응의 $E° = 0$ mV를 가정하였으므로 대칭적 피크의 E_p는 0 mV로, 얇은 층 전지의 예측과 같다. 흡착층 반응의 E_p는 일반적으로 다음과 같다.

$$E_p = E° - (RT/nF)\ln(b_{Ox}/b_{Red}) = E°_{ad} \quad \textbf{(8.30)}$$

식 (8.30)에서 b는 다음과 같이 정의된다.

$$b_{Ox} = K_{Ox}\Gamma_{Ox} \quad \textbf{(8.31a)}$$

$$b_{Red} = K_{Red}\Gamma_{Red} \quad \textbf{(8.31b)}$$

식 (8.31)에서 K는 Langmuir 등온 흡착의 평형 상수이고, Γ는 표면 과잉 농도이다(제7장 4절). K와 Γ는 흡착 에너지와 흡착량을 각각 의미하므로, b는 흡착에 의한 에너지 이득이다. 그러므로 (b_{Ox}/b_{Red})는 Ox와 Red의 에너지 이득의 비를 의미한다. 그림 8.24a에서 그 의미를 구체적으로 살펴보자. $(b_{Ox}/b_{Red}) = 3$이면 에너지 이득은 Red(ad)가 Ox(ad)보다 상대적으로 작음을 의미하므로 Red(ad)가 Ox(ad)로 변화되는 것이 반응계의 에너지 측면에서 유리하다. 따라서 Red(ad)는 낮은 전위에서 쉽게 산화되어 E_{pa}는 낮은 전위로 이동한다(쇄선). $(b_{Ox}/b_{Red}) = 0.2$이면 반대의 현상이 일어나 E_{pa}는 높은 전위로 이동한다(점선). 그러므로 가역 반응에서 흡착 반응의 평형 상수 K가 관여하므로 Red(aq) $\rightleftharpoons$ Ox(aq) + e 반응의 E°는 (b_{Ox}/b_{Red})에 따라 $E°_{ad}$로 이동한다[식 (8.31)](제6장). 음의 방향 주사에서도 같은 이유에서 $E_{pc} = E_{pa}$이다. 한편 피크 전류 i_p는 다음과 같다.

$$i_p = n^2F^2vA\Gamma^{initial}_{Red}/4RT \quad \textbf{(8.32)}$$

식 (8.32)에서 $\Gamma^{initial}_{Red}$는 전위 주사를 개시할 때 Red의 표면 과잉 농도이다. 반응물과 생성물의 확산이 전류에 관여하지 않으므로 식 (8.32)에 확산 계수 D가 없다. 또한 반응물의 양은 얇은 층 전지에서 $VC_{Red}(\infty,t)$이지만, 흡착층에서 $A\Gamma^{initial}_{Red}$이다. 그러므로 i_p는 v에 비례한다.

그림 8.24a의 가정 중 하나는 흡착물 사이에 상호 작용이 없는 Langmuir 등온 흡착이다. 그러나 흡착물 사이에 상호 작용이 존재하는 Frumkin 등온 흡착의 경우 그림 8.24a의 피크 모양은 변화한다. 흡착물 사이에 인력이 작용하면 피크 폭은 감소하여 날카롭게(sharp) 변화한다. 반면 척력이 작용하면 피크 폭은 증가하여 넓게(broad) 변화한다.

그림 8.24b는 비가역 Red(ad) 산화 반응을 예시한다. 반응 속도 상수, 주사 속도와 비대칭 계수가 E_p와 i_p에 미치는 영향은 다음과 같다.

$$E_{pa} = E° + [RT/(1-\alpha)F]\ln\{[RT/(1-\alpha)F](k°/v)\} \quad \textbf{(8.33a)}$$

$$E_{pc} = E° - (RT/\alpha F)\ln[RT/\alpha F](k°/v)] \quad \textbf{(8.33b)}$$

$$i_{pa} = (1-\alpha)^2F^2vA\Gamma^{initial}_{Red}/2.718RT \quad \textbf{(8.33c)}$$

$$i_{pa} = \alpha^2F^2vA\Gamma^{initial}_{Red}/2.718RT \quad \textbf{(8.33d)}$$

그림 8.23b의 CV는 얇은 층 전지의 CV(그림 8.22b)와 정성적으로 같다. 또한 반응물의 양을 표현하는 방식의 차이를 제외하고 비가역 Red(ad) 산화 반응을 정량적으로 표현하는 식 (8.33)도 얇

은 층 전지의 식 (8.26)과 (8.27)과 같다. 그 이유는 두 상황에서 선형 확산 모형을 따르지 않기 때문이다.

실험에서 관찰한 CV의 특징을 이해하기 위해서는 여러 가지 요소를 고려해야 한다. 연구 대상 반응의 전하 전달 과정의 특성($E°$, $k°$, α), 확산 모형(평면 전극의 선형 확산, 미세 전극의 정상 상태 확산, 얇은 층 전지의 확산, 흡착층)과 전기화학 실험 변수(전위 주사 속도, 주사 전위 범위)가 CV의 모양에 영향을 준다. 그러므로 순환 전위 주사 실험에서 실험자가 조절할 수 있는 확산 모형과 실험 변수를 통하여 전하 전달 과정의 특성을 정성적으로 또는 반정량적으로 접근하는 것이 일반적인 방식의 하나이다.

8.7 균일 반응과 연계된 불균일 반응의 순환 전위 주사 i-E 곡선

지금까지는 불균일 전하 전달 반응과 확산 현상이 연관된 상황에서 나타나는 순환 전위 주사 i-E 곡선 CV에 대하여 논의하였다. 그 상황에서 전하 전달 과정의 속도, 반응물과 생성물의 확산 속도, 그리고 실험의 시간창을 결정하는 주사 속도에 의해 CV의 모양이 결정된다. 또한 상호 독립적인 반응물이 다수 존재하면 각 반응물이 나타내는 전류의 합이 CV에 나타남을 언급하였다. 그러나 연구 대상인 전하 전달 과정에서 전기화학 활성을 가지는 새로운 물질이 생성되거나 전해질에 존재하는 물질이 전하 전달 과정의 반응물 혹은 생성물과 반응하는 경우를 '**반응이 연계되었다**(coupled)'라고 한다. 연계 반응들은 전극 표면에서 일어나지 않고 확산층의 벌크 전해질에서 일어나는 균일 반응이다. 일반적으로 확산층에 있는 전하 전달 반응의 반응물 또는 생성물의 농도 프로파일을 연계된 균일 반응이 변경하므로 CV의 모양도 변화한다.

▶ 시간창

전하를 전달하는 전기화학 반응 E와 균일 반응 C가 연계된 연속 반응이 나타내는 CV의 모양을 이해하기 위해서는 반응 C의 속도 상수 k와 전위 주사 속도 v가 결정하는 시간창의 상대적 크기를 고려해야 한다. 반응 속도 상수가 k인 1차 반응 C의 시간창을 다음과 같이 정의한다.

$$\Delta t_{rxn} = 1/k \tag{8.34}$$

식 (8.34)에서 k의 단위는 s^{-1}이므로, Δt_{rxn}의 단위는 s이다. 1차 반응의 Δt_{rxn}은 반응물의 농도가 초기 농도의 37%가 되는 시간이다. 반응 C가 2차 반응이면 반응 속도 상수 k의 단위는 $M^{-1}s^{-1}$이다. 일반적으로 2차 반응의 경우, 예를 들면 $A + B \longrightarrow C + D$ 반응에서 $C_A \ll C_B$가 되도록 실

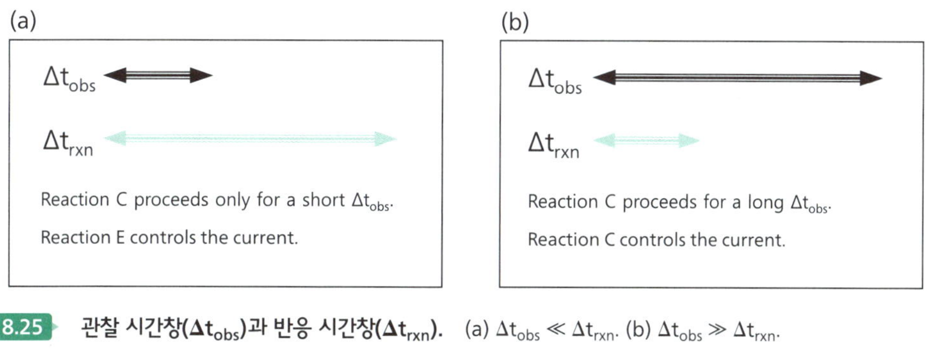

그림 8.25 관찰 시간창(Δt_{obs})과 반응 시간창(Δt_{rxn}). (a) $\Delta t_{obs} \ll \Delta t_{rxn}$. (b) $\Delta t_{obs} \gg \Delta t_{rxn}$.

험을 진행하면 $k' = kC_B$로 2차 반응을 유사 1차 반응(pseudo first order reaction)으로 간주할 수 있다. 1차 반응 C가 느리면(k가 작으면) 반응 시간창 Δt_{rxn}이 넓어진다. 한편 순환 전위 주사 실험의 관찰 시간창은 다음과 같다.

$$\Delta t_{obs} = RT/nFv \tag{8.35}$$

식 (8.35)에서 (nF/RT)의 단위는 V^{-1}이므로 Δt_{obs}의 단위는 s이다. 그러므로 주사 속도가 빠르면(v가 크면) 관찰 시간창이 좁아진다.

반응 시간창과 관찰 시간창의 상대적 크기에 따른 효과를 생각해 보자. 반응 C의 진행 정도는 kt에 비례하므로, Δt_{obs} 동안 진행하는 반응 C의 진행 정도는 $k\Delta t_{obs}$이다. $\Delta t_{obs} \ll \Delta t_{rxn}$이면, 반응 C가 진행할 수 있는 시간이 짧으므로 반응 C는 반응 E에 큰 영향을 줄 수 없다. 이 상황은 반응 C가 반응 E와 연계되어 있더라도 반응 E의 전기화학 거동만이 관찰된다(그림 8.25a). 반응 E가 진행 과정에서 전하 전달이 유발하는 확산 현상이 항상 관여하므로, 반응 E가 가역 반응이면 확산 속도가 전류를 제어한다. 한편 $\Delta t_{obs} \gg \Delta t_{rxn}$이면, 반응 C가 긴 Δt_{obs} 동안 많이 진행된다. 따라서 반응 C가 확산층에 있는 반응 E의 반응물 또는 생성물의 농도 프로파일을 변경하여 전류를 지배한다(그림 8.25b). 그러므로 연계된 반응에서 전류를 지배하는 반응을 Δt_{obs}와 Δt_{rxn}의 비인 아래의 반응 속도 지표가 결정한다.

$$\text{반응 속도 지표} = \Delta t_{obs}/\Delta t_{rxn}$$

모든 연계 반응에 대하여 일괄적 표현은 불가능하지만, 반응 속도 지표가 작으면 반응 E가, 반응 속도 지표가 크면 반응 C가 전류를 일반적으로 지배한다. $\Delta t_{obs} \approx \Delta t_{rxn}$이면 두 반응 모두 전류에 기여한다. 앞으로 논의할 여러 가지 연계 반응의 CV를 반응 시간창과 관찰 시간창의 관점에서 논의한다. 그러므로 2차원의 i-E 곡선에는 시간 t 축이 보이지 않게 존재하며, 전위 주사법과 같은 과도기 상태의 전기화학 실험은 i-E-t의 3차원 실험이다.

▸ EE 반응

EE 반응은 다음과 같이 정의한다.

반응 E1: $Red_2 + e \rightleftharpoons Red_1,\ E_1^\circ$ **(8.36a)**

반응 E2: $Ox + e \rightleftharpoons Red_2,\ E_2^\circ$ **(8.36b)**

Red_1은 반응 E1에 의해 전기화학적 활성을 가지는 Red_2를 생성하고, Red_2는 반응 E2에 의해 Ox를 생성한다. 그러므로 식 (8.36a)와 (8.36b)는 Red_2를 매개로 연계된다. 두 개의 전기화학 반응이 연계되었으므로, 식 (8.36)을 EE 반응이라고 한다. 두 개의 반응이 모두 화학적 가역 반응임에 주목하라.

그림 8.26a는 두 반응이 모두 가역 반응일 때, E_1°과 E_2°의 차이에 따른 CV의 변화를 보여준다. 구체적으로 $E_1^\circ = 0$ mV로 고정하고 $E_2^\circ = 500$ mV이면(점선) 양의 방향 주사에서 Red_1이 산화되어 생성된 Red_2가 확산층을 채우고, Red_2는 400 mV부터 산화되기 시작하여 약 530 mV에서 피크에 이른다. 800 mV에서 Ox가 확산층을 채우고 주사 방향을 바꾸면 Ox의 환원 피크가 약 470 mV에서 나타나고, 확산층은 다시 Red_2로 채워진다. 계속된 주사에서 반응 E1의 환원 반응의 피

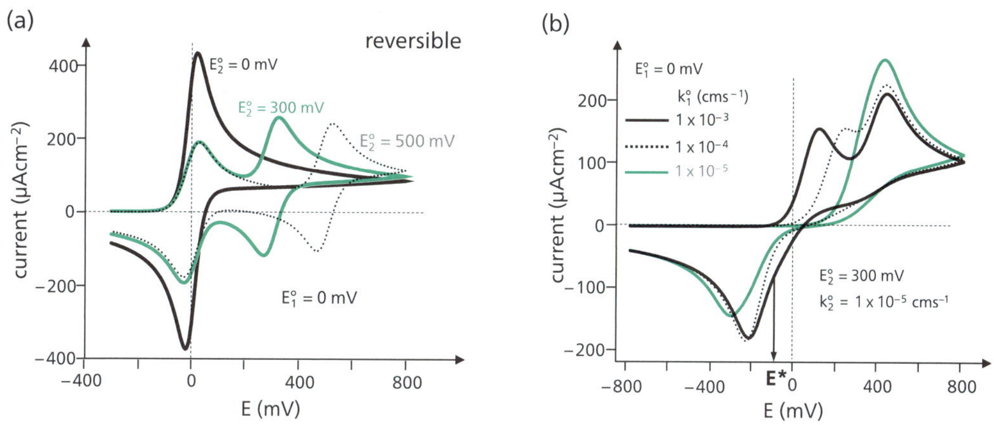

그림 8.26 **EE 반응의 CV.** (a) 가역 반응. 가정: E_1° = 0 mV, E_2° = 0 mV(검은색 실선), 300 mV(녹색 실선), 500 mV(점선). (b) 비가역 반응. 가정: E_1° = 0 mV, k_1° = 1 × 10^{-3} cms^{-1}(검은색 실선), 1 × 10^{-4} cms^{-1}(점선), 1 × 10^{-5} cms^{-1}(녹색 실선), E_2° = 300 mV, k_2° = 1 × 10^{-5} cms^{-1}. 공통 가정: n = 1, α = 0.5, v = 50 mVs^{-1}, $C_{Red_1}(\infty,t)$ = 1 mM, $C_{Red_2}(\infty,t)$ = 0 mM, 모든 화학종의 D = 1 × 10^{-5} cm^2s^{-1}, T = 298 K.

크가 −30 mV에서 나타난다. 다시 −400 mV로 돌아오면 Red_1이 확산층의 주된 화학종이 된다. 한편 E_2° = 300 mV이면, 반응 E2의 산화·환원 피크가 300 mV 근처로 이동한다(녹색 실선). E_2° = 0 mV로 더욱 낮아지면 반응 E1과 E2가 동시에 일어나, 두 반응의 산화·환원 피크가 일치한다(검은색 실선). 다시 말하면 두 개의 전자가 관여하는 반응($Red_1 \rightleftharpoons Ox + 2e$)이 되어 피크 전류가 두 배로 증가한다.

그림 8.26b는 반응 E1(E_1° = 0 mV)과 E2(E_2° = 300 mV)가 전하 전달 속도가 느린 비가역 반응일 때의 CV를 예시한다. 반응 E2의 k_2° = 1 × 10^{-5} cms^{-1}로 고정하고 반응 E1의 k_1°이 변화한다. k_1° = 1 × 10^{-3} cms^{-1}이면(검은색 실선), 반응 E1와 반응 E2의 피크 위치가 약 100과 500 mV에서 각각 나타난다. 두 반응의 산화 피크는 분리되지만, 환원 피크는 약 −200 mV에서 하나의 넓은 피크로 나타난다. 그 주된 이유는 반응 E2의 환원 반응이 반응 E1의 환원 반응보다 더 낮은 전위에서 일어나므로(그림 8.16), 반응 E1의 환원 반응이 일어나야 하는 전위 E^*에서 Ox가 Red_2로 환원되지 않아 반응 E1의 환원 전류는 거의 없다. 다시 말해 −200 mV에서 반응 E2와 반응 E1의 환원 반응이 동시에 일어난다. k_1°이 더욱 감소하면 반응 E1의 산화 피크는 양의 방향으로 이동하며, 반응 $k_1^\circ = k_2^\circ$ = 1 × 10^{-5} cms^{-1}(녹색 실선)이면 두 반응의 산화 피크는 하나로 합쳐진다. 음의 주사에서 환원 피크는 음의 방향으로 이동하며, 피크 면적은 감소한다. 피크 면적 감소는 두 가지 이유에 근거한다. 하나는 k_1°이 작으므로 생성된 Red_2의 양이 적고, 다른 하나는 환원 피크가 음의 방향으로 이동하므로 길어진 주사 시간 동안 Red_2가 벌크 용액으로 확산해 나가 확산층 내 Red_2의 양이 감소하기 때문이다.

그림 8.27a는 가역 반응 E1과 비가역 반응 E2의 CV 실험에서 전위 주사의 방향을 바꾸는 전위 E_{rev}에 따른 전위창 확대(potential window opening) 실험의 예를 보여준다. E_{rev} = 250 mV이면(가는 실선) 반응 E1의 산화 반응은 충분히 진행되지만, E2의 산화 반응은 개시한 수준이다. 그러므로 250 mV에서 확산층의 주된 화학종은 Red_2이다. 그러므로 음의 주사 방향에서 반응 E1의 환원 전류가 약 −30 mV에서 나타난다. E_{rev}가 400 mV로 증가하면(쇄선), 양의 방향 주사에서 E2의 산화 반응은 상당히 진행된다. 그러므로 400 mV에서 Ox가 주된 화학종이 된다. 그러므로

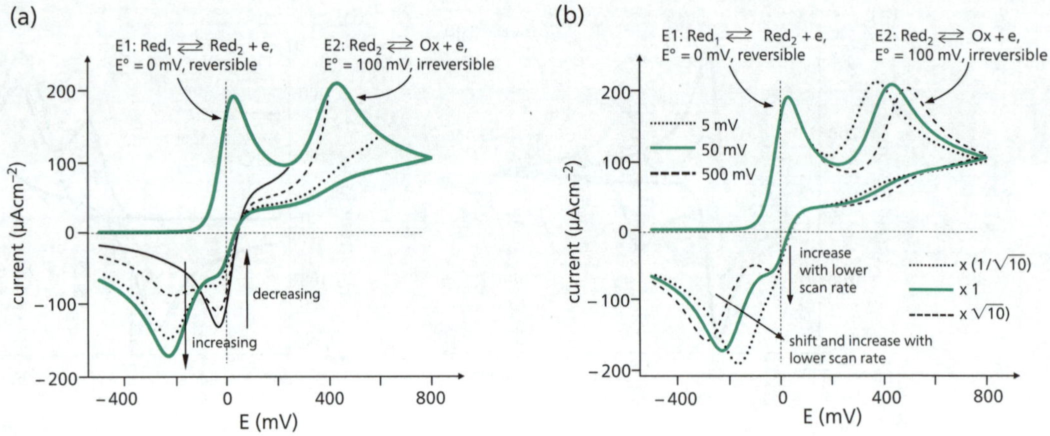

그림 8.27 EE 반응의 CV와 실험 변수. (a) 주사 방향을 바꾸는 전위: 250 mV(가는 실선), 400 mV(쇄선), 600 mV(점선), 800 mV(녹색 실선). v = 50 mVs^{-1}. (b) 주사 속도: 5 mVs^{-1}(점선), 50 mVs^{-1}(실선), 500 mVs^{-1}(쇄선). 공통 가정: E_1° = 0 mV, k_1° = 1 cms^{-1}(녹색 실선), E_2° = 100 mV, $k_2^\circ = 1 \times 10^{-5}$ cms^{-1}, n = 1, α = 0.5, $C_{Red_1}(\infty,t)$ = 1 mM, $C_{Red_2}(\infty,t)$ = 0 mM, 모든 화학종의 D = 1×10^{-5} cm^2s^{-1}, T = 298 K.

음의 방향 주사에서 미쳐 Ox로 산화되지 못한 Red_2가 −30 mV에서 환원된다. 그러므로 E_{rev}가 250 mV의 경우보다 400 mV의 경우에서 Red_2의 양이 감소하였으므로 Red_2의 환원 전류는 감소한다. 전위가 더 낮아지면 Ox ⟶ Red_2 ⟶ Red_1의 동시 환원 반응 피크가 약 −220 mV에서 나타난다. E_{rev}가 600과 800 mV로 높아지면 이러한 변화는 더욱 강화된다. 만약 반응 E1과 E2가 독립적이라면 이러한 특징이 나타나지 않는다. 그러므로 예시하는 전위창 확대 실험은 반응의 연계성 여부를 확인할 수 있는 중요한 실험 방법이다.

그림 8.27b는 가역 반응 E1과 비가역 반응 E2의 CV 연구에서 전위 주사 속도가 미치는 영향을 예시한다. v = 50 mVs^{-1}의 CV(실선)을 기준으로 살펴보자. 가역 반응 E1의 산화 피크는 $v^{1/2}$에 비례한다. 그러므로 v = 5와 500 mVs^{-1} 주사 속도의 CV 전류의 값을 각각 $\sqrt{10}$과 $1/\sqrt{10}$으로 곱하여 표준화하였다. 따라서 주사 속도와 무관하게 일정한 가역 반응 E1의 산화 피크를 기준으로 각 특성의 상대적 변화를 논의한다. v = 5 mVs^{-1}이면(점선), 반응 E2가 산화 전위에 머무르는 시간이 길므로 생성되는 Ox의 양은 많다. 그러므로 음의 방향 주사에서 Red_2의 환원 전류는 작고, Ox의 환원 전류는 크다. 또한 Red_2와 Ox 양의 합을 의미하는 환원 피크의 면적도 증가한다. v = 500 mVs^{-1}이면(쇄선) 반대의 현상이 나타난다. 산화 전위에 머무르는 시간이 짧으므로 생성되는 Ox 양은 적고, Red_2 양은 많다. 따라서 Red_2의 환원 전류는 크고, Ox의 환원 전류는 작으며 환원 피크 면적도 감소한다.

▸ CE 반응

CE 반응은 다음과 같이 정의한다.

반응 C: $$A \underset{k_b}{\overset{k_f}{\rightleftharpoons}} Red, \; K = k_f/k_b \quad \textbf{(8.37a)}$$

반응 E: $$Ox + e \rightleftharpoons Red, \; E^\circ \quad \textbf{(8.37b)}$$

균일 반응 C는 전기화학 반응 E의 선행 반응이므로 반응 C가 Red를 전극에 공급한다. 따라서 반응 C의 정반응 속도 k_f가 Red의 공급 속도에 영향을 주며, 반응 C의 역반응이 존재하면 역반응 속도 k_b가 고려된 반응 평형 상수 $K(= k_f/k_b)$도 Red의 공급 속도에 영향을 주어 전류를 변화시킨다.

그림 8.28a는 반응 E가 가역 반응이고 반응 C가 1차 반응일 때 전위 주사 속도 v에 따른 CV의 모양 변화를 예시한다. 주사 속도가 5 mVs^{-1}일 때의 CV(녹색 실선)를 우선 논의하자. 양의 방향으로 주사가 시작되면 Red의 산화 전류가 증가한 후 전위 변화와 무관하게 전류가 일정한 정상 상태에 도달한다. 그림 8.28c가 그림 8.28a의 상황을 묘사한다. 우선 반응 C가 k_f와 k_b를 통하여 $C_{Red}(\infty,t)$를 결정한다는 사실을 기억하자. 그림 8.28a 아래에 표시한 전위 영역 I에서는 Red의 산화 반응은 일어나지 않으므로 $i = 0$이고 $C_{Red}(0,t) = C_{Red}(\infty,t)$이다. 전위 영역 II에 들어서면 산화 반응이 진행되므로 $C_{Red}(0,t) < C_{Red}(\infty,t)$가 되어 Red의 확산이 개시한다. 한 예로 그림 8.28c에서 전위 E_{II}의 농도 기울기를 따라 Red는 확산하여 전극에 도달한다. Red의 확산 속도(Red out)와 반응 C의 Red 생성 속도(Red in)가 같아지는 조건에서 확산층의 두께가 결정된다. 전위가 전위 영역 III의 E_{III}로 증가하면 $C_{Red}(0,t) = 0$이 되고, 다시 Red의 확산 속도와 생성 속도가 같아지는 조건을 만족하는 위치에서 확산층 두께가 새롭게 결정된다. 반응 C의 Red 생성 속도가 충분히 크다면, 반응 E의 Red 소비 속도가 확산층 두께를 결정한다. 전위가 계속 증가하더라도 $C_{Red}(0,t) = 0$은 계속 유지되고, 반응 C가 Red를 충분히 공급하므로 확산층 두께는 더 이상 증가하지 않는다. 이때의 확산층 두께가 정상 상태의 확산층 두께 δ_{ss}이며, 전류는 확산 한계 전류 i_l이 된다. 전위 주사 방향을 바꾸면 확산층에 축적되어 있던 Ox의 환원 전류는 피크 모양으로 나타나게 된다.

주사 속도의 영향을 살펴보자. 주사 속도가 증가하면 시간창이 감소하므로 반응 C의 Red 공급 속도가 감소한다. 그러므로 확산층 전위 영역 II에서 확산층이 성장할 시간이 부족하여, 그림 8.28c에 묘사한 바와 같이 농도 기울기는 증가하고 전류도 증가한다. 그러나 전위 영역 III에 진입하여 충분한 시간이 지나면 정상 상태에 도달한다. 예를 들면 50과 500 mVs^{-1}의 주사 속도에서는 빠르게 δ_{ss}에 도달하지만, 5 Vs^{-1}에서는 생성 속도가 소비 속도를 따라잡지 못하여 피크 형태가 된다.

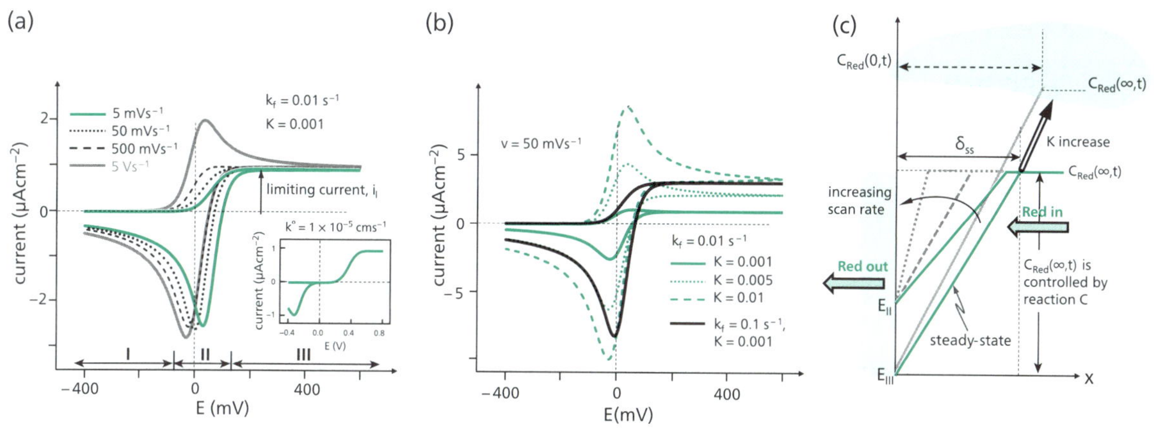

그림 8.28 **CE 반응의 CV에 영향을 미치는 실험 변수.** (a) 주사 속도의 영향: 5 mVs^{-1}(녹색 실선), 50 mVs^{-1}(점선), 500 mVs^{-1}(쇄선), 5 Vs^{-1}(회색 실선). $k_f = 0.01\ s^{-1}$, $K = 0.001$. 삽입 그림: $k° = 1 \times 10^{-5}\ cms^{-1}$, $v = 50\ mVs^{-1}$. (b) 반응 C의 반응 속도와 평형 상수: 녹색 실선($k_f = 0.01\ s^{-1}$, $K = 0.001$), 점선($k_f = 0.01\ s^{-1}$, $K = 0.05$), 쇄선($k_f = 0.01\ s^{-1}$, $K = 0.01$), 회색 실선($k_f = 0.1\ s^{-1}$, $K = 0.001$). $v = 50\ mVs^{-1}$. 공통 가정: $E° = 0$ mV, $k° = 1\ cms^{-1}$, $n = 1$, $\alpha = 0.5$, $C_A = 1$ mM, 모든 화학종의 $D = 1 \times 10^{-5}\ cm^2s^{-1}$, $T = 298$ K. (c) CE 반응의 확산층 모식도.

CE 반응의 CV는 선형 확산의 CV(그림 8.13)와는 매우 다른 거동이 나타난다. 그 이유는 반응 C가 확산층에 Red를 계속 공급하기 때문이다. 반응 C에서 A의 농도 C_A, 반응 속도 상수 k_f와 k_b가 $C_{Red}(\infty,t)$를 결정한다.

비가역 반응 E의 CV를 그림 8.28a의 삽입 그림에 나타내었다. 구체적으로 $k° = 1 \times 10^{-5}$ cms^{-1}로, Red의 소비 속도가 매우 작고 Red 공급 속도가 상대적으로 크므로, 양의 방향 주사에서 S자 형태의 파형이 나타난다. 이 경우의 확산 한계 전류 i_l도 가역 반응 E의 값과 동일하다. 음의 방향 주사에서는 확산층에 축적된 Ox의 환원 전류 곡선도 피크 형태로 나타나며, 피크 위치는 가역적 경우보다 더 낮다.

그림 8.28b는 가역 반응 C와 E의 조건에서 반응 C의 평형 상수 K와 정반응 속도 k_f가 CV에 미치는 영향을 예시한다. $k_f = 0.01\ s^{-1}$의 조건(녹색 선들)에서 K가 증가하면 그림 8.28a의 전위 영역 II가 넓어지고 산화 전류는 피크 형태로 발전한다. 그림 8.28c의 위에 칠한 부분과 같이 K가 증가하면 실효 $C_{Red}(\infty,t)$가 증가하여 Red 공급 속도가 증가하므로 δ_{ss}에 도달하기 위해서 시간이 오래 걸린다. 그러므로 δ_{ss}에 도달하기 전까지 선형 확산의 특징인 피크가 나타난다. 그러나 일단 정상 상태에 도달하면 농도 기울기(그림 8.28c의 회색 실선)가 증가하여 i_l이 증가한다. $K = 0.001$의 조건에서 $k_f = 0.1\ s^{-1}$로 증가하면(그림 8.28b의 검은색 실선), Red의 양은 K에 의해 결정되지만, Red는 빠르게 생성되어 Red 공급 속도가 증가하므로 앞선 논의와 같은 이유에서 i_l이 증가한다.

가역 반응 C와 E의 조건에서 정상 상태 전류 i_l와 반파 전위 $E_{1/2}$의 이동은 정량적으로 다음과 같다.

$$i_l = nFAD^{1/2}C_AK(k_f + k_b)^{1/2} \quad \textbf{(8.38a)}$$

$$dE_{1/2}/d\ln v = -RT/2nF \quad \textbf{(8.38b)}$$

i_l을 표현하는 식 (8.38a)에 Red의 공급 속도를 결정하는 요소로 논의한 C_A, K, k_f와 k_b가 모두 포함되어 있다. 그림 8.28a의 삽입 그림이 예시하는 바와 같이 Red 소비 속도보다 Red 공급 속도가 크면 식 (8.38a)를 적용할 수 있다. 식 (8.38b)의 예측은 그림 8.28a에 $v = 5, 50, 500\ mVs^{-1}$일 때 명확히 나타나 있다.

▶ EC 반응

EC 반응은 다음과 같이 정의한다.

$$\text{반응 E:} \quad Ox + e \rightleftharpoons Red,\ E° \quad \textbf{(8.39a)}$$

$$\text{반응 C:} \quad Ox \underset{k_b}{\overset{k_f}{\rightleftharpoons}} A,\ K = k_f/k_b \quad \textbf{(8.39b)}$$

Red가 산화하여 Ox를 생성하는 반응 E의 후속 반응이 균일 반응 C이다. 전극 표면에서 생성된 Ox가 반응 C를 통하여 전기화학적 불활성 물질 A로 변화하면 확산층 내 Ox의 양은 감소하여 반응 E에 영향을 준다. 이러한 반응을 EC 반응이라 한다.

그림 8.29는 가역 반응 E에 의해 Red가 산화하고, 생성물 Ox가 1차 비가역 반응 C에 의해 A로 변화하는 EC 반응의 CV와 농도 프로파일을 예시한다. 그림 8.29a에서 녹색 실선은 $k_f = 0$인 상황, 즉 반응 C가 없는 상황에서 반응 E만 진행된 CV이다. 반응 C의 k_f가 $0.1\ s^{-1}$일 때의 CV는

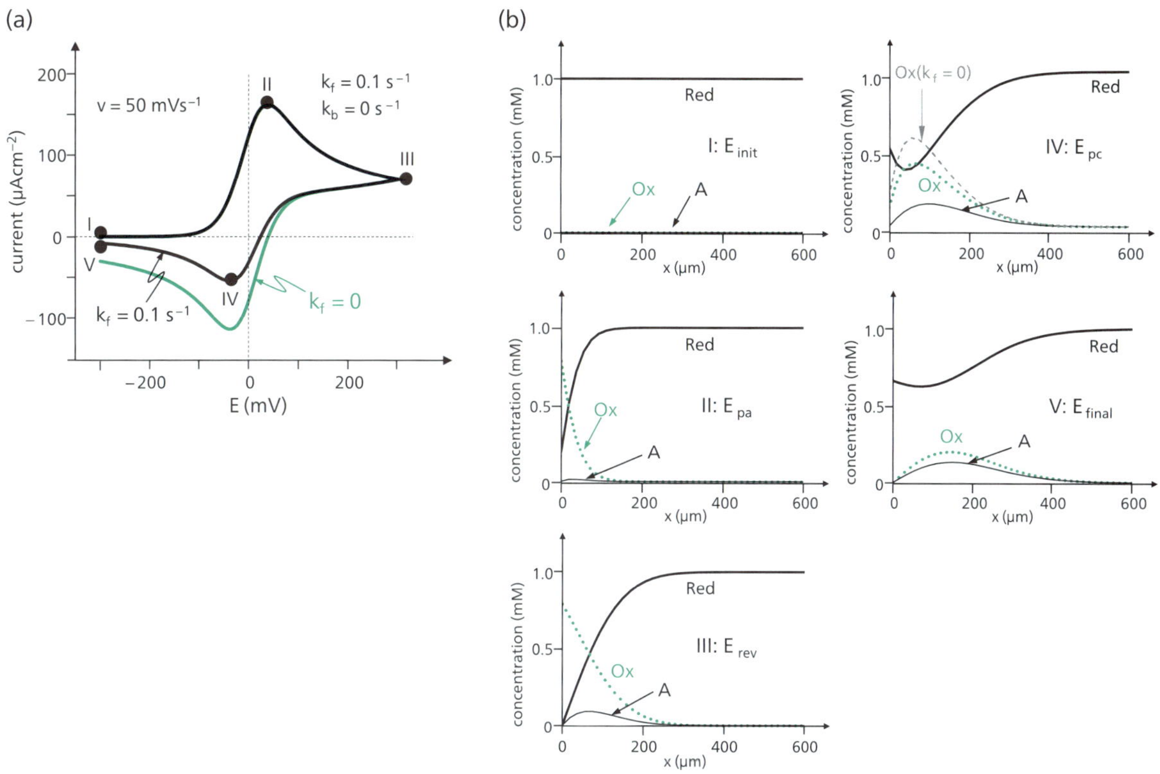

그림 8.29 EC 반응의 CV와 농도 프로파일. (a) 가역 E 반응(녹색 실선, $k_f = 0$)과 EC 반응(검은색 실선, $k_f = 0.1\ s^{-1}$, $k_b = 0\ s^{-1}$.)의 비교. 가정: $E° = 0$ mV, $k° = 1$ cms^{-1}, $n = 1$, $\alpha = 0.5$, $C_{Red}(\infty,t) = 1$ mM, 모든 화학종의 $D = 1 \times 10^{-5}$ cm^{2}s^{-1}, $v = 50$ mVs^{-1}, $T = 298$ K. (b) (a)에 표시한 각 점의 농도 프로파일. 검은색 실선(Red), 회색 점선(Ox), 가는 실선(A), 회색 쇄선($k_f = 0$일 때 Ox).

검은색 실선이다. 비가역 반응 C이므로 $k_b = 0$이다. 그림 8.29a에서 명확한 것은 Red의 산화 전류는 k_f와 무관하게 같지만, 생성물 Ox의 환원 전류는 감소한다. 그 이유를 그림 8.29a에 표시한 전위의 농도 프로파일(그림 8.29b)에서 살펴보자.

점 I: 전위 주사가 시작되는 전위 $E_{init} = -300$ mV이므로 $C_{Red}(0,t) = C_{Red}(\infty,t)$이고, Ox와 반응 C의 생성물 A는 확산층에 존재하지 않는다.

점 II: 양의 방향 주사에서 전위가 E_{pa}에 도달하면 $C_{Red}(0,t)$는 감소하고 $C_{Ox}(0,t)$는 증가한다. 확산층에 Ox가 존재하므로 반응 C가 진행되어 A가 전극 부근에서 생성되기 시작한다.

점 III: 주사 방향을 바꾸는 전위 E_{rev}에 도달하면 $C_{Red}(0,t) = 0$이 되어 생성된 Ox의 양이 증가하므로 A의 양도 증가한다.

점 IV: 음의 방향 전위 주사가 계속 진행되어 Ox의 환원 전류 피크에 도달하면 $C_{Red}(0,t)$는 증가하고 $C_{Ox}(0,t)$는 감소한다. 반응 C가 진행되지 않는 경우 Ox의 프로파일을 회색 쇄선으로 나타내었다. 반응 C가 작동하면 $C_{Ox}(0,t)$는 확실히 감소한다. 그러므로 EC 반응에서 Ox의 환원 전류는 감소한다.

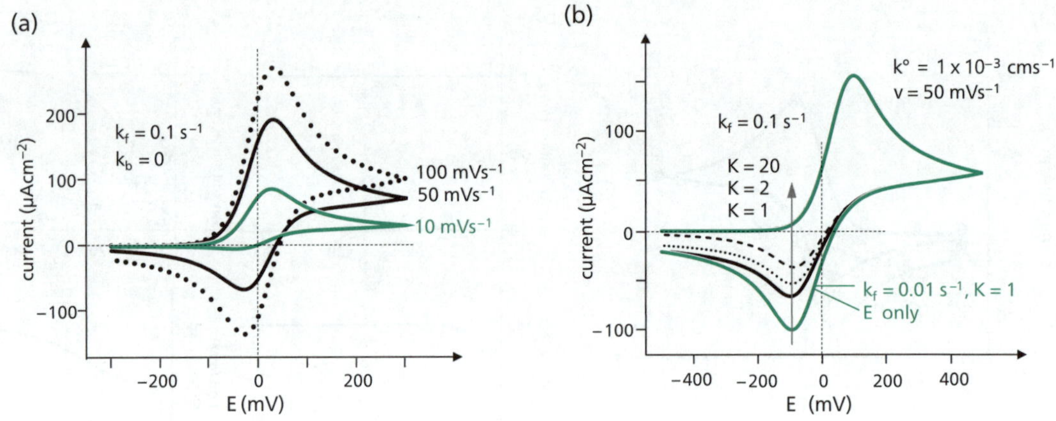

그림 8.30 **EC 반응의 CV에 영향을 미치는 요소들.** (a) 주사 속도. $k° = 1\ cms^{-1}$, $k_f = 0.1\ s^{-1}$, $k_b = 0$. (b) 준가역 반응 C의 반응 속도 상수. 검은색 실선($k_f = 0.1\ s^{-1}$, K = 1), 검은색 점선($k_f = 0.1\ s^{-1}$, K = 2), 검은색 쇄선($k_f = 0.1\ s^{-1}$, K = 20), 녹색 실선[($k_f = 0.01\ s^{-1}$, K = 1)과 ($k_f = 0$)]. $v = 50\ mVs^{-1}$. 공통 가정: n = 1, α = 0.5, $C_{Red}(\infty,t) = 1$ mM, $C_A = 0$ mM, 모든 화학종의 $D = 1 \times 10^{-5}\ cm^2s^{-1}$, $A = 1\ cm^2$, T = 298 K.

점 V: 전위가 주사 시작 전위로 되돌아오는 동안에도 반응 C는 계속 진행되므로 Ox는 계속 감소하여 반응 C가 작동하지 않는 경우보다 환원 전류가 작다.

그러므로 반응 C에 의해 환원 피크 전류 i_{pc}는 작아진다. 그러므로 EC 반응에서 반응 E가 가역 반응일지라도 $i_{pa}/i_{pc} \neq 1$이다.

그림 8.30a는 가역 반응 E와 비가역 반응 C의 EC 반응에서 주사 속도가 CV에 미치는 영향을 예시한다. 50 mVs^{-1}일 때의 CV(검은색 실선)를 기준으로 볼 때, 주사 속도가 100 mVs^{-1}로 증가하면 반응 C가 작동하지 않는 상황에 수렴한다($i_{pa}/i_{pc} \longrightarrow 1$). 그 이유는 감소한 관찰 시간창 동안 반응 C의 진행 정도가 감소하므로 Ox의 농도 감소를 무시할 수 있기 때문이다. 관찰 시간창이 증가하는 작은 주사 속도(10 mVs^{-1})의 CV(녹색 실선)에서 Ox의 환원 피크는 거의 사라진다. 반응 C의 진행 정도는 관찰 시간창뿐만 아니라 반응 C의 반응 속도 k_f에 의존하므로 일정한 주사 속도에서 k_f가 변화할 때 그림 8.30a와 같은 현상이 나타난다.

그림 8.30b는 준가역 E 반응($k° = 1 \times 10^{-3}\ cms^{-1}$)과 가역 반응 C의 EC 반응에 미치는 역반응 속도 k_b의 영향을 예시한다. k_b의 효과는 반응 C의 평형 상수 K(= k_f/k_b)에 포함된다. 준가역 E 반응이므로 Red의 산화 피크가 그림 8.30a와 비교했을 때 양의 방향으로 이동하였음에 주목하라. 또한 주사 속도가 50 mVs^{-1}로 일정한 상황에서 산화 전류 곡선은 Red가 반응 C에 관여하지 않으므로 k_f와 K에 무관하다. 그러나 반응 C에 관여하는 Ox의 환원 반응은 상관이 있다. $k_f = 0.1\ s^{-1}$일 때 K가 증가하면(k_b가 감소하면) 반응 C의 정반응이 우세하므로 Ox의 환원 전류는 감소한다(검은색 선). 같은 K에서 k_f가 감소하면(녹색 실선) 확산층 내 Ox의 양이 증가하므로 Ox의 환원 전류는 증가한다. 50 mVs^{-1}의 조건에서 녹색 실선의 CV는 반응 E만 작동하는 경우($k_b = 0$)의 CV와 거의 일치한다.

그러므로 EC 반응의 CV 모양을 결정하는 요소는 반응 E의 k°, 반응 C의 k_f와 k_b와 주사 속도 v이다.

▶ 촉매 EC_{catal} 반응

촉매 EC_{catal} 반응은 다음과 같이 정의한다.

$$\text{반응 E:} \qquad Ox + e \rightleftharpoons Red,\ E^\circ \tag{8.40a}$$

$$\text{반응 } C_{catal}\text{:} \qquad Ox + Q \xrightarrow{k_f} Red + P \tag{8.40b}$$

Red가 산화하여 Ox를 생성하는 반응 E가 진행된 후 균일 촉매 반응 C_{catal}에서 생성물 Ox와 전해질에 존재하는 촉매 Q가 반응하여 반응 E의 반응물 Red를 재생한다. 이러한 반응을 촉매 EC_{catal} 반응이라 한다. 후속 반응 C_{catal}이 없다면 확산층의 Red 농도는 감소할 것이다. 그러나 후속 반응이 Red를 재생하므로 Red가 무한히 공급되는 효과가 나타난다. 그러므로 반응 E만 있을 때의 Red 농도 프로파일을 후속 반응 C_{catal}이 변화시키므로, EC_{catal} 반응 CV의 모양은 변형된다.

식 (8.40b)의 반응 C_{catal}은 2차 비가역 반응임에 주목하라. 전해질에 Red와 P가 있더라도 반응 C_{catal}은 Ox와 Q를 생성하지 않는다. 반응 차수가 2인 반응 C_{catal}의 반응 속도는 $k_fC_QC_{Ox}$이다. 그러므로 Red의 재생 속도는 Ox의 농도 C_{Ox}뿐만 아니라 촉매 Q의 농도 C_Q에도 의존한다.

그림 8.31은 가역 반응 E가 비가역 반응 C_{catal}과 연계될 때 주사 속도에 따른 CV 모양의 변화를 예시한다. $v = 0.1\ Vs^{-1}$인 CV(검은색 굵은 실선)을 보자. S자형 CV에서 전위가 100 mV 이상이면 정상 상태의 확산이 전류를 지배하여 확산 한계 전류 i_l이 나타난다. 이는 Red 산화 반응에서 생성된 Ox가 Q와 반응하여 Red를 충분히 재생함으로써 정상 상태 확산층을 형성하기 때문이다. 주사 속도가 $0.01\ Vs^{-1}$로 감소해도 동일한 현상이 나타난다. 그러나 주사 속도가 $1\ Vs^{-1}$로 증가하면 이력 현상(검은색 얇는 실선)이 나타난다. 주사 속도가 $10\ Vs^{-1}$로 더욱 증가하면 선형 확산의 특징인 피크가 S자형 곡선과 중첩된다. 관찰 시간창의 크기가 감소하면 반응 C_{catal}이 진행될 시간이 감소하므로 재생되는 Red 양도 감소하여 100 mV 이하의 전위에서 확산층의 정상 상태는 유지되지 않는다. $100\ Vs^{-1}$의 주사 속도에서 반응 E의 선형 확산이 크게 작용한다(녹색 실선).

그림 8.32는 EC_{catal} 반응에서 반응 C_{catal}의 반응 속도 상수 k_f가 CV에 미치는 영향을 예시한다. $k_f = 0.01\ M^{-1}s^{-1}$이면(녹색 실선), Red의 재생 속도가 매우 느리므로 선형 확산이 CV 모양

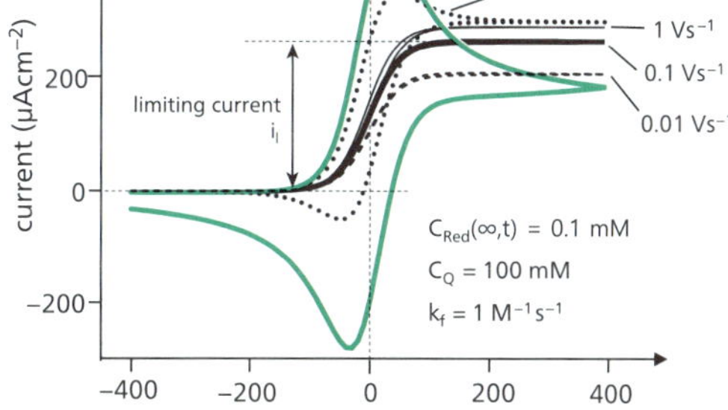

그림 8.31 촉매 EC_{catal} 반응의 CV와 전위 주사 속도. 쇄선($0.01\ Vs^{-1}$), 검은색 실선($0.1\ Vs^{-1}$), 가는 실선($1\ Vs^{-1}$), 점선($10\ Vs^{-1}$), 녹색 실선($100\ Vs^{-1}$). 가정: $k^\circ = 1 \times 10^5\ cms^{-1}$, $n = 1$, $\alpha = 0.5$, $C_{Red}(\infty,t) = 0.1\ mM$, $k_f = 1\ M^{-1}s^{-1}$, $C_Q = 100\ mM$, 모든 화학종의 $D = 1 \times 10^{-5}\ cm^2s^{-1}$, $T = 298\ K$.

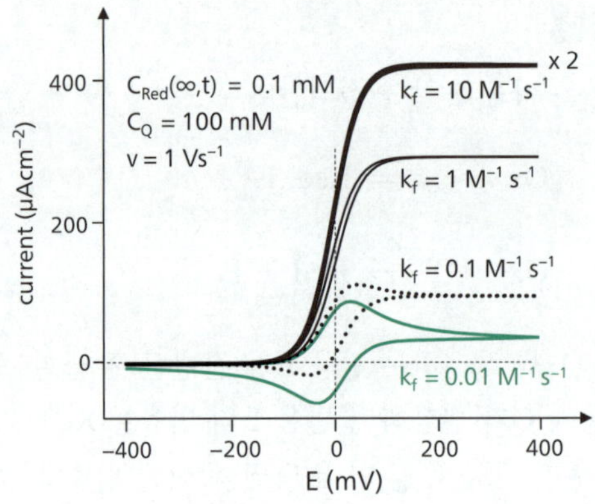

그림 8.32 **촉매 EC_{catal} 반응의 CV와 반응 C_{catal}의 반응 속도 상수.** 녹색 실선(k_f = 0.01 $M^{-1}s^{-1}$), 점선(k_f = 0.1 $M^{-1}s^{-1}$), 가는 실선(k_f = 1 $M^{-1}s^{-1}$), 굵은 실선(k_f = 10 $M^{-1}s^{-1}$). 가정: $k°$ = 1 × 10^5 cms^{-1}, n = 1, α = 0.5, $C_{Red}(\infty,t)$ = 0.1 mM, v = 1 Vs^{-1}, C_Q = 100 mM, 모든 화학종의 D = 1 × 10^{-5} cm^2s^{-1}, T = 298 K.

의 주된 원인이다. k_f가 10배 증가하면(점선), 재생된 Red의 양이 증가하므로 선형 확산의 기여가 많이 감소한다. 얇은 검은색 실선의 CV에서 보이는 약간의 이력 현상은 더욱 증가된 k_f의 효과를 반영한다. k_f = 10 $M^{-1}s^{-1}$이 되면 확산층은 정상 상태에 도달하여 이력 현상은 완전히 사라진다. 그러므로 반응 C_{catal}의 속도가 빠를수록 정상 상태에 도달하는 수준이 높아진다. 한편 k_f의 증가에 따라 확산 한계 전류 i_l도 증가한다. k_f가 크면 확산층의 실효 Red 농도가 증가하기 때문이다.

그림 8.33은 촉매 Q의 농도가 CV에 미치는 영향을 예시한다. Red의 재생 속도(반응 C_{catal}의 반응 속도)는 C_Q에 비례한다. C_Q = 0 mM(녹색 실선)이면 반응 E만의 CV가 된다. 점선부터 가는 실선을 거쳐 굵은 실선으로 표시된 CV의 변화는 C_Q가 증가할수록 선형 확산의 기여도가 감소함을 의미한다. 한 가지 더 언급할 것은 $C_Q \gg C_{Red}(\infty,t)$ 조건을 만족하지 않으면 Red의 재생 과정에서 Q의 농도는 계속 감소하므로 정상 상태를 유지하기 어렵다. 그러므로 $C_Q \gg C_{Red}(\infty,t)$인 조건이 충족되면 순환 전위 주사에서 EC_{catal} 반응은 정상 상태에 도달한다. C_Q가 증가하면 확산 한계 전류 i_l도 증가한다.

EC_{catal} 반응의 확산 한계 전류 i_l은 다음과 같다.

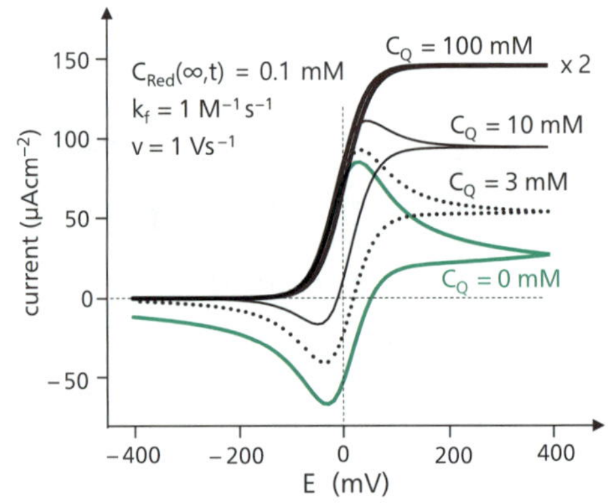

그림 8.33 **촉매 EC_{catal} 반응의 CV와 촉매 농도.** 녹색 실선(C_Q = 0 mM), 점선(C_Q = 3 mM), 가는 실선(C_Q = 10 mM), 굵은 실선(C_Q = 100 mM). 가정: $k°$ = 1 × 10^5 cms^{-1}, n = 1, α = 0.5, $C_{Red}(\infty,t)$ = 0.1 mM, v = 1 Vs^{-1}, k_f = 1 $M^{-1}s^{-1}$, C_Q = 100 mM, 모든 화학종의 D = 1 × 10^{-5} cm^2s^{-1}, T = 298 K.

$$i_l(E = \infty) = nFAC_{Red}(\infty,t)(Dk_fC_Q)^{1/2} \quad (8.41)$$

식 (8.41)에서 $E = \infty$의 조건이 제시되어 있는데, 이 조건은 충분히 높은 양의 전위에서 반응 E가 소비하는 Red 양과 반응 C_{catal}이 재생하는 Red 양이 같은 상황, 즉 반응 C_{catal}이 전류를 지배하는 상황을 의미한다. 따라서 반응 C_{catal}은 주사 속도와 무관하므로 식 (8.41)에 주사 속도 v가 포함되지 않는다. 그러나 그림 8.31에서 v가 0.01~1 Vs^{-1}일 때 v가 증가하면 확산 한계 전류 i_l이 증가한다. 그 이유는 $E \neq \infty$이 아니므로 반응 C_{catal}가 전류를 완전하게 지배하지 않기 때문이다. 그러므로 반응 E의 기여도를 완전히 무시할 수 없으므로 주사 속도가 증가하면 i_l은 증가한다. 그럼에도 불구하고 식 (8.41)은 그림 8.31~33에 나타난 한계 전류 i_l을 정성적으로 설명하기에 충분하다.

▸ ECE 반응

ECE 반응은 다음과 같이 정의한다.

반응 E1: $Ox_1 + e \rightleftharpoons Red_1,\ E_1^\circ$ (8.42a)

반응 C: $Ox_1 \xrightarrow{k_f} Red_2$ (8.42b)

반응 E2: $Ox_2 + e \rightleftharpoons Red_2,\ E_2^\circ$ (8.42c)

반응 E1의 생성물 Ox_1이 반응 C에 의해 반응 E2의 반응물 Red_2를 형성함으로써 세 개의 반응이 연계되는 반응을 ECE 반응이라 한다. 근본적으로 EC 반응에 반응 E2가 후속하는 연계 반응으로 간주하면 EC 반응에 관한 논의를 적용할 수 있다.

그림 8.34는 가역 반응 E1($E_1^\circ = -200$ mV)과 E2($E_2^\circ = +200$ mV)와 연계된 비가역 반응 C의 CV를 예시한다. Red_1만 있는 전해질에서 주사 속도 50 mVs^{-1}로 얻은 검은색 실선의 CV를 살펴보자. 반응 E1이 약 −300 mV부터 개시하므로, 그 이상의 전위에서는 확산층에 Ox_1와 Red_2가 존재한다(비가역 반응 C). 전위가 더욱 증가하면 반응 E2가 진행되고 $E_{rev} = 500$ mV에서 확산층의 주된 화학종은 Ox_2이다. 음의 방향으로 주사가 진행되면 Ox_2의 환원 반응(반응 E2)에서 Red_2가 생성된다. 반응 C가 비가역 반응이므로 Ox_1은 더 이상 생성되지 않는다. 그러나 반응 C가

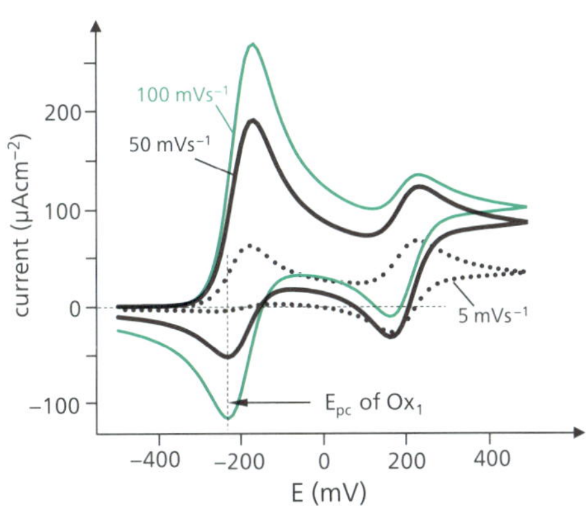

그림 8.34 ECE 반응의 CV와 전위 주사 속도. 점선($v = 5\ mVs^{-1}$), 검은색 실선($v = 50\ mVs^{-1}$), 녹색 실선($v = 100\ mVs^{-1}$). 가정: $k_1^\circ = k_2^\circ = 1\ cms^{-1}$, $E_1^\circ = -200$ mV, $E_2^\circ = 200$ mV, $n = 1$, $\alpha = 0.5$, $C_{Red}(\infty,t) = 1$ mM, $k_f = 0.1\ s^{-1}$, 모든 화학종의 $D = 1 \times 10^{-5}\ cm^2s^{-1}$, T = 298 K.

느리다면 반응 E1에서 생성된 Ox_1이 모두 Red_2로 변환되지 않으므로 확산층에는 Ox_1이 남아 있게 된다. 그 Ox_1이 약 −180 mV부터 환원된다. 주사 속도를 5 mVs^{-1}로 줄이면(점선), 반응 C가 진행될 충분한 시간이 있으므로 Ox_1은 거의 Red_2로 변환되어 Red_1과 Red_2의 산화 피크 전류가 비슷해진다. 음의 방향 주사의 Ox_2 환원 피크 전류와 Red_2의 산화 피크 전류가 비슷하다. 그러나 확산층에는 Ox_1이 거의 없으므로 Ox_1의 환원 전류가 거의 없다. 반대로 주사 속도가 100 mVs^{-1}로 증가하면(녹색 실선), 반대의 현상이 나타난다. Red_2의 산화 및 Ox_2 환원 피크 전류가 감소하고, Ox_1의 환원 피크 전류가 증가한다. 이러한 현상은 주사 속도에 따라 반응 C의 진행 정도가 변화하기 때문에 나타나는 현상이다.

반응 C의 반응 속도 상수 k_f도 주사 속도와 같은 역할을 한다. k_f가 증가하면 점선의 CV가 나타날 것이고, 반대로 감소하면 녹색 실선의 CV가 나타날 것이다.

8.8 i-E 곡선을 이해하는 관점

전극에 전위 계단 또는 전위 주사의 형태로 전위를 인가하여 관찰한 i-E 곡선의 모양은 전하 전달, 물질 전달과 연계 균일 반응의 상호 작용이 결정한다. 또한 실험 변수인 전극의 크기(일반 전극 vs. 미세 전극), 전해질의 대류 유무, 전지의 모양(일반 전지 vs. 얇은 층 전지), 그리고 관찰하는 시간 창이 i-E 곡선의 모양에 영향을 미친다. 그러므로 실험에서 관찰한 i-E 곡선을 이해하기 위해서는 이러한 요소들을 모두 고려해야 한다.

i-E 곡선을 이해하는 다른 관점 하나는 그림 8.35a이 예시하는 등가회로이다. 작업 전극의 등가회로는 전하 전달 저항 R_{ct}, 물질 전달 저항 R_{mt}와 연계 반응 저항 R_{rxn}이 직렬 연결되어 있고, 전기화학 이중층 캐피시터 C_{dl}이 병렬로 연결된 회로이다. R_{ct}는 Butler-Volmer 식으로 표현되며 k°와 α가 주된 변수이다. Butler-Volmer 식이 표현하는 R_{ct}는 전위 E의 함수인 산화 반응의 저항 $R_{ct,an}$과 환원 반응의 저항 $R_{ct,cat}$이 병렬로 연결된 저항이다. 물질 전달 저항 R_{mt}는 R_{ct}에 흐르는 전류에 의해 지배되는 농도 기울기와 확산 계수 D가 결정하므로 R_{mt}도 E의 함수이다. 연계 반응이 없다면 R_{rxn} = 0이다. 그러나 연계 반응이 있다면 R_{rxn}는 반응 속도 상수 k_f와 역반응이 고려된 평형 상수 K에 의해 결정된다. CE 반응의 경우 R_{rxn}는 E의 함수가 아니지만, EC 반응의 경우 R_{rxn}는 E의 함수이다. 세 개의 저항이 직렬로 연결되었으므로 가장 큰 저항이 전체 전류를 지배하

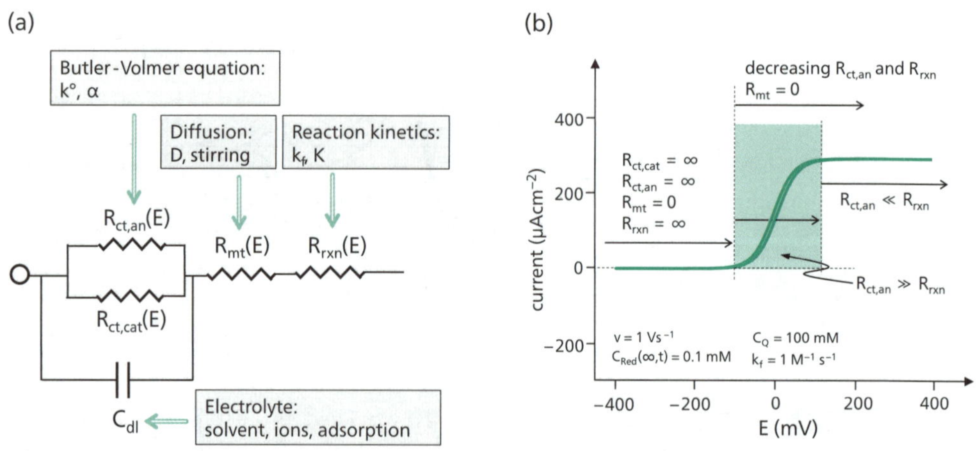

그림 8.35 **등가회로 관점의 i-E 곡선.** (a) 전극의 등가회로. (b) EC_{catal} 반응.

게 된다. 전기화학 이중층 캐피시터 C_{dl}는 전해질의 용매, 이온과 화학종의 흡착이 결정된다.

EC_{catal} 반응의 CV(그림 8.35b)와 등가회로의 저항과의 관계를 예로 논의하자. 양의 방향 주사에서 −100 mV까지 $R_{ct,an} = R_{ct,cat} = R_{rxn} = \infty$이고, 확산층은 Red를 무한히 공급할 수 있으므로 $R_{mt} = 0$이다. BV 식에 의해 $R_{ct,an} = \infty$이고, 전해질에 Ox가 없으므로 $R_{ct,cat} = R_{rxn} = \infty$이다. 그러므로 −100 mV까지 $i = 0$이다. 전위가 녹색으로 표시한 영역에 들어서면 $R_{ct,an}$은 감소하고(BV 식), 확산층에서 Red의 농도 기울기가 발생하여 Red 확산 속도가 유한하므로 R_{mt}가 증가한다. 또한 Ox가 확산층에 존재하므로 R_{rxn}도 감소한다. 그러나 Red가 반응 C_{catal}에 의해 계속 재생되므로 $R_{mt} \approx 0$이라고 할 수 있다. 따라서 Ox의 농도가 충분하지 않으므로, 이 전위 범위에서 $R_{ct,an} \gg R_{rxn}$이며 전하 전달 과정이 전류를 지배한다. 전위가 더욱 증가하면, $R_{ct,an}$는 더욱 감소하고 R_{rxn}은 일정하게 유지되므로, $R_{ct,an} \ll R_{rxn}$이 되어 반응 C_{catal}이 전류를 지배한다. Ox가 없으므로 모든 전위에서 $R_{ct,cat} = \infty$임을 특별히 주목할 필요가 있다. 또한 주사 속도가 더 빨라지거나 반응 C_{catal}이 느려지면, R_{mt}가 증가하여 선형 확산의 특성이 녹색으로 표시한 전위 영역에서 나타난다. 그러므로 전극의 등가회로를 구성하는 저항 성분이 전위 E의 함수라는 것을 받아들인다면 전기화학 현상을 등가회로 관점에서 이해할 수 있다. 배터리 등의 실용적 전기화학을 저항으로 표현하는 이유가 등가회로의 관점이다. 또한 전기화학 임피던스의 해석도 이러한 관점에서 이루어진다(제10장).

i-E 곡선을 스펙트럼으로 간주하는 또 다른 관점이 있다. 분광학의 스펙트럼은 빛의 에너지인 파장(또는 주파수, 파수)을 독립 변수로, 단위 시간당 흡수되는 또는 발광하는 광자의 개수를 종속 변수로 도시한 2차원 그림이다. 예를 들면, 광원의 빛을 단파장의 빛으로 분리하고, 그 단파장의 빛을 연구 대상에 조사하여 단위 시간 동안 흡수되는 광자 개수(흡광 속도)를 측정하여 흡광 스펙트럼으로 구성한다. 전극 전위는 전극에 있는 전자의 에너지에, 전류는 단위 시간당 전달되는 그 에너지의 전자 개수(전자 전달 속도)에 해당한다. 그러므로 전위 계단 또는 전위 주사 실험에서 얻은 i-E 곡선은 분광법의 스펙트럼과 같이 전자 에너지에 따른 전기화학 반응의 속도 정보를 제공한다. 그러므로 i-E 곡선을 스펙트럼으로 간주하여 전기화학 반응을 에너지 관점에서 분석하면 기초 과학 측면에서 편리하다.

전기화학 전지에서 일어나는 일에 관한 모든 정보는 i-E 곡선에 들어있다. 전하 전달, 물질 전달과 연계 반응이 복합적으로 작용하여 만들어내는 *i-E 곡선을 읽고, 연구 대상 전극의 과전압을 평가해야 한다*. 그러므로 i-E 곡선을 만들어내는 근본은 모두 같지만 그를 표현하는 방법 또는 관점이 다를 뿐이다.

8.9 Pt와 Au의 순환 전위 주사 i-E 곡선

지금까지 논의한 순환 전위 주사 i-E 곡선은 전하 전달, 확산을 통한 물질 전달, 연계 반응 각각의 특성을 고려하여 모사한 CV이었다. 실험에서 CV를 관찰하고, 지금까지 논의한 요소들의 관점에서 CV 모양을 분석하여 전기화학 반응의 과전압을 이해하는 것이 전기화학 연구의 일반적인 접근 방법이다. 그러한 예를 제시하기 위해 Pt와 Au의 실제 CV를 소개한다.

Pt 전극의 CV

그림 8.36은 0.5 M H_2SO_4 전해액에서 10 mVs^{-1}의 주사 속도로 관찰한 다결정 Pt 전극의 CV이

다. 모사 CV와 다른 점은 가로축의 전위를 측정 또는 제어한 기준 전극을 명시하였다는 것이다. 또한 세로축은 전류 밀도로 표시하였는데, 이는 전극 실효 면적의 측정이 필요함을 의미한다. 깨끗한 Pt 전극을 산소를 제거한 전해질과 접촉하면 Pt 전극과 기준 전극(Ag/AgCl, $[Cl^-] = 1.0$ M) 사이의 전압, 즉 열린 회로 전위(OCP)는 ~570 mV 부근이다(그림 8.35에서 빗금 친 부분). 열린 회로 전압부터 음의 방향으로 전위 주사를 시작하여 설정한 전위 구간에서 여러 순환 주기를 실행하여 얻은 CV가 그림 8.36이다.

Pt의 CV를 전기화학 반응에 따라 다섯 개의 구간으로 구분하여 설명한다.

(i) 수소 발생: ~−210 mV 이하에서 $H_2(g)$가 발생한다.

(ii) 수소 흡착: 음의 주사에서는 $H^+(aq)$가 환원되어 Pt−H(ad)의 형태로 H 원자의 흡착이 일어나고[식 (8.43a)], 양의 주사에서는 흡착된 H 원자가 산화되어 탈착된다[식 (8.43b)].

H(ad)의 환원 흡착: $$\text{Pt} + \text{H}^+(\text{aq}) + \text{e} \longrightarrow \text{Pt}-\text{H(ad)} \quad \textbf{(8.43a)}$$

H(ad)의 산화 탈착: $$\text{Pt}-\text{H(ad)} \longrightarrow \text{Pt} + \text{H}^+(\text{aq}) + \text{e} \quad \textbf{(8.43b)}$$

(iii) 전기화학 이중층: 아무런 전기화학 반응이 일어나지 않고 비faraday 전류인 캐파시터 전류만 흐른다.

(iv) 표면 산화: 양의 방향 주사에서 550 mV부터 H_2O가 산화되면서 Pt–OH(ad)가 형성되고($H_2O + Pt \longrightarrow Pt\text{–}OH + H^+ + e$), 더 높은 전위에서는 Pt 산화물($PtO_x$)이 형성된다. 주사 방향을 바꾸면 Pt 산화물의 환원 반응이 약 1000 mV부터 시작하여 ~450 mV에서 피크로 나타나고, ~200 mV에서 완료된다.

(v) 산소 발생: ~1250 mV 이상에서 $O_2(g)$가 발생한다.

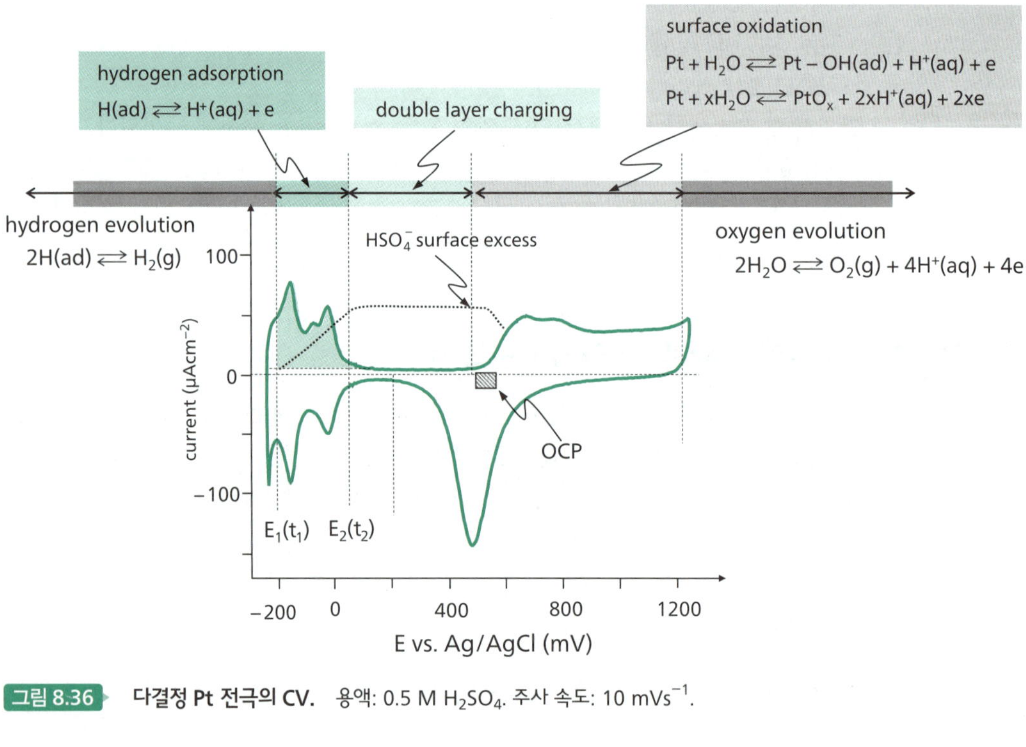

그림 8.36 **다결정 Pt 전극의 CV.** 용액: 0.5 M H_2SO_4. 주사 속도: 10 mVs^{-1}.

전위 주사를 진행하면서 전극 표면에서 전개되는 상황을 살펴보자. 전위 주사의 시작을 열린 회로 전압에서 시작해 보자. 열린 회로 전위의 의미는 크다. 일반적으로 Pt 전극을 공기 중에서 이동하므로 Pt 표면은 약간 산화되어 있다. 그림 8.36에서 보면 570 mV는 Pt가 산화물로 존재하는 구간이다. 그러므로 열린 회로 전위는 전해질과 약간 산화된 전극의 열역학적 평형 전위이다. 열린 회로 전위에서 음의 방향 주사를 시작하면 약간의 Pt 산화물 환원 전류가 흐른다(그림 8.36에 나타내지 않았음). 음의 방향으로 전위 주사를 계속 진행하면, 금속 Pt 표면에 비faraday 전류만 흐르는 전기화학 이중층 구간에 도달한다. 전위를 더욱 낮추면 Pt 표면에 H(ad)가 생성되기 시작하여 −200 mV에 도달하면 표면은 H(ad)로 포화된다. 전위가 더욱 낮아지면 H(ad)가 결합하여 발생한 H_2(g)가 전극 표면을 떠나며, 부족한 H(ad)는 환원 흡착 반응에 의해 계속 공급된다(EC 반응). 주사 방향을 바꾸면 H_2(g) 발생 속도는 감소하며 H(ad)의 산화 탈착 반응이 진행된다. 전극 표면에 Pt 빈자리의 덮힘률이 증가하는데, 그 자리에는 0.5 M H_2SO_4 용액의 (수소)황산 이온((H)SO_4^-, (bi)sulfate)이 흡착하기 시작한다. 점선으로 표시한 바와 같이 전위가 증가하면 (H)SO_4^-의 덮힘률은 전기화학 이중층 구간에서 일정한 값에 도달한다. 전위가 더 높아지면 Pt−OH가 형성되면서 (H)SO_4^-의 탈착이 시작된다. Pt 표면 산화가 많이 진행되면 Pt 산화물 표면의 O^{2-} 이온과 Pt 원자가 자리를 바꾸면서 Pt가 이동한다. Pt 표면 산화 구간이 넓은 이유는 여러 종류의 Pt 산화물이 형성되고, 반응 속도가 느리기 때문이다(일종의 비가역 ECE 반응). 전위가 더욱 높아지면 O_2(g)가 발생하면서 전류가 급격히 증가한다. 주사 방향을 다시 바꾸면 O_2(g) 발생 반응이 정지하면서 1000 mV에서 Pt 산화물 환원 반응이 시작된다. Pt 산화물의 환원 반응은 ~200 mV에서 완료되어 전극 표면은 금속 Pt로 변환된다. 다시 (H)SO_4^-가 흡착하여 이중층 전류가 흐르게 되고, 수소 흡착 구간에 전위가 들어가면 탈착한다. 순환 주기를 반복하면 이러한 일련의 과정이 반복된다.

Pt 전극에서 일어나는 H(ad)의 탈착 반응[식 (8.43b)]은 Pt 전극의 유효 면적 측정에 활용된다. 그림 8.36에서 색칠한 부분은 H(ad) 산화 반응의 전하량이며(커패시터 전류는 H 흡착과 전기화학 이중층 구간에서 같다고 가정), 다음과 같이 계산한다.

$$Q_H = \int_{t_1}^{t_2} i(t)dt = (1/v)\int_{E_1}^{E_2} i(E)dE \tag{8.44a}$$

$$A_{Pt}(cm^2) = Q_H/(241\ \mu Ccm^{-2}) \tag{8.44b}$$

식 (8.43b)에서 H(ad)와 표면에 노출된 Pt 원자 사이에 1:1의 양론이 성립한다는 조건에서 Q_H를 측정하면 Pt(111)의 Pt 원자 표면 밀도(1.5×10^{15} 원자cm^{-2})에서 계산한 환산 요소(241 μCcm^{-2})를 사용하여 Pt 전극의 면적을 계산한다[식 (8.44b)].

한 가지를 더 이야기한다면, 전기화학 이중층에서 i_{nf}로 정의하는 전기화학 이중층의 두께가 미분 커패시턴스 C_{dif}이다.

그림 8.37은 단결정 Pt(111)과 Pt(100) 전극 표면의 CV이다. 같은 원소로 구성된 다결정 Pt 전극의 CV와는 매우 다른데, 그 이유는 전극 표면 원자의 규칙적 배열과 배열 방식에 따라 같은 반응이라도 차이가 발생하기 때문이다. Pt(111) 전극에서 수소 흡착 구간은 50~−250 mV의 전위 구간이며, Pt:H = 1:1의 양론을 가정했을 때 이론 전하량의 2/3에 해당하는 전하가 그 구간에서 관찰된다. 50 mV 뒤에 나오는 피크는 (H)SO_4^- 이온이 산화 흡착하면서 발생하는 전류이다 (Pt + (H)SO_4^- (aq) ⟶ Pt−(H)SO_4 + e). 400 mV의 작은 피크는 OH(ad)가 형성되는 반응이다. 더 높은 전위로 진입하면 Pt(111) 표면은 산화되면서 결정성을 잃고 다결정 전극 표면으로 바뀐다(표면 산화물의 O^{2-} 이온과 Pt 원자의 자리바꿈). Pt(100) 전극의 수소 흡착 전위 구간은

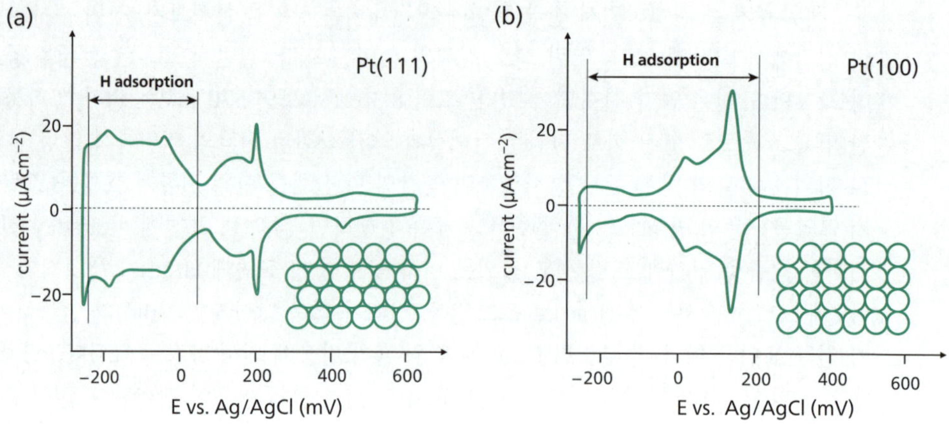

그림 8.37 **단결정 Pt 전극의 CV.** (a) Pt(111). (b) Pt(100). 용액: 0.05 M H_2SO_4. 주사 속도: 50 mVs^{-1}.

Pt(111) 전극보다 넓다. 그러므로 높은 전압에서도 흡착 수소가 존재하는데, 이는 Pt(100) 표면에서 수소 흡착이 강함을 의미하며, 수소 산화 전하량도 이론적으로 계산되는 전하량과 같다. 그러므로 전기화학 반응은 전해질에 존재하는 반응물도 중요하지만, 전극을 구성하는 원자들의 결정성과 배열 방식도 중요하다.

그림 8.38a는 Pt 전극 표면에 흡착된 CO를 CO_2로 산화하여 표면에서 제거하는 벗김(stripping) CV이다. 0.1 M H_2SO_4 전해질에 기체 CO를 통과시키면 전해질은 CO로 포화된다. 전극과 CO 포화 용액을 접촉한 후, 전극 전위를 100 mV에 10분 동안 고정하여 CO의 흡착을 유도한다. 용액에 N_2 혹은 Ar 기체를 통과시키면, 전해질 속 CO는 제거되고, 전극 표면에 강하게 흡착한 CO(ad)만 남는다. 100 mV의 전위부터 음의 방향 주사를 시작하여 수소 발생 영역 직전의 전위에서 주사 방향을 바꾼다. 그림 8.38a에 나타난 바와 같이 CO(ad)가 H^+ 이온의 접근을 허락하지 않으므로 수소 흡착과 관련된 전류가 나타나지 않고 전기화학 이중층 전류만 관찰된다. 이러한 현상은 양의 방향 주사에서 400 mV까지 계속된다. 미분 커패시턴스인 이중층 두께는 CO(ad)/Pt가 Pt보다 작은데, 이는 CO(ad)가 내부 Helmholtz면 IHP를 변형했기 때문이다. 전위가 400 mV에 이르면 CO(ad)의 산

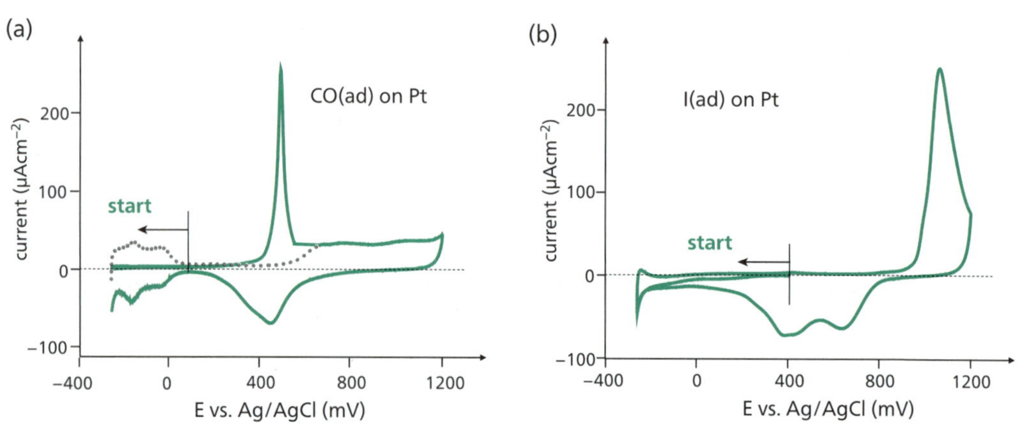

그림 8.38 **다결정 Pt 전극 표면에 흡착된 CO와 I의 벗김 CV.** (a) CO. (b) I. CO와 I의 흡착 과정은 본문을 참고하라. 용액: 0.1 M H_2SO_4. 주사 속도: 50 mVs^{-1}.

화 반응($CO(ad) + H_2O \longrightarrow CO_2(g) + 2H^+ + 2e$)이 개시한다. CO(ad)가 없는 Pt 전극의 CV(점선)과 비교하면 CO(ad)의 산화 반응이 개시하는 전위는 Pt 표면 산화 반응이 개시하는 전위와 동일하다. 이는 Pt-OH(ad)의 형성 반응이 CO(ad)의 산화 반응의 예비 조건임을 의미하는데, CO(ad)의 산화 반응은 다음과 같은 두 개의 전기화학 반응이 연계된 EE 반응이다.

$$Pt + H_2O \longrightarrow Pt-OH(ad) + H^+(aq) + e \qquad \textbf{(8.45a)}$$

$$Pt-OH(ad) + CO(ad) \longrightarrow Pt + CO_2(aq) + H^+(aq) + e \qquad \textbf{(8.45b)}$$

식 (8.45)에서 Pt의 역할은 촉매임에 주목하라. CO(ad)가 산화되면서 표면으로부터 제거되므로, CO(ad)와 분리된 Pt 표면은 전해질과 접촉하여 표면 산화 반응이 진행된다. 약 600 mV에서 CO(ad)는 모두 제거되고 느린 Pt 표면 산화 반응이 진행된다. 그러므로 OH(ad) 형성 반응, CO(ad) 산화 반응과 Pt 표면 산화 반응이 모두 연계되어 CV에 나타나게 된다. O_2 발생 직전 전위에서 주사 방향을 바꾸면 Pt 표면 산화물의 환원 반응이 일어난다. 그림 8.36과 그림 8.38a에서 Pt 산화물의 환원 전류 피크를 비교하면 모양이 다르다. 구체적으로 주사 속도는 그림 8.36에서 10 mVs^{-1}이고, 그림 8.37a에서 50 mVs^{-1}이므로, 느린 주사 속도에서 전류 피크는 날카로워진다. 또한 CO(ad) 산화 반응의 생성물인 $CO_2(aq)$ 환원 전류는 큰 과전압 때문에 관찰되지 않는다. 계속된 주사에서 CO(ad)가 완전히 제거된 Pt 표면은 수소 흡착과 발생으로 표현되는 Pt의 특성을 보인다. 계속된 양의 방향 주사(점선)에서도 CO(ad)가 없음을 확인할 수 있다.

그림 8.38b는 Pt 전극 표변에 흡착된 I의 벗김 CV이다. 0.1 M KI + 0.1 M H_2SO_4 용액과 전극을 접촉한 후, 전극 전위를 400 mV에 5분 동안 고정하면 용액 속 I^-(iodide) 이온이 원소 상태의 I(iodine)으로 산화되면서 흡착한다($I^-(aq) \longrightarrow I(ad) + e$).. I(ad)의 흡착력은 매우 강하므로 I(ad)/Pt를 0.1 M H_2SO_4 용액으로 옮겨 벗김 실험을 진행한다. CO(ad)와 같은 방법으로 주사하면 Pt 표면은 I(ad)로 완전히 덮여 있어 전기화학 이중층 전류만 흐른다. I(ad)의 산화 반응은 CO(ad)와 다르게 약 900 mV까지 진행되지 않으므로 I(ad)의 산화 반응은 높은 과전압이 필요하다는 것을 알 수 있다.

$$I(ad) + 3H_2O \longrightarrow IO_3^-(aq) + 6H^+(aq) + 5e \qquad \textbf{(8.46a)}$$

$$IO_3^-(aq) + 6H^+(aq) + 4e \longrightarrow I^-(aq) + 3H_2O \qquad \textbf{(8.46b)}$$

식 (8.46a)의 I(ad) 산화 반응이 진행되면 전해질에 노출된 Pt의 표면 산화 반응이 급격히 일어나 산화 전류가 빠르게 증가한다(EE 반응). 주사 방향을 바꾸면 확산층에 머무르는 $IO_3^-(aq)$의 환원 반응[식 (8.46b)]이 약 650 mV에서 일어나고, Pt 산화물의 환원 반응이 이어서 일어난다. CO(ad)의 CV와 다른 점은 수소 흡착 구간이 뚜렷이 나타나지 않는다는 것인데, 이는 $IO_3^-(aq)$ 환원 반응의 생성물 $I^-(aq)$가 다시 Pt 표면에 흡착하기 때문이다. 그림 8.37b의 순환 전위 주사 주기를 4회 이상 반복하면 $IO_3^-(aq)$가 확산층에서 완전히 제거되어 깨끗한 Pt의 CV(그림 8.36)가 나타난다.

Au 전극의 CV

그림 8.39a는 0.5 M H_2SO_4 용액에서 관찰한 다결정 Au 전극의 CV이다. Pt 전극(그림 8.36)과 다른 점은 수소 흡착이 없으며 Au 표면 산화 반응의 개시 전위가 높다는 것이다. −220 mV 이하의 전위에서 수소 발생 전류가 존재한다(그림 8.39a에 나와 있지 않음). 그러므로 수소 발생 과정은 Au와 Pt 표면에서 서로 다르다. 한편 표면 산화 반응은 Au가 Pt보다 약 400 mV 더 높은 전위

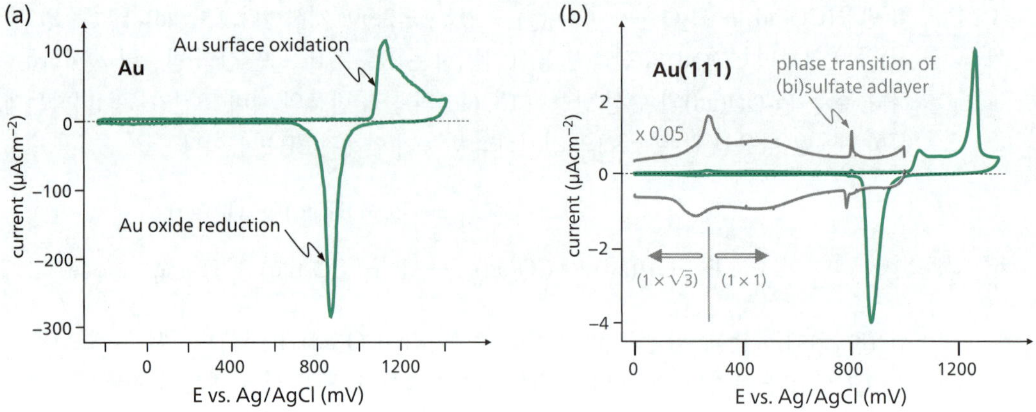

그림 8.39 **Au 전극의 CV.** (a) 다결정 Au. 용액: 0.5 M H_2SO_4. 주사 속도: 50 mVs^{-1}. (b) 단결정 Au(111). 용액: 0.05 M H_2SO_4. 주사 속도: 10 mVs^{-1}.

에서 개시하며, 같은 주사 속도에서 비교했을 때 산화 전하량이 더 작다. 이러한 결과는 Au가 Pt보다 산화에 대한 저항이 더 큼을 의미한다. 1350 mV 이상의 전위에서 산소 발생 반응이 진행된다. 음의 방향 주사에서 산화된 Au의 환원 피크가 약 850 mV에서 보인다. 더 낮은 전위에서는 금속 Au 표면에 $(H)SO_4^-$ 이온이 흡착하며 커패시터 전류만 흐르게 된다. 그러므로 CV의 모양은 전극을 구성하는 원소에 많이 의존한다.

그림 8.39b는 0.05 M H_2SO_4 용액에서 관찰한 단결정 Au(111) 전극의 CV이다. 다결정 Au CV와 비교하면 표면 산화 전류의 모양이 상당히 다르다. Au(111)의 표면 산화 반응이 진행되면 표면은 결정성을 잃어 다결정 Au의 CV 모양으로 변화한다. 회색 CV는 표면 산화 반응 개시 전위 직전까지 순환 주사했을 때의 CV(전류를 20배 확대)이다. 산화·환원 피크쌍이 각각 270 mV와 800 mV에 보인다. 깨끗한 Au(111) 표면은 Au−Au의 거리가 결정학 거리(0.27 nm)보다 4.2% 짧은 재배열(reconstructed)−$(23 \times \sqrt{3})$ 구조를 가진다. Au(111) 전극의 영 전하 전위 E_{PZC}(7.1절)인 270 mV에서 $(H)SO_4^-$ 이온이 산화 흡착하면서 재배열−$(23 \times \sqrt{3})$ 구조가 (1×1) 구조로 바뀌면서 표면 구조가 느슨해진다. 한편 800 mV에서 흡착된 음이온의 구조가 변화하는 상변화(phase transition)에 의한 전기화학 이중층 전류가 흐른다.

그림 8.40은 인산 완충 용액(phosphate buffer solution, PBS)에서 Au(111) 표면에서 Zn^{2+} 이온이 석출하는 CV이다. 회색 선은 Zn^{2+} 이온이 없는, 녹색 선은 1 mM Zn^{2+} 이온이 있는 PBS 용액에서 관찰한 CV이다. 회색 선 CV에서 인산 이온의 흡착과 관련된 산화·환원 피크쌍 전위 약 230 mV가 E_{PZC}이다. 그러므로 200 mV 이하의 전위에서 Au(111) 표면에 흡착된 인산 이온이 없다. 회색 선 CV과 관련하여 한 가지 더 언급하면 pH 4.4에서 수소 발생 전위가 약 −600 mV 이하에서 진행된다.

Zn^{2+} 이온이 있는 PBS 용액의 CV로 논의를 옮겨 보자. 800 mV부터 음의 방향으로 전위 주사를 시작하면 표면에 흡착된 인산 이온이 약 350 mV부터 환원/탈착 반응에 의해 전극 표면에서 떨어져 나가기 시작하여 100 mV에 도달하면 흡착된 인산 이온은 없다. 전위를 계속 낮추면 −400 mV 부근에서 Zn^{2+} 이온의 환원 석출 전류가 나타나며, −700 mV 이하의 전위부터 수소 발생과 Zn^{2+} 이온의 환원 석출이 일어난다. 그러므로 두 전위 구간에서 Zn^{2+} 이온의 환원 석

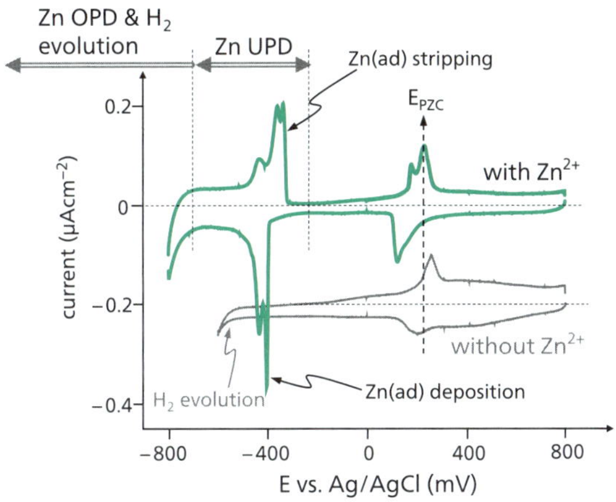

그림 8.40 **Au(111) 전극에서 일어나는 Zn 석출 반응.** 검은색 선(1 mM Zn^{2+} 포함한 용액). 회색 선(1 mM Zn^{2+} 포함하지 않은 용액). 회색 선은 편의를 위해 아래로 평행 이동하였음. 용액: 0.1 M 인산 완충 용액(KH_2PO_4, pH 4.4). 주사 속도: 10 mVs^{-1}. (J. Lee, J. Kim, H. Kim, C.K. Rhee, M.-H. Whangbo, Chem. Comm., 2015, 51, 873-876.)

출이 일어난다. −400 mV 인근의 전위 구간에서 석출되는 Zn는 Au와 직접적으로 접촉하여 Au−Zn 상호작용이 있다. −700 mV 이하의 전위 구간에서 석출되는 Zn는 이미 석출된 Zn층 위에 석출되므로 Zn−Zn 상호작용이 있다. Au−Zn 상호작용이 Zn−Zn 상호작용보다 크다면 Au 위에 석출된 Zn층은 매우 안정하다. 그러므로 Au−Zn 상호작용을 하는 Zn층은 Zn−Zn 상호작용을 하는 Zn층보다 높은 전위에서 석출된다(그림 6.4 참조). 환원 반응을 논의하므로 Au−Zn 상호작용을 하는 Zn층의 석출을 저전위 석출(underpotential deposition, UPD)이라 한다. 반면 Zn−Zn 상호작용을 하는 Zn층의 석출을 과전위 석출(overpotential deposition, OPD)이라 한다. 주사 방향을 바꾸면 UPD Zn층의 벗김과 인산의 흡착이 순차적으로 일어나 800 mV에서 출발한 원상태로 돌아오게 된다.

UPD Zn층 벗김 과정의 전하량은 석출된 Zn의 양을 의미한다. 주사텐널링현미경(STM, scanning tunneling microscopy) 실험이 밝힌 UPD Zn/Au(111)의 덮힘률 0.33으로부터 UPD Zn층의 전하량을 역으로 계산할 수 있다. 두 결과를 비교하면 Zn^{2+} 이온이 UPD 과정을 통하여 석출될 때 전달된 전자의 수는 1이다. UPD Zn층이 석출되는 전위가 E_{PZC}보다 낮지만, 아래와 같이 UPD Zn/Au(111)에 인산 이온이 산화 흡착하여 겉보기 전하량이 감소한다.

$$Zn^{2+}(aq) + H_2PO_4^-(aq) + e \rightleftharpoons Zn-H_2PO_4(ad) \qquad (8.47)$$

PBS 용액에서 Pt(111) 표면에 일어나는 Zn^{2+} 이온의 UPD는 E_{PZC}보다 높은 전위에서 일어나는데, 그 전위에서는 흡착된 인산 이온이 이미 존재하므로 $Zn^{2+}(aq) + 2e \rightleftharpoons Zn(ad)$이 발생하여 전달되는 전자의 수는 2이다.

이미 논의한 Pt 전극의 수소 흡착도 UPD 과정의 관점에서 다시 논의할 필요가 있다. 수소 발생 전위 전위보다 수소 흡착 반응 전위가 더 높다. 전극 표면과 강한 상호 작용에 기인하는 UPD 과정은 OPD 과정 전에 일어나는 일종의 예비 과정이다. 그런 관점에서 수소 흡착 반응을 수소 UPD, 수소 발생 반응을 수소 OPD라고 한다.

Pt와 Au CV의 논의는 CV 해석에서 지금까지 논의한 모든 주제가 거의 동원되었다. 또한 전기화학적 거동을 이해하기 위해서는 STM과 같은 다른 실험 방법이 제공하는 정보가 필요할 수 있다. 그러므로 관찰한 CV를 해석하기 위해서는 실험 또는 문헌을 통한 많은 경험과 지식이 필요하다.

주요 용어

선형 전위 주사 전류-전압법
순환 전위 주사 전류-전압법
등가 회로

전류-전압 곡선에 영향을 미치는 요소
- 전기 이중층 커패시터, 비보상 저항, 미세 전극과 회전판 전극, 얇은 층 전지, 흡착물, 연계 반응

연습 문제

8.1 그림 8.32의 촉매 EC_{catal} 반응의 순환 전류-전압 곡선을 참고하여 E = 300 mV에서 Ox + Q → Red +P 반응 속도 상수 k_f가 0.01과 1.0 $M^{-1}s^{-1}$일 때 양의 방향 주사에서 Red의 농도 프로파일을 정성적으로 그리고 설명하라.

8.2 두 개의 Red(I)과 Red(II)의 산화 반응 LSV i-E 곡선을 각각 관찰하였다. LSV i-E 곡선에 영향을 미치는 반응물의 성질($E°$, $k°$, α, D)과 실험 변수(C_{Red}, v)를 고려하여 다음의 질문에 답하라.

(a) $E°(I) > E°(II)$이고, 나머지 성질과 변수가 같은 경우 두 반응물의 i-E 곡선을 정성적으로 그리고 설명하라.

(b) $E°(I) = E°(II)$, $k°(II)/k°(I) = 10^{-6}$이고, 나머지 성질과 변수가 같은 경우 두 반응물의 i-E 곡선을 정성적으로 그리고 설명하라.

(c) Red(I)의 가역 산화 반응에서 α가 감소하면 전류 피크의 전위 E_P와 크기 i_p의 변화를 예측하라.

8.3 아래의 그림은 얇은 층 전지에서 Red ⇌ Ox + e 반응 ($E° = 0$ V)의 순환 전위 주사 i-E 곡선 중 산화 전류만 도시한다. Red의 농도는 0.001 M, 전위 주사 속도는 2 mVs^{-1}, 전극 면적은 1 cm^2이다. 다음의 질문에 답하라.

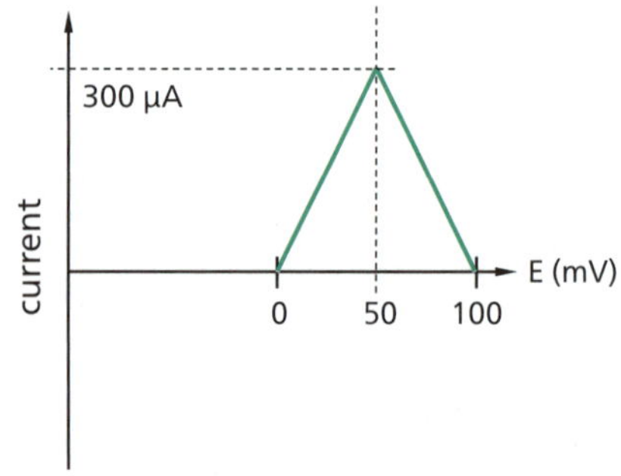

(a) i-E 곡선의 면적은 Red 산화 반응의 전하량이다. 전하량 q를 계산하라.

(b) 얇은 층에 있는 Red의 mol 수를 계산하라.

(c) 얇은 층 전지의 두께 L을 계산하라.

(d) 환원 전류를 삽입하여 순환 i-E 곡선을 완성하고 설명하라.

8.4 아래의 그림은 다음과 같은 E_rCE_r 반응의 첫 순환 주기의 전류-전압 곡선이다.

$$\text{반응 } E_1\text{: } Ox_1 + e \rightleftharpoons Red_1,\ E_1^\circ$$

$$\text{반응 C: } Ox_1 \rightarrow Red_2,\ \text{반응 속도 상수} = k_f$$

$$\text{반응 } E_2\text{: } Ox_2 + e \rightleftharpoons Red_2,\ E_2^\circ$$

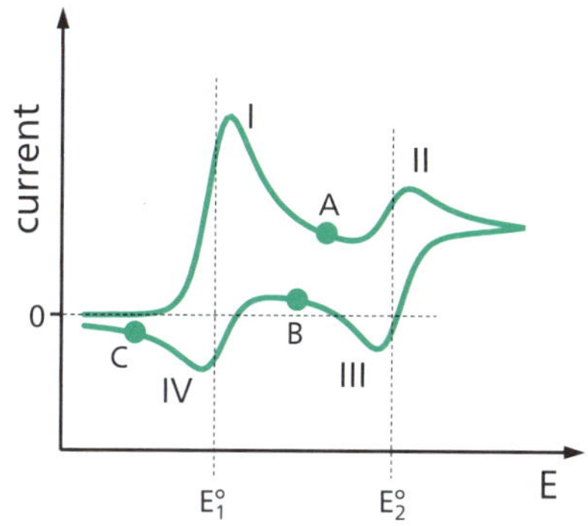

반응 E_1과 E_2는 가역 반응이며, 전위 주사 시작 시점에 전해질은 Red_1만 포함한다. 다음의 질문에 답하라.

(a) 전류 피크 I~IV에서 일어나는 전기화학 반응을 설명하라.

(b) 지점 A~C에서 Red_1, Ox_1, Red_2, Ox_2의 표면 농도를 크기 순서로 나열하라.

(c) 반응 시간창($\Delta t_{rxn} = 1/k$)과 관찰 시간창($\Delta t_{obs} = RT/nFv$)의 상대적인 크기를 비교하라.

(d) k_f가 감소할 때 전류 피크 I~IV의 변화를 예측하라.

(e) k_f가 무한히 증가하면 전류 피크 II와 III의 변화를 예측하라.

8.5 아래의 그림 (a)는 다음과 같은 EC 반응의 첫 순환 주기의 i-E 곡선이다.

$$\text{반응 E: } Ox + e \rightleftharpoons Red,\ E^\circ = 0\ V$$

$$\text{반응 C: } Ox \underset{k_b}{\overset{k_f}{\rightleftharpoons}} A,\ K = k_f/k_b.$$

반응 E는 가역 반응이며, 전위 주사 시작 시점에 전해질은 Red만 포함한다. 그림 (b)는 EC 반응의 가능한 등가회로의 하나이다. 기호 ∇는 회로 공통으로 전류 싱크(current sink)를 의미한다.

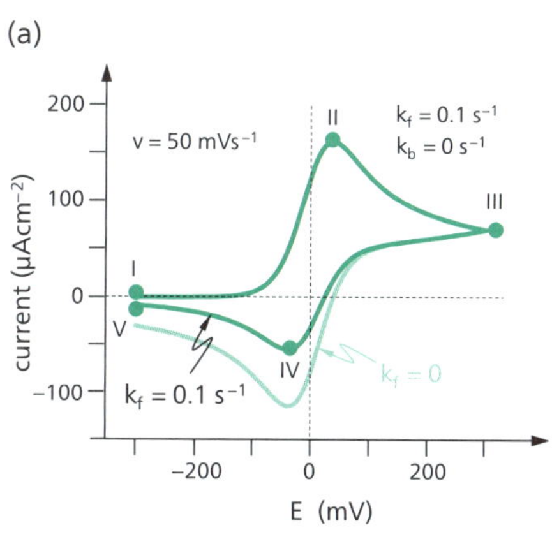

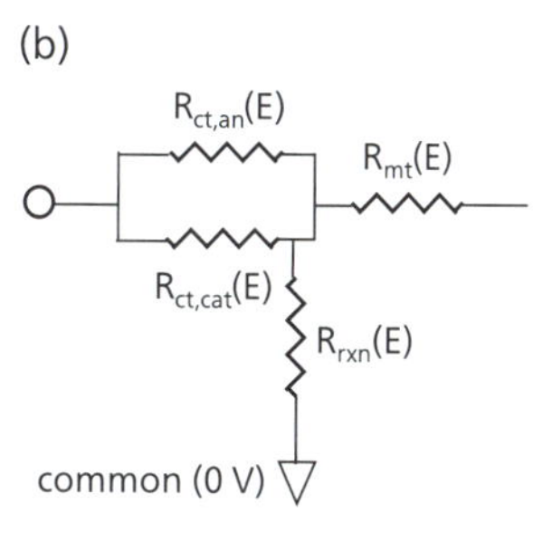

다음의 질문에 답하라.

(a) 등가회로와 EC 반응의 연관 관계를 설명하라.

(b) $k_f = 0.1\ s^{-1}$일 때 i-E 곡선의 점 I~V에서 각 저항의 변화를 크기(∞, ~0, 증가, 감소, 일정)와 상대적 크기(>, <, ≈)를 이용하여 정성적으로 기술하라.

제 9 장 전기분석화학

차례

9.1 ▸ 전기분석화학의 방법들
9.2 ▸ 전량 전해와 전기화학 무게 분석법
9.3 ▸ 전하량 적정법
9.4 ▸ 전위차법과 전류법의 응용 예
9.5 ▸ 선형 전류-전압법과 펄스 전류-전압법
9.6 ▸ 펄스 전류-전압법의 예

전기화학은 분석화학에서 중요한 위치를 차지한다. 전기화학 전지는 소형화가 가능하고, 전지 운용에 복잡한 장치가 필요하지 않으므로 다양한 물질의 농도 측정에 활용될 수 있다. 또한 전극 제조와 전위를 통하여 혼합물의 분리 없이, 특히 전기화학적 활성 물질에 대한 선택성을 유지할 수 있고, 연속적인 측정도 가능하다. 또한 다양한 전위 프로그램을 활용하면 감도와 검출 한계를 낮출 수 있다.

전기분석화학의 방법을 전지에 전류가 흐르지 않는 상황에서 전압을 측정하는 방법과 전류가 흐르는 상황에서 전류 또는 전압을 측정하는 방법으로 분류한다. 이 장에서는 전류가 흐르는 전지를 이용한 농도 측정의 기본 기술과 함께 감도 · 검출 한계를 개선하는 전위 펄스 기술과 실례를 소개한다.

9.1 전기분석화학의 방법들

전기화학을 이용하여 미지 시료의 농도를 결정하는 전기분석화학은 Nernst 식과 Faraday 법칙에 근거한다. 미지 시료와 평형을 이룬 지시 전극과 기준 전극 사이의 전위차를 Nernst 식에 적용하여 미지 시료의 농도를 결정하는 전위차법(potentiometry)을 이미 제3장에서 소개하였다. 전위차법의 전지는 전기화학 평형에 있으므로 전지에 전류가 흐르지 않는다. 앞으로 소개하는 전기분석화학 방법들은 전지에 전류가 흐르는 전해 반응을 이용한다. 전해 반응을 유도하면 전기화학 반응을 제어할 수 있으므로 정확하고 정밀한 농도를 신속하게 결정할 수 있다. 미지 시료가 있는 전지를 전해 전지로 운영하여 전극의 무게, 전류, 전하량 또는 전위를 측정하여 미지 시료의 농도를 결정한다.

(i) 전기화학 무게 분석법(electrogravimetry)

전기화학 무게 분석법은 전해질에 있는 미지 시료 전부를 전극 표면에 석출하고, 석출 전과 후의 전극 무게 차이를 측량하여 미지 시료의 농도를 결정하는 방법이다. 예를 들면 미지 시료 Cu^{2+} 이온 전량을 환원하여 Pt 전극 표면에 석출하고($Cu^{2+}(aq) + 2e \longrightarrow Cu(s)$), Pt 전극의 무게 차이를 측정하면 Cu^{2+} 이온의 mol 수를 알 수 있다. 정확한 mol 수를 계산하기 위해서 석출된 물질의 화학 조성이 일정해야 하고, 그 조성을 알고 있어야 한다. 전기화학 무게 분석법을 현재 거의 사용하지 않지만, 분석화학뿐만 아니라 전기화학 응용의 관점에서 그 개념은 매우 중요하다.

전해 용액의 전기화학적 활성 물질의 전량을 전기화학적으로 반응시키는 전해 반응을 **전량 전해**(bulk electrolysis)라고 한다. 앞선 논의에서 전극 면적이 전해 용액 부피보다 매우 작아 반응물의 농도 변화를 무시하는 반무한 조건을 가정하였다. 그러나 전량 전해에서 전극 면적이 매우 크므로 전해 진행 과정에서 반응물의 농도가 변화한다. 전량 전해의 개념을 이용하는 예는 전기화학 유기합성, 전기화학 금속 제련 등이다.

(ii) 전하량법(coulometry)

전하량법은 미지 시료의 전해 반응 과정에서 흐르는 전하량을 측정하고 Faraday 법칙을 이용하여 전해 반응에 참여한 물질의 mol 수를 결정한다.

$$Q = nF(\text{반응한 또는 생성된 물질의 mol 수}) \tag{9.1}$$

전하량법을 적용하기 위해서는 두 가지 조건이 충족되어야 한다. 조건의 하나는 전기화학 반응식을 알고 있어야 한다. 예를 들면 전해 반응이 아래와 같이 진행된다고 생각해 보자.

$$aOx + ne \rightleftharpoons bRed \tag{9.2}$$

반응 계수 a와 b, 그리고 전달되는 전자 수 n이 명확하지 않으면 식 (9.1)을 적용할 수 없다.

다른 조건은 모든 전류 i(t)가 목적하는 전기화학 반응에 사용되어야 한다. 전하량 Q는 전해 반응에 흐르는 전류 i(t)를 다음과 같이 시간에 대하여 적분하여 측정한다.

$$Q = \int i(t)dt \tag{9.3}$$

i(t)가 목적하는 반응에 사용되는 전류 효율 혹은 Faraday 효율 Φ(제4장)를 아래와 같이 표현한다.

$$\Phi = (\text{목적하는 반응에 흐른 전하량 } Q_m)/(\text{전지에 흐른 전하량 } Q_o) \tag{9.4}$$

$\Phi = 1$인 이상적인 상황을 만들기 위하여, 실험 과정에서 정확한 전위 조절 등의 노력이 필요하다. 만약 $\Phi < 1$인 상황, 즉 다른 부반응이 일어나는 경우 Φ를 정확히 알아야 하며, 그러하지 않으면 결정한 농도는 오차를 포함한다.

(iii) 전류법(amperometry)

전지에 흐르는 전류는 항상 반응물의 농도에 비례하므로, 전류를 측정하여 농도를 결정하는 기술을 전류법이라 한다. 넓은 전위 영역에서 나타나는 정상 상태(예: RDE와 미세 전극)의 확산 한계 전류를 일반적으로 활용한다. i-E 곡선을 우선 관찰하고, 전류를 측정할 전위를 결정한다.

(iv) i-E 곡선법(voltammetry)

선형 전위 주사 과정에서 전류는 일반적으로 피크 형태로 나타나며, 피크 높이와 미지 시료 농도 사이의 비례 관계를 이용하여 농도를 결정하는 기술이 i-E 곡선법이다. 전위 주사를 사용하므로 관찰하는 i-E 곡선은 비faraday 전류 또는 배경 전류를 포함한다. 그러한 전류는 미지 시료의 농도가 높으면 문제가 되지 않지만, 농도가 낮으면 분석 감도(analytical sensitivity)가 감소한다. 그러므로 낮은 농도의 시료 분석에서 비faraday 및 배경 전류를 제거 또는 최소화하고 감도를 높이는 전위 펄스 기술을 사용한다.

소개한 네 가지 분석법으로 결정하는 농도는 성격이 조금 다르다. 전기화학 무게 분석법과 전하량법은 각각 무게와 전하량을 통하여 시료의 mol 수에 직접 접근하여 절대 농도를 결정한다. 그러나 전류법과 i-E 곡선법은 물리량을 측정하여 농도를 결정하는 방식이다. 예를 들면 전류는 반응 속도이므로 온도의 함수이며, 피크 전류는 주사 속도와 전하 전달과 관련된 변수(k°, α)의 함수이다. 그러므로 이러한 실험 변수들이 일정한 조건에서 농도를 알고 있는 표준 시료를 이용한 검정 곡선(calibration curve)의 작성이 필수적이다. 따라서 전류법과 i-E 곡선법이 결정하는 농도는 상대 농도임을 기억할 필요가 있다.

9.2 전량 전해와 전기화학 무게 분석법

전량 전해의 개념을 금속 이온이 금속으로 전극 표면에 석출하는 환원 반응을 예로 논의한다.

▶ 전량 전해 전지

전량 전해를 진행하면 작업 전극과 상대 전극에 많은 양의 전류가 흐르게 된다. 과전압과 전해 시간을 줄이기 위하여 대면적의 작업 전극을 사용하며, 작업 전극에 필요한 전류를 공급하는 상대 전극의 면적도 커야 한다. 대면적 전극은 전류 밀도를 낮추어 전지 과전압을 감소시키며, 또한 전해 용액의 교반은 물질 전달 과전압을 줄인다. 이러한 조건을 만족하는 전량 전해 전지의 과전압은 감소하여 공급하는 전력을 효율적으로 활용한다.

그림 9.1a는 전량 전해 전지의 한 형태를 예시한다. 작업 전극과 상대 전극은 거즈(gauge) 형태로 대면적의 조건을 충족한다. 원통형 모양의 작업 전극과 상대 전극을 동심원이 되도록 배치하여 그림 9.1b의 화살표로 표현한 두 전극 사이의 전류 밀도 분포를 일정하게 유지한다. 두 전극 사

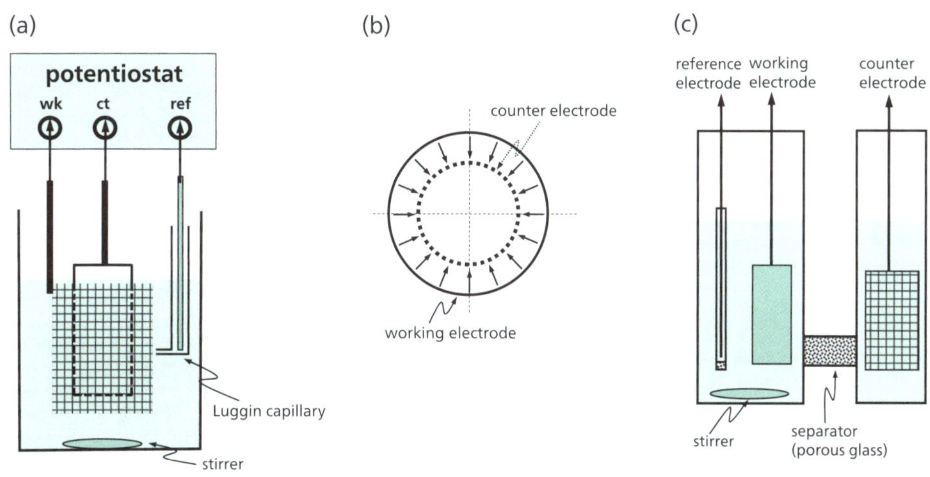

그림 9.1 **전량 전해를 위한 전기화학 전지.** (a) 작업 전극과 상대 전극이 공간적으로 분리되지 않은 전지. (b) (a)에 도시한 전지의 전류 밀도 분포. (c) 작업 전극과 상대 전극이 공간적으로 분리된 H-전지.

이의 거리가 일정하지 않으면 전류 밀도가 균일하지 않아 석출되는 금속의 양이 거리에 따라 변화한다. 한편 기준 전극이 있는 Luggin 모세관을 작업 전극에 가깝게 배치하여 iR 전압 강하를 최소화하며, 젓개(stirrer)로 전해 용액을 교반한다. 작업 전극과 상대 전극이 같은 전해 용액에 존재하는 전지는 상대 전극에서 일어나는 산화 반응의 생성물이 작업 전극과 반응하지 않을 때 사용할 수 있다. 그러하지 않으면 그림 9.1c와 같은 H-전지를 사용해야 한다. 작업 전극과 상대 전극의 전해질 사이의 분리막(separator)은 이온 전도를 허용하지만 전해 용액의 이동을 최소화해야 한다. 실제 분리막은 전지의 저항 성분이 된다. 한편 높은 전류는 전해질 저항에 의한 전압 강하와 열 발생의 문제를 발생하여 일정 전위기 또는 전력 공급 장치에 부담이 될 수 있다.

▶ 전량 전해 방식

그림 9.2는 두 종류의 금속 이온 Ox_1과 Ox_2가 있는 전해질 용액에서 Ox_1의 전량 전해 과정을 추적하는 i-E 곡선을 예시한다. 점선으로 표시한 곡선은 금속 이온이 없는 전해질 용액만의 i-E 곡선이다. 전해질 용액의 전해 반응(예: 수용액의 수소 발생)이 일어나는 전위 E^*는 주어진 전극과 전해 용액에서 환원 반응을 관찰할 수 있는 전위창의 한계이다. Ox_1과 Ox_2의 E_1°과 E_2°는 E^*보다 높으므로 두 금속 이온의 환원 반응을 유도할 수 있다. 또한 $E_1^\circ > E_2^\circ$이므로 Ox_1이 Ox_2보다 더 높은 전위에서 석출한다. Ox_1의 선택적 전량 전해 석출이 목표이므로 Ox_2의 농도 변화는 없다. Ox_1의 농도만 감소하는 전량 전해 과정을 이해하기 위하여 Ox_1의 초기 농도를 100%로 정의하고, 전량 전해 과정의 정상 상태 i-E 곡선을 그림 9.2에 도시한다.

Ox_1의 전량 전해는 두 가지 방식으로 진행한다: **일정 전위 제어**(constant potential control)와 **일정 전류 제어**(constant current control).

▶ 일정 전위 제어 방식의 전량 전해

일정 전위 제어 방식은 3-전극 시스템을 사용하여 그림 9.2와 같이 전극 전위 E_{app}(쇄선)에서 Ox_1의 전량 전해를 진행한다. 인가하는 전위 E_{app}는 Ox_1의 확산 한계 전위이므로 Ox_1은 선택적으로

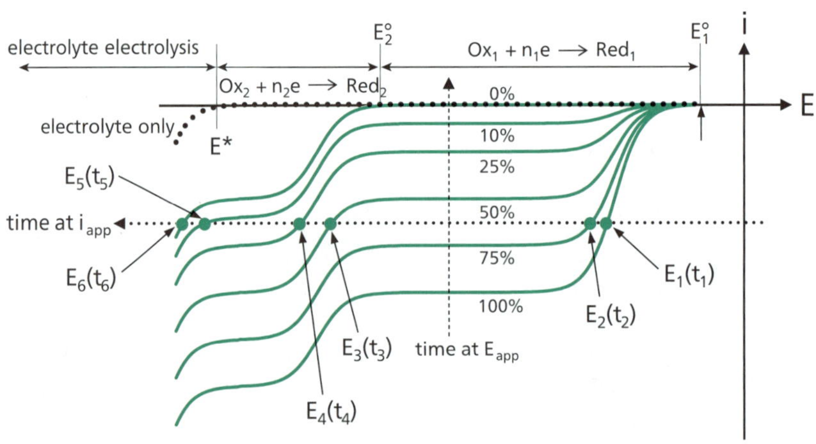

그림 9.2 **전량 전해 과정에서 반응물의 농도 변화를 추적하는 정상 상태 i-E 곡선.** 전해 용액: 금속 이온 Ox_1과 Ox_2는 환원되어 전극 표면에 석출된다. Ox_1, Ox_2, 전해 용액의 표준환원 전위는 각각 E_1°, E_2°, E^*이다($E_1^\circ > E_2^\circ > E^*$). 초기 농도는 Ox_1이 Ox_2보다 2배 높다. 전량 전해 진행 과정에서 Ox_1의 초기 농도에 대한 Ox_1의 농도 비율을 % 단위로 표시한다. 쇄선은 일정 전위 제어를, 점선은 일정 전류 제어를 의미한다.

빠르게 석출된다. 전해 시간이 증가하면, 전해 용액에서 Ox_1이 제거되므로 Ox_1의 농도는 시간의 함수 $C_{Ox_1}(t)$이다.

일정 전위 제어 방식의 전량 전해 과정에서 반응 시간에 따른 $C_{Ox_1}(t)$와 전류의 변화를 정량적으로 논의하자. 확산 한계 조건에서 전해 반응을 진행하므로 Ox_1의 확산 한계 전류 i_l은 다음과 같다.

$$i_l(t) = nFAm_{Ox_1}C_{Ox_1}(t) \tag{9.5}$$

식 (9.5)에서 물질 전달 계수 m_{Ox_1}은 전해 용액의 교반 효율에 의존하므로 정확하게 특정할 수 없다. 한편 Faraday 법칙을 이용하여 $i_l(t)$를 다음과 같이 표현할 수 있다.

$$i_l(t) = -nF[d(C_{Ox_1}(t)V)/dt] = -nFV[dC_{Ox_1}(t)/dt] \tag{9.6}$$

식 (9.6)에서 V는 전해 용액 부피이다. 식 (9.5)와 (9.6)은 모두 $i_l(t)$를 표현하므로 $C_{Ox_1}(t)$와 $i_l(t)$를 다음과 같이 표현할 수 있다.

$$[1/C_{Ox_1}(t)][dC_{Ox_1}(t)/dt] = -Am_{Ox_1}/V = -1/\tau \tag{9.7a}$$

$$C_{Ox_1}(t) = C_{Ox_1}(0)\exp(-t/\tau) \tag{9.7b}$$

$$i_l(t) = i_l(0)\exp(-t/\tau) \tag{9.7c}$$

식 (9.7a)에서 τ는 전해 전지의 특성인 전극 면적, 전해 용액 부피와 교반 효율이 결정하는 전해 반응 속도 상수이다. 바꾸어 말하면, τ는 주어진 전해 조건에서 전해가 일어나는 속도 상수이다. 그림 9.3a는 $C_{Ox_1}(t)/C_{Ox_1}(0)$ 또는 $i_l(t)/i_l(0)$의 감소에 τ가 미치는 영향을 예시한다. τ의 변화는 식 (9.7a)에서 A, m_{Ox_1}와 V의 모든 조합에서 가능하다. $\tau = 100\ s^{-1}$일 때(점선), Ox_1의 99.9%가 석출하기 위해서는 약 12 min이 소요된다. 전극 면적을 1/2로 줄여 $\tau = 200\ s^{-1}$이 되면(실선), Ox_1의 전해 속도가 감소한다. 전해 용액의 교반 효율을 줄여 $\tau = 400\ s^{-1}$이 되면(쇄선), 전해 속도가 더욱 감소한다. 그러므로 작업 전극이 넓을수록, 교반 효율이 높을수록 전량 전해 시간이 단축된다. 한편 그림 9.3a의 가로축은 농도비 또는 전류비이므로 농도와 무관하게 전량 전해 시간은 일정

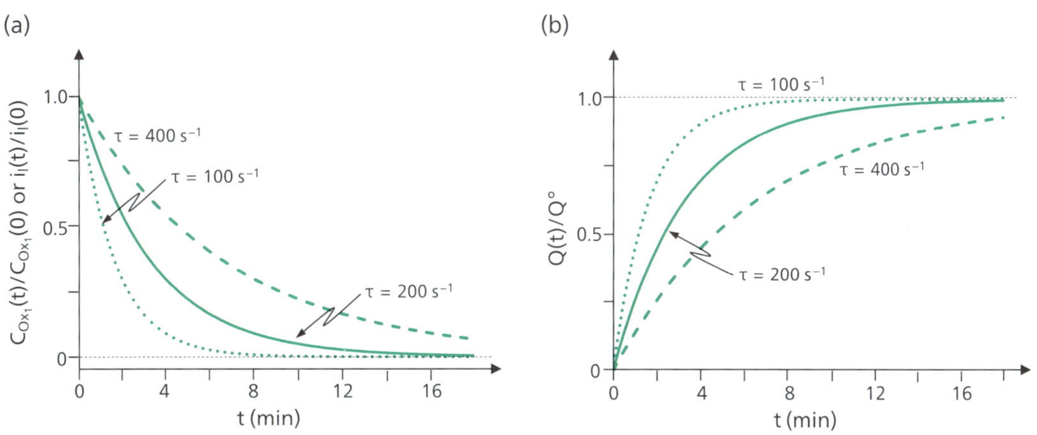

그림 9.3 (a) 일정 전위 제어 방식의 전량 전해 과정의 전류(농도) 변화와 전해 전지 특성 τ의 관계. (b) 일정 전위 제어 전하량법의 전하량과 전해 시간의 관계.

하다는 사실을 기억할 필요가 있다. 또한 식 (9.6)은 전류 효율이 100%일 때 성립하므로, 전류 효율이 낮을 때에는 더 많은 전해 시간이 소요된다. 그러나 전류 효율이 100%보다 작을지라도, 전류를 소비하는 부반응에 의해 다른 물질의 석출이 일어나지 않는다면 무게법을 그대로 적용할 수 있다.

일정 전위 제어 방식의 전량 전해를 금속 이온 Ox_1과 Ox_2의 분리에 활용할 수 있다. E_1°과 E_2°가 충분히 멀리 떨어져 있다면($> 180(1/n_1 + 1/n_2)$ mV), Ox_1의 99.9%가 석출되더라도 Ox_2는 석출하지 않으므로 전해질 용액의 Ox_1과 Ox_2를 분리할 수 있다.

일정 전위 제어 방식의 전량 전해 과정에서 일반적으로 전류를 모니터한다. 만약 전류 효율이 100%이고, 전해 반응식을 정확히 알고 있다면 전하량법을 적용할 수 있다. 전극 무게의 측정보다는 $i_l(t)$를 전기적 또는 수학적으로 적분하는 것이 편리하기 때문이다. 구체적으로 전해 시간과 전하량은 다음과 같다.

$$Q(t) = \int_0^t i(t)dt = \int_0^t i(0)\exp(-t/\tau)dt \tag{9.8a}$$

$$= [i(0)/\tau][1 - \exp(-t/\tau)] \tag{9.8b}$$

$$= Q^\circ[1 - \exp(-t/\tau)] \tag{9.8c}$$

식 (9.8c)의 Q°는 식 (9.5)와 (9.7a)을 결합하면 아래와 같이 표현된다.

$$Q^\circ = nFVC_{Ox_1}(0) \tag{9.9}$$

식 (9.9)에서 Q°는 $t = \infty$일 때의 전하량이며, 그림 9.3b는 $Q(t)/Q^\circ$와 시간의 관계를 예시한다. 전량 전해가 진행되면 $Q(t)$는 Q°에 수렴한다. 그러므로 실험에서 Q°를 측정하면 $C_{Ox_1}(0)$를 결정할 수 있다. 이러한 분석 방법을 **전위 제어 전하량법**(controlled potential coulometry)이라고 한다. 그러므로 전극 무게를 측정할 필요가 없는 전하량법은 금속 석출 반응뿐만 아니라 전해질 용액에 용해되는 Ox와 Red 반응에도 사용할 수 있다(예: Fe(III) ⟶ Fe(II), ascorbic acid 산화 반응).

▶ 일정 전류 제어 방식의 전량 전해

일정 전류 제어 방식의 전량 전해는 2-전극 시스템을 사용하여 그림 9.2의 점선 화살표와 같이 작업 전극과 상대 전극에 일정한 전류 i_{app}를 인가하여 Ox_1의 전량 전해를 진행한다(제4장). 작업 전극에서 Ox_1의 환원 반응이 일어나며, 상대 전극에서 관심의 대상이 아닌 산화 반응이 일어난다. 인가한 i_{app}를 전지가 수용하기 위하여, 작업 전극의 전위는 t_1에서 E_1이 된다. Ox_1 환원 반응이 계속 진행하면 Ox_1의 농도가 감소하여 초기 농도의 75%가 되는 t_2에서 작업 전극의 전위는 E_2로 이동한다. Ox_1의 농도가 50%가 되는 t_3에서 작업 전극의 전위는 E_3로 이동하여 Ox_1과 함께 Ox_2가 석출되기 시작한다. 전해가 계속 진행되면 t_5의 전위 E_5부터 Ox_1과 Ox_2의 환원뿐만 아니라 전해질의 환원 반응이 진행된다. 그림 9.4a는 작업 전극의 전위 변화와 발생하는 환원 반응을 보여준다. 이 예가 의미하는 바는 Ox_1 전해 반응이 진행됨에 따라 작업 전극 전위가 음의 방향으로 이동하여 목적하지 않은 Ox_2와 전해질 환원 반응이 발생하므로 전류 효율과 선택성의 감소이다. 이러한 논의는 상대 전극 전위가 일정할 때 타당하다.

일정 전류 제어 방식의 전량 전해에서 발생하는 전류 효율과 선택성의 감소 문제를 해결하는 방법은 두 가지이다. 첫째 방법은 매우 작은 전류 i_{app}를 인가하는 방법이다. 예를 들면 전해를 진행하기 전의 확산 한계 전류 i_l의 1/100을 인가하면, Ox_1 초기 농도의 1%가 될 때까지(같은 의미

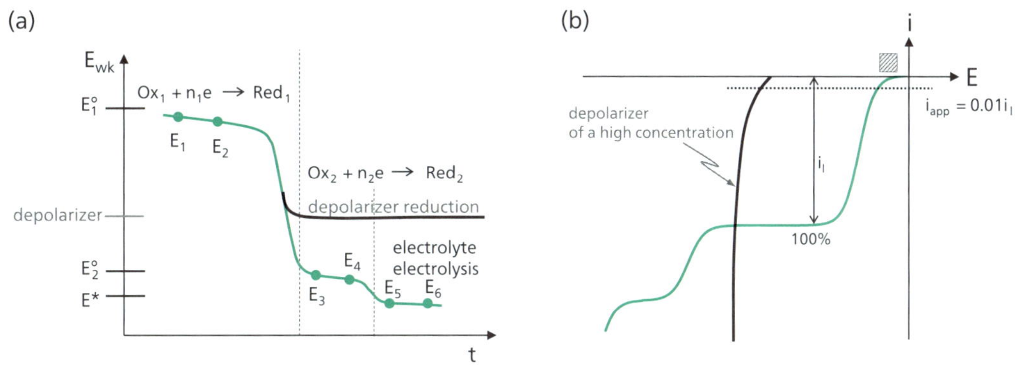

그림 9.4 일정 전류 제어 방식의 전량 전해. (a) 작업 전극 전위의 변화. 검은색 선은 탈분극제가 있는 경우 전위의 변화이다. (b) 작업 전극 전위 변화 문제점의 해결: 작은 전류(i_{app}) 인가(점선)와 탈분극제(검은색 선).

에서 99%의 Ox_1이 석출될 때까지) 작업 전극의 전위는 그림 9.4b의 빗금 친 영역에 머물게 된다. 전량 전해 과정에서 Ox_1 농도가 초기 농도의 1%보다 작아지면 작업 전극 전위는 음의 방향으로 이동하기 시작한다. 이 방법의 문제는 매우 긴 전량 전해 시간이다. 다른 방법은 높은 농도의 **탈분극제**(depolarizer)를 사용하는 것이다. 그림 9.4a에서 검은색 선으로 표시한 비분극제의 환원 전위는 Ox_2의 E_2°보다 높다. 그러므로 탈분극제의 i-E 곡선은 높은 농도 때문에 Ox_2가 환원되기 전에 그림 9.4b의 검은색 선과 같이 급격히 증가한다. 그러므로 작업 전극의 전위는 그림 9.4a의 검은색 선과 같이 탈분극제의 환원 전위에 머물러, Ox_2의 환원 반응은 진행되지 않는다. 예를 들면 Cu^{2+}와 Pb^{2+} 이온이 있을 때 NO_3^-를 탈분극제로 첨가하면 Cu만을 석출할 수 있다.

일정 전류 제어 방식의 전량 전해는 전위가 변하므로(물론 해결 방법이 있지만) 일정 전위 제어 방식의 전량 전해보다 효율적이지 않다. 그러나 전기화학 응용에 있어서 소모되는 반응물을 계속 보충하여 높은 농도를 유지한다면 전위가 변하지 않으므로 선택성을 유지할 수 있다(예: 연료 전지).

9.3 전하량 적정법

전하량 적정법

그림 9.5는 산화·환원 반응을 이용한 전하량 적정법(coulometric titration)의 개념을 설명한다. 논의하는 적정 반응은 환원 상태의 분석물(analyte) A_{Red}와 산화 상태의 적정물(titrant) T_{Ox}의 산화·환원 반응이다.

$$n_T A_{Red} + n_A T_{Ox} \longrightarrow n_T A_{Ox} + n_A T_{Red} \qquad (9.10a)$$

$$A_{Ox} + n_A e \rightleftharpoons A_{Red},\ E_A^\circ \qquad (9.10b)$$

$$T_{Ox} + n_T e \rightleftharpoons T_{Red},\ E_T^\circ \qquad (9.10c)$$

식 (9.10a)의 적정 반응이 진행되기 위해서는 $E_A^\circ < E_T^\circ$의 조건이 성립되어야 한다. 또한 논의의 편의를 위하여 $n_A = n_T = 1$을 가정한다. 예를 들면 Fe^{2+} 이온을 Ce^{4+} 이온으로 적정하는 산화·환원 반응($Fe^{2+} + Ce^{4+} \longrightarrow Fe^{3+} + Ce^{3+}$)이다.

그림 9.5a는 A_{Red}가 있는 분석 용액에 뷰렛으로 T_{Ox} 용액을 넣어 A_{Red}의 농도를 결정하는 일

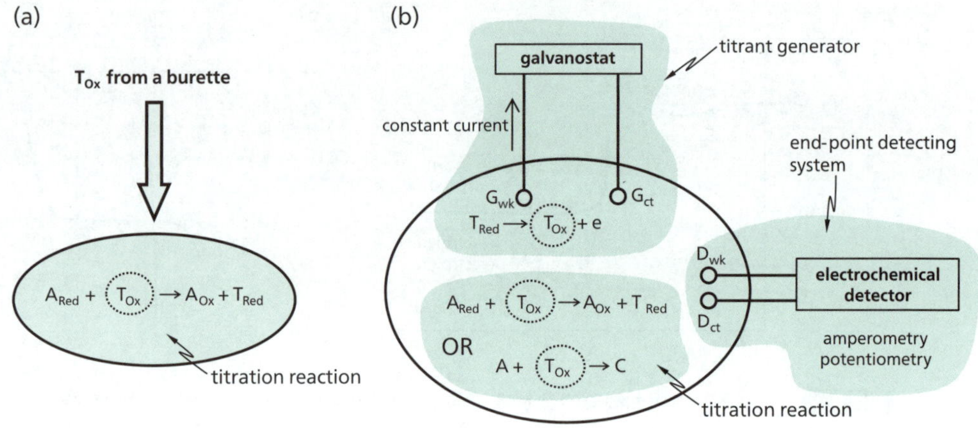

그림 9.5 **일반 적정법과 전하량 적정법의 비교.** (a) 일반 적정법. (b) 전하량 적정법.

반적 산화·환원 적정 방법을 표현한다. 적정 실험에 요구되는 조건은 빠르고 정량적인 적정 반응과 적정 반응이 완료되는 시점인 종말점(end-point)의 측정이다. 분석화학에서 잘 알려진 적정 반응들은 빠른 반응 속도와 정량성을 만족한다. 종말점을 측정하기 위해서 지시약, 분광학적 방법 또는 전기화학적 방법을 사용한다.

그림 9.5b의 전하량 적정법으로 초점을 옮겨보자. A_{Red}가 있는 분석 용액에 과량의 T_{Red}를 첨가한다. T_{Red}가 환원 상태에 있으므로, 식 (9.10a)의 적정 반응은 진행되지 않는다. 전하량법 적정은 적정물 생성기(titrant generator)를 사용하여 적정 반응에 필요한 T_{Ox}를 생성하여 적정 반응을 진행한다. 적정물 생성기는 일반적으로 작업 전극 G_{wk}와 상대 전극 G_{ct}로 구성되는 2-전극 시스템으로 운영되며, 일정 전류기(galvanostat)가 일정한 전류를 두 전극에 공급하면 G_{wk}에서 T_{Red}의 산화 반응으로 생성된 T_{Ox}가 적정 반응을 진행한다. 따라서 적정물 생성기는 일반 적정의 뷰렛과 같다. 일정한 전류로 T_{Ox} 생성 반응이 진행되므로, 종말점에 도달하는 시간까지 흐른 전하량 Q_{equiv}를 계산하여 A_{Red}의 mol 수를 결정할 수 있다. T_{Ox} 생성 반응에서 일정한 전류를 사용하는 이유는 전하량 계산이 쉽기 때문이다. 그러나 T_{Ox}의 양을 결정하는 전류와 관련하여, 전류의 측정 정확도, 전류 제어의 정밀도(안정성)와 100%에 근접한 전류 효율이 확보되어야 한다.

전하량 적정법의 장점 중 하나는 작업 전극 G_{wk}가 불안정한 물질 T_{Ox}를 생성할 수 있다는 것이다. 잘 알려진 반응의 예는 이중 결합이 있는 cyclohexen과 전기화학적으로 생성된 Br_2 반응의 적정 반응이다.

$$G_{wk}: \quad 2Br^- \longrightarrow Br_2 + 2e \tag{9.11a}$$

$$\text{용액}: \quad \text{cyclohexen} + Br_2 \longrightarrow \text{dibromo-cyclohexane} \tag{9.11b}$$

액체 Br_2는 휘발성이 매우 크고 유독 물질이므로, 농도를 정확히 알고 있는 Br_2 표준 용액의 제조는 매우 어렵다. 그러나 전기화학적으로 적정 용액에서 생성된 Br_2를 적정 반응이 소비한다면 실험에서 표준 용액 제조의 어려운 단계를 우회할 수 있다.

적정 반응은 일반적으로 두 가지 형태로 분류한다(그림 9.5b). 적정 반응이 산화·환원 반응인 경우, 대표적인 적정물은 할로겐 X_2(X = Cl, Br, I), Ce^{4+}, Mn^{3+}, Ag^{2+}, Ti^{3+}, U^{4+} 등이다. 화학 반응인 경우, H^+ 또는 OH^-(산/염기 적정), Ag^+(침전 적정), CN^-(착화합물 반응) 등이다.

전하량 적정법은 일반적인 적정법에 비하여 다음과 같은 장점이 있다.

(i) 전기화학 반응이 정량적으로 적정물을 생성하므로 표준 용액의 제조, 보관과 표준화 작업이 불필요하다.

(ii) 일반 부피 적정에서 저농도 분석물의 분석은 저농도의 적정물 표준 용액이 필요하다. 그러나 전하량 적정법은 μA 단위 또는 그 이하의 낮은 전류를 사용할 수 있으므로 극소량의 적정물을 생성할 수 있다.

(iii) Br_2와 같이 불안정한 적정물을 이용하는 적정 반응이 가능하다.

(iv) 컴퓨터를 이용한 자동화 및 장거리(remote) 제어가 가능하다.

▶ 전하량 적정 과정의 정상 상태 i-E 곡선

적정법에서 종말점의 결정은 매우 중요하다. 적정 과정에서 일정한 전류를 적정물 생성기에 계속 공급하므로, 종말점에 도달한 시간을 특정하여 적정물 생성기에 흐른 전하량 Q_{equiv}와 A_{Ox}의 농도를 결정할 수 있다. 일반 부피 적정에서 사용하는 종말점 검출 방법을 전하량 적정법에 적용할 수 있다. 그러나 그림 9.5b의 오른쪽에 예시한 전기화학적 방법을 이용한 종말점 검출 장치(end-point detecting system)를 소개한다. 또한 소개하는 방법은 전기화학 센서에서도 활용된다.

전기화학 방법을 이용한 종말점 검출 장치를 이해하기 위해서는 전하량 적정 과정에서 적정 반응에 참여하는 화학종[식 (9.10)]의 농도 변화와 정상 상태 i-E 곡선을 이해해야 한다.

그림 9.6a는 전하량 적정 과정에서 화학종의 농도 변화를 예시한다. 적정 전 A_{Red}와 T_{Red}의 농도는 각각 $C_{A_{Red}}$와 $C_{T_{Red}}$이고, $2C_{A_{Red}} = C_{T_{Red}}$라고 가정한다. 당량점의 전하량 Q_{equiv}로 임의의 시간까지 흐른 전하량 Q를 표준화하면, Q/Q_{equiv}가 적정 시간에 해당한다. 예를 들면 $Q/Q_{equiv} = 1$이 종말점을 의미한다. 또한 화학종의 농도는 $Q/Q_{equiv} = 0$에서 $C_{A_{Red}}$로 표준화한 상대 농도이다. 그러므로 $Q/Q_{equiv} = 0$에서 $C_{T_{Red}}$는 $C_{A_{Red}}$의 2배이다. 적정이 진행되면 적정물 생성기의 작업 전극 G_{wk}에서 생성된 T_{Ox}가 A_{Red}와 반응하여 T_{Red}와 A_{Ox}가 되므로 $C_{A_{Red}}$는 감소하고, $C_{A_{Ox}}$가 증가한다.

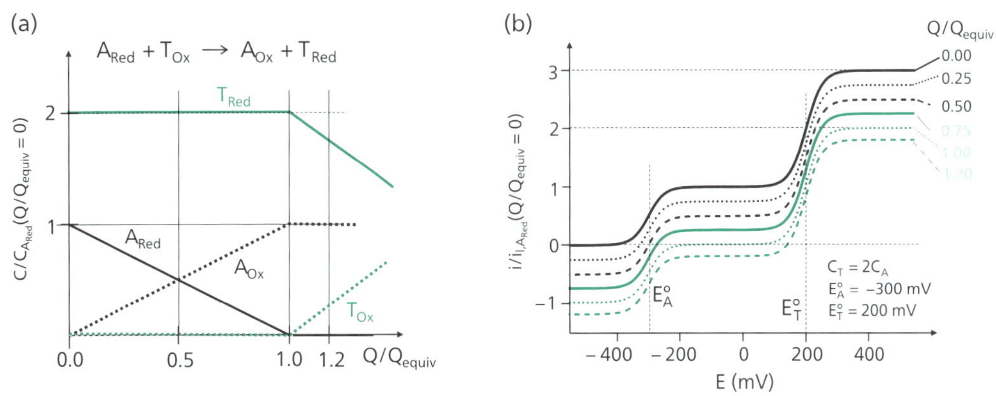

그림 9.6 ▶ **전하량 적정 과정에서 발생하는 변화.** (a) 농도의 변화. Q_{equiv}는 종말점까지 흐르는 전하량이고, Q는 적정 과정에 흐른 전하량이다. 그러므로 Q/Q_{equiv}는 적정물 생성기에서 일정한 전류가 흐를 때, 적정 시간을 의미한다. 적정 반응에 관여하는 화학종의 농도는 분석물 $C_{A_{Red}}$로 표준화한 상대 농도이다. (b) 적정 과정의 i-E 곡선. 전류는 $Q/Q_{equiv} = 0$에서 분석물 A_{Red}의 산화 환산 전류로 표준화한 상대 전류이다.

반면 $C_{T_{Red}}$는 변함이 없고 $C_{T_{Ox}}$는 0에 머문다. 이러한 농도 변화는 종말점까지 계속된다. 종말점을 지나면 $C_{A_{Red}}$는 0이 되고, $C_{A_{Ox}}$는 1에 머문다. T_{Red}의 산화 반응은 계속 진행되므로 $C_{T_{Red}}$는 2에서 감소하고 T_{Ox}는 같은 비율로 증가한다.

그림 9.6b는 전하량 적정 과정에서 정상 상태 i-E 곡선의 변화를 예시한다. $E^\circ_A = -300$ mV와 $E^\circ_T = 200$ mV를 가정하며, 확산 한계 전류는 반응하는 물질의 농도에 비례함을 기억하자. 양의 방향 주사에서 E°_A 부근에서 A_{Red} 산화 전류가, E°_T 부근에서 T_{Red} 산화 전류가 나타난다. $Q/Q_{equiv} = 0$이면(검은색 실선) T_{Red}와 A_{Red}만 존재하므로 산화 전류만 관찰된다. 구체적으로 −200~100 mV 전위 구간에서 A_{Red} 산화 확산 한계 전류가 관찰되며, 300 mV 이상 전위 구간의 전류는 A_{Red}와 T_{Red}의 중첩된 산화 확산 한계 전류이다. 그림 9.6b의 세로축은 적정 전의 A_{Red} 산화 확산 한계 전류로 표준화한 상대 전류이다. 그러므로 전류는 −200~100 mV 구간에서 1이며, 300 mV 이상의 구간에서는 T_{Red}와 A_{Red}의 합인 3이다. 적정이 진행되면 A_{Ox}가 생성되어 −400 mV 이하 구간에서 A_{Ox}의 환원 확산 한계 전류가 나타나므로 Q/Q_{equiv}가 증가하면 검은색 실선은 생성되는 A_{Ox} 농도만큼 아래로 평행 이동을 한다. 종말점($Q/Q_{equiv} = 1$)에 도달하면 A_{Red}의 산화 확산 한계 전류는 없어지고, $Q/Q_{equiv} = 1.2$가 되면 T_{Ox}의 확산 환원 전류가 −200~100 mV 구간에 나타난다. 그러므로 그림 9.6a의 농도 변화가 그림 9.6b의 i-E 곡선에 모두 반영된다. 이 i-E 곡선의 변화가 전하량 적정의 종말점을 결정하는 다양한 전기분석화학 기술의 기본 출발점이다.

▶ 전하량 적정 과정의 종말점 결정: 전위차법

그림 9.7은 전하량·적정의 종말점을 결정하는 전위차법의 원리를 묘사하는 그림이다. 그림 9.7a는 전위차법을 수행하는 종말점 검출 장치(그림 9.5b) 2-전극 전지 회로이다. 적정 용액과 접촉하는 검출부 장치의 작업 전극 D_{wk}와 상대 전극 D_{ct}는 전압계와 연결되어 있다. 한편 전력공급장치는 두 전극 사이에 흐르는 전류의 크기와 방향을 조절한다. 전위차법으로 측정하는 전압은 D_{wk}와 D_{ct}의 분극 특성, 그리고 두 전극 사이에 흐르는 전류의 크기와 방향에 의해 결정된다.

(i) D_{wk}: 분극 전극, D_{ct}: 비분극 기준 전극, $i = 0$

D_{wk}는 Pt와 같은 분극 전극으로 지시 전극이며, D_{ct}는 비분극 전극인 Ag/AgCl과 같은 기준 전극이다. $i = 0$이므로 전압계의 전압은 두 전극 사이의 평형 전위차이다. 이는 제3장에서 소개한 일반적인 전위차법이다.

전압계의 전압은 D_{wk}의 평형 전위이므로 그림 9.7b에서 $i = 0$ 축(회색 선)의 전위, 즉 삽입 그림에서 i-E 곡선과 $i = 0$ 축이 만나는 전위(●로 표시)이다. $Q/Q_{equiv} = 0$이면 i-E 곡선(굵은 녹색 실선)에서 $i = 0$가 되는 전위는 −400 mV 이하이다. 실제 실험에서는 통제할 수 없는 약간의 A_{Ox} 또는 불순물이 존재하므로, 전위를 이론적으로 결정할 수 없다. 그러나 −400 mV 이하임은 확실하다. 적정 실험이 진행되면 i-E 곡선이 아래로 평행 이동하므로 $i = 0$가 되는 전위는 증가한다. $Q/Q_{equiv} = 0.5$(쇄선)에서 $C_{A_{Ox}} = C_{A_{Red}}$이므로 평형 전위는 E°_A가 된다. 그림 9.7b에서 Q/Q_{equiv}이 0.25~0.75 구간의 i-E 곡선은 $i = 0$인 부근에서는 매우 촘촘하므로 전위차의 변화가 크지 않다. Q/Q_{equiv}가 0.75~1.2 범위에서 $i = 0$가 되는 전위는 대략 −200~200 mV로 매우 넓어진다. 그러므로 종말점을 기준으로 전극 전위는 급격히 변화한다. 종말점의 이론적 전위는 $(E^\circ_A + E^\circ_T)/2 = -50$ mV이다. 평형 전위의 변화를 그림 9.7c의 굵은 검은색 실선으로 도시하였다. 종말점에서 평형 전위가 급격히 변하므로 변곡점이 종말점이 된다.

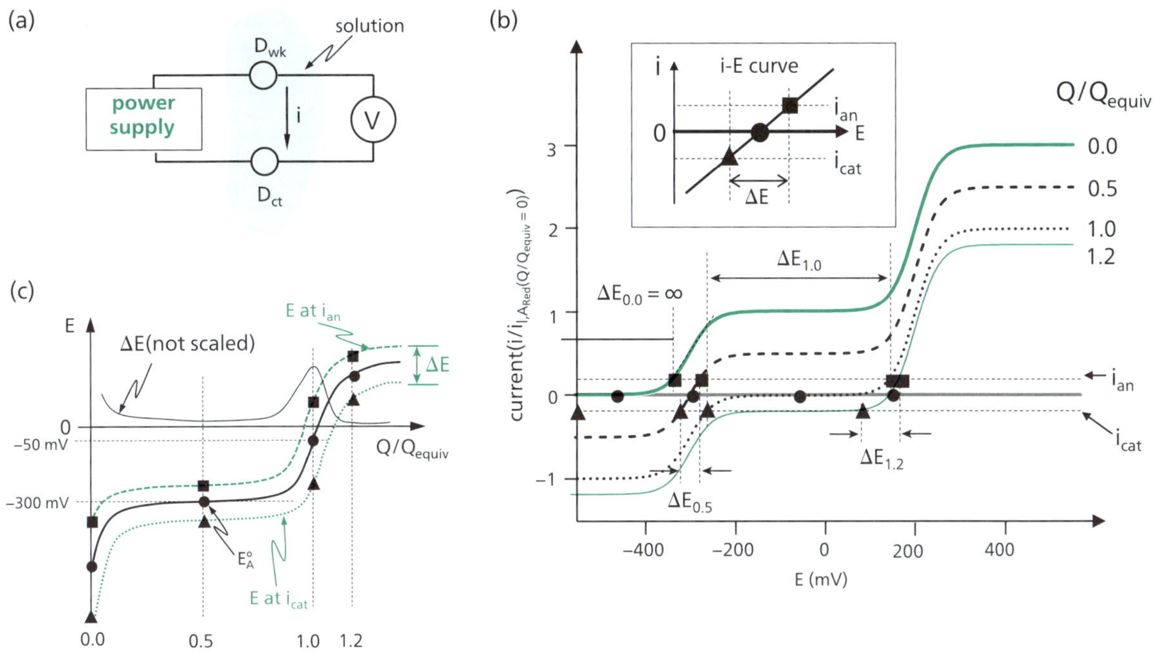

그림 9.7 **종말점 측정을 위한 전위차법.** (a) 종말점 검출부 회로. (b) 검출부 회로에 전류 i가 흐를 때 i-E 곡선이 결정하는 전위. (c) 전위차법의 적정 곡선. 검은색 실선($i = 0$), 녹색 점선($i_{cat} \neq 0$), 녹색 쇄선($i_{an} \neq 0$), 가는 검은색 실선($i_{an} = -i_{cat} \neq 0$).

(ii) D_{wk}: 분극 전극, D_{ct}: 비분극 기준/상대 전극, $i_{an} > 0$

전력공급장치에서 매우 작은 산화 전류 i_{an}을 공급한다. 공급하는 전류에 의해 D_{wk}에서 적정 화학종의 반응이 일어나므로, 미세 전극을 사용하면 적정 반응을 방해하지 않을 정도로 적정 반응물의 양이 크게 변화하지 않는다. 일반 부피 적정에서 소량의 지시약을 사용하는 것과 같은 원리이다.

이 조건이 충족되면 그림 9.7b에서 i_{an}을 표시하는 가는 쇄선과 i-E 곡선이 만나는 전위(■로 표시)가 전압계의 전압이 된다. i_{an}을 인가하므로 i_{an}을 수용하기 위해서 D_{wk}의 전위가 증가한다. D_{ct}는 비분극 전극이므로 고정된 전위에서 $-i_{an}$을 수용한다. 그러므로 적정 곡선은 그림 9.7c의 녹색 쇄선과 같이 평형 전위 적정 곡선보다 약간 높은 전위로 평행 이동하며, 변곡점이 종말점이다.

전위차법임에도 불구하고 작은 전류를 인가하는 이유는 측정 전위에 도달하는 속도의 차이 때문이다. $i = 0$에서 전하 전달 속도가 느리다면 전압계의 전압은 평형 전위에 느리게 도달한다. 그러나 $i \neq 0$에서 전극은 빠르게 해당 전위로 이동한다.

(iii) D_{wk}: 분극 전극, D_{ct}: 비분극 기준/상대 전극, $i_{cat} < 0$

(ii)의 원리와 같다. 다만 전류의 방향을 바꾸었으므로 i_{cat}의 쇄선과 만나는 전위(▲로 표시)는 평형 전위보다 약간 낮다(그림 9.7c의 녹색 점선).

(iv) D_{wk}: 분극 전극, D_{ct}: 분극 전극, $i \neq 0$

앞의 방법과 다른 점은 D_{wk}와 D_{ct}는 모두 분극 전극이다. 두 전극이 모두 분극 전극이므로, D_{wk}에 i_{an}을 인가하면 D_{ct}은 $i_{cat}(= -i_{an})$을 수용해야 한다. 그러므로 D_{wk}의 전위는 증가하고(■), D_{ct}의 전위는 감소한다(▲). 그러므로 두 전극 사이의 전위차 ΔE는 주어진 Q/Q_{equiv}에서 각각 ■와 ▲로 표시된 전위의 차이이다. 그러므로 그림 9.7c에서 두 녹색 선의 차이에 해당하며, 이를 도시하면 가는 검은색 실선과 같이 당량점에서 최대가 된다.

▶ 전하량 적정 과정의 종말점 결정: 전류법

그림 9.8은 전하량 적정의 종말점을 결정하는 전류법(amperometry)의 원리를 설명하는 그림이다. 그림 9.8a는 전류법을 수행하는 종말점 검출 장치(그림 9.5b) 2-전극 전지 회로이다. 전류법에서 전력공급장치는 D_{wk}와 D_{ct}에 일정한 전압을 인가하고, 전류계에 흐르는 전류를 측정한다.

(i) D_{wk}: 분극 전극, D_{ct}: 비분극 기준/상대 전극

비분극 기준/상대 전극 D_{ct}에 대하여 일정한 전위 E_{app}를 작업 전극 D_{wk}에 인가한다. E_{app}는 A_{Red}가 산화되고 T_{Ox}가 환원되는 전위 구간(그림 9.8b의 −200~100 mV)에 있다. 이 전위구간에서 종말점 이전에는 A_{Red}의 산화 전류가, 종말점 이후에는 T_{Ox}의 환원 전류가 흐르게 된다. 그러므로 종말점에서 i = 0이 되면서 전류의 방향이 바뀐다. 그림 9.8c가 작업 전극의 전위가 일정한 전류법의 적정 곡선이다. 그러므로 i = 0가 되는 시간이 종말점이다. 분석물과 적정물의 산화·환원 반응에 관여하는 전자의 수가 다르거나 전하 전달 속도가 다르다면 직선의 기울기는 종말점에서 변화한다.

이러한 방법을 이용한 종말점 결정 실험에서 반드시 지켜야 하는 주의 사항이 있다. D_{wk}와 D_{ct} 사이에 흐르는 전류량이 매우 작아야 한다. 전류가 크면 전위가 일정하다고 가정하는 비분극 기준 전극에 비이상성이 나타나고 E_{app}가 변화한다. 기준 전극이 감당할 수 없는 전류가 흘러 전위가 변화하는 현상을 '기준 전극에 부하가 걸렸다(loaded)'라고 한다. 기준 전극의 부하를 피할 수 없다면 그림 9.8a의 2-전극 시스템을 3-전극 시스템으로 교체해야 한다.

(ii) D_{wk}: 분극 전극, D_{ct}: 분극 전극

분극 전극 D_{wk}와 D_{ct}에 ΔE의 전압을 인가하여 두 전극 모두에서 전극 반응을 유도한다. 전력공급장치가 인가하는 일정한 ΔE를 전위 창문(potential window)이라고 한다. 그림 9.8b의 삽입 그림

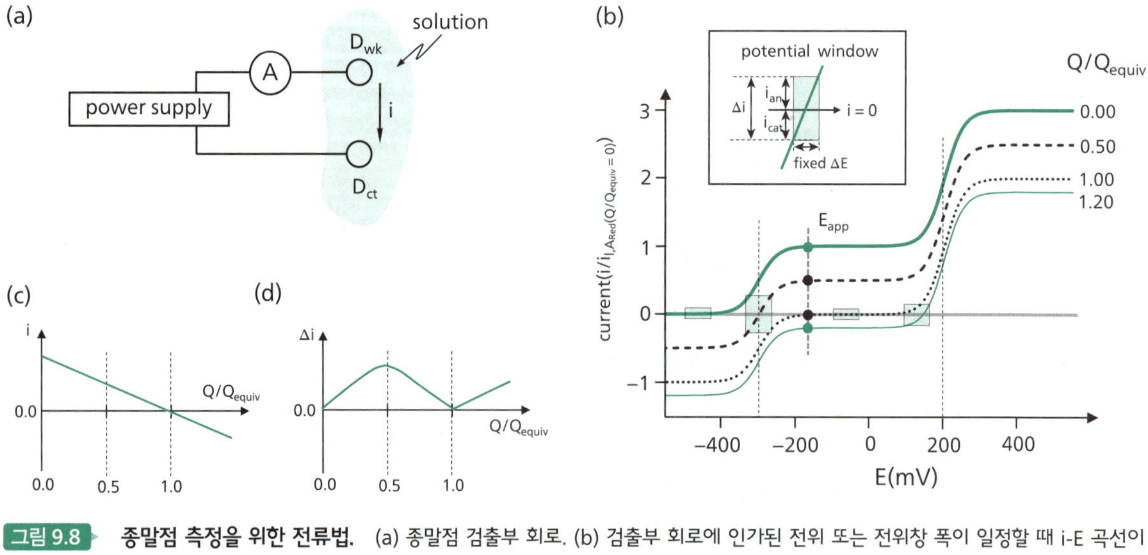

그림 9.8 종말점 측정을 위한 전류법. (a) 종말점 검출부 회로. (b) 검출부 회로에 인가된 전위 또는 전위창 폭이 일정할 때 i-E 곡선이 결정하는 전류. (c) 검출부 회로 전위가 일정할 때 적정 곡선. (d) 검출부 회로 전위창 폭이 일정할 때 적정 곡선.

에서 일정한 ΔE가 인가되면 두 전극에 $i_{an} = -i_{cat}$의 관계를 만족하는 전류가 흘러야 한다. 그러므로 전위 창문의 중앙은 i = 0인 전위에 위치하고 ΔE(전위창의 폭)와 $\Delta i(= i_{an} - i_{cat})$(전위창의 높이)로 만들어지는 직사각형의 대각선은 i-E 곡선이 된다. 이러한 관계를 적정 진행 과정에 적용하면 ΔE의 위치와 Δi의 크기는 그림 9.8b에서와 같이 변화한다. $Q/Q_{equiv} = 0$에서 전위 창문의 중앙은 약 −450 mV에 위치하며 i-E 곡선이 거의 수평선이므로 측정된 Δi ≈ 0이다. 적정이 진행되면 전위 창문의 중앙은 i = 0인 평형 전위를 따라 높은 전위로 이동하며 Δi도 증가한다. Q/Q_{equiv} = 0.5이면 전위 창문의 중앙은 E°_A에 위치한다. 종말점에 도달하면 전위 창문은 $(E^\circ_A + E^\circ_T)/2$에 위치하고, Δi ≈ 0가 된다. 적정이 더욱 진행되면 전위 창문은 더욱 높은 전위로 이동하고 적정물의 산화·환원 반응에 의해 Δi는 다시 증가한다. 그림 9.8d는 적정 과정에서 Δi의 변화를 나타내는 적정 곡선이다. Δi는 적정 시작점과 종말점에서 ~0이며, 그 중간에서 최대가 된다. 종말점을 지나면 Δi는 다시 증가한다.

9.4 전위차법과 전류법의 응용 예

전하량 적정법에서 종말점 결정에 활용된 전위차법과 전류법은 전기화학 센서(sensor)에 널리 활용된다. 화학 센서는 분석 대상 물질과 분석 목적에 따라 전기화학 방법, 분광법, 이온 감지 전계 트랜지스터(ion selective field effective transistor, ISFET) 등의 다양한 원리에 근거한다. 많은 상업용 또는 개발 단계의 센서 중에서 전기화학 센서의 비중은 크다. 전기화학 센서의 응용 분야는 매우 많고 넓지만, 기본 원리가 잘 알려진 센서를 예로 소개한다.

▶ 기체 산소 센서

그림 9.9는 yttria(Y_2O_3)로 안정화된 zirconia(ZrO_2)(YSZ, yttria-stabilized zirconia)를 이용한 기체 산소(O_2)를 감지하는 산소 센서를 예시한다. 그림 9.9a에 도시한 바와 같이, Pt 입자로 구성된 다공성 Pt 전극이 고체 전해질 YSZ의 양면에 부착되어 있다. 다공성 Pt 전극의 공극(pore)을 통하여 O_2가 전해질과 접촉한다. 기체 O_2와 고체 YSZ의 O^{2-} 이온은 Pt-YSZ-O_2의 3상 계면에서 아래와 같은 산화·환원 반응에 참여한다.

$$O_2(g) + 4e \rightleftharpoons 2O^{2-}(YSZ) \quad (9.12)$$

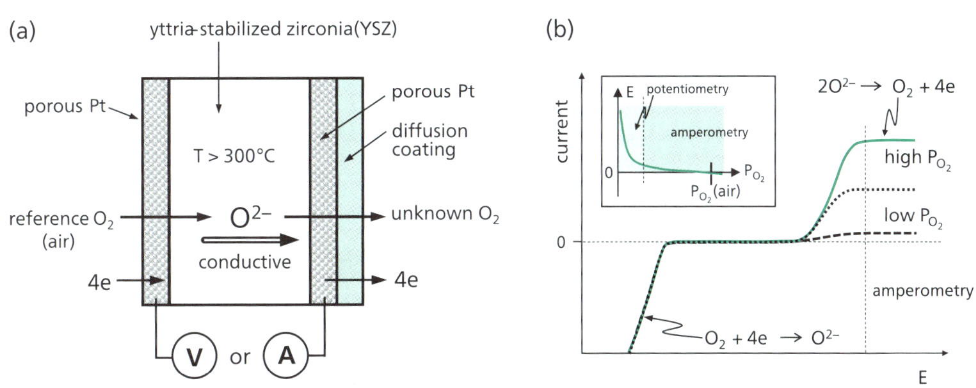

그림 9.9 **yttria로 안정된 zirconia (YSZ) 산소 센서.** (a) 센서 구조. (b) 산소 분압과 i-E 곡선. 삽입 그림: 산소 분압과 전지 전압.

왼쪽의 Pt 전극은 농도를 알고 있는 표준 O_2(예: 공기)와 접촉하고 있고, 오른쪽의 Pt 전극은 농도를 측정하고자 하는 미지 O_2와 접촉한다. 양쪽 산소의 분압 P_{O_2}가 다르면 농도차 전지가 형성되고, 전압은 다음과 같다.

$$\Delta E = (RT/4F)\ln(P_{O_{2,reference}}/P_{O_{2,unknown}}) \quad \textbf{(9.13)}$$

YSZ의 온도를 300°C 이상 올리면 YSZ의 O^{2-} 이온은 결정 결함(crystal defect)을 통한 이온 전도성을 갖게 되어 전지에 전류가 흐를 수 있다. 다시 말해 그림 9.9a의 전지는 Pt 전극과 접촉하고 있는 산소 분압의 차이가 있으면 전력을 생산하는 연료 전지가 된다.

그림 9.9b의 i-E 곡선을 보자. 낮은 전위에서는 표준 O_2의 환원 반응이, 높은 전위에서는 미지 O_2의 산화 반응이 진행된다. 미지 O_2의 전극은 다공성 확산 도막(diffusion coating)(그림 9.9a)으로 덮여 있으므로 Pt 전극으로 이동하는 미지 O_2는 확산 제어가 되는 상황으로, i-E 곡선에서 확산 한계 전류로 나타난다. 반면 표준 O_2의 전극에는 확산 도막이 없으므로 환원 전류는 무한히 공급된다. 그러므로 확산 도막은 전해 용액에서 확산 제어의 상황을 만들어 내는 역할과 불순물을 제거하는 여과기의 역할을 동시에 수행한다. 앞 절에서 소개한 전위차법과 전류법의 원리를 O_2의 i-E 곡선에 적용하여 보자. 그림 9.9b의 삽입 그림은 전위차법을 적용했을 때 예상되는 전지의 전압 변화 ΔE이다. $\log P_{O_2}$에 비례하는 ΔE는 미지 O_2 분압이 낮으면 크게 변화하지만, 높으면 작게 변화한다. 반면에 확산 한계 전류와 O_2 분압은 비례 관계(그림 9.9b)에 있으므로 높은 분압의 미지 O_2 분석에 적합하다. 그러므로 적절한 감도를 유지하기 위하여 산소 분압 범위에 따라 적용할 수 있는 분석법이 다르다. 내연 기관의 배기가스 배출구에 장착하는 산소 센서를 예로 보자. 연료 효율 최적화를 위하여 가솔린 엔진에 주입되는 연료와 공기의 비율은 정량적이어야 한다. 공기가 적으면 연료가 불완전 연소하여 연료 효율이 감소하고, 많으면 실린더 내 기체의 온도가 낮아져 연료 효율이 감소한다. 최적 효율을 유지하기 위하여 공기가 정량적으로 공급되면 배기가스의 산소 분압이 낮으므로 전위차법이 효율적이다. 반면 디젤 엔진의 경우 공기를 과량 공급하여 매연 발생을 감소해야 한다. 그 상황에서는 산소 분압이 높으므로 전류법을 사용해야 한다. 그러므로 산소 센서의 운용 형태는 산소 분압을 고려하여 선택한다. 또한 예시하는 YSZ 전지는 연료 전지이므로 전위차법 또는 전류법을 위한 별도의 전력을 공급할 필요가 없다.

▶ CO 기체 센서

그림 9.10은 전류법을 활용한 CO 센서를 예시한다. 그림 9.10a의 CO 센서는 3-전극 시스템으로 구성되어 있다. 전해질은 H^+ 이온 전도성이 있는 이온 교환 수지이다. 작업 전극과 상대 전극은 면적이 매우 큰 백금 입자이며, 기준 전극은 Ag/AgCl이다. 전류법의 전제 조건인 확산 한계 전류를 측정하기 위하여, 시료가 유입되는 모세관이 CO의 확산을 제어한다. 여과층은 시료에 포함된 입자 등의 불순물을 제거하고, 발수막(hydrophobic membrane)은 통과하는 수분의 양을 최소화한다. 그러므로 확산이 전극에 공급되는 CO와 H_2O의 양을 제어한다. 그림 9.10b는 CO 센서의 작동 원리를 설명하는 i-E 곡선이다. 상대 전극에서 공기 중의 산소는 전해질의 H^+ 이온과 반응하여 환원된다. 반면 작업 전극에서 분석 물질 CO는 CO_2로 산화하며, 동시에 CO에 함유된 H_2O가 산화되어 O_2를 형성한다(발수막은 미지 시료에 수분을 완벽히 제거하지 못하며, 수분의 확산 장벽(diffusion barrier)임). 그러나 H_2O는 CO보다 높은 전위에서 산화되므로 각각의 i-E 곡선은 분리된다. 전류법을 적용하기 위하여 작업 전극에 전위 E_{app}을 인가한다. $E_{app} = E_1$이면 H_2O의 산화 곡선과 멀리 떨어져 있으므로 H_2O의 산화 전류가 배경 전류가 되지 않지만, 작은 CO 산화 전류는

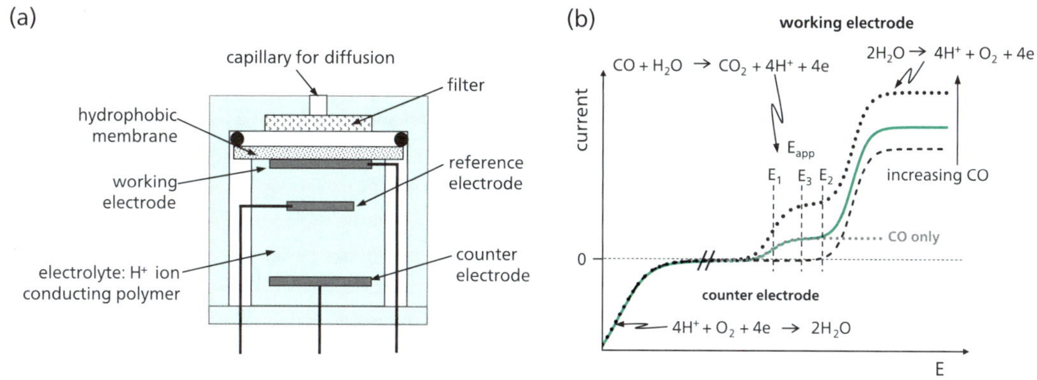

그림 9.10 전류법을 활용하는 CO 센서. (a) 센서 구조. (b) CO와 H_2O의 산화 i-E 곡선과 전류를 측정하는 전위.

측정 감도를 감소시킨다. $E_{app} = E_2$이면 측정되는 CO 확산 한계 전류는 H_2O 산화 전류를 포함하므로 CO 측정에 오차를 유발할 수 있다. E_3를 E_{app}로 인가하면 이러한 문제를 모두 피할 수 있다.

▶ 혈당 측정기

당뇨 환자 수의 증가로 인하여 혈당(blood glucose) 측정 기술은 중요한 이슈이다. 적절한 진단과 치료를 위하여 일상생활의 한 시점에서 시행하는 단속 측정 장비와 측정기를 몸에 부착하는 연속적 측정(모니터링) 장비를 위한 다양한 분석 원리에 관한 연구가 활발히 진행되고 있다. 전류법과 관련된 혈당 측정 기술을 소개한다.

그림 9.11a는 전류법을 이용한 혈당 측정의 원리를 예시한다. 혈액의 glucose(당)는 당산화효소(glucose oxidation enzyme, G_{Ox})에 의해 gluconolantone으로 산화하는 과정에서 전자를 G_{Ox}에 전달하여 G_{Ox}는 G_{Red}로 환원된다. glucose로부터 나온 전자의 수가 glucose의 농도 정보를 가지고 있으므로, 그 전자는 전극에 전달되어야 한다. 그러나 전극 표면에 도포된 G_{Red}는 전극과 거리를 두고 있으므로 직접적인 전자 전달이 어렵다. 그러므로 G_{Red}의 활성부위에서 전자를 받아 전극에 전달할 수 있는 전자 운반체가 필요하다. 전자 운반체로 작용하는 것이 혈액 속 산소이다. 산소는 G_{Red}에서 전자를 받아 H_2O_2로 환원되고, H_2O_2는 적절한 전위의 작업 전극에서 O_2로 다시 산화하면서 전극에 전자를 전달한다. 이 과정에서 G_{Red}는 G_{Ox}로 되돌아가므로 촉매이다. 혈액의 glucose $\longrightarrow$ G_{Ox}/G_{Red} $\longrightarrow$ O_2/H_2O_2 $\longrightarrow$ 전극의 순으로 전자가 전달되는 혈당 측정 전기화학 반응은 두 개의 균일 반응이 연속된 CE 반응이므로 측정된 한계 전류는 glucose 농도에 비례한다. 그러나 문제점이 있다. 혈액 속 O_2의 농도가 G_{Red}의 농도보다 적다면, 생성되는 H_2O_2의 농도를 O_2의 농도가 지배하므로 glucose의 농도를 정확히 측정할 수 없다. 한편 H_2O_2의 산화 반응 과전압은 높으므로 혈액 내의 다른 물질(예: ascobic acid, uric acid, acetoaminophen 등)이 산화된다면 배경 전류가 발생하여 겉보기 glucose 농도는 높아진다.

이 문제를 해결하는 실마리가 G_{Red}와 반응하는 **중재자**(mediator)의 활용이다. 중재자의 한 예는 ferrocene 또는 ferricyanide 유도체이다. 과량으로 투여된 ferrocene은 산소와 같은 역할을 하며, glucose의 양이 지배하는 전류를 보장한다. 중재자의 더 중요한 역할은 H_2O_2 산화 반응의 과전압 감소이다. 중재자와 G_{Ox}의 혼합물이 도포된 작업 전극의 과전압이 0.6 V에서 0.2 V(vs. Ag/AgCl)로 감소하여 불순물의 간섭을 감소한다. 그림 9.11에 나타내지는 않았지만, G_{Ox}를 전극

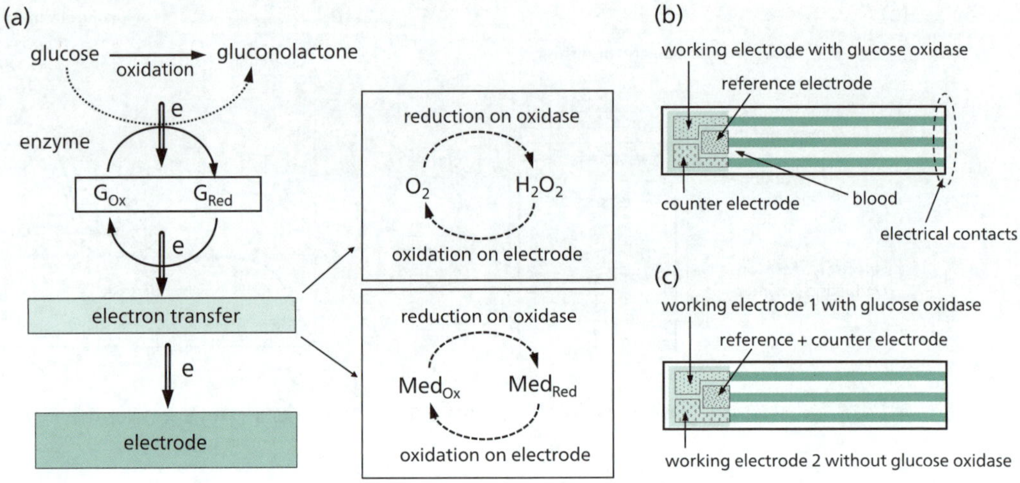

그림 9.11 **혈당 측정기.** (a) glucose 산화 효소(G_{Ox})와 전자 전달체 개념도. (b) 혈당 측정 3-전극 시스템 전지. (c) 혈당 측정 2-전극 시스템 전지.

표면에 형성된 전도성 고분자층과 결합하면 중재자 없이 G_{Red}과 전극 사이에 직접적인 전하 전달이 이루어져 전류 신호가 증대된다.

그림 9.11b와 c는 혈당 측정을 위한 전지 구성을 예시한다. 그림 9.11b의 전지는 3-전극 시스템이다. 작업 전극 표면에는 G_{Ox}와 중재자의 혼합물이 도포되어 있다. 확산 한계 전류를 보장하는 전위를 작업 전극에 인가하면 glucose의 농도에 비례하는 전류를 측정할 수 있다. 그림 9.11c의 전지는 2-전극 시스템이다. 작업 전극이 두 개 있음에 주목하라. G_{Ox}와 중재자의 혼합물이 도포된 작업 전극1은 glucose와 불순물의 산화 전류(i_1)를 동시에 측정한다. G_{Ox}가 없는 작업 전극2는 불순물의 산화 전류(i_2)를 측정한다. 그러므로 두 전류의 차이 ($i_1 - i_2$)가 glucose만의 산화 전류이다.

▶ 전류법을 이용한 센서에서 고려할 사항

전류법을 활용한 분석에서 고려해야 할 사항이 있다. 앞서 설명한 센서들은 원리에 중점을 두었다. 그러나 실제 활용에서는 원리의 조건을 충족하지 못하는 상황이 발생할 수 있다. 전류법의 가정은 분석 대상의 농도에 비례하는 확산 한계 전류를 측정하는 것이다. 이러한 조건을 중심으로 고려할 사항을 소개한다.

(i) 확산 한계 전류는 분석 물질 농도에 비례하지만, 전지 구성 요소(예: 전극 면적과 전해질)에 영향을 받으므로 표준 물질을 이용한 보정 곡선을 이용하여 농도를 결정해야 한다. 그러나 실험실 또는 제조 공장이 아니면 보정 작업은 현실적으로 불가능하다. 전지 제작의 높은 재현성으로 보정과 관련된 문제를 해결한다.

(ii) 확산 한계 전류를 측정하는 조건이 보장되어야 한다. 확산 한계의 조건은 작업 전극 전위와 분석 대상 물질의 확산 환경이 결정한다. 예를 들면 확산 한계의 보장은 기체 분석에서는 확산 장벽으로, 혈당 측정기에서는 작업 전극 전위로 이루어진다. 한편 2-전극 시스템에서 상대 전극에 흐르는 전류가 큰 경우 분극 현상이 나타날 수 있으므로 작업 전극 전위를 확산 한계 영역으로 유지하기 위해서 3-전극 시스템의 전지 설계를 사용한다.

(iii) 작업 전극 분석 물질에 대한 선택성과 감도이다. 선택성과 감도의 문제는 작업 전극의 화학적 성질에 해당한다. 예를 들면 혈당 측정을 위해서 소개한 glucose 산화 효소를 사용할 수도 있으며, glucose 환원 효소를 사용할 수도 있다. glucose와 반응에 있어서 glucose 산화 효소는 비교적 선택적이지만, glucose 환원 효소는 선택성이 상대적으로 낮다. 그러므로 glucose 환원 효소는 배경 전류를 발생한다. 다른 예를 들면 CO 센서의 전극은 H_2S, SO_2, NO, NO_2, H_2에도 감응한다. 분석 환경이 이들 기체를 포함한다면 CO 측정에 상당한 오차를 유발한다. 선택성을 증가하기 위해 그림 9.10a의 활성탄 여과기가 H_2를 제외한 다른 기체를 제거한다. H_2에 의한 간섭이 심각하다면, H_2에 대한 선택성이 높은 전극을 사용하여 H_2의 전류를 추가로 측정하여 CO 전류에서 H_2의 배경 전류를 제거한다. 이 접근 방식의 예가 그림 9.11c에 도시한 혈당 측정기의 2-전극 시스템이다. 감도의 예는 glucose 산화 효소이다. 전극에서 멀리 존재하는 G_{Red}는 전극에 감응하지 않으므로 측정 감도가 매우 낮다. G_{Red}와 산소의 조합은 감도를 증가한다. 그러나 산소의 양은 제어되지 않는 양이므로 확산 한계 전류를 보장하지 못한다. G_{Red}와 중재자의 조합은 감도를 증가시키고 확산 한계 전류를 보장한다. 또한 G_{Ox}를 전극과 직접 접촉하여 감도를 더욱 증가시킨다. 이러한 예들은 높은 선택성과 감도의 전극과 확산 한계가 보장되는 전지를 제작하는 일이 전기화학 연구자의 임무임을 보여준다.

9.5 선형 전류-전압법과 펄스 전류-전압법

앞 절에서 소개한 전위차법과 전류법은 원-포인트(one-point) 실험이다. 전극에 일정한 전류를 인가하고 전극 전위를 측정하거나, 일정한 전위를 인가하고 전류를 측정한다. 이러한 원-포인트 실험은 연속적인 변화를 관찰하는 모니터 혹은 사전 선별(pre-screening)을 위한 간단한 센서에 적합하다. 전기화학 센서 또는 전기화학분석 연구에서 분석 방법의 감도와 검출 한계(detection limit)는 제작하는 전극과 운용 조건이 결정하는데 그 평가는 i-E 곡선을 통하여 이루어진다. 다양한 i-E 곡선을 관찰하는 전류-전압법을 전기화학 분석의 관점에서 논의한다.

선형 전류-전압법과 순환 전위 주사법

선형 전위 주사법과 순환 전위 주사법에서 피크 전류의 크기는 반응물의 농도에 비례한다(제7장). 그러므로 농도와 피크 전류의 관계를 나타내는 보정 곡선을 활용하여 미지 시료의 농도를 결정할 수 있다. LSV는 분석 대상 물질의 농도 프로파일을 알고 있는 상태에서 i-E 곡선을 얻는다. 그러나 CV에서 순환 주기가 2회 이상이면, 농도 프로파일을 제어할 수 없는 상태에서 i-E 곡선을 얻는다(그림 8.14). 보정 곡선을 작성할 때 이 차이를 기억해야 한다.

그림 9.12는 정상 상태 i-E 곡선과 벗김 i-E 곡선(stripping voltammetry)을 이용한 분석을 예시한다.

그림 9.12a는 RDE, 미세 전극 또는 EC_{catal} 반응에서 관찰할 수 있는 정상 상태 i-E 곡선이다. 분석 대상 Red와 농도가 일정한 Ox가 모두 있는 전해질 용액을 가정하여 모사한 i-E 곡선이다. Ox 농도가 일정하므로 환원 확산 한계 전류도 일정하다. Red 농도가 증가하면 Red 산화 확산 한계 전류 $i_{l,Red}$는 농도에 비례한다. $i_l \propto C$의 관계(검은색 곡선, 그림 9.12a의 삽입 그림)를 이용하여 농도를 결정한다.

그림 9.12b는 벗김 전류-전압법을 예시한다. 분석 대상 물질을 전극 표면에 석출한 후, 전위 주사 과정에서 석출물을 용액으로 용출하는 벗김 반응의 전류를 관찰하여 농도를 결정한다. 예를

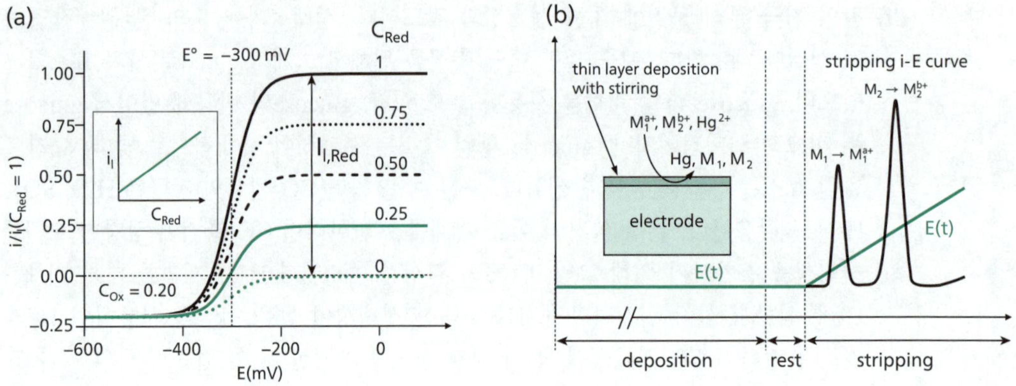

그림 9.12 **선형 전위 주사를 이용한 분석.** (a) 정상 상태 i-E 곡선을 이용한 분석. 삽입 그림: 보정 곡선. (b) 벗김 전류-전압법.

들면 금속 이온 M_1^{a+}와 M_2^{b+}가 존재하는 시료에 Hg^{2+} 이온을 과량으로 투입한 후 낮은 전위를 인가하면 금속 이온은 Hg^{2+} 이온과 함께 전극 표면에 석출된다. 과량의 Hg^{2+} 이온은 전극 표면에 Hg 얇은 층을 형성하고, 금속 M_1과 M_2는 Hg 얇은 층에 녹아 아말감을 형성한다. 석출은 2~10 min 동안 진행되며, 많은 양의 금속 이온을 석출하기 위하여 시료 용액을 교반한다. 그러므로 석출 과정은 분석 대상 금속 이온을 Hg 얇은 층에 농축하는 과정이다. 전위를 그대로 유지하면서 교반을 멈추는 30 s 정도의 휴지 기간 동안 시료 용액은 정지한다. 이어서 양의 방향 전위 주사를 실행하면 각 금속의 전위에서 금속이 금속 이온으로 산화되면서 용액으로 용출되는 산화 벗김이 발생한다.

벗김 i-E 곡선은 두 가지 관점에서 중요하다. 시료 용액에 M_1^{a+}와 M_2^{b+}는 혼합되어 있지만 벗김 i-E 곡선에서는 전위에 따라 분리된다(선택성). 벗김 피크 전류(또는 전하량)는 M_1^{a+}와 M_2^{b+}의 농도에 비례하는데, 부피가 작은 Hg 층에 농축된 금속의 농도는 높으므로 같은 시료 용액에서 관찰하는 CV 피크 전류보다 벗김 피크 전류가 크다. 그러므로 감도는 증가하고 검출 한계는 낮아진다. 동일한 석출 및 휴지 과정과 주사 속도 조건에서 검정 곡선을 작성하여 농도를 결정한다.

펄스 전류-전압법

펄스 전류-전압법은 선형(순환) 전위 주사법의 단점을 보완하는 전류-전압법이다. 선형 전위 주사에 기초하는 분석법의 검출 한계는 비faraday 전류(그림 8.19)와 전극 배경 전류가 결정한다. 분석 대상 물질의 농도가 높은 경우, 일반적인 전기화학 상황에서 비faraday 전류는 faraday 전류에 비하여 작으므로 크게 문제가 되지 않는다. 그러나 낮은 농도 또는 빠른 주사 속도에서 비faraday 전류가 faraday 전류와 비슷하거나 커지면 분석 정보를 가지고 있는 faraday 전류의 측정에 많은 오차가 존재하게 된다. 또한 전극 배경 전류(background current)와 낮은 농도 분석 대상의 faraday 전류가 비슷해지면 S/B비가 작아져 결정된 농도의 오차가 증가한다. 비faraday 전류와 배경 전류의 영향을 최소화하는 펄스 전류-전압법은 선형 전위 주사법의 높은 검출 한계를 낮출 수 있다.

펄스 전류-전압법은 일반 펄스 전류-전압법(normal pulse voltammetry, NPV), 차동 펄스 전류-전압법(differential pulse voltammetry, DPV)과 사각 파형 펄스 전류-전압법(square wave voltammetry, SWV)를 포함한다. 이러한 펄스 전류-전압법은 Hg 전극을 활용하여 전기화학 연

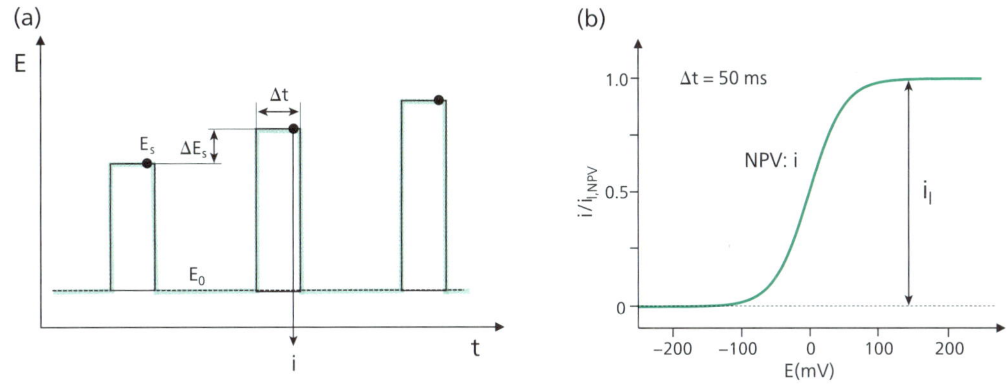

그림 9.13 **일반 펄스 전류-전압법(NPV).** (a) 전위 프로그램. (b) i-E 곡선. 가정: 가역 Red ⇌ Ox + e, E° = 0 mV, $D_{Red} = D_{Ox} = 1 \times 10^{-5}$ cm^2s^{-1}, Δt = 50 ms, ΔE_s = 50 mV, T = 298 K.

구가 많이 이루어진 폴라로그래피와 밀접한 관계가 있다. 검출 한계를 낮추기 위하여 직류 방식 전류-전압법(DC mode voltammetry), 연속된 계단 전류-전압법(Tast voltammetry), NPV, DPV, SWV 순으로 polarography 기술은 진화하였으나, polarography는 현재 거의 사용하지 않는다. 그러나 전기분석화학에서 많이 사용되는 DPV, SWV는 NPV에서 출발하므로, 가역 산화 반응 Red ⟶ Ox + ne 반응을 예로 적용하여 소개한다.

일반 펄스 전류-전압법

일반 펄스 전류-전압법(NPV)은 제7장에서 선형 전위 주사법과 관련하여 이미 소개하였다. NPV 방법은 고체 전극에 거의 활용되지 않지만 DPV와 SWV의 출발점이므로 간단히 소개한다.

그림 9.13은 NPV의 개요를 예시한다. 그림 9.13a가 시간에 따른 NPV의 전위 프로그램을 묘사한다. 전극 전위 E_0는 Red 환원 반응이 진행하지 않는 전위이다. 폭 Δt, 높이 E_s의 펄스(가는 실선)를 인가하고, 펄스의 끝에서 ●으로 표시한 시간에 전류를 측정(또는 추출)한다. 전극 전위는 다시 E_0로 돌아오고, 일정한 시간이 경과하면, 높이 $E_s + \Delta E_s$, 폭 Δt의 펄스를 다시 인가한다(실제 전위의 변화는 굵은 녹색 선임). 이러한 과정을 반복하면 그림 9.13b에 도시한 i-E 곡선이 나타난다. 물론 펄스 사이, 즉 E_0에서 앞 단계 펄스 과정에서 생성된 확산층 기억은 지워지고 전극 표면은 일정한 상태로 되돌아옴을 가정한다.

NPV의 i-E 곡선은 정상 상태 S자형 곡선이다(제6장). 확산 한계 전류 $i_{l,NPV}$는 다음과 같다.

$$i_{l,NPV} = [nFAD_{Red}{}^{1/2}C_{Red}(\infty,t)]/(\pi^{1/2}\Delta t^{1/2}) \quad (9.14)$$

차동 펄스 전류-전압법

그림 9.14는 차동 펄스 전류-전압법(DPV)의 개요를 예시한다. 그림 9.14a에 도시한 전위 프로그램은 쇄선으로 표시한 연속된 전위 계단(staircase)과 가는 실선으로 표시한 전위 펄스, 두 성분으로 구성되어 있다. 연속된 전위 계단은 t 동안 E_s를 유지하고, 다음 전위 계단은 $E_s + \Delta E_s$이다. 그러므로 기본적인 주사 속도 v는 다음과 같다.

$$v = \Delta E_s/t \quad (9.15)$$

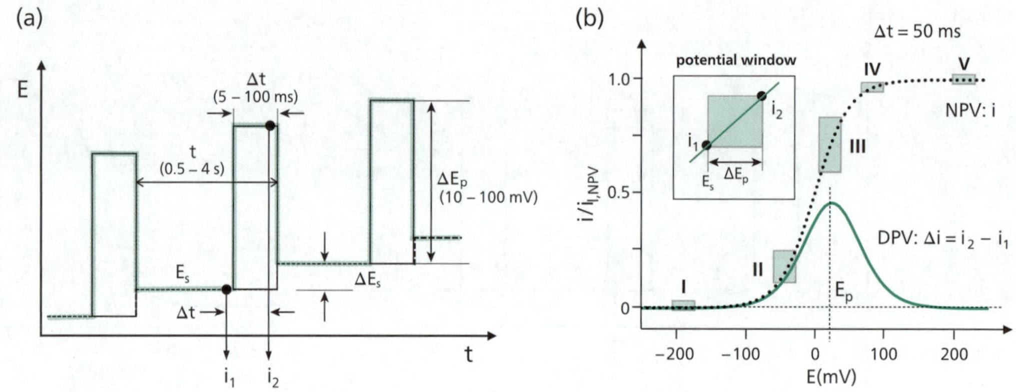

그림 9.14 **차등 펄스 전류-전압법(DPV).** (a) 전위 프로그램. (b) i-E 곡선. 가정: 가역 Red $\rightleftharpoons$ Ox + e, E° = 0 mV, $D_{Red} = D_{Ox} = 1 \times 10^{-5}$ cm^{2}s^{-1}, Δt = 50 ms, t = 1 s, ΔE_p = 50 mV, ΔE_s = 10 mV, T = 298 K.

전위 펄스의 높이와 폭은 각각 ΔE_p와 Δt이다. 전위 펄스를 시간 (t − Δt)에서 인가하며, 전위 펄스 인가 직전에 전류 i_1을 측정하고, 펄스가 끝나가는 Δt 후에 전류 i_2를 측정한다. 전위 E_s와 그 전위에서 측정한 $\Delta i(= i_2 - i_1)$를 도시하면 피크 모양의 DPV Δi-E 곡선(그림 9.14b의 실선)이 나타난다.

전위 프로그램을 변형하면 NPV의 S자형 i-E 곡선(그림 9.14b의 점선)에서 DPV 피크형 Δi-E 곡선(그림 9.14b의 실선)으로 바뀐다. 그 이유를 살펴보자. 전위 E_s에서 인가한 전위 펄스는, 그림 9.14b의 삽입 그림에 도시한 바와 같이, 전극이 전위 E_s에 있는 상황에서 ΔE_p만큼 전위창을 더 개방하는 것과 같다. 더 개방된 전위 폭 ΔE_p에서 전위창 대각선이 NPV i-E 곡선과 일치하는 지점에서 i_2가 결정되고 Δi가 전위창 높이이다. NPV i-E 곡선 위에 전위 폭 ΔE_p의 전위창을 다양한 전위에 배치하면 Δi의 변화를 이해할 수 있다. 예를 들면 점 I에서는 Red 산화 반응이 진행되지 않으므로 전위창을 더 개방해도 전류 변화는 없다(Δi = 0). 전류가 급격히 변화하는 점 III에서는 전위가 ΔE_p만큼 더 높아지면 Red 산화 반응이 더 진행하므로 Δi > 0이다. 점 V에서는 확산 한계 상태이므로 전류가 변화가 없어 다시 Δi = 0이다.

전위 E_s에 따른 Δi의 변화를 그림 9.15에서 다시 이해해보자. DPV의 Δi-E 곡선을 이해하는 핵심은 t ≫ Δt라는 조건이다. 일반적으로 t = 0.5~4 s이며, Δt = 5~100 ms이다. 그러므로 전위 E_s가 Red 표면 농도를 결정하고 시간 (t − Δt) 동안 확산층이 발달하여 그림 9.15a의 실선과 같은 농도 기울기가 나타난다. 전위 펄스를 인가하면 전위는 ΔE_p 만큼 증가하므로 Red 표면 농도는 더 낮은 값으로 이동한다. Δt가 매우 짧으므로 확산층 두께는 실질적으로 변화하지 않지만, Δt 동안 농도 기울기는 그림 9.15a의 점선으로 변화하면서 전류가 변화한다. 그림 9.14b의 각 점에 해당하는 확산 농도 프로파일과 전위 펄스 인가 후 흐르는 전류 i_2를 그림 9.15가 예시한다.

점 I: E_s는 Red 산화 반응이 진행하지 않는 전위이므로 $C_{Red}(0,t)$와 $C_{Red}(\infty,t)$는 같다. 전위가 ΔE_p만큼 증가하여도 반응이 진행되지 않으므로 농도 프로파일은 변화하지 않는다. 그러므로 Δi = 0이다(그림 9.15b의 가는 실선).

점 II: E_s가 크지 않으므로 $C_{Red}(0,t)$는 $C_{Red}(\infty,t)$보다 약간 작고, 확산층 두께도 크지 않다. 그러나 농도 기울기가 존재하므로 $i_1 \neq 0$이다. 전위가 ΔE_p만큼 증가하면 $C_{Red}(0,t)$가 감소한다. Red가 소비되므로 농도 기울기가 증가하여, 증가된 i_2는 시간에 따라 감소하고, 펄스 인가 후 Δt 후에

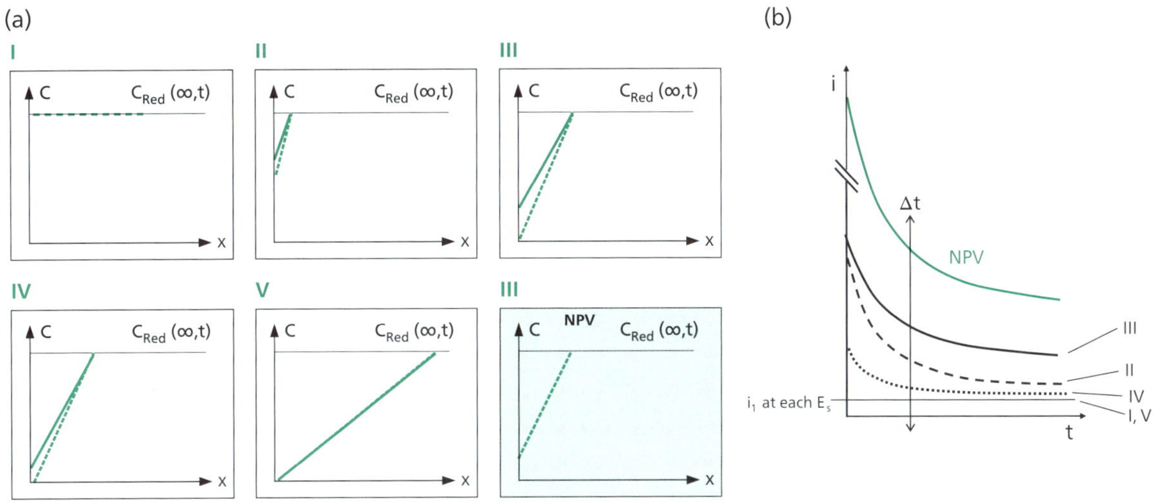

그림 9.15 **차등 펄스 전류-전압법(DPV) 전위 펄스에서 일어나는 변화.** (a) 확산층의 변화. (b) 전류의 변화. 그림 9.14b에 해당 전위가 표시되어 있다. (a)의 녹색 상자와 (b)의 녹색 선은 NPV에서 일어나는 각각 확산층과 전류의 변화이다.

전류 i_2를 측정한다(그림 9.15b의 쇄선). 그러므로 $\Delta i > 0$이다.

점 III: E_s가 크므로 $C_{Red}(0,t)$는 상당히 낮고 확산층도 두껍다. ΔE_p만큼 증가하면 $C_{Red}(0,t)$는 더 낮아지지만 짧은 Δt 동안 확산층 두께 변화는 무시할 수 있다. 큰 표면 농도 변화로 인하여 i_2와 Δi는 모두 증가한다(그림 9.15b의 실선).

점 IV: E_s가 확산 한계 영역에 근접하여 있으므로 $C_{Red}(0,t)$는 0에 가깝다. 전위 ΔE_p를 추가로 인가하면 $C_{Red}(0,t) = 0$이 되지만, $C_{Red}(0,t)$의 변화량이 크지 않으므로 i_2와 Δi는 감소한다(9.15b의 점선).

점 V: E_s는 확산 한계 영역에 있다. 그러므로 전위가 ΔE_p 만큼 증가해도 농도 프로파일의 변화는 없다($\Delta i = 0$).

DPV Δi-E 곡선을 설명하기 위하여 그림 9.14b에서는 NPV i-E 곡선에 전위창을 적용하였다. 전위창 접근 방식과 그림 9.15의 접근 방식을 비교할 필요가 있다. 전위창 접근 방식은 그림 9.15a에서 녹색으로 구분한 NPV의 확산층 모형에 근거한다. 점 III에서 확산층 모형을 예로 비교해 보자. NPV에서 전위 펄스는 E_0에서 $C_{Red}(0,t) = C_{Red}(\infty,t)$를 가정하므로 점 III에서 전위 펄스를 인가하기 직전의 확산층 농도 프로파일은 다르다. 그러므로 NPV에서 더 많은 전류가 흐른다(그림 9.15b의 녹색 선). 그림 9.14b의 전위창 방식의 확산층은 DPV의 확산층과 정확하게 일치하지 않으나, 전위창 접근 방식은 DPV의 Δi-E 곡선의 정성적 이해에 편리하다.

DPV Δi-E 곡선을 정량적으로 살펴보자. DPV의 Δi는 다음과 같이 표현된다.

$$\Delta i = \{[nFAD_{Red}{}^{1/2}C_{Red}(\infty,t)]/(\pi^{1/2}\Delta t^{1/2})\}\{b(1-a^2)/[(a+b)(1+ab)]\} \qquad \textbf{(9.16a)}$$

$$= i_{l,NPV}\{b(1-a^2)/[(a+b)(1+ab)]\} \qquad \textbf{(9.16b)}$$

$$a = \exp[(nF/RT)(\Delta E_p/2)] \qquad \textbf{(9.16c)}$$

$$b = (D_{Ox}/D_{Red})^{1/2}\exp\{(nF/RT)[E - (\Delta E_p/2) - E°]\} \qquad \textbf{(9.16d)}$$

식 (9.16a)와 NPV의 (9.14)를 비교하면 식 (9.16b)가 된다. 식 (9.16c)와 (9.16d)가 정의하는 a와 b로 표현되는 식 (9.16a)와 (9.16b)의 뒷 { } 괄호 항이 S자 형태의 NPV i-E 곡선을 피크 형태의 DPV Δi-E 곡선으로 바꾼다. 피크 위치 E_p와 피크 높이 Δi_p는 다음과 같다.

$$E_p = E_{1/2} + \Delta E_p/2 \quad \textbf{(9.17a)}$$

$$\Delta i_p = i_{l,NPV}[(1 - a)/(1 + a)] \quad \textbf{(9.17b)}$$

반파 전위 $E_{1/2}$과 전위 펄스 높이 ΔE_p가 피크 위치를 결정한다. 그림 9.14b의 Δi-E 곡선의 가정은 $E°(= E_{1/2}) = 0$ mV와 $\Delta E_p = 50$ mV이므로, $E_p = 25$ mV이다. 한편 Δi_p는 $\Delta E_p = 50$ mV 조건에서 $i_{l,NPV}$의 0.46이다. 그러므로 Red의 양과 관련 있는 정보 Δi_p는 NPV의 $i_{l,NPV}$보다 작다. 그럼에도 불구하고 DPV가 활용되는 이유를 후에 설명한다.

▶ 사각 파형 펄스 전류-전압법

그림 9.16는 사각 파형 펄스 전류-전압법(SWV)의 개요를 예시한다. 그림 9.16a는 연속된 계단 전위(점선)와 계단 전위 E_s를 기준으로 양과 음의 방향으로 두 개의 연속된 사각 파형(가는 실선)이 중첩된 SWV의 전위 프로그램이다. 사각 파형의 높이와 폭은 각각 ΔE_p와 Δt이다. Red의 산화 반응을 논의하므로 $\Delta E_p > 0$이면 산화 전류가 흐르고, $\Delta E_p < 0$이면 환원 전류가 흐른다. 연속된 계단 전위의 E_s는 2Δt 동안 유지되며, ΔE_s만큼 증가한다. SWV의 주사 속도 v는 다음과 같다.

$$v = \Delta E_s/2\Delta t \quad \textbf{(9.18a)}$$

$$= \Delta E_s(1/2\Delta t)$$

$$= \Delta E_s f \quad \textbf{(9.18b)}$$

식 (9.18a)는 주사 속도의 정의로 타당하다. 그림 9.16a에서 두 개의 연속된 사각 파형의 주기는 2Δt이므로 사각 파형의 주파수 f(Hz) = 1/(2Δt)로 정의한다. 이러한 이유에서 SWV에서 주사 속

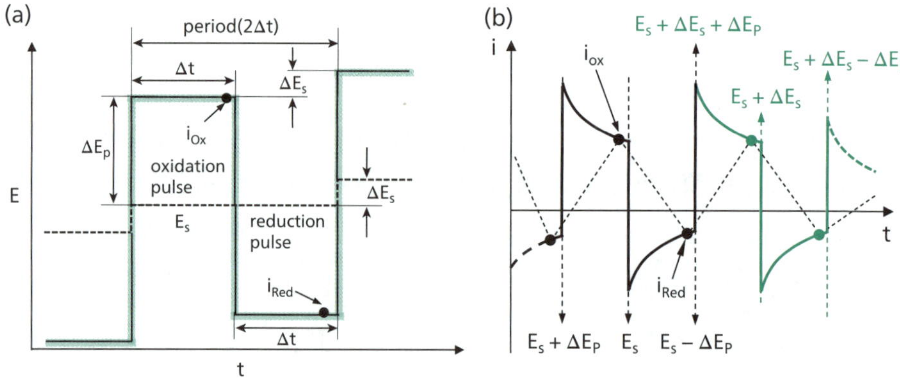

그림 9.16 **사각 파형 전류-전압법(SWV).** (a) 전위 프로그램. (b) 전위 펄스 동안 일어나는 전류의 변화. 가정: 가역 Red ⇌ Ox + e, E° = 0 mV, $D_{Red} = D_{Ox} = 1 \times 10^{-5}$ cm^2s^{-1}, Δt = 50 ms, $\Delta E_p = 50$ mV, $\Delta E_s = 10$ mV, v = 100 mVs^{-1}(f = 10 Hz), T = 298 K.

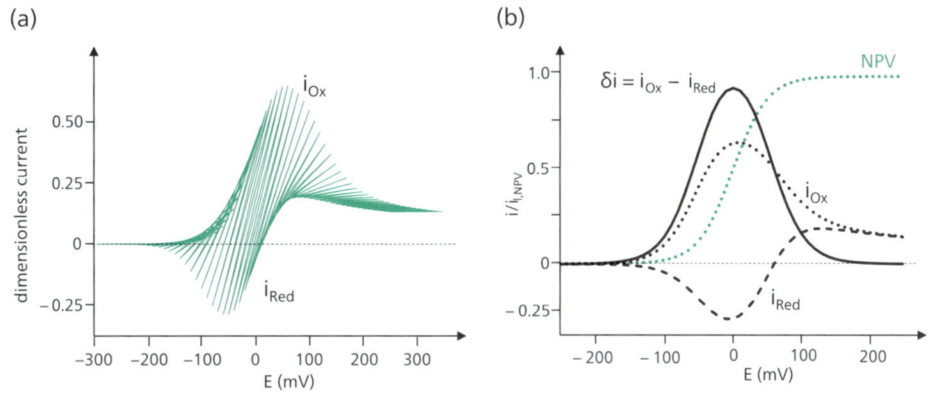

그림 9.17 사각 파형 전류-전압법(SWV)의 i-E 곡선. (a) 측정 전위에 대한 산화 전류 i_{Ox}와 환원 전류 i_{Red}의 i-E 곡선. (b) E_s에 대한 i_{Ox}, i_{Red}와 δi의 i-E 곡선. 가정은 그림 9.16과 동일.

도를 ΔE_s와 함께 주파수 f로 표현한다. 한편 SWV는 DPV보다 실험 시간이 짧다. 예를 들면 $\Delta E_s = 10$ mV, $\Delta t = 50$ ms인 경우를 생각해 보자. DPV에서 E_s는 t(그림 9.14에서 t = 1 s)이므로 주사 속도는 10 mVs^{-1}이다. 반면 SWV에서 주사 속도는 100 mVs^{-1}(= 10 mV/(2 × 50 ms), f = 10 Hz)이다. 그러므로 같은 조건에서 SWV가 DPV보다 빠르다. 그 이유는 DPV에서 펄스를 인가하기 전에 확산층이 충분히 발달할 시긴이 필요하기 때문이다.

SWV에서 펄스 동안 전류의 변화를 살펴보자. 그림 9.16b를 보면 전극 전위는 E_s의 한 주기에서 반은 $E_s + \Delta E_p$이고, 나머지 반은 $E_s - \Delta E_p$이다(녹색 실선). 그러므로 전극 전위가 $E_s + \Delta E_p$이면 Red 산화 전류 i_{Ox}가 Δt 동안 감소하면서 흐르고, $E_s - \Delta E_p$이면 Ox 환원 전류 i_{Red}가 역시 감소하면서 흐른다. 각 펄스 종료 직전에 전류를 측정한다(●). 이러한 과정이 계속 반복된다(녹색 선).

그림 9.17a는 측정된 전류를 그 전류를 측정한 전위에 대하여 도시한 그림이다. 그림 9.16b에서 측정된 전류를 연결하는 가는 점선의 연속이 그림 9.17a이다. $E_s + \Delta E_p$에서 측정된 i_{Ox}와 $E_s - \Delta E_p$에서 측정된 i_{Red}를 E_s에 대하여 각각 도시한 곡선이 그림 9.17b의 점선과 쇄선이다. $E° = 0$ mV의 낮은 전위에서 산화 반응이 진행되지 않으므로 $i_{Ox} = i_{Red}$이다. E° 부근에서는 Red 산화 반응이 활발히 진행되므로 i_{Ox}가 증가하고, 생성된 Ox도 많으므로 i_{Red}도 증가한다. 전위가 더욱 증가하면 확산 제어 상황에 도달하므로 산화 펄스에 의한 i_{Ox}는 감소하고 연속된 환원 펄스에서 i_{Red}도 감소한다. 전위가 더욱 높아질수록 농도 기울기는 더욱 감소하여 i_{Ox}와 i_{Red} 모두 서서히 감소한다. $\delta i = i_{Ox} - i_{Red}$로 정의하고, δi를 E_s에 대하여 도시하면 그림 9.17b의 실선으로 표현한 피크 형태의 δi-E 곡선이 나타난다. 가역 반응의 피크 높이 δi_p와 피크 위치 E_p는 다음과 같다.

$$\delta i_p = [nFD_{Red}{}^{1/2}C_{Red}(\infty,t)]/(\pi^{1/2}\Delta t^{1/2})A(n,\Delta E_p,\Delta E_s) \quad (9.19a)$$

$$= i_{l,NPV}A(n,\Delta E_p,\Delta E_s) \quad (9.19b)$$

$$E_p = E° + (RT/nF)\ln(D_{Red}/D_{Ox})^{1/2} \quad (9.19c)$$

식 (9.19a)에서 n, ΔE_p, ΔE_s의 함수 $A(n,\Delta E_p,\Delta E_s)$가 피크 모양을 결정한다. 그러므로 $i_{l,NPV}$와 비교했을 때 상대적 크기를 결정하는 요소이다. n =1, $\Delta E_p = 50$ mV, $\Delta E_s = 10$ mV 조건에서 $A(n,\Delta E_p,\Delta E_s) = 0.94$이다. 그러므로 SWV의 신호(0.94)는 유사한 조건에서 실행한 DPV의 감도

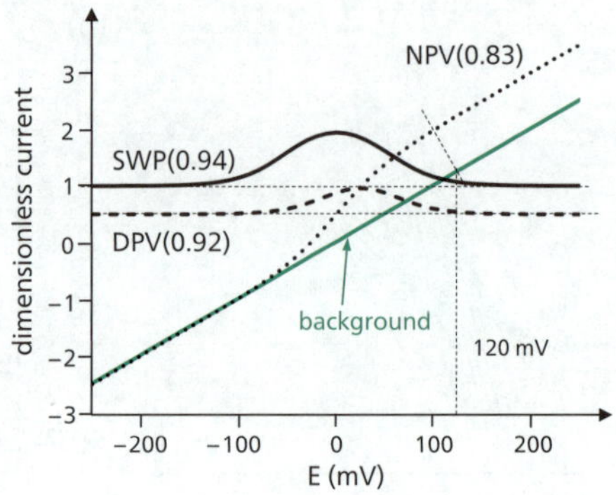

그림 9.18 배경 전류와 NPP, DPV, SWV i-E 곡선. 괄호 안의 수는 S/B비이다.

(0.46)보다 좋다. ΔE_p와 ΔE_s가 증가할수록 δi_p는 증가한다. 한편 그림 9.17에서 $D_{Red} = D_{Ox}$를 가정하였으므로 식 (9.19c)에 의해 $E_p = 0$ mV이다.

DPV와 SWV의 장점

어떤 이유에서 DPV와 SWV를 사용할까? 분석화학의 관점에서 보면 분석 신호는 NPV의 확산 한계 전류를 1이라고 하면, DPV Δi는 0.46(그림 9.14), SWV δi는 0.98(그림 9.17)이다. 그러므로 큰 이득은 없다. 실험 변수[식 (9.17b)와 (9.19a)]에 의해 Δi와 δi가 변할 수 있음을 기억하라. 그러나 DPV와 SWV는 전류 차이인 Δi와 δi를 측정하므로 차이를 측정하는 실험적 뺄셈 과정에서 배경 전류가 상쇄되거나 최소화된다. 그림 9.18을 보자. 직선 형태의 배경 전류(녹색 선)가 있을 때, NPV의 i-E 곡선인 점선을 보자. NPV는 S자형이므로 농도가 매우 낮은 경우(상대적으로 배경 전류가 큰 경우) 확산 한계 전류를 측정하기 쉽지 않다. 모사한 그림에서 전위 120 mV에서 S/B비는 0.83이다. DPV와 SWV i-E 곡선의 배경은 일정한 상수로 바뀌었다. 피크 형태의 곡선에서 피크 위치와 피크 전류 측정이 쉽다. S/B 값은 DPV와 SWV에서 각각 0.92와 0.94로 증가하여, 실제 실험에서는 검출 한계가 낮아진다. 한편 전위 펄스에서 비faraday 전류도 배경 전류로 작용한다. 그러나 전위 펄스 폭(수십 ms)이 전기화학 이중층 캐파시턴스와 전해질 저항에 의한 RC 시간(수십 μs)보다 길다면 비faraday 전류는 배경 전류로 작용하지 않는다.

9.6 펄스 전류-전압법의 예

실제 시험에서 펄스 전류-전압법을 활용하는 예를 살펴보자.

miRNA의 농도 측정

그림 9.19는 질병 표지 물질(biomarker)로 이용될 수 있는 miRNA(microRNA)의 검출 원리를 묘사하는 간략도이다. miRNA는 염기가 19~23개의 짧은 RNA인데, 다른 RNA에 비하여 비교적 안정하므로 질병 표지 후보 물질로 적합하다. 그림 9.19a는 염기 서열을 알고 있는 mmu-miR-122 miRNA(miR-122) 측정을 위한 전극의 개념도이다. 측정을 위하여 세 종류의 염기 서열의 가지(stem)가 연결된 DNA를 이용한다. 상보 가지(complementary stem, 회색 실선)는 miR-122와

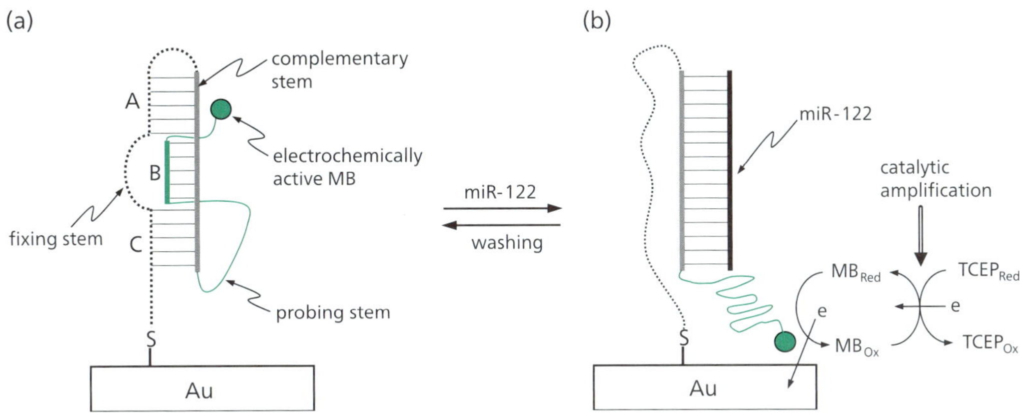

그림 9.19 miR-122 RNA 검출 미세 전극 모식도. (a) miR-122이 존재하지 않을 때. (b) miR-122이 존재할 때. TCEP의 촉매 반응에 의해 MB 전류는 증폭된다. (Reprinted and modified with permission from T. Wang, E. Viennois, D. Merlin, G. Wang, Analytical Chemistry, 2015, 87, 8173-8180. American Chemical Society.)

상보적인 염기 서열을 가지므로 miR-122와 결합할 수 있다. 상보 가지와 연결된 고정 가지(fixing stem, 점선)는 DNA를 전극에 고정한다. 고정 가지의 두 부분 A와 C의 염기 서열을 상보 가지 일부와 결합하도록 만들면 고정 가지가 상보 가지와 연결된다. 또한 고정 가지의 끝에 thiol(−SH) 작용기를 부착하면, DNA가 Au 전극 표면에 고정된다. 분석 신호를 만들어 내는 검출 가지(probing stem, 녹색 실선)의 끝에 전기화학 활성체 methylene blue(MB)가 있다. 검출 가지의 한 부분 B를 상보 가지와 결합할 수 있도록 만들면 MB가 전극 표면과 분리되어 전기화학 반응이 일어나지 않는다. 미지 시료에 분석 대상 물질인 miR-122(검은색 실선)이 있으면 그림 9.19b와 같은 일이 발생한다. 고정 가지와 검출 가지가 상보 가지와 결합하는 A, B, C 부위가 A-B-C 순의 염기 서열을 가지는 miR-122로 바뀌게 된다. 상보 가지로부터 자유로워진 검출 가지는 변형되고 MB는 전극 표면에 가깝게 되어 전자 전달이 가능해진다. 일반적으로 표지 물질 miR-122의 농도가 매우 낮으므로 반응할 수 있는 MB의 농도도 매우 낮다. 용액에 환원 상태의 TCEP(tris(2-carboxyethyl) phosphine hydrochloride) $TCEP_{Red}$가 있으면 $TCEP_{Ox}$로 산화되면서 산화된 MB, 즉 MB_{Ox}를 다시 환원된 MB_{Red}로 되돌려 놓는다. EC_{catal} 반응이 MB 산화 전류를 증폭하여, 측정 감도가 증가한다.

그림 9.20은 실제 실험 결과를 보여준다. 그림 9.20a는 miR-122와 전극을 10 min 동안 접촉한 후 5 Vs^{-1}의 주사 속도로 관찰한 CV이다. miR-122의 농도가 증가하면 MB의 산화·환원 피크가 증가한다. 그런데 빠른 주사로 인하여 커패시터 전류와 기울어진 배경 전류가 있다. 이러한 전극에 SWV를 기술을 적용하면 배경 전류는 감소하고 MB의 신호 전류는 더욱 뚜렷해진다(그림 9.20b). 그림 9.20c는 SWV 기술로 측정한 신호의 보정 곡선이다. 10 pM 이상에서 직선이 나타나며, 그 이하에서는 신호가 급격히 감소한다. 삽입 그림에서 fM 범위에서 전기화학 신호는 log(농도)에 비례한다. 또한 miR-122와 결합된 전극을 4 M guanidine chloride 용액으로 세척하면, 전극을 재사용할 수 있다. 이러한 miRNA 측정 방식의 가장 큰 장점은 정량적 역전사 중합효소 연쇄 반응(qRT-PCR, quantitative reverse transcription polymerase chain reaction)법보다 분석 시간이 매우 짧다는 것이다.

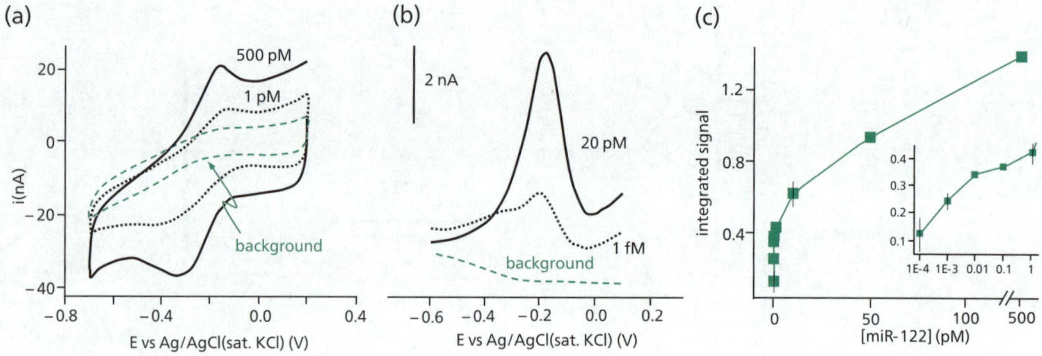

그림 9.20 **miR-122 RNA 검출 미세 전극의 실험 결과.** (a) CV. v = 5 Vs^{-1}. (b) SWV. f = 100 Hz. (c) 보정 곡선. (Reprinted and modified with permission from T. Wang, E. Viennois, D. Merlin, G. Wang, Analytical Chemistry, 2015, 87, 8173-8180. American Chemical Society.)

▶ 금속 이온 동시 분석

그림 9.21은 graphene oxide aerogel (GA)과 metal organic frameworks (MOFs) 복합체(composite) 전극을 이용하여 다수의 금속 이온 동시 분석을 예시한다. 그림 9.21a는 복합체 전극 제작 과정을 간략히 설명한다. graphene oxide가 분산된 용액을 180°C에서 24 hr 동안 열처리한 후 냉각/건조하여 GA를 얻는다. GA가 분산된 용액에 Zr^{4+}와 리간드 2-amino-terephthalic acid(NH_2-H_2-BDC)를 투입하여 120°C에서 48 hr 동안 반응한 후 건조하여 GA-MOF 복합체를 제조한다. alcohol에 분산한 GA-MOF 복합체 용액을 잘 연마된 유리질 탄소 전극(GCE, glassy carbon electrode)에 도포하고 건조 과정을 거쳐 전극을 제작한다.

그림 9.21b는 acetate 완충 용액(0.2 M, pH 5.0)의 Cd^{2+}, Pb^{2+}, Cu^{2+}와 Hg^{2+} 이온을 −1.3 V(vs SCE)에서 250 s 동안 GA-MOF 복합체 전극에 농축한 후 DPV 기술을 적용하여 얻은 Δi-E

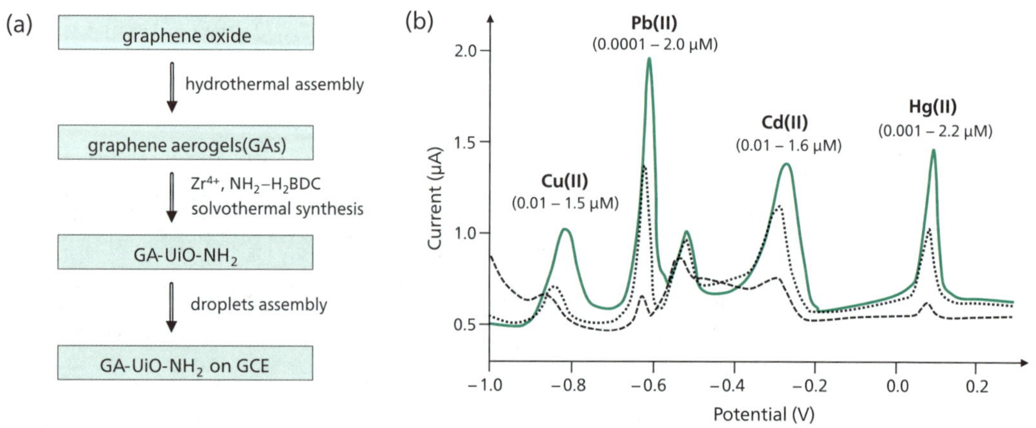

그림 9.21 **GA-MOF 복합체 전극을 이용한 금속 이온 동시 분석.** (a) GA-MOF 복합체 전극 제작 과정. (b) 벗김 DPV i-E 곡선. 예비 농축 조건: acetate 완충 용액(0.2 M, pH 5.0), −1.3 V(vs SCE), 250 s. ((b): Reprinted and modified with permission from M. Lu, Y. Deng, Y. Luo, J. Lv, T. Li, J. Xu, S.-W. Chen, J. Wang, Analytical Chemistry, 2019, 91, 888-895. American Chemical Society.)

곡선이다. 실험 변수인 pH, 석출 전위 및 시간과 벗김 피크 전류와의 관계를 조사하여 벗김 전류의 감도가 가장 우수한 농축 조건을 확립하는 최적화(optimization) 과정을 거친다. DPV Δi-E 곡선에서 네 금속 이온의 벗김 반응이 진행되는 전위는 잘 분리되며, 0.01 μM의 농도에서도 전류 피크를 뚜렷이 식별할 수 있다. GA-MOF 복합체 전극의 보고된 금속 이온 검출 한계는 1~9 nM이다.

제시한 예가 암시하는 바는 분석화학의 목적(감도, 선택성, 검출 한계 등)을 달성하기 위하여 전극 제작이 가장 중요하다. miRNA 검출 전극의 핵심은 miRNA와 결합하는 검출 DNA의 합성과 신호 증폭 반응이다. 금속 이온 동시 분석의 핵심은 GA의 넓은 표면적과 MOF와 금속 이온의 반응이다. 전극의 이러한 핵심이 감도, 선택성과 검출 한계를 결정한다. 이러한 전극에 적절한 전기화학적 방법을 적용하여 전극의 장점을 더욱 돋보이게 만든다. 그러므로 목적에 적합한 전극 제작을 위해서는 전기화학 지식뿐만 아니라 주변 분야의 지식이 절대적으로 필요하다. 또한 제작한 전극의 물성을 분석하는 기술(전자현미경, X-ray 회절 등)에 관한 지식도 필요하다.

주요 용어

전기화학 무게 분석법	i-E 곡선법	종말점 결정법
전하량법	전량 전해	차동 펄스 전류-전압법
전류법	전하량 적정법	사각 파형 펄스 전류-전압법

연습 문제

9.1 0.1 mM Fe^{2+} 이온 용액 50 mL를 Ce^{4+} 이온으로 적정하고자 한다. 주어진 자료를 활용하여 다음의 질문에 답하라.

$$Fe^{3+} + e \rightleftharpoons Fe^{2+},\ E° = 0.767\ V\ vs.\ SHE$$

$$Ce^{4+} + e \rightleftharpoons Ce^{3+},\ E° = 1.70\ V\ vs.\ SHE$$

(a) 뷰렛을 이용하여 1.0 mM Ce^{4+} 이온 용액으로 적정할 경우, 종말점의 전위를 계산하라.

(b) 0.1 mM Fe^{2+} 이온 용액 50 mL에 고체 $Ce^{3+}(X^-)_3$를 넣은 후, 전하량 적정법을 실행한다. 일정 전류기가 1.0 mA의 전류를 적정물 생성기에 공급할 때, 종말점에 도달하는 시간을 계산하라. 단 적정물 생성기의 상대 전극에서 생성되는 물질은 적정 반응을 방해하지 않는다.

(c) (b)의 전하량 적정법에서 면적이 매우 작은 분극 전극 두 개를 사용하여 전류법으로 종말점을 결정하고자 한다. 적정 곡선(Δi vs t)를 그리고, t에 따라 변화하는 Δi의 반응을 설명하라.

9.2 Cyclohexene의 Br_2 전하량 적정을 진행한다. Br^- 용액에서 적정물 생성기 전극이 Br_2를 생성하여 종말점 검출기에 전류 10 μA가 흘렀다. 이 용액에 미지 농도의 cyclohexen 용액 10.0 mL를 투여하였더니 종말점 검출기의 전류가 감소하였다. 적정물 생성기가 0.53 mA의 전류를 적정물 생성 전극에 인가하였더니 종말점 검출기의 전류가 다시 10 μA가 되기까지 150 s가 소요되었다. cyclohexen의 농도를 계산하라. 용액의 부피 변화는 무시한다.

$$\text{적정물 생성 반응: } 2Br^- \rightarrow Br_2 + 2e$$

$$\text{용액: cyclohexen} + Br_2 \rightarrow \text{dibromo-cyclohexane}$$

9.3 혈당 측정기는 전극으로 유입되는 혈액의 양이 일정하도록 설계되어 있다. 다음의 질문에 답하라.

(a) 전류법에 의한 혈당 산화 전류는 아래와 같이 시간에 따라 감소한다. 그 이유를 설명하라.

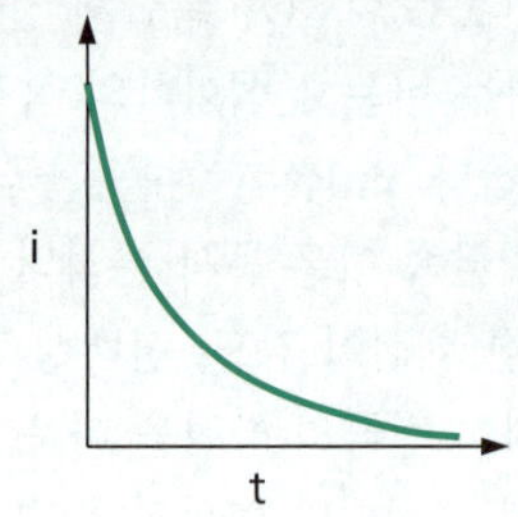

(b) 혈당 농도를 결정하는 방법으로 전류법보다는 전하량법이 분석화학의 관점에서 우수하다. 그 이유를 설명하라.

9.4 아래의 그림은 Red가 있는 전해질에서 NPV의 i-E 곡선과 SWV의 전위 프로그램을 도시한다. SWV에 관한 다음의 질문에 답하라. 가역 반응 Ox + e $\rightleftharpoons$ Red, E° = 0 mV를 가정한다.

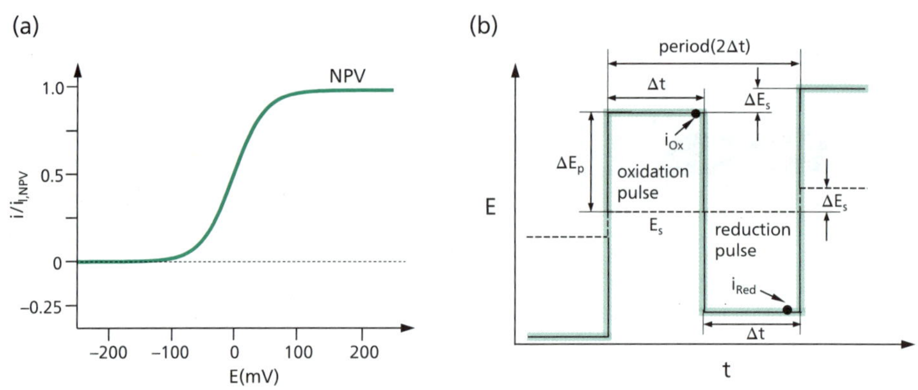

(a) 그림 (b)에서 각 펄스 끝부분에 i를 측정한다. 그 이유를 설명하라.

(b) E_s가 –200, 0, +200 mV일 때 펄스 한 주기(ΔE_p = 50 mV, Δt = 50 ms)에서 산화 전류와 환원 전류를 측정하는 시점의 Red와 Ox의 농도 프로파일을 그림 (a)를 참고로 정성적으로 그리고 설명하라.

제 10 장 전기화학 임피던스 스펙트럼

차례

10.1 ▸ 직류 RC 직렬 회로
10.2 ▸ 교류 RC 직렬 회로
10.3 ▸ 교류 RC 병렬 회로
10.4 ▸ 전극의 임피던스
10.5 ▸ 전극의 임피던스 스펙트럼
10.6 ▸ 전기화학과 등가회로
10.7 ▸ 전기화학 임피던스 실험

전기화학 전지의 전극 특성은 전하 전달 과정, 물질 전달 과정, 전기화학 이중층과 연계 반응이 복합적으로 작용하여 나타나는 i-E 곡선에 담겨 있다. 그러나 전위에 따라 이들 네 가지 요소가 반영된 전류에서 각각을 구분하기는 쉽지 않다. 이들을 구분하기 위하여 전기 회로 분석에 이용하는 임피던스 방법을 전기화학 연구에 활용한다. 그 이유는 전기화학 전류를 결정하는 요소들을 저항과 커패시터의 등가회로로 표현할 수 있기 때문이다.

전기화학 임피던스 방법과 이미 설명한 전기화학 i-E 방법의 차이점은 입력 신호이다. i-E 방법의 입력 신호는 시간에 따라 변화하기는 하지만 기본적으로 직류(direct current, DC)이다. 반면 임피던스 방법의 입력 신호는 교류(alternating current, AC)이다. 입력 신호의 주파수가 결정하는 시간창 범위에서 일어나는 전기화학 구성 요소들의 저항 특성을 관찰한다. 따라서 지금까지 논의한 i-E 곡선과 매우 다른 형태의 결과물이 임피던스 방법에서 얻어진다. 그러나 전극의 등가회로에 의존하는 해석(제8장)은 이미 소개한 전기화학 개념과 동일하다. 임피던스 방법을 기초부터 응용까지 소개한다.

10.1 직류 RC 직렬 회로

전기화학 전지의 전극은 저항 R과 커패시터 C가 병렬로 연결된 RC 회로(제7장 그림 7.13b)로 표현할 수 있다. RC 병렬 회로의 논의는 잠시 미루고, 간단한 RC 직렬 회로에 직류 전압을 인가하여 RC 회로의 전기적 특성을 알아보자.

▸ 저항으로 작용하는 커패시터

RC 직렬 회로(그림 10.1a)에서 커패시터는 저항으로 작동한다. $t = 0$에서 직류 전압 V_i를 RC 직렬 회로에 인가하면, 저항 R의 전압 $V_R(t)$와 커패시터 C의 전압 $V_C(t)$는 그림 10.1b와 같이 변화한다. 한편 회로에 흐르는 전류 i(t)와 커패시터에 저장되는 전하 q(t)는 각각 $V_R(t)$, $V_C(t)$와 같은 형태의 수학적 함수로 변화한다. 그림 10.1b의 변화가 전기화학 임피던스를 이해하는 출발점이다.

커패시터가 저장한 전하량 q(t)와 커패시터에 흐르는 전류 i(t)는 다음과 같다.

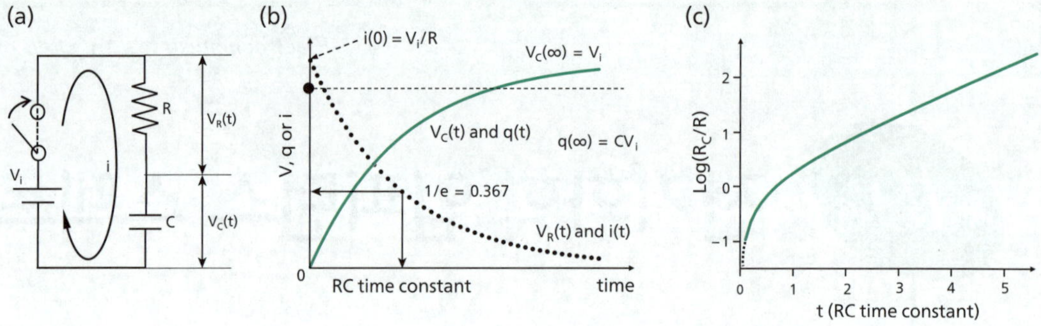

그림 10.1 **직류 RC 직렬 회로.** (a) 회로도. (b) 회로에 흐르는 전류 i와 R과 C의 전압 V_R과 V_C의 변화. (c) 커패시터의 저항값 변화.

$$q(t) = CV_C(t) \tag{10.1a}$$

$$i(t) = CdV_C/dt \tag{10.1b}$$

식 (10.1)에서 C는 커패시터가 전하를 담을 수 있는 전하 용량을 의미하는 커패시턴스이다. RC 직렬 회로에 인가된 전압 V_i, 출력 전압 $V_R(t)$와 $V_C(t)$의 관계는 아래와 같다.

$$V_i = V_R(t) + V_C(t) \tag{10.2a}$$

$$= i(t)R + q(t)/C$$

$$= (dq/dt)R + q(t)/C \tag{10.2b}$$

식 (10.2b)의 미분 방정식을 풀면 다음과 같은 결과가 얻어진다.

$$i(t) = i(0)\exp(-t/RC) \tag{10.3a}$$

$$V_R(t) = V_i\exp(-t/RC) \tag{10.3b}$$

$$V_C(t) = V_i[1 - \exp(-t/RC)] \tag{10.3c}$$

식 (10.3a)에서 $i(0) = V_i/R$이다. 전류 i(t)가 지수함수에 따라 감소하므로 RC 직렬 회로의 저항은 시간에 따라 증가한다고 할 수 있다. 저항 R은 일정하므로 커패시터가 나타내는 저항의 증가로 전류의 감소를 설명한다. 왜 그럴까? 그 이유는 커패시터의 유전체(제2장 부록 B)에 있다. 커패시터의 두 전극에 직류 전압 V_i를 인가하였을 때 유전체가 분극하여 전하를 수용하면 전류가 흐른다. 그러나 유전체가 분극될수록 분극할 수 있는 정도가 감소하므로 전하를 수용하는 속도가 감소한다. 따라서 커패시터를 충전하는 전류는 감소하여 커패시터 저항은 증가한다. 구체적으로 커패시터가 나타내는 저항 R_C와 시간의 관계는 다음과 같다.

$$R_C(t)/R = [1 - \exp(-t/RC)]/\exp(-t/RC) \tag{10.4}$$

그림 10.1c는 식 (10.4)를 도시한 그림으로, $R_C(0) = 0$이고, $R_C(\infty) = \infty$이다. t = 0에서 분극하지 않은 커패시터는 들어오는 전류를 무한히 받을 수 있으므로, $R_C = 0$이다. 따라서 t = 0에서 저항 R이 전류를 결정한다($i(0) = V_i/R$). t = 1 × (RC 시간 상수)(RC time constant)에서 전류는 i(0)의 36.8%(= 1/e)가 되고(그림 10.1b), t = 5 × (RC 시간 상수)에서 전류는 i(0)의 0.7%로 감소

한다. 그러므로 R_C는 계속 증가하여 RC 직렬 회로의 등가 저항도 증가한다. R_C/R는 커패시터가 시간 t까지 받아들인 전하 q(t)와 받아들일 수 있는 최대 전하량 Q의 비(q(t)/Q) 또는 현재 분극 수준에 대한 포화 분극 수준의 비를 의미한다. 그러므로 커패시터가 충전됨에 따라 커패시터가 전류를 받아들이는 속도가 감소하여 저항이 증가한다. 포화 단계에 이르면 커패시터의 저항 $R_C(\infty) = \infty$가 된다. 그러한 이유에서 커패시터의 커패시턴스 C는 커패시터 전압과 최대 전하량으로 정의한다(C = Q/V(F, farad)).

10.2 교류 RC 직렬 회로

저항, 리액턴스, 임피던스의 단위는 모두 Ω이다. 세 물리량은 이름이 다르지만, 같은 물리적 성질을 표현한다. 세 물리량의 차이를 알아보자.

▶ 정현파

그림 10.2는 정현파(sine wave)의 발생 원리를 예시한다. 그림 10.2a에서 어떤 크기의 페이저(phasor) A가 반시계 방향으로 각속도 ω로 회전하는 상황을 생각해 보자. ω와 주파수 f의 관계는 $\omega = 2\pi f$이다. 페이저 A가 회색 페이저 위치로 회전했을 때, 페이저의 투사 높이(projected height)와 회전 각도를 도시하면 그림 10.2b의 실선 정현파가 된다. 정현파의 최대 높이(페이저 크기)를 진폭(amplitude) A_p라고 한다. 한편 페이저 B(녹색 점선)는 페이저 A와 2π/3(= 120°)만큼 앞서 있다. 두 페이저의 각도 차이를 위상(phase) φ라고 한다. 페이저 B의 정현파(그림 10.2b의 쇄선)는 페이저 A의 정현파보다 2π/3만큼 앞서 있다. 임의의 정현파를 A_p, ω와 φ로 다음과 같이 표현한다.

$$A = A_p\sin(\omega t + \varphi) \quad (10.5a)$$

$$= A_p\sin(2\pi ft + \varphi) \quad (10.5b)$$

▶ 커패시터 리액턴스

그림 10.3a는 교류 전력공급장치가 다음과 같은 교류 전류 입력 신호를 인가하는 RC 직렬 회로를 도시한다.

$$i(t) = i_p\sin(\omega t) \quad (10.6)$$

그림 10.3b~d는 주파수가 다른 교류 전류 입력 신호에 대한 저항 R과 커패시터 C의 출력 전압 신호 $V_R(t)$과 $V_C(t)$를 도시한다.

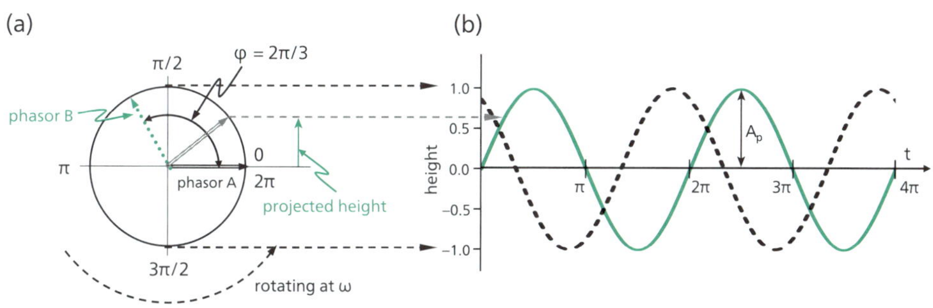

그림 10.2 **정현파의 일반적 표현.** (a) 회전하는 페이저. (b) 회전하는 페이저가 그리는 정현파.

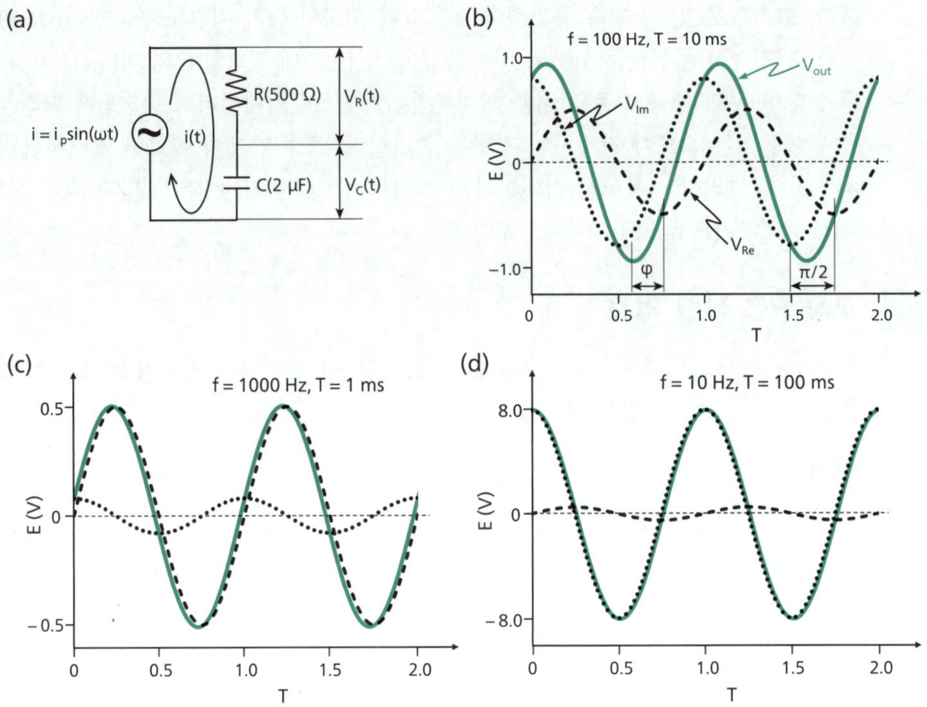

그림 10.3 **RC 직렬 회로의 정현파 특성.** (a) 교류 전류 정현파가 인가된 RC 직렬 회로. 출력 전압 정현파: (b) 100 Hz, (c) 1000 Hz, (d) 10 Hz. 가정: R = 500 Ω, C = 2.0 μF, i_p = 1 mA.

그림 10.3b의 정현파는 f = 100 Hz일 때 나타나는 $V_R(t)$(쇄선), $V_C(t)$(점선), $V_{out}(t)(= V_R(t) + V_C(t))$(실선)이다. 직렬 회로이므로 입력한 전류는 R과 C에 순차적으로 흘러간다. 전류의 주파수가 100 Hz이므로 $V_R(t)$, $V_C(t)$, $V_{out}(t)$의 주파수 모두 100 Hz이다. 다시 말해 출력 주파수는 입력 주파수와 같다. 그러나 $V_R(t)$, $V_C(t)$, $V_{out}(t)$ 정현파의 위상과 진폭은 다르다. 저항 R에서 나타나는 $V_R(t)$ 정현파는 입력 신호와 위상 차이가 없다. $V_R(t)$ 정현파를 기준으로 보면 위상 차이가 $V_R(t)$과 $V_C(t)$ 사이는 $\pi/2(= 90°)$이고, $V_R(t)$과 $V_{out}(t)$ 사이는 φ이다. 또한 진폭은 $V_R(t)$가 $V_C(t)$보다 작다. 이러한 변화의 원인을 생각해 보자.

$V_R(t)$를 먼저 이야기하자. Ohm의 법칙과 식 (10.6)을 결합하면, 다음과 같은 표현을 얻을 수 있다.

$$V_R(t) = Ri_p\sin(\omega t) \tag{10.7}$$

식 (10.7)에서 바로 알 수 있는 사실은 $V_R(t)$ 정현파는 입력 신호와 위상 차이가 없으며, 그 진폭의 크기는 R이 결정한다.

$V_C(t)$를 살펴보자. 식 (10.1b)와 (10.6)을 결합하면 다음과 같은 관계를 얻을 수 있다.

$$i_p\sin(\omega t) = CdV_C/dt \tag{10.8a}$$

$$\begin{aligned} V_C(t) &= (i_p/C)\int_0^t \sin(\omega t)dt \\ &= (i_p/\omega C)[-\cos(\omega t)] \\ &= (1/\omega C)[i_p\sin(\omega t - \pi/2)] \end{aligned} \tag{10.8b}$$

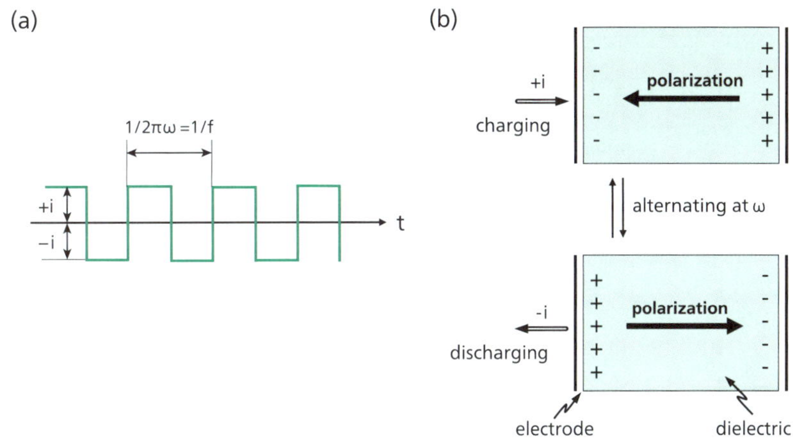

그림 10.4 **커패시터의 충·방전.** (a) RC 직렬 회로에 인가되는 교류 펄스파. (b) 충·방전 과정의 유전체 분극 방향.

식 (10.8a)로 표현되는 간단한 미분 방정식을 풀면 식 (10.8b)가 최종적으로 얻어진다. 식 (10.8b)에 의하면 $V_C(t)$ 정현파는 입력 신호와 $\pi/2$의 위상 차이가 있다. 또한 식 (10.8b)를 Ohm 법칙과 비교하면 커패시터가 나타내는 저항은 $1/\omega C$이다.

R로 표현하는 저항과 $1/\omega C$로 표현되는 저항을 구분할 필요가 있다. 원인과 무관하게 전기적 저항으로 작용하는 물리적 성질을 **리액턴스**(reactance) **X**라고 한다. R의 리액턴스를 저항 리액턴스(resistive reactance) X_R, 커패시터의 리액턴스를 커패시터 리액턴스(capacitive reactance) X_C라고 한다. 모든 리액턴스의 단위는 Ω이다. 그러므로 X_R과 X_C의 크기는 다음과 같다.

$$X_R = R \tag{10.9a}$$

$$X_C = 1/\omega C \tag{10.9b}$$

X_C가 ωC에 의존하는 이유를 생각해 보자. 주파수 ω의 교류 전류 펄스(그림 10.4a)를 RC 직렬 회로에 인가했을 때 커패시터에 일어나는 일을 그림 10.4b가 묘사한다. 커패시터로 전류가 들어가는 충전(charging)이 일어나면 유전체의 분극은 왼쪽으로 향한다. 전류가 나가는 방전(discharging)이 일어나면 유전체의 분극 방향은 반대로 바뀐다. 전류 방향이 ω의 속도로 바뀌면 유전체의 분극 방향도 바뀐다.

그림 10.5는 교류 전류 펄스가 커패시터를 충·방전하는 한 주기 동안 변화하는 커패시터 전압-시간 곡선이다. 한 펄스 주기에서 충·방전 시간이 증가하면 전압이 증가함에 주목하라. 전류 펄스의 한 주기는 $1/2\pi\omega$이므로 ω가 작으면 커패시터가 입력 전류에 응답하는 시간창(= $1/2\pi\omega$)이 증가한다. 그 시간창에 해당하는 전압이 커패시터 전압이 된다. 시간창의 폭이 넓으면(ω가 작으면), 그림 10.5a와 같이 커패시터 전압 변화의 폭도 증가한다. ω가 증가하면 시간창의 폭이 감소하므로 커패시터 전압 변화의 폭도 감소한다(그림 10.5b). Ohm 법칙 $V = iR$과 비교하면, 전류가 일정하므로 작은 커패시터 전압은 작은 X_C를 의미한다. 그러므로 ω가 증가하면 X_C는 감소한다.

그림 10.6은 식 (10.9b)를 다른 관점에서 설명한다. RC 직렬 회로에 직류 전압을 인가했을 때(그림 10.1) 나타나는 커패시터 저항 R_C와 시간과의 관계[식 (10.4)]를 구체적인 조건에서 도시한 그림이 그림 10.6이다. $R = 500\ \Omega$, $C = 2.0\ \mu F$의 조건에서 R_C/R 곡선(실선)에 우선 주목하자. 시간을 나타내는 가로축은 다른 의미에서 그림 10.4a의 교류 전류 펄스에서 ω에 역비례하는 시간

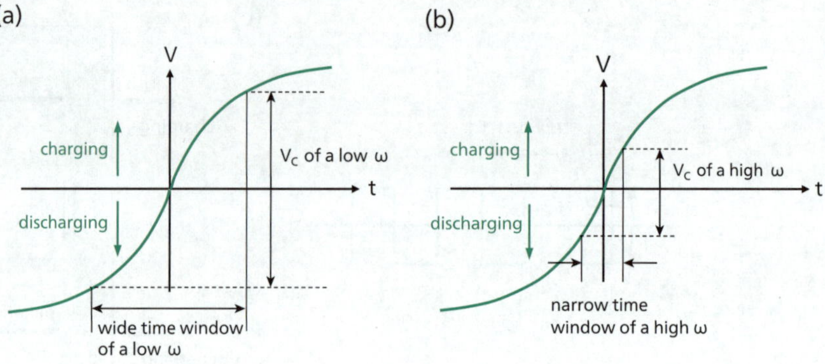

그림 10.5 RC 직렬 회로에 인가되는 교류 펄스파의 시간창과 커패시터 전압. (a) 넓은 시간창(낮은 ω). (b) 좁은 시간창(높은 ω).

창이다. 다시 말해 $t = 1/2\pi\omega$이다. 그러므로 ω가 증가하면(t가 감소하면) R_C는 감소하고, ω가 감소하면 R_C는 증가한다. 한편 그림 10.6에서 커패시턴스 값이 증가하면 실선은 점선과 쇄선의 순으로 변화한다. 일정한 시간창에서 커패시턴스 값이 증가할수록 R_C/R 값은 감소한다.

이러한 정성적 설명은 식 (10.9b)을 이해하기에 충분하다. 실제로 ω가 충분히 크면 t가 작아지므로, 식 (10.4)에 Taylor 확장을 적용하면 식 (10.9b)가 얻어진다.

▶ 임피던스

교류 RC 직렬 회로에서 커패시터는 주파수 ω와 커패시턴스 C에 역비례하는 커패시터 리액턴스 X_C의 저항이다. 그렇다면 저항 R의 저항 리액턴스 X_R과 어떤 관계가 있을까? X_R과 X_C가 직렬로 연결되어 있으므로 회로의 전체 저항은 $(X_R + X_C)$일까? 답은 '그렇지 않다.'이다.

그림 10.3b로 돌아가자. $V_R(t)$를 $-\pi/2(= -1/4T)$만큼 이동하면 $V_C(t)$와 $V_R(t)$의 위상이 일치한다. $V_C(t)$를 $+\pi/2$만큼 이동하면 $V_C(t)$와 $V_R(t)$의 위상이 일치한다. $V_C(t)$와 $V_R(t)$의 위상 차이는 $\pi/2$이다.

그림 10.7은 $V_C(t)$와 $V_R(t)$의 위상 차이를 도시한다. X_R을 가로축에, X_C를 세로축에 배치한다. 그림 10.3b에서 '$V_C(t)$를 $+\pi/2$만큼 이동한다.'라는 표현은 그림 10.7에서 페이저 X_C를 회전 방향(반시계 방향)으로 $+\pi/2$만큼 회전하는 것과 같다. $+\pi/2$만큼 회전하면 페이저 X_R과 위상이

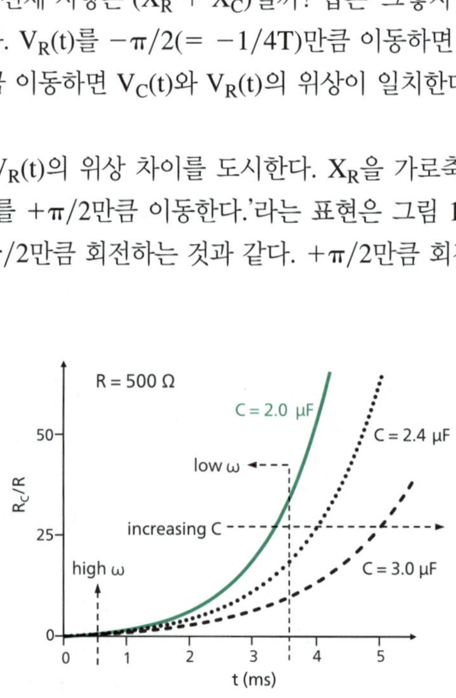

그림 10.6 RC 직렬 회로의 커패시터 충전 과정에서 커패시터 저항의 변화.

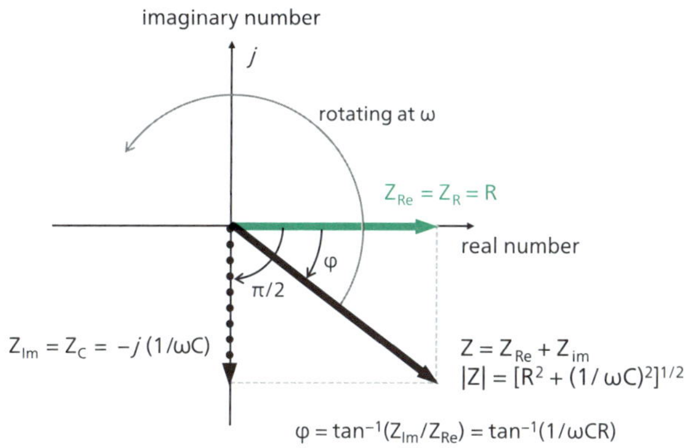

그림 10.7 복소수 평면에 배치된 RC 직렬 회로의 리액턴스와 임피던스.

일치한다. 그러므로 X_R과 X_C를 각각 가로축과 세로축에 배치하는 것은 타당하다. 물론 페이저 X_R과 X_C의 크기는 각각이 나타내는 리액턴스의 크기이다.

이제 $V_C(t)$와 $V_R(t)$의 합인 $V_{out}(t)$가 어떻게 X_R과 X_C와 연관되는지 살펴볼 순서이다. 앞 절의 논의에서 X_R과 X_C의 크기와 위상이 $V_C(t)$와 $V_R(t)$를 결정하는 것은 명확하다. 그러므로 X_R과 X_C가 $V_{out}(t)$를 결정한다(그림 10.3b). 따라서 X_R과 X_C의 합을 얻기 위해서는 위상 차이를 고려하여, 크기만을 고려하는 스칼라(scalar) X_R과 X_C를 크기와 위상이 있는 벡터(vector)로 처리해야 한다. 그림 10.7은 스칼라 X_R과 X_C를 위상 차이가 $\pi/2$인 벡터 $\mathbf{Z_R}$과 $\mathbf{Z_C}$로 표현하고 그들의 합을 $\mathbf{Z}$로 표현한다. 수학적으로 벡터 $\mathbf{Z_R}$을 복소수 평면의 실수(real number)축에, 벡터 $\mathbf{Z_C}$를 허수(imaginary number)축에 배치한다. 벡터로 표시된 리액턴스를 **임피던스**(impedance)라고 한다. 그러면 $\mathbf{Z_R}$, $\mathbf{Z_C}$와 $\mathbf{Z}$를 실수와 허수로 구분하여 다음과 같이 표현할 수 있다.

$$\mathbf{Z_{Re}} = \mathbf{Z_R} = \mathrm{R} \tag{10.10a}$$

$$\mathbf{Z_{Im}} = \mathbf{Z_C} = 1/\mathbf{j}\omega \mathrm{C} = -\mathbf{j}/\omega \mathrm{C} \tag{10.10b}$$

$$\mathbf{Z} = \mathbf{Z_R} + \mathbf{Z_C} = \mathrm{R} - \mathbf{j}/\omega \mathrm{C} \tag{10.10c}$$

식 (10.10a)와 (10.10b)는 $\mathbf{Z_{Re}}(\mathbf{Z_R})$와 $\mathbf{Z_{Im}}(\mathbf{Z_C})$의 위상 차이가 $\pi/2$임을 의미하며, 식 (10.10c)는 $\mathbf{Z_{Re}}$와 $\mathbf{Z_{Im}}$의 벡터 합이 $\mathbf{Z}$임을 의미한다. 벡터 $\mathbf{Z_R}$, $\mathbf{Z_C}$와 $\mathbf{Z}$의 크기는 다음과 같다.

$$|\mathbf{Z_{Re}}| = |\mathbf{Z_R}| = \mathrm{R} \tag{10.11a}$$

$$|\mathbf{Z_{Im}}| = |\mathbf{Z_C}| = 1/\omega \mathrm{C} \tag{10.11b}$$

$$|\mathbf{Z}| = (\mathbf{Z_R}^2 + \mathbf{Z_C}^2)^{1/2} = [\mathrm{R}^2 + (1/\omega \mathrm{C})^2]^{1/2} \tag{10.11c}$$

그림 10.7에서 임피던스 Z의 위상 φ는 다음과 같다.

$$\varphi = \tan^{-1}(|\mathbf{Z_{Im}}|/|\mathbf{Z_{Re}}|) = \tan^{-1}(1/\omega \mathrm{CR}) \tag{10.12}$$

그러므로 그림 10.3b의 정현파를 다음과 같이 표현한다.

$$V_R(t) = X_R i(t) = R i_p \sin(\omega t) \tag{10.13a}$$

$$V_C(t) = X_C i(t) = (1/\omega C)i_p \sin(\omega t + \pi/2) = (1/\omega C)i_p \cos(\omega t) \quad (10.13b)$$

$$V_{out}(t) = V_R(t) + \mathbf{j}V_C(t) = Ri_p \sin(\omega t) + (1/\mathbf{j}\omega C)i_p \cos(\omega t) = Zi_p \sin(\omega t + \varphi) \quad (10.13c)$$

그림 10.3b에서 $V_C(t)$와 $V_R(t)$의 벡터 합 $V_{out}(t)$(녹색 실선)를 $\varphi = 57.9°$만큼 이동하면 입력 주파수와 위상 차이가 없는 $V_R(t)$와 위상이 일치한다. 식 (10.13c)는 R과 C의 리액턴스의 합을 크기와 위상이 있는 저항, 임피던스 Z로 표현한다.

그림 10.3c와 d는 주파수가 각각 1000과 10 Hz일 때, $V_C(t)$(점선), $V_R(t)$(쇄선)와 $V_{out}(t)$(녹색 실선)를 보여준다. f가 1000 Hz이면 진폭은 $V_C(t)$가 낮아지고, $V_R(t)$는 증가한다. f가 크므로 X_C가 감소하여 커패시터는 전선과 같아진다. 따라서 전체 회로의 Z가 감소하므로 같은 전류 입력 신호에 대한 $V_{out}(t)$가 감소한다(그림 10.3b~d의 세로축 크기에 주목하라). 그러므로 $V_{out}(t)$는 $V_R(t)$와 거의 일치하여 $\varphi \approx 0°$이다. 반면 f가 10 Hz로 낮아지면 커패시터는 단락된 상태가 되어 반대 현상이 나타난다: 진폭은 $V_R(t)$가 감소하고, $V_C(t)$는 증가한다. X_C가 커지므로 Z도 증가하고, $V_{out}(t)$가 증가한다. $\varphi \approx 90°$이 되어, $V_C(t)$와 $V_{out}(t)$가 거의 일치한다.

Nyquist 플롯과 Bode 플롯

미지의 RC 직렬 회로에서 R과 C를 측정하는 실험을 생각해 보자. 회로에 입력 신호 i(t)를 인가하고 $V_{out}(t)$를 관찰한다(그림 10.3). 입력 신호를 기준으로 $V_{out}(t)$의 진폭과 위상을 측정하여, 그림 10.7의 벡터 분석으로 $\mathbf{Z_{Re}}$과 $\mathbf{Z_{Im}}$를 결정하고 R과 C를 계산한다. 이것이 미지 회로를 분석하는 시나리오이다. 그러므로 $V_{out}(t)$의 진폭과 위상이 R과 C의 정보를 가지고 있다.

R과 C의 측정에 있어서 한 개의 주파수 ω를 사용하는 것보다 여러 개의 ω를 사용하면 R과 C의 측정 정밀도(precision)가 향상된다. 다시 말하면 다양한 ω에 대한 진폭과 위상을 측정하여 $\mathbf{Z_{Re}}$과 $\mathbf{Z_{Im}}$, 즉 R과 C를 결정한다.

ω가 변화하면 일차적으로 변화하는 것이 위상 φ와 임피던스 값 $|\mathbf{Z}|$이다(그림 10.3). ω보다 $f(= \omega/2\pi)$가 표현에 있어 편리하므로, logf에 대하여 φ와 $\log|\mathbf{Z}|$를 도시한 그림을 **Bode 플롯**이라고 한다. 한편 $\mathbf{Z_{Re}}$에 대한 $\mathbf{Z_{Im}}$를 도시한 그림을 **Nyquist 플롯**이라고 한다.

그림 10.8은 RC 직렬 회로의 Bode 플롯과 Nyquist 플롯을 예시한다. 그림 10.8a의 녹색 선과 같이 위상 φ는 낮은 주파수에서 90°에 수렴하고, 높은 주파수에서 0°에 수렴한다. f가 작으면 $Z_{Im}(\approx \infty)$이 Z_{Re}보다 무한히 크므로 $\varphi \approx 90°$이다. f가 크면 $Z_{Im} \approx 0$이므로 Z_{Re}만 남아 $\varphi \approx 0°$이

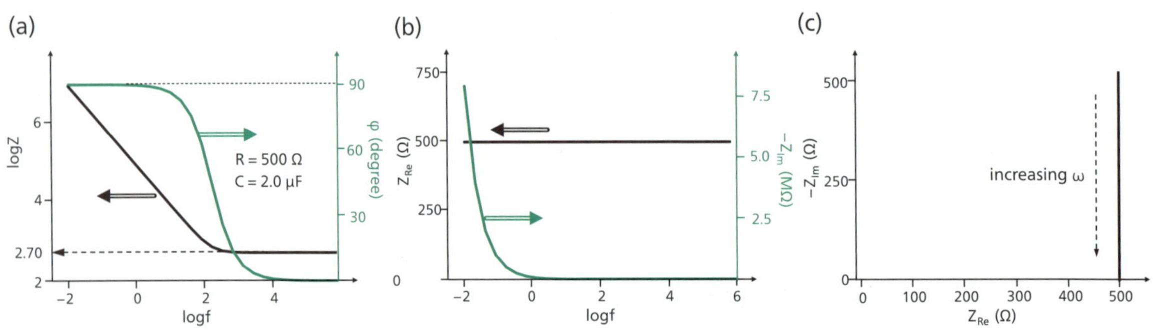

그림 10.8 **RC 직렬 회로의 Bode 플롯과 Nyquist 플롯.** (a) Bode 플롯(위상 φ). (b) Bode 플롯(logZ). (c) Nyquist 플롯.

다. 그림 10.8a의 검은색 선은 logf에 대한 logZ의 관계를 예시한다. f가 작으면 $Z_{Im} \approx \infty$이므로, logZ는 증가한다. f가 크면 $Z_{Im} \approx 0$이므로 logZ는 log(500 Ω) = 2.70에 수렴한다. 그림 10.8b는 logf에 대한 Z_{Re}와 Z_{Im}을 구체적으로 도시한다. Z_{Re}는 f에 영향을 받지 않으므로 일정하다(검은색 선). 반면 Z_{Im}는 f가 증가하면 0에 수렴한다(녹색 선). 그림 10.8c는 Z_{Re}와 Z_{Im}의 관계를 보여주는 Nyquist 플롯이다. 그림 10.8b를 이해하면, 수직선을 이해할 수 있다. 그러므로 그림 10.8은 RC 직렬 회로의 R과 C에 정보를 보여준다.

10.3 교류 RC 병렬 회로

그림 10.9a는 교류 전류를 인가한 RC 병렬 회로를 예시한다. 입력 전류[식 (10.6)]는 분기점에서 R에 흐르는 전류 i_R과 C에 흐르는 전류 i_C로 나누어지고, 합류점에서 다시 만나 회로를 빠져나간다. 병렬 회로에서 저항값이 작은 쪽으로 더 많은 전류가 흐름을 기억할 필요가 있다.

RC 병렬 회로에서 임피던스와 주파수 ω의 관계를 살펴보자. R과 C의 개별 임피던스는 직렬 회로와 같다.

$$\mathbf{Z_R} = R \qquad (10.14a)$$

$$\mathbf{Z_C} = -\mathbf{j}/\omega C \qquad (10.14b)$$

병렬 회로이므로 $\mathbf{Z_R}$, $\mathbf{Z_C}$과 $\mathbf{Z}$의 관계는 다음과 같다.

$$1/\mathbf{Z} = 1/\mathbf{Z_R} + 1/\mathbf{Z_C} \qquad (10.15a)$$

$$= 1/R + 1/(-\mathbf{j}/\omega C) \qquad (10.15b)$$

$$= (1 + \mathbf{j}\omega CR)/R \qquad (10.15c)$$

$\mathbf{Z}$를 정리하면 다음과 같다.

$$\mathbf{Z} = R/(1 + \mathbf{j}\omega CR) \qquad (10.16a)$$

$$= R/[1 + (\omega CR)^2] - \mathbf{j}(\omega CR^2)/[1 + (\omega CR)^2] \qquad (10.16b)$$

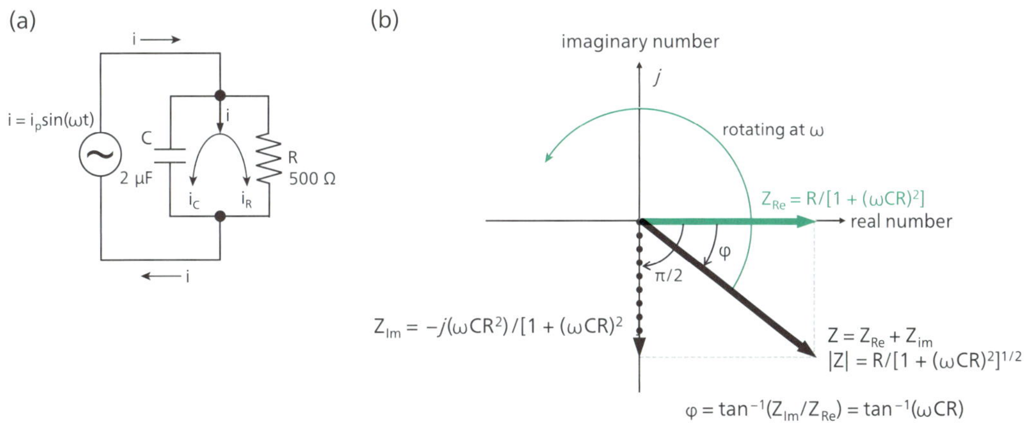

그림 10.9 교류 RC 병렬 회로의 임피던스. (a) 교류 RC 병렬 회로. (b) 복소수 평면에 배치된 RC 병렬 회로의 리액턴스와 임피던스.

그러므로 RC 병렬 회로 임피던스 $\mathbf{Z}$의 실수부 $\mathbf{Z_{Re}}$와 허수부 $\mathbf{Z_{Im}}$은 다음과 같다(그림 10.9b).

$$\mathbf{Z} = \mathbf{Z_{Re}} + \mathbf{Z_{Im}} \quad (10.17a)$$

$$\mathbf{Z_{Re}} = R/[1 + (\omega CR)^2] \quad (10.17b)$$

$$\mathbf{Z_{Im}} = -\mathbf{j}(\omega CR^2)/[1 + (\omega CR)^2] \quad (10.17c)$$

식 (10.17)에 표현된 임피던스의 크기와 위상은 다음과 같다.

$$|\mathbf{Z_{Re}}| = R/[1 + (\omega CR)^2] \quad (10.18a)$$

$$|\mathbf{Z_{Im}}| = (\omega CR^2)/[1 + (\omega CR)^2] \quad (10.18b)$$

$$|\mathbf{Z}| = (\mathbf{Z_R}^2 + \mathbf{Z_C}^2)^{1/2} = R/[1 + (\omega CR)^2]^{1/2} \quad (10.18c)$$

$$\varphi = \tan^{-1}(|\mathbf{Z_{Im}}|/|\mathbf{Z_{Re}}|) = \tan^{-1}(\omega CR) \quad (10.18d)$$

RC 직렬 회로의 식 (10.11)과 RC 병렬 회로의 식 (10.18)을 비교하면 중요한 차이를 볼 수 있다. $\mathbf{Z_{Re}}$와 $\mathbf{Z_{Im}}$이 RC 직렬 회로에서는 각각 $\mathbf{Z_R}$과 $\mathbf{Z_C}$이다. 그러나 병렬 회로에서는 그러하지 않으며 모두 ω의 함수이다. 또한 φ와 ω의 관계도 다르다.

그림 10.10은 RC 병렬 회로의 전류 $i_{Re}(t)$와 $i_{Im}(t)$, 그리고 $V_{out}(t)$를 예시한다. 전류를 인가하였으므로 RC 병렬 회로의 출력 전압 $V_{out}(t)$는 ω의 함수인 Z에 따라 변화한다. 물론 병렬 회로이므로 R과 C의 전압은 같다. 식 (10.18)의 결과를 이용하면 $i_{Re}(t)$, $i_{Im}(t)$와 $V_{out}(t)$는 다음과 같다.

$$i_{Re}(t) = (Z_{Im}/Z)i_p\sin(\omega t) \quad (10.19a)$$

$$i_{Im}(t) = (Z_{Re}/Z)i_p\cos(\omega t) \quad (10.19b)$$

$$V_{out}(t) = Zi_p\sin(\omega t + \varphi) \quad (10.19c)$$

f = 100 Hz일 때(그림 10.10a), $Z_{Im} < Z_{Re}$이므로 진폭은 $i_{Im}(t)$가 $i_{Re}(t)$보다 크다. $V_{out}(t)$는 입력 신호와 위상이 같은 $i_{Re}(t)$와 비교하였을 때 32°만큼 왼쪽으로 이동한다(그림 10.9b에서 Z는 32° 만큼 시계 방향으로 회전). 주파수가 1000 Hz로 증가하면(그림 10.10b), Z_{Im}와 Z_{Re} 모두 감소한다. 그러므로 $V_{out}(t)$도 감소한다. 그러나 $Z_{Im} > Z_{Re}$이므로, 전류 진폭은 $i_{Re}(t)$가 우세하고 $V_{out}(t)$와 $i_{Re}(t)$의 위상 차이는 81°이다. 10 Hz의 낮은 주파수에서는 반대 현상이 일어난다(그림 10.10c).

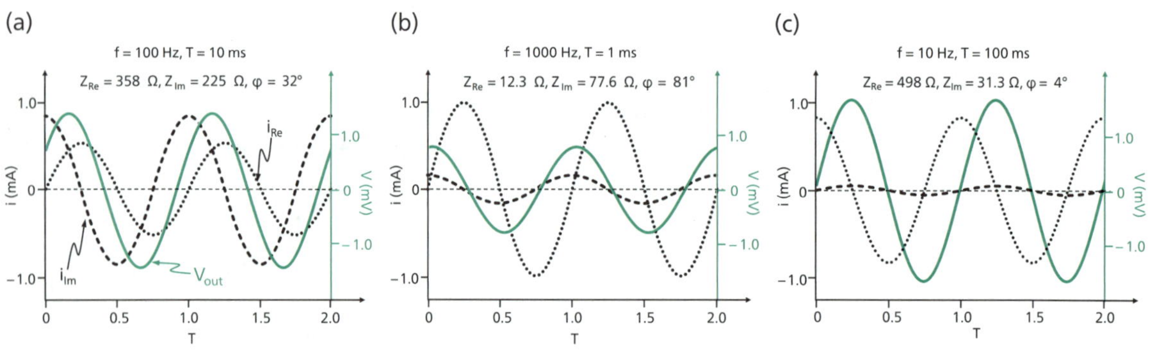

그림 10.10 **교류 RC 병렬 회로의 정현파 특성.** 출력 전압과 전류 정현파: (a) 100 Hz. (b) 1000 Hz. (c) 10 Hz. 가정: R = 500 Ω, C = 2.0 μF, i_p = 1 mA.

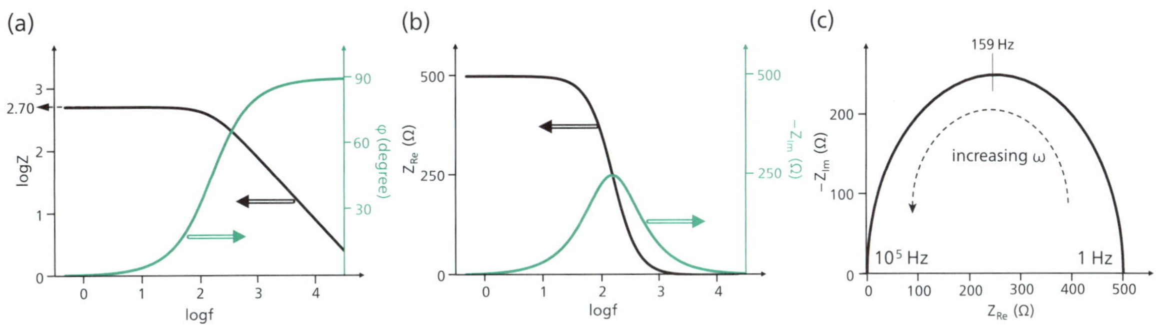

그림 10.11 **RC 병렬 회로의 임피던스 스펙트럼.** (a) Bode 플롯(logZ). (b) Bode 플롯(위상 φ). (c) Nyquist 플롯.

Z_{Im}은 감소하고, Z_{Re}는 증가하여 $i_{Im}(t)$가 $V_{out}(t)$를 지배하고, 위상은 4°가 되어 거의 입력 정현파와 비슷하다.

그림 10.11은 RC 병렬 회로의 Bode 플롯과 Nyquist 플롯을 보여준다. 그림 10.11a의 logf와 logZ의 플롯에서 f가 작아지면 Z는 R에 수렴한다. 낮은 f에서 $X_C \approx \infty$이므로 전류가 C에 흐르지 않기 때문이다. 반면 f가 증가하면 X_C가 감소하므로 전류는 대부분 C를 통과한다. 그림 10.11a의 logf와 위상 φ의 플롯도 같은 정보를 제공한다. 낮은 f에서 전류는 R을 통과하므로 φ는 0°에 수렴한다. 반대로 높은 f에서 전류는 C를 통과하므로 φ는 90°에 수렴한다. 그림 10.11b의 Bode 플롯은 f에 따른 Z_{Im}와 Z_{Re} 크기의 상대적 변화를 보여준다. f ≈ 1 Hz이면 $Z_{Im} \approx 0$, $Z_{Re} \approx$ R(500 Ω)이다. f ≈ 10^5 Hz이면 $Z_{Im} \approx Z_{Re} \approx 0$이 된다. RC 시간 상수의 역수인 주파수 159 Hz(= 1/(2π × 500 Ω × 2 μF))에서 Z_{Im}이 최대가 된다. 그림 10.11c는 Nyquist 플롯이다. RC 직렬 회로와 큰 차이는 반원 형태의 플롯이다. 낮은 f에서 $Z_{Im} \approx 0$이므로 Z_{Re} = R이 된다. 높은 f에서 $Z_{Im} \approx Z_{Re} \approx 0$이므로 Z = 0이다. f = 159 Hz에서 Z_{Im}이 최대가 된다. Nyquist 플롯에 주파수 정보가 구체적으로 나타나지 않으므로, 주파수 정보를 일반적으로 기입한다.

Bode 플롯은 구체적으로 주파수 f의 함수로 logZ 또는 φ를 표현한다. Nyquist 플롯은 주파수 f를 표현하지는 않지만, 플롯 속에 암묵적으로 f가 포함되어 있다. Bode 플롯과 Nyquist 플롯을 **임피던스 스펙트럼**이라고 한다. 그러므로 어떤 시스템의 임피던스 스펙트럼을 관찰하고 해석하면, 그 시스템의 R과 C, 그리고 연결 방식을 알 수 있다.

10.4 전극의 임피던스

지금까지 전기 회로인 RC 직렬과 병렬 회로의 임피던스를 논의하였다. 지금부터 전하 전달과 물질 전달의 전기화학적 특성을 R과 C가 조합된 등가회로의 임피던스로 논의하자. 전극의 실험적 임피던스 스펙트럼에 암호화되어 있는 전극의 R과 C를 전기화학의 관점에서 다시 번역하는 것이 임피던스 실험의 목적이다.

전극의 등가회로

그림 10.12는 전극의 전기화학을 표현하는 RC 등가회로이다. 그림 10.12a는 $R_{solution}$과 C_{dl}, 그리고 R_{ct}와 R_{mt}를 대변하는 임피던스 Z_f로 구성한 **Randles 등가회로**이다. faraday 전류 i_f와 비faraday 전류 i_{nf}의 합인 전극 전류는 $R_{solution}$을 지나 전하/물질 전달 과정의 임피던스 Z_f와 전기화학 이중층 커패시터 C_{dl}로 분기하여 흐른다.

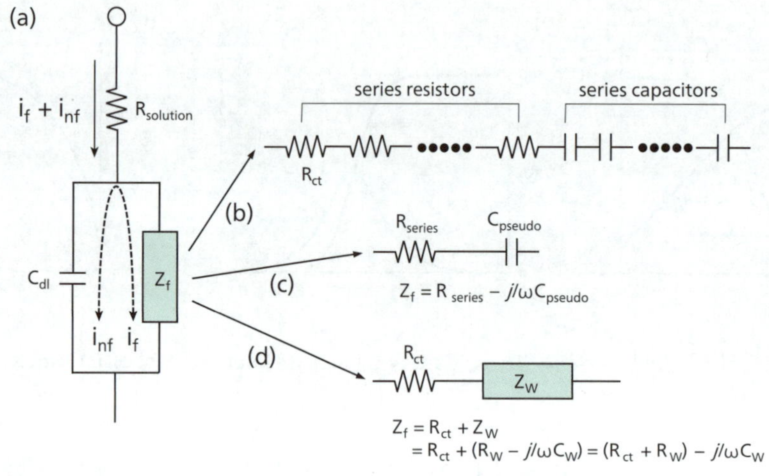

그림 10.12 **전극의 여러 가지 등가회로.** 본문의 설명을 참조하라.

i_f가 지나는 임피던스 Z_f를 좀 더 자세히 논의해보자. 일반적으로 Z_f는 일련의 저항과 커패시터가 직렬로 연결된 회로로 해석한다(그림 10.12b). 속도가 다른 다수의 연속된 전하 전달 과정이 i_f에 관여할 수 있다. 또한 각각의 전하 전달 과정과 연계된 물질 전달 과정은 커패시터 성분으로 나타난다. 따라서 연속된 일련의 저항과 커패시터를 하나의 저항 R_{series}와 하나의 커패시터 C_{pseudo}로 그림 10.12c와 같이 Z_f로 표현하기도 한다. Z_f의 커패시터 성분은 물질 전달 과정에 기인하지만, 전기적 커패시터와 같으므로 **유사 커패시터**(pseudocapacity)라고 한다. 전기화학 임피던스 실험은 근본적으로 전하 전달 과정의 R_{ct} 측정을 통하여 표준 반응 속도 상수 k° 또는 표준 전류 밀도 j°를 목표하므로, Z_f를 R_{ct} 그리고 R_{ct}를 제외한 R_{series}와 C_{pseudo}를 합한 **Warburg 임피던스 Z_W**로 구성한다(그림 10.12d). 저항 R_W그리고 커패시터 C_W로 표현되는 $Z_W(= R_W - j/\omega C_W)$는 물질 전달과 관련된 모든 성분을 포함하는 임피던스이다. 그림 10.12c와 d의 등가회로는 같은 전극의 상황을 표현하므로 두 등가회로의 임피던스는 같다.

주파수 의존성 관점에서 Z_f를 전기 회로 부품인 R과 C와 구별해야 한다. 전기 회로 부품 R과 C는 입력 신호의 주파수에 의존하지 않는다. 그러나 전기화학의 Z_f는 주파수에 따라 변화한다. 그러나 $R_{solution}$과 C_{dl}은 일반적으로 주파수에 의존하지 않는다.

▶ 등가회로의 전기화학적 이해

등가회로와 물질 전달의 관계를 우선 논의하자. 전해질의 Ox와 Red가 평형에 도달한 평형 전위 E_{eq}에 추가로 인가되는 교류 입력 신호는 산화 반응과 환원 반응을 반복해서 유도하므로 특정한 반응 방향을 고려할 필요가 없다. 실험 과정에서 Ox와 Red의 평형 시스템에 교류 전류 정현파를 인가하고 출력되는 작업 전극 전위 E(t)의 정현파에서 임피던스와 위상 변화를 추출한다. 이를 등가회로의 한 부분인 Z_f의 R_{series}와 C_{pseudo} 또는 R_{ct}와 Z_W를 계산하고, 그 값을 전기화학의 관점에서 이해한다. 실제 실험에서는 전류 정현파보다 전압 정현파를 이용하지만, 논의 편의상 전류 입력 정현파로 논의를 이어간다. 그러나 어떤 입력 정현파를 사용하든 임피던스의 변화는 없다.

R_{series}와 C_{pseudo}의 Z_f가 나타내는 입력과 출력 신호의 관계를 알아보자. 출력 전위 E(t)를 입력 교류 정현파 전류 i(t), R_{series}와 C_{pseudo}로 다음과 같이 표현할 수 있다.

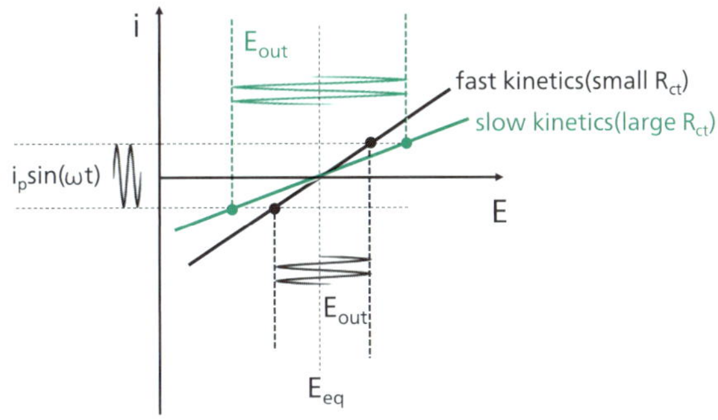

그림 10.13 교류 전류 입력과 전압 출력을 매개하는 i-E 곡선.

$$E(t) = i(t)R_{series} + q(t)/C_{pseudo} \quad (10.20a)$$

$$dE/dt = R_{series}(di/dt) + i(t)/C_{pseudo} \quad (10.20b)$$

$$= (R_{series}i_p\omega)\cos(\omega t) + (i_p/C_{pseudo})\sin(\omega t) \quad (10.20c)$$

입력 신호가 시간 t에 따라 변화하므로 Z_f의 출력 전위 E도 시간의 함수이다. E(t)를 시간 t에 대하여 미분한 dE/dt의 sine과 cosine 성분을 구분하면 식 (10.20c)을 이용하여 R_{series}와 C_{pseudo}를 계산할 수 있다.

입력 교류 전류에 대한 전극 전위 응답을 전기화학의 관점에서 살펴보자. 평형에 있는 전기화학 반응계의 교류 전류 입력에 대한 응답을 i-E 곡선이 결정한다. 그림 10.13이 한 예이다. 작은 교류 전류 입력의 조건에서 i-E 곡선을 E_{eq}를 지나는 직선으로 가정하면, 전위 출력은 기울기가 큰(임피던스가 작은) 검은색 선보다 기울기가 작은(임피던스가 큰) 녹색 선이 더 크다. i-E 곡선 기울기에 전하 전달과 물질 전달 속도의 정보가 들어있으므로, 출력 전위 E(t)는 입력 전류 i(t), Ox와 Red의 표면 농도의 함수이다.

$$E(t) = E[i(t), C_{Ox}(0,t), C_{Red}(0,t)] \quad (10.21)$$

따라서 시간 t에 따른 E의 변화 dE/dt는 다음과 같다.

$$dE/dt = (\partial E/\partial i)(di/dt) + (\partial E/\partial C_{Ox}(0,t))(dC_{Ox}(0,t)/dt) + (\partial E/\partial C_{Red}(0,t))(dC_{Red}(0,t)/dt) \quad (10.22)$$

식 (10.22)를 이해하기 위해서는 오른쪽에 있는 여섯 개의 미분 항을 모두 알아야 한다. 하나씩 논의하자.

식 (10.22)의 편미분 항을 Butler-Volmer 식(i-E 또는 i-η 식)에서 구할 수 있다. 제5장에서 논의한 Butler-Volmer 식[식 (5.37)]은 다음과 같다.

$$i = i_0\{[C_{Ox}(0,t)/C_{Ox}(\infty,t)]\exp[-\alpha F\eta/RT] - [C_{Red}(0,t)/C_{Red}(\infty,t)]\exp[(1-\alpha)F\eta/RT]\} \quad (10.23)$$

식 (10.23)은 Ox + e $\rightleftharpoons$ Red 반응을 가정한 식이다. E = E_{eq}(η = 0) 전위에서 작은 i_p의 입력 교류 전류를 인가하면, 그림 10.13이 묘사한 바와 같이 전극 전위는 작은 폭의 정현파로 진동한다. 작은 i_p는 작은 과전압 η를 의미하므로, 식 (10.23)의 지수 항에 Taylor 전개를 적용하여 지수함수를 선형화(linearize)할 수 있다. 선형화된 Butler-Volmer 식을 정리하면 다음과 같다.

$$\eta(t) = E(t) - E_{eq} = (RT/F)[C_{Ox}(0,t)/C_{Ox}(\infty,t) - C_{Red}(0,t)/C_{Red}(\infty,t) + i(t)/i_0] \quad \textbf{(10.24)}$$

식 (10.24)는 식 (10.21)을 구체적으로 표현한 것이다. 그러므로 식 (10.22)의 편미분 항을 식 (10.24)에서 얻을 수 있으며, 각 편미분 항은 다음과 같다.

$$\partial E/\partial i = RT/Fi_0 = R_{ct} \quad \textbf{(10.25a)}$$

$$\partial E/\partial C_{Ox}(0,t) = RT/FC_{Ox}(\infty,t) \quad \textbf{(10.25b)}$$

$$\partial E/\partial C_{Red}(0,t) = RT/FC_{Red}(\infty,t) \quad \textbf{(10.25c)}$$

식 (10.25a)의 R_{ct}는 그림 10.13에서 전하 전달 저항이다. 이제 식 (10.22)의 편미분 항을 모두 확인했다.

식 (10.22)의 미분 항을 살펴보자. 입력 전류를 알고 있으므로 di/dt를 아래와 같이 쉽게 구할 수 있다.

$$di/dt = i_p\omega\cos(\omega t) \quad \textbf{(10.26)}$$

시간 t에 대한 농도의 변화는 확산 속도인 물질 전달 속도와 관련이 있다. 그러므로 농도의 미분 항은 반무한 선형 확산 조건에서 복잡한 수학 과정을 거쳐 다음과 같이 표현된다.

$$dC_{Ox}(0,t)/dt = (i_p/FA)(\omega/2D_{Ox})^{1/2}[\sin(\omega t) + \cos(\omega t)] \quad \textbf{(10.27a)}$$

$$dC_{Red}(0,t)/dt = -(i_p/FA)(\omega/2D_{Red})^{1/2}[\sin(\omega t) + \cos(\omega t)] \quad \textbf{(10.27b)}$$

식 (10.22)의 모든 미분 항이 식 (10.25), (10.26), (10.27)로 표현되었으므로, 식 (10.22)는 다음과 같다.

$$dE/dt = (R_{ct} + \sigma/\omega^{1/2})i_p\omega\cos(\omega t) + \sigma i_p\omega^{1/2}\sin(\omega t) \quad \textbf{(10.28a)}$$

$$\sigma = (RT/F^2A\sqrt{2})[1/(C_{Ox}(\infty,t)D_{Ox}^{1/2}) - 1/(C_{Red}(\infty,t)D_{Red}^{1/2})] \quad \textbf{(10.28b)}$$

확산 계수와 벌크 농도를 포함하는 σ는 물질 전달과 관련된 변수이므로, Z_f는 전하 및 물질 전달 과정 모두를 포함한다.

R_{series}와 C_{pseudo}의 등가회로가 예측하는 dE/dt[식 (10.20c)]는 전기화학의 관점에서 유도한 dE/dt[식 (10.28a)]와 같아야 한다. 그러므로 식 (10.20c)와 (10.28a)을 비교하면 R_{series}와 C_{pseudo}는 각각 다음과 같다.

$$R_{series} = R_{ct} + \sigma/\omega^{1/2} \quad \textbf{(10.29a)}$$

$$C_{pseudo} = 1/(\sigma\omega^{1/2}) \quad \textbf{(10.29b)}$$

따라서 R_{series}와 C_{pseudo}로 구성된 등가회로의 임피던스는 다음과 같다.

$$\mathbf{Z_f} = R_{series} - \mathbf{j}/\omega C_{pseudo} = (R_{ct} + \sigma/\omega^{1/2}) - \mathbf{j}(\sigma/\omega^{1/2}) \quad \textbf{(10.30)}$$

식 (10.30)은 R_{series}와 C_{pseudo}가 ω의 함수임을 증명한다.

한편 R_{ct}와 Z_W로 구성된 등가회로의 임피던스는 다음과 같다.

$$\mathbf{Z_f} = R_{ct} + Z_W = R_{ct} + (R_W - \mathbf{j}/\omega C_W) = (R_{ct} + R_W) - \mathbf{j}/\omega C_W \quad \textbf{(10.31)}$$

두 등가회로의 식 (10.30)과 (10.31)은 같아야 하므로 Z_W는 다음과 같다.

$$R_W = \sigma/\omega^{1/2} \quad (10.32a)$$

$$C_W = 1/(\sigma\omega^{1/2}) \quad (10.32b)$$

$$Z_W = \sigma/\omega^{1/2} - j\sigma/\omega^{1/2} \quad (10.32c)$$

그러므로 Z_f를 두 가지 관점에서 표현할 수 있다. 하나는 전하 및 물질 전달의 저항 R_{series}와 물질 전달의 커패시터 C_{pseudo}의 합이다[식 (10.30)]. 다른 하나는 저항 R_{ct}와 물질 전달이 관여하는 모든 항을 포함하는 Warburg 임피던스 Z_W의 합이다[식 (10.31)]. 두 관점에서 바라보는 Z_f는 본질적으로 같다. 다만 실험 결과의 해석에서 편리한 것을 택할 뿐이다.

▶ Z_W의 의미

본질적으로 같은 두 등가회로를 편의에 따라 다르게 표현하였다. 그러나 식 (10.29)와 식 (10.31)은 R_{ct}를 고리로 연결할 수 있다. 그 관계를 살펴보자.

R_{series}와 $1/\omega C_{pseudo}(= \sigma/\omega^{1/2})$를 각각 $1/\omega^{1/2}$에 대하여 도시하면 그림 10.14a와 같다. 특정 ω에서 임피던스 Z와 위상 φ를 측정하면 $Z_{Re} = R_{series}$와 $Z_{Im} = 1/\omega C_{pseudo}$를 분리할 수 있다. 다양한 ω에서 이 작업을 반복하여 $1/\omega^{1/2}$의 함수로서 Z_{Re}와 Z_{Im}을 각각 도시하면 그림 10.14a가 된다. 그러므로 ω가 무한히 증가하면 R_{series}는 R_{ct}에 수렴하여(실선) R_{ct}를 측정할 수 있다. 반면 $\omega = \infty$이면 C_{pseudo}의 리액턴스는 0에 수렴한다(점선).

한편 그림 10.14a의 실선은 반응의 가역성이 증가하여 R_{ct}가 감소하면 아래로 평행 이동하여 점선과 일치하게 된다. 그러므로 $R_{ct} = 0$이면 등가회로에서 물질 전달 성분만 남게 되므로(물질 전달 제어), $R_{ct} = 0$ 조건에서 다음의 식은 합리적이다.

$$\mathbf{Z_f} = R_{series} - \mathbf{j}/\omega C_{pseudo} = \sigma/\omega^{1/2} - \mathbf{j}\sigma/\omega^{1/2} = \mathbf{Z_W} \quad (10.33)$$

물질 전달의 Z_W가 전기 회로의 임피던스와 같음을 화학의 관점에서 살펴보자. 그림 10.14b는 교류 입력 전류를 인가하였을 때 Red 확산층의 변화를 예시한다. ω가 작으면 긴 시간창($= 1/\omega$) 동안 소비되거나($i > 0$) 생성되는($i < 0$) Red의 많은 양이 Red 표면 농도 변화 폭 $\Delta C_{Red}(0)$와 확산층 두께를 증가시켜 출력 전위 폭이 증가한다. 그러나 ω가 증가하여 시간창이 감소하면 소비 또

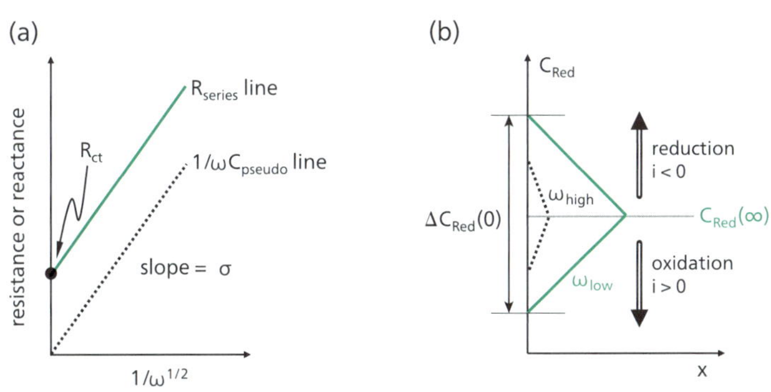

그림 10.14 Z_W의 의미. (a) $\omega^{-1/2}$에 의존하는 R_{series}와 C_{pseudo}의 관계. (b) ω와 확산층.

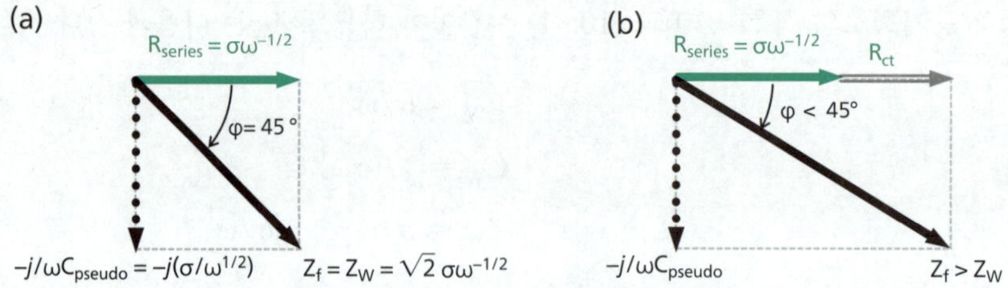

그림 10.15 **전극 임피던스의 벡터 모형.** (a) $R_{ct} = 0$. (b) $R_{ct} \neq 0$.

는 생성되는 Red의 양은 상대적으로 적다. 따라서 $\Delta C_{Red}(0)$와 확산층 두께는 감소하여 출력 전위 폭은 감소한다. 결과적으로 출력 전위 폭 ΔE는 ω가 결정하는 Z_W에 의존한다. 그러므로 ω에 대한 Z_W의 변화는 일반적인 임피던스와 같다. 따라서 Z_W를 물질 전달 과정의 임피던스로 간주할 수 있다.

그림 10.15는 R_{series}와 C_{pseudo}의 Z_f 그리고 R_{ct}와 Z_W의 Z_f에 관한 벡터 분석을 예시한다. 그림 10.15a는 $R_{ct} = 0$인 상황이다. $R_{series} = C_{pseudo} = \sigma/\omega^{1/2}$이므로 $Z_f = Z_W = \sqrt{2}\sigma\omega^{-1/2}$이며, 위상 $\varphi = 45°$이다. $R_{ct} \neq 0$이면 그림 10.15b의 실수 축에 R_{ct}가 추가되므로 $Z_f > Z_W$가 되고, φ는 45°보다 작아진다. 그러므로 전기화학적 상황에서 최대 φ는 45°이다.

10.5 전극의 임피던스 스펙트럼

전극의 임피던스 Z_f에서 전극 전체의 임피던스로 논의를 확장하자. 그림 10.16a는 Z_f를 포함한 전극의 등가회로이다. 전류는 $R_{solution}$을 지나 병렬로 연결된 Z_f와 C_{dl}로 나누어져 흐르게 된다. Z_f와 C_{dl}의 임피던스가 각각에 흐르는 전류의 양을 결정한다. 등가회로의 Z_{Re}과 Z_{Im}은 다음과 같다.

$$Z_{Re} = R_{solution} + (R_{ct} + \sigma\omega^{-1/2})/[(C_{dl}\sigma\omega^{1/2} + 1)^2 + \omega^2 C_{dl}^2 (R_{ct} + \sigma\omega^{-1/2})^2]$$
$$= R_{solution} + (R_{ct} + R_W)/[(C_{dl}/C_W + 1)^2 + \omega^2 C_{dl}^2 (R_{ct} + R_W)^2] \qquad (10.34a)$$

$$Z_{Im} = [\omega C_{dl}(R_{ct} + \sigma\omega^{-1/2})^2 + \sigma\omega^{-1/2}(C_{dl}\sigma\omega^{1/2} + 1)]/[(C_{dl}\sigma\omega^{1/2} + 1)^2 + \omega^2 C_{dl}^2 (R_{ct} + \sigma\omega^{-1/2})^2]$$
$$= [\omega C_{dl}(R_{ct} + R_W)^2 + R_W(C_{dl}/C_W + 1)]/[(C_{dl}/C_W + 1)^2 + \omega^2 C_{dl}^2 (R_{ct} + R_W)^2] \qquad (10.34b)$$

상당히 복잡한 식 (10.34)의 의미를 ω ≈ 0와 ω ≈ ∞인 두 극한에서 생각해 보자. 그림 10.16a는 ω의 두 극한 조건에서 전류가 흐르는 등가회로의 경로를 예시한다.

ω ≈ 0이면 식 (10.34)는 다음과 같이 간단하게 표현된다.

$$Z_{Re} = R_{solution} + R_{ct} + R_W \qquad (10.35a)$$

$$Z_{Im} = R_W + 2\sigma^2 C_{dl} \qquad (10.35b)$$

$$Z_{Im} = Z_{Re} - (R_{solution} + R_{ct}) + 2\sigma^2 C_{dl} \qquad (10.35c)$$

ω ≈ 0에서 C_{dl}이 단락된 전선과 같으므로 전류는 Z_f를 통하여 흐르게 된다. 그러므로 전류는 그림 10.16a의 쇄선과 같이 $R_{solution} \longrightarrow R_{ct} \longrightarrow Z_W$ 순으로 흐르게 된다. 그런데 ω ≈ 0에서 $R_W \approx \infty$이므로 전극에 흐르는 전류는 Z_W, 즉 물질 전달이 지배하는 전류이다. 식 (10.35c)는 Z_{Im}과 Z_{Re}

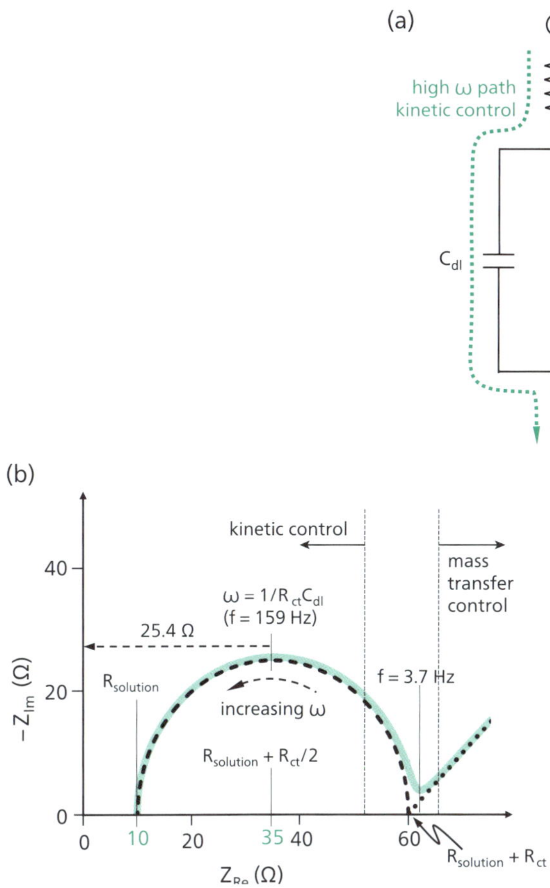

그림 10.16 **전기화학 임피던스 스펙트럼(EIS).** (a) 전지 등가회로와 주파수에 따른 전류가 흐르는 경로. (b) Nyquist 플롯(쇄선: $Z_W = 0$, 점선: $R_{ct} = 0$, 녹색선: 점선과 쇄선의 합). (b) Bode 플롯. 가정: $R_{solution} = 10\ \Omega$, $C_{dl} = 20\ \mu F$, $R_{ct} = 50\ \Omega$, $\sigma = 11.9\ \Omega s^{-1/2}$.

사이의 선형 관계를 나타내며, Nyquist 임피던스 스펙트럼에서 선형의 관계가 나타나면 확산 물질 전달이 전류를 지배함을 의미한다. 직선의 기울기는 1이다. 식 (10.35b)의 σ[식 (10.28b)]는 확산 계수와 벌크 농도가 결정하며, 단위는 $\Omega s^{-1/2}$이다. 그러므로 그림 10.16b의 Nyquist 플롯에서 주파수가 낮을 때 점선의 직선이 나타나며, $Z_{Im} = 0$일 때 Z_{Re}는 다음과 같다.

$$Z_{Re} = R_{solution} + R_{ct} - 2\sigma^2 C_{dl} \qquad (10.36)$$

$\omega \approx \infty$이면 식 (10.34)는 다음과 같이 간단하게 표현된다.

$$Z_{Re} = R_{solution} + R_{ct}/(1 + \omega^2 R_{ct}^2 C_{dl}^2) \qquad (10.37a)$$

$$Z_{Im} = \omega R_{ct}^2 C_{dl}/(1 + \omega^2 R_{ct}^2 C_{dl}^2) \qquad (10.37b)$$

$$(Z_{Re} - R_{solution} - R_{ct}/2)^2 + Z_{Im}^2 = (R_{ct}/2)^2 \qquad (10.37c)$$

$\omega \approx \infty$에서 C_{dl}이 전선과 같으므로 전류는 리액턴스가 작은 C_{dl}을 통하여 흐르게 된다(그림 10.16a의 점선). 그러므로 그림 10.16b의 Nyquist 플롯에서 $Z_{Re} = R_{solution}$이 된다. 식 (10.37)에

서 Z_W 항이 없음에 주목하라.

두 극한의 중간 영역인 $0 < \omega < \infty$에서 전류는 C_{dl}과 Z_f 양쪽으로 흐른다. ω가 크면 $Z_{Im} < Z_{Re}$가 되어 C_{dl} 쪽으로 전류가 많이 흐른다. 반대로 ω가 작으면 $Z_{Im} > Z_{Re}$가 되어 Z_f 쪽으로 많이 흐르게 된다. Z_{Im}과 Z_{Re} 사이의 관계는 원이며[식 (10.37c)], Z_{Im}의 부호가 (−)이므로 그림 10.16b에서 쇄선의 반원이 된다. ω가 큰 쪽의 Z_{Re}는 $R_{solution}$이 되고, 작은 쪽의 Z_{Re}는 $(R_{solution} + R_{ct})$가 된다. 반원의 중심은 $R_{solution} + R_{ct}/2$이다. 반원 중심에서 Z_{Im}은 최대가 되며, 그때의 $\omega = 1/R_{ct}C_{dl}$이다. 그림 10.16b에서 $R_{solution} = 10\ \Omega$, $R_{ct} = 50\ \Omega$, $C_{dl} = 2\ \mu F$을 가정하였으므로 $f = 159$ Hz($\omega = 1000/2\pi\ s^{-1}$)이다. ω가 더욱 작아지면 물질 전달을 설명하는 Z_W의 영향이 60 Ω 이상에서 뚜렷이 나타난다(그림 10.16b의 점선). 실제로 관찰되는 임피던스 스펙트럼은 그림 10.16b의 녹색 실선이다. Nyquist 플롯에 주파수에 대한 정보가 나타나 있지 않으므로 필요에 따라 주파수를 기입한다. 그림 10.16c의 Bode 플롯은 Z_{Im}, Z_{Re}와 주파수의 관계를 구체적으로 보여준다. 3.7 Hz 이하의 f에서 증가하는 Z_{Im}과 Z_{Re}는 Nyquist 플롯에서 직선으로 나타난다. 제시하지는 않지만, 그림 10.16의 Bode 플롯에서 위상 $\varphi(= \tan^{-1}(Z_{Im}/Z_{Re}))$와 logf의 Bode 플롯을 작성할 수 있다. 따라서 기본적으로 Nyquist 플롯과 Bode 플롯이 담고 있는 정보는 같다.

그림 10.17은 R_{ct}와 Nyquist 플롯의 모양 변화를 예시한다. 그림 10.17a에서 R_{ct}가 감소하면 $R_{ct}C_{dl}$ 회로의 반원 크기가 줄어든다. 그러나 $R_{solution}$의 위치는 변화가 없으며, Z_W의 직선이 강조된다. 작은 R_{ct}는 빠른 전하 전달의 작동을 의미하므로, Nyquist 플롯의 모양 변화와 일치한다. 한편 그림 10.17b은 R_{ct}가 50000 Ω일 때 Nyquist 플롯이다. Z의 단위가 kΩ임을 생각하면 Z가 매우 증가하였음을 알 수 있다.

$R_{ct} = 50000\ \Omega$의 점선 Nyquist 플롯은 완전한 반원이 아니다(그림 10.17b). 그 이유는 실선 Nyquist 플롯을 계산하기 위한 주파수 범위(50 μHz~100 kHz)와 점선 Nyquist 플롯을 계산하기 위한 주파수 범위(26 mHz~3.4 Hz)가 다르기 때문이다. 교류 입력에 대한 교류 출력을 관찰하는 기술이 임피던스의 기본 원리임을 상기하자. 어떤 속도의 반응이 보이는 변화를 관찰하기 위해서는 1/ω에 의하여 결정되는 시간창의 크기를 고려해야 한다. 느린 반응의 변화를 관찰하기 위해서는 충분히 넓은 시간창의 낮은 주파수가 필요하다. 그림 10.17b에서 26 mHz의 시간창은 충분히 길지 않으므로 반원을 완성하지 못한다. 그러나 50 μHz로 시간창을 넓히면 반원이 완성된다. 한편 반응이 정지된 상황을 관찰하기 위해서는 짧은 시간창의 높은 주파수가 필요하다. 3.4 Hz의 시

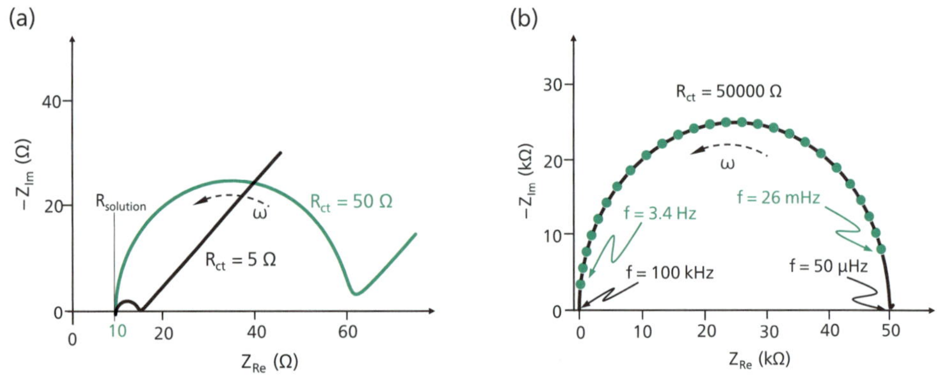

그림 10.17 **R_{ct}와 전기화학 임피던스 스펙트럼.** (a) $R_{ct} = 5\ \Omega$(검은색 실선), $R_{ct} = 50\ \Omega$(녹색 실선). (b) $R_{ct} = 50000\ \Omega$.

간창에서 반응이 진행되므로 $Z_f \neq \infty$이다. 그러나 100 kHz로 시간창을 좁히면 $Z_f = \infty$가 된다. 그러므로 Nyquist 플롯의 반원을 완성하기 위해서는 관찰 대상의 속도를 고려하여 주파수 범위를 결정해야 한다.

실제 임피던스 실험에서는 임피던스 스펙트럼을 관찰한 후, 등가회로를 가정하고 실험 스펙트럼과 가정한 등가회로의 스펙트럼을 일치시키는 작업(curve fitting)을 진행한다. 일치하는 등가회로를 구성하는 성분의 값을 화학적으로 해석한다. 그러므로 입력하는 주파수의 범위가 넓을수록 스펙트럼 일치 작업의 정밀도가 높아진다. 현재 가능한 주파수 범위는 10 μHz~10 MHz이다. 한가지 주의해야 할 점은 실험 스펙트럼과 등가회로 스펙트럼이 일치하더라도 그 등가회로가 반드시 화학적 상황을 설명하는 것이 아니다. 여러 종류의 등가회로가 하나의 실험 스펙트럼과 일치할 수 있다.

10.6 전기화학과 등가회로

전기화학 반응계의 등가회로 모델과 모사한 전기화학 임피던스 스펙트럼(EIS, electrochemical impedance spectrum)을 비교하여 논의한다.

▶ 불활성 도막층의 전극

그림 10.18은 불활성 유전체 도막층(overlayer)이 부분적으로 덮은 전극 표면의 임피던스 스펙트럼을 예시한다. 그림 10.18a와 같이 불활성 도막층(예: 산화막)이 전극 표면을 덮으면 전해질에 노출된 전극 면적이 감소한다. 그러므로 전기 이중층 커패시턴스 C_{dl}이 감소하고, faraday 전류도 감소하여 faraday 임피던스 Z_f는 증가한다. 한편 불활성 도막층이 전해질에 노출되므로 도막의 커패시턴스 C_{OL}이 새롭게 나타난다. 그림 10.18b의 등가회로에서 $R_{solution}$을 지난 전류는 도막층의 커패시턴스 전류로, 전극 표면의 faraday 전류와 커패시턴스 전류로 분기한다. 도막층의 덮힘율이 θ일 때, Z_f, C_{dl}, C_{OL}은 각각 다음과 같다.

$$Z_f = Z_f^\circ/(1 - \theta) \quad (10.38a)$$

$$C_{dl} = (1 - \theta)C_{dl}^\circ \quad (10.38b)$$

$$C_{OL} = \theta C_{OL}^\circ \quad (10.38c)$$

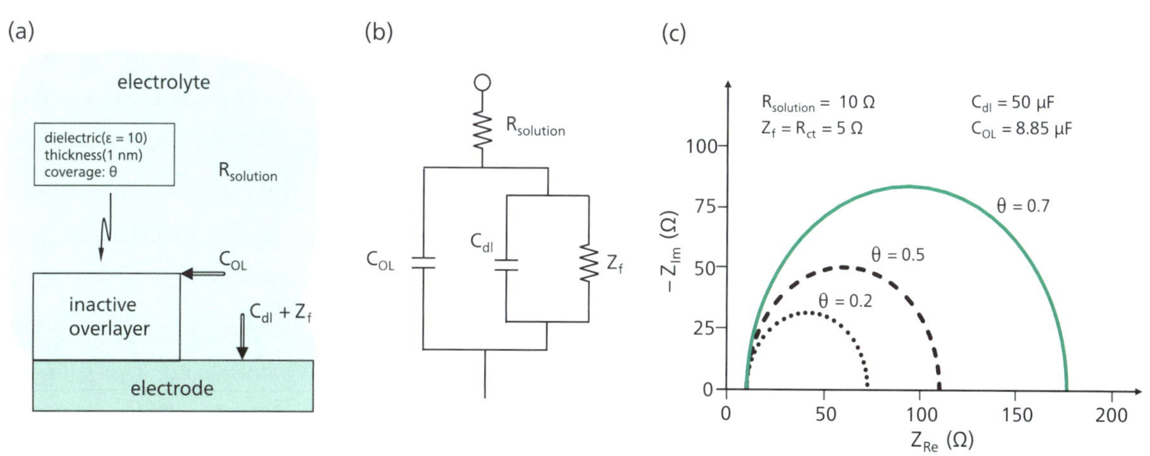

그림 10.18 불활성 도막층이 부분적으로 덮은 전극. (a) 화학 모델. (b) 등가회로. (c) Nyquist 플롯. 가정: $R_{solution}$ = 10 Ω, $Z_f = R_{ct}$ = 5 Ω, C_{dl} = 50 μF, C_{OL} = 8.85 μF.

식 (10.38)에서 Z_f^o와 C_{dl}^o은 $\theta = 0$일 때의 값이고, C_{OL}^o은 $\theta = 1$일 때의 값이다. 특히 도막층의 두께 d가 1 nm이고, 비유전 상수 ε_r이 10이라면, $C_{OL}^o = \varepsilon_o\varepsilon_r/d = 8.85\ \mu Fcm^{-2}$이다. 그러므로 그림 10.18a의 등가회로는 $\theta = 0$이면 그림 10.16a와 같은 등가회로가 되고, $\theta = 1$이면 $R_{solution}C_{OL}$ 직렬 회로가 된다. 한편 Z_f는 Warbug 임피던스 Z_W를 포함하고 있지 않다. faraday 반응이 확산과 무관한 반응이라면 Z_W가 필요하지 않다. 예를 들면 금속의 부식 반응($M(s) \longrightarrow M^{n+}(aq) + ne$)에서 반응물 M은 무한히 공급되므로, 확산 물질 전달이 필요하지 않다. 그림 10.18c는 덮힘율 θ의 변화에 따른 EIS의 변화를 예시한다. θ가 증가하면 Z_f가 증가하므로 낮은 주파수에서 Z_{Re} 값이 증가한다. 이러한 관계를 이용하면 θ를 측정할 수 있다. $\theta = 1$인 상황에서 도막 두께 d를 다른 실험에서 측정하면 비유전 상수 ε_r의 측정이 가능하다. 역으로 ε_r을 알고 있으면 d를 측정할 수도 있다. d, ε_r과 θ를 알고 있다면 Z_f도 측정할 수 있다.

▸ 산화막 형성 반응

그림 10.19는 산화막 형성 반응의 EIS를 예시한다. 금속 표면이 산화하여 산화막을 형성하면 전해질/산화막 그리고 산화막/금속 사이에 커패시터 C_{oxide}와 C_{metal}이 각각 존재하게 된다(그림 10.19a). 산화막이 계속 성장하기 위해서는 전류가 두 계면을 지나야 하므로 각 계면에 전하 전달 저항 R_{oxide}와 R_{metal}이 있다. 각 계면의 R과 C는 병렬로 연결되고, 각 계면의 RC 병렬 회로는 다시 직렬로 연결된다(그림 10.19b). 적절한 R과 C를 가정하여 모사한 EIS가 그림 10.19c이다. 스펙트럼은 두 개의 반원으로 구성된다. 10 MHz의 높은 주파수에서 커패시터는 전선과 같으므로 $Z_{Re} = R_{solution}$이다. 주파수가 낮아지면 임피던스가 작은 R_{metal}/C_{metal} 병렬 회로의 반원이 먼저 나타나게 된다. 그러므로 주파수가 수십 kHz로 낮아지면 R_{metal}/C_{metal} 병렬 회로의 임피던스가 증가하여 R_{metal}에 해당하는 지름 400 Ω의 반원이 완성된다. 주파수가 수백 Hz로 더욱 낮아지면 R_{oxide}/C_{oxide} 병렬 회로가 전체 임피던스를 주도하여 R_{oxide}에 해당하는 지름 1000 Ω의 반원이 나타난다. 그러므로 저항과 커패시턴스가 다른 n개의 반응이 직렬로 연결되면 저항 크기 순서대로 n개의 반원이 나타난다.

▸ 동시에 진행하는 반응

그림 10.20은 두 개의 반응이 동시하는 진행하는 전기화학 반응계를 예시한다. 그림 10.20a에서

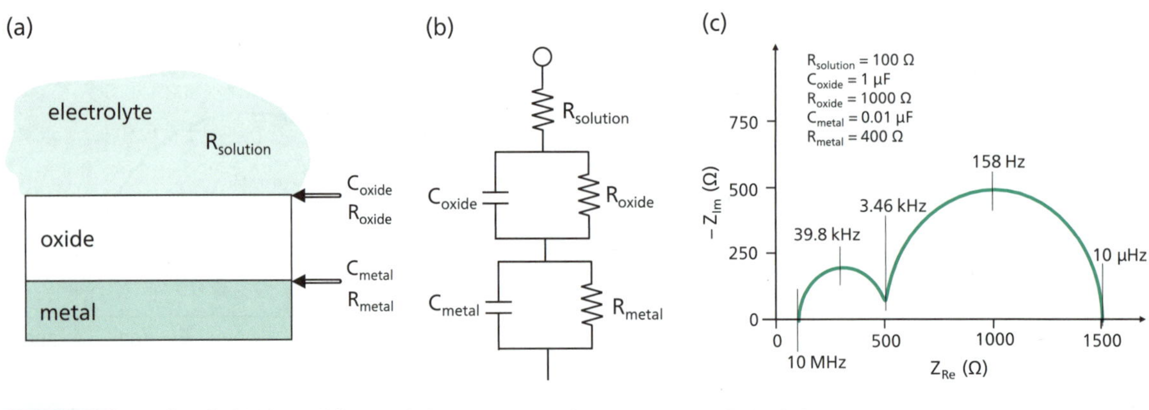

그림 10.19 **산화막을 형성하는 반응.** (a) 화학 모델. (b) 등가회로. (c) Nyquist 플롯. 가정: $R_{solution}$ = 100 Ω, R_{oxide} = 1000 Ω, C_{oxide} = 1 μF, R_{metal} = 400 Ω, C_{dl} = 50 μF, C_{metal} = 0.01 μF.

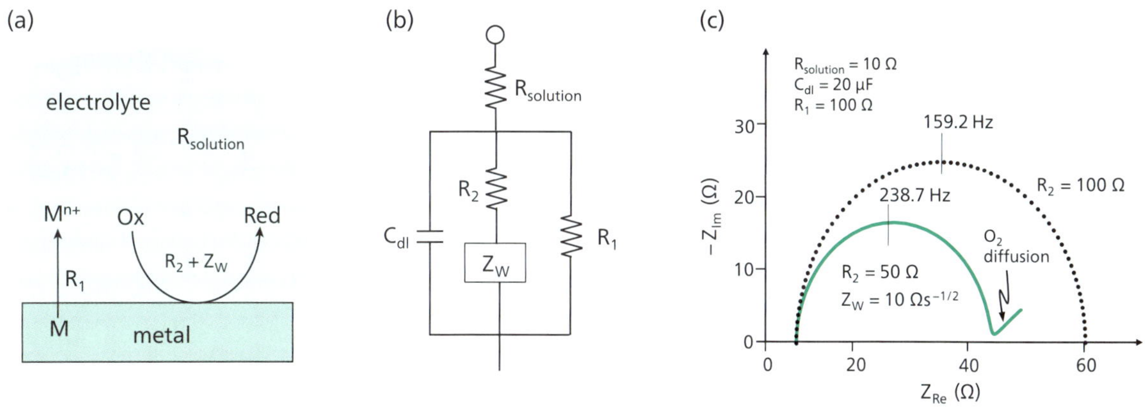

그림 10.20 **동시에 진행하는 반응.** (a) 화학 모델. (b) 등가회로. (c) Nyquist 플롯: 용존 산소가 있는 경우(실선)와 없는 경우(점선). 가정: $R_{solution}$ = 10 Ω, R_1 = 100 Ω, R_2 = 50 Ω(실선), R_2 = 100 Ω(점선), σ = 10 $\Omega s^{-1/2}$.

전극 금속이 산화하여 전해질로 용출하면서 전자를 내어놓고, 전해질 속의 Ox가 Red로 환원되면서 그 전자를 받는 반응 두 개가 동시에 진행한다. 예를 들면 다음과 같은 철의 부식 반응이다.

$$Fe(s) \longrightarrow Fe^{2+}(aq) + 2e \qquad (10.39a)$$

$$2H_2O + 2e \longrightarrow H_2(g) + 2OH^- \qquad (10.39b)$$

$$O_2(aq) + 2H_2O + 4e \longrightarrow 4OH^- \qquad (10.39c)$$

식 (10.39a)는 금속 철이 Fe^{2+} 이온으로 부식되는 산화 반응으로 전하 전달 저항은 R_1이다. 금속 철이 산화 과정에서 내어놓은 전자를 받아 환원되는 물질은 전해질의 상황에 따라 다르다. 전해질에 용존 산소가 없으면 식 (10.39b)의 반응이 일어나며, 용존 산소가 있으면 식 (10.39c)의 반응이 일어난다. 그러므로 후속 환원 반응의 faraday 임피던스 Z_f는 용존 산소의 유무에 따라 다르다. 그림 10.20b는 두 개의 반응이 동시에 일어나는 전기화학 반응계의 등가회로이다. 반응이 동시에 진행하므로 R_1, Z_f, C_{dl} 모두 병렬로 연결된다. 그런데 용존 산소의 존재에 따라 Z_W를 고려해야 한다. 용존 산소가 없는 경우 환원 반응의 반응물 H_2O는 무한히 공급될 수 있으므로 Z_W가 필요하지 않다. 반면 용존 산소의 환원이 일어나면 용존 산소의 농도는 일반적으로 높지 않으므로 산소 물질 전달의 Z_W를 고려해야 한다. 용존 산소가 있는 경우 환원 반응의 $Z_f = R_2 + Z_W$이다. R_1 = 100 Ω, 용존 산소가 있는 경우 R_2 = 50 Ω, Z_W = 10 $\Omega s^{-1/2}$을 임의로 가정한 Nyquist 플롯이 그림 10.20의 작은 반원(실선)이며, Z_W의 직선은 낮은 주파수에서 나타난다. 용존 산소가 없는 경우 R_2 = 100 Ω을 가정하면 큰 반원(실선)의 Nyquist 플롯이 나타난다. 반원 지름의 저항값은 R_1과 R_2 병렬 연결의 저항값이다.

▶ RL(C) 회로의 임피던스

흡착물이 관여하는 전기화학 반응의 Nyquist 플롯을 이해하기 위해서는 **인덕터**(inductor)의 리액턴스도 알아야 한다. 그러므로 전기화학을 논의하기 전에 인덕터가 있는 회로의 임피던스를 소개한다.

인덕터는 코일을 원통형으로 감아 놓은 전기 회로의 구성 성분이다. 인덕터는 그림 10.21a와 같이 코일을 감은 모양으로 표시하며, 그 물리량을 **인덕턴스**(inductance) **L**로 표기한다. 인덕터에 흐르는 전류 i와 인덕터의 전압 V_L은 다음과 같다.

$$V_L = -L di/dt \tag{10.40}$$

식 (10.40)이 정의하는 인덕턴스 L의 단위는 H(Henry)이다. 1 s 동안 1 A의 전류가 변화할 때 V_L이 1 V만큼 변화하면, 그 인덕터의 인덕턴스를 1 H로 정의한다. 단위 H는 VsA^{-1} 또는 Ωs와 동일하다.

그림 10.21b는 RL 직렬 회로에 직류 전압 V_i를 인가하였을 때 저항 R과 인덕터 L의 전압, 그리고 전류 변화를 예시한다. 인덕터에 전류가 흐르면 인덕터 내부에 자기장이 생기고, 그 자기장은 전류의 흐름을 한정(impede)한다. 다시 말해 전류량이 변화하면 인덕터 자기장 크기가 변화하고, 크기가 변한 자기장은 전류량 변화에 저항한다. 이를 표현한 식이 식 (10.40)이다. 그림 10.21a에서 직류 전압 V_i를 인가하는 순간 엄청난 자기장이 발생하여 전류의 흐름을 방해하는 전압인 역기전력이 발생한다. 역기전력은 인가한 전압과 반대 부호인 전압을 의미한다. 저항 R이 있는 RL 직렬 회로에서 식 (10.40)을 이용하면 다음과 같은 관계를 얻을 수 있다.

$$V_L(t) = -V_i \exp(-Rt/L) \tag{10.41a}$$

$$V_R(t) = V_i[1 + \exp(-Rt/L)] \tag{10.41b}$$

$$i(t) = V_R(t)/R = (V_i/R)[1 + \exp(-Rt/L)] \tag{10.41c}$$

식 (10.41)을 그림 10.21b에 도시한다. 중요한 사실은 t = 0에서 $V_L(0) = -V_i$이며, 시간이 지나면 $V_L(\infty) = 0$이 된다. 다시 말해 직류 전압을 인가하는 순간, 전류는 0에서 $2V_i/R$이 되므로 V_L은 반대 부호의 전압(역기전력)인 $-V_i$가 된다. 시간이 지나면서 전류량이 감소하므로 자기장도 감소하여 인덕터에 의한 저항은 감소한다. 그러므로 인덕터 코일을 통하여 전류는 저항 없이 흐르게 되어 $V_L(\infty)$는 0에 수렴한다.

그림 10.22는 RL 직렬 회로에 입력 교류 신호 $i(t) = i_p \sin(\omega t)$를 인가했을 때 R과 L, 그리고 회로 전체의 출력 전압을 예시한다. 그림 10.21b를 다시 생각해 보자. 입력 교류 신호의 주파수 ω와 전류 변화율 di/dt는 비례하므로 L의 출력 전압 $V_L(t)$는 증가한다[식 (10.40)]. Ohm 법칙과 비

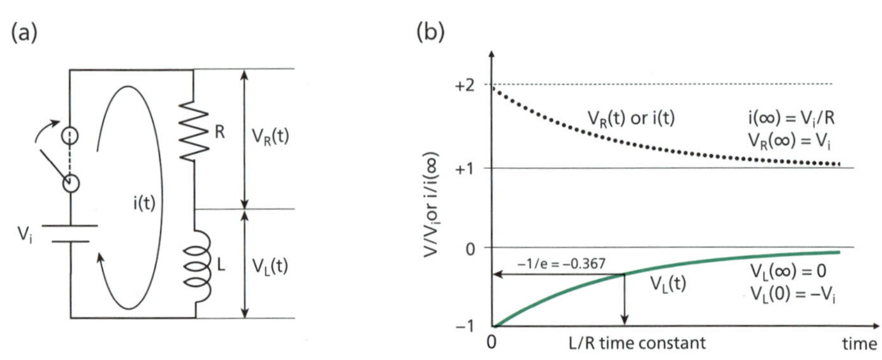

그림 10.21 **직류 RL 직렬 회로.** (a) 회로도. (b) 시간에 따른 전압과 전류의 변화.

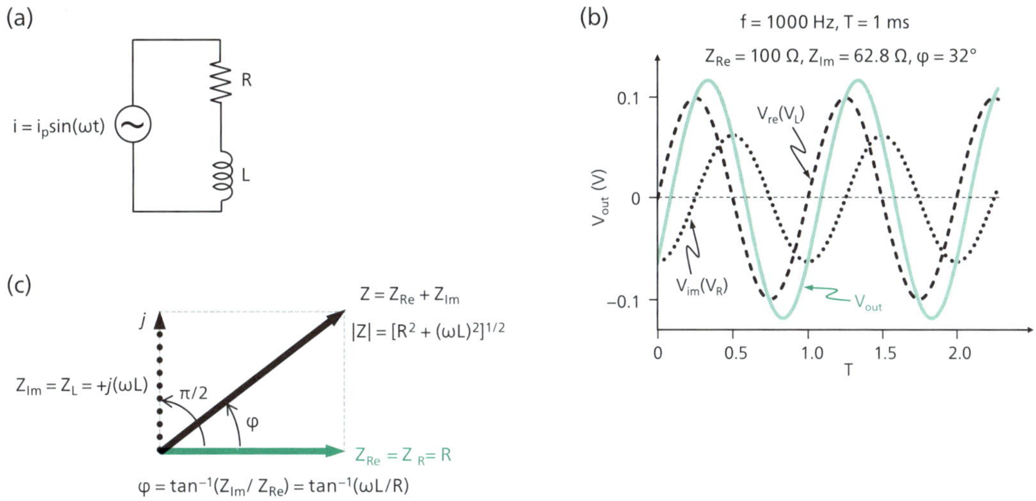

그림 10.22 **교류 RL 직렬 회로.** (a) 회로도. (b) 출력 전압의 파형. (c) 복소수 평면에서의 임피던스.

교하면 'L의 저항값이 크다.'라고 생각할 수 있다. 반면 ω가 작으면 시간창이 증가하여 인덕터에 전류가 잘 흐르므로 L의 저항값은 감소한다. 그러므로 교류가 인가된 인덕터의 저항값은 주파수 ω에 비례한다. 구체적으로 $V_L(t)$과 $V_R(t)$는 다음과 같다.

$$V_L(t) = -Ldi/dt = -\omega Li_p\cos(\omega t) \quad \textbf{(10.42a)}$$

$$V_R(t) = Ri_p\sin(\omega t) \quad \textbf{(10.42b)}$$

그림 10.22b는 $V_L(t)$과 $V_R(t)$을 도시한다. 점선의 $V_L(t)$는 쇄선의 $V_R(t)$에 비하여 $+\pi/2$ 오른쪽으로 이동하여 나타나는데, $+\pi/2$가 $V_L(t)$의 위상이다. 인덕터의 저항값 ωL을 **인덕터 리액턴스 X_L**이라고 하며, 위상까지 고려한 인덕터 임피던스 $\mathbf{Z_L}$은 $+\mathbf{j}\omega L$이다. 이를 복소수 평면에서 표현하면 그림 10.22c와 같다. 스칼라 인덕터 리액턴스 X_L을 복소수 평면의 실수축에서 시계 반대 방향으로 $\pi/2$ 회전하면 벡터 인덕터 임피던스 $\mathbf{Z_L}$이 된다. 그러므로 RL 직렬 회로의 임피던스는 다음과 같이 표현된다.

$$\mathbf{Z_{Im}} = +\mathbf{j}\omega L \quad \textbf{(10.43a)}$$

$$\mathbf{Z_{Re}} = R \quad \textbf{(10.43b)}$$

$$\mathbf{Z} = \mathbf{Z_{Re}} + \mathbf{Z_{Im}} = R + \mathbf{j}\omega L \quad \textbf{(10.43c)}$$

$$|\mathbf{Z}| = (|\mathbf{Z_{Re}}|^2 + |\mathbf{Z_{Im}}|^2)^{1/2} = (R^2 + (\omega L)^2)^{1/2} \quad \textbf{(10.43d)}$$

$$\varphi = \tan^{-1}(|\mathbf{Z_{Im}}|/|\mathbf{Z_{Re}}|) = \tan^{-1}(\omega L/R) \quad \textbf{(10.43e)}$$

RL 직렬 회로의 출력 전압 $V_{out}(t)$는 $V_L(t)$과 $V_R(t)$의 합이므로 위상 차이 φ가 고려되어야 한다. 녹색 실선의 $V_{out}(t)$는 주어진 조건에서 32°만큼 오른쪽으로 이동한다.

그림 10.23은 다양한 RL(C) 회로의 Nyquist 플롯을 예시한다.

(i) RL 직렬 회로(그림 10.23a)의 Nyquist 플롯은 그림 10.23b에서 쇄선으로 표현한 직선이다. Z_{Re}는 ω의 영향을 받지 않으므로 일정하지만, Z_{Im}는 ω가 증가하면 무한히 증가한다. 또한 위상이 커패시터 경우와 반대이므로 아래로 향한다(허수축이 $-\mathbf{Z_{Im}}$). 그러므로 주어진 조건에서

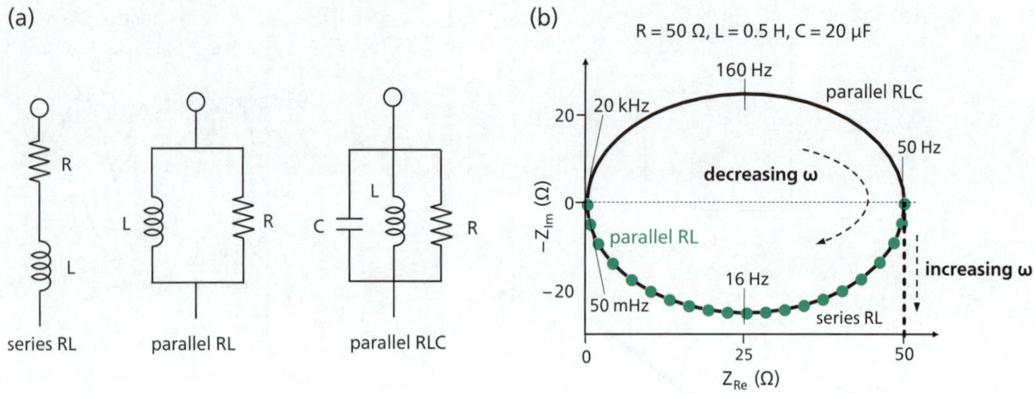

그림 10.23 **다양한 RL(C) 회로.** (a) 회로도. (b) Nyquist 플롯. 가정: R = 50 Ω, L = 0.5 H, C = 20 μF.

ω가 증가하면 $Z_{Re} = R = 50\ \Omega$에서 아래로 향하는 직선이 Nyquist 플롯이다.

(ii) RL 병렬 회로(그림 10.23a)의 Nyquist 플롯은 그림 10.23b의 녹색 점선으로 표시한 반원이다. 병렬 회로의 **Z**는 다음과 같다.

$$\mathbf{Z} = R(\omega L)^2/[R^2 + (\omega L)^2] + \mathbf{j}R^2(\omega L)/[R^2 + (\omega L)^2] \qquad \textbf{(10.44)}$$

식 (10.44)에서 RL 병렬 회로의 $\mathbf{Z_{Re}}$와 $\mathbf{Z_{Im}}$는 모두 ω의 함수이다. ω ≈ ∞이면 인덕터 리액턴스가 증가하여 단락된 전선과 같으므로 전류는 R을 통하여 흐른다. ω ≈ 0이면 전선과 같은 인덕터를 통하여 전류가 흐르므로 저항 R에 흐르는 전류는 없다. 주어진 RL 병렬 회로에서 50 Hz부터 인덕터에 전류가 흐르기 시작하며, 16 Hz(= R/2πL)에서 최대 $|Z_{Im}|$이 된다. 50 mHz에서 Z = 0이 된다. $\mathbf{Z_{Im}}$은 $-(-\mathbf{Z_{Im}})$이므로 실수축 아래에 반원으로 Nyquist 플롯이 나타난다.

(iii) RLC 병렬 회로(그림 10.23a)의 Nyquist 플롯은 그림 10.23b의 검은색 실선으로 표시한 원이다. RLC 병렬 회로는 주파수 50 Hz 이상에서는 인덕터에 전류가 흐르지 않으므로 실질적으로 RC 병렬 회로이다. 50 Hz 이하에서는 커패시터에 전류가 흐르지 않으므로 실질적으로 RL 병렬 회로이다. 그러므로 50 Hz 이상에서는 실수축 위에 위치하는 RC 병렬 회로의 반원이, 50 Hz 이하에서는 실수축 아래에 위치하는 RL 병렬 회로의 반원이 있는 Nyquist 플롯으로 나타난다.

그러므로 Nyquist 플롯의 낮은 주파수에서 실수축 아래의 $+Z_{Im}$이 관찰되면 등가회로의 인덕터 존재를 추측할 수 있다.

흡착물이 관여하는 반응

흡착물이 반응 중간체인 아래의 반응을 생각해 보자.

반응 1: $M(s) + X(aq) \longrightarrow M^{+}X(ad) + e$ **(10.45a)**

반응 2: $M^{+}X(ad) \longrightarrow M^{2+}X'(aq) + e$ **(10.45b)**

식 (10.45)에서 두 개의 병렬 반응이 흡착물 $M^{+}X(ad)$를 매개 물질로 연결되어 있다. FeOH(ad)를 포함하는 Fe 부식 반응이 식 (10.45)의 한 실례이다.

반응 1과 반응 2의 산화 전류 i_1과 i_2는 각각 다음과 같다.

$$i_1 = FAk_1^\circ \exp(b_1E)(1 - \theta) = k_1(E)(1 - \theta) \quad \textbf{(10.46a)}$$

$$i_2 = FAk_2^\circ \exp(b_2E)\theta = k_2(E)\theta \quad \textbf{(10.46b)}$$

식 (10.46)은 Butler-Volmer 식에서 산화 반응만을 고려한 것이며, $b = (1 - \alpha)(F/RT)$이다. 또한 θ는 $M^+X(ad)$의 덮힘률이다. 그러므로 $FAk^\circ \exp(bE)$를 전위 E에서 반응 속도 상수 k(E)로 표시한다. 한편 시간에 따른 덮힘률의 변화 $d\theta/dt$는 $M^+X(ad)$의 최대 표면 농도 Γ와 다음과 같은 관계가 있다.

$$\Gamma d\theta/dt = i_1/F - i_2/F \quad \textbf{(10.47)}$$

전위 E에서 $i_1 = i_2$인 정상 상태의 덮힘률 θ_{ss}는 식 (10.46)에서 다음과 같이 계산할 수 있다.

$$\theta_{ss}(E) = k_1(E)/(k_1(E) + k_2(E)) \quad \textbf{(10.48)}$$

식 (10.48)은 정상 상태에만 적용할 수 있으므로, 직류 전위 E를 전극에 인가한 후 정상 상태에 도달할 때까지 충분한 시간(넓은 시간창)이 필요하다. 직류 전위 E에 $\Delta E(t) = \Delta E\sin(\omega t)$의 교류 전위 성분을 더한 교류 전위 $E(t)(= E + \Delta E(t))$를 인가하면, 전위 E에서 정상 상태에 도달한 후 전위 변화 ΔE(t)에 의한 변화가 추가로 일어난다. ω에 역비례하는 시간창 동안 변화가 일어나므로, 그 변화의 정도는 반응 속도 및 물질 전달 속도가 반영된 교류 전류 Δi(t)로 나타난다. 관찰하는 전류 i(t)는 전위 E에서 직류 전류 i(E)와 교류 전류 Δi(t)의 합이다(즉, $i(t) = i(E) + \Delta i(t)$). 반응 속도 및 물질 전달 속도의 정보는 faraday 임피던스 $Z_f(\omega)$에 들어 있으며, $Z_f(\omega)$는 다음과 같다.

$$1/Z_f(\omega) = \Delta i(t)/\Delta E(t) \quad \textbf{(10.49)}$$

i(t)는 반응 변수 k(E(t))와 θ(t)가 결정한다. E(t)를 인가하였을 때 교류 전류 Δi(t)는 각 반응의 저항 R로 다음과 같이 표현된다.

$$R_1 = di_1/dE = 1/[b_1k_1(E)(1 - \theta_{ss}(E))] \quad \textbf{(10.50a)}$$

$$R_2 = di_2/dE = 1/[b_2k_2(E)\theta_{ss}(E)] \quad \textbf{(10.50b)}$$

$$\Delta i_1(t) = \Delta E(t)/R_1 - k_1(E)\Delta\theta(t) \quad \textbf{(10.50c)}$$

$$\Delta i_2(t) = \Delta E(t)/R_2 + k_2(E)\Delta\theta(t) \quad \textbf{(10.50d)}$$

식 (10.50a)와 (10.50b)는 반응 1과 반응 2의 전하 전달 저항 R을 정상 상태의 전류[식 (10.46)]를 이용하여 정의한다. 따라서 식 (10.50c)와 (10.50d)에서 Δi(t)는 ΔE(t)에 따른 반응 속도 상수 k의 변화와 Δθ(t)에 따른 반응 속도 변화의 합이다. 한편 교류 신호에 응답하는 물질 농도 변화에 의한 전류는 커패시턴스로 표현하므로 식 (10.47), (10.50c), (10.50d)를 연결하면 다음과 같이 Δθ(t)를 표현할 수 있다.

$$j\Gamma F\omega\Delta\theta(t) = (1/R_1 - 1/R_2)\Delta E(t) - [k_1(E) + k_2(E)]\Delta\theta(t) \quad \textbf{(10.51a)}$$

$$\Delta\theta(t) = [(1/R_1 - 1/R_2)\Delta E(t)]/\{j\Gamma F\omega + [k_1(E) + k_2(E)]\} \quad \textbf{(10.51b)}$$

한편 두 개의 병렬 반응이 θ를 매개로 연결되어 있으므로 i(t)는 다음과 같다.

$$\begin{aligned}\Delta i(t) &= \Delta i_1(t) + \Delta i_2(t) \\ &= (1/R_1 + 1/R_2)\Delta E(t) + [k_2(E) - k_1(E)]\Delta\theta(t)\end{aligned} \quad \textbf{(10.52)}$$

식 (10.52)의 양변을 $\Delta E(t)$로 나눈 후 식 (10.49)에 대입하면 $1/Z_f(\omega)$를 다음과 같이 표현할 수 있다.

$$1/Z_f(\omega) = \Delta i(t)/\Delta E(t)$$
$$= (1/R_1 + 1/R_2) + [k_2(E) - k_1(E)][\Delta\theta(t)/\Delta E(t)] \quad \textbf{(10.53)}$$

또한 $1/R_{sum} = 1/R_1 + 1/R_2$로 정의하고, 식 (10.51b)에서 $[\Delta\theta(t)/\Delta E(t)]$를 구하여 식 (10.53)에 대입하면 $1/Z_f(\omega)$는 다음과 같다.

$$1/Z_f(\omega) = 1/R_{sum} + [k_2(E) - k_1(E)](1/R_1 - 1/R_2)/\{j\Gamma F\omega + [k_1(E) + k_2(E)]\} \quad \textbf{(10.54a)}$$
$$= 1/R_{sum} + A/(j\omega + B) \quad \textbf{(10.54b)}$$
$$A = (1/\Gamma F)(1/R_1 - 1/R_2)[k_2(E) - k_1(E)] \quad \textbf{(10.54c)}$$
$$B = (1/\Gamma F)[k_1(E) + k_2(E)] \quad \textbf{(10.54d)}$$

식 (10.54b)의 허수부를 주목하자. 식 (10.54b)의 허수부가 $A > 0$이면 인덕터 회로의 허수부[식 (10.43)]와 같은 모양이 된다. $A < 0$이면 커패시터 회로의 허수부[식 (10.15)]와 같은 모양이 된다. 그러므로 식 (10.54c)가 정의하는 A의 부호에 따라 $Z_f(\omega)$의 등가회로는 인덕턴스 성분을 가지게 된다.

화학적 의미를 살펴보자. 그림 10.24는 전위 E의 함수인 물리량을 도시한 그림이다. 모사에서 가정한 변수는 다음과 같다. $k_1^\circ = 4F\ Acm^{-2}$(F는 Faraday 상수), $b_1 = 32\ V^{-1}$, $k_2^\circ = 1\times10^{-6}F\ Acm^{-2}$, $b_2 = 5\ V^{-1}$, $\Gamma = 1 \times 10^{-9}\ molcm^{-2}$. $n = 1$일 때 $k^\circ = 1F\ Acm^{-2}$는 반응 속도 상수 $1\ cms^{-1}$에 해당한다. 한편 가정한 b에서 비대칭 계수를 계산하면 $\alpha_1 \approx 0.18$과 $\alpha_2 \approx 0.87$이다. 전위 E가 증가하면 반응 1의 속도는 빠르게 증가하며, 반응 2의 속도는 상대적으로 느리게 증가한다. 따라서 낮은 전위에서 $\theta_{ss} \approx 0$이고 높은 전위에서는 $\theta_{ss} \approx 1$이다(그림 10.24a).

그림 10.24b는 k_1, k_2와 θ_{ss}를 집중적으로 논의할 전위 범위에서 도시한 그림이다. 전위 E의 함수인 실선의 $k_1(E)$와 점선의 $k_2(E)$를 비교하면 $k_1 = k_2$가 되는 임계 전위 $E_{critical}(-0.563\ V)$를 중심으로 상대적 크기가 변화한다. $E < E_{critical}$이면 $k_1 < k_2$이고, $E > E_{critical}$이면 $k_1 > k_2$이다. 그림 10.24c에서 식 (10.54c)의 A를 살펴보면, A는 $E_{critical}$를 중심으로 양수에서 음수로 변화한다. 그러므로 $E < E_{critical}$에서 $Z_f(\omega)$는 인덕턴스의 성분을 가진다. 그림 10.24b에서 $E = -0.58\ V$의 상황을 예로 살펴보자. 교류 전위 $E(t) = E(-0.58\ V) + \Delta E(t)$를 전극에 인가하면 전극 전위는 $(E - \Delta E)$~$(E + \Delta E)$ 구간에서 진동한다. ω가 매우 크면(ω_{high}) 반응 1의 속도 상수가 작으므로 좁은 시간창에서 반응 1이 진행하지 못하여 $\Delta\theta(t) \approx 0$이고, 흡착물의 덮힘률은 $\theta_{ss}(E)$에 머물러 있게 된다(검은색 점). 따라서 $\Delta i_1(t) = \Delta i_2(t) \approx 0$인 직류 전류만 흐르게 된다. ω가 작아지면(ω_{low}) 상황은 달라진다. 시간창이 넓은 ω_{low}에서 반응이 진행할 수 있는 시간이 확보되므로 $\Delta\theta(t) \neq 0$이고 $\Delta i(t) \neq 0$이다. 다시 말해 직류 전류에 $\Delta E(t)$에 의한 교류 전류 $\Delta i(t)$가 더해진다. 그런데 $k_1 < k_2$이므로 반응 1이 만들어 내는 흡착물 농도의 실질적 변화 $\Delta\theta_{real}(t)$는 정상 상태의 $\Delta\theta_{ss}(\omega \longrightarrow 0)$보다 작다(시간창의 폭은 유한한 크기를 가지는 ω_{low}가 정상 상태($\omega \longrightarrow 0$)보다 좁음). 그러므로 반응 속도가 상대적으로 큰 반응 2를 통하여 실질적으로 흐르는 교류 전류 $\Delta i_2(t)$는 $\Delta\theta_{real}(t)$에 의해 한정(impede)되므로, 흐를 수 있는 전류 $\Delta i_2(\omega \longrightarrow 0)$보다 작다. 낮은 ω에서 RL 병렬 회로에서 R에 흐르는 전류를 한정하는 L과 반응 2의 전류를 한정하는 반응 1은 같은 역할을 한다. 따라서 $E < E_{critical}$에서 ω가 낮으면 $Z_f(\omega)$는 인덕터 성분을 갖게 된다. 반면 $E > E_{critical}$이면 $k_1 > k_2$이므로 반응 1이 충분한 양의 흡착물을 생성하므로 반응 1이 반응 2를 한정하지 않는다. 그러므로 $Z_f(\omega)$에 인덕턴스의 성분은 없다.

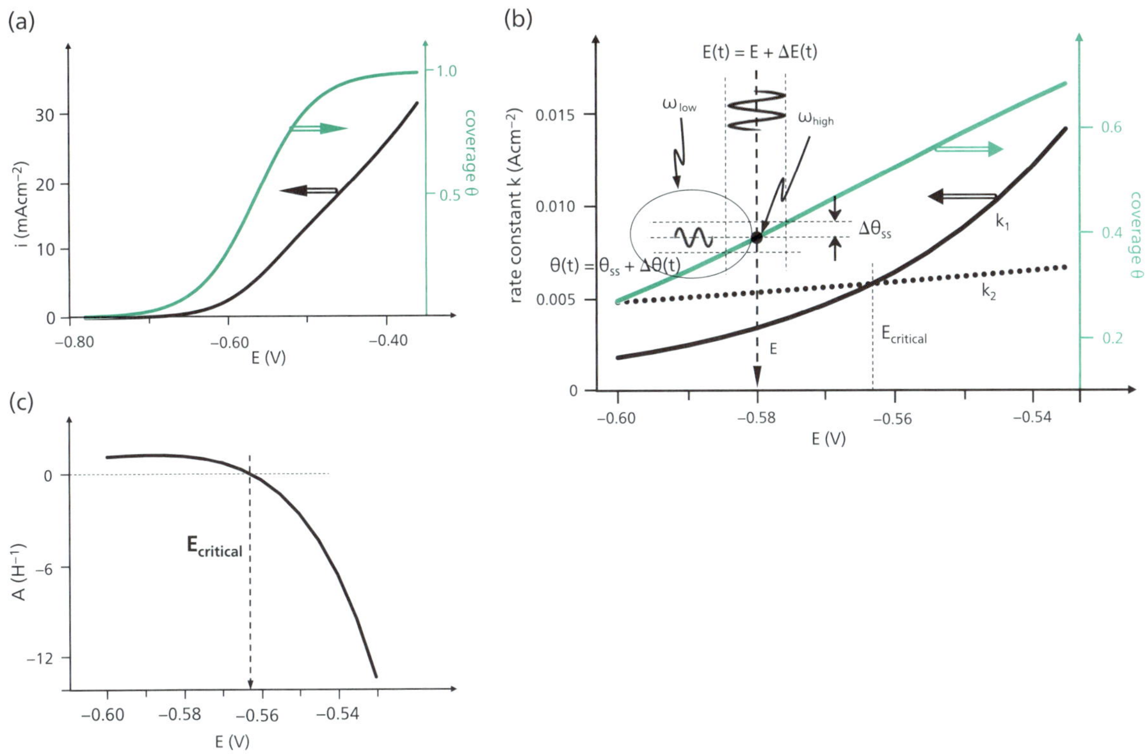

그림 10.24 **흡착물이 관여하는 반응.** (a) 정상 상태 i-E 곡선(검은색 실선)과 덮힘률 θ의 변화(녹색 실선). (b) 반응 속도 상수 k(E)(검은색)와 덮힘률 θ(E)(녹색). 검은색 실선과 점선은 각각 $k_1(E)$와 $k_2(E)$이다. 교류 전위 $E(\omega) = E + \Delta E\sin(\omega t)$를 인가했을 때, $\theta(\omega_{high})$를 검은색 점으로, $\theta(\omega_{low})$를 파형으로 표시한다. (c) 전위에 따른 A 값의 변화. 가정: $k_1^\circ = 4F\ Acm^{-2}$, $b_1 = 32\ V^{-1}$, $k_2^\circ = 1 \times 10^{-6}F\ Acm^{-2}$, $b_2 = 5\ V^{-1}$, $\Gamma = 1 \times 10^{-9}\ molcm^{-2}$. 임계 전위 $E_{critical}$은 $k_1 = k_2$이 되는 전위 −0.563 V이다. 자세한 설명은 본문을 참조하라.

그림 10.25는 흡착물이 관여하는 반응의 Z_f 등가회로를 예시한다.

그림 10.25a는 $A > 0$일 때 Z_f의 등가회로이다. 물론 Z_f는 $R_{soluion}$, C_{dl}과 각각 직렬과 병렬로 연결된다. 등가회로의 L′과 R′은 각각 다음과 같다.

$$L' = 1/A \tag{10.55a}$$

$$R' = B/A \tag{10.55b}$$

높은 ω에서 L′은 단락된 것과 같으므로 Z_f에 흐르는 전류는 R_{sum}으로 흐른다. 반응 1과 반응 2가 θ를 매개로 연결되는 병렬 반응이므로 그림 10.25b와 같이 R_{sum}은 R_1과 R_2의 병렬 회로 등가 저항이다[식 (10.53)]. 이 상황은 이미 설명한 $\Delta i_1(t) = \Delta i_2(t) \approx 0$인 상황이다. ω가 낮아지면 인덕터에 전류가 흐르기 시작한다. L′ 리액턴스는 $1/(k_2 - k_1)$에 비례하므로 반응 1이 반응 2를 한정하는 정도를 나타내며, 인덕터 전류 크기를 결정하는 R′은 정상 상태 전류와 한정되는 전류의 비이다. 다시 말해 반응 1에 의해 한정되는 반응 2의 전류가 인덕터를 통해 반응하지 않고 회로를 빠져나간다.

그림 10.25c는 $A < 0$일 때 Z_f 등가회로이며 인덕터는 없다. C″과 R″은 각각 다음과 같다.

$$C'' = -1/AR_{sum}^2 \tag{10.56a}$$

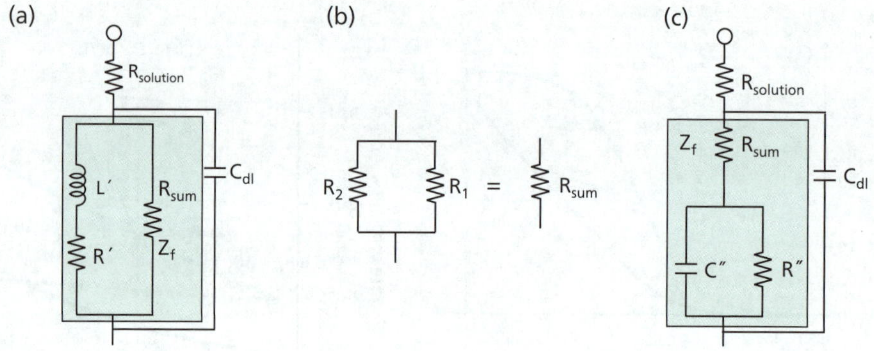

그림 10.25 **흡착물이 관여하는 반응의 등가회로.** (a) E < $E_{critical}$인 경우. (b) R_1과 R_2의 병렬 회로. (c) E > $E_{critical}$인 경우.

$$R'' = -AR_{sum}^2/(B + AR_{sum}) \quad \textbf{(10.56b)}$$

Z_f는 흡착물을 통한 반응 1과 반응 2의 연계와 관련된 R″C″ 병렬 회로가 R_{sum}과 직렬로 연결된 회로이다.

그림 10.26은 흡착물이 관여하는 반응의 Nyquist 플롯을 예시한다. 예시하는 전위에서 회로 성분의 값을 표 10.1에 제시한다.

그림 10.26a는 E < $E_{critical}$인 상황, 즉 그림 10.25a의 등가회로를 모사한 Nyquist 플롯이다. ω가 10 MHz이면, C_{dl}이 전선과 같으므로 $R_{solution}$만 Z_{Re}에 나타난다. ω가 감소하면 R_{sum}과 C_{dl}의 RC 병렬 회로가 작동하여 반원을 그린다. 이때 L′의 리액턴스는 매우 커서 전류가 흐르지 못한다. ω = 35.5 Hz이면 C_{dl}은 거의 단락되어 전류는 $R_{solution}$과 R_{sum}의 직렬 회로를 흐른다. ω가 더 작아지면 인덕터 회로가 작동하기 시작하여 전류는 R′을 흐르기 시작한다. ω = 1 mHz가 되면 $R_{solution}$을 지난 전류는 R_{sum}과 R′의 병렬 회로로 흐른다. E가 증가할수록 k_1이 k_2에 접근하므로 R_{sum}은 감소하고 L′과 R′ 리액턴스는 증가하며 인덕턴스에 의한 반원이 감소한다(점선). –0.565 V에서는 $R_{solution}$과 직렬로 연결된 R_{sum}과 C_{dl} 병렬 회로의 특성만 나타난다(쇄선).

그림 10.26b는 E > $E_{critical}$인 상황, 즉 그림 10.25c의 등가회로를 모사한 Nyquist 플롯이다.

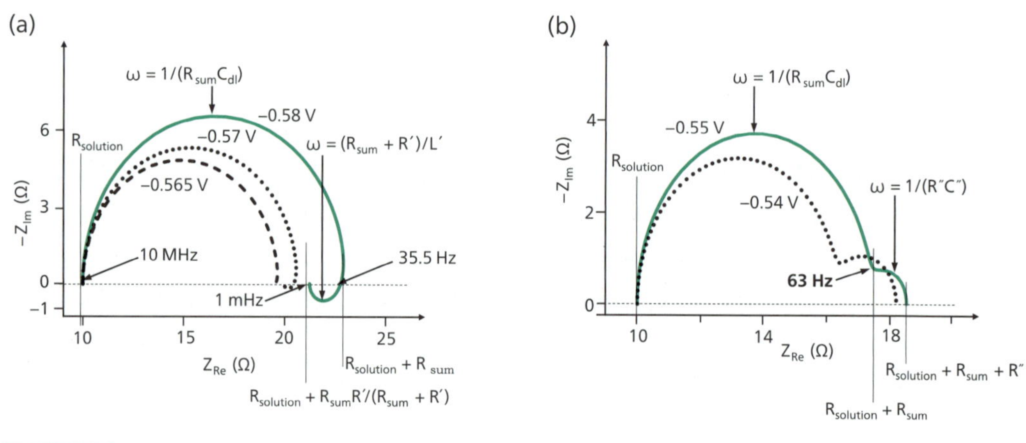

그림 10.26 **Nyquist 플롯.** (a) E < $E_{critical}$인 경우. 실선: −0.58 V, 점선: −0.57 V, 쇄선: −0.565 V. (b) E > $E_{critical}$인 경우. 실선: −0.55 V, 점선: −0.54 V.

표 10.1 그림 10.25 등가회로 성분의 값[1]

전위(V)	A(1/Ωs)	B(1/s)	R_{sum}(Ω)	R′(Ω)	L′(H)	R″(Ω)	C″(F)	비고
−0.58	1.12	89.8	13.1	80.0	0.89	-	-	인덕터가 포함된 회로
−0.57	0.68	105.7	10.7	156	1.48	-	-	
−0.565	0.23	115.5	9.7	500	4.33	-	-	
−0.55	−2.64	154.8	7.5	-	-	1.09	0.0068	커패시터가 포함된 회로
−0.54	−6.60	192.4	6.4	-	-	1.81	0.0037	

[1] $R_{solution}$ = 10 Ω, C_{dl} = 20 μF.

전위가 −0.55 V일 때의 Nyquist 플롯(실선)부터 보자. ω가 매우 크면 C_{dl}과 C″은 전선과 같으므로 $R_{solution}$만 Z_{Re}에 나타난다. ω가 감소하면 R_{sum}과 C_{dl} 병렬 회로의 특성이 나타나는데, 커패시턴스 값이 큰 C″은 아직 전선과 같은 역할을 하기 때문이다. ω = 63 Hz에서 C_{dl}은 완전히 전선과 같은 형태가 되고, 그 이하의 ω에서 C″의 리액턴스가 증가하기 시작한다. 다시 말해 R″C″ 회로가 작동하기 시작하여 회로 전체의 임피던스가 증가한다. ω가 더욱 낮아지면 C″도 단락된 상태가 되어 전류는 $R_{solution}$ ⟶ R_{sum} ⟶ R″ 직렬 회로로 흐르게 된다. 전극 전위 E가 −0.54 V로 증가하면 반응 1의 속도는 급격히 증가하고 반응 2의 속도는 조금 증가하여 두 반응의 차이가 증가한다(그림 10.24a). 결과적으로 반응 1의 R_1은 많이 감소하고 반응 2의 R_2는 조금 감소한다. 그러므로 R_{sum}은 감소한다. 반면 반응 2와 관련이 있는 R″는 증가하고, C″은 감소한다. 따라서 높은 ω의 반원은 줄어들고, 낮은 ω의 반원은 늘어난다(점선).

그림 10.24~26이 예시하는 바와 같이 전극 전위에 따라 전류를 결정하는 반응 단계가 EIS와 관련된 등가회로를 결정한다. 등가회로가 변화하면 EIS 스펙트럼도 변화한다.

지금까지 논의는 전기화학 반응계의 임피던스를 알고 있는 상황에서 Nyquist 플롯을 이해하였다. 그러나 실험에서는 그 역순으로 전기화학 반응 시스템을 이해한다. 실험에서 관찰한 EIS에서 반응계의 임피던스 등가회로를 파악하고, 이를 화학적 관점에서 이해한다.

10.7 전기화학 임피던스 실험

전기화학 임피던스 실험을 진행할 때 2-전극과 3-전극 시스템 형태의 전지가 사용될 수 있다. 또한 EIS 스펙트럼을 얻는 과정을 기기의 작동 원리도 전체적인 전기화학 임피던스의 이해에 중요하다.

전지의 형태

그림 10.27은 2-전극과 3-전극 시스템의 전지를 예시한다. 그림 10.27a는 2-전극 시스템을 사용하는 경우이다. 임피던스 실험은 교류 전위 E(t)를 인가하고 전지의 교류 전류 i(t)를 측정하는 실험이다. 그러므로 2-전극 시스템에서 작업 전극과 상대 전극의 전위는 전류에 따라 모두 변화할 수 있다. 그러므로 전지의 임피던스 Z_{cell}은 작업 전극 임피던스 Z_{wk}와 상대전극 임피던스 Z_{ct}과 다음과 같은 관계가 있다.

$$Z_{cell} = [\Delta E_{wk}(t) - \Delta E_{ct}(t)]/\Delta i(t) = Z_{wk} - Z_{ct} \qquad (10.57)$$

그러므로 큰 면적의 상대 전극을 사용하여 $\Delta E_{ct}(t) \approx 0$가 되게 해야 한다. 그런 경우 Z_{cell}의 변화가 Z_{wk}의 변화가 된다.

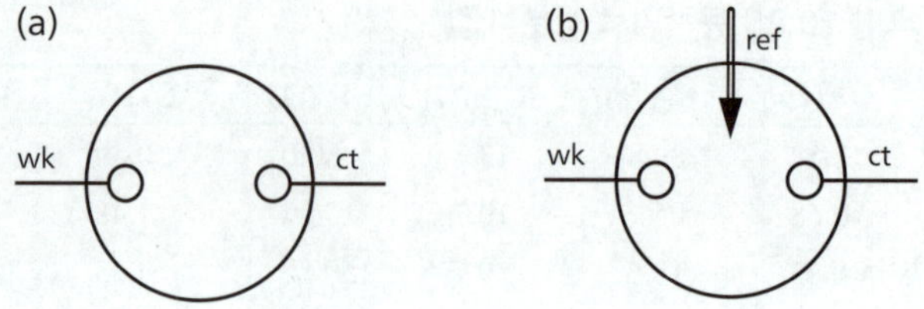

그림 10.27 **임피던스 실험과 전극 시스템.** (a) 2-전극 시스템. (b) 3-전극 시스템.

그림 10.27b는 3-전극 시스템을 사용하는 경우이다. 기준 전극에 대하여 전위를 제어하므로 다음의 관계가 성립한다.

$$Z_{wk} = [\Delta E_{wk}(t) - \Delta E_{ref}(t)]/\Delta i(t) \quad (10.58)$$

이상적 비분극 전극과 유사한 기준 전극의 $\Delta E_{ref}(t)$가 0이므로 Z_{wk}를 Z_{ct}로부터 분리할 수 있다.

▶ 임피던스의 측정

임피던스의 측정 기본 원리는 그림 10.3, 그림 10.10, 그림 10.22가 예시하는 바와 같이 입력 신호와 출력 신호를 비교하여 진폭과 위상의 측정이다. ω와 ΔE를 알고 있는 입력 기준 신호에 대하여 출력 신호의 위상과 진폭을 측정하면, 그림 10.7과 그림 10.22이 예시하는 벡터 분석을 통하여 Z_{Re}와 Z_{Im}, φ를 결정한다. 그러므로 임피던스 Z를 결정하기 위해서는 입력 기준 신호를 알고 있어야 하며, 기준 신호에 대한 출력 신호의 위상과 진폭을 측정하는 기술이 필요하다.

그림 10.28은 임피던스를 측정하는 일정 전위기의 기능을 예시한다.

ω와 ΔE를 알고 있는 하나의 입력 신호를 일정 전위기에 인가하는 경우를 생각해 보자. 출력 신호의 주파수는 ω이다. 그러나 출력 신호의 위상과 진폭은 전지의 Z에 따라 변화한다. Lock-in 증폭기를 사용하면 출력 신호의 위상과 진폭을 쉽게 측정할 수 있다. 그런데 EIS 스펙트럼의 분해능을 높게 유지하기 위해서 입력 주파수는 μHz 단위에서 MHz 단위로 변화해야 한다. 높은 주파수는 문제가 되지 않지만 낮은 주파수는 문제가 된다. 예를 들면 1 mHz의 입력 신호에 대하여 출력 신호를 한 주기 동안 관찰하면 1000 s, 약 17 min이 소요된다. 그 시간은 전극의 상황이 변화할 수 있는 충분한 시간이다. 그러므로 하나의 주파수 입력 신호를 사용한 실험에서 긴 실험 시간이 문제가 된다.

긴 실험 시간의 문제점을 극복하는 방법은 모든 주파수의 신호를 한 번에 인가하고, 출력 신호를 주파수 별로 분리하여 위상과 진폭 변화를 측정하는 방법이다. 그림 10.28이 이러한 방식의 기본 원리를 예시한다. 이러한 방법은 푸리에 변환(Fourier transformation, FT) 기술을 활용한다. 실험의 요구 조건(주파수 범위와 진폭)에 따라 n개의 ω과 일정한 ΔE를 결정한다. 다양한 ω의 입력 신호 위상이 모두 같으면 각 ω 입력 신호에 대한 위상을 측정이 불가능하다. 그러므로 컴퓨터의 도움으로 ω_j의 위상 φ_j를 무작위로 모두 다르게 배정한다. 결과적으로 $(\omega_j, \Delta E, \varphi_j)$의 배열이 생성되며, 그 배열이 주파수 영역의 입력 신호가 된다. 주파수 영역의 입력 신호에 빠른 FT(fast FT, FFT) 기술을 적용하여 시간 영역의 신호로 변환한 후, 직류 입력 신호 E_{DC}를 합하여 최종적인 시간 영역 입력 신호 E(t)를 만든다. E(t)를 일정 전위기에 인가하고 시간 영역의 출력 신호 i(t)를 측정한다. i(t)는 직류 신호 i_{DC}와 교류 출력 신호 Δi(t)로 구성된다. 그림 10.28에서 진폭 i_j와 위상 φ_j'는 전극의 Z가 결정한다. 시간 영역의 i(t)에 FFT 기술을 적용하여 ω = 0인 i_{DC}와 ω_j의 진폭 Δi_j

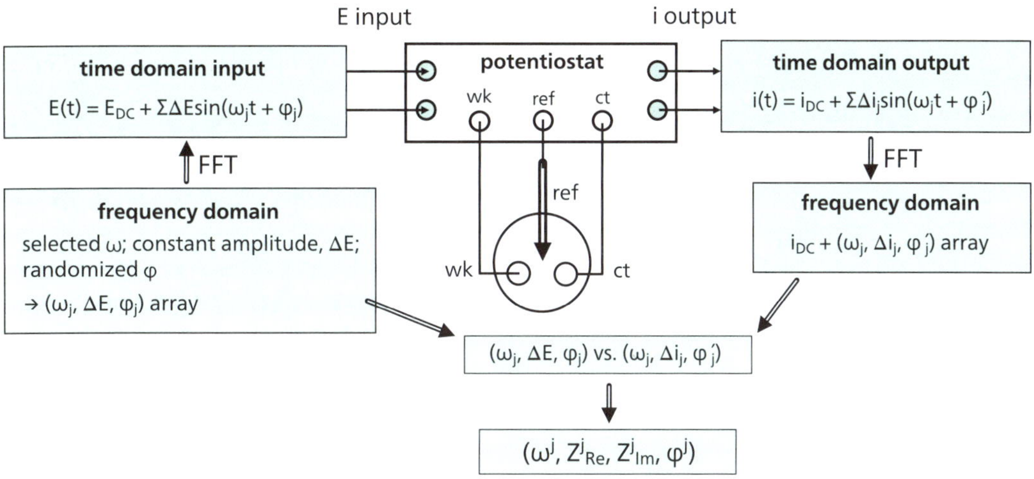

그림 10.28 **푸리에 변환(FT) 기술을 이용한 전기화학 임피던스 측정 기기의 개략도.**

와 위상 φ'_j를 측정한다. 결국 주파수 영역의 $(\omega_j, \Delta i_j, \varphi'_j)$ 배열을 얻게 된다. 다음의 관계를 이용하여 각 주파수에서 전지의 Z를 결정할 수 있다.

$$Z^j = \Delta E/\Delta i_j \tag{10.59a}$$

$$\varphi^j = \varphi'_j - \varphi_j \tag{10.59b}$$

$$Z^j_{Re} = Z^j \sin(\varphi^j) \tag{10.59c}$$

$$Z^j_{Im} = Z^j \cos(\varphi^j) \tag{10.59d}$$

결론적으로 식 (10.59)를 이용하면 $(\omega_j, Z^j_{Re}, Z^j_{Im}, \varphi^j)$ 배열을 계산할 수 있으므로 Nyquist 플롯과 Bode 플롯을 작성할 수 있다. FT 기술을 활용하면 실험 시간을 획기적으로 줄일 수 있다. EIS 스펙트럼을 기반으로 등가회로를 찾고 전기화학의 관점에서 해석하는 일만 남는다.

주요 용어

RC 직렬/병렬 회로	임피던스	유사 커패시터
직류와 교류	Nyquist 플롯과 Bode 플롯	Warburg 임피던스
리액턴스	Randles 등가회로	RLC 병렬 회로

연습 문제

10.1 아래의 그림은 RC 직렬 회로와 병렬 회로(R = 250 Ω; C = 5 μF)이다.

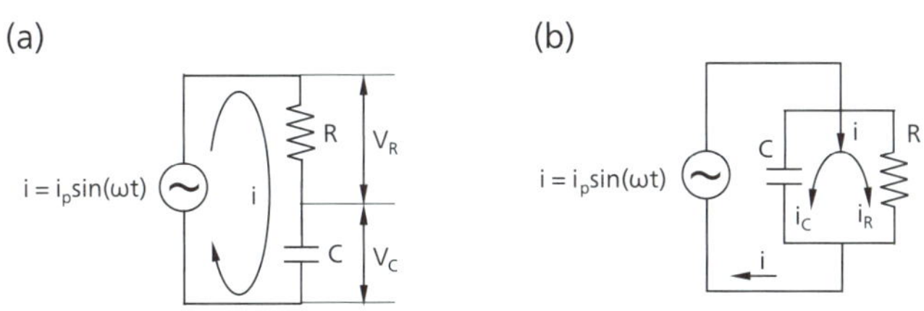

R = 250 Ω; C = 5 μF; i_p = 2 mA

i_p가 2 mA인 정현파를 회로에 입력할 때 다음의 질문에 답하라.

(a) 각주파수 ω가 각각 1, 100, 1000 rads^{-1}일 때, 직렬 회로의 Z_{Re}, Z_{Im}, Z와 위상 φ을 계산하라.

(b) 각주파수 ω가 각각 1, 100, 1000 rads^{-1}일 때, 병렬 회로의 Z_{Re}, Z_{Im}, Z와 위상 φ을 계산하라.

(c) (a)와 (b)의 계산 결과를 Z_{Re} vs $-Z_{Im}$ Nyquist 평면에 점으로 표시하고, Z와 위상 φ를 나타내라.

10.2 아래 회로의 Nyquist 플롯을 정성적으로 그리고, 그림 10.26과 같이 표기하라.

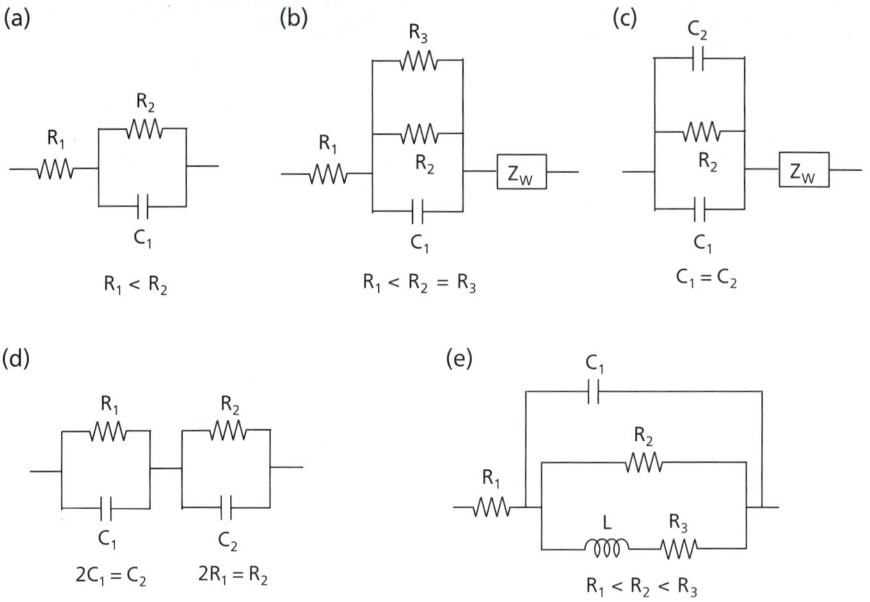

10.3 아래의 그림은 비가역 반응 Ox + e ⇌ Red E° = 0 mV의 RDE 순환 전위 주사 i-E 곡선이다. 전해질은 Red만을 포함한다. 전극의 등가회로를 그리고 표시한 전위 E_1~E_4에서 측정한 Nyquist 플롯을 정성적으로 도시하고 설명하라.

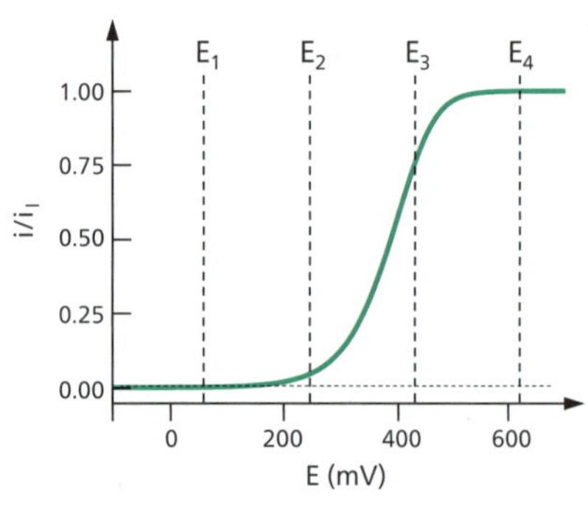

제3부

미래 에너지

Electrochemistry: A Way to Future Energy

제11장 ▸ 에너지 저장 장치: 배터리
제12장 ▸ 연료 전지와 전기화학 촉매론
제13장 ▸ 반도체 전극의 광전기화학과 광촉매

제 11 장 에너지 저장 장치: 배터리

차례

11.1 ▸ 배터리의 구성 요소
11.2 ▸ 배터리 성능 평가
11.3 ▸ 납 배터리
11.4 ▸ 다양한 2차 배터리
11.5 ▸ Li 이온 배터리
11.6 ▸ 미래의 2차 배터리
11.7 ▸ 초고용량 커패시터
11.8 ▸ Ragone 플롯

배터리는 Volta가 최초로 발명한 전기화학 전지로, 화학 물질로부터 전기 에너지를 생산하는 장치이다. 이러한 1차 전지의 대표적인 예가 건전지(dry cell)이다. 배터리 기술은 발전을 거듭하여 배터리는 전기 에너지를 화학 에너지로 저장하였다가 다시 전기 에너지를 꺼내 사용하는 2차 전지로 진화하였다.

이 장의 주제는 2차 전지이다. 먼저 2-전극 시스템의 전기화학 전지로 운용되는 전지의 기본적인 구조와 특성을 소개한다. 오랜 역사의 2차 전지, 아직도 사용되는 납 배터리를 다양한 응용의 측면에서 살펴본다. 납 배터리뿐만 아니라 다양한 2차 전지의 원리와 특징도 함께 검토한다. 현재 많은 주목을 받는 Li 이온 배터리로 논의의 초점을 옮긴다. Li 이온 배터리도 연구 역사가 오래되었는데, 현재의 형태를 갖추게 된 이유를 재료의 관점에서 소개하고, 개선된 성능을 위한 미래의 모습도 간략하게 짚어본다. 한편 에너지 저장 장치로 중요한 초고용량 커패시터도 원리와 특징의 관점에서 소개하고, 다양한 에너지 변환 장치를 Ragone 플롯을 통하여 비교한다.

11.1 배터리의 구성 요소

그림 11.1a는 전기 에너지 저장 장치인 배터리의 개념도이다. 전기화학 전지인 배터리는 산화 전극과 환원 전극, 그리고 두 전극 사이에 이온 전도가 가능한 전해질로 구성된다. 또한 일반적인 배터리에 두 전극을 분리하는 분리막(separator)이 있다. 그러므로 배터리의 구성 요소는 산화 전극, 환원 전극, 전해질과 분리막이다.

그림 11.1b는 배터리 전극의 세밀도를 예시한다. 전극 활성 물질의 작은 입자 집합체(assembly) 형태로 전극을 제작한다. 동일한 전류를 배터리가 방전할 때 전극 면적이 클수록 전류 밀도는 감소한다. 따라서 작은 입자 집합체 전극은 표면적이 크므로 전하 전달과 물질 전달 과전압이 감소하여 배터리 효율이 증대한다. 그러나 입자 집합체 전극 제작 과정에서 고려해야 할 사항들이 있다. 활성 물질 입자 전극은 전기 전도성이 있어야 하고, 집합체 입자 사이의 충분한 전기적 접촉과 공극(pore)이 있어야 한다. 공극에 스며든 전해질과 전극 입자 표면에서 전기화학 반응이 전류를 발생하고, 발생한 전류는 입자-입자 사이의 전기적 접촉을 통하여 흐르게 된다. 입자-전해질과

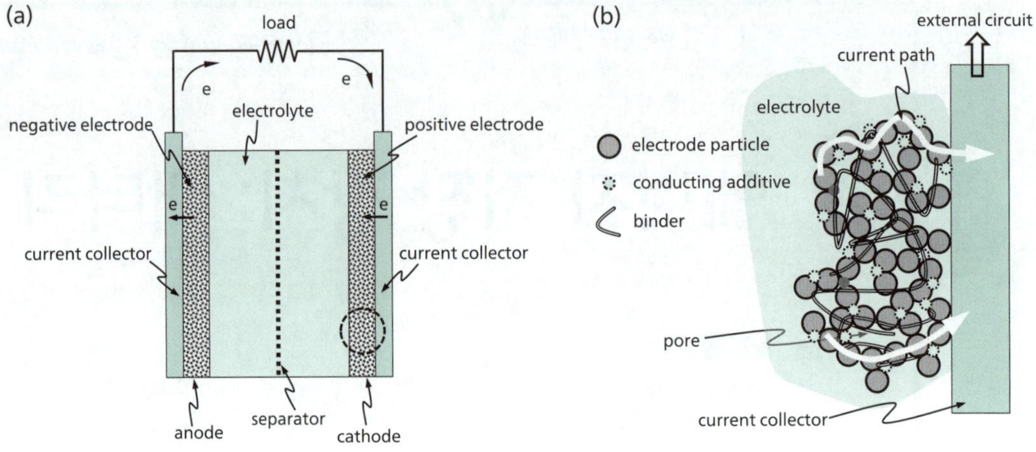

그림 11.1 **배터리의 일반적인 개념도.** (a) 배터리 구성 요소와 명칭. (b) 전극 세밀도.

입자-입자 사이의 접촉 불량은 Ohm 저항(과전압)을 발생하여 배터리 효율을 감소한다. 이 문제를 해결하기 위하여 탄소 입자와 같은 도전재(conducting material)를 전극 입자 사이에 혼합할 수 있다. 한편 배터리를 사용함에 따라 진동 등의 물리적 원인 또는 충전·방전 과정에서 전극 입자의 부피 변화 등의 화학적·물리적 원인에 의하여 입자가 집합체에서 분리되면 배터리 효율은 감소한다. 그러므로 전극 입자 집합체의 결합력을 증대하기 위하여 입자 사이의 접촉을 안정화하는 바인더(binder)가 사용된다. 전극 입자들에서 발생한 전류는 집전체(current collector)에 모여 외부 회로로 나가게 된다. 일반적으로 전극 제조 과정은 전극 입자, 도전재와 바인더를 적절한 용매와 혼합한 반죽(slurry)을 집전체에 도포·건조·압착하는 공정을 포함한다. 따라서 전극 입자 집합체가 도포된 집전체가 배터리 출력 단자가 된다.

그림 11.2는 에너지 관점에서 배터리를 표현한 그림이다. 우선 세로축 퍼텐셜 에너지와 전극 전위의 방향이 서로 반대임에 주목하라(제1장). 부하가 연결되지 않은 상황의 전압, 즉 열린 회로 전압 V_{OC}는 다음과 같다.

$$V_{OC} = E_{cathode} - E_{anode} = E_{positive} - E_{negative} \tag{11.1}$$

제1장의 정의에 따른 식 (11.1)은 방전하는 배터리의 각 전극 반응을 기준으로 한다. 방전 과정에서 배터리 양극은 환원 전극이고, 음극은 산화 전극임을 기억하라. 그러므로 양극 전위가 높을수록 또 음극 전위가 낮을수록, V_{OC}는 증가하여 배터리 효율이 향상된다.

배터리는 전력을 공급하는 장치이므로 충전된 상태에서 사용하거나 보관하게 된다. 그 상황에서 전극과 접촉하는 전해질도 화학 물질이므로 그림 11.2의 오른쪽에 표시한 바와 같이 전해질의 용매 분자에 전자로 채워진 HOMO와 전자가 없는 LUMO가 있다. 만약 용매 LUMO의 전위가 음극 전위보다 높다면, 음극 전자는 용매 LUMO로 이동하여 음극이 산화되고 용매 분자가 환원한다. 다시 말해 부하가 사용할 음극 전자를 용매 분자가 사용하는 자기 방전(self-discharge)이 발생한다. 충전된 상태에서 일어나는 자기 방전은 배터리 효율을 감소시킬 뿐만 아니라 전극 또는 전해질을 파괴하여 배터리 수명을 단축한다. 용매 LUMO의 전위가 음극보다 낮아 자기 방전이 일어나지 않을지라도, 충전 과정에서 음극 전위보다 더 낮은 전위를 음극에 인가하므로 용매 환원

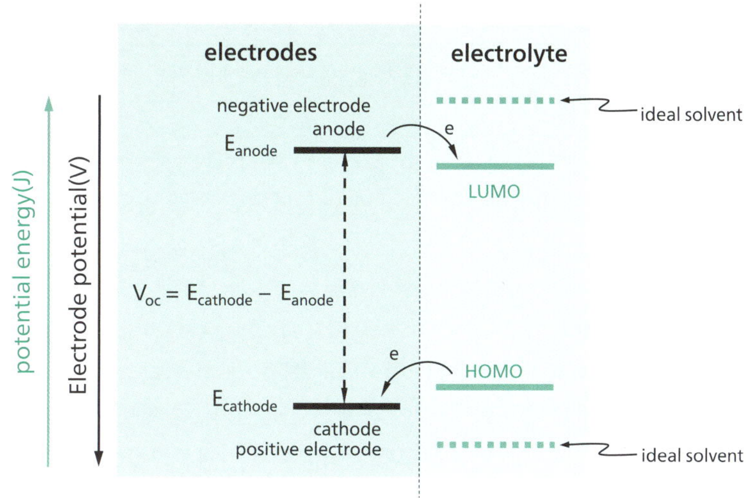

그림 11.2 배터리 전극 전위와 전해질의 전위창.

반응이 일어날 수 있다. 한편 용매 HOMO의 전위가 양극 전위보다 낮다면 자기 방전이 발생할 수 있다. 그러므로 이상적인 용매는 그림 11.2에서 점선으로 표시한 LUMO와 HOMO의 용매이다. 용매가 안정한 전위 구간을 **용매 전위창**(solvent potential window)이라 한다. 그러나 실제 변화가 일어나는 것은 열역학적 전위가 결정하는 것이 아니라 반응 속도가 결정함을 상기하자. 반응 속도가 느리면 과전압이 증가하므로 용매 환원 반응의 열역학적 전위가 높더라도 실제 변화는 작을 수 있다. 그러므로 용매 전위창의 폭은 반응 속도까지 고려된 것이어야 한다. 용매를 예로 설명하였지만, 전해질에 있는 모든 물질(이온, 불순물) 또는 전극을 구성하는 물질(집전체, 도전재, 바인더)이 자기 방전에 참여할 수 있다. 예를 들면 음극 집전체가 산화되면 전극 입자와의 접촉이 느슨해져 집전 효율이 감소할 수 있다(Ohm 저항 증가). 또한 산화된 집전체의 이온이 양극으로 이동하여 석출된다면 양극은 기능을 잃을 수도 있다. 한편 전해질에 존재하는 이온의 종류와 농도, 용매의 비유전 상수와 점도는 각각 이온 분위기 크기와 이온 이동도에 영향을 준다(제2장). 따라서 전해질 저항은 전해질 이온과 용매에 의하여 결정되므로 전극뿐만 아니라 전해질도 배터리 성능에 영향을 미치는 중요한 구성 요소이다.

전극 사이에 위치하는 분리막도 매우 중요하다. 배터리 전극 사이의 거리가 작을수록 전해질 저항이 감소하지만, 너무 가까우면 두 전극이 물리적으로 접촉하여 순간적 방전이 일어나는 위험성도 증가한다. 따라서 두 전극의 물리적 접촉을 방지하기 위하여 전기 부도체 분리막이 필요하다. 동시에 전해질의 이온 전도성을 충분히 유지하기 위하여 분리막은 적절한 크기의 공극이 필요하다. 또한 두 전극의 전해질이 다른 경우, 공극의 크기는 두 전해질이 혼합되지 않는 정도이어야 한다. 분리막은 배터리의 안전을 위하여 있어야 하지만, 어느 정도는 이온의 이동을 방해하므로 내부 저항으로 작용한다.

배터리의 네 가지 요소인 양극, 음극, 전해질과 분리막을 조립하여 단위 전지를 제작하고, 출력 전압을 높이기 위하여 단위 전지를 직렬로 연결하거나, 용량을 높이기 위하여 병렬로 연결하여 다양한 크기와 형태의 최종 배터리 제품이 완성된다.

11.2 배터리 성능 평가

사용 목적에 따라 다양한 모양과 크기로 제작되는 배터리의 성능을 **성능 수치**(figure of merit)로 표시한다.

그림 11.3a는 배터리의 방전 분극 곡선을 예시한다. 세로축은 배터리 전압이며, 가로축은 출력 전류 밀도이다. 전기화학 반응은 표면 반응이므로 전류 밀도로 표현하는 것이 학문적 관점에서 타당하다. 배터리는 2-전극 시스템이므로, 음극-전해질-분리막-전해질-양극으로 배터리 내부에서 전하 전달 과정과 이온 전도를 통하여 흐르는 전류는 저항 성분을 지나게 되고, 그에 따라 배터리 전압도 변화한다(제4장). 그러므로 전류 밀도의 함수로서 전압(일종의 i-E 곡선)을 관찰하면 배터리가 방전하는 동안 배터리 안에서 일어나는 일을 알 수 있다.

배터리 출력 전류 밀도와 전압의 관계를 살펴보자. 자기 방전이 없는 조건에서 전류가 흐르지 않으면 배터리 전압은 식 (11.1)의 V_{OC}에 머무른다. 전류가 흐르기 시작하면 전극에서 전하 전달 반응의 과전압이 필요하므로 배터리 전압이 감소한다. 전류가 더욱 증가하면 내부 저항(internal resistance)을 극복하기 위한 iR 전압 강하가 일어난다. 내부 저항은 전해질 저항뿐만 아니라 전극 입자 사이의 접촉 저항과 분리막 저항을 포함한다. 전류가 더욱 증가하면 마침내 반응물 또는 생성물의 물질 전달 저항이 급격히 증가하여 배터리 전압은 급격히 감소한다.

그림 11.3a에서 배터리 성능에 관한 중요한 성질을 이야기할 수 있다. 부하가 있을 때, 배터리 전압은 과전압 때문에 V_{OC}보다 항상 작다. 2차 전지의 전압이 **방전 종지 전압**(cut-off voltage, VCO)이라고 하는 전압 이하로 감소하면 다시 충전할 수 없는 비가역적 손상이 발생한다. 배터리의 종류에 따라 결정되는 V_{CO}까지 배터리가 방전할 수 있는 전하량이 그 배터리의 최대 전하량이 된다. 따라서 배터리 **용량**(capacity, C)을 완전히 충전된 상태에서 V_{CO}에 도달하기까지 방전하는 **전하량, 즉 '소요 시간 × 흐른 전류'**로 정의하며, 배터리 용량의 단위는 Ah 또는 mAh이다. 예를 들면 용량이 5000 mAh인 배터리는 5000 mA의 전류를 1 h 동안 흘리면 V_{CO}에 도달한다. 여기에서 배터리 용량은 반응물의 양에 의존하므로, 비교를 위하여 배터리 용량 산정 기준이 필요하다. 배터리 무게를 기준으로 산정한 용량을 **무게 비용량**(gravimetric specific capacity)이라 하며, 단위는 $Ahkg^{-1}$이다. 무게 비용량이 클수록 배터리는 가벼워진다. 한편 부피를 기준으로 한 용량을 **부피 비용량**(volumetric specific capacity)이라 하며, 단위는 AhL^{-1}이다. 부피 비용량이 클수록 배터리

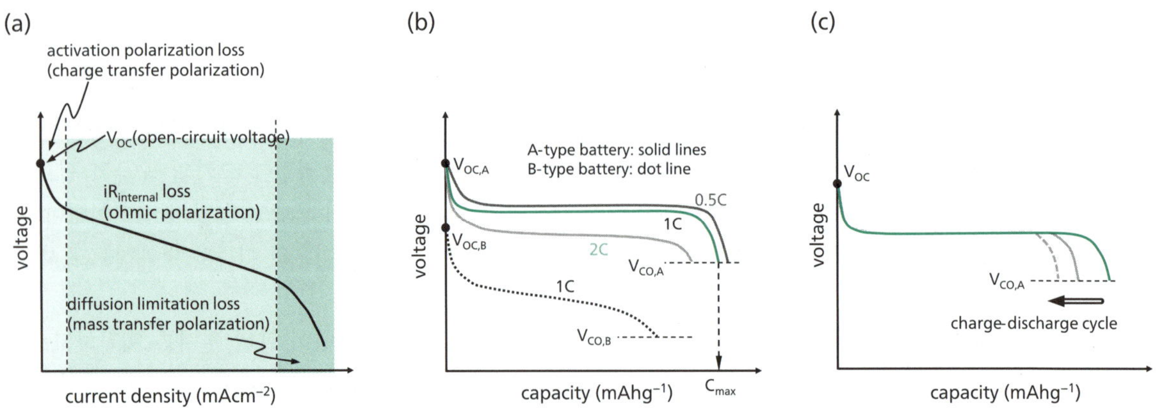

그림 11.3 **배터리 방전 곡선.** (a) 전류-전압 밀도 곡선. (b) C-속도와 방전 곡선. (c) 충전·방전 횟수와 방전 곡선.

는 작아진다. 그러므로 이동용 장비 또는 휴대용 기기에 활용되는 배터리 비용량은 중요한 성능 지수이다. 배터리 용량을 언급할 때, 단위를 반드시 확인하여 용량의 정의를 확인할 필요가 있다.

근본적으로 배터리는 에너지 저장 장치이다. 그러므로 배터리가 저장할 수 있는 에너지의 양도 중요하다. 배터리에 저장된 에너지 E를 출력할 수 있는 전하량 Q와 배터리 전압 V로 다음과 같이 표현한다.

$$E = QV \tag{11.2}$$

단위 배터리 무게에 저장되는 **에너지 밀도**(energy density, $Whkg^{-1}$)는 다음과 같다.

$$\text{에너지 밀도} = C \times V_{OC} \tag{11.3}$$

그러므로 양극과 음극의 전압 차이 V_{OC}가 크면 에너지 밀도는 증가한다. 배터리 무게 비용량과 에너지 밀도는 공급할 수 있는 총전하량과 총에너지의 정보를 가지고 있지만, 실용적 측면에서 단위 시간 동안 배터리가 공급할 수 있는 에너지, 즉 출력(power)이 더 중요하다. 예를 들면 출력이 작으면 전기 자동차를 빠르게 가속할 수 없다. 그러므로 단위 무게의 배터리가 내어놓는 출력인 **비출력**(specific power, Wkg^{-1})도 매우 중요한 성능 수치이다.

그림 11.3b는 배터리의 방전 곡선(discharge curve)을 예시한다. A-type과 B-type은 Li 이온 배터리(Li ion battery, LIB)와 납축전지(lead-acid battery)와 같이 전기화학이 다른 배터리일 수도 있으며, 전기화학이 같더라도 제작한 형태가 다른 경우일 수도 있다. 배터리 용량으로 표시된 가로축은 배터리가 방출한 용량(전하량)을 표시한다. 세로축이 전압이므로 곡선 밑의 면적은 방전 과정에서 방출된 에너지를 의미한다. 방전 곡선은 시간(속도)에 대한 정보가 없다. 배터리 용량에 대한 상대적인 방전(또는 충전) 속도를 **C-속도**(C-rate)로 정의한다. 예를 들면 용량이 5000 $mAhkg^{-1}$인 배터리가 5000 mA의 전류를 1 h 동안 방전하면 C-속도 = 1C이다. 10000 mA로 방전한다면 C-속도 = 2C이고, 방전 시간은 0.5 h로 감소한다. 따라서 방전 곡선에 명시한 C-속도는 시간에 대한 정보를 담고 있다. 또한 방전 과정에서 남아있는 용량을 수치화하는 **충전 상태**(state of charge, SOC)와 **방전 심도**(depth of discharge, DOD)를 주어진 C-속도의 최대 용량 C_{max}(그림 11.3b)를 기준으로 다음과 같이 각각 정의한다.

$$SOC(\%) = (C/C_{max}) \times 100 \tag{11.4a}$$

$$DOD(\%) = 100 - SOC \tag{11.4b}$$

그림 11.3b의 A-type 배터리 방전 곡선을 살펴보자. 배터리와 연결된 부하가 큰 전류를 요구하면 배터리의 C-속도는 증가한다. 배터리 출력이 증가하면 전하 전달 반응의 과전압과 iR 전압 강하가 커진다. 따라서 V_{CO}에 도달하기까지 사용한 용량은 큰 C-속도 조건이 작은 C-속도 조건보다 작다. 이는 높은 C-속도는 전지 효율의 감소를 의미한다. 그 이유는 배터리가 가지고 있는 화학 에너지가 전기 에너지로 모두 변환되지 않고 내부 저항에 의한 열로 변환하기 때문이다. 한편 A-type과 B-type의 분극 곡선은 다르다. 1C 조건에서 그림 11.3b의 A-type 배터리가 B-type 배터리보다 용량 및 출력의 관점에서 우수하다. 또한 배터리 방전 곡선은 배터리 활용자에게도 매우 중요하다. A-type 배터리 방전 곡선의 평탄한 부분은 일정한 출력을 의미하는데, 일정한 출력이 필요한 응용 분야(대부분의 전자 기기)에 A-type 배터리가 적합하다. 반면 B-type 배터리는 용량을 크게 하여 짧은 시간 동안 높은 출력이 필요한 응용(내연기관의 시동 모터)에 적용할 수 있

다. 내연기관이 시동한 이후, 내연기관과 연결된 발전기가 차량에 필요한 전력과 배터리 충전을 진행하므로 B-type 배터리의 단점을 보완한다. 그러므로 배터리 방전 곡선은 배터리 성능 및 응용에 관한 많은 정보를 담고 있다.

그림 11.3c는 2차 배터리 충전·방전 횟수에 따른 방전 곡선을 예시한다. 2차 전지는 충전과 방전을 반복할수록 용량이 감소한다. 이상적으로 충전·방전 과정에서 배터리에서 일어나는 화학적 변화가 가역적이어야 하지만, 실제 배터리에서 일어나는 변화는 여러 가지 이유에서 비가역적이다. 그러므로 충전·방전 횟수가 증가할수록 배터리의 용량은 점차 감소하여 더 이상 사용할 수 없는 상태에 이르게 된다. 그러므로 비가역적 요소가 적은 배터리가 수명이 긴 배터리이다. 규정은 없지만, 초기(공칭) 용량의 약 80% 정도를 배터리 수명으로 간주하고, 그때까지의 충전·방전 횟수를 **사이클 수명**(cycle life)이라고 한다. **배터리 수명**(end of life)은 다음의 관점에서 정의한다.

(i) 용량 감소(capacity fading): 특정 조건에서 공칭 용량과 주어진 비율,

(ii) 출력 감소(power fading): 특정 조건에서 공칭 최대 출력 용량과 주어진 비율,

(iii) 에너지 생산량(energy throughput): 배터리 수명 완료 시점까지 처리할 수 있는 최대 에너지양.

배터리 수명을 정의하면 배터리의 남은 수명을 **잔존 수명**(state of health, SOH)이라고 한다.

이외에도 배터리의 **가격과 안전성**(safety)도 중요한 지수이다. 차량용 LIB의 가격은 2013년 684 $USDkW^{-1}h^{-1}$, 2018년 188 $USDkW^{-1}h^{-1}$, 2022년 135 $USDkW^{-1}h^{-1}$로 감소하였으며, 2030년에는 93 $USDkW^{-1}h^{-1}$로 예상하는 것이 산업계의 일반적 추세이다. 배터리 가격의 감소는 생산 기술 진화와 함께 재사용 및 재활용 기술 발전이 뒷받침한다. 한편 화재 등의 안전성 문제는 응용 범위를 제한한다. 예를 들면 화재 위험성이 있는 배터리는 잠수함에 사용할 수 없다.

11.3 납 배터리

납 배터리(lead acid battery)는 1859년에 발명된 최초의 2차 전지이다. 납 배터리는 지금까지도 자동차뿐만 아니라 다양한 산업 분야와 에너지 저장 장치(energy storage system, ESS)에 이용된다. 납 배터리의 오랜 역사는 관련 기술이 잘 정립되었음을 의미하며, 배터리 기술의 이해를 위하여 공학적 관점에서 살펴볼 필요가 있다.

전극 반응

납 배터리는 다음의 전극 반응에 기반하여 작동한다.

음극(산화 전극): $$Pb(s) + SO_4^{2-}(aq) \longrightarrow PbSO_4(s) + 2e,\ E° = -0.355\ V \quad \textbf{(11.5a)}$$

양극(환원 전극):
$$PbO_2(s) + 4H^+(aq) + SO_4^{2-}(aq) + 2e \longrightarrow PbSO_4(s) + 2H_2O,\ E° = 1.685\ V \quad \textbf{(11.5b)}$$

전체 반응: $$Pb(s) + PbO_2(s) + 2H_2SO_4(aq) \longrightarrow 2PbSO_4(s) + 2H_2O,\ E° = 2.04\ V \quad \textbf{(11.5c)}$$

전지: $$Pb(s)|H_2SO_4(aq)|PbO_2(s) \quad \textbf{(11.5d)}$$

전지 반응은 비교적 간단하지만, 실용성을 갖추기 위해서는 많은 기술이 필요하다. 다공성이 높은 PbO_2 양극과 Pb 음극은 묽은 황산 전해액(비중: ~1.3, 농도: ~40%)과 접촉한다. 납 배터리

가 방전하면 두 전극 표면은 전기 전도성이 높지 않은 $PbSO_4$로 덮이며, 전해액의 황산 농도는 감소한다. 납 배터리가 완전히 충전된 상태인 ~2.14 V에서 방전하여 1.9 V가 되면, 양극과 음극이 SO_4^{2-} 이온을 소비하고 물이 생성되므로 전해액의 농도는 ~6.6%(비중 ~1.05)까지 감소한다. 납 축전지를 충전하면 식 (11.5c)의 역반응이 진행되어 전극 표면의 $PbSO_4$는 사라지고 전해액의 황산 농도는 다시 증가하게 된다.

전해액 용매인 물의 전기 분해를 고려해야 한다. 용매 전위창이 1.23 V인 물은 납 축전지의 평균 전압 2.04 V에서 열역학적으로 반응할 수 있다. 그러나 Pb와 PbO_2 전극에서 과전압이 크므로 실질적으로 물의 분해 반응은 빠르게 진행하지 않는다. 그러나 충전 과정의 전압이 ~2.35 V 이상으로 높아지면 물의 분해 반응은 진행한다.

▶ 배터리 제작

납 배터리 제작은 전극 판(plate) 제조 공정, 배터리 조립 공정과 화성(formation) 공정 순으로 이루어진다.

양극과 음극의 전극 판은 활성 물질 페이스트가 도포된 집전체 판이다. 집전체는 두 가지 조건을 충족해야 한다: (i) 높은 기계적 강도와 (ii) 모든 활성 물질과 균일한 전류 교환. 집전체의 기계적 강도를 높이기 위하여 Pb에 Sb가 혼합된 합금을 사용하는데, Sb는 수소 발생 과전압이 낮아 충전 과정에서 수소를 발생하는 문제를 야기하고 배터리 수명을 단축한다. 이를 해결하기 위하여 소량의 Ca, Sn 또는 Se를 첨가하여 Sb의 함량을 낮추면서 기계적 강도를 높인다. 높은 기계적 강도의 집전체는 더 많은 양의 활성 물질을 허용하므로 배터리 성능과 수명이 향상된다. 한편 균일한 전류의 흐름을 허용해야 하는 집전체는 그리드(구조적으로 기계적 강도가 높은 격자) 형태로 제작된다(그림 11.4a).

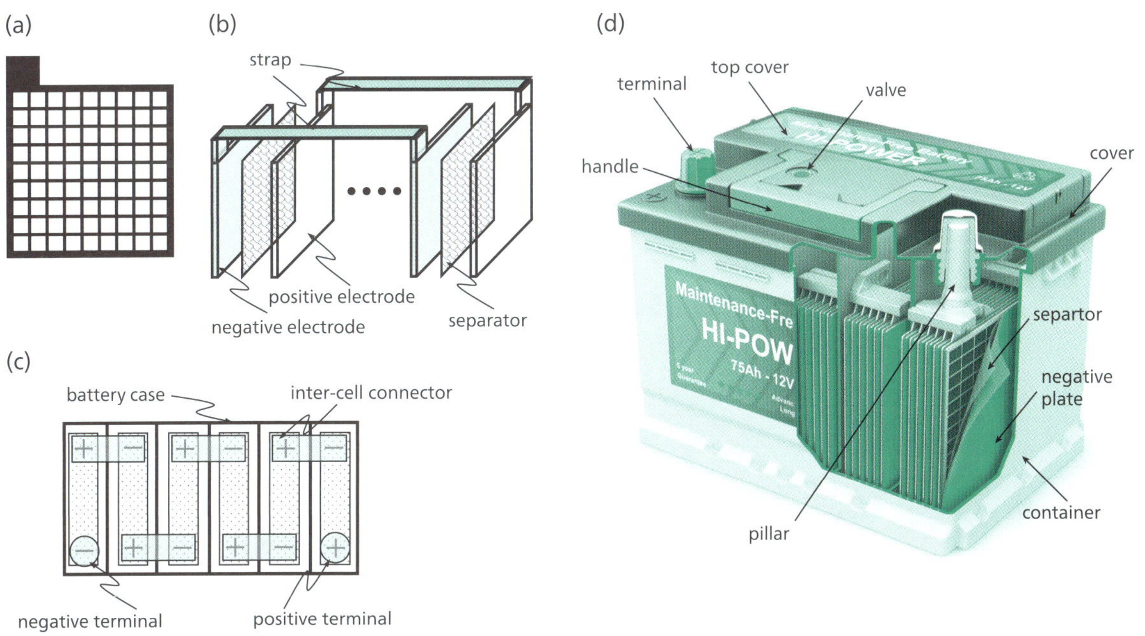

그림 11.4 납 배터리. (a) 전극 판 그리드. (b) 음극|분리막|양극이 병렬로 배열된 단위 전지. (c) 여섯 개 단위 전지의 직렬 연결. (d) 납 배터리 완성품.

양극 판 제조 공정은 다음과 같다. Pb와 PbO_2의 미세한 분말, 물과 황산 혼합물을 반죽하여 만든 페이스트를 집전체에 도포한 후 적절한 온도와 높은 습도 분위기에서 숙성(curing)하면, 최종 전극 활성 물질인 Pb와 PbO_2로 변환되는 염기황산납(basic lead sulfate, $nPbO \cdot PbSO_4 \cdot H_2O$) 전구체(precursor)가 생성된다. 활성 물질 입자-입자 또는 입자-집전체 결합력은 배터리 성능을 결정하는 매우 중요한 요소인데, 숙성 공정의 생성물인 염기황산납 입자가 결정적 역할을 한다. 예를 들면 양극 판 숙성 온도가 70°C보다 낮으면 삼염기황산납(n = 3)이 생성되는데, 입자 크기가 3~10 μm 정도로 미세하여 충전 효율은 우수하지만, 결합력이 낮아 활성 입자가 분리되는 탈락 현상이 발생한다. 반면 숙성 온도가 80°C보다 높으면 입자 크기가 50~100 μm 정도의 사염기황산납(n = 4)이 생성되어 결합력은 우수하지만 충전 효율이 감소한다. 또한 양극 활성 물질의 전도성과 효율 증가를 목적으로 광명단(red lead, Pb_3O_4)을 페이스트 제조 과정에 첨가할 수 있다. 한편 양극 활성 물질 PbO_2는 결합력이 작으므로 충전·방전 과정에서 활성 물질이 전극에서 탈락하는 현상을 방지하기 위하여 glass mat를 양면에 압착한다.

음극 판 제조 공정은 다음과 같다. 음극 페이스트는 $BaSO_4$(blanc fixe), lignosulfonate, 카본 블랙과 같은 특별한 첨가제를 포함한다. 방전 과정에서 음극 표면에 $PbSO_4$가 생성되는데[식 (11.5a)], 생성 직후의 $PbSO_4$는 무정형으로 충전 과정에서 Pb로 쉽게 되돌아간다. 그러나 방전된 상태가 오래 방치되면 무정형 $PbSO_4$가 결정화하는 황산화(sulfation)가 진행한다. 충전 과정에서 결정화된 $PbSO_4$가 Pb로 되돌아가는 속도는 매우 느리며(충전 효율 감소), 전해액과 접촉하는 전극 면적이 감소하여 배터리 내부 저항이 증가한다. 그러므로 황산화는 배터리 성능과 수명 감소를 초래한다. 황산화를 방지하기 위해서, 적절한 수준의 충전 상태와 황산 농도를 배터리는 유지해야 한다. 이러한 조건을 항상 충족할 수 없으므로 황산화를 화학적으로 방지하기 위하여 $BaSO_4$의 작은 입자를 음극 페이스트에 첨가한다. $BaSO_4$ 입자는 방전 과정에서 형성되는 $PbSO_4$의 결정핵(seed)으로 작용한다. 많은 결정핵이 고르게 분포하면 생성되는 $PbSO_4$ 입자 크기는 감소하여 황산화할 가능성이 작아진다. 계면활성제인 lignosulfonate는 방전 과정에서 $PbSO_4$가 매우 큰 입자로 성장하지 못하도록 한다. 한편 카본 블랙은 lignosulfonate의 기능을 조절하는 억제제로 작용한다. 이러한 첨가제들을 확장제(expander)라고 한다. 화학적인 이유 외에도 숙성·건조 시간 등 많은 공정 변수가 고려되어야 한다.

건조된 양극 판과 음극 판 사이에 분리막을 삽입하여 단위 셀을 조립한다(그림 11.4b). 분리막으로 다공성 polyethylene, polyvinyl chloride 등이 사용된다. 단위 셀을 만들기 위하여 양극|분리막|음극|분리막|양극·· 순으로 양극판과 음극판을 번갈아 배열한다. 전극의 물리적 접촉을 방지하는 분리막은 황산의 이온 전도를 충분히 유지할 수 있는 정도로 다공성이 높아야 하고, 화학적·열적 안정성, 기계적 강도와 전기 절연성도 필요하다. 단위 셀의 양극과 음극을 전극 판 스트랩(strap)을 이용하여 병렬로 연결한다. 단위 셀은 각 전극 판이 병렬로 연결되어 있으므로 전압은 ~2.1 V이고, 전극 판의 수가 배터리 용량을 결정한다.

하나의 배터리는 여섯 개의 단위 셀로 구성된다(그림 11.4c). 여섯 개의 구역으로 구분된 배터리 케이스에 단위 셀을 각각 넣고, 각 단위 셀을 셀 간 커넥터(inter-cell connector)를 이용하여 직렬로 연결하면, 외부로 양·음 단자를 통하여 12~13 V의 최종 전압이 출력된다. 그러나 이 단계의 배터리는 완성되지 않은, 다시 말하면 완전히 방전된 상태이다.

조립된 배터리에 묽은 황산 전해액(비중: ~1.3, 농도: ~40%)을 주입하고, 최초로 충전하는 화성 공정을 진행한다. 화성 과정에서 숙성 생성물 염기황산납은 양극의 활성 물질 PbO_2로, 음극의 활성 물질 Pb(Pb 스펀지)로 각각 변화한다. 화성 공정을 거친 납 축전지는 비로소 방전할 수 있는 납 축전지로 완성된다(그림 11.4d).

▶ 배터리의 종류

납 배터리는 용도에 따라 다양한 형태로 제작된다. 이미 언급한 바와 같이 납 배터리의 단점은 충전 과정에서 물 전기 분해에 의한 수소와 산소의 발생과 증발을 동반한 황산 전해액 부피 감소이다. 따라서 발생하는 기체 처리와 전해액의 관리, 전력 출력 규격 등에 따라 제작하는 납 배터리의 형태는 달라진다. 전해질의 물리적 형태와 외부 대기와 접촉 여부에 따라 납 배터리의 형태를 두 가지 기준에서 분류한다.

(i) 전해질의 물리적 형태

황산 전해액은 액체 상태, 젤 상태 또는 유리 섬유 매트(glass fiber mat)에 흡수된 상태로 제작된다. 액체 전해액이 전극 판과 직접 접촉하는 셀을 액상 셀이라고 한다. 이 경우 전해액의 유동성이 크므로 전해액이 배터리 외부로 누출될 수 있다. 황산 전해액을 기공이 많은 fumed silica에 흡수하면 점도가 매우 높은 전해 젤(electrolyte gel)이 되는데, 이러한 형태의 배터리를 젤 배터리라고 한다. 젤 배터리는 전해액 누출은 없으나 내부 저항이 매우 크다. 한편 유동성의 관점에서 액상과 젤의 중간 형태로 매우 가는 유리 섬유 매트 분리막에 전해액을 흡수시킨 전해액을 AGM(absorbent glass mat)이라고 한다. 이 형태의 특징은 내부 저항이 작아 충전·방전 속도가 높으므로 배터리 용량이 증가한다.

(ii) 개방형과 밀폐형

배터리 케이스 안에 있는 전극과 전해질을 보호하기 위하여 배터리를 덮개로 덮는다. 배터리 내부 기체와 외부 대기가 서로 접촉할 수 있는 개방 여부는 배터리 제작에 매우 중요하다. 그 이유는 충전 과정에서 발생하는 수소와 산소 기체가 폭발 등의 위험을 초래할 수 있기 때문이다. 배터리 내부 기체와 외부 대기가 서로 접촉할 수 있는 개방형 덮개는 발생한 기체를 외부로 배출하므로 위험성은 없다. 그러나 물의 전기 분해와 증발이 전해액의 부피를 감소하므로 물을 보충하는 관리 작업(maintenance)이 필요하다. 밀폐형 덮개의 경우, 물의 보충 문제는 없으나 발생하는 수소와 산소 기체를 처리해야 하는 문제를 안고 있다. 일반적인 방법은 단방향 밸브(one-way valve)를 설치하여 기체가 일정 수준 이상의 압력으로 발생하면 방출하는 방식인데, 이 방식을 채용한 배터리를 밸브 조절형 납 배터리(VRLAB, valve regulated lead acid battery)라고 한다. VRLAB에서 수분 증발과 외부 공기 유입은 상당히 감소한다. 한편 양극에서 발생한 산소는 빈 공간이 있는 젤 전해질 또는 AGM 전해질 통하여 음극으로 확산하여 다음의 반응에 의하여 제거된다.

$$2Pb + O_2 + H_2SO_4 \longrightarrow PbSO_4 + H_2O \tag{11.6}$$

생성된 $PbSO_4$는 충전 과정에서 다시 Pb로 돌아간다. 또한 활성 물질과 집전체 물질의 순도를 높여 수소 발생 과전압을 증가시키면, 수소의 발생량을 줄일 수 있다. 그러므로 밀폐형 덮개를 채용하여 물 분해를 억제하거나 발생 기체를 화학적 또는 물리적으로 방법으로 제거해야 하는 기술이 필요하다.

실제 사용되는 납 배터리는 용도와 가격을 고려하여 전해질의 물리적 형태와 덮개의 개방성 조합으로 만들어진다. 자동차 시동용 납 배터리는 액상 전해질에 기반을 두는데, 가격이 저렴하다. 액상 전해질과 개방형 덮개를 조합한 배터리를 액상(flooded) 배터리라고 하는데, 정제수를 보충해야 하는 보수 작업이 필요하다. 액상 전해질과 밸브 조절 덮개를 조합한 액상 VRLA 배터리는 무보수(maintenance-free) 배터리로 분류된다. 반면 젤 전해질 또는 AGM 전해질을 사용한 배터리는 항상 밸브 조절형 덮개를 채용하므로 젤 VRLA 배터리와 AGM VRLA 배터리라고 한다. 젤 배터리와 AGM 배터리는 뒤집지만 않으면 전해질이 누출되지 않으므로 진동이 심한 응용 분야에 적합하다.

납 배터리의 용도와 관련하여 중요하게 고려해야 할 사항은 방전 심도(DOD)이다. 자동차 시동용 납 배터리는 30초 이하의 짧은 시간 동안 엔진 시동 모터를 구동해야 하므로 순간적으로 많은 출력이 필요하다. 그러나 전기를 이용한 모빌리티(예, 전동 스쿠터)는 오랜 시간 동안 꾸준한 출력이 필요하다(그림 11.3b). 따라서 자동차 시동 배터리와 모빌리티 배터리는 다르게 제작된다. 자동차 시동 배터리는 얇은 전극 판으로 구성되는데, 전해액과 접촉하는 전극 면적이 크므로 순간적으로 많은 출력을 낼 수 있다. 전극 판의 수가 증가하면 출력할 수 있는 전류는 증가한다. 이를 표현하는 성능 지수가 저온 시동 전류량(CCA, cold cranking amps)이다. 12 V 배터리의 경우, 7.2 V를 유지하면서 −18°C(0°F)에서 출력할 수 있는 전류로 정의한다. CCA 값이 클수록 더 큰 엔진을 시동할 수 있다. 자동차 시동용 배터리를 시동 외의 용도로 사용하면 DOD가 증가하여 배터리는 비가역적으로 손상된다. 반면 일정한 출력을 장시간 동안 내야 하며 심도가 있는 방전이 요구되는 배터리는 두꺼운 전극 판을 사용한다. 전극 판이 두꺼워지면 순간적으로 출력할 수 있는 전류량은 감소하지만, DOD가 증가하여 배터리가 손상되지 않는다. 필요에 따라 양극을 전극 판이 아니라 원통형(tubular type)으로 제작하기도 한다. DOD가 깊은 충전·방전용 납 배터리 용량을 AHr로 표시한다. 이러한 납 배터리는 무정전전원장치(UPS, uninterrupted power supply), 지게차와 골프 카트와 같은 이동장치, ESS 등에 사용된다.

▶ 납 배터리의 성능 감소

납 배터리의 성능을 감소시키는 요소는 많지만, 주요한 요소만 소개한다.

(i) 양극 집전체 부식: 충전 과정 동안 양극에서 산화 반응이 일어난다. 그러므로 충전이 거의 완료되는 전압(top of charge voltage)에서 양극 집전체는 부식되며, 부식 산화물은 일반적으로 부피가 크므로 양극 집전체는 변형되어 배터리 수명을 단축한다. 부식을 최소화하기 위해서는 집전체의 성분, 미세 구조과 충전 전압의 조절이 필수적이다.

(ii) 황산화: 이미 설명한 대로 방전 상태가 지속되면 결정화된 $PbSO_4$는 전기화학 반응에 참여하지 않으므로 배터리 용량을 감소시킨다.

(iii) 활성 물질의 연화(softening): 충전·방전 사이클이 반복되면 활성 물질은 부피 팽창과 수축을 반복하여 입자 사이 결합력이 감소하여 내부 저항이 증가한다.

(iv) 전해질의 층상화(stratification): 충전 과정에서 황산 농도가 증가하여 전해액의 밑부분부터 위로 올라갈수록 전해질 비중이 감소한다. 그러므로 황산 농도가 높은 밑부분에서 황산화가 더욱 빠르게 진행되고 반응에 참여한 활성 물질의 양도 변화한다. 액상 전해질에서는 전해액

을 순환시켜 이 문제를 해결할 수 있다. AGM 또는 젤 전해질에서는 이러한 문제가 상당히 완화된다.

납 배터리는 150년 전에 발명되었지만, 아직도 배터리 분야에서 활용되고 있다. 그 시간 동안 기본 원리는 변화하지 않았지만, 기술적으로 진화하여 현재에 이르렀다. 납 축전지의 진화는 기본 원리뿐만 아니라 많은 기술적 요소와 경제적 요소가 전지의 실용화에 미치는 중요성을 충분히 예시한다.

11.4 다양한 2차 배터리

Ni 배터리

Ni을 양극으로 채용한 배터리는 다양한 금속을 음극으로 사용한다(그림 11.5a). Ni 양극에서 일어나는 환원 반응은 다음과 같다.

$$\text{Ni 양극:} \quad NiOOH + H_2O + e \longrightarrow Ni(OH)_2 + OH^- \tag{11.7}$$

Ni 양극에 대응하는 유명한 음극은 다음과 같이 반응하는 Cd이다.

$$\text{Cd 음극:} \quad Cd + 2OH^- \longrightarrow Cd(OH)_2 + 2e \tag{11.8}$$

Ni과 Cd으로 이루어진 배터리를 Ni-Cad 배터리(1.2 V)라고 하며, 그림 11.5b와 같이 원통형으로 제작한다. Ni-Cad 배터리의 가장 큰 문제점은 음극 Cd의 환경 유해성이다. 이외에도 자기 방전, 열폭주와 메모리 효과의 문제점이 있다. Ni-Cad 배터리는 KOH 수용액 전해질을 사용하므로 충전 또는 과충전의 조건에서 물 분해가 예상된다. 그러나 Cd는 수소 과전압이 크고 산소와 쉽게 결합하므로 Cd의 양을 많게 제작하면 전류 밀도가 감소하여 기체 발생을 억제할 수 있다. 배터리에 안전밸브를 장착하면 편리한 밀폐형으로 제작할 수 있다.

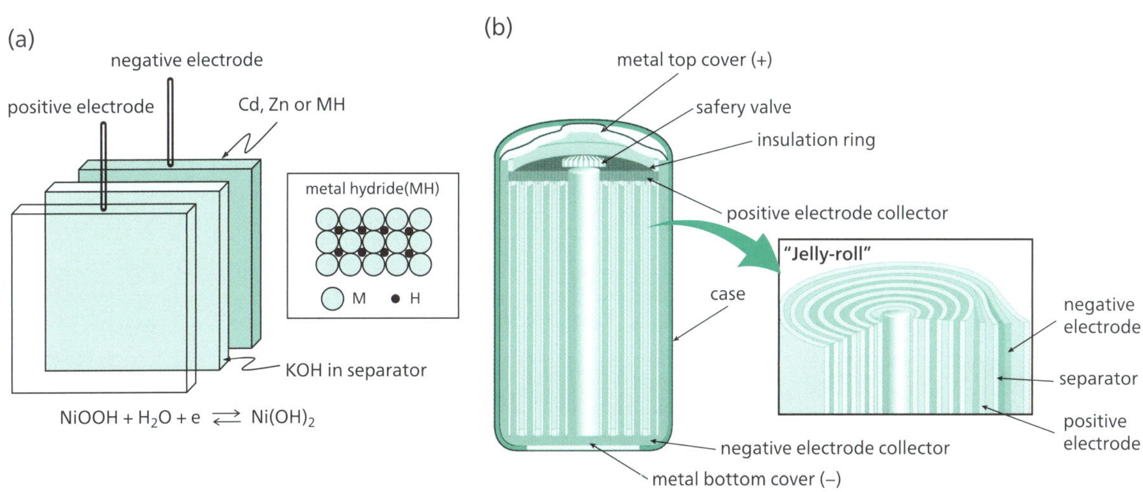

그림 11.5 **Ni 배터리.** (a) Ni 배터리의 양극과 다양한 음극. 삽입 그림: 수소화 금속 음극. (b) 원통형 Ni 배터리의 단면도(Reprinted and modified under the terms of CC BY-NC 4.0, https://pressbooks.bccampus.ca/inorganicchemistrychem250/chapter/batteries-and-fuel-cells/).

Zn를 음극으로 채용하면 다음과 같은 반응이 일어난다.

$$\text{Zn 음극:} \quad Zn + 2OH^- \longrightarrow ZnO + H_2O + 2e \tag{11.9}$$

Ni-Zn 배터리의 전압은 1.6 V로 Ni-Cad 배터리보다 전력 밀도가 높다. 그러나 충전 과정에서 Zn 전극 표면에 dendrite가 형성되어 전극이 단락되는 위험한 문제가 발생할 수 있다.

수소를 저장할 수 있는 금속 수소화물(metal hydride)을 Ni 배터리의 음극으로 사용할 수 있다. 금속 수소화물은 그림 11.5a의 삽입 그림에 표현한 바와 같이 금속 격자 틈새(interstitial position)에 크기가 작은 수소 원자가 삽입되는 수소 저장 금속이다. 저장 금속은 AB_5 형태(A = La, Ce, Pr, Nd의 혼합물, B = Ni, Co, Mn 또는 Al) 또는 Cr 등으로 변형된 AB_2 형태(A = Ti 또는 V, B = Zr 또는 Ni)이다. 금속 수소화물 음극의 반응은 다음과 같다.

$$MH + OH^- \longrightarrow M + H_2O + e \tag{11.10}$$

이러한 배터리를 Ni-MH 배터리라고 하며, Ni-Cad 배터리에 비하여 에너지 밀도가 높고 사이클 수명이 길다.

Ni-H_2 배터리도 있다. Ni-H_2 배터리의 음극은 Pt black인데, Pt 촉매 표면에서 다음과 같은 전기화학 반응이 일어난다.

$$H_2 + 2OH^- \longrightarrow 2H_2O + 2e \tag{11.11}$$

수소 기체를 사용하므로 Ni-H_2 배터리는 수명이 15년 정도로 길고 에너지 밀도가 높다. 그러나 수소 저장 용기의 크기가 크므로 Hubble 망원경, 인공위성 등과 같은 특수한 상황에 활용된다.

▸ 용융 배터리: NAS 배터리와 ZEBRA 배터리

NAS 배터리(그림 11.6a)는 활성 물질로 Na과 S을 사용하는 배터리이다. NAS 배터리의 작동 온도(300~350°C)에서 용융 상태(molten state)의 활성 물질 Na(mp 98°C)와 S(mp 119°C)는 다음과 같이 반응한다.

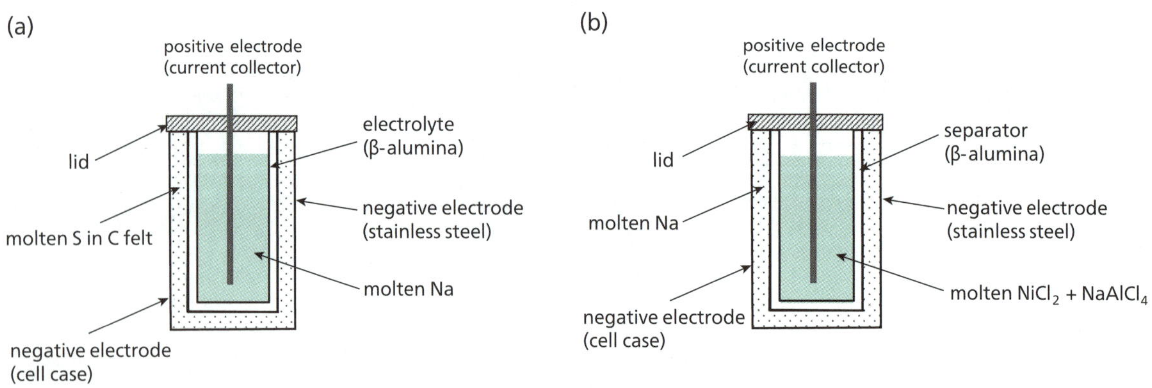

그림 11.6 **용융 배터리.** (a) NAS 배터리. (b) ZEBRA 배터리.

음극: $Na \longrightarrow Na^+ + e$ (11.12a)

양극: $4S + 2e \longrightarrow S_4^{2-}$ (11.12b)

전체 반응: $2Na + 4S \longrightarrow Na_2S_4$ (11.12c)

전해질로 사용되는 β-alumina($Na_2O \cdot 11Al_2O_3$)는 250°C 이상의 온도에서 Na^+ 이온의 전도성이 있는 고체 전해질이다. 그러므로 음극에서 생성된 Na^+ 이온은 전해질을 통과하여 양극에서 생성된 polysulfide S_4^{2-}와 결합한다. 작동 초기에는 가열 장치가 필요하지만, 일단 배터리가 작동하면 충전·방전 과정에서 발생하는 열이 작동 온도를 유지하기에 충분하다. 배터리 전압은 2.1 V이다.

NAS 배터리 에너지 용량(~150 $kWkg^{-1}$)은 납 배터리의 3배 정도로 크며, 저렴하고 수명도 길다. 그러나 높은 온도를 유지하기 위하여 설비가 필요하므로 대용량화되어야 한다. 또한 Na과 S는 화재에 취약하다는 단점이 있다.

ZEBRA 배터리(그림 11.6b)도 높은 온도에서 작동하는 배터리이다. 음극 활성 물질은 용융 Na이고, 양극 활성 물질은 $NiCl_2$이다. 용융 상태의 전해질 $NaAlCl_4$(mp 160°C)에서 배터리 반응은 다음과 같다.

음극: $Na \longrightarrow Na^+ + e$ (11.13a)

양극: $NiCl_2 + 2Na^+ + 2e \longrightarrow Ni + 2NaCl$ (11.13b)

전체 반응: $2Na + NiCl_2 \longrightarrow Ni + 2NaCl$ (11.13c)

양극에서 소비되는 전해질의 Na^+ 이온을 음극에서 생성되는 Na^+ 이온이 β-alumina 분리막을 통과하여 양극으로 이동하여 보충한다. 배터리 전압은 ~2.9 V이다. 에너지 밀도는 90~120 $Whkg^{-1}$으로 NAS 배터리보다는 작지만, 자체 방전이 거의 없으며 내구성이 우수하여 배터리 수명이 길다.

Redox 흐름 배터리

그림 11.7은 Redox 흐름(flow) 배터리의 간략도이다. 이름에 포함되어 있듯이 활성 물질이 외부의 저장소에서 펌프에 의해 배터리로 유입되는 배터리이다. 전극 재료는 가격이 저렴한 탄소이며, 방전 과정의 전극 반응은 다음과 같다.

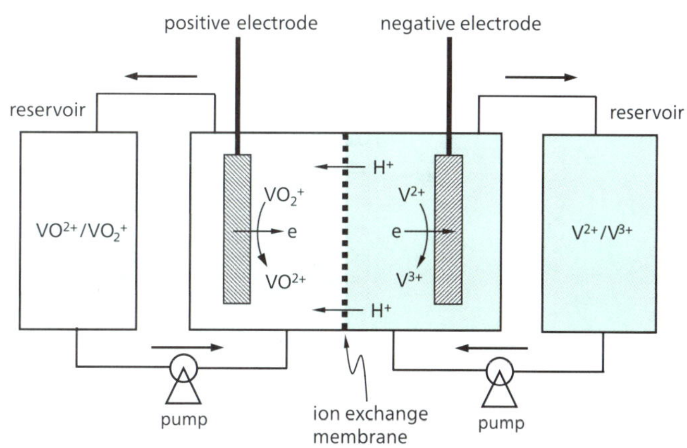

그림 11.7 **Redox 흐름 배터리.** 화살표는 방전 과정에서 활성 물질 용액의 흐르는 방향이다.

음극: $V^{2+} \longrightarrow V^{3+} + e$ **(11.14a)**

양극: $VO_2{}^+ + 2H^+ + e \longrightarrow VO^{2+} + H_2O$ **(11.14b)**

활성 물질은 H_2SO_4 용액에 용해된 $VOSO_4$이다. 최초 충전 과정 중 VO^{2+} 이온이 음극에서 V^{2+} 이온으로 환원하고, 양극에서 VO_2^+ 이온으로 산화한다. 식 (11.14)의 반응에 따라 방전이 진행되면 방전 생성물 V^{3+}와 VO^{2+} 이온 농도가 증가하므로 방전을 계속 유지하기 위해서 그림 11.7의 화살표 방향으로 활성 물질 V^{2+}와 VO_2^+ 이온을 활성 물질 저장소에서 음극과 양극으로 각각 공급한다. 음극의 H^+ 이온은 H^+ 이온 선택성 이온 교환막을 통과하여 양극에서 소비되는 H^+ 이온을 보충한다. 충전할 때는 충전 전압을 인가하고 활성 물질의 흐름을 반대로 한다. 방전하는 동안 외부에서 배터리로 활성 물질을 공급하는 관점에서 흐름 배터리는 연료 전지와 유사하지만, 충전의 관점에서 충전할 수 있는 흐름 배터리와 충전할 수 없는 연료 전지는 구분된다(그래서 연료 전지를 배터리라고 하지 않음). Redox 흐름 배터리는 물 전기 분해가 일어나지 않으며 자체 방전이 없으므로 수명이 길다. 그러나 V의 가격이 높고, $VOSO_4$의 용해도가 낮아 에너지 밀도가 낮다. 활성 물질 저장소가 필요하므로 소형화가 어려우므로 대규모 에너지 저장에 적합하다.

다양한 2차 전지를 원리 위주로 간략히 소개하였다. 배터리 연구는 계속 진행되고 있으며, 실용화는 성능, 가격, 응용 분야에 따라 성공과 실패를 거듭하고 있다.

11.5 Li 이온 배터리

Li 배터리의 연구 역사는 오래되었지만, 1990년대에 상업화가 이루어졌으며 최근에 기술이 급속히 발전하여 많이 사용되고 있다. 그럼에도 불구하고 여러 가지 측면에서 개선해야 할 부분도 있다.

개요

그림 11.8은 LIB의 충전 과정을 예시한다. LIB는 완전히 방전된 상태로 제작된다(그림 11.8a). 금속 Li 원자가 삽입(intercalate)할 수 있는 그래핀층(graphene layer)의 흑연(graphite) 입자가 Cu

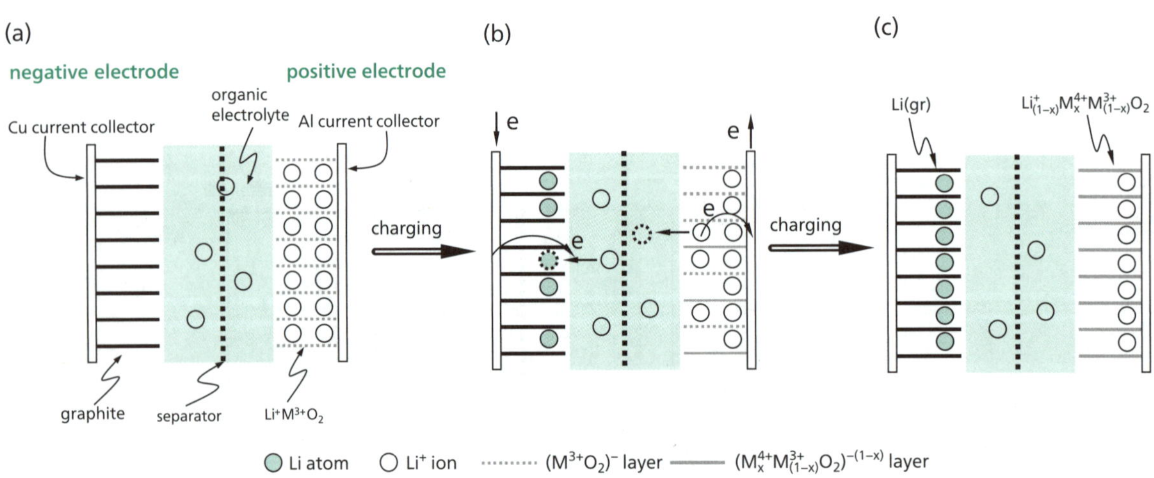

그림 11.8 **Li 이온 전지(LIB)의 모식도.** (a) 완전히 방전된 상태로 조립된 LIB. (b) 충전 과정에서 Li^+ 이온의 이동. (c) 부분적으로 충전된 LIB.

집전체에 도포된 전극 판이 음극이고, 다양한 양극 재료의 하나인 $Li^{+}M^{3+}O_2$(M = Ni, Co, Mn)의 층상 산화물 입자가 Al 집전체에 도포된 전극 판이 양극이다. 분리막으로 분리된 두 전극이 Li^{+} 이온을 함유한 유기 전해액을 통하여 전기화학적으로 접촉하면 완전히 방전된 LIB가 구성된다. 그림 11.8b는 LIB의 충전 과정을 예시한다. 충전을 위하여 양극 전위를 높이면 산화물의 M^{3+} 이온은 M^{4+} 이온으로 산화되면서 전자를 전력공급장치로 방출하고, 동시에 전극의 전기적 중성을 유지하기 위하여 Li^{+} 이온은 양극에서 탈리(de-intercalate)하여 전해질로 이동한다. 한편 전해질의 Li^{+} 이온은 전력 공급기에서 전자를 받아 금속 Li로 환원되고, Li 원자는 그래핀층 사이로 삽입한다. 충전 과정의 전극 반응은 다음과 같다.

$$\text{음극:} \quad Li^{+} + e \longrightarrow Li(gr) \tag{11.15a}$$

$$\text{양극:} \quad Li^{+}M^{3+}O_2 \longrightarrow Li^{+}_{(1-x)}M^{4+}_{x}M^{3+}_{(1-x)}O_2 + xLi^{+} + xe \tag{11.15b}$$

식 (11.15)에서 Li(gr)는 Li 원자가 삽입된 흑연을, x는 층상 구조 산화물에서 탈리한 Li^{+} 이온의 양을 의미한다. 방전 과정 반응은 충전 과정 반응의 역방향이다. 그러므로 방전 과정에서 금속 Li가 Li^{+} 이온으로 산화·탈리하면서 전자를 부하로 방출하므로 Li(gr)는 산화 전극(음극)이 되고, M^{4+} 이온은 M^{3+} 이온으로 환원되면서 Li^{+} 이온이 다시 삽입하므로 $Li^{+}_{(1-x)}M^{4+}_{x}M^{3+}_{(1-x)}O_2$는 환원 전극(양극)이 된다. 그러므로 두 전극으로 사용되는 물질 흑연과 산화물은 금속 Li과 Li^{+} 이온의 이동성을 보장해야 하며, 화학적·구조적 안정성을 유지해야 하고, 전기 전도성이 있어야 한다.

충전·방전 수명과 효율을 높이기 위해서는 충전·방전 과정의 반응이 가역적이어야 한다. 특히, 양극 산화물의 Li^{+} 이온의 상당량이 음극으로 이동하면, $Li^{+}_{(1-x)}M^{4+}_{x}M^{3+}_{(1-x)}O_2$의 구조가 변화하여 LIB의 비가역 손상이 초래될 수 있다. 이 점을 강조하기 위하여 충전 과정에서 양극 산화물의 모든 Li^{+} 이온이 음극으로 이동하지 않은 상황을 그림 11.8c에 묘사하였다. LIB의 각 구성 성분에 대하여 뒤에 자세히 설명한다.

LIB의 전압은 식 (11.15)가 표현하는 반응의 전위차에 의하여 결정된다. 그림 11.9는 LIB와 관련된 전극 전위와 전해질 용매 전위창을 도시한다. 그림 11.9의 세로축이 나타내는 물리량은 $Li^{+} + e \rightleftharpoons Li$ 반쪽 반응 전위를 기준으로 하는 전위이며, 금속 Li 전극 전위는 0 V이다. 그

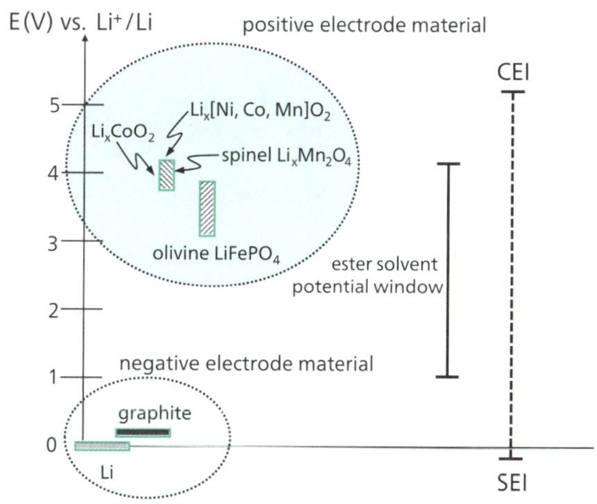

그림 11.9 LIB 양극 및 음극 물질 전위와 전해질의 전위창.

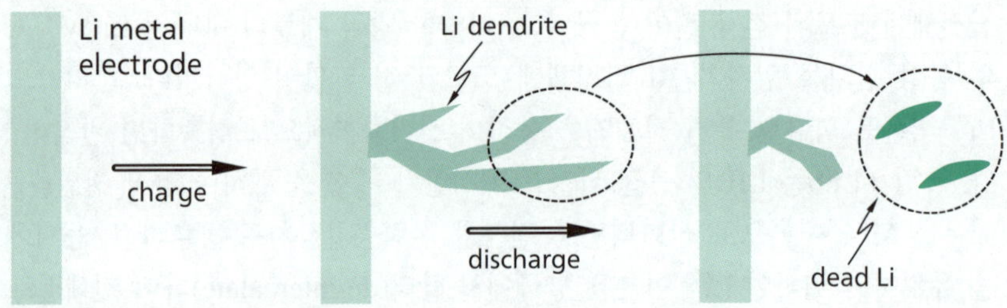

그림 11.10 Li 금속 음극의 dendrite와 dead Li.

에 비하여 양극으로 사용하는 다양한 산화물의 전위는 약 4 V에 위치하여 Li 음극과 산화물 양극을 사용하는 LIB의 전압은 약 4 V이다. 이 값은 앞서 설명한 다양한 2차 전지의 전압보다 월등히 높으므로 LIB의 에너지 밀도가 매우 높다. 흑연에 Li이 삽입된 Li(gr)의 전위도 ~0.1 V이다. 따라서 금속 Li 대신 Li(gr)를 음극으로 사용하면 전압의 관점에서 약간의 손해가 있으나, 전극 안정성 등 다양한 측면에서 유리하다. 한편 LIB 전해질 용매로 ester carbonate가 사용된다. ester carbonate의 용매 전위창(실선)은 음극 전위보다 높고 양극 전위와 유사하거나 약간 높다. 그러나 LIB를 최초로 충전할 때, 음극 Li(gr) 표면에 Li^+ 이온만 선택적으로 통과시키고 전기 전도성이 없는 SEI(solid electrolyte interphase)가 형성된다. 용매를 통과시키지 않는 부동막(passivated layer) SEI는 용매의 전해 반응을 무시할 수 있는 수준으로 감소하므로 충전·방전을 반복하더라도 용매 손실은 크지 않다. 비슷한 개념의 부동막이 양극에서도 생성되며, 이 막을 CEI(cathode electrolyte interphase)라고 한다. SEI와 CEI가 형성되면 반응 속도의 관점에서 용매 전위창(점선)은 안전한 전위 범위로 확장되어 전극과 용매의 안정성이 유지된다.

음극

LIB 연구 초기에 LIB 음극은 Li 금속이었다. Li 금속의 용량은 3856 $mAhg^{-1}$과 2052 $mAhmL^{-1}$로 무게와 부피의 관점에서 매우 유리하다. 그러나 그림 11.10에 도시한 바와 같이 충전 과정에서 형성되는 Li dendrite는 분리막을 뚫고 양극과 접촉하는 단락 문제가 야기된다. 또한 방전 과정에서 dendrite의 국부적 용해 속도 차이에 의하여 전극과 분리된 Li 덩어리인 dead Li는 LIB의 효율성과 안정성을 감소한다.

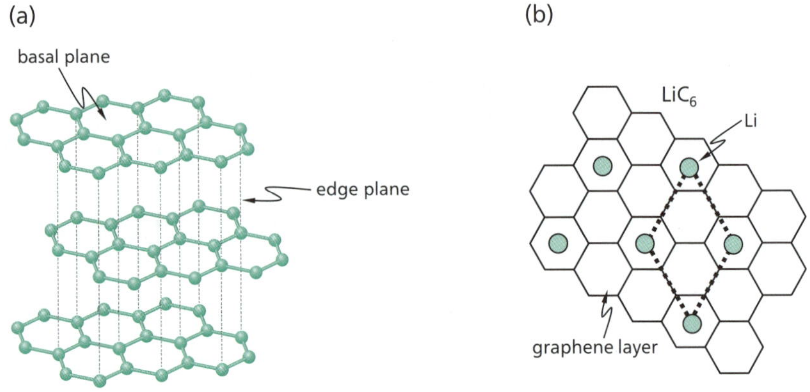

그림 11.11 LIB 음극. (a) 흑연. (b) LiC_6.

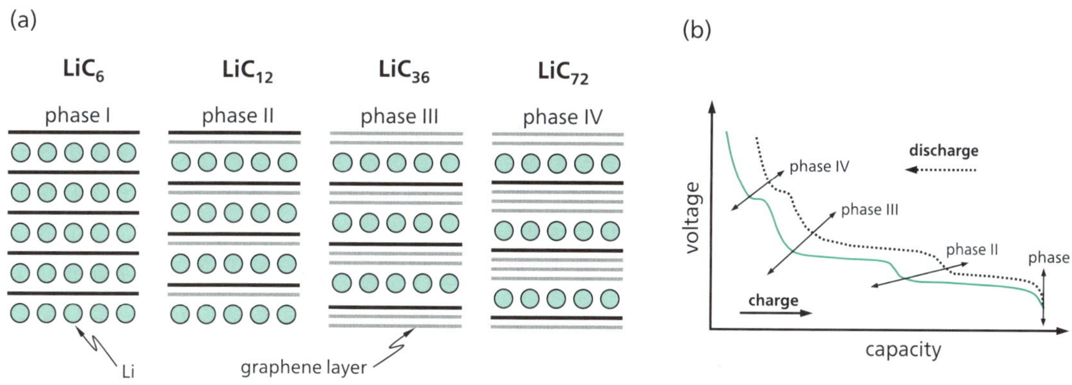

그림 11.12 **LIB 음극 LiC_6의 상(phase).** (a) LiC_6의 상 종류. (b) LiC_6의 상변화와 충전·방전 곡선.

이러한 금속 Li 음극의 문제점을 해결하는 방안으로 제시된 것이 Li이 흑연에 삽입한 Li(gr)이다. sp^2 결합으로 연결된 육각형의 그래핀이 쌓이면 흑연이 되며, 흑연의 그래핀 면을 basal 면, 그래핀이 쌓인 옆면을 edge 면이라 한다(그림 11.11a). 충전 과정에서 Li은 edge 면으로 삽입하며, 그래핀 층 사이를 이동하여 흑연 내부로 확산한다. 삽입된 Li은 그림 11.11b와 같이 그래핀 육각형 고리의 중앙에 위치하며, 점선으로 표시한 단위 세포(unit cell)에 1개의 Li 원자와 6개의 탄소 원자가 있으므로 LiC_6라고 한다. Li(gr)을 LiC_6 그래핀 층 사이에 있는 빈 그래핀 층의 수로 구분하는 네 종류의 상(phase)으로 구분한다(그림 11.12a). 예를 들면 LiC_{36}(phase III)은 두 개의 빈 그래핀 층이 두 LiC_6 그래핀 층 사이에 있다. 그러므로 그림 11.12b의 충전 곡선은 충전 과정에서 비어있는 흑연에서 출발하여 phase IV를 거쳐 phase I까지 Li이 삽입함을 예시한다. 방전 과정에서 Li은 역방향의 상변화를 거치면서 흑연의 edge 면으로부터 탈리·산화되어 전해질로 이동한다. 충전·방전 곡선의 평탄한 부분이 상변화가 일어나는 구간이다.

▶ 전해질

음극 Li(gr)을 보호하는 SEI는 LIB 상용화를 가능하게 했던 중요한 요소의 하나이다. Li(gr) 연구 초기에 PC(propylene carbonate, 그림 11.13a)를 용매로 주로 사용하였다. 그 이유는 PC의 녹는점(−49°C)이 현재 LIB에 사용하고 있는 기본 용매 EC(ethylene carbonate, 그림 11.13b)의 녹는점(39°C)보다 낮으므로 PC는 LIB 사용 온도 범위에서 액체이다. 그러나 Li(gr)의 최초 충전 과정에서

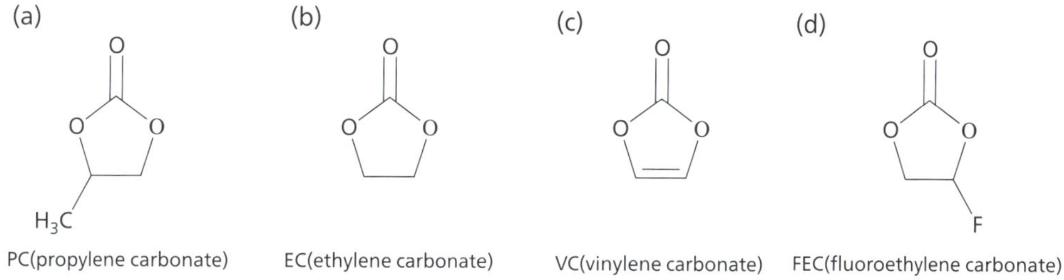

그림 11.13 **LIB 전해질과 첨가제.** 전해질: (a) PC(propylene carbonate), (b) EC(ethylene carbonate). SEI 형성을 위한 첨가제: (c) VC(vinylene carbonate), (d) FEC(fluoroethylene carbonate).

EC가 Li(gr)의 흑연을 보호하는 SEI 형성함을 발견하여 EC를 LIB의 기본 용매로 사용하고 있다.

LIB의 전해질 용매는 EC와 DMC(dimethyl carbonate), DEC(diethyl carbonate), EMC(ethylmethyl carbonate)와 같은 dialkyl carbonate를 혼합한 용매이다. 수용액을 전해질로 사용할 수 없는 LIB에서 전해질 유기 용매는 높은 유전율, 낮은 점도, 비양자성(aprotic), 그리고 Li에 대한 화학적 안정성을 충족해야 한다. LIB 전해질의 이온 전도는 Li^+ 이온이 담당한다. EC의 비유전율(89.6)과 점성(1.86 cP)은 높다. 용질 $LiPF_6$는 극성이 큰 분자인(그래서 유전율이 높은) EC 용매에 잘 용해된다. 한편 Li^+ 이온 이동도를 높게 유지하기 위해서는 용매의 점성이 낮아야 한다(제2장). 그러나 높은 유전율의 극성 분자는 분자 간 상호 작용이 크므로 일반적으로 점성이 크다. EC는 높은 유전율의 조건을 충족하지만, 점성의 측면에서는 그러하지 않다. EC의 점성을 조절하기 위하여 점성이 낮은 dlalkyl carbonate(0.59~0.75 cP)를 EC에 혼합하여 전해질의 점성을 낮춘다. 다시 말해 EC 분자가 $LiPF_6$의 용해도를 높이고, dialkyl carbonate가 점성을 낮추어 Li^+ 이온 이동도를 높인다. 또한 용매는 양극 활성 물질과 반응할 수 있는 H^+ 이온을 생산하지 않는 비양자성 물질이어야 한다.

LIB의 전해질은 EC 혼합 용매에 $LiPF_6$ 전해 용질(~1 M) 이외에도 다수의 첨가제를 포함한다. SEI의 형성을 촉진하는 첨가제는 VC(vinylene carbonate)와 FEC(fluoroethylene carbonate)이다(그림 11.13c, d). 과충전을 방지하기 위하여 n-butyl ferrocene, cyclohexyl benzene 또는 biphenyl이 첨가제로 사용된다. 과충전 상황이 발생하면 n-butyl ferrocene은 양극에서 산화되고, 음극으로 이동하여 환원되어 원래 상태로 되돌아오는(shuttle) 방식으로 과충전을 방지한다. 한편 cyclohexyl benzene은 양극에서 환원·중합하여 이온 이동을 방지하는 고분자 피막을 형성하므로 배터리 활성이 정지된다. 이온 전도성 향상을 위하여 첨가되는 borane(B-(fluorinated alkyl)$_3$)은 음이온 PF_6^-와 결합하여 Li^+ 이온이 PF_6^- 이온과 재결합하는 것을 방지한다. 또한 화재 방지·지연을 위하여 난연제를 첨가한다.

▶ SEI

흑연이 전해질과 만나면 이상적인 상황과 차이가 생겨난다. 이상적인 전해질 용매는 전해 물질의 용해도가 높아야 하고, 화학적 안정성이 있어야 한다. LIB 개발 단계에서 많이 연구한 전해질 용매는 액체 PC이다. PC의 단점은 흑연에 삽입한 PC의 환원 반응에서 생성된 기체가 흑연 내부에서 팽창하여 그래핀을 파괴하는 박리 현상(exfoliation)이다. 전해질 용매로 EC를 채용하고 완전히 방전된 상태로 조립된 LIB(그림 11.8)를 최초 충전하는 과정에서 형성되는 SEI가 이 문제의 해결 실마리이다.

1 M $LiPF_6$가 용해된 EC/dialkyl carbonate 혼합 전해질을 생각해보자. 흑연 음극에 Li을 삽입하는 최초 충전 과정에서 음극 전위를 낮추므로 전해질의 Li^+ 이온이 환원된다. 그러나 이 과정에서 Li^+ 이온 환원·삽입의 변화가 일어나기 전, 다음과 같은 전해질 용매 EC의 환원 반응이 먼저 일어난다.

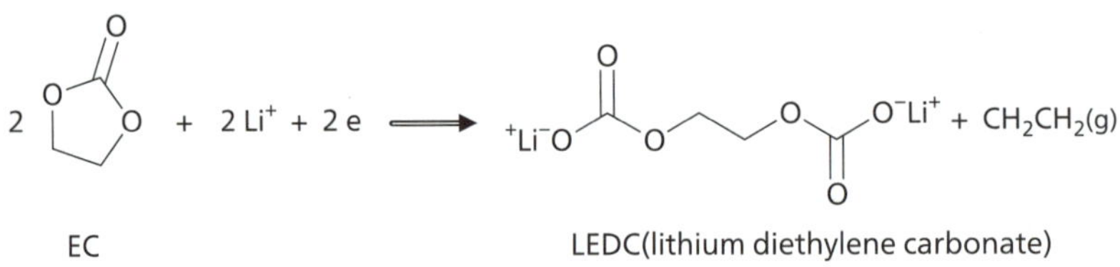

(11.16)

또한 전해 물질 $LiPF_6$도 다음과 같이 반응하여 LiF로 변환된다.

$$LiPF_6 \longrightarrow LiF + Li_xPF_yO_z \tag{11.17}$$

식 (11.16)과 (11.17)의 생성물인 LEDC와 LiF가 흑연 표면에 석출하여, 두께 ~50 nm의 초기 SEI를 형성한다. DMC, DEC 또는 EMC의 dialkyl carbonate도 식 (11.16)과 동일한 환원 반응에 의하여 Li alkyl carbonate, Li alkoixde와 기체를 생성할 수 있으나, SEI의 주성분은 LEDC와 LiF이므로 초기 SEI 형성을 EC가 주도한다.

SEI는 음극 재료의 성능 유지에 절대적 역할을 한다. LEDC와 LiF로 구성된 SEI는 전기 전도성은 없지만, Li^+ 이온만을 선택적으로 통과시키는 고체 전해질이다. 그러므로 용매 EC는 SEI를 통과할 수 없고 흑연 박리 현상은 실질적으로 정지되어 음극은 보호된다.

최초의 충전 이후 반복되는 LIB의 충전·방전 과정에서 초기 SEI 성분은 변화한다. LEDC는 전해질에 포함된 불순물 H_2O에 의하여 다음과 같이 분해된다.

$$R-O-C(=O)-O^-Li^+ \longrightarrow Li_2CO_3 + LiOR + CO_2 \tag{11.18}$$

또한 Li_2CO_3와 LEDC의 열분해 반응이 진행되어 용매에 용해되는 물질과 용해되지 않는 물질 그리고 기체를 형성한다. SEI를 통한 Li^+ 이온 전달 과정에서 국부적 과열 현상이 열분해 반응의 열원으로 제안되었다. 분해 반응의 생성물은 다음과 같다.

비용해성 물질: LiF, Li_2CO_3, Li_2O, Li carbonates, Li fluorophosphates, Li alkoxides, polyethylene oxide

용해성 물질: ethers, oligoethylene oxides, fluorophosphates

기체: CO_2, ethylene

SEI의 Li^+ 이온 선택적 전도성은 명확히 규명되지 않았다. 최초 충전 과정에서 생성되는 LiF와 LEDC의 초기 SEI 막은 후속하는 충전·방전 과정 또는 보관하는 동안 LEDC의 반응(식 11.18)에서 생성된 기체와 용해성 물질이 SEI 막을 떠나면서 비용해성 물질 입자 사이에 Li^+ 이온의 선택적 경로가 생성된다(그림 11.14)는 것이 일반적인 견해이다. 충전·방전이 반복되면 EC의 환원에 의한 LEDC의 형성과 분해가 반복되므로 SEI는 두꺼워지고 구성 성분은 계속 변화한다. 음극 표면에 비용해성 물질의 농도가 높아지는 내부 SEI 영역이 형성되고, LEDC의 농도가 높은 외부 SEI 영역이 형성된다. 반복된 충전·방전 과정에서 SEI 두께가 증가하면 배터리 용량은 감소한다.

전해 용매에 VC와 FEC(그림 11.13)를 첨가하면 충전·방전 수명이 향상된 '더 우수한' SEI가 형성된다. 첨가제는 EC보다 우선적으로 환원한다. VC가 먼저 환원하면 EC의 환원 생성물 LEDC와 ethylene의 생성은 감소하고 poly(VC)와 CO_2가 생성된다. CO_2는 더욱 환원되어 Li_2CO_3를 형성한다. 그러나 Li_2CO_3가 많고 poly(VC)가 있는 SEI가 LIB 성능을 개선 이유는 명확히 규명되지 않았다. FEC도 우선적으로 환원한다. FEC는 LiF와 VC로 환원되며, VC는 더욱 환원되어 poly(VC)와 Li_2CO_3를 형성한다. FEC는 VC와 두 가지 측면에서 구별된다. 하나는 LiF의 형성이고, 다른 하나는 FEC에서 생성되는 poly(VC)의 분자량이 VC에서 생성되는 poly(VC)의 분자량보다 작다는 것이다. 따라서 FEC와 VC에서 생성되는 SEI의 형상(morphology)은 각각 다를 것으로 추정한다. LIB의 성능을 향상하는 SEI 형성 첨가제는 LIB의 성능 결정에 매우 중요하다.

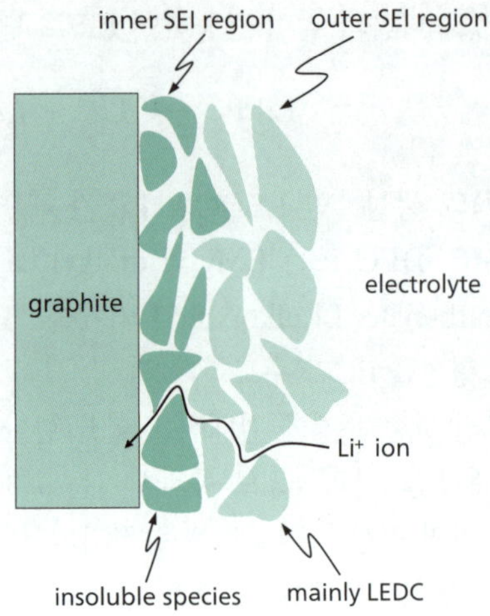

그림 11.14 LIB 음극의 SEI 모식도.

최초 충전·방전 과정의 용량은 비가역적이다. 최초 충전 과정에서 배터리에 공급되는 용량의 일부는 SEI 형성에 소비되므로 최초 방전 과정의 용량과 큰 차이가 있다. 최초 충전과 방전의 용량 차이를 비가역 용량(irreversible capacity)이라 한다. 이후의 충전·방전 과정에서는 충전 용량과 방전 용량이 비슷하므로 이 용량을 가역 용량(reversible capacity)이라 한다.

▶ 양극

(i) $LiMO_2$ 층상 산화물

그림 11.15는 LIB 양극 재료의 효시인 $LiCoO_2$의 층상 구조를 예시한다. 그림 11.15a는 $LiCoO_2$

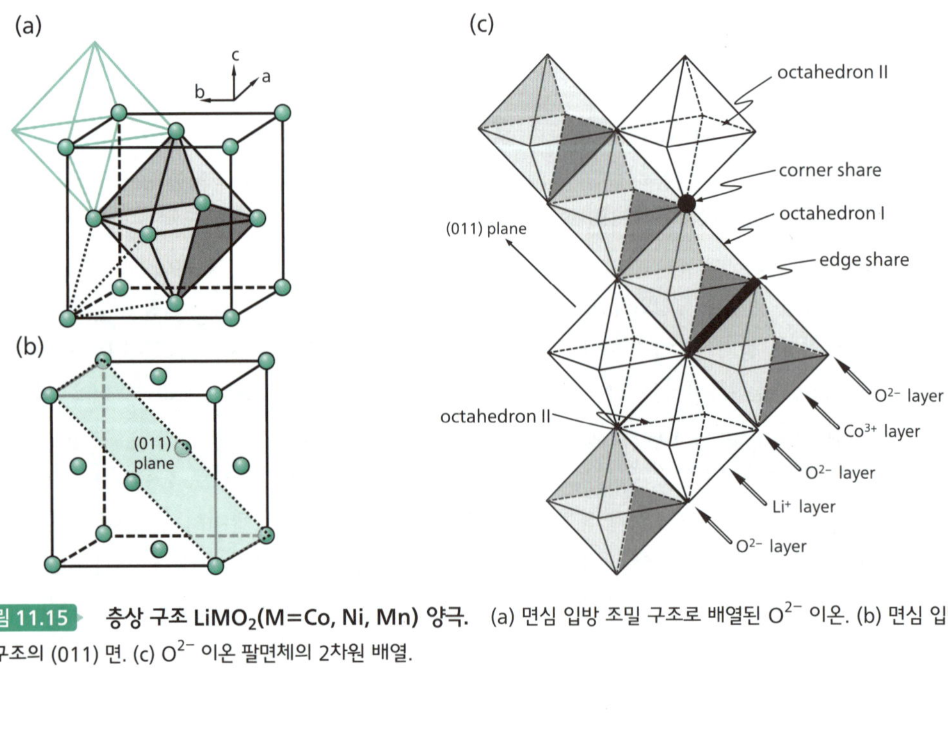

그림 11.15 층상 구조 $LiMO_2$(M=Co, Ni, Mn) 양극. (a) 면심 입방 조밀 구조로 배열된 O^{2-} 이온. (b) 면심 입방 조밀 구조의 (011) 면. (c) O^{2-} 이온 팔면체의 2차원 배열.

의 O^{2-} 이온이 면심 입방 조밀 구조(face centered cubic closest packing)로 배열되어 있을 때, 단위 육면체 면의 중심에 있는 여섯 개의 O^{2-} 이온이 만드는 팔면체(octahedron)를 도시한다. 팔면체의 면을 이루는 세 개의 O^{2-} 이온과 그 면이 마주하는 꼭지점 O^{2-} 이온이 사면체(tetrahedron)를 형성한다. 그림 11.15b는 면심 입방 조밀 구조의 (011) 면을 도시하는데, 육면체 중앙의 O^{2-} 이온 팔면체는 모서리 공유(edge share)를 통하여 이웃한 두 개의 팔면체와 (011) 면을 따라 1차원으로 배열된다(그림 11.15a의 회색 팔면체). 또한 중앙의 O^{2-} 이온 팔면체는 c-방향으로 이웃한 두 개의 팔면체와 꼭지점 공유(corner share)를 한다. 그림 11.15c는 이러한 배열을 2차원적으로 보여준다. 면을 회색으로 표시한 팔면체 I을 생각해보자. 팔면체 I과 모서리 공유를 하는 두 개의 다른 팔면체 I이 (011) 면을 따라 배열하면, 팔면체 I이 1차원으로 배열한다. 팔면체 I과 꼭지점 공유를 하는 두 개의 회색으로 표시하지 않은 팔면체 II가 있다. 팔면체 II도 (011) 면을 따라 1차원으로 배열한다. 그러므로 1차원으로 배열된 팔면체 I와 팔면체 II는 모서리 공유 관계에 있다. 이러한 배열을 평면을 따라 반복하면 2차원 팔면체 평면 배열이 완성된다. 여기서 주목할 것은 팔면체 평면 배열에서 직선으로 배열된 O^{2-} 이온이다. 한편 각 팔면체 내부의 빈 공간에 Li^+와 Co^{3+} 이온이 들어갈 수 있다. Co^{3+} 이온을 팔면체 I에, Li^+ 이온을 팔면체 II에 채우면 2차원 $LiCoO_2$ 결정이 된다. 이러한 2차원 $LiCoO_2$ 결정을 그림 11.15b에서 (011) 면의 수직 방향으로 반복하여 배열하면 그림 11.16의 3차원 층상 구조(layered structure)의 $LiCoO_2$ 결정이 된다. 그림 11.16은 $LiCoO_2$의 층상 구조를 강조하기 위하여 Co^{3+} 이온이 차지한 팔면체만을 도시한다. O^{2-} 이온층이 세 번 반복하므로 이 구조를 O3 구조라고 한다.

$LiCoO_2$ 층상 결정 구조 안에서 Li^+ 이온은 확산할 수 있다. 충전 과정에서 Li(gr)이 생성되면 전해질의 Li^+ 이온이 음극으로 이동한다. 그러므로 전해질과 $LiCoO_2$ 전극 사이에 Li^+ 이온 농

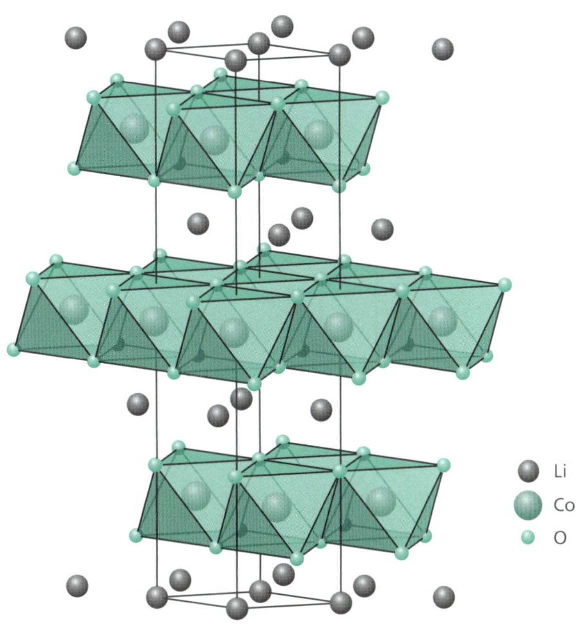

그림 11.16 **층상 구조 양극 $LiCoO_2$의 3차원 배열.** (Reprinted and modified under the terms of CC BY 3.0 from A. Basch, L. de Campo, J.H. Albering, J.W. White, Journal of Solid State Chemistry, 2014, 220, 102-110, Elsevier.)

도 차이가 발생하여 $LiCoO_2$의 Li^+ 이온이 전해질로 확산할 농도 차이가 발생한다. $LiCoO_2$의 한 Li^+ 이온은 자신이 위치하던 팔면체와 면 공유(face share)를 하는 여덟 개의 빈 사면체를 거쳐 다른 팔면체로 이동하며, 이러한 과정을 반복하여 전해질 쪽으로 확산하는 이온 전도성이 나타난다. 또한 Co^{3+} 이온은 모서리 공유를 하는 다른 팔면체의 Co^{3+} 이온과 직접적으로 상호 작용을 할 수 있으므로 Co^{3+} 평면은 전기 전도성을 나타낸다. Li^+ 이온이 전해질로 확산하면, 전극은 전력공급 장치로 전자를 내보내는 산화 반응($Co^{3+} \longrightarrow Co^{4+} + e$)이 진행되어 화학식 단위가 $LiCoO_2$에서 $Li_{1-x}Co^{3+}_{1-x}Co^{4+}_xO_2$로 변화한다. 방전 과정의 모든 변화는 충전 과정의 역방향으로 진행한다.

그림 11.17은 Li^+ 이온이 삽입할 수 있는 다양한 층상 구조 산화물의 에너지와 전위를 도시한다. 왼편의 TiS_2는 $LiCoO_2$ 층상 산화물보다 앞서 연구되었던 양극재이다. TiS_2 양극의 S^{2-} 3p 에너지 밴드 이하로 Ti^{3+}/Ti^{4+} 밴드가 내려갈 수 없으므로, 전지의 전압은 2.5 V 이하이다. 그러나 $LiCoO_2$를 양극으로 사용하면 O^{2-} 2p 밴드의 에너지가 낮아(전위가 높아) Co^{3+}/Co^{4+} 밴드가 낮아져 LIB 전압이 ~4 V가 되어 에너지 밀도가 상당히 향상된다(그림 11.2). 그러나 한 가지 문제점은 O^{2-} 2p 밴드와 Co^{3+}/Co^{4+} 밴드가 중첩되어 $Li_{1-x}CoO_2$의 $x > 0.55$이면 O^{2-} 이온이 산화되어 O_2가 발생한다. 즉 LIB의 방전 심도가 깊어지면 O3 구조가 변화하여 Li^+ 이온의 삽입·탈리가 비가역적으로 변화한다. 그러므로 $LiCoO_2$ 양극은 50% 이상 방전할 수 없으므로 사용할 수 있는 배터리 용량이 감소한다. $LiCoO_2$ 양극의 상용 용량과 전위는 각각 ~150 $mAhg^{-1}$과 3.9 V이다.

이러한 문제를 해결하는 방법의 하나는 $LiNi_{1-y-z}Mn_yCo_zO_2$(NMC) 층상 구조의 산화물을 양극으로 사용하는 것이다. $LiMnO_2$ 층상 구조 산화물의 Mn^{3+}/Mn^{4+} 밴드는 O^{2-} 2p 밴드보다 전위가 낮아(그림 11.17) O_2가 발생하지 않으므로 화학적 안정성을 유지할 수 있다. 그러나 Mn^{3+}의 결정장 안정화 에너지(crystal field stabilization energy)는 작아 Mn^{3+} 이온은 전이 금속 이온의 팔면체 평면에서 빈 사면체를 거쳐 Li^+ 이온의 팔면체 평면으로 이동하는 구조적 불안정성을 보인다. 그 결과 층상 구조에서 spinel 구조(아래에 설명)로 변화하여 충전·방전이 반복되면 배터리 전압이 감소한다. 또한 Mn^{4+} 이온은 반도체 수준의 낮은 전기 전도도를 보인다. 그러나 Mn은

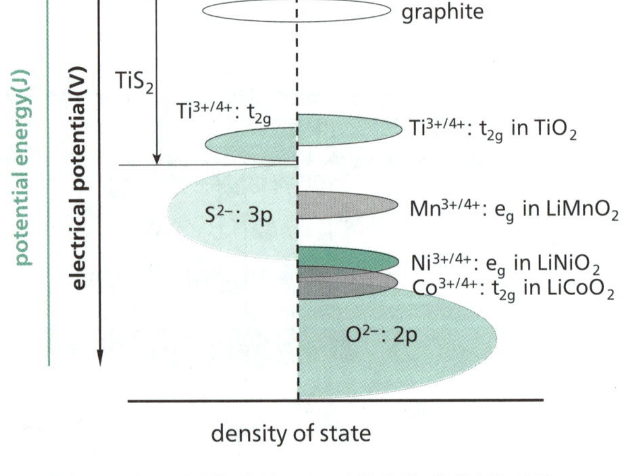

그림 11.17 **Li^+ 이온이 삽입할 수 있는 다양한 층상 구조 산화물의 에너지와 전위.** (Reprinted and modified under the terms of CC BY 4.0 from A. Manthiram, Nature Communications, 2020, 11, 1550, Nature Publishing Group.)

풍부하여 가격이 저렴하고, 환경에 유해하지 않다는 장점이 있다. 한편 $LiCoO_2$의 Co^{3+} 이온은 큰 결정장 안정화 에너지를 보이므로 구조적 안정성이 있고, 충전되면 금속 수준의 전기 전도성을 보인다. 그러나 높은 가격과 환경 유해성이라는 단점이 있다. $LiNiO_2$는 두 산화물의 중간적 성격을 갖는다. Ni^{3+} 밴드는 O^{2-} 2p 밴드 바로 위에 있으므로 방전 과정에서 Ni^{3+} 이온이 Ni^{4+} 이온으로 산화하더라도 화학적 안정성을 유지할 수 있다. 또한 결정장 안정화 에너지는 Ni^{3+} 이온이 Co^{3+} 이온과 Mn^{3+} 이온의 중간이므로 NMC는 적절한 구조적 안정성을 유지할 수 있다. 구체적으로 $Li_{1-x}Ni_{1/3}Co_{1/3}Mn_{1/3}O_2$의 경우, Ni, Co, Mn의 산화 상태는 각각 +2, +3, +4이며, 충전·방전은 Ni^{2+} 이온이 담당하며 충전 말기에 Co^{3+} 이온이 참여한다. Mn^{4+} 이온은 충전·방전과 무관하게 구조적 안정성을 유지한다. $Li_{1-x}Ni_{1/3}Co_{1/3}Mn_{1/3}O_2$ 양극의 상용 용량과 전위는 각각 ~154 $mAhg^{-1}$과 3.7 V이다. 결국 LIB의 용량, 안정성, 가격과 환경 유해성을 보완적으로 고려하여 Ni, Co, Mn의 조성을 최적화한 NMC 양극을 사용한다.

(ii) Spinel $LiMn_2O_4$ 산화물

$LiMn_2O_4$ spinel 산화물도 LIB 양극재로 사용된다. $LiMn_2O_4$의 O^{2-} 이온은 $LiMO_2$ 층상 산화물과 같이 면심 입방 조밀 구조로 배열된다. 그림 11.18a의 면심 입방 조밀 구조에는 ⊗로 표시한 팔면체 중심이 육면체 중심에 한 개, 모서리에 열두 개, 모두 열세 개의 팔면체 중심이 있다. 또한 여덟 개의 사면체 중심이 있다. spinel 구조를 설명하기 위하여 두 종류의 부단위(subunit) A와 B를 설정한다. 면심 입방 조밀 구조에서 여섯 개의 ⊗로 표시한 육면체가 부단위 A이다(그림 11.18b). 부단위 A에서 마주 보는 두 개의 사면체에 Li^+ 이온이, 여섯 개의 팔면체에 Mn^{3+}/Mn^{4+} 이온이 들어 있

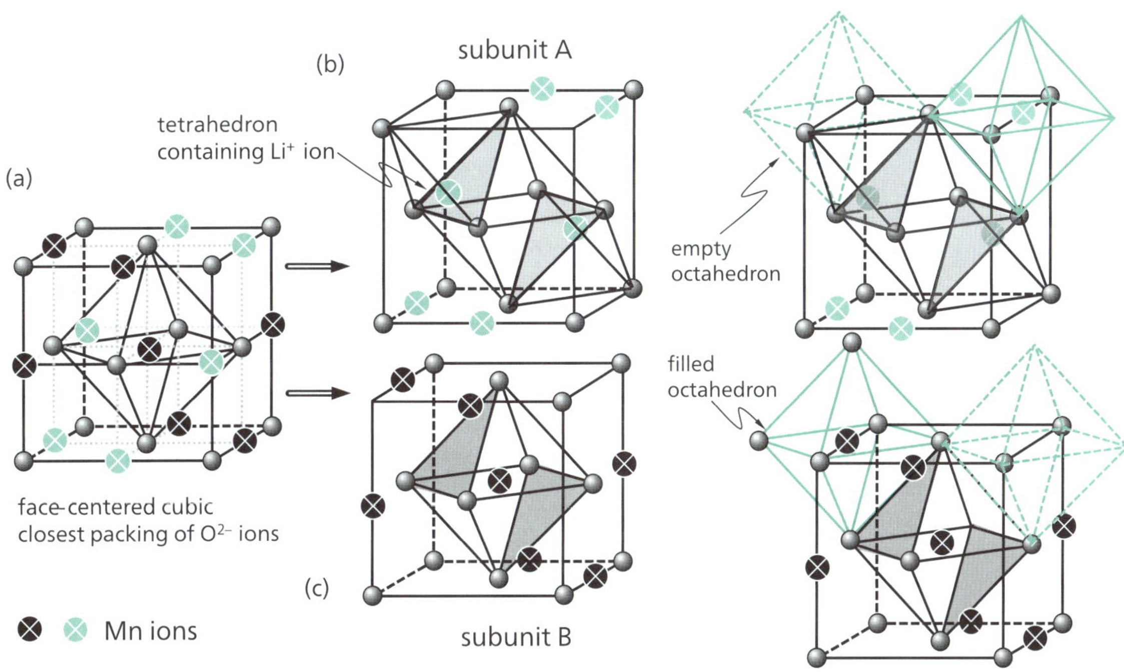

그림 11.18 **Spinel 산화물 $LiMn_2O_4$ 양극.** (a) 면심 입방 조밀 구조로 배열된 O^{2-} 이온. ⊗는 팔면체의 중심이다. (b) 부단위 A: (a)에서 ⊗로 이루어진 O^{2-} 이온의 면심 입방 조밀 구조. (c) 부단위 B: (a)에서 ⊗로 이루어진 O^{2-} 이온의 면심 입방 조밀 구조. Mn^{3+}/Mn^{4+} 이온이 없는 팔면체는 녹색 점선으로, Mn^{3+}/Mn^{4+} 이온이 있는 팔면체는 녹색 실선으로 표시한다.

다. 그러므로 부단위 A에는 두 개의 Li^+ 이온과 3/2 개의 Mn^{3+}/Mn^{4+} 이온이 있다. Mn^{3+}/Mn^{4+} 이온이 없는 팔면체를 쇄선으로, Mn^{3+}/Mn^{4+} 이온이 있는 팔면체를 실선으로 표시한다. 한편 ⊗로 이루어진 부단위 B에는 Li^+ 이온이 없으며, 5/2개의 Mn^{3+}/Mn^{4+} 이온이 있다. 부단위 A와 B에는 Mn^{3+}/Mn^{4+} 이온이 채워진 팔면체와 빈 팔면체가 있음을 기억할 필요가 있다. Spinel 구조의 단위 세포는 그림 11.19a와 같이 부단위 A와 B가 교대로 배열되는 육면체이다. A−B로 배열되면 그림 11.18에서 실선 팔면체가 중첩되며, B−A로 배열되면 쇄선 팔면체가 중첩된다. 따라서 단위세포 안에는 Li^+ 이온 두 개와 Mn^{3+}/Mn^{4+} 이온 네 개가 들어 있다. 부단위 A로 이루어진 (111) 면에 Li^+ 이온이 있는 사면체와 Mn^{3+}/Mn^{4+} 이온이 있는 팔면체가 그림 11.19b와 같이 배열한다. 부단위 B로 이루어진 (111)면에 Mn^{3+}/Mn^{4+} 이온이 있는 팔면체만 그림 11.19c와 같이 배열한다. 두 면이 교대로 적층하며(−A−B−A−B−), 적층하는 각각의 면은 Mn^{3+}/Mn^{4+} 이온이 있는 팔면체로 연결되어 $LiMn_2O_4$ spinel 산화물(그림 11.19d)이 된다. 그러므로 각 층이 연결된 spinel 구조 $LiMn_2O_4$는 층상 구조 $LiCoO_2$보다 더 안정하다.

spinel 구조에서 Li^+ 이온이 있는 사면체 주변에는 Mn^{3+}/Mn^{4+} 이온이 없는 팔면체가 3차원으로 배열된다. 사면체 안의 Li^+ 이온은 빈 팔면체를 지나 다른 빈 사면체로 이동한다. 그러므로 3차원 통로를 통한 Li^+ 이온 확산은 $LiMn_2O_4$의 우수한 Li^+ 이온 전도성을 설명한다. Li^+ 이온이 일부 빠져나간 $Li_{1-x}MnO_4$에서 모서리 공유를 하는 Mn^{3+}/Mn^{4+} 이온의 팔면체는 Mn−Mn의 직접적 상호 작용을 허용하므로 전자 전도성도 우수하다. 구조적으로 안정하고 이온·전자 전도성이 우수한 spinel $LiMn_2O_4$는 빠른 충전·방전 특성과 가역성을 보인다.

양극 재료로서 $LiMn_2O_4$의 또 다른 장점은 Mn의 낮은 가격이다. 그러나 단점도 있다. ppm 수준의 H^+ 이온이 전해질에 존재하면 Mn^{3+} 이온의 불균등화 반응(disproportionation)이 일어나

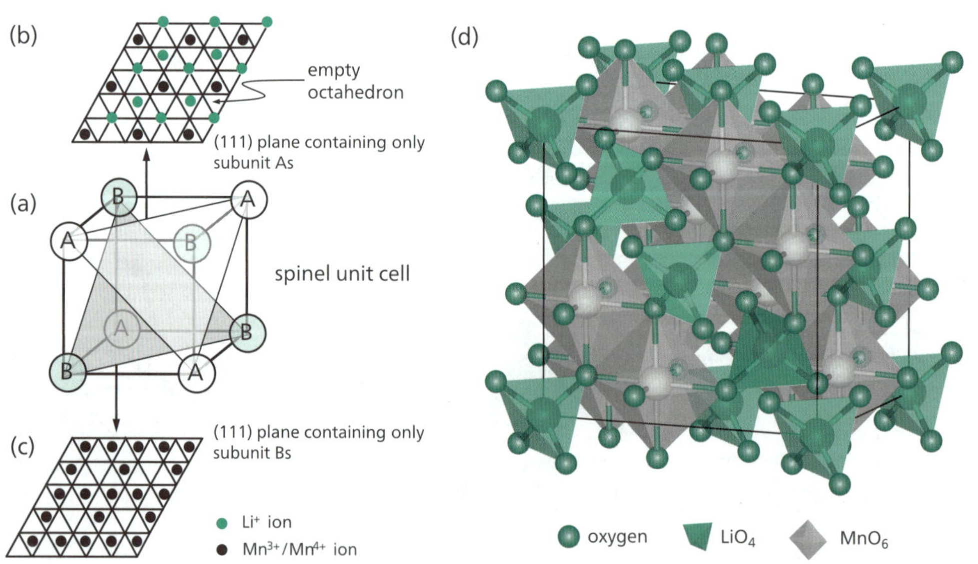

그림 11.19 **Spinel 산화물 $LiMn_2O_4$ 양극.** (a) 부단위 A와 B로 이루어진 spinel 구조의 단위 세포. (b) 부단위 A로 형성되는 (111) 면과 Li^+ 이온과 Mn^{3+}/Mn^{4+} 이온의 배열. (c) 부단위 B로 형성되는 (111) 면과 Li^+ 이온과 Mn^{3+}/Mn^{4+} 이온의 배열. (d) spinel 산화물의 3차원 구조. (Reprinted and modified under the terms of CC BY from M. Dillenz, M. Sotoudeh, H. Euchner, A. Groß, Frontiers in Energy Research, 2020, 8, 584654, Frontiers.)

Mn^{4+}과 Mn^{2+} 이온이 생성된다. Mn^{4+} 이온은 결정에 잔류하지만, Mn^{2+} 이온은 전해질에 용해되어 음극으로 이동하므로 음극의 성능을 감소한다. 따라서 Mn^{3+} 이온의 불균등화 반응은 LIB의 충전·방전 수명을 감소한다.

(iii) Olivine $LiFePO_4$ 산화물

Fe는 Co와 달리 풍부하므로 가격이 저렴하고 환경 친화적이다. 양극 재료로서 초기 철 산화물은 $LiFeO_2$가 연구되었는데, $LiFeO_2$의 산소 이온 위치에 다중산 음이온(poly anion) PO_4 사면체가 치환된 olivine 구조 $LiFePO_4$가 현재 사용된다.

그림 11.20은 olivine $LiFePO_4$의 구조를 도시한다. olivine 구조에서 O^{2-} 이온은 육방 조밀 구조(hexagonal closet packing)로 배열한다. PO_4가 사면체의 1/8을 차지하고, Li^+와 Fe^{2+} 이온이 각각 육면체의 1/4을 차지한다. 그림 11.20a에서 Fe^{2+} 이온이 들어 있는 (녹색의) 육면체는 PO_4 사면체와 꼭지점 공유로 연결되며, Li^+ 이온이 있는 (백색의) 팔면체와 모서리 공유를 통하여 연결된다. 특기할 사항은 Li^+ 이온이 있는 육면체는 서로 모서리 공유를 하므로 충전·방전 과정에서 Li^+ 이온은 모서리 공유하는 육면체를 통하여 이동하게 된다. 그림 11.20b는 olivine $LiFePO_4$의 3차원 구조를 도시하는데 일직선으로 배열된 Li^+ 이온을 강조한다. 그러므로 Li^+ 이온이 일차원 채널을 이동하는 olivine $LiFePO_4$의 이온 전도성은 낮다. 한편 다중산 음이온을 포함하는 재료의 일반적 특성인 낮은 전기 전도성이 $LiFePO_4$에서도 나타난다.

양극 olivine $LiFePO_4$의 특성은 다양하다. 이론 밀도는 olivine $LiFePO_4$가 층상 $LiCoO_2$와 spinel $LiMn_2O_4$보다 작으므로 부피 비용량이 우수하다. 이론 용량은 170 $mAhg^{-1}$이며, 평균 전압은 3.4 V로 층상 $LiCoO_2$와 spinel $LiMn_2O_4$보다 작다(그림 11.9). 그러나 그림 11.21a에 예시한 바와 같이 충전·방전 과정에서 전압이 비교적 일정하게 유지되며, 수명 특성도 우수하다. 이러한 특성은 에너지 저장 장치와 전동 공구 등과 같이 큰 용량과 장시간 사용이 요구되면서 큰 부피의 전지가 허용되는 대용량 응용 분야에 유리하다. 그림 11.21a에 예시한 특성은 충전·방전 과정의 상변화로 설명한다. 충전·방전 과정에서 Li^+ 이온은 이동한다. 예를 들면 완전히 방전된

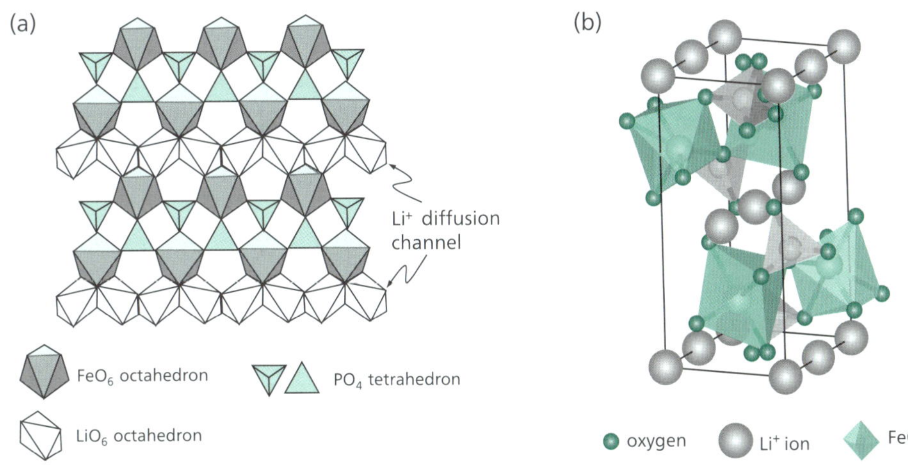

그림 11.20 Olivine 산화물 $LiFePO_4$ 양극. (a) FeO_6, LiO_6 팔면체와 PO_4 사면체의 2차원 배열. (b) olivine의 3차원 구조. (Reprinted and modified under the terms of CC BY 4.0 from M. F. Sgroi, R. Lazzaroni, D. Beljonne, D. Pullini, Batteries 2017, 3, 11, MDPI.)

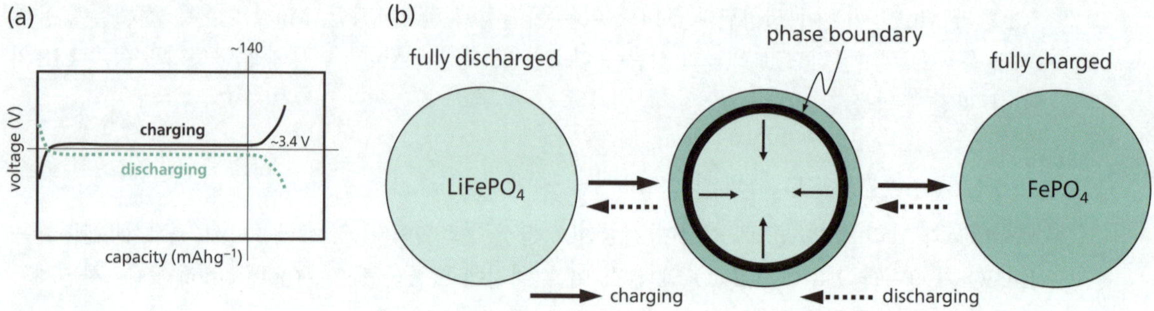

그림 11.21 **Olivine 산화물 $LiFePO_4$ 양극의 충전과 방전.** (a) 충전·방전 곡선. (b) $LiFePO_4/FePO_4$ 결정 계면.

상태의 $LiFePO_4$가 완전히 충전되면 Li^+ 이온이 음극으로 이동하므로 $FePO_4$가 된다. 그러므로 그림 11.21b에 예시한 바와 같이 충전 과정에서 $FePO_4$ 상(phase)이 $LiFePO_4$의 표면에서부터 생성하여 $LiFePO_4$ 상 내부로 성장한다. 그러므로 각 상에 존재하는 Li^+ 이온의 전위차는 일정하므로 전지 전압도 일정하게 유지된다. 만약 상변화 없이 Li^+ 이온이 농도 차이에 의한 확산만을 한다면 확산 전위가 발생하여 전지 전압은 감소하게 된다. 그러므로 $LiFePO_4$와 $FePO_4$의 두 개의 상이 공존하는 동안에 전지 전압이 일정하게 유지된다. 또한 충전·방전 과정에서 구조적 변화가 크면 전지 용량이 급격히 감소하는데, $LiFePO_4$의 안정한 구조는 $FePO_4$의 구조와 유사하므로 두 상에 존재하는 Li^+ 이온의 전위차는 일정하다. $LiFePO_4$의 단점은 낮은 전기 전도성이다. 전기 전도성이 낮으므로 충전·방전 과정에서 분극 현상이 일어날 수 있다. 이 문제를 해결하기 위하여 $LiFePO_4$ 입자 표면을 탄소막으로 코팅한다. 또한 이온 전도성 개선을 목적으로 $LiFePO_4$ 입자를 고온보다는 저온에서 합성하여 입자 크기를 작게 한다.

(iv) 양극 활성 물질의 표면 개질

양극 활성 물질의 표면은 Li^+ 이온이 출입하는 입구이므로 충전·방전 과정에서 많은 변화를 겪는다. 그 과정에서 표면의 성질이 변화하면 LIB의 성능이 감소한다. 층상 구조 산화물 $LiMO_2$(M = Co, Ni, Mn) 표면에서 전이 금속 이온이 용출하거나 Li^+ 이온과 자리바꿈을 할 수 있다. 또한 $Li_{1-x}MO_2$ 표면 구조의 변화가 안정성에 미칠 수도 있다. spinel $LiMnO_4$의 경우, Mn 이온의 용출과 상전이 현상이 LIB의 성능을 감소시킨다. olivine $LiFePO_4$는 구조적·화학적 안정성에도 불구하고 이온 전도성과 전기 전도성이 낮다, 이러한 문제점들은 활성 물질 입자의 표면을 개질하여 LIB 성능을 개선한다.

안정한 $LiCoO_2$에서 충전이 진행되면 불안정한 $Li_{1-x}CoO_2$가 된다. 과충전 상황에서 Co와 전해질이 반응하여 Co가 용출된다. ZrO_2로 $LiCoO_2$를 개질하면 Co의 용출이 억제되어 우수한 충전·방전 특성이 관찰된다. 표면에 부분적으로 존재하는 개질 물질이 접촉한 표면 또는 주변의 표면 에너지에 영향을 주는 것으로 알려져 있다. 또한 NMC 양극 입자에 2~3 nm 두께의 AlF_3 도막을 입히면 고전압까지 Li^+ 이온 탈리가 가능하여 용량과 안정성이 향상된다.

Spinel $LiMnO_4$는 고온에서 전지 특성이 좋지 않다. 높은 온도에서 Mn 이온의 용출, 상전이와 전해질의 산화 반응이 주된 요인이다. 이러한 반응을 억제하기 위하여 $LiCo_{1/2}Ni_{1/2}O_2$ 도막을 $LiMnO_4$ 입자 표면에 입혀 전지 성능을 상당히 개선할 수 있다.

Olivine $LiFePO_4$의 낮은 전기 전도성은 활성 물질 입자 표면에 탄소 전도체 도막을 형성하여 해결한다. 탄소 전도체 도막의 형성은 일반적으로 $LiFePO_4$ 입자에 도포한 유기 전구체(예: sucrose 또는 glucose)를 탄화·흑연화하여 전도체 탄소 물질로 변환한다. 전도성 탄소 도막은 입자 사이의 전기 전도성을 향상하지만 입자 내부의 전기·이온 전도성은 개선하지 못한다. 입자의 크기를 나노미터 수준으로 합성하여 Li^+ 이온의 이동 거리를 줄여 탈리 속도가 증가하면 입자 내부의 전도성을 향상할 수 있다. 이러한 두 가지 접근 방법은 $LiFePO_4$를 양극으로 사용하는 LIB 성능을 상당히 개선한다.

▸ 집전체, 바인더, 도전재와 분리막

음극과 양극의 활성 물질이 도포되는 집전체는 음극 전위(~0 V vs Li/Li^+)와 양극 전위(~4 V)에서 안정해야 한다. 알루미늄(Al)은 부동막(passivated layer)을 스스로 형성하므로 양극 집전체로 이상적인 물질이다. 반면 구리(Cu)는 낮은 전압에서 Li과 합금을 형성하지 않으며 전기 전도성이 우수하여 음극 집전체로 적합하다. 두께가 10~20 μm인 집전체의 기계적 강도는 충분해야 한다.

바인더는 전극의 기계적 안정 유지에 매우 중요하다. 예를 들면 음극은 충전 과정에서 Li이 삽입되면 약 10% 정도 팽창하며, 방전 과정에서 다시 수축한다. 그러므로 충전·방전을 반복하면 흑연 입자-입자와 집전체-입자 사이의 접촉이 불량해져 배터리 성능이 감소한다. 바인더는 이러한 문제를 해결하는 중요한 해결책이다. 바인더는 전극 제조 과정 중 건조 온도(~200°C)에서 안정해야 하며, 전해질 유기 용매에 용해되지 않아야 하고 전기화학적으로 안정해야 한다. 전기화학적으로 안정성이 높은 불소계 poly(vinylidene difluoride)(PVDF)를 4V 이상의 고전압 양극 바인더로, 수용성 carboxy methyl cellulose(CMC)와 styrene-butadiene rubber(SBR)를 음극 바인더로 사용한다.

도전재는 활성 물질 사이의 전자 이동 경로를 확보하여 전기 전도 저항을 줄이는 물질이다. 도전재로 비표면적이 큰 입자 형태의 carbon black(furnace black, acetylene black 등)이 일반적으로 사용되었으나, 최근에는 긴 선형의 carbon nanotube(CNT)가 널리 적용되고 있다.

전극 집합체는 전극 활성 물질, 바인더와 도전재를 적절한 용매와 혼합한 슬러리를 집전체에 도포·건조하여 제작한다.

분리막은 양극과 음극의 물리적 접촉을 방지하면서 Li^+ 이온의 이동을 보장해야 한다. LIB 전지의 분리막은 0.03~1 μm 크기의 기공과 30~50%의 기공도(porosity)를 갖는 polyethylene(PE) 또는 polypropylene(PP)이 주로 사용된다. 또한 기공 폐쇄 온도(thermal shutdown temperature)는 온도가 상승했을 때 기공이 폐쇄되어 Li^+ 이온의 이동을 방지하여 전지의 안전성을 유지하는 중요한 특성이다(PE: ~135°C). 분리막은 전기 절연체이지만, 전해질이 함침(impregnate)하는 분리막은 충분한 이온 전도성을 가져야 한다.

▸ 배터리 제작

전극 활성 물질에서 시작하여 전극을 제조하는 전극 공정, 전극을 조립하는 조립 공정, 완전히 방전된 상태로 조립된 배터리를 충전하는 활성화 공정과 배터리를 조합하는 팩 공정을 순서대로 진행하여 최종 LIB를 완성한다.

전극 공정은 LIB의 양극과 음극을 제조하는 공정이다. 각 전극의 활성 물실에 바인더와 도전재를 혼합하고 적절한 용매를 사용하여 슬러리를 제조한다. 롤투롤(roll-to-roll) 방식으로 슬러리를 집전체 표면에 연속적으로 도포·건조하고, 프레싱 롤(pressing roll)를 통과하여 활성 물질 입자-입자, 입자-집전체의 접촉 면적과 결합력을 증가시킨다. 롤에 말려져 있는 양극과 음극을 재단하고, 집전체에 외부로 전류가 흐를 수 있는 탭(tab)을 부착한다.

조립 공정은 배터리 외형을 완성하는 단계이다. 재단된 양극과 음극에 분리막을 삽입하여, winding 또는 stacking 방식으로 전극 집합체를 제조하고, 원통형, 파우치형, 각형의 용기에 삽입하여 다양한 형태의 배터리로 조립한다. 조립이 완료된 배터리에 전해질을 주입하고 밀봉한다.

활성화 공정은 크게 숙성(aging) 과정과 충전 과정으로 이루어진다. 숙성 과정은 주입된 전해질이 배터리 전체에 잘 분산하도록 기다리는 시간(0.5~3 h)이다. SEI가 형성되는 최초 충전을 진행하고, 40~70°C의 온도에서 2차 숙성을 통하여 배터리를 안정화하고, 발생한 기체를 제거한다. 충전·숙성 과정을 2~3회 반복한 후 방전하면 사용할 수 있는 배터리가 완성된다.

팩 공정은 개별 배터리(cell)를 연결하여 모듈(module)을 만들고, 모듈을 연결하여 하나의 배터리 팩(pack)을 조립하는 공정이다. 모듈은 다양한 응용에 적합한 배터리 팩을 제작하기 위한 일종의 중간제품이다.

▶ LIB의 안전성

LIB 안전성 확보는 매우 중요한 문제이다. LIB에서 고온, 폭발 및 화재를 발생하는 열폭주(thermal runaway) 현상이 발생할 수 있다. 그런 현상은 다음의 세 가지 주요 요인이 복합적으로 작용하여 발생한다: (i) 높은 전류, 과충전과 외부 고온. (ii) 양극재가 분해하여 생성되는 산소. (iii) 연료가 되는 유기 전해질.

외부 요인을 제거하는 방법은 배터리의 불안전한 작동을 차단하는 배터리 제어 회로를 이용하는 방법이다. 대표적인 방법으로 PTC(positive temperature coefficient), PCM(protection circuit module)와 BMS(battery management system)가 있다. PTC는 낮은 온도에서 저항이 작아 전류 흐름을 허용하지만, 특정 온도 이상의 온도에서 저항이 급격히 증가하여 전류를 차단하는 소자(device)이다. PCM은 충전할 때 배터리 전압이 특정 전압(4.25~4.35 V) 이상으로 올라가면 배터리로 들어가는 전류를 차단하고, 방전할 때 배터리 전압이 특정 전압(2.40~3.00 V) 이하로 내려가면 배터리에서 나오는 전류를 차단한다. 또한 외부 회로에 과전류가 흐르거나 외부 회로가 단락되었을 때 전류를 차단하여 배터리를 보호한다. 배터리 팩을 사용하는 복잡한 응용의 경우, PCM의 상위 개념인 BMS(battery management system)는 PCM 기능 외에도 cell balancing 기능과 모니터 기능, 모니터 결과를 활용하여 충전·방전 제어를 위한 계산 기능, 이러한 자료를 전송 및 제어 신호 입력을 위한 통신 기능이 있다. 그러므로 배터리 제어 회로를 채용하여 배터리 불안전한 운용을 차단하는 것은 중요하다. 그러나 배터리 제어 회로는 LIB 자체 가격과 함께 LIB 활용 비용을 증가한다.

배터리 내부 요인인 산소 발생과 유기 전해질은 현재로서는 피할 수 없지만, LIB 기술의 발전으로 해결되기를 희망할 뿐이다.

11.6 미래의 2차 배터리

LIB의 에너지 밀도는 1990년대 90 $\mathrm{Whkg^{-1}}$에서 2020년 250 $\mathrm{Whkg^{-1}}$로 증가하였으며, 가격은 1000 $\mathrm{USDkW^{-1}h^{-1}}$에서 150 $\mathrm{USDkW^{-1}h^{-1}}$로 감소하였다. 이러한 기술적 발전과 가격 인하는 휴대용 전자 기기뿐만 아니라 전기 자동차와 에너지 저장 장치로 그 응용 범위가 확대되었으며,

전기 항공기를 응용 범위에 포함하는 시도가 이루어지고 있다. LIB의 응용 범위를 확대하기 위해서는 가격 하락과 성능 증대가 요구되는데, 이는 LIB 기술의 지속적 발전과 경제적 환경 조성이 이루어져야 가능하다.

LIB 분야에서 이러한 노력은 지속되고 있다. 예를 들면 NMC 양극의 Ni 함량을 높이면 배터리 용량 증가는 가능하지만, Ni 함량 증대에는 한계가 있다. 한편 Li의 삽입 물질 흑연을 Si로 대체하는 노력이 진행 중이다. Si와 흑연에 Li를 삽입하면 각각 $Li_{21}Si_5$와 LiC_6가 되어, 이론 무게 비용량은 각각 4010와 372 $Ahkg^{-1}$이 된다. 그러므로 Li(Si)를 음극으로 사용하는 LIB 용량은 10배 이상 증가할 수 있지만, 많은 양의 Li이 삽입되면 Si는 세배 정도 팽창하여 LIB 수명이 급속히 감소한다. 비슷한 접근을 Li과 합금을 형성하는 Al, Sn, Bi에 시도하지만, 역시 Si의 경우와 유사한 문제점이 나타난다. 또한 LIB 응용 범위가 확대되어 생산량이 늘어나면서 원료 공급 문제도 심각해지고 있다.

LIB 기술 발전을 위한 노력에도 불구하고 2차 전지의 새로운 돌파구가 필요하다. 미래의 2차 배터리를 위한 주요 연구 분야를 소개한다. 소개하는 분야들은 아직 연구 단계에 있으며, 상용화를 위해서는 많은 문제가 해결되어야 한다.

▶ Na 이온 배터리와 K 이온 배터리

Li^+ 이온을 Na^+ 또는 K^+ 이온으로 대체한 전극을 각각 Na 이온 배터리(NIB)와 K 이온 배터리(KIB)라고 한다. Li에 비하여 무게 또는 부피 비용량은 불리하지만, Na과 K는 풍부하므로 저렴하다. 한편 가격이 높은 Ni과 Co 산화물을 가격이 저렴한 Mn 또는 Fe 산화물로 대체하면 배터리 가격은 더욱 낮아질 수 있다. 그러므로 대용량 고정형(stationary) ESS에 NIB와 KIB는 적합하다.

NIB와 KIB 양극으로 연구된 물질은 층상 산화물(예: $ACoO_2$), 다중산 음이온 화합물(예: $AVPO_4F$), prussian blue(PB) 화합물(예: $AMn-Fe(CN)_6$)(A = Li, Na, K)과 NASICON(sodium super ionic conductor, $Na_xNM(PO_4)_3$, $0 \leqq x \leqq 4$, N, M = Ti, V, Cr, Mn, Zr 등)이 연구되고 있다. 이러한 화합물의 특징은 Na^+과 K^+ 이온이 이동할 수 있는 공간이 풍부한 구조이다. 무게 및 부피 비용량은 NIB와 KIB 양극이 LIB 양극보다 작은데, 그 이유는 원자량과 반지름이 상대적으로 큰 Na^+과 K^+ 이온을 수용하기 위한 산화물의 부피가 증가하기 때문이다.

NIB와 KIB 음극은 LIB 음극과 거의 동일하다. 흑연에 K^+ 이온은 삽입하지만, Na^+ 이온은 삽입하지 않는다. 그 대신은 Na^+ 이온은 결정화도가 낮은 hard carbon에 삽입된다. 그러므로 탄소 재료를 음극으로 사용할 수 있다. 한편 산화물을 Na^+과 K^+ 이온 삽입 물질로 사용할 수 있는데, $Na_2Ti_3O_7$, $K_2Ti_8O_{12}$ 등은 탄소 재료에 비하여 부피 비용량은 높지만 삽입 전압이 높아 결과적으로 에너지 밀도는 낮다. 또한 LIB에서와 같이 Na 또는 K와 합금을 형성하는 Si, Sn, Sb, P를 삽입 물질로 연구하였는데, Na와 K 용해도는 Si에서 매우 낮으므로 Si를 NIB와 KIB의 음극으로 사용할 수 없다. 용해도와 삽입 전위는 K가 Na보다 Sn, Sb, P에서 높다. 그러므로 합금 음극은 NIB에서 유리하다.

▶ 전고체 배터리

전고체 배터리(all solid-state battery, ASSB)는 고체 이온 전도체를 전해질로 사용하는 배터리이다. 고체 전해질은 유기 전해액의 화재 또는 누출 등으로 야기되는 안전성을 획기적으로 개선할 수 있다. 또한 Li(gr) 음극을 Li 금속(이론 비용량: 3860 $mAhg^{-1}$)으로 대체가 가능하여 배터리

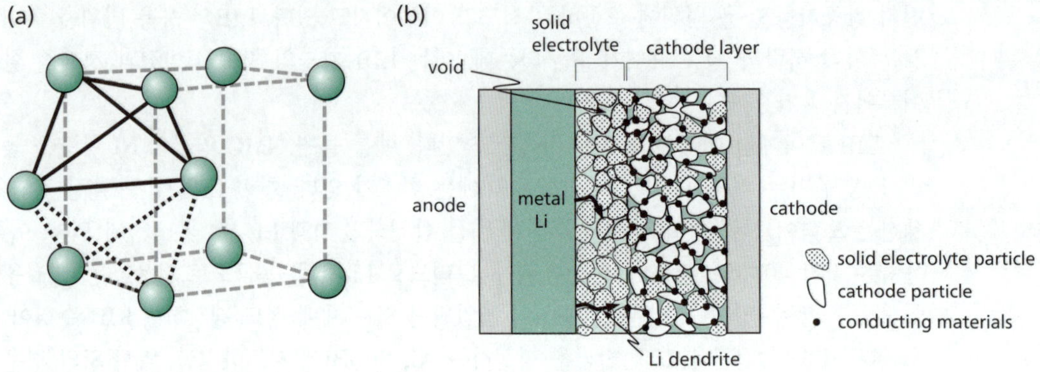

그림 11.22 **전고체 배터리.** (a) 고체 전해질 황화물의 S^{2-} 이온 체심 입방 구조. (b) 전고체 배터리 계면의 간략한 도식.

에너지 밀도를 증대할 수 있다.

고체 전해질의 필요한 특성은 높은 Li^+ 이온 전도도(> 0.1 $mScm^{-1}$)와 낮은 전기 전도도(< 10^{-7} $mScm^{-1}$)이다. 그러한 물질은 고분자, 산화물, 황화물이 있는데, 황화물이 가장 적합하다. 구체적으로 $Li_7P_3S_{11}$(17 $mScm^{-1}$), $Li_{10}GeP_2S_{12}$(12 $mScm^{-1}$), $Li_{9.54}Si_{1.74}P_{1.44}S_{11.7}Cl_{0.3}$(17 $mScm^{-1}$)이 후보 물질이다. 이러한 황화물의 이온 전도가 높은 이유는 S^{2-} 이온이 체심 입방 구조(body-centered cubic structure, BCC)로 배열하여 Li^+ 이온이 그림 11.22a에 도시한 두 개의 사면체를 통하여 이동하기 때문이다. Li^+ 이온의 이동 활성화 에너지는 산화물의 육면체–사면체–육면체(층상 산화물, 그림 11.15) 또는 사면체-육면체-사면체(spinel 산화물, 그림 11.19) 경로에서는 높지만, 황화물($Li_7P_3S_{11}$, $Li_{10}GeP_2S_{12}$)의 사면체-사면체 경로에서는 낮다. Li_6PS_5Cl의 경우, 편극성이 높은 S^{2-} 이온이 이동하는 Li^+ 이온과 PS_4^{3-} 사면체 중심의 P^{5+} 양이온 사이의 상호작용을 차폐하므로 이온 전도성이 증가한다.

ASSB는 아직 풀어야 할 문제를 가지고 있다. LIB와 비교하였을 때 ASSB의 과전압이 높다. 액체 전해질은 음극 또는 양극 입자 사이로 스며들어(penetrate or infiltrate) 충분히 접촉할 수 있지만, 고체 전해질 입자는 그럴 수 없다. 예를 들면 양극 활성 물질 입자 사이로 고체 전해질이 스며들 수 없으므로, 양극은 전해질 입자, 양극 활성 물질 입자, 도전재와 바인더의 혼합물로 제조된다. 만약 음극이 금속 Li이 아니라 Li(gr)이라면, 전해질 입자와 혼합해야 한다. 따라서 그림 11.22b와 같이 전해질 입자는 양극 입자, 음극 입자와 다른 전해질 입자와 접촉하게 되며, 양극-전해질-음극 순서로 적층하는 ABBS에 많은 계면이 존재하게 된다. 또한 전해질 입자는 집전체, 도전재와 다른 첨가제와 접촉할 수 있다. 입자 사이의 공간(voids)은 Li^+ 이온 확산과 전자 전달 반응에 방해 요소로 작용하여 배터리 저항을 증가시킨다. 음극의 Li^+ 이온은 충전 과정에서 음극과 전해질의 공간 사이에 dendrite를 형성할 수 있다. 따라서 입자 사이의 접촉을 최대로 유지하며 공간의 비율을 줄이는 방법이 개발되어야 한다. 한편 접촉하고 있는 입자의 전위가 다르면 자발적 화학 반응이 일어날 수 있다. 특히, 도전재와 혼합된 고체 전해질 입자 계면은 Li^+ 이온과 전기 전도성을 나타내므로, dendrite 형성과 자발적 화학 반응이 전극 내부로 확산할 수 있다. 그 결과 ASSB 성능은 감소한다. 그러므로 적절한 함량의 도전재 분산을 통한 Li^+ 이온 전도성과 전기 전도성의 최적화는 매우 중요한 이슈이다. 또 다른 문제점은 고체 전해질의 좁은 용매 전위창이다. 이는 충전·방전 과정에서 도체(전극, 집전체, 도전재, 전기 전도성 첨가물)와 접촉하는 전해질은 높은 전위에서 산화되고 낮은 전위에서 환원됨을 의미한다. 고체 전해질의 전기화학 반응의 산물은 배터리 저항을 증가하므로 고체 전해질의 화학적 문제도 해결되어야 한다. 또한 입자 사이의 계면인 결정 계면(grain boundary)을 통하여 Li^+ 이온이 이동하면 계면에 전위차가 발생하여 이온 전도도가 감소한다. 이러한 문제들은 개별적이지 않고 서로 연결되어 있으며, ASSB의 실용화를 위해서는 문제점을 과학적 관점에서 이해하고 공학적 관점에서 접근해야 한다.

Mg과 Ca 배터리

Mg^{2+} 또는 Ca^{2+} 이온을 사용하는 배터리는 높은 부피 비용량 배터리를 목표한다. 이온 1개가 이동할 때 Li^+ 이온에 비하여 Mg^{2+} 또는 Ca^{2+} 이온은 두 배의 전하를 전달하기 때문이다. 그러나 질량은 Mg^{2+}와 Ca^{2+} 이온이 Li^+ 이온보다 크므로 무게 비용량의 이득은 없다.

Mg와 Ca 배터리 음극으로 금속을 사용한다. Mg^{2+}과 Ca^{2+} 이온이 Li^+ 이온보다 dendrite를 잘 생성하지 않지만, 최소화하기 위하여 편평한 음극 표면 제작이 필수적이다. 또한 충전·방전 과정에서 금속 음극은 전해질 또는 불순물(H_2O 또는 O_2)과 반응할 수 있다. 이러한 문제를 회피하기 위하여 Bi 합금, Sn(Bi) 합금 또는 $Li_4Ti_5O_{12}$ 삽입 Mg 음극, Sn 합금 Ca 음극이 연구되었다.

전해질에도 세심한 주의가 필요하다. Mg^{2+}과 Ca^{2+} 이온은 2가 이온이므로 강하게 용매와 상호 작용을 한다. 따라서 충전·방전 과정에서 이온 분위기를 제거하기 위하여 많은 에너지가 소모되므로 반응 속도가 감소하며 이온 이동 현상 등이 매우 복잡해진다. 또한 음이온과 이온쌍을 형성할 수 있으므로 이온 전도도가 감소할 수 있다. 이러한 점을 고려하여 전해질 용매와 용질을 선택해야 한다. 예를 들면 용질 $Mg[B(fip)_4]_2$ (fip = $OC(H)(CF_3)_2$)를 DME에 용해한 전해질에서 Mg의 산화-환원 반응은 가역적이다. 물론 전해질은 전지의 작동 전압에서 안정해야 한다.

Mg와 Ca 배터리의 양극은 삽입 물질에 기초한다. Mg^{2+}과 Ca^{2+} 이온의 높은 전하 때문에 Mg^{2+}과 Ca^{2+} 이온은 삽입 물질의 구조체와 강한 상호 작용을 하므로 이동 활성화 에너지가 높고, 삽입된 Mg^{2+}과 Ca^{2+} 이온 농도가 증가할수록 이온 간 반발력 때문에 활성화 에너지가 더욱 증가한다. 이 문제에 대한 접근 방법은 두 가지이다. 하나는 삽입 물질의 음이온을 쉽게 분극하는 큰 원자로 치환하는 것이고, 다른 하나는 삽입 물질의 배위 환경을 이해하는 것이다. 이러한 관점에서 Mg 양극으로 chevrel 구조의 $Mg_xMO_6S_8$과 $Mg_xMO_6S_6Se_2$, spinel 구조의 $Mg_xTi_2S_4$와 층상 구조의 α-Ca_xMoO_3, PB $Ca_xMnFe(CN)_6$ 등이 연구되었다.

미래의 2차 전지의 예로 소개한 세 가지 방식이 상용화에 이르기 위해서는 해결해야 하는 문제가 많다.

11.7 초고용량 커패시터

커패시터는 외부에서 인가하는 전압 변화에 따라 충전과 방전을 반복하는 소자이다(제2장 부록). 일반적인 전자 · 전기회로에 사용되는 커패시터보다 용량이 매우 큰 커패시터를 전기 에너지 저장 장치로 활용할 수 있다. 그러한 커패시터를 **초고용량 커패시터**(supercapacitor)라고 한다.

초고용량 커패시터는 작동하는 원리에 따라 **전기화학 이중층 커패시터**(electrochemical double layer capacitor, EDLC)와 **유사 커패시터**(pseudo-capacitor)로 분류한다.

EDLC는 전위가 인가된 이상적 분극 전극(제4장) 표면에 형성된 전기화학 이중층의 커패시턴스를 이용하는 커패시터이다(제7장). 예를 들면 두 전극에 전력공급장치가 전위를 인가하면 전해질의 양이온과 음이온이 전극으로 이동하여 이온 확산층을 형성하며, EDLC는 그림 11.23a와 같

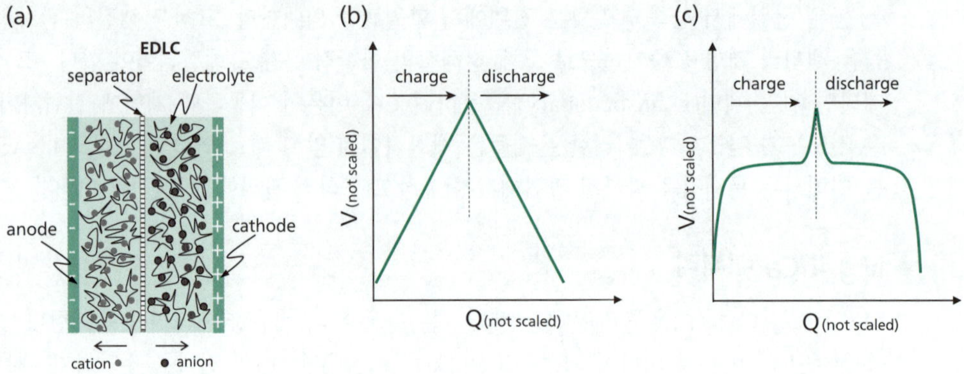

그림 11.23 **초고용량 전기화학 이중층 커패시터(EDLC).** (a) 간략도. (b) 충전·방전 곡선. (c) 배터리의 충전·방전 곡선.

이 충전된다. 방전 과정에서 산화 전극으로 표시한 전극은 음극이 되어 전자를 부하로 방출한다.

그림 11.23b는 EDLC의 충전·방전 곡선을 예시한다. 충전된 전하량 Q는 Q = CV(EDLC 전압 V와 커패시턴스 C)로 표현되므로, 충전·방전 곡선은 직선이다. 충전·방전 곡선의 관점에서 EDLC는 배터리와 구분된다. 충전·방전에서 EDLC는 전하 전달과 확산 과정이 없지만, 배터리는 전극 활성 물질의 전하 전달과 확산 과정이 있다. 그러므로 그림 11.23c에 예시한 바와 같이 LIB의 곡선은 평탄한 부분이 존재한다. 전하 전달과 물질 전달 과정이 없는 EDLC는 충전·방전 속도가 매우 빨라 우수한 출력 특성이 가장 큰 장점이다. 또한 전하 전달 과정이 관여하지 않으므로 충전·방전 과정은 가역적이며, 충전·방전 횟수로 표시되는 수명이 매우 길다. 그러나 용량을 의미하는 전하량을 전극 표면 이중층 이온의 양이 결정하므로, 에너지 밀도는 EDLC(3~6 $Whkg^{-1}$)가 LIB(100~200 $Whkg^{-1}$)보다 매우 낮다. 따라서 EDLC는 높은 출력을 낼 수 있지만, 그 출력을 장시간 동안 유지할 수 없으므로 응용 범위가 매우 제한적이다.

유사 커패시터는 전하 전달과 확산 과정을 포함한다. 그러나 두 과정의 속도가 매우 빨라 충전·방전 거동이 EDLC와 비슷하여 유사 커패시터라고 한다. 예를 들면 그림 11.24a에 도시한 바와 같이, 충전 과정에서 전해질의 Na^+ 이온이 MnO_2에 흡착하면 MnO_2의 Mn^{4+} 이온이 Mn^{3+} 이온으로 환원되어 MnO_2Na^+이 형성된다. 그러나 전하 전달 과정은 표면 또는 표면층에서만 진행되어 전극 내부의 확산 과정을 무시할 수 있어 커패시터 특성이 나타난다. 이러한 특성을 보이는 물질을 **산화-환원**(surface redox) **유사 커패시터**라고 하며, MnO_2 또는 RuO_2와 같은 전이 금속 산화물과 polyaniline(PANI) 또는 poly(3,4-ethylenedioxythiophene)과 같은 전도성 고분자 물질이 이 부류에 속한다. 그림 11.24b는 **삽입**(intercalation) **유사 커패시터**를 예시한다. 넓은 공간의 그물망(network)이 있는 산화물 Nb_2O_5의 내부에는 Li^+ 이온이 충전·방전 과정에서 쉽게 삽입·탈리한다. 물론 Li^+ 이온의 삽입·탈리 과정에서 부분적 전하 전달이 발생하지만, Li^+ 이온의 삽입·탈리 속도가 매우 높아 커패시터 특성이 나타난다. Nb_2O_5의 뿐만 아니라 $LiFeTiO_4$, $VOPO_4$, MoO_{3-x} 등이 이 부류에 속한다.

초고용량 커패시터의 빠른 충전·방전 특성은 응용의 관점에서 매우 중요하다. 구체적으로 초고용량 커패시터의 충전 시간(< 10 s)과 출력(1~5 $kWkg^{-1}$)은 LIB의 충전 시간(~ 60 min)과 출력(1~3 $kWkg^{-1}$)보다 우수하다. 따라서 순간적으로 높은 출력이 필요하거나 급속한 충전이 필요한 동적인 응용 분야에 활용될 수 있다. 예를 들면 정지한 자동차가 출발할 때 가장 높은 출력이

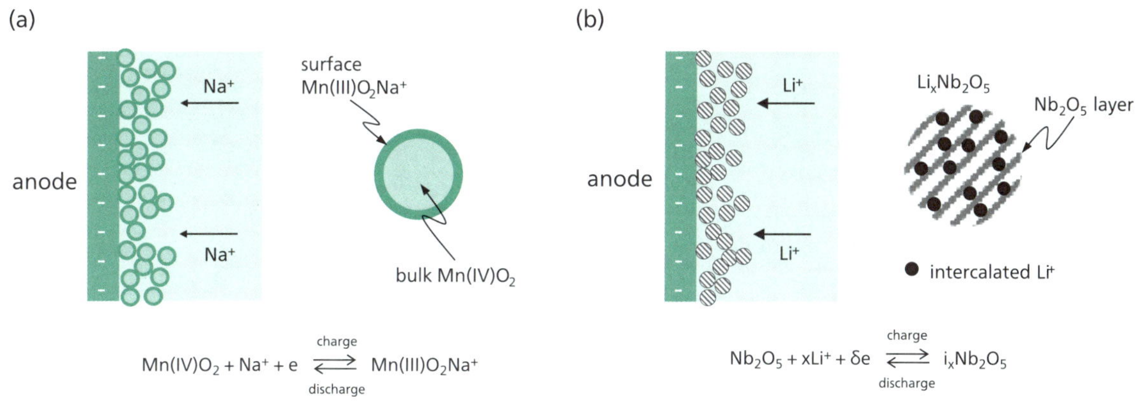

그림 11.24 **초고용량 유사 커패시터의 간략도.** (a) 산화·환원 유사 커패시터. (b) 삽입 유사 커패시터.

필요하며, 이때 초고용량 커패시터가 작동하여 필요한 출력을 충족하고, 달리기 시작하면 일반 배터리가 낮은 출력을 감당한다. 초고용량 커패시터는 빠르게 충전되어 다음의 필요한 순간을 대비한다. 그러므로 빠른 충전·방전 특성의 초고용량 커패시터와 높은 에너지 밀도의 LIB가 연계한 에너지 장치는 다양한 응용에 적합한 충전·방전 특성을 보유할 수 있다. 따라서 초고용량 커패시터의 에너지 밀도가 증가한다면 응용 범위는 더욱 넓어질 수 있다.

EDLC 초고용량 커패시터의 에너지 밀도는 전극 면적에 크게 의존한다. 일반적인 전극 재료는 높은 비표면적의 활성탄[2000~2500 m^2g^{-1}, activated carbon(AC)]이다. 한편 전해질은 용매 전위창이 큰 유기 용매(acetonitrile, propylene carbonate)와 $TEABF_4$(trtraethylammonium tetrafluoroborate) 전해 용질을 사용한다. 일반적인 EDLC 초고용량 커패시터의 에너지 밀도는 5~10 $Whkg^{-1}$으로, LIB의 에너지 밀도(150~200 $Whkg^{-1}$)보다 매우 낮다.

에너지 밀도가 더욱 개선된 초고용량 커패시터는 **하이브리드**(hybrid) **커패시터**이다. 저장하는 전하량이 증가해야 에너지 밀도가 높아진다. 하이브리드 커패시터의 음극은 LIB 음극의 전하 전달 반응인 Li^+ 이온 삽입·탈리 반응을 활용하여 저장되는 전하량을 증가한다. 그러나 음극(산화 전극)의 전하 저장 반응은 커패시터의 특성과 유사해야 하므로 전하 전달 과정과 이에 따른 확산 과정이 매우 빨라야 한다. 양극은 EDLC 원리에 기초한다. 최초로 발명된 성공적 하이브리드 커패시터는 AC와 $Li_4Ti_5O_{12}$ 나노 구조체의 복합체 음극, AC 양극과 1 M $LiPF_6$ EC/DMC(v/v = 2) 전해질로 구성된 커패시터이다(그림 11.25). $Li_4Ti_5O_{12}$를 나노 구조체로 만들면, 표면적이 증가하고 Li^+ 이온 확산 거리가 감소하여 음극이 커패시터 특성을 나타낼 수 있다. 전기 전도성이 나쁜 $Li_4Ti_5O_{12}$를 AC와 혼합하여 음극의 전기 전도도를 보완한다. 하이브리드 커패시터를 충전하는 과정에서 전해질의 Li^+ 이온은 음극으로 이동하여 $Li_4Ti_5O_{12}$에 삽입되고, PF_6^- 음이온은 양극으로 이동하여 AC에 흡착된다. 이렇게 만들어진 하이브리드 커패시터의 에너지 밀도는 20 $Whkg^{-1}$이다. EDLC 초고용량 커패시터에 비하여 확실한 진보이다. 그림 11.25과 같이 Li^+ 이온이 삽입·탈리하는 물질을 음극으로 사용하는 커패시터를 **LIC**(lithium ion hybrid capacitor)라고 한다.

LIC 전극은 다양한 재료의 복합체로 제작된다. 음극 재료에 요구되는 조건은 빠른 충전·방전 속도를 충족하기 위하여 높은 전기 전도성과 작은 입자 크기이다. 그러므로 다양한 Li^+ 이온 삽입·탈리 산화물($Li_4Ti_5O_{12}$, $Li_3V_2(PO_4)_3$ 등)의 나노 입자 합성법, 다양한 탄소 재료와 입자-탄

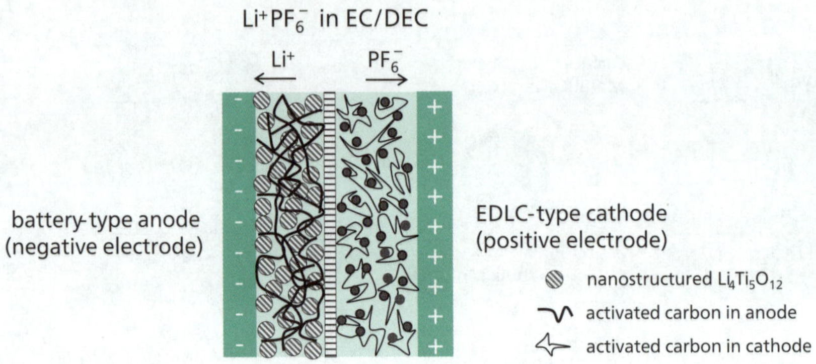

그림 11.25 Li 이온 하이브리드 커패시터(LIC).

소 접합법(입자 표면 탄소 도막 형성 등)이 돌파구이다. 한편, 높은 음이온 흡착 능력 또는 넓은 표면적이 요구되는 양극 재료로 N, B 또는 N과 B가 도핑된 탄소재(CNT, 그래핀), 그래핀에 기초한 3차원 탄소재, 다공성 탄소재와 이중기능성(bifunctional) 재료(예. $LiCoO_2$/C)가 주목받고 있다. 예를 들면 MnO/그래핀 음극과 N-혼입 다공성 탄소 양극으로 제작된 LIC의 에너지 밀도와 방전 출력은 각각 127 $Whkg^{-1}$와 25$kWkg^{-1}$으로 보고되었다.

11.8 Ragone 플롯

그림 11.26은 다양한 에너지 장치의 출력 밀도와 에너지 밀도의 관계를 도시하는 Ragone 플롯이다. 회색 사선은 에너지 장치에 에너지를 저장하거나 출력하는 시간을 의미한다. 따라서 에너지 장치가 걸쳐있는 선의 시간이 작으면, 그 장치는 에너지를 빠르게 출력할 수 있다. 이상적인 에너지 장치는 에너지를 빠르게 오랜 시간 출력할 수 있는 장치, 다시 말해 출력 밀도와 에너지 밀도가 큰 장치이다.

그림 11.26은 지금까지 논의한 충전·방전이 가능한 배터리를 Ragone 플롯에 배치한 그림이다. 납 배터리 < Ni−MH < LIB 순으로 이상적 에너지 장치를 향해 배터리 기술이 진보하였음

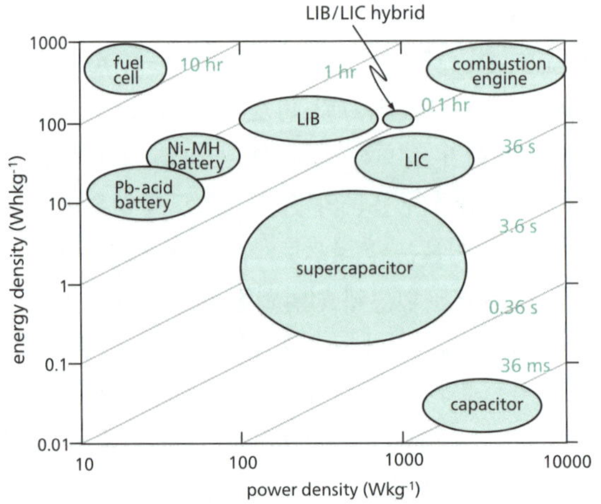

그림 11.26 Ragone 플롯.

을 알 수 있다. 초고용량 커패시터와 LIC를 비교하면 빠른 출력을 위한 노력의 결과가 명확하다. 또한 LIB와 LIC 각각의 장점과 단점은 상호보완적이며, 두 장치를 결합하면 이상적 장치에 약간 더 접근한다. 현재 사용이 가능한 가장 이상적인 에너지 장치는 내연기관이다. 그러나 화석 연료를 사용하므로 CO_2 배출 문제를 회피하는 방법이 전기 에너지를 저장하는 배터리가 대안으로 제시되어 상당한 기술적 진보가 있었음도 사실이다. 제12장에서 논의할 연료 전지가 주목을 받았지만 낮은 출력 밀도가 기술적·경제적 장벽이 되었음도 사실이다. 환경을 오염하지 않는 에너지와 에너지 저장 장치의 개발은 해결해야 할 숙제이다.

주요 용어

배터리의 구성 요소
용매 전위창
배터리 성능 수치
　용량, 무게 비용량, 부피 비용량, 방전 종지 전압, 에너지 밀도, 비출력, C-속도, 방전 심도, 사이클 수명, 배터리 수명

납 배터리
Li 이온 배터리
　Li(gr), SEI, 층상 산화물, spinel 산화물, olivine 산화물, 집전체, 바인더, 도전재와 분리막, 전고체 배터리

초고용량 커패시터
　전기화학 이중층 커패시터, 산화·환원 유사 커패시터, 삽입 유사 커패시터, 하이브리드 커패시터, LIC
Ragone 플롯

연습 문제

11.1 구형 입자 전극 집합체를 생각해 보자. 전극 재료의 밀도는 d이고, 입자 전체의 질량은 m이다. 다음의 질문에 답하라.

(a) 입자의 반지름이 r일 때, 전극의 면적 A를 m, d, r로 표현하라.

(b) 전극 입자의 반지름이 r_1에서 r_2로 변화할 때, 면적비 A_1/A_2를 m, d, r로 표현하라.

(c) 전극 입자의 반지름을 1 mm에서 50 μm로 줄여 전지 1과 전지 2를 각각 제작하였다. 두 전지가 같은 전류를 방전할 때 두 전지의 양극 전하 전달 과전압 차이를 25°C에서 Butler-Volmer 식을 이용하여 계산하라. 양극 반응의 전달 계수 α는 0.5이고 음극은 동일하다.

(d) (c)의 상황에서 물질 전달 과전압 변화를 논의하라.

11.2 배터리 분리막의 특성은 기공의 크기와 기공도이다. 다음의 질문에 답하라.

(a) 기공도가 일정한 상황에서 기공의 크기가 1/2로 감소할 때 배터리에 일어나는 변화를 예측하라.

(b) 기공의 크기가 일정한 상황에서 기공도가 2배 증가할 때 배터리에 일어나는 변화를 예측하라.

(c) (a)와 (b)의 답을 근거로 분리막이 갖추어야 할 특성을 논의하라.

11.3 LIB에 관한 다음의 질문에 답하라.

(a) 음극 재료로서 금속 Li과 LiC_6(Li(gr))를 비교하여 설명하라.

(b) NMC를 양극 재료로 사용하는 이유를 설명하라.

(c) 전극은 전기 전도성이 있어야 한다. LiC_6와 NMC는 전기 전도성이 있음에도 불구하고 전극

재료에 도전재를 혼합한다. 그 이유를 설명하라.

11.4 전고체 Li 배터리에 관한 다음의 질문에 답하라.

(a) 고체 전해질이 가져야 특성을 설명하라.

(b) 과전압은 전고체 Li 배터리가 액체 전해질을 사용하는 LIB 전지보다 높다. 그 이유를 설명하라.

(c) 전고체 Li 배터리와 액체 전해질을 사용하는 LIB 제조 공정을 비교 설명하라.

11.5 일반적인 커패시터에 충전할 수 있는 전하량 q는 다음과 같다.

$$q = CV = (\varepsilon A/d)V$$

C: 커패시턴스; V: 인가한 전압; ε: 유전율; A: 전극 면적; d: 전극 간격

위의 식을 근거로 EDLC 초고용량 커패시터의 전극과 농도를 포함한 전해질의 구성 요소에 요구되는 특징을 설명하라.

제 12 장 연료 전지와 전기화학 촉매론

차례

12.1 ▸ 연료 전지 개요
12.2 ▸ PEM 연료 전지
12.3 ▸ 다른 형태의 연료 전지
12.4 ▸ 수소 생산: 물의 전기분해
12.5 ▸ 촉매의 원리
12.6 ▸ 전기화학 촉매 활성의 정량적 표현
12.7 ▸ Sabatier 원리
12.8 ▸ d 밴드 이론
12.9 ▸ HER 반응과 OER 반응
12.10 ▸ 기타 전기화학 촉매 반응
12.11 ▸ 전기화학 촉매 성능의 향상

화학 에너지를 전기 에너지로 변환하는 중요한 장치의 하나가 연료 전지이다. 높은 에너지 상태의 연료가 전극 촉매 표면에서 낮은 에너지 상태의 화학 물질로 산화하는 과정에서 방출되는 화학 에너지가 전기 에너지로 전환하는 반응이 연료가 공급되는 동안 지속된다. 연료 전지도 기본적으로 전기화학 전지이므로, 연료의 산화 반응에 대응하는 환원 반응이 분리된 공간에서 병행한다.

이 장에서 연료 전지의 기본적인 형태를 살펴보고, 실용 연료 전지의 장단점을 비교한다. 또한 연료 전지의 전극은 촉매로 작용하는데, 전극 개발의 관점에서 촉매론을 소개한다.

12.1 연료 전지 개요

연료 전지(fuel cell)는 2차 전지와 다르다. 연료 전지와 2차 전지는 반응물의 화학 에너지를 전기화학 반응을 매개로 전기 에너지로 바꾸는 에너지 변환 장치라는 공통점이 있다. 그러나 화학 에너지를 가지고 있는 활성 물질 공급의 관점에서 두 에너지 변환 장치는 다르다. 2차 전지는 전기 에너지를 화학 에너지로 바꾸는 충전과 화학 에너지를 전기 에너지로 바꾸는 방전을 반복하므로, 2차 전지의 활성 물질은 에너지 저장 장소이다. 반면 연료 전지의 활성 물질은 궁극적으로 엽록소가 태양 에너지를 화학 에너지로 저장한 탄화수소 연료(hydrocarbon fuel)이다. 그러므로 연료 전지는 활성 물질의 공급이라는 측면에서 2차 전지와 구분된다.

'연료'라는 단어가 내포하는 일반적인 의미는 열반응(thermal reaction)이다. 예를 들면 내연기관 엔진 실린더에서 전기 스파크가 산소와 혼합된 휘발유(gasoline)의 열반응을 개시하면, 생성되는 열의 폭발력으로 화학 에너지가 기계 에너지로 변환된다. 연료 전지에서는 연료와 산소가 공간적으로 분리된 전기화학 촉매(electrochemical catalyst) 전극에서 각각 산화와 환원하는 전기화학 반응 과정 중 화학 에너지가 전기 에너지로 변환된다. 따라서 연료 전지가 전기 에너지를 계속 출력하기 위해서는 내연기관과 같이 연료와 산소가 계속 공급되어야 한다. 연료와 산소의 지속적 공급의 관

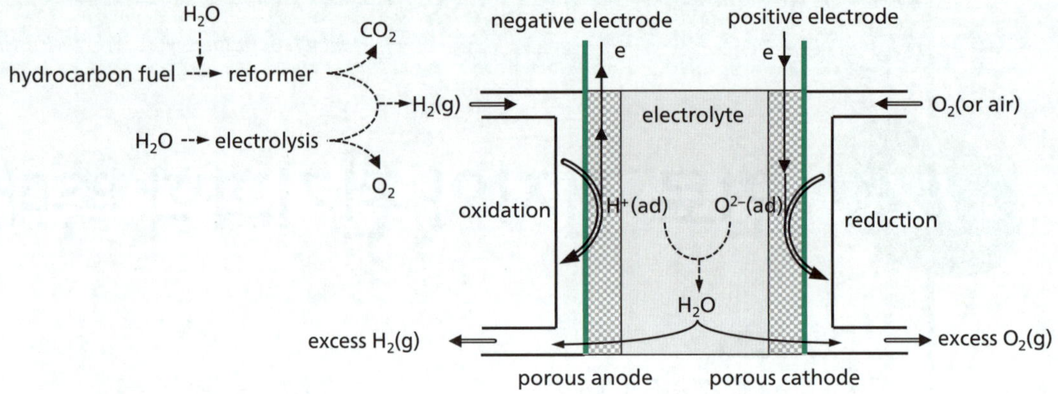

그림 12.1 연료 전지의 일반적 개념도.

점에서 내연기관과 연료 전지는 같지만, 화학 반응의 관점에서 연료 전지는 내연기관과 구분된다.

그림 12.1은 다양한 연료 전지의 공통점을 도식적으로 표현한 그림이다. 연료 전지도 전기화학 전지이므로 전기화학 반응이 일어나는 두 개의 전극과 이온 전도성이 있는 전해질로 구성된다. 산화 전극에서 연료가 산화되어 전자를 방출하고, 환원 전극에서 산소가 환원하여 전자를 받아들인다. 그러므로 전자가 음극인 산화 전극에서 부하를 거쳐 양극인 환원 전극으로 이동하면서 전기적 일을 한다. 한편 각 전극의 전기화학 반응 생성물은 양극 또는 음극에서 결합하여 연료 전지에서 배출된다. 결국 내연기관의 열반응이 전기화학 반응으로 대체된 엔진이 연료 전지이다.

연료 전지 음극에 공급되는 최종 연료는 수소(H_2)이다. 현재 수소를 생산하는 기술은 천연가스·석유·석탄 개질(reforming)과 수전해(water electrolysis)이다. 가장 대표적인 개질 반응인 수증기 개질(steam reforming)은 탄화수소 연료와 수증기(H_2O)를 적절한 촉매 표면에서 반응하여 CO_2와 H_2를 생산하는 공정이다. 이에 반하여 수전해는 물을 전기 분해하여 H_2를 생산하는 공정으로, 재생 에너지·원자력이 생산하는 전력을 사용하면 CO_2 발생은 없다.

연료 전지 전극은 표면적이 큰 촉매 입자로 구성된다. 전극 재료는 낮은 작동 온도의 연료 전지에서는 Pt가 주로 이용되지만, 높은 작동 온도의 연료 전지에서는 Ni이 주로 이용된다. Pt 촉매를 예로 설명하면 연료 H_2 기체와 O_2는 산화 전극과 환원 전극 표면에 각각 분해 흡착(dissociative adsorption)하여 원자 상태가 되어 산화와 환원 반응을 거치게 된다.

산화 전극:

$$2H_2(g) \longrightarrow 4H(ad) \quad \textbf{(12.1a)}$$

$$4H(ad) \longrightarrow 4H^+(ad) + 4e \quad \textbf{(12.1b)}$$

환원 전극:

$$O_2(g) \longrightarrow 2O(ad) \quad \textbf{(12.1c)}$$

$$2O(ad) + 4e \longrightarrow 2O^{2-}(ad) \quad \textbf{(12.1d)}$$

$H^+(ad)$와 $O^{2-}(ad)$는 연료 전지 형태가 결정하는 전해질을 이동하여 최종적으로 H_2O를 다음과 같이 생성한다.

$$4H^+(ad) + 2O^{2-}(ad) \longrightarrow 2H_2O \quad \textbf{(12.2)}$$

생성된 H_2O는 연료 전지의 작동 온도에 따라 액체 또는 기체로 연료 전지에서 배출된다.

연료 전지는 전해질의 종류에 따라 다음과 같이 분류한다: PEM 연료 전지, 알칼라인 연료 전지, 인산형 연료 전지, 용융 탄산염 연료 전지, 고체 산화물 연료 전지, 직접 메탄올 연료 전지.

12.2 PEM 연료 전지

▶ 전지 개요

PEM은 H^+ 이온 전도성이 있는 고분자막으로, proton-exchange membrane(양성자 교환막) 또는 polymer electrolyte membrane(고분자 전해질막)의 약자이다. PEM을 전해질로 사용하는 연료 전지를 PEMFC(그림 12.2a)라고 한다.

PEMFC의 전체적인 구조를 먼저 살펴보자. PEM 양면에 각각 접촉된 양극과 음극의 촉매층(catalytic layer), 그 촉매층과 접촉하고 있는 기체 확산막(gas diffusion layer, GDL)의 집합체를 막전극 집합체(membrane electrode assembly, MEA)라고 한다. MEA 제조 방법을 알면 MEA를 쉽게 이해할 수 있다. (i) 전극 촉매(카본 블랙 입자에 Pt 나노 입자가 담지된 Pt/C 촉매)와 H^+ 이온 전도성이 있는 nafion ionomer를 적절한 용매와 혼합하여 잉크(ink)를 제조한다. 물론 전극 재료가 다르므로 양극과 음극 잉크는 다르다. (ii) 양극과 음극의 전극 촉매 잉크를 GDL에 도포·건조하여 촉매층을 제조한다. (iii) PEM을 GDL-양극 촉매층-PEM-음극 촉매층-GDL이 되도록 배치한 후, 구성 요소 사이의 전기적 접촉이 향상되도록 고온·고압에서 압착(press)하여 MEA를 완성한다(그림 12.2b). MEA를 만드는 다른 방법은 PEM 양쪽 면에 촉매층을 직접 도포한 촉매 도포막(catalyst coated membrane)을 먼저 제작한 후 GDL을 부착하는 방법이다. MEA 양면에 가스켓(gasket)과 기체가 흐르는 채널(flow channel), 즉 유로가 있는 양극판(bipolar plate)을 배치하면 단전지(single cell)가 완성된다. 단전지의 전압은 이론적으로 1.23 V이지만 실제로는 여러 가지 과전압 손실이 발생하므로 1 V 이하이다. 따라서 그림 12.2b와 같이 양극판을 이용하여 단전지들을 직렬로 연결하면 출력 전압이 높은 연료 전지 스택(fuel cell stack)이 된다.

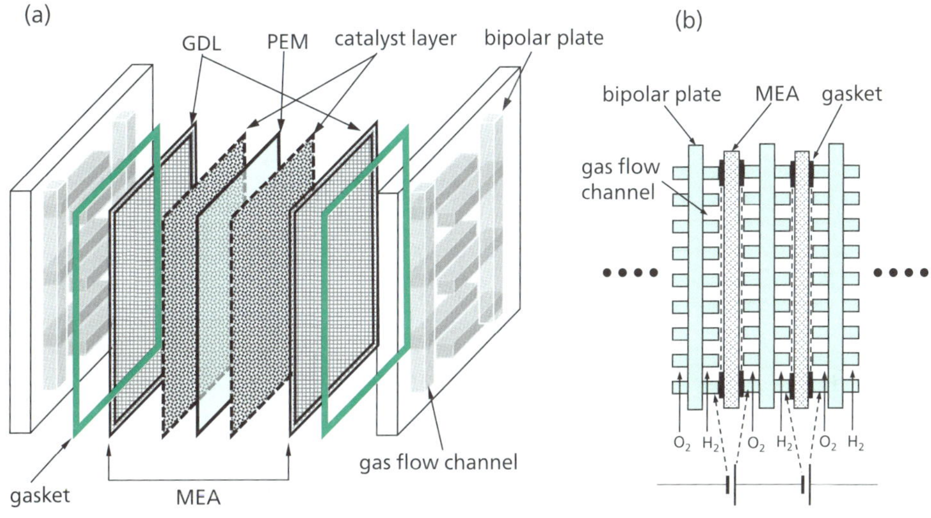

그림 12.2 **PEMFC.** (a) 단위 전지. (b) 단위 전지를 직렬로 연결한 스택.

▶ 전지 구성 요소

고체 전해질 PEM은 Nafion으로 알려진 poly(perfluorosulfonic)acid(PFSA)이다(그림 12.3a). PFSA는 $-SO_3^-H^+$와 수분에 의하여 H^+ 이온 전도성을 보이는 산성 전해질이지만, 전기 전도성은 없는 부도체이다. 그러므로 PFSA는 전해질과 분리막의 역할을 동시에 수행한다. 한편 연료 전지에서 연료가 전해질을 통과하여 반대편 전극으로 이동하는 현상을 크로스오버(crossover)라고 하는데, PFSA는 H_2의 크로스오버 현상이 적다. 또한 PFSA는 두 전극의 전위에서 화학적으로 안정하다.

PEMFC의 전극 촉매층은 전극 촉매와 ionomer의 다공성 복합체이다(그림 12.3b). 전극 재료는 H_2 산화 반응(hydrogen oxidation reaction, HOR)과 O_2 환원 반응(oxygen reduction reaction, ORR)에 효율이 가장 우수한 Pt이다. Pt의 효율을 극대하기 위하여 Pt 나노 입자를 탄소재의 표면에 분산·고정한다(촉매 loading). 탄소 재료는 세 가지 역할을 한다. (i) 비표면적이 큰 탄소재는 촉매 입자를 분산·고정하는 촉매 지지체(catalyst support)이다. (ii) 전기 전도성이 높은 탄소재는 전자가 이동하는 도전재이다. (iii) 기공이 많은 탄소재는 반응물·생성물의 확산 통로이다. 전극 촉매와 ionomer의 혼합 촉매 잉크를 붓, 스프레이 또는 슬롯 다이(slot die) 장치로 GDL 또는 PEM에 도포·건조하여 촉매층을 완성한다. H^+ 이온 전도체로 작용하는 ionomer는 HOR 생성물 H^+ 이온이 PEM으로 이동할 수 있는 통로이다. 또한 ionomer는 촉매 입자를 묶어주는 바인더이며, 건조되었을 때 기공을 형성하여 반응물·생성물이 확산할 수 있는 통로를 제공한다. 이러한 MEA에서 Pt 입자(고체)-ionomer(고체)-반응물(기체)의 삼상 경계(triple phase boundary) 반응이 진행된다.

GDL은 촉매와 양극판을 전기적으로 연결한다. GDL은 전기 전도성, 다공성, 열전도성, 소수성(hydrophobicity), 화학적 안정성과 기계적 강도가 필요하다. 외부에서 공급되는 반응물 기체가 균일하게 분산되어 모든 전극 나노 입자와 균등하게 접촉해야 하므로, GDL은 다공성 물질이

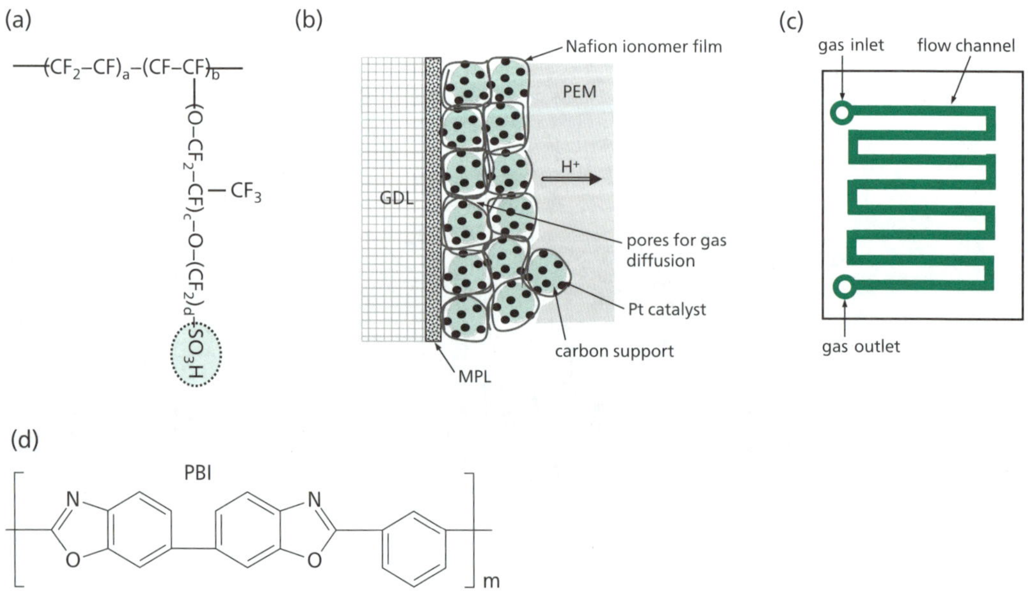

그림 12.3 **PEMFC.** (a) Nafion PEM. (b) PEM-촉매층-MPL-GDL 상세도. (c) 양극판의 기체 유로. (d) 고온 PBI PEM.

어야 한다. 따라서 전기 전도성과 다공성을 충족하기 위하여 탄소 펠트, 종이 또는 천(carbon felt, paper or cloth)이 GDL로 주로 이용된다. PEM의 적절한 수분 함량 유지가 매우 중요하다. 낮으면 이온 전도성이 감소하여 전지 성능이 감소하고, 너무 높으면 전극 촉매층과 GDL이 젖어 기공이 폐쇄되므로 전지 성능이 감소한다(flooding 현상). 그러므로 MEA에서 H_2O를 효율적으로 제거하기 위하여 GDL을 소수성이 우수한 Teflon으로 적절히 코팅한다. 또한 GDL 표면에 카본 블랙을 도포·건조하는 과정에서 형성된 미세 기공층(micro-porous layer, MPL)은 GDL 내부로 촉매 입자의 유입을 방지하고 소수성을 더욱 향상한다(그림 12.3b). PEMFC의 작동 중에 수분 함량은 변화하므로 수분 함량에 따라 팽창·수축하는 GDL은 충분한 기계적 강도가 필요하다. 또한 PEMFC 작동 중에 생성되는 열이 방출할 수 있도록 열 전도성도 필요하다.

MEA는 두 개의 양극판 사이에 위치하며(그림 12.2b), 양쪽 끝에 위치하는 끝판(end plate)은 외부 회로와 연결된다. MEA와 양극판은 고체이므로 기체를 주입하면 기체가 새어나가게 된다. 이를 방지하기 위하여 MEA와 양극판 사이에 가스켓을 삽입하여 기체가 누출되지 않도록 한다. 양극판은 흑연 또는 금속으로 제작하며, 그림 12.3c에 예시한 바와 같이 기체가 이동하는 유로(flow channel)가 있다. 그러므로 유로에서 GDL 기공을 통하여 기체는 촉매층으로 균일하게 확산하여 반응에 참여한다.

▶ 전지의 현황

PEM 연료 전지의 출력 밀도는 ~40 $kWkg^{-1}$이다. 그 출력 밀도는 다른 연료 전지에 비하여 높지만, LIB에 비하여 낮다. 자동차 등의 이동 장치에 활용하기 위해서는 출력 밀도가 네 배 이상으로 증가해야 한다. PEM 연료 전지는 고체 전해질 PEM을 사용하므로 액체 전해질에서 발생하는 누출의 문제가 없으며, 작동 온도(~75°C)가 낮으므로 적절한 가열장치를 사용하면 −20°C에서도 시동이 가능한 장점이 있다. 연료 전지가 실용화된다면, 2차 전지 충전과 관련된 문제(예: 충전용 전력의 공급, 긴 충전 시간)가 해소될 수 있다.

실용화를 위해서 PEM 연료 전지의 해결되어야 하는 문제점을 소개한다.

(i) 수분 관리

PEMFC의 수분 관리는 매우 중요하다. PEM에서 H_2O의 이동을 먼저 살펴보자(그림 12.4). 음극의 H^+ 이온이 PEM을 통과하여 양극으로 이동한다. PEM의 수분에 의하여 수화된 H^+ 이온($H^+(H_2O)_x$)의 이동 과정에서 H_2O도 양극으로 이동한다(전기삼투 예인, electro-osmosis drag).

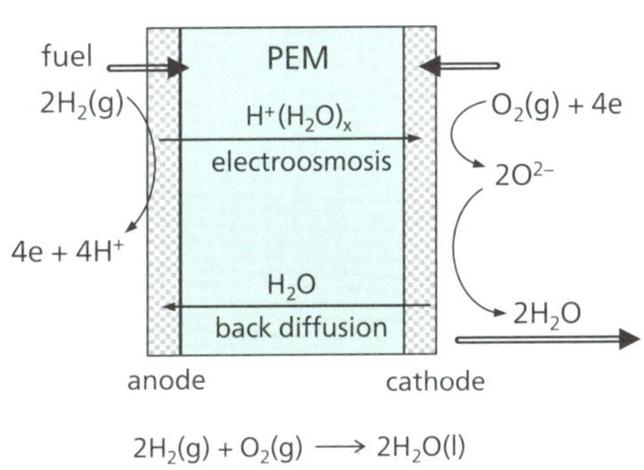

그림 12.4 PEMFC MEA에서 물의 이동.

한편 H_2O 농도는 물이 생성되는 양극에서 높으므로 H_2O는 양극에서 음극으로 역방향 확산한다(back diffusion). 그러므로 H_2O 농도 기울기를 PEM 두께, 수분 생성 속도와 반응 기체 습도가 결정한다. 반응 기체의 습도는 공급되는 기체의 가습 여부, 온도와 압력에 비례한다. 출력 전류가 높으면 전기삼투 예인이 우세하여 음극은 건조해진다. PEM의 건조는 이온 전도성 감소를 초래하여 전지 과전압이 증가하고 PEM은 비가역적으로 손상된다. 반면 액체 H_2O를 제거하지 않으면 MEA의 젖음 현상이 발생하여 액체 H_2O가 유로와 촉매층/GDL 기공을 막아 O_2 공급을 방해하므로 전지의 성능이 감소한다. 수분 관리의 목표는 젖음 현상을 방지하면서 충분한 이온 전도성 유지를 위한 수분 함량 제어이다. PEMFC의 작동 온도가 100°C 이상이라면 H_2O는 기체가 되어 쉽게 전지에서 제거된다. 그러나 작동 온도가 일반적으로 100°C보다 낮으므로 응축된 액체 H_2O는 제거하기 어렵다. PEM 수분 함량은 일반적으로 양극판 유로 설계와 기체 유속 속도 제어를 통하여 유체 역학 관점에서 관리된다.

(ii) 전극 촉매의 활성

음극 Pt 전극에서 일어나는 HOR 속도는 매우 빠르다. 그러나 CH_4와 같은 탄화수소 개질 공정을 거친 연료 H_2는 불순물 CO를 함유하며, CO는 Pt에 강하게 흡착하여 HOR 반응의 촉매독으로 작용한다. 1 ppm 이상의 CO는 전지 성능을 감소하므로 두 가지 방법으로 이를 해결한다. 하나는 Pt와 Ru의 합금 촉매 Pt/Ru를 사용하는 것으로 CO 농도가 10 ppm 이하의 조건에서 HOR은 가능하다. 개질 공정과 수성가스 전환 반응(water-gas shift reaction, $CO + H_2O \longrightarrow CO_2 + H_2$)을 거친 이후에 부분산화 반응(partial oxidation reaction, $CO + 1/2O_2 \longrightarrow CO_2$)을 거치면 CO 농도를 10 ppm 이하로 낮출 수 있다. 다른 하나는 개질 공정과 수성가스 전환 반응 이후에 PSA (pressure-swing adsorption)를 이용하여 CO 농도를 1 ppm 이하로 낮추는 공정이다.

양극 Pt 전극의 ORR 속도는 매우 느리다. 그러나 산성 조건에서 Pt 이외의 대안이 없는 것도 사실이다. 따라서 음극 HOR 반응의 전류를 공급하기 위해서 양극 Pt의 양이 증가해야 하고, 이는 연료 전지의 가격 상승으로 이어진다.

(iii) 연료 전지의 낮은 작동 온도

PEMFC의 낮은 작동 온도는 이미 언급한 바와 같이 장점이지만 단점도 된다. PEMFC 작동 온도가 100°C 이상이 되면, H_2O는 기체가 되어 수분 관리가 쉬워진다. 온도가 증가하였으므로 촉매독 CO가 전극 표면에서 빠르게 산화·제거되고, HOR과 ORR 속도가 증가하여 전지의 출력이 증가한다. 이런 관점에서 보면 높은 작동 온도가 유리하다. 그러나 80°C 이상이 되면 Nafion은 건조되어 이온 전도성을 잃는다. 그러므로 100°C 이상의 온도에서 이온 전도성을 유지하는 고온 PEM이 필요하다.

고온 PEM으로 연구된 물질이 220°C까지 작동하는 액체 인산이 혼입된 polybenzimidazole(PBI, 그림 12.3d)이다. PBI가 고온에서 전해질로 작동하는 이유는 이온 전도에 물을 사용하지 않기 때문이며, 이온 전도도는 혼입된 인산 농도가 결정한다. 또한 PBI는 Nafion에 비하여 기계적 강도가 크고 저렴하다. 그러므로 PBI는 수분 관리와 촉매 피독의 문제를 해결할 수 있다. 그러나 높은 온도와 산성 조건에서 산에 의한 부식 문제(acid leaching)와 촉매 잉크 제조의 어려움이 새로운 문제로 등장한다.

PEMFC가 해결해야 하는 목표는 다음과 같다.

(i) 현재 수준의 네 배 이상의 촉매 활성 증가(출력 밀도 증가)

(ii) 촉매 피독과 관련된 불순물의 제거

(iii) 고가의 Pt 사용량 감소

(iv) 비백금족 촉매의 ORR 활성 증대

12.3 다른 형태의 연료 전지

알칼라인 연료 전지

알칼라인 연료 전지(alkaline fuel cell, AFC, 그림 12.5a)의 전해질은 석면(asbestos)과 같은 다공성 분리막에 스며든 포화 KOH 수용액이다. 그러므로 양극에서 일어나는 산소의 환원은 다음과 같다.

$$O_2 + 2H_2O + 4e \longrightarrow 4OH^- \tag{12.3}$$

그러므로 OH^- 이온이 전해질을 이동하여 음극에서 다음과 같이 연료 H_2가 산화된다.

$$H_2 + 2OH^- \longrightarrow 2H_2O + 2e \tag{12.4}$$

70~130°C의 온도 범위에서 작동하는 AFC의 장점은 높은 효율이다. 염기성 조건이므로 ORR 반응 속도가 높으며, Fe, Co와 Ni과 같은 비귀금속을 양극으로, Pt뿐만 아니라 Ag와 같은 금속을 음극으로 사용할 수 있다.

AFC의 가장 큰 문제점은 양극에 공급되는 산소에 포함된 CO_2이다. 산소와 함께 전지에 유입된 CO_2는 다음과 같이 침전물을 형성할 수 있다.

$$CO_2 + 2KOH \longrightarrow K_2CO_3(s) + H_2O \tag{12.5}$$

특히 상온에서 낮은 용해도의 K_2CO_3 침전물은 촉매층 기공 폐쇄와 GDL 소수성 감소를 유발하므로 전해질의 구조적 퇴행(degradation)과 전극 젖음이 발생한다. 그러므로 AFC에 순도가 높은 산소를 공급해야 하며, CO_2 제거 장치(CO_2 scrubber)가 추가로 필요하다. 이와 같은 요구 조건은 AFC 비용 상승의 요인이다. 또한 연료의 개질 과정에서 발생한 CO_2 또는 산소와 함께 유입되는 CO_2는 다음과 같이 OH^-를 소비한다.

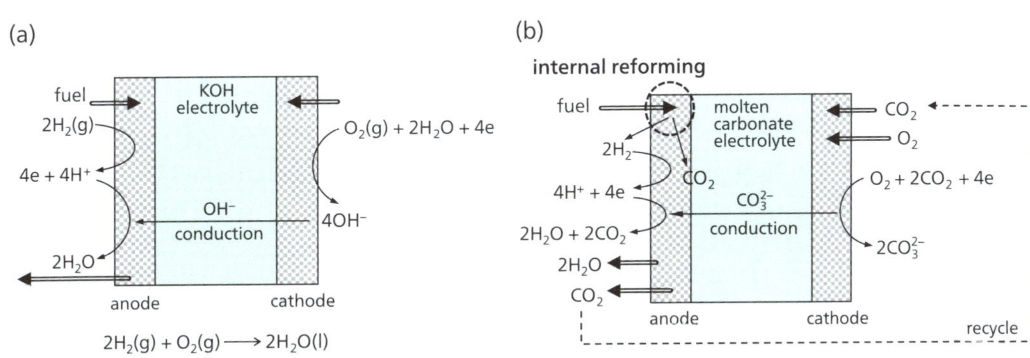

그림 12.5 (a) 알카라인 연료 전지(AFC) 개념도. (b) 용융 탄산염 연료 전지(MCFC) 개념도.

$$2OH^- + CO_2 \longrightarrow CO_3^- + H_2O \qquad (12.6)$$

그러므로 전해질 전도도는 감소하여 연료 전지의 성능이 감소한다. 전도도 감소 문제를 두 가지 방법으로 접근한다. 한 방법은 물을 증발·제거하는 것이고(증발된 물의 재사용 가능, 예: 우주선). 다른 방법은 전해질이 흐를 수 있는 형태로 전지를 설계하여 전해질을 교체하는 것이다. 최근에는 음이온 교환 수지의 고체 전해질을 채용하여 CO_2 피독 현상을 제거하는 방법도 개발되었다.

▶ 인산형 연료 전지

인산형 연료 전지(phosphoric acid fuel cell, PAFC)는 silicon carbide(SiC) 매트릭스를 고농도 또는 순수 액체 인산으로 포화한 전해질을 사용하는 연료 전지이다. Pt 전극을 사용하므로 전극 반응은 PEMFC와 같다. 그러나 PAFC는 175~210°C의 고온 온도에서 작동하므로, 반응 생성물인 고온 스팀(steam)을 난방 또는 온수로 활용할 수 있다. 전기 에너지뿐만 아니라 열에너지까지 고려하면 종합 효율은 90%까지 증가할 수 있어, PAFC는 열병합 발전용으로 적합하다.

고온에서 작동하는 PAFC는 양극에 공급되는 산소에 포함된 CO_2에 크게 영향을 받지 않으며, 음극에 공급되는 CO 함량 1.5% 이하의 연료 H_2 조건에서도 작동한다(CO-tolerant). 그러므로 H_2를 생산하는 탄화수소 연료 개질 공정의 넓은 범위가 허용될 수 있다. 그러나 황(S)은 Pt 촉매의 강한 촉매독이므로 탄화수소 연료는 반드시 탈황 공정을 거쳐야 한다.

PFAC의 단점은 낮은 출력 밀도와 고온 전해질의 높은 부식성이다.

▶ 용융 탄산염 연료 전지

용융 탄산염 연료 전지(molten carbonate fuel cell, MCFC)는 550°C 이상의 높은 온도에서 용융된 Li_2CO_3/K_2CO_3 또는 Li_2CO_3/Na_2CO_3 혼합물을 전해질로 사용하는 연료 전지이다(그림 12.5b). MCFC의 차별되는 특징은 높은 전지 작동 온도에서 일어나는 내부 개질(internal reforming)이다. 지금까지 논의한 연료 전지에 공급되는 H_2는 외부에서 탄화수소 개질 공정을 거친 연료이므로, CO 불순물이 문제가 되었다. 그러나 MCFC의 높은 작동 온도에서 개질 반응과 함께 전극 반응이 음극에서 동시에 일어나므로 다양한 연료를 사용할 수 있다. MCFC에 공급할 수 있는 연료는 CH_4가 주성분인 천연가스(natural gas), H_2와 CO의 혼합물인 합성 가스(석탄 가스화 과정의 생성물), biogas, 메탄올과 에탄올 등이다. 예를 들면 CH_4는 MCFC 음극 표면에서 다음과 같이 직접적으로 개질된다.

$$CH_4 + 2H_2O \longrightarrow 4H_2 + CO_2 \qquad (12.7)$$

또한 합성 가스 CO는 MCFC 음극 표면에서 수성가스 전환 반응을 거쳐 H_2와 CO_2로 변환된다. 한편 흡열반응인 개질 반응은 전극 반응에서 나오는 열을 바로 이용할 수 있는 내부 개질 반응이 외부 개질 공정보다 편리하다. MCFC의 전극 반응은 다음과 같다.

양극: $O_2 + 2CO_2 + 4e \longrightarrow 2CO_3^{2-}$ (12.8a)

음극: $2H_2 + 2CO_3^{2-} \longrightarrow 2H_2O + 2CO_2 + 4e$ (12.8b)

전체 반응: $2H_2 + O_2 \longrightarrow 2H_2O$ (12.8c)

MCFC 전지의 양극에 O_2와 CO_2가 공급되어 O_2 환원 반응의 생성물 CO_3^{2-}가 전해질을 통해 음극으로 이동하여 CO_2로 변환된다. 그러므로 음극에서 H_2O와 CO_2가 배출되며, 배출되는 CO_2의 일부는 양극에서 재활용될 수 있다.

MCFC는 높은 온도에서 작동하므로 발전 효율이 높은 장점(50~60%)이 있으나, 높은 작동 온도와 전해질의 강한 부식성에 의한 짧은 수명이 단점이다.

MCFC의 용융 Li_2CO_3/K_2CO_3 액체 전해질은 α- 또는 γ-$LiAlO_2$ 매트릭스 지지체에 존재하여 두 전극과 접촉한다. CO_3^{2-}의 이온 전도성에 높은 작동 온도가 필수적이다. Li_2CO_3의 최대 함량은 62%인데, 그 농도는 부식성과 이온 전도도의 최적점이다. 한편 매트릭스 γ-$LiAlO_2$는 부피가 작은 α-$LiAlO_2$로 상전이하여 이온 전도도를 감소시키는데, α-$LiAlO_2$에 Al_2O_3를 혼입하면 연료 전지 성능 감소를 방지할 수도 있다. 또한 매트릭스는 열-기계적 스트레스(thermo-mechanical stress)에 대한 저항성이 높아야 한다.

MCFC의 음극(산화 전극)은 다공성 Ni을 주성분으로 하는 Cr 또는 Al 합금이다. Cr과 Al은 전해질과 반응하여 입자 경계(grain boundary)에서 $LiCrO_2$ 또는 $LiAlO_2$이 형성되며, 이들 산화물은 촉매 Ni 입자 소결(sintering)을 방지하거나 크리프 저항(creep resistance)을 증가하여 Ni 입자 안정성을 증대한다. 한편 연료 전지 효율의 증대와 작동 온도의 감소를 목표로 Ni 또는 NiO 나노 입자로 대체하는 연구가 진행되고 있다. 그 이유는 작동 온도를 낮추면 전지 수명이 늘어나고 저렴한 재료의 부품을 사용할 수 있기 때문이다. 그러나 이온 전도성 감소가 예상되므로 나노 입자의 촉매 활성은 증가해야 한다.

MCFC의 양극(환원 전극)은 다공성 Ni 금속으로, 금속 Ni 전극은 전해질과 반응하여 Li과 결합된 NiO(lithiated NiO)가 된다. Li과 결합된 NiO는 충분한 전기 전도성과 구조적 강도를 가진다. 그러나 양극의 NiO는 CO_2와 반응하여 전해질에 용해된다($NiO + CO_2 \longrightarrow Ni^{2+} + CO_3^{2-}$). 용해된 Ni^{2+} 이온은 음극으로 이동하여 국부적으로 존재하는 H_2 환원 분위기에서 침전하여 Ni^{2+} 이온의 확산을 촉진하게 되고, 결국 dendrite로 성장한다. 이러한 현상은 음극의 성장 감소와 함께, 전극 단락의 문제가 발생한다. 그러므로 NiO의 용해를 방지하는 해결 방안이 필요하다. 예를 들면 양극에 첨가되는 MgO는 Ni^{2+} 이온의 용해도를 감소하여 침전하는 Ni의 양을 줄일 수 있다. 한편 $LiFeO_2-LiCoO_2-NiO$ 양극도 Ni^{2+} 이온 용해 문제의 해결 방안으로 제시되었다.

MCFC는 화력 발전소 배출 가스의 CO_2 포집 장치로 활용될 수 있다. MCFC는 음극에 공급되는 기체 성분 중에서 CO_2만을 선택적으로 양극으로 통과시키는 일종의 여과 장치이다. 그러므로 MCFC 음극에 화석 연료 연소 배출 가스를 공급하면 배출 가스의 CO_2 성분만 양극으로 이동하게 된다. 화석 연료 연소 배출 가스(~70%의 N_2와 8~15%의 CO_2)를 ammine 용액을 통과시켜 CO_2를 포집한 후, CO_2 포화 용액을 가열하여 농축된 CO_2를 분리하는 방법이 일반적이다. 그러나 화석 연료 연소 배출 가스를 MCFC에 투입한 후 얻는 음극 배출 가스는 ~70% CO_2와 ~30% H_2O, 그리고 약간의 미반응 H_2로 구성되어 있으므로 CO_2 분리가 매우 쉽다. 그러므로 MCFC를 화력 발전과 연계하면 전력 생산과 CO_2 포집을 동시에 수행할 수 있다.

▶ 고체 산화물 연료 전지

고체 산화물 연료 전지(solid oxide fuel cell, SOFC)는 높은 온도(500~1000°C)에서 O^{2-} 이온 전도성을 보이는 고체 산화물(세라믹)을 전해질로 사용하는 연료 전지이다(그림 12.6a). MCFC와 같이 고온에서 작동하므로 탄소수가 작은 탄화수소 연료(C_1~C_4)는 내부 개질을, 탄소수가 많은

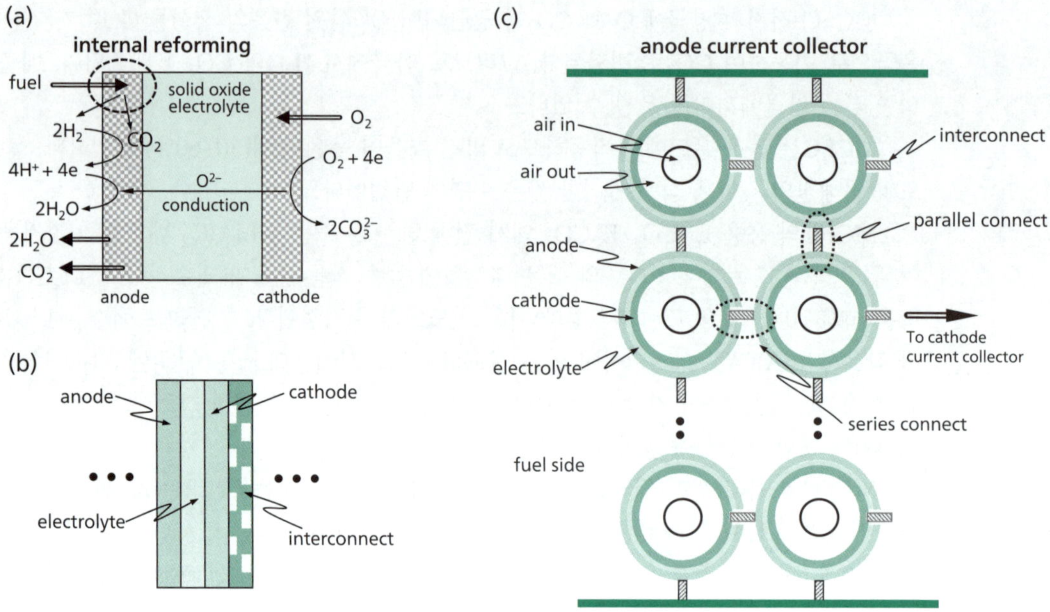

그림 12.6 **고체 산화물 연료 전지(SOFC).** (a) 개념도. (b) 판형 SOFC. (c) 관형 SOFC.

휘발유, 디젤 또는 바이오연료는 외부 개질을 거친 연료가 공급된다. 물론 석탄 또는 바이오매스를 가스화한 합성 가스도 연료로 사용할 수 있으나, 연료에 포함된 황은 제거되어야 한다. O_2가 환원하여 생성된 O^{2-} 이온이 양극에서 음극으로 이동하므로, H_2와 O^{2-}이온이 결합하여 H_2O와 전자를 생산한다. SOFC의 발전 효율은 65%까지 보고되었으며, 열병합 발전과 같은 형태로 전지에서 발생하는 열을 활용하면 종합 효율은 더 증가할 수 있다.

SOFC의 스택은 세 가지 형태로 제작된다. 단위 전지는 음극-전해질-양극-연결부(interconnect) 네 개로 구성되며, PEM의 양극판과 같은 기능을 하는 연결부는 단위 전지를 직렬로 연결하여 스택을 만든다(그림 12.6b). 단위 전지의 기본 형태는 일반적인 연료 전지와 동일한 형태인 판형(planar type)이다. 다른 형태는 그림 12.6c와 같은 관형(tubular type)이다. 관의 내부는 양극으로 공기가 주입되며, 외부는 음극으로 연료가 공급된다. 두 전극은 고체 산화물 전해질을 통하여 연결된다. 양극에 외부로 노출된 연결부가 있다. 그러므로 양극의 연결부를 다른 관의 음극과 연결하면 단위 전극은 직렬로 연결되며, 음극의 연결부를 다른 관의 음극과 연결하면 단위 전극은 병렬로 연결된다. 여러 개의 단위 전지관이 모여 카트리지(cartridge)가 되고, 여러 개의 카트리지가 모여 스택 모듈(module)이 된다.

음극은 연료가 산화되는 전극이므로 연료가 전해질로 유입되도록 다공성이 매우 큰 입자로 제작된다. 음극은 전기 전도성과 H_2 산화 반응에 필요한 O^{2-} 이온 전도성도 있어야 한다. 또한 내부 개질 반응이 진행되어야 하므로 촉매 기능도 있어야 한다. SOFC의 가장 대표적인 음극 재료는 O^{2-} 이온 전도성이 있는 YSZ(yttria stabilized zirconia)와 촉매 및 전기 전도체로 작용하는 금속 Ni의 복합체(cermet)이다. 그러나 고려해야 하는 문제점이 있다. (i) 금속 Ni이 응집(coalesce)하여 촉매로서 Ni 표면적이 감소한다. (ii) 개질 반응에서 연료의 탄소가 Ni 표면에 석출되는 coking 현상이 발생하여 Ni의 촉매 효율이 감소한다. (iii) 음극의 산화 분위기에서 NiO가 형성되어 촉매 효율과 전도성이 감소한다. (iv) NiO가 형성되면 부피가 변화하여 기계적 강도가 감소한다. (v) 황이 연료에 포함되어 있으면 Ni 촉매의 피독 현상이 발생한다. 이러한 문제를 다양한 각도에서 접근하고 있다. 황 피독 현상을 줄이기 위하여 CeO_2, Y_2O_3, Ru 등을 음극 재료에 첨가한다. coking 현상을 줄이는 노력도 진행되고 있다. 예를 들면 Cu-Co 금속 합금 음극은 coking 형성에 큰 저항을 보인다. 한편 이온·전기 전도성을 보이는 perovskite도 음극 재료로 시도되고 있다.

양극 재료도 산소가 투과할 수 있는 다공성과 전기 전도성이 있어야 한다. 현재 perovskite 기반 lanthanum strontium manganite($La_{1-x}Sr_xMnO_3$, LSM)가 주로 사용된다. 그 이유는 LSM은 LSM의 열팽창 계수가 YSZ의 열팽창 계수와 유사하여 온도 변화에 따른 기계적 스트레스가 적고, YSZ와 반응성이 작아 연료 전지 수명 연장에 유리하다. 그러나 이온 전도성이 낮아 전해질·공기·전극의 삼상계면에서만 반응이 일어나므로 높은 온도에서 잘 작동하지만 낮은 온도에서는 성능이 급격히 감소한다. 이를 해결하기 위하여 이온 전도성이 높은 YSZ와 복합체를 만들면 삼상계면이 증가한다. 대체 재료로 혼합 이온/전기 전도성(mixed ionic/electronic conducting, MIEC) 세라믹인 LSCF($La_{0.6}Sr_{0.4}Co_{0.2}Fe_{0.8}O_{3-\delta}$)를 음극으로 사용하여 작동 온도를 500~800°C로 낮추려는 노력이 진행 중이다.

SOFC의 전해질로 사용되는 물질은 YSZ, SCSZ(scandia stabilized zirconia)와 GDC(gadolinium doped ceria)이다. 작동 온도를 500°C로 낮추면 전지에 적합한 재료가 다양해지고, 앞서 언급한 문제점도 해결될 수 있다. 그러나 YSZ, SCSZ, GDC는 500°C에서 이온 전도성이 급격히 감소한다. 따라서 작동 온도를 낮추기 위하여 재료의 관점에서 접근하지만, 전해질 제조 공정[예: 박막 기술(thin film deposition)] 측면에서도 접근한다. 목표는 얇은 박막 제조를 통한 이온 전도 저항 감소, 입자 경계의 구조와 입자 크기 조절 통한 전기적 성질 조절, 표면적 증대이다.

연결부는 단위 전지를 연결하므로 금속 또는 세라믹이 이용될 수 있다. 그러나 연결부는 산화 환경과 환원 환경에 모두 노출되므로 매우 안정한 물질이어야 한다. 안정성의 측면에서 세라믹이 선호되지만, 가격의 관점에서 금속이 유리하다. YSZ와 접촉하는 재료로 Cr(95%)−Fe(5%) 합금이 고려되지만, 고온에서 안전성과 전기 전도성이 높은 금속-세라믹 복합체도 후보 물질이다.

▶ 직접 메탄올 연료 전지

그림 12.2의 PEMFC 음극에 개질된 H_2 연료를 메탄올 수용액(1~3 M)으로 대체한 연료 전지를 직접 메탄올 연료 전지(direct methanol fuel cell, DMFC)라고 한다. 메탄올을 개질한 H_2를 연료 전지에 공급하면 메탄올은 간접 연료가 되지만, 개질 과정 없이 바로 공급하면 메탄올은 직접 연료가 된다. 연료를 쉽게 구할 수 있는 DMFC의 주된 장점은 소형화이다. 에너지 부피 밀도는 메탄올이 고압 수소보다 약 10배 정도 높으므로, 저전력을 장시간 필요로 하는 응용(예: 휴대 전화 및 휴대 컴퓨터 등)에 적합하다. 참고로 DMFC의 부피 및 무게 에너지 밀도는 LIB에 비하여 각각 약 세 배와 열 배 높다.

DMFC에서 일어나는 전지 반응은 다음과 같다.

음극: $$CH_3OH + H_2O \longrightarrow CO_2 + 6H^+ + 6e \quad \textbf{(12.9a)}$$

양극: $$3/2O_2 + 6H^+ + 6e \longrightarrow 3H_2O \quad \textbf{(12.9b)}$$

전체: $$CH_3OH + 3/2O_2 \longrightarrow CO_2 + 2H_2O \quad \textbf{(12.9c)}$$

음극에서 메탄올이 산화하여 CO_2와 H^+ 이온이 생성되며, H^+ 이온은 PEM을 통과하여 양극에서 O_2와 반응하여 H_2O가 된다.

DMFC의 발전 효율은 약 40%이며, 더 높은 효율을 얻기 위해서는 극복해야 하는 문제점들이 있다. (i) DMFC 전극은 Pt를 기반으로 한다. 음극의 문제점은 메탄올이 산화하는 과정에서 촉매독 CO가 형성되어 전류 효율을 감소한다. 이를 극복하기 위하여 Pt/Ru 합금 촉매를 사용하면 Ru이 촉매 표면에서 OH를 쉽게 형성하므로, CO를 쉽게 표면에서 제거한다($CO + OH \longrightarrow CO_2 + H^+ + e$). 그러나 메탄올 산화 속도 증가를 위한 연구는 계속되고 있다. (ii) 양극 Pt 표면에서 O_2 환원 반응이 매우 느리므로(PEMFC 음극과 동일한 문제), Pt의 양이 증가하여 연료 전지 가격이 높아진다. (iii) 메탄올의 크로스오버 현상이 심각하다. 음극에서 Nafion PEM을 통과하여 양극으로 이동한 메탄올이 O_2와 반응하므로 전지 효율이 감소한다. 크로스오버 현상을 줄이기 위해서는 양극과 음극의 메탄올 농도 차이를 줄여야 하는데, 이는 연료로 공급되는 메탄올 농도 감소를 의미한다. 따라서 공급되는 연료 메탄올의 저농도는 DMFC 전지 효율 증가의 걸림돌이 된다. 그러므로 음극의 메탄올 산화 반응과 양극의 O_2 환원 반응의 효율이 높아진다면 크로스오버 문제는 다소 완화될 수 있으며, 메탄올을 통과하지 않는 PEM이 궁극적 해결책이다.

DMFC의 전기화학 반응 특성을 고려하면 추가 보조 장치가 필요하다. 메탄올 산화 반응에서 반응물 H_2O는 계속 소비된다. 또한 양극으로 이동하는 H^+ 이온과 함께 H_2O가 이동하는 전기삼투 예인이 동반된다. 따라서 음극에 공급되는 메탄올 수용액의 H_2O는 감소한다. 그러므로 양극에서 생성되는 H_2O를 재활용하거나, 메탄올 수용액에 H_2O를 보충하면서 음극의 H_2O를 제거하는 방법이 필요하다. 한편 음극에 공급되는 메탄올이 모두 반응하지 않으므로, 음극을 통과한 메탄올 수용액에 메탄올을 보충해야 하며, 생성물 CO_2를 제거해야 한다.

DMFC와 같이 PEMFC에 개질을 거치지 않고 액체 연료를 공급하는 연료 전지를 직접 액체 연료 전지(direct liquid fuel cell, DLFC)라고 한다. 연구된 DLFC의 연료는 메탄올 외에도 에탄올, 글리세롤(glycerol), 개미산(formic acid), 개미산 이온(formate), dimethyl ether, sodium borohydride 수용액, hydrazine 등이 있다.

표 12.1은 지금까지 논의한 다양한 형태의 연료 전지를 비교한다.

12.4 수소 생산: 물의 전기분해

물의 전기분해(수전해, water electrolysis)는 신재생 에너지와 관련하여 매우 중요한 문제이다. 현재 사용하고 있는 전기 에너지는 재생할 수 없는 석탄, 석유, 천연가스의 화석 연료에 대부분 기반하며, 재생할 수 없으므로 연료 고갈과 CO_2 발생으로 인한 환경 오염이라는 문제점이 발생한다. 신재생 에너지(renewable energy)는 태양 에너지, 풍력 에너지, 조력 에너지, biomass 등이 있지만, 지역 또는 계절에 따라 획득할 수 있는 에너지가 일정하지 않으므로 신뢰성 또는 간헐성 문

표 12.1 다양한 형태의 연료 전지 특성 비교

형태	작동 온도(°C)	출력(kW)	효율(%)	응용 분야
PEMFC	60~110	0.01~250	40~55	휴대용, 이동 수단, 소형 발전
AFC	70~130	0.1~50	50~70	휴대용, 우주선, 군사용, 중형·대형 발전
PAFC	175~210	50~1000	40~45	발전, 열병합 발전
MCFC	550~650	$200 \sim 10^5$	50~60	대형 발전
SOFC	500~1000	0.5~2000	40~72	자동차 보조, 중형·대형 열병합 발전, 오프그리드(off-grid) 지역의 소형 열병합 발전
DMFC	60~110	0.001~50	40	휴대용, 이동 수단

제가 발생한다. 신재생 에너지를 효율적으로 관리하기 위해서는 에너지를 저장할 수 있는 매체가 필요하다. 2차 전지가 그 후보가 될 수 있으나, 가격이 높으므로 실용적이지 않다. 에너지 저장 매체의 또 다른 후보는 물의 전기분해로 얻을 수 있는 H_2이다. 중량 에너지 밀도가 가장 높은 H_2를 연료 전지의 연료로 사용하면 청정 신재생 에너지 저장 매체로 적절하다.

수전해 반응은 두 반쪽 반응으로 구분한다. 환원 전극에서 H_2O가 환원하여 H_2가 생성되는 수소 발생 반응(hydrogen evolution reaction, HER)과 산화 전극에서 H_2O가 산화하여 O_2가 생성되는 산소 발생 반응(oxygen evolution reaction, OER)이다. 그러므로 수전해 HER과 OER 반응 각각은 연료 전지의 음극 HOR 반응과 양극 ORR 반응의 역반응이다.

수전해 실용화의 핵심은 HER과 OER 반응의 전극 촉매이다. 전기분해를 효율적으로 진행하기 위해서는 HER과 OER 반응의 과전압이 작은 전극 재료를 찾아야 하는데, 이는 두 반응의 반응 속도가 전극 재료에 크게 의존하는 촉매 반응이기 때문이다.

현재 수전해 실용화에서 고려되는 전지 후보는 크게 세 가지이다. 수전해 반응은 연료 전지 반응의 역반응이므로, 갈바니 전지인 연료 전지를 전해 전지로 활용하여 수전해 반응을 진행한다. PEM 전지는 산성 조건에서 작동하는 전지이다. PEM 연료 전지는 HER 반응 속도가 빠르고 반응 기체의 crossover 현상이 매우 적은 장점이 있다. 그러나 느린 OER 반응의 문제를 해결하기 위하여 고가의 귀금속 산화물(IrO_2)을 사용해야 하는 단점이 있다. 한편 알카라인 연료 전지는 다양한 전극 재료를 허용하지만, HER 반응 속도는 산성 조건의 속도보다 약 1/100~1/1000 정도로 낮아져 연료 전지의 효율이 급격히 감소한다. 고체 산화물 전해질 전지는 이온 전도성을 위하여 높은 온도에서 작동하므로 에너지 효율이 감소한다. 그러므로 물의 전기분해를 이용한 H_2 생산이 실용화되려면, 다양한 연료 전지 형태에서 촉매 활성이 높고, 가격이 저렴하며, 수명이 긴 전극 촉매의 개발이 필요하다.

12.5 촉매의 원리

반응 속도를 증가시키는 촉매는 균일 촉매(homogeneous catalyst)와 불균일 촉매(heterogenous catalyst)로 구분한다. 그 구분의 기준은 촉매의 상(phase)이 반응물의 상과 동일하면 균일 촉매, 그렇지 않으면 불균일 촉매이다. 전기화학 반응의 전하 전달 과정은 불균일 과정이므로, 불균일 촉매만을 설명한다. 대표적인 불균일 촉매는 기체 반응물/고체 촉매, 액체 반응물 또는 반응물이 용해된 액체 용액/고체 촉매와 혼합되지 않는 반응물 용액/촉매 용액이다.

불균일계 촉매의 하나인 고체 촉매를 두 가지 관점에서 이해할 수 있다.

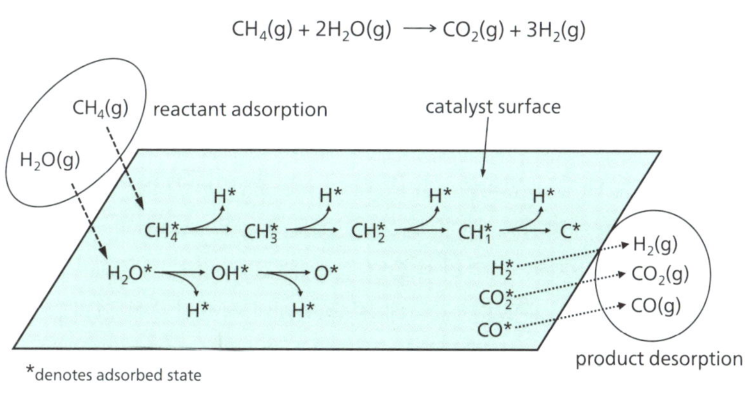

그림 12.7 고체 촉매 표면에서 일어나는 CH_4 개질 반응의 개념도.

계면은 반응이 일어나는 장소이다. 그림 12.7은 Ni 촉매 표면에서 일어나는 CH_4의 개질 반응을 예시한다. 반응물인 CH_4와 H_2O 분자가 촉매 표면과 충돌하여 흡착하며, 흡착된 분자들이 순차적으로 분해하여 다양한 형태의 반응물 중간체(intermediate)를 형성한다[분해 흡착(dissociative adsorption)]. 2차원 표면에서 중간체들이 반응하여 다양한 흡착 생성물을 생성하고, 흡착 생성물이 촉매 표면에서 탈착하여 기체 상태의 생성물이 된다[예: $2H* \longrightarrow H_2* \longrightarrow H_2(g)$]. 그러나 목표하는 생성물만 만들어지는 것은 아니다. 예를 들면, $CO_2(g)$를 생성하는 과정($C* + 2O* \longrightarrow CO* + O* \longrightarrow CO_2* \longrightarrow CO_2(g)$)에서 CO*가 탈착하여 목표하지 않은 CO(g)가 생성될 수 있다. 중간체들이 다양하게 조합할 수 있으므로 목표하는 물질을 포함한 다양한 부산물(byproduct)이 일반적으로 생성된다. 따라서 촉매 성능 지표의 하나는 수득률(yield)이다. 그러므로 고체 촉매 표면은 반응물이 흡착하여 생성하는 중간체들의 반응 장소이며, 촉매 물질이 반응 수득률을 결정한다.

촉매의 원리를 이해하는 또 다른 관점은 목표하는 반응의 속도 증가이다. 이를 논의하기 위하여 $A^+(aq)$가 환원하여 $A_2(aq)$를 형성하는 전기화학 반응($2A^+(aq) + 2e \longrightarrow A_2(aq)$)을 생각해 보자. 그림 12.8a와 b는 전극으로부터 $A^+(aq)$가 전자를 받는 위치가 다름을 예시한다. 그림 12.8a는 OHP(outer Helmholtz plane)에 존재하는 $A^+(aq)$가 전극으로부터 IHP(inner Helmholtz plane)를 통과(tunneling)한 전자를 받아 중간체 A(aq)를 생성하는 과정을 표현하는데, 이 과정을 외부 배위권 전하 전달(outer-sphere charge transfer, OSCT)이라고 한다. 한편 그림 12.8b는 $A^+(aq)$가 IHP의 H_2O 단분자층을 뚫고 전극과 접촉한 상태에서 전자를 전극으로부터 직접 받아 흡착된 중간체 A(ad)를 형성하는 과정을 묘사하는데, 이 과정을 내부 배위권 전하 전달(inner-sphere charge transfer, ISCT)이라고 한다. 그러므로 OSCT와 ISCT 과정을 구분하여 전체 반응을 다음과 같이 표현할 수 있다.

OSCT

$$A^+(aq) + e \longrightarrow A(aq) \tag{12.10a}$$

$$2A(aq) \longrightarrow A_2(aq) \tag{12.10b}$$

ISCT

$$A^+(aq) + e \longrightarrow A(ad) \tag{12.11a}$$

$$2A(ad) \longrightarrow A_2(aq) \tag{12.11b}$$

또는

$$A(ad) + A^+(aq) + e \longrightarrow A_2(aq) \tag{12.11c}$$

ISCT 과정에서 A(ad)는 식 (12.11b) 또는 식 (12.11c)에 의하여 최종 생성물 $A_2(aq)$로 변화된다. 그림 12.8c에서 포물선의 최저점이 각 물질의 기저 상태 퍼텐셜 에너지이며, 포물선은 반응 경로에 따른 퍼텐셜 에너지 변화를 의미한다. 두 포물선이 만나는 지점이 두 물질이 변환하는 과정의 활성화물 퍼텐셜 에너지가 된다. 예를 들면 $A^+(aq)$와 A(ad)의 곡선이 만나는 지점이 ISCT의 활성화물 퍼텐셜 에너지이다. 따라서 OSCT와 ISCT 과정의 활성화 에너지, ΔG^*_{OSCT}와 ΔG^*_{ISCT}는 그림 12.8c에 표시한 것과 같다. 그런데 전극과 A의 상호작용이 크다면, A(aq)는 흡착하여 A(ad)가 된다. 흡착($A(aq) \longrightarrow A(ad)$) 과정의 퍼텐셜 에너지 ΔG°_{ad}는 음의 값이므로 A(aq)의 포물선은 아래로 이동하여 $\Delta G^*_{OSCT} > \Delta G^*_{ISCT}$가 된다. 주어진 그림 12.8c에서 활성화 에너지는 $A^+(aq)$ 환원

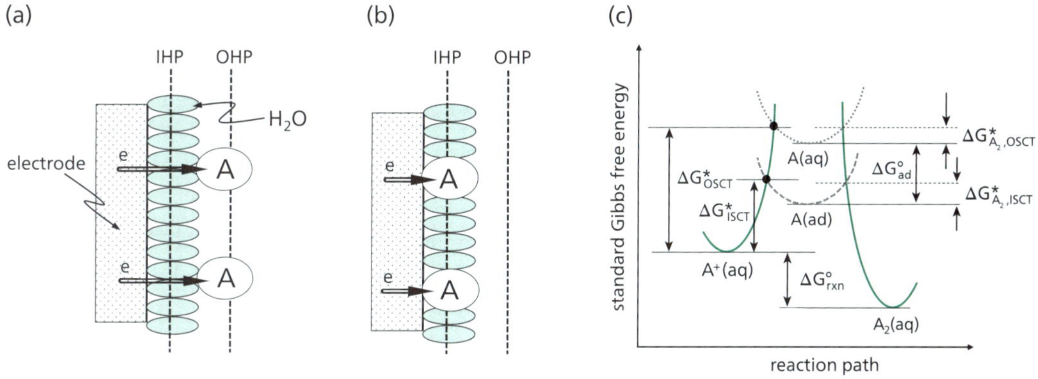

그림 12.8 **전기화학 촉매.** (a) 외부 배위권 반응. (b) 내부 배위권 반응. (c) 내부 배위권 반응인 전기화학 촉매 반응.

반응이 A_2(aq)를 생성하는 후속 반응보다 크므로, A^+(aq)의 환원 반응이 전체 반응의 속도 결정 단계임을 의미한다. 따라서 반응 속도는 중간체가 A(ad)인 ISCT 과정이 중간체가 A(aq)인 OSCT 과정보다 크다.

참고 OSCT와 ISCT

배위화합물의 균일 전자 전달 과정은 OSCT와 ISCT의 형식으로 진행된다. 아래 그림 (a)와 같이 전자 전달 과정에서 각 배위화합물의 배위권(shpere)이 유지된 상태에서 진행되는 전자 전달 과정을 외부 배위권 전하 전달(OSCT)이라고 한다. 한편 리간드와 금속 이온의 결합력 차이에 의하여 두 금속 이온이 하나의 리간드를 통하여 연결된 상태에서 진행되는 전자 전달 과정을 내부 배위권 전하 전달(ISCT)이라고 한다.

이러한 개념을 전극 반응에 적용하면, 전극/IHP H_2O층(그림 12.8)을 하나의 배위화합물로, 반응물을 또 다른 배위화합물로 간주할 수 있다. 그러므로 A(aq)가 전자를 받는 반응은 리간드 H_2O가 있는 상태에서의 전자 전달(OSCT), A(ad)가 전자를 받는 반응은 리간드 H_2O가 없는 상태에서의 전자 전달(ISCT)로 이해할 수 있다.

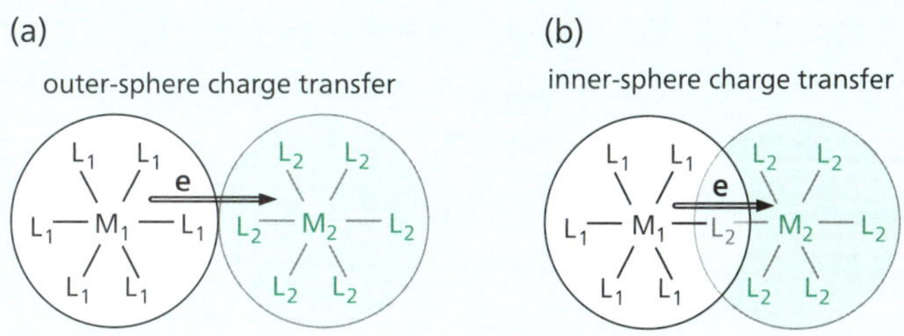

반응 속도가 증가하는 정도는 ΔG°_{ad}에 의존한다. 흡착 에너지 ΔG°_{ad}의 절대값이 클수록 활성화 에너지는 감소한다. ΔG°_{ad}를 결정하는 요소는 전극과 중간체의 상호작용이며, 두 물질의 종류가 그 크기를 결정한다. 이와 같이 중간체를 흡착하여 반응 속도를 증가시키는 물질이 촉매이며, 전기화학적 상황에서 촉매 역할을 하는 전극을 **전기화학 촉매**(electrocatalyst)라고 한다.

전기화학 반응에서 전극이 항상 촉매로 작용하는 것은 아니다. 예를 들면 비양성자성 용매에서 ferrocene/ferrocenium 반응은 Pt, Au, C 전극 모두 유사한 CV 곡선을 보인다. 이는 ferrocene/ferrocenium 반응에서 흡착물이 존재하지 않는 OSCT 반응임을 의미한다. 반면, HER의 속도는 이들 전극에서 큰 차이가 있다. 따라서 HER 반응에서 전극은 ISCT이 관여하는 전기화학 촉매이다.

MCFC와 SOFC의 경우를 생각해 보자. 두 연료 전지의 음극에서 공급되는 연료는 개질되어 $CO_2(g)$와 $H_2(g)$로 변환하고, $H_2(g)$는 전기화학적으로 산화되어 H_2O가 된다. 따라서 음극의 전극 촉매 Ni은 기체 상태의 개질 반응과 전기화학적 반응이 동시에 일어나는 촉매이다.

12.6 전기화학 촉매 활성의 정량적 표현

촉매의 역할은 목표하는 반응 속도의 증가이다. 촉매가 관여하는 반응의 속도인 **촉매 활성**(catalytic activity)은 촉매를 평가하는 기준이다. 전기화학 반응 속도는 전류이므로 전기화학 촉매의 활성을 전류 밀도, 즉 단위 면적의 전극에 흐르는 전류로 표현한다. 또한 전류는 전극에 인가하는 전위에 의존하므로 촉매 활성을 일정한 전류 조건의 과전압으로 표현하기도 한다.

그림 12.9a는 수소와 산소의 전기화학 반응을 예로 전극 촉매의 분극 곡선을 예시한다. HOR과 ORR 반응은 연료 전지 전극 촉매에서 일어나는 반응(진한 녹색 영역)이고, HER과 OER 반응은 수전해 전지 전극 촉매에서 일어나는 반응(연한 녹색 영역)이다. 어떤 상황이든 이상적인 전극, 즉 이상적 비분극 전극(제4장 참조)의 HOR/HER 반응과 ORR/OER 반응 분극 곡선은 각각 0 V와 1.23 V(vs. NHE)에서 굵은 녹색 수직선이다. 그러나 현실 속 전극은 그러하지 않다. 예를 들면 HOR/HER 반응이 일어나는 실제 전극은 HOR 반응을 유지하기 위하여 0 V보다 큰 전위가 필요하며, HER 반응을 유도하기 위하여 0 V보다 작은 전위가 필요하다. 이는 전해 전지와 갈바니 전지에서 과전압의 방향이 서로 반대임을 기억하면 쉽게 이해할 수 있다. 또한 HOR/HER 반응의 관점에서 전극 A가 전극 B보다 더 효율적이다. 동일한 전류를 전극이 허용할 때, 과전압은 전극 A가 전극 B보다 더 작기 때문이다. HOR 반응(갈바니 전지)의 경우 같은 크기의 전류 변화에서 과전압의 변화는 전극 A가 전극 B보다 더 작다. 반대로 HER 반응(전해 전지)의 경우 같은 크기의 과전압 변화에서 전류의 변화는 전극 A가 전극 B보다 더 크다. 그러므로 관심 대상 반응의 분극 곡선이 촉매 활성에 관한 정보를 담고 있다. 갈바니 전지와 전해 전지의 분극 곡선 대칭성은 전달 계수 α에 따라 변화한다.

전극 촉매 활성의 정량적 표현은 과전압 또는 교환 전류 밀도이다. OER 반응을 예로 살펴보면, 과전압을 정의하는 전류가 필요하다. 전류가 높으면 과전압이 크고, 반대의 경우에는 과전압이 작아진다. 그러므로 비교를 위하여 과전압을 측정하는 전류 밀도를 정의할 필요가 있다. 일반적으로 10 $mAcm^{-2}$의 전류가 관찰되는 과전압으로 촉매 활성을 표현한다. 그림 12.9a의 예에서 OER 과전압은 전극 C가 전극 D보다 작으므로, 촉매 활성은 전극 C가 전극 D보다 우수하다. 다른 방법

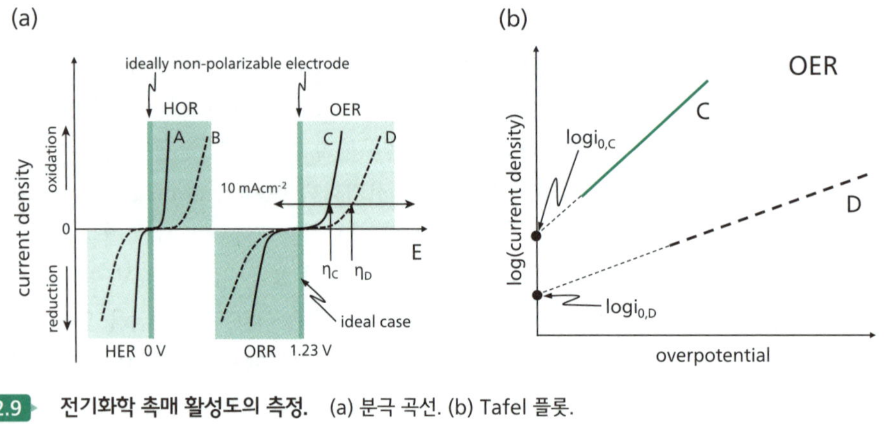

그림 12.9 **전기화학 촉매 활성도의 측정.** (a) 분극 곡선. (b) Tafel 플롯.

은 그림 12.9b의 Tafel 플롯(η = a + blogi)이다. Tafel 플롯의 절편(a)과 기울기(b)는 교환 전류 밀도 i_0와 비대칭 계수 α에 관한 정보를 각각 제공한다. 그러므로 Tafel 플롯을 통하여 실험적으로 얻은 i_0는 과전압 $\eta = 0$의 반응 속도를 의미하므로 촉매 활성의 정량적 표현이다. 한편 Tafel 기울기는 그림 12.9a의 분극 곡선 기울기와 연관되며, Tafel 기울기가 클수록 동일한 과전압 변동에 따른 전류의 변화 폭이 증가한다. 또한 Tafel 기울기에서 얻는 비대칭 계수 α는 반응 메카니즘을 추정할 수 있는 단서이다. 그러므로 주어진 전류 밀도의 과전압과 교환 전류 밀도가 전기화학 촉매 활성의 정량적 표현이다.

이외에도 촉매 활성과 관련하여 다른 정량적 표현이 있다. 4장 7절에서 소개한 전류 효율 또는 Faraday 효율은 목표하는 반응과 다른 부반응이 있을 때 사용한다. 그러므로 전류 효율은 수득율 개념과 동일하며, 전극 표면에서 일어나는 선택성을 표현한다. 또 다른 개념은 다음과 같이 정의되는 전환 주파수(turnover frequency, TOF)이다.

$$\text{TOF} = (\text{생성물 mol 수/단위 시간})/(\text{촉매 표면 활성점 mol 수/단위 면적}) \quad \textbf{(12.12a)}$$

$$= i_0 N_A / nF\Gamma \quad \textbf{(12.12b)}$$

TOF의 정의는 촉매 표면의 활성점 1개가 단위 시간 동안 생산하는 생성물 분자(또는 원자)의 개수[식 (12.12a)]이며, 단위는 주파수와 같은 s^{-1}이다. 그러므로 TOF의 값이 클수록 촉매 활성이 우수함을 의미한다. 식 (12.12b)에서 N_A와 Γ는 Avogadro 수와 활성점의 표면 농도이다. 일반적으로 Γ는 측정할 수 없으므로, 금속 또는 금속 산화물 촉매에서 Γ를 금속 표면 원자 또는 표면 금속 이온의 mol 수로 대체한다. 그러므로 촉매 활성의 과학적 표현은 촉매 표면적에 기반한다. 그러나 공학에서는 비용의 측면에서 촉매 단위 무게를 기준으로 사용한다.

전기화학 촉매의 또 다른 특성은 수명이다. 촉매의 지속적 사용은 촉매 활성의 감소로 이어진다. 그러므로 사용 시간에 따라 전해 전지의 경우 동일한 전류에서 과전압이 증가하거나 동일한 과전압에서 전류가 감소한다. 갈바니 전지의 경우에도 같은 현상이 나타난다. 그러므로 촉매의 수명도 시간의 함수로서 과전압 또는 전류를 측정하여 표현한다. 그러나 문제는 측정하는 실험 조건에 따라 수명의 차이가 나타난다. 따라서 일정한 조건에서 측정하는 프로토콜(protocol)이 필요하다.

12.7 Sabatier 원리

전기화학 전극 촉매의 활성이 전극 물질에 의존하는 이유를 알아보자. 촉매 활성과 중간체 흡착 세기의 실험적 관계를 정성적으로 표현하는 Sabatier 원리는 “이상적인 촉매 표면은 반응 중간체와 강하지도 약하지도 않게 적절히 결합해야 한다.”이다. Sabatier 원리를 다음의 반응을 이용하여 그림 12.10을 예로 설명한다.

$$A^+(aq) + * + e \rightleftharpoons A(ad) \quad \textbf{(12.13a)}$$

$$A(ad) \rightleftharpoons B(aq) + * \quad \textbf{(12.13b)}$$

$A^+(aq)$가 B(aq)로 환원하는 반응이 식 (12.13)의 두 단계로 진행한다. 식 (12.13a)에서 $A^+(aq)$가 전자 1개를 받아 환원되면서 촉매 표면의 흡착점(adsorption site) *과 결합하여 A(ad)가 생성된다. 다음 단계에서 A(ad)가 B(aq)로 탈착한다[식 (12.13b)]. 그림 12.10은 흡착된 중간체 A(ad)의 에너지가 반응물 $A^+(aq)$의 에너지를 기준으로 낮거나, 높거나 같은 경우를 보여준다. 그

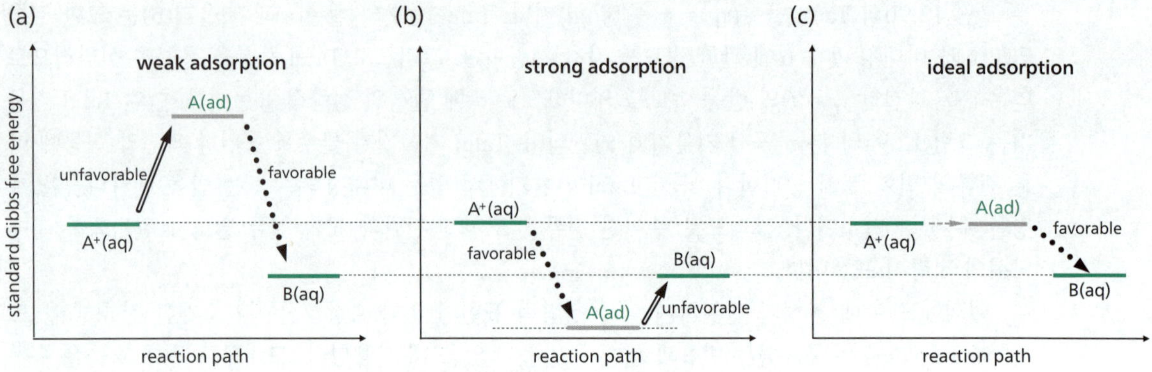

그림 12.10 **Sabatier 원리.** (a) 약한 흡착. (b) 강한 흡착. (c) 이상적인 흡착.

림 12.10a는 A(ad)의 에너지가 A^+(aq)의 에너지보다 높은, 다시 말해 촉매와 A(ad)의 상호작용이 약한 경우를 예시한다. A^+(aq) ⟶ A(ad)의 환원·흡착 반응은 열역학적으로 불리한(unfavorable) 단계로 A^+(aq)의 환원이 느리게 진행된다. 그러므로 A(ad)의 표면 농도 또는 덮힘률이 낮아 A(ad) ⟶ B(aq) 반응이 빠르게 진행되지 않으므로 촉매 활성이 낮다. 한편 그림 12.10b는 A(ad)의 에너지가 A^+(aq)의 에너지보다 낮아, A^+(aq) ⟶ A(ad) 반응이 열역학적으로 유리한(favorable) 단계이다. 강한 흡착 세기로 인하여 A(ad)의 표면 농도는 높으나 B(aq) 탈착 반응이 열역학적으로 불리하여 느리게 진행하므로 촉매 활성은 낮다. 그림 12.10c를 보자. A(ad)와 A^+(aq)의 에너지가 같으므로 열역학적으로 불리한 반응이 없다. 그러므로 A^+(aq)와 A(ad)의 흡착 세기가 같은 경우 촉매 활성이 가장 높은 이상적 경우이다. 그러므로 Sabatier 원리에서 열역학적으로 불리한 단계가 반응 속도 결정 단계이다.

Sabatier 원리를 정량적으로 표현해 보자. A^+(aq)의 환원·흡착 반응[식 (12.13a)]을 반응 속도 결정 단계로, A(ad)의 탈착 반응을 빠르게 평형에 도달하는 단계로 가정한다. Butler-Volmer 식에서 환원 전류만을 고려하면, A^+(aq)의 환원 반응의 교환 전류 밀도는 다음과 같다.

$$i_0 = Fk^\circ A_{A^+}(1 - \theta)\exp[-\alpha F(E_{eq} - E^\circ)/RT] \tag{12.14}$$

식 (12.14)에서 θ와 (1 − θ)는 각각 A(ad)과 흡착점 *[식 (12.13a)]의 덮힘률이고, A는 활동도이다. 전체 반응이 평형에 있다면 전극 전위는 E_{eq}이다. 한편 논의하는 반응이 평형에 있으므로, 다음의 Nernst 식이 성립한다.

$$E_{eq} = E^\circ + (RT/F)\ln[\Gamma_{A(ad)}/(A_{A^+}\Gamma_*)] \tag{12.15a}$$
$$= E^\circ + (RT/F)\ln[\theta/A_{A^+}(1 - \theta)] \tag{12.15b}$$

식 (12.15a)에서 식 (12.15b)로의 전환은 $\theta = \Gamma_{A(ad)}/\Gamma_s$[식 (7.18)]와 $\Gamma_* = \Gamma_s - \Gamma_{A(ad)}$의 관계를 이용한다. 식 (12.15)는 다음과 같이 변환된다.

$$\exp[F(E_{eq} - E^\circ)/RT] = A_{A^+}(1 - \theta)/\theta \tag{12.16}$$

식 (12.16)을 식 (12.14)에 대입하여 정리하면 다음과 같은 식이 얻어진다.

$$i_0 = Fk^\circ(A_{A^+})^{1-\alpha}(1-\theta)^{1-\alpha}\theta^\alpha \quad (12.17)$$

한편, 식 (12.17)을 ΔG°_{ad}의 함수로 표현하기 위하여 B(aq)의 흡착 반응을 생각해 보자.

$$B(aq) + * \rightleftharpoons A(ad) \quad (12.18)$$

B(aq)의 흡착 반응 평형 상수 K_{ad}는 농도 또는 ΔG°_{ad}와 다음과 같은 관계가 있다.

$$K_{ad} = \theta/[A_B(1-\theta)] = \exp(-\Delta G^\circ_{ad}/RT) \quad (12.19)$$

식 (12.19)에서 θ를 다음과 같이 정리할 수 있다.

$$\theta = A_B\exp(-\Delta G^\circ_{ad}/RT)/[1 + A_B\exp(-\Delta G^\circ_{ad}/RT)] \quad (12.20a)$$

$$1-\theta = 1/[1 + A_B\exp(-\Delta G^\circ_{ad}/RT)] \quad (12.20b)$$

식 (12.20)의 관계를 식 (12.17)에 대입하여 정리하면 다음과 같다.

$$i_0 = Fk^\circ(A_{A^+})^{1-\alpha}[A_B\exp(-\Delta G^\circ_{ad}/RT)]^\alpha/[1 + A_B\exp(-\Delta G^\circ_{ad}/RT)] \quad (12.21)$$

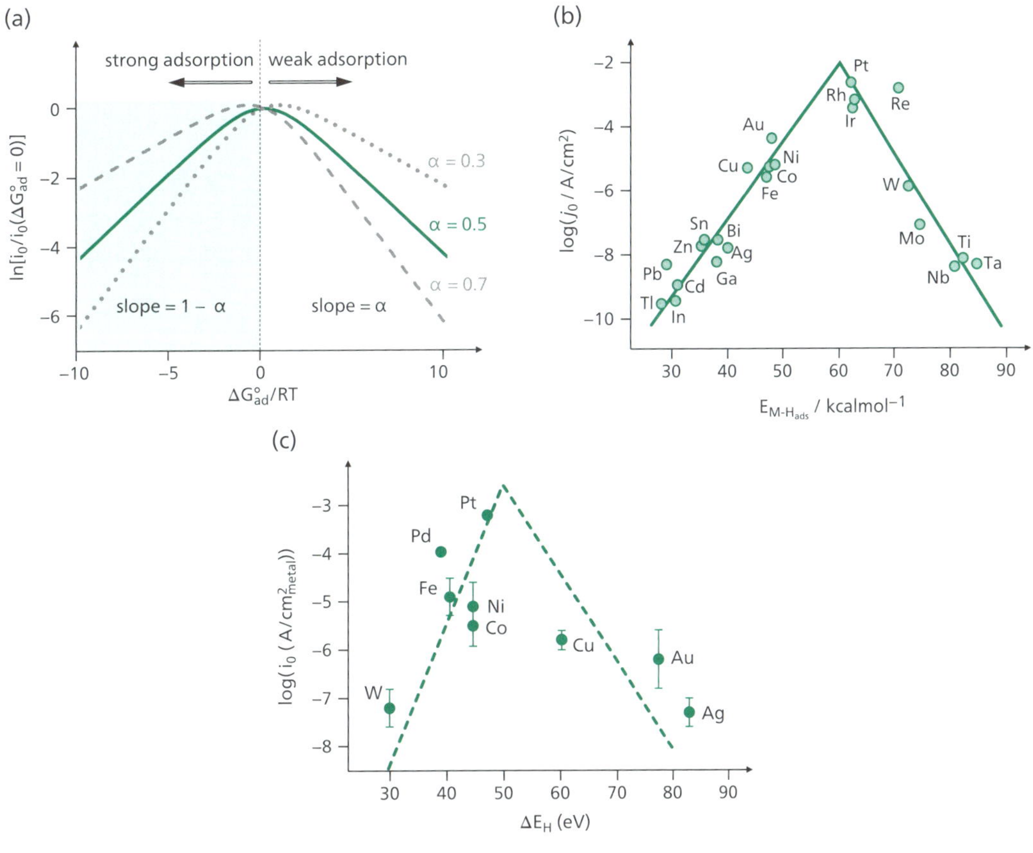

그림 12.11 **볼케이노 플롯.** (a) 흡착 에너지와 전류 밀도. (b) 실험에서 측정한 수소화 금속(metal hydride) 결합력과 HER 교환 전류 밀도의 볼케이노 플롯(산성 용액). (S. Trasatti, J. Electroanal. Chem. Interfacial Electrochem., 1972, 39, 163-184.) (c) 이론적으로 계산한 수소 흡착력과 HER 교환 전류 밀도의 볼케이노 플롯(알카라인 용액) (W. Sheng, M. Myint, J.G. Chen, T. Yan, Energy & Environmental Sci. 2013, 6, 1509-1512.)

그림 12.11a는 식 (12.21)의 $\Delta G^\circ_{ad}/RT$을 가로축에, $\ln[i_0/i_0(\Delta G^\circ_{ad} = 0)]$를 세로축에 도시한 그림이다. $A_{A^+} = A_B = 1$ M로 가정하였다. 이러한 그림을 **볼케이노 플롯**(volcano plot)이라 한다. $\Delta G^\circ_{ad} = 0$에서 촉매 활성은 최대가 되며, $\Delta G^\circ_{ad} = 0$을 기준으로 흡착 세기가 증가 또는 감소할수록 촉매 활성은 감소한다. 앞서 언급한 Sabatier 원리의 정성적 표현과 일치한다. 그림 12.11에서 다양한 후보 촉매에 흡착한 A(ad)의 ΔG°_{ad}를 조사하여 ΔG°_{ad}가 0에 가장 근접하는 촉매가 이상적인 촉매에 가까운 촉매라고 예상할 수 있다. 그림 12.11b와 c는 금속 촉매 상에서 각각 산성과 알카라인 수용액에서 진행하는 HER 반응의 볼케이노 플롯이다. 두 수용액에서 이상적 촉매에 가까운 금속 촉매는 Pt이다. 주목해야 사항은 그림 12.11b에서 $E_{M-H_{ads}}$는 실험적으로 얻은 수소화 금속(metal hydride)의 결합 에너지이며, 그림 12.11c의 ΔE_H는 이론적으로 계산한 흡착 에너지이다. H(ad)의 결합 또는 흡착 에너지가 HER 촉매 활성 예측의 **성능인자**(descriptor)이다. 그러므로 성능인자와 촉매 활성의 관계를 나타내는 볼케이노 플롯은 이상적 촉매를 향한 일종의 지도와 같다. 따라서 이상적 촉매를 찾기 위해서는 목적하는 반응의 볼케이노 플롯을 작성해야 한다. 많은 촉매 후보 물질의 성능인자를 측정하는 것은 현실적으로 거의 불가능하므로 현재는 **밀도 범함수 이론**(density functional theory, DFT)을 이용하여 성능인자를 계산한다. 성능인자를 정확히 계산하기 위해서는 전기화학적 상황의 반응물·생성물의 수화, 전해질의 전기 이중층, 흡착물 사이의 상호작용 등이 고려되어야 한다.

참고 식 (12.21) $(A_{A^+})^{1-\alpha}$ 항의 차원(dimension)

식 (12.21) $(A_{A^+})^{1-\alpha}$ 항의 차원에 세심한 주의가 필요하다. 구체적으로 표현하면 다음과 같다.

$$(A_{A^+})^{1-\alpha} = (A_{A^+})(A_{A^+}/A^\circ_{A^+})^{-\alpha}$$

식 (12.16)의 오른쪽 괄호 항은 반응 계수(reaction quotient)이므로 A_{A_+}는 정확히 $A_{A_+}/A^\circ_{A^+}$이다. 같은 의미에서 식 (12.19)의 A_B도 A_B/A°_B이다. 그래야 계산 결과의 차원인 단위가 바르게 정리된다. 그러나 $A^\circ_{A^+} = 1$ M과 $A^\circ_B = 1$ M이므로, 계산의 결과는 변함이 없다.

Sabatier 원리의 촉매 활성 예측은 열역학에 근거한다. 반면 반응 속도인 촉매 활성은 활성화 에너지에 기초한다. Sabatier 원리는 활성화 에너지를 예측하지 못하지만, 실험 결과인 볼케이노 플롯을 설명한다. 이러한 약점을 **BEP 관계**(Brønsted-Evans-Polanyi relation)라고 하는 다음의 흡착 에너지-활성화 에너지의 실험적 선형 관계로 보완한다.

$$E_a = \alpha(\Delta G^\circ_{rxn}) + \beta \qquad \mathbf{(12.22)}$$

식 (12.22)가 전달하는 의미는 다음과 같다. 단위 반응 단계의 활성화 에너지 E_a는 반응 에너지 (ΔG°_{rxn})와 직선 관계에 있으며, 그 직선의 비례 상수 $\alpha(0 < \alpha < 1)$와 절편 β는 촉매와 무관하게 반응 종류에 의존한다.

그 예를 식 (12.13)의 반응에 BEP 관계를 적용한 그림 12.12에서 살펴보자. A^+(aq) 환원·흡착 반응(r_1)과 A(ad) 탈착 반응(r_2)의 전체 에너지 변화 $\Delta G^\circ_{rxn} = 0$, $\alpha = 1/2$, $\beta = 1/2Q$를 임의로 가정한다. 그림 12.12a는 약한 흡착 세기의 A(ad)를 예시하는데 $\Delta G^\circ_{r_1} = Q$이다. 그러므로 에너지 상태가 높은 A(ad)에서 에너지 상태가 낮은 A^+(aq)로 가는 반응의 E_{a,r_1}은 $Q(= 1/2\times Q + 1/2Q)$이다. 그러므로 A^+(aq) 환원·흡착 반응의 활성화 에너지는 $\Delta G^{\circ *}_{r_1} = 2Q$이다. 한편 A(ad) 탈착 반응의 E_{a,r_2}는 $Q(= 1/2Q + 1/2Q)$이다. 에너지 상태가 높은 A(ad)에서 에너지 상태가 낮은

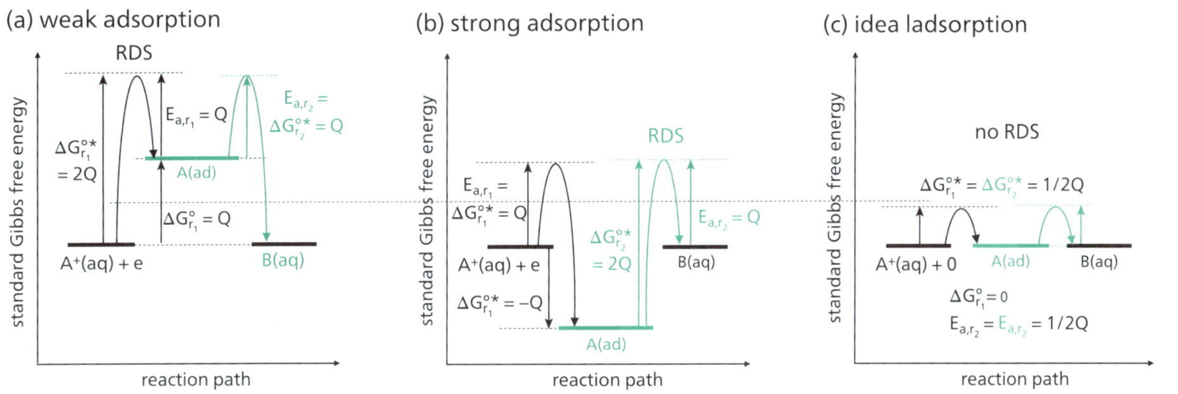

그림 12.12 **Sabatier 원리와 BEP 관계.** (a) 약한 흡착. (b) 강한 흡착. (c) 이상적 흡착.

B(aq)로 가는 반응이므로 $E_{a,r_2} = \Delta G_{r_2}^{\circ *} = Q$이다. 따라서 약한 흡착 세기의 반응 중간체가 관여하면 환원·흡착 단계가 RDS가 된다. 활성화 에너지를 계산하는 같은 과정을 강한 흡착 세기의 중간체에 적용한 결과가 그림 12.12b이다. RDS는 A^+(aq) 환원·흡착 반응($\Delta G_{r_1}^{\circ *} = Q$)에서 A(ad) 탈착 반응($\Delta G_{r_2}^{\circ *} = 2Q$)으로 바뀐다. 그림 12.12c는 A^+(aq), A(ad)와 B(aq) 모두의 에너지 상태가 같은 열중립적인(thermo-neutral) 이상적 상황을 표현한다. $\Delta G_{r_1}^{\circ} = 0$이므로 $\Delta G_{r_1}^{\circ *} = \Delta G_{r_2}^{\circ *} = \beta = 1/2Q$이다. $\Delta G_{r_1}^{\circ} \neq 0$인 경우의 활성화 에너지와 비교하면, $\Delta G_{r_1}^{\circ} = 0$인 이상적 상황일 때 활성화 에너지가 가장 작으므로 촉매 활성이 최대가 된다. 또한 모든 반응 단계의 활성화 에너지가 같아져 반응 속도가 최대가 된다. 그러므로 $\Delta G_{r_1}^{\circ}$의 값을 양에서 음으로 변화시키면 볼케이노 플롯이 만들어진다. 논의한 바와 같이 BEP 관계는 반응 속도론의 관점에서 Sabatier 원리를 설명한다. 그러나 활성화 에너지의 추정 역시 $\Delta G_{r_1}^{\circ}$의 열역학적 값 $\Delta G_{r_1}^{\circ}$에 근거함을 기억할 필요가 있다. 그럼에도 불구하고 *Satabier 원리와 BEP 관계는 반응 중간체의 에너지를 측정 또는 계산하여 전체 반응의 반응 속도 결정 단계를 추정하고 촉매를 설계하는 매우 중요한 근거*이다.

한 걸음 더 나아가 보자. 지금까지의 논의는 전극 전위 $E = E_{eq}$인 열역학적 평형 상태에 있는 반응에 대한 설명이었다. 다시 말하면 과전압 $\eta = 0$인 상황이다. 실제 전기화학 촉매 반응이 진행되기 위해서는 과전압이 필요하다($\eta \neq E - E_{eq}$). 그림 12.13a는 약한 흡착 세기의 A(ad)를 가정하고 $\eta = 0$인 상황으로 이미 그림 12.12a에서 설명하였다. A^+(aq) 환원·흡착 반응[식 (12.13a)]

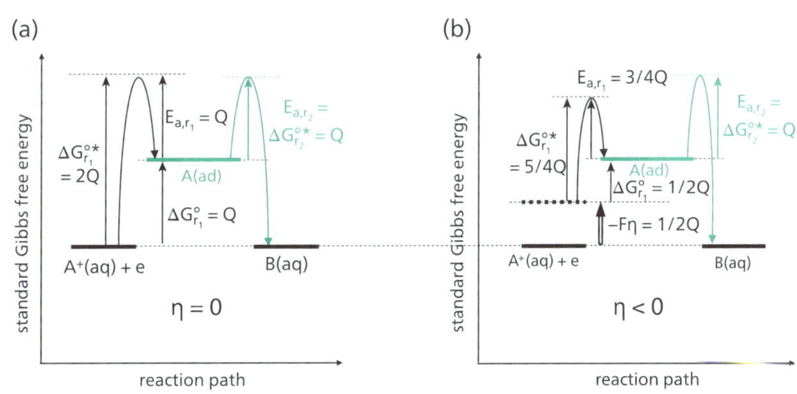

그림 12.13 **Sabatier 원리와 BEP 관계.** (a) η = 0. (b) η < 0.

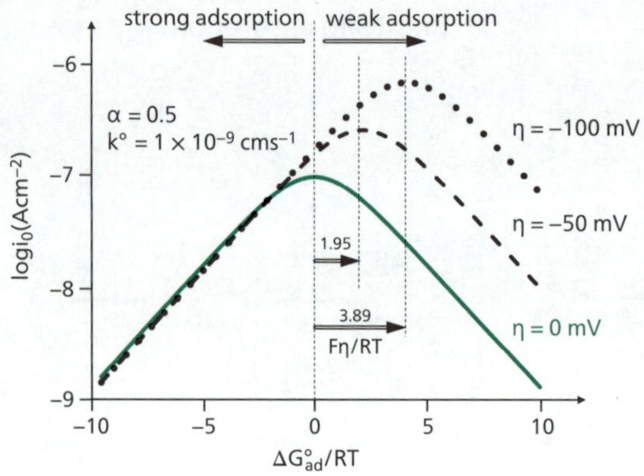

그림 12.14 과전압과 볼케이노 플롯.

에서 전극의 전자가 반응물에 포함됨을 주목하자. 전체 반응이 환원 반응이므로 환원 반응을 가속하기 위하여 전극 전위를 낮추면($\eta < 0$), 전자의 에너지는 $-F\eta$만큼 증가하여 반응물의 에너지가 증가한다(그림 12.13b). $-F\eta = 1/2Q$가 되는 과전압에서 BEP 관계를 적용하면 $\Delta G^{\circ *}_{r_1}$는 2Q에서 5/4Q로 감소하므로 반응 속도는 증가한다.

그림 12.14는 과전압에 따른 A^+(aq) 환원 반응의 볼케이노 플롯을 예시한다. 가로축은 촉매 활성인 전류 밀도 i_0의 log 값으로 과전압이 증가할수록(전극 전위가 낮아질수록) 전류 밀도는 흡착 세기가 작은 영역에서 증가한다. 이는 BEP 관계와 관련된 앞선 논의와 일치한다. 각 과전압의 볼케이노 플롯 정상에서 반응 중간체의 상대적 에너지는 그림 12.10c와 그림 12.12c의 이상적 흡착 상태에 해당한다. 따라서 과전압 조절은 반응 중간체의 에너지 조절이다. 한편 흡착 세기가 큰 중간체의 경우, A^+(aq) 환원·환원 반응이 RDS가 아니므로(그림 12.12b) 촉매 활성은 과전압과 무관하다. 실제 반응은 과전압 상태에서 진행하므로 평형 전위의 볼케이노 플롯의 정상보다 흡착 세기가 조금 작은 반응 중간체를 형성하는 전극 재료가 최적의 촉매일 수 있다.

Sabatier 원리와 BEP 관계는 반응 중간체의 정확한 에너지를 근거로 촉매 설계에 매우 중요하다. 그러나 전기화학 반응이 단순히 전하 전달 과정만 있는 것이 아니라 물질 전달 과정과 전기 이중층이 관여한다는 사실을 기억할 필요가 있다.

12.8 d 밴드 이론

촉매 설계의 출발점이 되는 Sabatier 원리와 BEP 관계를 활용하기 위해서 반응 중간체의 에너지 상태를 알아야 한다. 반응 중간체의 에너지를 실험적으로 측정하는 것은 매우 어렵기 때문에 계산화학을 이용하여 얻는다.

고체는 많은 원자로 이루어진다. 고립된 금속 원자의 원자 궤도는 중첩되지 않으므로 원자 궤도의 에너지는 불연속적(discrete)이다. 그러나 많은 원자가 모인 고체 금속에서는 원자 궤도들이 무수히 중첩되어 에너지가 연속적인 밴드(band)가 형성된다(제13장). 그림 12.15a의 왼쪽 그림은 금속의 sp 밴드와 d 밴드를 예시한다. 금속의 s와 p 궤도는 방향성이 없으므로 다른 원자의 궤도들과 많이 중첩하여 폭이 넓은 sp 밴드를 형성한다. 반면 방향성이 뚜렷한 d 궤도는 적게 중첩하여 폭이 좁은 d 밴드를 형성한다. 금속에 있는 전자들이 낮은 에너지부터 밴드를 채우게 되고, 세로축에서 채워진 전자의 가장 높은 에너지 준위를 **Fermi 준위**(Fermi level) $\mathbf{E_F}$라고 한다. 가로축은 특정 에너지 상태에 있는 전자의 밀도를 의미하는 **상태밀도함수**(density of state) **DOS**이다. **d 밴드 중심**(d band center)은 밴드 하단 끝에서 E_F까지 DOS 면적을 양분하는 에너지 준위이다.

그림 12.15a는 촉매와 흡착 반응 중간체의 결합을 예시한다. 흡착물질은 분자(예: CO) 또는 원자(예: H)이며, 그림 12.15a의 오른쪽에 예시한 바와 같이 흡착물질의 전자 궤도 에너지 준위는 불연속적이다. 중첩하는 흡착물질의 궤도와 촉매의 d 밴드가 결합 밴드(bonding band)와 반결합 밴드(anti-bonding band)를 형성한다(그림 12.15a의 오른쪽). 에너지가 낮은 결합 밴드는 전자로 완전히 채워지고, 반결합 밴드는 일부만 채워지므로, 흡착물질과 촉매 사이의 결합이 형성된다. 방향성이 없는 sp 밴드는 흡착물질의 궤도와 상호작용이 적으므로 일반적으로 무시한다.

반응 중간체의 흡착 세기는 d 밴드 중심과 폭에 영향을 받는다. d 밴드 중심과 흡착물질 에너지 준위의 차이는 그림 12.15b가 그림 12.15a보다 작다. 같은 흡착물질에 대하여 d 밴드 중심은 그림 12.15b에서 그림 12.15a보다 낮아진 것이다. 그림 12.15b에서 d 밴드 중심과 흡착물질 에너지 준위의 차이가 작으므로 상호작용은 더 증가하여 결합 밴드는 더 낮아지고 반결합 밴드는 더 높아진다. 결과적으로 반결합 밴드는 전자로 채워지지 않으므로 흡착 세기는 더 증가한다. 한편 그림 12.15c에서 d 밴드 폭은 점선이 실선보다 넓다(d 밴드 중심은 동일). d 밴드 폭이 넓어지면 결합 밴드와 반결합 밴드의 폭도 넓어진다. 따라서 폭이 넓은 경우 반결합 밴드에 채워지는 전자의 수가 증가하므로 흡착 세기는 감소한다.

촉매 설계는 그림 12.15가 예시한 바와 같이 흡착물질의 궤도 에너지를 기준으로 촉매의 d 밴드 중심과 폭을 조절(tunning)하여 볼케이노 플롯의 이상 촉매에 가까운 현실 촉매를 찾는 일이다. d 밴드의 조절은 전극 촉매 구성 원소와 물리적 형태 제어를 통하여 이루어진다. 그림 12.16은 주기율표의 4주기 전이 금속의 밴드 구조를 예시하는데, 원자 번호가 증가할수록 d 밴드 폭은 좁아지고 중심은 낮은 쪽으로 이동한다. 그러므로 원소의 선택은 특정한 폭과 중심의 d 밴드를 선택하는 것이다. 그림 12.17은 합금을 예시한다. 그림 12.17a는 하나의 원소로 이루어진 금속의 d 밴드 구조이다.

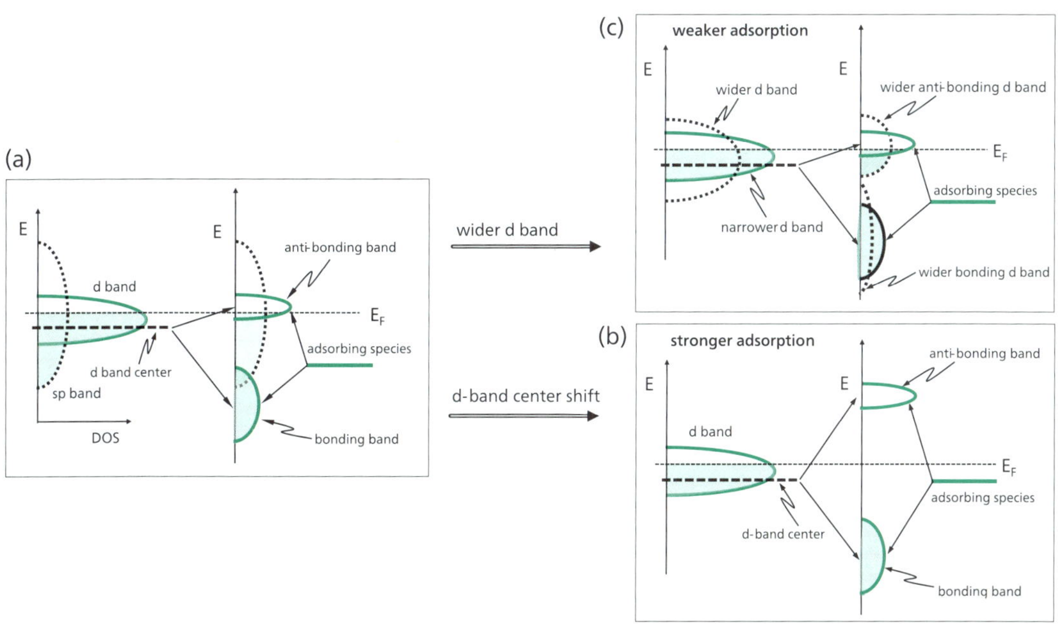

그림 12.15 (a) d 밴드와 흡착. (b) d 밴드 중심과 흡착. (c) d 밴드 폭과 흡착.

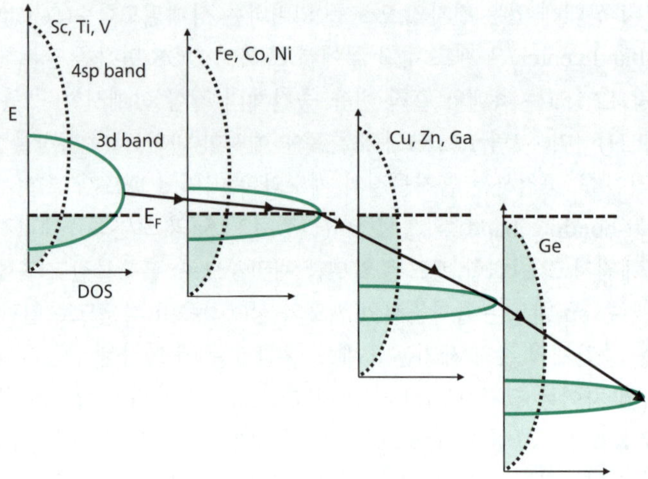

그림 12.16 **4주기 금속과 d 밴드 구조.** (Reprinted and modified under the terms of CC-BY-SA 4.0, Wikipedia.)

그림 12.17b와 같이 제2의 금속 원소가 전자를 공여하면 공여된 전자의 수만큼 E_F는 증가하게 되고 E_F가 전과 같아지기 위해서는 합금의 d 밴드가 아래로 이동하게 되어 d 밴드 중심은 아래로 이동하게 된다. 그림 12.17c는 Ni_2P에 Fe 함량을 증가하면서 Fe_2P까지 가는 동안 d 밴드 중심의 변화를 계

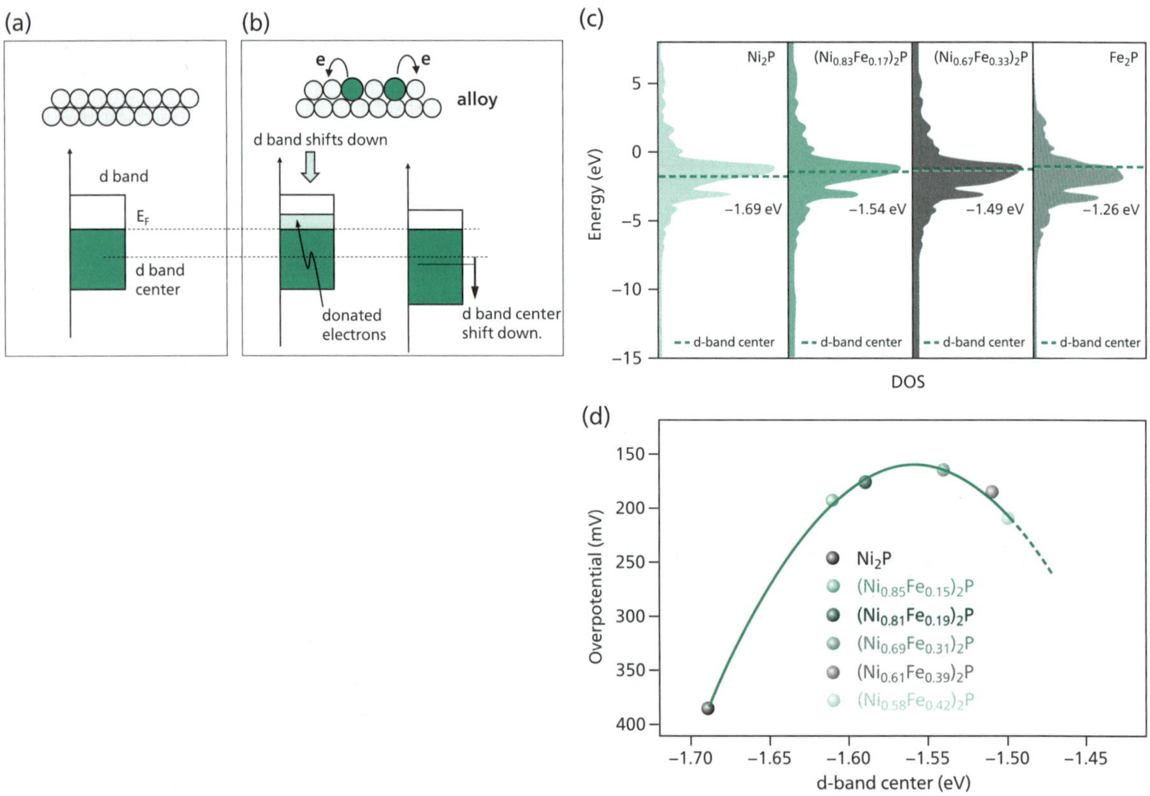

그림 12.17 **합금 금속의 d 밴드 구조.** (a) 단일 원소 금속의 d 밴드 구조. (b) 합금 원소가 미치는 d 밴드 구조 변화. (c) $(Ni_xFe_{(1-x)})_2P$의 d 밴드 중심의 변화. (d) $(Ni_xFe_{(1-x)})_2P$의 d 밴드 중심과 OER 과전압 볼케이노 플롯. ((c)와 (d): Reprinted and modified with permission from S. Sun, X. Zhou, B. Cong, W. Hong, G. Chen, ACS Catal, 2020, 10, 9086-9097. American Chemical Society.)

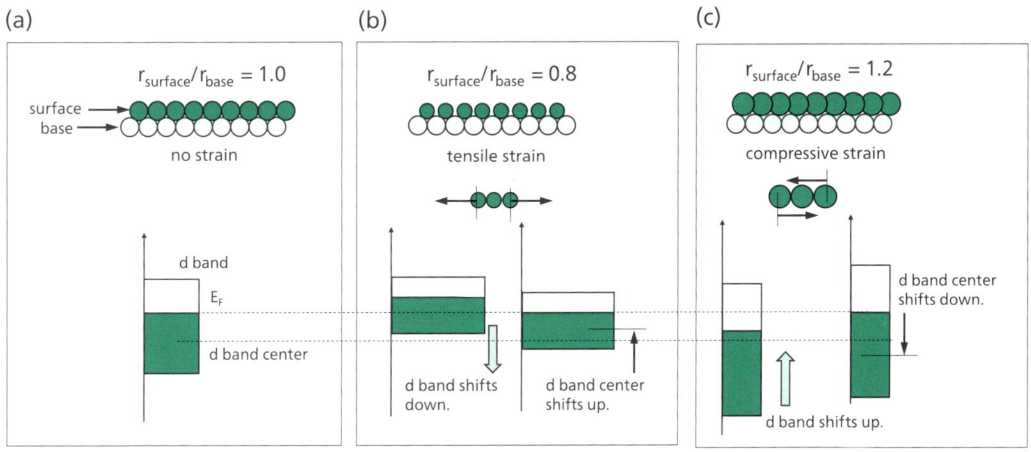

그림 12.18 **금속 단원자층의 응력과 d 밴드 구조.** (a) 응력이 없는 경우. (b) 인장 응력이 있는 경우. (c) 압축 응력이 있는 경우.

산한 결과이다. 그림 12.17d는 d 밴드 중심을 성능인자로 하여 OER 반응의 과전압을 도시한 볼케이노 플롯이다. 대략 $(Ni_{2/3}Fe_{1/3})_2P$이 최적의 OER 촉매임을 의미한다. 그림 12.18은 기저(base) 금속 표면에 제2의 원소 단원자층(surface)을 도포한 경우를 예시한다. 두 금속의 원자 크기가 같을 때 d 밴드 구조가 그림 12.18a이다. 그러나 제2원소의 원자 크기가 작으면 그 원소의 원자간 거리가 증가하여 인장 응력(tensile stress)이 존재하게 된다. 제2원소 원자의 중첩이 감소하므로 d 밴드 폭이 좁아지고, E_F를 같게 유지하기 위하여 아래로 이동하는 d 밴드는 그 중심은 높아지는 결과를 초래한다. 반대로 압축 응력(compressive stress)이 작용하면 표면 원자 궤도의 중첩이 증가하여 d 밴드 폭이 넓어져 d 밴드 중심은 낮아진다(그림 12.18c).

촉매 설계는 원소, 혼합하는 물질과 물리적 형태에 따라 d 밴드의 폭과 중심을 조절하여 궁극적으로 반응 중간체의 흡착 세기를 조절하는 것이다. 그 기본이 Sabatier 원리와 BEP 관계이다.

12.9 HER 반응과 OER 반응

수전해 반응을 이용한 수소와 산소의 생산은 에너지 저장의 수단으로 매우 중요하므로 HER과 OER 반응을 소개한다.

▸ HER 반응

HER 반응은 산성 수용액에서 다음과 같은 단계 반응으로 진행한다.

Volmer 단계: $$H^+(aq) + e \longrightarrow H(ad) \tag{12.23a}$$

Tafel 단계: $$2H(ad) \longrightarrow H_2(g) \tag{12.23b}$$

Heyrovsky 단계: $$H(ad) + H^+(aq) + e \longrightarrow H_2(g) \tag{12.23c}$$

HER 반응은 전해질의 H^+ 이온이 H 원자로 환원하면서 전극 표면에 흡착하여 H(ad)를 형성하는 Volmer 단계부터 시작한다[식 (12.23a)]. 두 개의 H(ad)가 전극 표면에서 결합하여 $H_2(g)$로 탈착하는 Tafel 단계[식 (12.23b)]가 후속하는 반응 경로를 **Volmer-Tafel 메카니즘**이라 한다. 한편 식 (12.23c)와 같이 전해질의 $H^+(aq)$ 이온과 H(ad)가 환원·결합하여 $H_2(g)$를 발생하는 Heyrovsky 단계가 이어지는 반응 경로를 **Volmer-Heyrovsky 메카니즘**이라 한다.

Volmer-Tafel 메카니즘과 Volmer-Heyrovsky 메카니즘의 구분은 HER 반응의 Tafel 플롯에 근거한다. Volmer 단계가 RDS이면, H(ad) 덮힘률 $\theta_H \approx 0$과 전달 계수 $\alpha = 0.5$를 가정했을 때, 298 K에서 Tafel 기울기는 118 $mVdecade^{-1}$이다. 후속 단계는 종류에 상관없이 빠르므로 Volmer 단계가 RDS이면, $\theta_H \approx 0$이 유지된다. Heyrovsky 단계가 RDS이면 θ_H는 과전압에 의존한다. 과전압이 작으면 Volmer 단계의 속도가 크지 않으므로 θ_H는 크지 않다. $\theta_H < 0.1$이면 $\alpha = 0.5$와 298K의 조건에서 Tafel 기울기는 40 $mVdecade^{-1}$이다. 그러나 과전압이 증가하여 $\theta_H > 0.9$이면 같은 조건에서 Tafel 기울기는 118 $mVdecade^{-1}$로 증가한다. 한편 Tafel 단계가 RDS인 경우, Tafel 기울기는 작은 θ_H에서 30 $mVdecade^{-1}$이지만, θ_H가 증가하면 무한히 증가한다. 구체적으로 Pt 표면에서 일어나는 HER 반응의 Tafel 기울기는 낮은 과전압에서 30 $mVdecade^{-1}$이지만, 과전압이 증가하면 약 118 $mVdecade^{-1}$로 증가한다. 따라서 Pt의 HER 반응은 과전압에 따라 Volmer-Tafel 메카니즘과 Volmer-Heyrovsky 메카니즘으로 진행한다. 반면 MoS_2/RGO 촉매에서 일어나는 HER 반응의 Tafel 기울기는 약 40 $mVdecade^{-1}$로, θ_H가 낮은 상태에서 Volmer-Heyrovsky 메카니즘으로 진행한다. HER 반응 개시 전위(onset potential)는 MoS_2/RGO 촉매가 Pt 촉매보다 약 0.1 V 더 낮으므로, MoS_2/RGO 촉매에서 HER 반응은 약 50배 정도로 느리다.

그림 12.19는 HER 반응의 볼케이노 플롯이다. Cu, Ag, Au의 주화 금속(coinage metal) d-밴드 중심은 E_F보다 매우 낮아 반결합 밴드까지 전자가 채워지므로 H(ad)의 흡착 세기가 작다. 반면 Ni, Co 등의 전이 금속의 d-밴드 중심은 E_F와 가까워 반결합 밴드가 채워지지 않으므로 H(ad)의 흡착 세기가 크다. Ru, Rh, Pd, Os, Ir, Pt의 Pt족 금속 d-밴드 중심은 중간에 위치하여 반결합 밴드의 일부에 전자가 채워지므로 H(ad)의 흡착 세기가 크지도 작지도 않다. 그러므로 Pt족 금속이 볼케이노 플롯의 정상에 가까우며, 그중에서 Pt가 가장 가깝다. Pt가 HER 반응의 현실적 촉매로 가장 우수하지만, 매장량이 한정되어 있고 가격이 높다. 이러한 문제의 해결책으로 제안된 비금속 촉매가 MoS_2와 Ni_2P이다. MoS_2의 나노 시트 모서리(nano sheet edge)의 HER 반응 활성이 매우 높다. 한편 Ni_2P는 MoS_2보다 더 우수하지만, 안정성과 내구성에 문제가 있다. 그림 12.19에서 보면 MoS_2와 Ni_2P의 H 원자 흡착력은 약한 흡착에 속하지만 금속의 볼케이노 플롯과는 일치하지

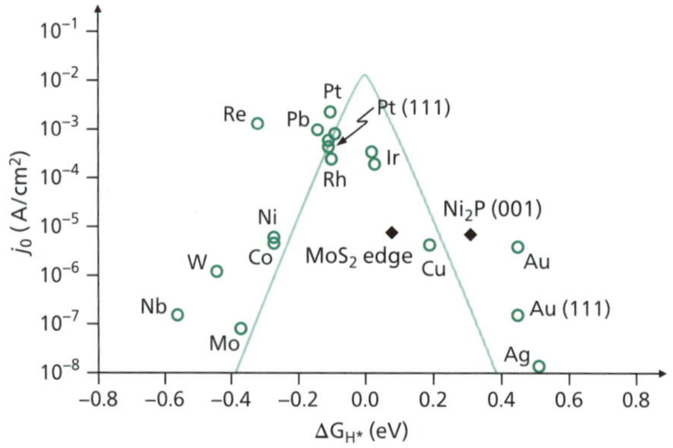

그림 12.19 **HER 반응의 볼케이노 플롯.** (Reprinted and modified under the terms of Creative Commons Attribution License 4.0 from E. Pomerantseva, C. Resini, K. Kovnic, Y. Kolenko, Advances in Physics, 2017, 2, 211-253. Taylor & Francis.)

않는다. 이러한 사실은 MoS_2와 Ni_2P의 볼케이노 플롯은 금속의 볼케이노 플롯과 다를 수 있음을 암시한다. 예를 들면 MoS_2 모서리의 H 흡착 세기는 이상적 촉매에 가까우므로 금속의 볼케이노 플롯에 적용하면 정상 부근이어야 하지만, 활성은 매우 낮다. 따라서 촉매의 종류가 바뀌면(예: 금속에서 chalcogenide로), 교환 전류 밀도가 변화할 수 있다. 아마도 MoS_2가 속한 볼케이노 플롯은 금속 볼케이노 플롯이 아래쪽으로 이동한 형태일 수 있다. 그러므로 볼케이노 플롯을 결정하는 성능인자는 다수가 될 수 있다.

알카라인 수용액에서 HER 반응의 Volmer 반응 단계와 Heyrovsky 반응 단계는 다음과 같다.

Volmer 단계: $$H_2O + e \longrightarrow H(ad) + OH^- \quad (12.24a)$$

Tafel 단계: $$2H(ad) \longrightarrow H_2(g) \quad (12.24b)$$

Heyrovsky 단계: $$H(ad) + H_2O + e \longrightarrow H_2(g) + OH^- \quad (12.24c)$$

일반적으로 알려진 사실은 HER 반응은 산성 수용액보다 알카라인 수용액에서 느리다(그림 12.11b와 c)와 식 (12.24)가 예시하는 바와 같이 수용액의 pH가 변화하면 반응 경로도 변화하므로 볼케이노 플롯도 이동할 수 있다.

▸ OER 반응

OER 반응은 다음과 같은 4-전자 반응이다.

$$2H_2O(l) \longrightarrow O_2(g) + 4H^+ + 4e, E° = 1.23 \text{ V vs. RHE} \quad (12.25)$$

네 개의 전자가 관여하는 OER 반응은 전자 한 개가 관여하는 네 개의 단일 단계로 다음과 같이 진행한다.

$$H_2O(l) \longrightarrow OH(ad) + H^+(aq) + e, \Delta G_1 \quad (12.26a)$$

$$OH(ad) \longrightarrow O(ad) + H^+(aq) + e, \Delta G_2 \quad (12.26b)$$

$$O(ad) + H_2O(l) \longrightarrow OOH(ad) + H^+(aq) + e, \Delta G_3 \quad (12.26c)$$

$$OOH(ad) \longrightarrow O_2(g) + H^+(aq) + e, \Delta G_4 \quad (12.26d)$$

식 (12.26)의 각 단계에 수소가 관여하므로 식 (12.25)의 표준 전위 E° = 1.23 V는 RHE를 기준으로 한 전위이다.

네 개의 단계 반응으로 진행되는 OER 반응의 볼케이노 플롯의 이해는 다소 복잡하다. 그림 12.20은 흡착하는 반응 중간체의 에너지 상태를 도시한다. 그림 12.20a는 이상적인 OER 촉매를 예시한다. 각 산화 단계에 전자가 관여하므로 E° = 1.23 V에서 각 단계의 에너지는 RHE를 기준으로 1.23 eV씩 증가한다('ΔG = nFE'를 기억하라). 그리므로 E° = 1.23 V에서 $\Delta G_1 = \Delta G_2 = \Delta G_3 = \Delta G_4$인 열중립적 상태(그림 12.12c)가 된다. 그런데 구조가 유사한 중간체 OH(ad)와 OOH(ad)의 에너지는 연결(coupled)되어 있어 분리할 수 없다. 이들의 실험적 관계는 다음과 같이 스케일링 관계(scaling relationship)로 표현된다.

$$\Delta G_2 + \Delta G_3 = 3.2 \text{ eV} \quad (12.27)$$

그림 12.20b를 보자. 이상적인 촉매와 달리 OH(ad)와 OOH(ad) 사이의 에너지는 스케일링 관

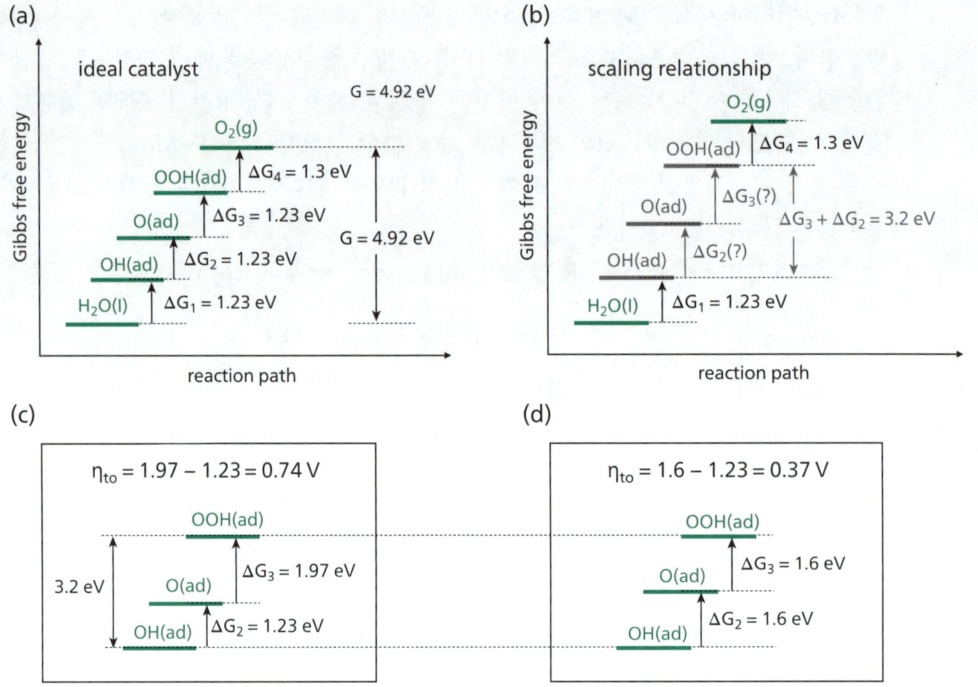

그림 12.20 **OER의 반응 중간체 에너지 상태.** (a) 이상적인 촉매. (b) 스케일링 관계. (c) η_{to} = 0.74 V. (d) η_{to} = 0.37 V.

계에 의하여 3.2 eV에 고정된다. 그러므로 O(ad)의 에너지 상태가 RDS를 결정한다. 한 예를 그림 12.20c에 도시한다. ΔG_2 = 1.23 eV이면 ΔG_3 = 1.97 eV가 된다. 그러므로 OOH(ad) 형성 단계(식 (12.26c))는 열역학적으로 불리하게 되어 RDS가 된다. 열역학적 물리량만으로 추정하는 과전압을 열역학적 과전압(thermodynamic overpotential) η_{to}라고 하는데, 구체적으로 η_{to} = 1.97 − 1.23 = 0.74 eV이다. η_{to}는 활성화 에너지를 고려하지 않았으므로 실제 반응 속도 과전압은 이보다 더 클 것이다. 스케일링 관계에서 반응 속도가 가장 빠른 경우는 OH(ad), O(ad)와 OOH(ad)가 열중립적 상황에 있는 경우로, 그 경우 ΔG_2 = ΔG_3 = 1.6 eV이다(그림 12.20d). 이 상황에서 η_{to} = 1.6 − 1.23 = 0.37 eV이며, 이 과전압이 OER 반응의 이론적 최소 과전압이다.

그림 12.21은 지금까지 논의한 촉매론에 따른 OER 촉매의 연구 실례의 볼케이노 플롯을 예시한다. 그림 12.21a는 산소 원자 한 개와 결합한 금속 산화물의 OER 볼케이노 플롯이다. 가로축의 성능인자는 O(ad)와 OH(ad)의 에너지 차이($\Delta G_O - \Delta G_{OH}$)이고, 쇄선과 볼케이노 플롯의 수직선이 계산한 과전압이다. 계산은 금속 산화물의 (001) 표면에서 진행하였다. 그림 12.21a에서 명확한 것은 $\Delta G_O - \Delta G_{OH}$ = 1.6 eV의 플롯 정상에 가장 가까운 물질은 성능 인자가 ~1.5 eV인 NiO이다. 그림 12.14와 관련된 논의를 기억하면, 반응 중간체 O(ad)가 강하게 흡착하는 NiO는 개선의 여지가 부족해 보인다. NiO을 더욱 산화·수화하면 NiOOH 형태의 활성점이 생성되는데, 그림 12.21b, c와 같이 O(ad)의 흡착 세기는 감소하지만, 플롯 정상에서 멀리 떨어져 있다. NiOOH를 정상 부근으로 밀어올리기 위하여 NiOOH 표면에 다른 전이 금속 M(= Cr, Mn, Fe, Co, Cu, Zn)을 도핑한 NiMOOH 산화물을 고려하며, 그림 12.21b와 c가 그 결과를 도시한다. 그림 12.21b는 NiMOOH 산화물의 Ni이 활성점인 경우이며, 그림 12.21c는 M이 활성점인 경우이다. 그림 12.21b에서 NiOOH를 기준으로 Cr이 도핑되면 OER 활성은 약간 개선되지만 다른 M의 경우 약

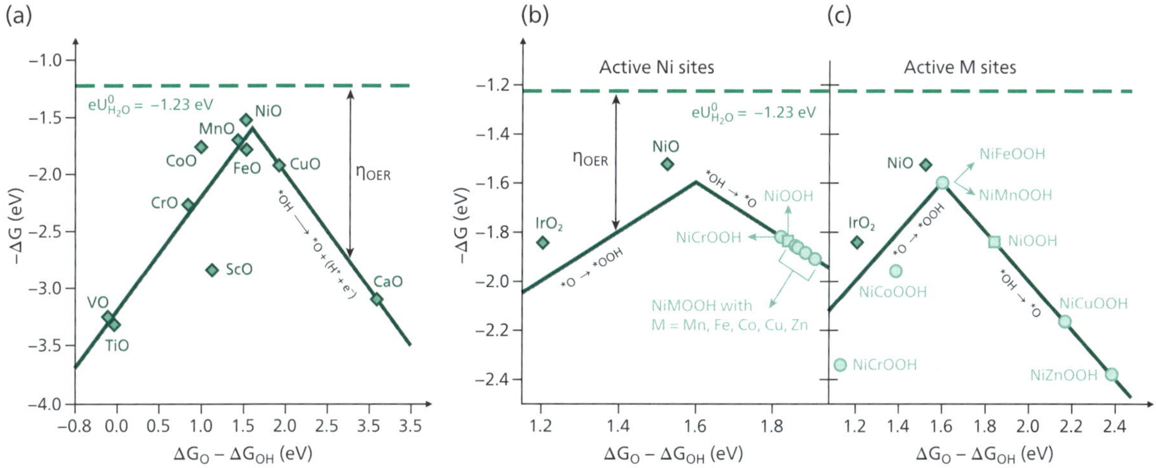

그림 12.21 Ni 산화물의 OER 볼케이노 플롯. (a) 일산화 금속(MO)의 (001) 표면. (b) 전이 금속이 도핑된 Ni 옥시수산화물(NiMOOH)의 Ni 활성점. (c) 전이 금속이 도핑된 Ni 옥시수산화물(NiMOOH)의 M 활성점. (Reprinted and modified with permission from O. Diaz-Morales, I. Ledezma-Yanez, M.T.M. Koper, F. Calle-Vallejo, ACS Catal. 2015, 5, 5380-5387. American Chemical Society.)

간 감소한다. 그러나 계산의 불확실도(0.2 eV)를 고려하면 확신할 수 없다. 한편 M이 활성점인 경우, 그림 12.21c는 M = Fe, Mn인 NiMOOH가 플롯 정상에 있음을 보여준다. 실제 전극 촉매를 제조하여 0.1 M KOH 용액에서 OER CV를 비교하면 M = Fe, Mn, Cr인 NiMOOH가 NiOOH보다 평균적으로 100 mV 정도 과전압이 작다. 따라서 Fe과 Mn이 Ni−O 구조에서 활성점으로 작용하며, Cr은 활성점 Ni을 변형한다. 그러나 M = Co, Zn, Cu이면 과전압이 증가한다. 결론적으로 그림 12.21은 Sabatier 원리에 근거한 볼케이노 플롯이 촉매 디자인의 길라잡이임을 예시한다. 그러나 이러한 물질을 실제로 OER 전극으로 활용하는 경우, 활성뿐만 아니라 전극 수명, 제조 비용과 전지 구성 등과 같은 많은 공학적 문제가 추가로 고려되어야 한다.

12.10 기타 전기화학 촉매 반응

연료 전지와 관련된 산소 환원 반응(ORR)과 메탄올 산화 반응, 에너지 저장과 관련된 CO_2 환원 반응을 설명한다.

ORR 반응

연료 전지에서 연료 산화 반응을 상대하는 반응인 ORR 반응은 분자 흡착 메카니즘(associative mechanism) 또는 분해 흡착 메카니즘(dissociative mechanism)으로 진행한다. ORR 반응은 네 개의 전자가 관여하는 반응으로 다음과 같다.

$$O_2(g) + 4H^+ + 4e \longrightarrow 2H_2O(l),\ E^\circ = 1.229\ V\ (vs.\ NHE) \quad \textbf{(12.28)}$$

산성 용액에서 다음과 같은 분해 흡착 메카니즘에 의하여 ORR 반응이 진행한다.

$$O_2(aq) \longrightarrow 2O(ad) \quad \textbf{(12.29a)}$$

$$2O(ad) + 2H^+(aq) + 2e \longrightarrow 2OH(ad) \quad \textbf{(12.29b)}$$

$$2OH(ad) + 2H^+(aq) + 2e \longrightarrow 2H_2O(l) \quad \textbf{(12.29c)}$$

식 (12.29)에서 수용액에 존재하는 산소 분자가 전극 표면에 분해 흡착하고, 산소 원자 흡착물은 OH와 H_2O로 순차적으로 환원된다.

반면 비양성자성 용매 또는 농도가 높은 알칼라인 용액에서는 산소 분자가 환원되면서 실험에서 관찰할 수 있을 정도로 안정한 초과산화물 라디칼(superoxide radical) $O_2^- \cdot$을 형성한다.

$$O_2(aq) + e \longrightarrow O_2^- \cdot,\ E° = 0.284\ V\ (vs.\ NHE) \quad \textbf{(12.30)}$$

그러나 H^+ 이온이 존재하면(산성 조건에서) $O_2^- \cdot$은 빠르게 반응하여 $HO_2(ad)$를 다음과 같이 형성한다.

$$O_2(aq) + e \longrightarrow O_2^-(ad) \quad \textbf{(12.31a)}$$

$$O_2^-(ad) + H^+ \longrightarrow HO_2(ad) \quad \textbf{(12.31b)}$$

$O_2(aq)$가 분자 상태로 흡착하므로 식 (12.31)은 분자 흡착 메카니즘의 시작 단계이다. $HO_2(ad)$는 다음과 같이 순차적으로 환원한다.

$$HO_2(ad) + H^+ + e \longrightarrow H_2O(l) + O(ad) \quad \textbf{(12.32a)}$$

$$O(ad) + H^+ + e \longrightarrow HO(ad) \quad \textbf{(12.32b)}$$

$$HO(ad) + H^+ + e \longrightarrow H_2O(l) \quad \textbf{(12.32c)}$$

이 과정에서 $HO_2(ad)$가 H_2O_2로 환원 탈착하는 부반응이 진행될 수 있다.

$$HO_2(ad) + H^+ + e \longrightarrow H_2O_2(l) \quad \textbf{(12.33a)}$$

$$O_2 + 2H^+ + 2e \longrightarrow H_2O_2,\ E° = 0.695\ V\ (vs.\ NHE) \quad \textbf{(12.33b)}$$

식 (12.33b)로 표현되는 H_2O_2가 생성되는 부반응은 연료 전지의 관점에서 보면 전류 효율의 감소와 H_2O_2에 의한 전지 손상의 문제점을 유발한다.

그림 12.22는 다양한 촉매와 ORR 반응의 활성을 예시한다. 그림 12.22a는 단원소 단결정 촉매와 이원소 단결정 촉매의 ORR 볼케이노 플롯이다. 성능인자는 Pt(111) 촉매와 비교 촉매의 OH 결합 에너지 차이($\Delta G_{OH} - \Delta G_{OH,Pt(111)}$)이다. 단원소 금속으로 Pt(111)이 정상에 가장 가깝다. 또한 Pt(111)과 Pt(100)와 같이 동일 원소의 금속이라도 표면의 원자 배열이 다르면 촉매 활성이 다르다. $Pt_3Ni(111)$ 촉매는 Pt(111)보다 정상에 더 접근해 있으므로 더 우수하다. 그 이유는 Ni의 존재가 Pt의 d 밴드 구조를 변화시키기 때문이다. 그림 12.22b는 촉매 원소에 따른 O(ad)와 OH(ad)의 결합 에너지 변화를 보여준다. Au에서 O(ad)는 약하게 흡착하므로 활성이 작다. 반면 Ni에서 O(ad)의 강한 흡착으로 인하여 OH(ad) 형성 단계의 활성화 에너지가 크다. Pt 표면에서는 O(ad) 흡착 세기가 두 경우의 중간으로 활성이 가장 크다. 그림 12.22c는 Pt 전극 전위에 따른 O(ad)와 OH(ad)의 결합 에너지 변화를 도시한다. O(ad)는 평형 전압 1.23 V에서 강하게 흡착하고 높은 과전압 0 V에서 약하게 흡착한다. 그러나 0.78 V에서는 O(ad)와 OH(ad)의 결합에너지가 이상적 촉

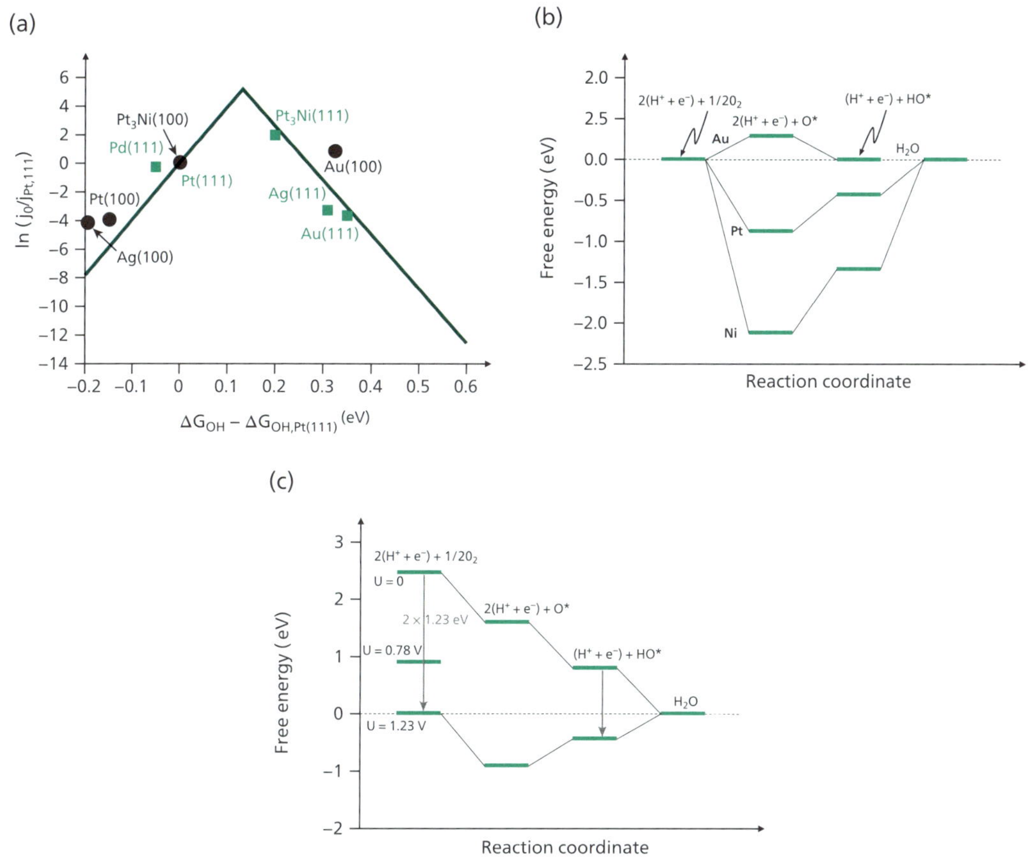

그림 12.22 **ORR 반응.** (a) 볼케이노 플롯. (b) ORR의 반응 중간체의 에너지 상태(u = 1.23v). (c) Pt(111) 표면에서 과전압에 따른 ORR의 반응 중간체 에너지 상태. ((a) and (b): Reprinted and modified with permission from J. K. Nørskov, J. Rossmeisl, A. Logadottir, L. Lindqvist, J. R. Kitchin, T. Bligaard, and H. Jónsson J. Phys. Chem. B 2004, 108, 17886-17892, American Chemical Society. (c): Reprinted and modified under the terms of an ACS AuthorChoice License from V. Viswanathan, H.A. Hansen, J. Rossmeisl, J.K. Nørskov, ACS Catal. 2012, 2, 1654-1660, American Chemical Society.)

매 상황(그림 12.12c)과 유사하다. 실제로 0.78 V(η = 0.45 V)는 실험적으로 관찰하는 ORR 전압이다.

▶ 메탄올 산화 반응

메탄올(CH_3OH)과 개미산(HCOOH)은 CO_2 환원 반응의 주된 생성물로 일종의 에너지 저장 분자이다. 이들 물질에 저장된 에너지는 직접 연료 전지에서 산화 반응을 통하여 다시 전기 에너지로 전환할 수 있으므로 메탄올과 개미산의 산화 반응 메카니즘 이해는 중요하다.

그림 12.23a는 전극 표면에 일어나는 메탄올의 산화 과정을 도시한다. 메탄올 산화 과정은 H−C 결합 해체 단계와 C−O의 결합 형성 단계의 평행한 조합으로 구성된다. 예를 들면 메탄올 분해 흡착의 산물인 H_2C-OH는 −C−H의 결합이 분해하여 H^+ 이온과 HC−OH로 가는 단계 또는 C−O−H의 결합이 분해하여 H^+ 이온과 $H_2C=O$로 가는 단계로 산화되면서 전자 한 개를 생성한다. 그러므로 반응물 H_3COH에서 최종 산화물 CO_2로 가는 과정은 어느 조합을 선택하든지

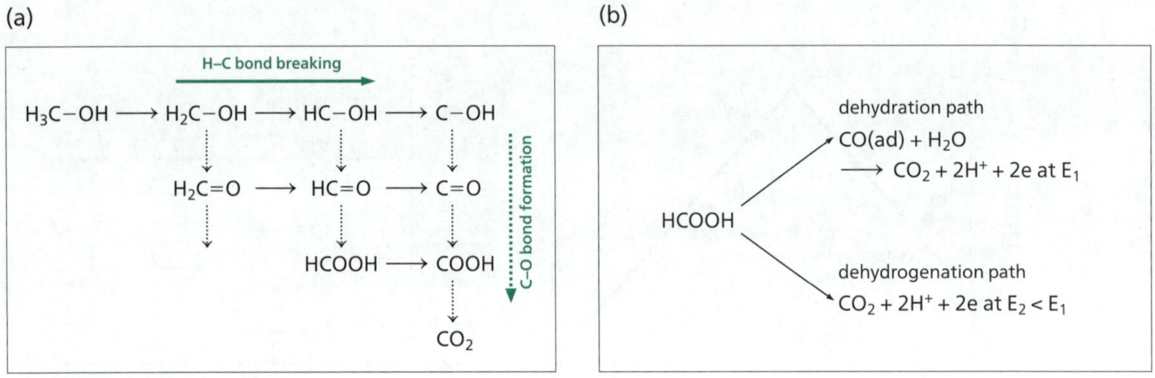

그림 12.23 **메탄올과 개미산의 산화 반응 메카니즘.** (a) 메탄올. (b) 개미산.

여섯 단계로 구성되며 총 여섯 개의 전자를 방출한다.

$$CH_3OH + H_2O \longrightarrow CO_2 + 6H^+ + 6e,\ E° = 0.03\ V\ vs\ NHE \tag{12.34}$$

이 과정에서 중간 생성물 C=O는 전극 표면에 강하게 흡착하므로 활성점의 덮힘률을 감소하는 촉매독으로 작용한다. 촉매독인 CO는 OH(ad)와 반응하여 CO_2로 제거될 수 있다. OH(ad)를 생성하는 물의 산화 흡착($H_2O \longrightarrow OH(ad) + H^+ + e$)은 높은 과전압이 필요하다. Pt 전극에서 메탄올 산화 개시 전압은 CO 산화 반응 개시 전압(~0.5 V vs. RHE)과 유사한데, 이는 메탄올 산화 반응의 최대 걸림돌이 촉매독의 제거임을 암시한다. OH를 쉽게 형성하는 Ru과 Pt의 합금 전극에서 Pt와 Ru은 인접하게 되는데, Pt의 촉매독과 Ru의 OH가 반응하여 Pt의 촉매독을 제거하여 메탄올 산화 활성이 증가하게 된다. OH를 잘 형성하는 Ru의 역할을 이중기능 효과(bifunctional effect)라고 한다.

그림 12.23b은 개미산 산화 이중 경로 메카니즘을 도시한다. Pt 전극과 접촉한 개미산은 분해 흡착하여 H_2O와 촉매독 CO를 형성하는 탈수 경로(dehydration path)와 바로 산화되는 탈수소 경로(dehydrogenation)를 거치게 된다. 전자를 생성하는 입장에서 탈수소 경로가 바람직하다. 그러나 탈수 반응의 촉매독 산화 전위(E_1)는 탈수소 반응이 일어나는 전위(E_2)보다 높으므로 탈수소 경로는 전위가 E_2 이상이 되어야 진행할 수 있다. 그러나 Pt 표면에 Bi가 존재하면 탈수 경로가 억제되어 탈수소 경로는 E_1 이상의 전위에서 개시한다.

▶ CO_2 환원 반응

화석 연료에서 발생하는 CO_2를 전기화학적으로 환원하여 전기 에너지를 저장하는 물질 생성이 CO_2 환원의 궁극적 목적이다. CO_2 환원에 신재생 에너지를 사용한다면, 환경과 에너지 문제가 동시에 해결된다고 할 수 있다. 그러므로 CO_2 환원 반응을 효율적으로 진행할 전극 촉매가 필요하다.

CO_2 환원 반응의 생성물은 탄화수소, 알데하이드, 알코올로 다양하다. 한 예로 CO_2 환원로부터 CH_4가 생성되는 반응과 표준 환원 전위는 다음과 같다.

$$CO_2 + 8H^+ + 8e \rightleftharpoons CH_4 + 2H_2O,\ E° = 0.169\ vs\ NHE \tag{12.35}$$

CO_2 환원 전극 촉매로 활성이 가장 좋은 물질은 Cu이며, 일반적으로 이러한 물질들이 생성되려면 −1 V 정도의 과전압이 필요하다. CO_2로 포화된 0.1 M $KHCO_3$ 용액(pH = 6.8)에서 −0.4 V(vs. RHE)에서 H_2가 ~100%의 전류 효율로 발생하며, 전위를 더욱 낮추면 CO와 formate($HCOO^-$)가 생성되고, 더 낮은 전위 −0.8 V에서 CH_4과 C_2H_4 생성 반응이 개시한다. −1.0 V에서 CH_4과 C_2H_4 생성 반응의 전류 효율은 각각 ~40%와 20%이다. 이외에도 에탄올, 프로판올, 각종 알데하이드 등이 생성된다. 그러므로 Cu 전극에서 진행하는 CO_2 환원 반응은 다수의 전자와 반응 중간체가 관여하므로 과전압이 크고 매우 복잡하다.

CO_2 환원 반응의 메카니즘은 다양한 생성물이 존재하므로 매우 복잡하다. 그러나 중요한 반응 중간체는 *CO와 formyl(*C(H)=O)로 알려져 있다. 흡착한 CO_2는 H^+ 이온과 환원·결합하여 formate($HCOO^-$) 또는 *CO와 H_2O를 형성한다. *CO는 H^+ 이온과 환원·결합하여 *C(H)=O를 형성한다. 이러한 *CO와 *C(H)=O는 H^+ 이온과 환원·결합하면서 생성되는 다양한 중간체들이 결합하여 많은 최종 생성물이 만들어진다. 예를 들면 *C(H)=O가 세 번 H^+ 이온과 환원·결합하면 CH_4가 생성된다. 반면 *CO 또는 *C(H)=O 두 개가 결합(dimerization)한 후 H^+ 이온과 계속 환원·결합하면 C_2H_4가 생성된다. 이와 같은 방식으로 최종 생성물들을 설명하지만, 확실한 반응 과정은 더 많은 연구가 필요하다. 다만 촉매의 선택성과 수명은 실험적으로만 관찰할 수 있다.

12.11 전기화학 촉매 성능의 향상

전기화학 전극 촉매 활성을 향상하는 접근 방식은 두 가지이다. 한 방법은 반응물에 노출되는 활성점의 수를 증가하는 방식이며, 다른 방법은 활성점 자체의 활성을 증가하는 방식이다. 예를 들면 활성점의 TOF를 고려했을 때, 앞의 방식은 TOF가 일정한 활성점의 총수를 증가하는 방법이고, 뒤의 방식은 활성점 자체의 TOF를 향상하는 방법이다.

활성점의 수를 증가하는 방식의 대표적인 방법은 촉매 입자를 작게 제작하여 지지체 위에 고정하는 방법이다. 이러한 방식에서 촉매 입자가 나노 크기로 감소하면 모서리와 꼭지점의 수가 증가하여 긍정적 또는 부정적 영향이 나타날 수 있다(입자 크기 효과, particle size effect). 또한 촉매 입자와 지지체 사이에 상호작용이 존재할 수 있다. 이외에도 촉매를 기둥 모양으로 만들어 활성이 큰 표면이 노출되도록 하거나 나노 크기의 공극이 많은(nanoporous) 형태로 제작할 수 있다.

활성점 자체의 활성을 증가하는 방법은 합금, 코어/쉘(core/shell) 구조의 형태로 촉매를 제조하여 활성점의 d 밴드 구조 변경 또는 활성점에 이중기능성을 부여하는 방법이다. 다른 말로 표현하면 촉매 전극의 전류 밀도를 증가하는 방법이다.

주요 용어

연료 전지
- PEM 연료 전지, 알칼라인 연료 전지, 인산형 연료 전지, 용융 탄산염 연료 전지, 고체 산화물 연료 전지, 직접 메탄올 연료 전지

연료 개질
전기화학 촉매
촉매 활성
Sabatier 원리
볼케이노 플롯
BEP 관계

d 밴드 이론

연습 문제

12.1 탄화수소(예: CH_4)를 연료로 하는 저온 PEMFC와 고온 SOFC를 비교하는 다음의 질문에 답하라.

(a) 개질기의 필요성

(b) 연료가 산화되는 산화 전극(음극)의 재질

(c) 전해질의 종류와 전하 전달체

(d) 전지 부품의 부식성

12.2 $A^+(aq)$를 환원하여 B(aq)를 생성하는 아래의 반응은 반응 1과 반응 2의 두 단계로 진행한다.

$$A^+(aq) + e \rightleftharpoons B(aq);$$

$$\text{반응 1: } A^+(aq) + e \rightarrow A(aq)\ \Delta G_1;\ \text{반응 2: } A(aq) \rightarrow B(aq)\ \Delta G_2$$

아래의 표와 같이 각 단계의 ΔG는 전극 M_1과 M_2에 의존한다.

전극	반응 1의 ΔG_1	반응 2의 ΔG_2
M_1	+Q/2	–Q/2
M_2	–Q	+Q

다음의 질문에 답하라.

(a) 평형 전위 $\eta = 0$에서 전극 M_1과 M_2에서 그림 12.12와 같은 에너지 도표를 그려라.

(b) BEP 관계에서 $\alpha = 1/2$, $\beta = Q/2$를 가정하여, 전극 M_1과 M_2에서 반응 1과 반응 2의 활성화 에너지를 계산하고 RDS를 결정하라.

(c) $A^+(aq) + e \rightarrow B(aq)$ 반응의 볼케이노 플롯을 그리고 전극 M_1과 M_2의 위치를 표시하라.

(d) M_1과 M_2에서 열중립적 상태가 되기 위한 과전압 η를 Q로 표현하라. 표현된 과전압의 의미를 그림 12.14와 연관하여 논의하라.

(e) A(ad)가 열중립적 상태로 가기 위해서는 η 또는 전극의 화학적 상태 조절 두 가지 방법이 있다. 어느 방법이 더 바람직한 방법인가? 그 이유를 설명하라.

12.3 $B^{2+}(aq) + 2e \rightarrow B(aq)$ 환원 반응은 다음과 같이 세 단계의 단위 반응으로 진행된다.

$$\text{반응 1: } B^{2+}(aq) \rightleftharpoons B^{2+}(ad),\ \Delta G_1$$

$$\text{반응 2: } B^{2+}(ad) + e \rightleftharpoons B^+(ad),\ \Delta G_2$$

$$\text{반응 3: } B^+(ad) + e \rightleftharpoons B(aq),\ \Delta G_3$$

반응물 B^{2+}(aq)와 최종 생성물 B(aq)의 에너지 다이어그램은 E = 0 V에서 아래와 같다.

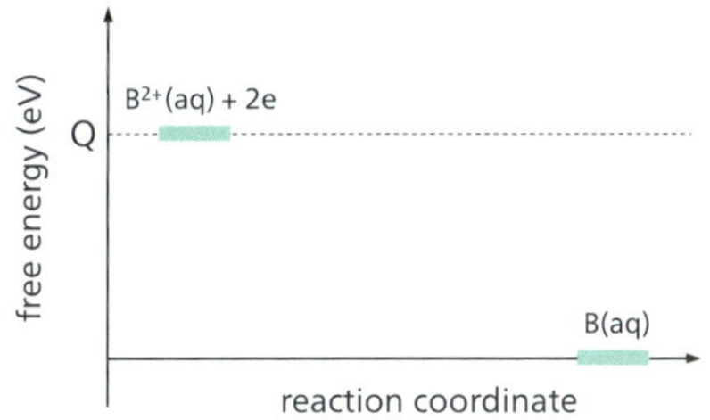

다음의 질문에 답하라.

(a) E = 0 V에서 반응 속도가 가장 빠른 이상적인 B^{2+}(ad)와 B^{+}(ad) 에너지 위치를 에너지 다이어그램에 표시하고 설명하라.

(b) 주어진 반응의 표준 환원 전위 E°에서 B^{2+}(aq)와 B(aq)의 에너지 같다. E°를 계산하라.

(c) E = E°에서 반응에 관여하는 모든 물질의 에너지 다이어그램을 그리고 설명하라.

(d) BEP 관계에서 $\alpha = 1/2$, $\beta = Q/4$를 가정하여 E = E°에서 각 단계의 활성화 에너지를 계산하고 RDS를 확인하라.

(e) B^{2+}(ad)가 B(aq)와 열중립 상태에 있는 전위 E_{tn}을 계산하라. 모든 물질의 에너지 다이어그램을 그리고, 각 단계의 활성화 에너지를 계산하여 RDS를 확인하라.

(f) (d)와 (e)의 RDS를 비교하고 과전압의 관점에서 설명하라.

12.4 아래의 순환 전류-전압 곡선(CV)는 Pt 나노 입자(Pt NP)와 Bi로 표면이 덮인 Pt 나노 입자(Bi/Pt NP) 전극이 2.0 M 개미산 + 0.50 M H_2SO_4 용액에서 10 mVs^{-1}의 속도로 전위 주사할 때 나타내는 개미산 산화 특성이다. 화살표는 전위 주사 방향을 의미한다.

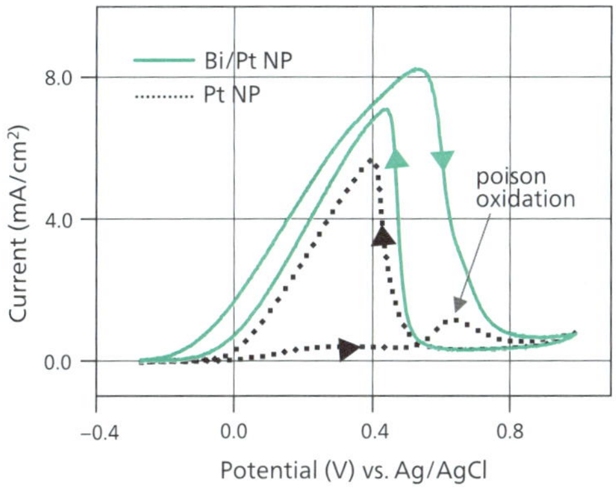

그림 12.23b의 개미산 산화 반응 메카니즘을 참조하여 다음의 질문에 답하라.

(a) Pt NP가 보이는 점선 CV를 해석하라.

(b) Bi/Pt NP가 보이는 실선 CV를 해석하라.

(c) 그림 12.23b의 E_1과 E_2를 추정하라.

제 13 장 반도체 전극의 광전기화학과 광촉매

차례

13.1 ▸ 고체의 전기 전도성
13.2 ▸ 반도체
13.3 ▸ 반도체 전극
13.4 ▸ 반도체 전극의 전위 제어와 전기화학
13.5 ▸ 반도체 전극의 광전기화학
13.6 ▸ 반도체 전지의 형태
13.7 ▸ 나노결정 반도체
13.8 ▸ 광촉매: 물 분해와 CO_2 환원
▸ 부록

전기 전도성이 낮은 반도체는 전기 전도성이 큰 금속과 전하 운반체의 농도와 종류의 관점에서 다르다. 금속 전극에 전위를 인가하는 행위는 전자의 에너지를 제어하는 행위이며, 이에 따라 전해질 쪽에 형성되는 전기화학 이중층의 전위 분포가 전하 전달 과정에 영향을 준다. 그러나 반도체 전극에 인가하는 전위는 반도체 표면의 전하 운반체 종류와 공간적 분포를 결정한다. 이와 함께 빛의 존재는 전하 운반체의 농도를 증가하여 독특한 전기화학적 현상이 나타난다.

이 장에서는 반도체 전극 특유의 전기화학을 전하 운반체 종류와 공간적 분포의 관점에서 논의한다. 또한 빛을 흡수한 반도체 전극이 증진하는 전기화학 반응의 기본 원리를 설명한다. 한편 반도체 입자의 광촉매 현상도 소개한다.

이 장의 주제는 반도체와 전기화학을 결합한 반도체 전기화학이다. 반도체에 대한 기본적인 소개를 위하여, 반도체의 가장 기본적인 소자 다이오드와 광다이오드를 부록에 수록한다.

13.1 고체의 전기 전도성

매우 많은 수의 원자가 모여 고체를 형성한다. 고체를 구성하는 원자의 원자 궤도는 주변 원자의 궤도와 중첩하여 밴드를 형성한다. 그림 13.1의 오른쪽 도시한 바와 같이 원자 두 개의 거리가 가까워지면 원자 궤도가 중첩되어 불연속한(discrete) 결합 준위와 반결합 준위를 형성한다. 각 준위를 채우는 전자 개수가 반결합 준위보다 결합 준위가 많으면, 두 원자는 결합하여 분자를 형성한다. 고체의 경우 많은 수의 원자가 집합하므로, 많은 수의 결합 준위와 반결합 준위가 연속적으로 밀집한(준위 간격 ~10^{-22} eV) **원자가 밴드**(valence band, VB)와 **전도 밴드**(conduction band, CB)를 각각 형성한다(그림 13.1 왼쪽). 결합성 원자가 밴드 전자가 반결합성 전도 밴드 전자보다 많으면 고체 결합이 이루어진다.

전기 전도성은 고체의 중요한 특성의 하나이다. 고체가 전기 전도성을 나타내기 위해서는 전자가 이동할 수 있는 채워지지 않은 에너지 밴드가 있어야 한다. 예를 들면 그림 13.1에서 금속의 두 밴드는 중첩되어 있으므로, VB의 전자는 비어 있는 CB의 에너지 상태를 통해 다른 원자로 이

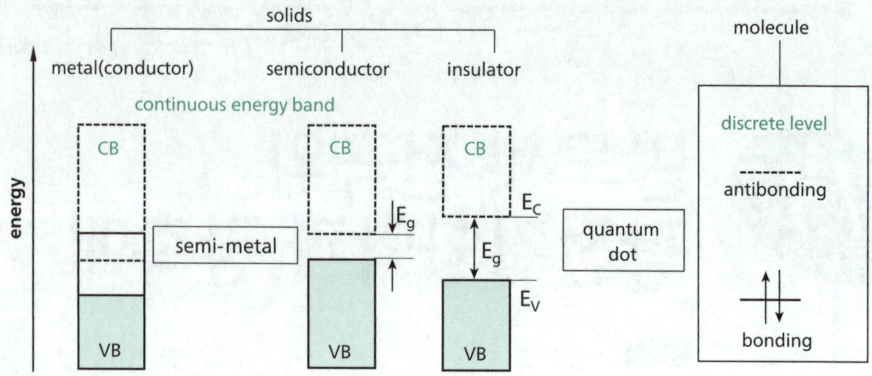

그림 13.1 고체의 에너지 밴드 구조.

동할 수 있으므로 금속은 전기 전도체이다. 그런데 고체를 구성하는 원자의 종류와 수 그리고 3차원 배열인 결정 구조가 VB와 CB의 중첩을 결정한다. VB와 CB의 상대적 위치를 **원자가 밴드의 가장 높은 에너지**(E_V)와 **전도 밴드의 가장 낮은 에너지**(E_C)의 차이인 **밴드갭**(band gap, E_g)으로 표시한다. E_V~E_C의 에너지 구간은 전자가 점유할 수 없는 금지 구역(forbidden region)이다. $E_g < 0$인 물질은 VB와 CB가 중첩하므로 전기 전도성 물질이다. 그러나 $E_g > 0$인 물질이 전기 전도성을 나타내기 위해서는 전자가 그림 13.2와 같이 에너지(예: 열, 빛)를 공급받아 VB에서 CB로 이동해야 한다. 그러한 일이 발생하면 CB에서는 음의 전하를 띤 전자가, VB에서는 양의 전하를 띤 정공(hole)이 각 밴드를 통하여 다른 원자로 이동할 수 있으므로 전기 전도성이 나타난다. 그러므로 밴드갭의 크기가 고체의 전기 전도성을 결정한다.

밴드갭 크기와 고체 전기 전도성의 관계를 구체적으로 살펴보자. 일반적으로 전자는 열에너지에 의하여 운동하며, 25°C에서 열에너지는 25.7 meV(= k_BT, k_B는 Boltzmann 상수)이다. $E_g > 4$ eV인 고체는 전자가 VB에서 CB로 이동할 수 없으므로 전기 전도성이 없는 부도체이다(예: 다이아몬드 5.5 eV, SiO_2 9 eV). 불순물과 격자 결함(lattice defect)이 없고 E_g = 0.3~4 eV인 순수한 고체(예: Si 1.14 eV, Ge 0.67 eV, GaN 3.4 eV)를 진성 반도체(intrinsic semiconductor)라고

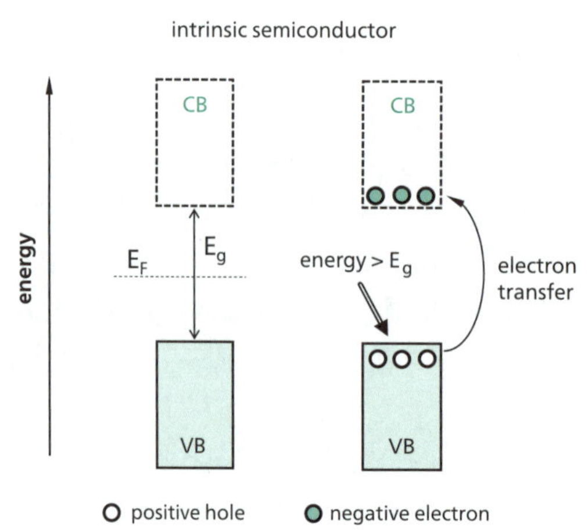

그림 13.2 진성 반도체의 에너지 밴드 구조.

한다. 진성 반도체의 VB 전자는 열에너지에 의하여 CB로 이동하면서 정공을 VB에 남긴다(그림 13.2). CB의 전자와 VB의 정공이 공간적으로 이동하여 전기 전도성이 나타나므로 정공과 전자를 **전하 운반체**(charge carrier)라고 하며, 전하 운반체의 농도가 매우 낮아 전기 전도성은 크지 않다. E_g가 더욱 감소하면 $E_V \approx E_C$가 되어 VB와 CB가 아주 적게 중첩하는 물질을 준금속(semimetal)(예: 흑연, As, Sb, Bi, HgTe)이라고 한다. 전기 전도도는 준금속이 금속보다 작지만, 반도체보다 매우 크다. 양자점(quantum dot)은 수 나노미터 크기의 입자이다. 구성 원자의 적은 수가 작은 양자점의 에너지 준위 간격은 에너지 밴드보다 상대적으로 불연속적이며, 독특한 광학·전자적 양자 특성이 나타난다.

13.2 반도체

반도체는 진성 반도체와 외인성 반도체(extrinsic semiconductor)로 구분한다. 앞서 간단히 소개한 진성 반도체부터 논의하자.

진성 반도체에서 열에너지에 의하여 공간적으로 이동할 수 있는 전자와 정공이 생성된다. 전자가 VB에서 CB로 이동하면서 정공이 생성되므로 전자와 정공은 열적 평형(thermal equilibrium)에 있다. 열적 평형은 전자와 정공이 재결합(recombination)하여 소멸되며, 또한 계속 중성 원자로부터 생성되는 동적 평형이다. 그러므로 전자와 정공의 농도(cm^{-3})가 일정한 정상 상태(steady state)에 도달해 있다. CB의 전자 농도 n_i와 VB의 정공 농도 p_i는 다음과 같다.

$$n_i = p_i \approx 2.5 \times 10^{19} \exp(-E_g/2k_BT)\ cm^{-3} \qquad (13.1)$$

식 (13.1)은 두 가지 중요한 사실을 알려준다. E_g가 증가하면 전하 운반체의 농도가 감소하여 전기 전도성이 감소한다. 한편 온도가 증가하면 열에너지가 증가하므로 전하 운반체의 농도는 증가한다. Si(E_g = 1.14 eV)의 전하 운반체 농도는 상온에서 ~10^{10} cm^{-3}이며, Si 원자 농도 5.0 × 10^{22} cm^{-3}와 비교하면 전하 운반체 수는 원자 수보다 매우 작다. 반도체 내부에서 전하 운반체의 이동은 전해질 안에서 이온의 이동과 유사하다(제2장). 전자와 정공의 이동도는 각각 1350 $cm^2s^{-1}V^{-1}$과 480 $cm^2s^{-1}V^{-1}$로, 전자가 정공보다 빠르게 이동한다. 한편 표 2.5에 제시된 수용액 중의 이온 이동도(예: H^+ 36.25 × 10^{-4} $cm^2s^{-1}V^{-1}$, OH^- 20.5 × 10^{-4} $cm^2s^{-1}V^{-1}$)와 비교하면 반도체의 전자와 정공은 질량이 큰 이온보다 10^5배 이상 빠르다.

밴드갭이 큰 물질의 전기 전도도를 증가하기 위하여 제2의 물질을 도핑(doping)한다. 도핑은 제2의 물질을 불순물 수준으로 혼합하는 과정이다. 예를 들면 원자 농도가 5.0 × 10^{22} cm^{-3}인 Si에 As 또는 Ga을 ~5.0 × 10^{16} cm^{-3} 수준으로(또는 ~1 ppm 수준으로) 도핑한다. V족 원소인 As을 IV족 원소인 Si에 도핑하면, 낮은 농도의 As 과잉 전자는 전도 밴드 바로 밑에 불연속한 에너지 준위에 존재하게 된다(그림 13.3a). As이 Si에 전자를 공여한다는 의미에서 과잉 전자의 에너지 준위를 **도너 레벨**(donor level)이라 한다. 도너 레벨이 E_C와 인접해 있으므로 밴드갭 E_g가 감소하여 열에너지에 의하여 도너 레벨 전자가 쉽게 CB로 이동하여 전기 전도도가 증가한다. 이러한 반도체를 외부 요인이 관여하는 반도체라는 의미에서 외인성 반도체라고 한다. 음의 전하를 가지는 과잉 전자가 있는 외인성 반도체를 n형 반도체(negative-type semiconductor)라고 한다. n형 반도체의 전하 운반은 전자가 대부분 담당하므로 전자는 **다수 캐리어**(majority carrier), 정공은 상대적으로 **소수 캐리어**(minority carrier)이다. 한편 III족 원소인 Ga을 도핑하면 전자가 부족하게 되는데, 이는 정공을 Si에 도핑하는 것과 같다. 정공은 E_V와 인접한 에너지 준위를 형성하는데, 정공

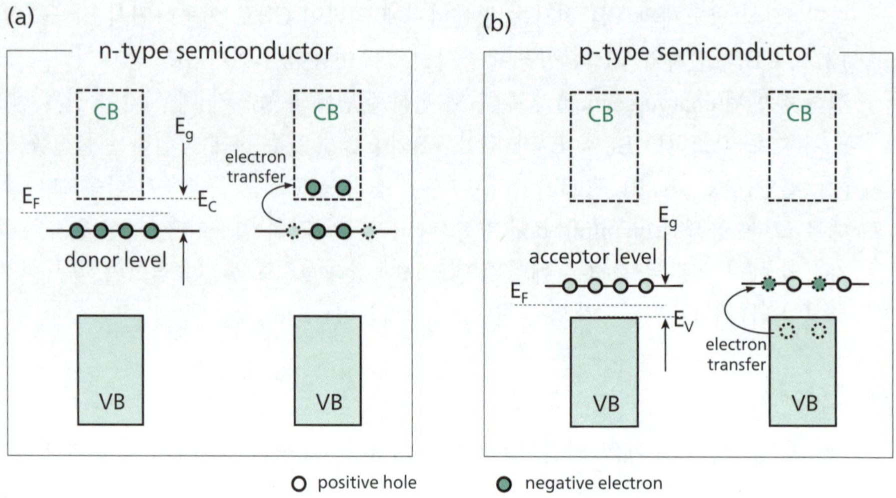

그림 13.3 **외인성 반도체.** (a) n형 반도체. (b) p형 반도체.

은 전자를 받을 수 있으므로 그 에너지 준위를 **억셉터 레벨**(acceptor level)이라 한다(그림 13.3b). E_g가 감소하므로 VB의 전자가 억셉터 레벨로 이동하여 VB에 빈 공간이 생성되므로 전기 전도성이 증가한다. 이러한 반도체를 p형 반도체(positive-type semiconductor)라고 한다. p형 반도체의 다수 캐리어와 소수 캐리어는 각각 정공과 전자이다.

Fermi 레벨(Fermi level, E_F)에 대하여 논의하자. Fermi 레벨은 전자가 발견될 수 있는 확률이 50%인 에너지 준위로 정의한다. 정의에 따라 진성 반도체의 E_F는 $(E_V + E_C)/2$이므로, 그림 13.2에서 E_F는 E_V와 E_C의 중간에 위치한다. n, p형 반도체의 E_F는 각각 도너 레벨과 E_C, 억셉터 레벨과 E_V로 정의하므로 그림 13.3과 같다. 도핑한 도펀트(dopant)의 농도가 증가할수록 도너 레벨과 억셉터 레벨이 각각 E_C와 E_V 쪽으로 이동하므로 E_F도 같은 방향으로 이동한다.

그림 13.4는 반도체와 관련된 용어와 표기 방법을 예시한다. 그림 13.4a는 반도체의 물리량 정의를 도시한다. 세로축은 단위가 eV인 전자 에너지를 표시한다. 전자 에너지의 기준은 진공에서 정지한 전자의 에너지이며, 그 값을 0 eV로 정의한다. 금속의 E_F에 있는 전자 에너지는 핵과 인력

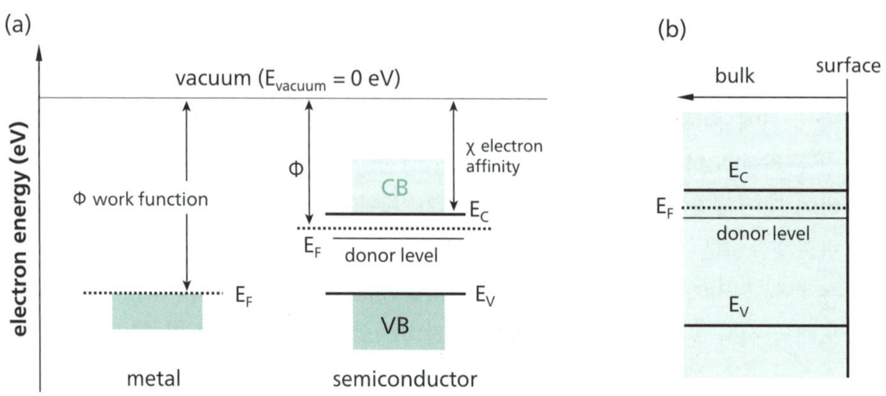

그림 13.4 **반도체와 관련된 용어들.**

에 의한 퍼텐셜 에너지로, 그 값은 음이다. 그러므로 실험적으로 금속에서 전자를 제거하는 최소의 에너지를 일함수(work function) Φ라고 하며, Φ는 E_F에 해당한다. 반도체의 경우 일함수를 통해 도펀트에 의한 E_F 변화를 측정할 수 있다. 반도체 전도 밴드의 E_C는 전자 친화도(electron affinity) χ로 정의하는 물리량으로 실험적으로 측정하여 결정할 수 있다. 그림 13.4b는 반도체의 에너지 구조를 표현하는 다른 방법을 예시한다. 반도체 표면에서 일어나는 물리적 또는 화학적 변화를 표현하기 위하여 표면과 내부의 밴드 구조를 구분할 필요가 있다. 이러한 표현에서 가로축은 반도체 표면으로부터의 거리를, 세로축은 전자 에너지를 의미한다.

13.3 반도체 전극

반도체가 반응물을 함유하는 전해질과 만나면 반도체 전기화학이 시작된다. 그림 13.5는 n형 반도체가 Ox와 Red가 있는 전해질과 접촉했을 때 일어나는 변화를 예시한다.

그림 13.5a는 반도체와 전해질이 접촉하기 전의 상황을 표현한다. 반도체 표면과 내부는 전기적으로 평형이므로 표면과 내부의 밴드 에너지는 같다. 한편 전해질의 Ox와 Red는 산화 상태가 다르므로 각각의 전기화학 퍼텐셜(제2장 8절)을 에너지 준위로 표시하며, 두 준위의 중간을 전해질의 Fermi 레벨 $E_{F,RedOx}$로 표시한다. 그림 13.5의 왼쪽에 두 개의 세로축이 있다. 하나는 이미 설명한 전자 에너지 축(단위: eV)이며, 다른 하나는 전기 퍼텐셜, 즉 전위 축(단위: V)이다. 전자 에너지 축은 전자 한 개의 에너지를 의미하며, 두 축의 방향은 반대이다. 그러므로 어떤 물질의 Fermi 레벨은 그 물질에 속한 전자의 에너지뿐만 아니라 그 물질의 전위를 의미한다. 그림 13.5a에서 반도체와 전해질의 Fermi 레벨이 다르므로 둘의 전위도 다르다. 전위가 다른 반도체와 전해질이 접촉하면 궁극적으로 둘의 전위, 즉 Fermi 레벨이 같아져야 한다. 전위가 다른 반도체와 전해질이 접촉하면, 전위가 낮은 반도체에서 전위가 높은 전해질로 그림 13.5b의 예와 같이 전자가 이동한다. 전자를 방출하는 반도체의 전위는 높아지고, 전자가 유입되는 전해질의 전위는 낮아져 궁극적으로 반도체와 전해질의 Fermi 레벨이 같아지는 평형 상태(그림 13.5c)에 도달하게 된다.

전해질과 접촉하여 평형 상태에 도달한 반도체에 집중해 보자. 반도체가 전해질과 접촉하면서 전자를 방출하였으므로 반도체는 양의 전하를 가지게 된다. 도체 금속의 전하 운반체인 전자의 농도는 매우 크므로, 금속 표면에만 양의 전하가 존재한다. 그러나 반도체는 두 가지 관점에서 금속과 다르다. 앞서 설명한 바와 같이 전자 농도는 n형 반도체가 금속보다 약 10^{-6}배 작다. 그러므로

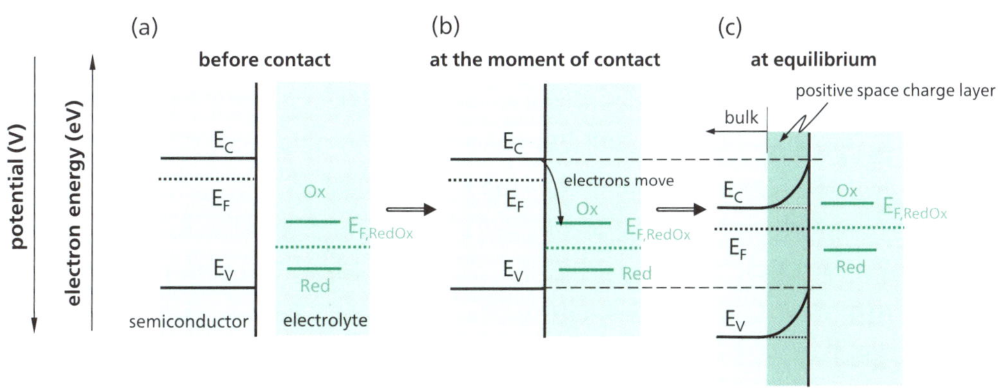

그림 13.5 n형 반도체와 전해질 접촉에 의한 밴드 밴딩. (a) 접촉 전. (b) 접촉 직후. (c) 접촉 후 평형.

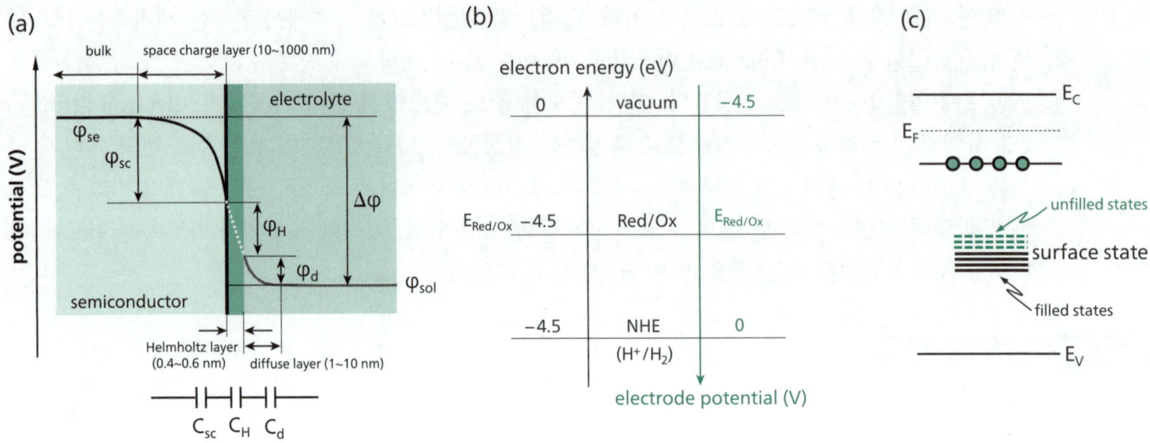

그림 13.6 (a) n형 반도체·전해질 계면의 전위. (b) 전자 에너지와 전극 전위의 관계. (c) 반도체의 표면 상태.

다수 캐리어인 전자가 반도체 내부로부터 반도체 표면으로 충분히 공급되지 못하여 양의 전하가 3차원적으로 분포하는 **공간 전하층**(space charge layer)이 존재한다(그림 13.5c의 짙은 녹색 부분). 한편 반도체 표면의 밴드 말단의 전위가 일정하게 유지되는 **밴드 말단 고정**(band edge pinning) 현상이 나타난다. 반도체와 전해질이 접촉하면서 반도체에서 전해질로 전자가 이동하므로 반도체 표면에 정공이 생성된다. 정공은 반도체 격자에 고정된 도너 원자의 양이온이므로 이동하지 못하고 반도체 표면에 남게 되어 밴드 말단의 전위는 고정된다. 결과적으로 반도체 내부 Fermi 레벨이 높은 전위로(또는 낮은 에너지로) 이동하므로 공간 전하층의 밴드 구조가 휘어지는 **밴드 밴딩**(band bending)이 나타난다. 정공은 소수 캐리어이므로 밴드 밴딩에 크게 기여하지 못한다.

그림 13.6a는 n형 반도체와 전해질 계면의 전위 변화를 도시한다.

우선 반도체 공간 전하층의 전위 변화를 살펴보자. 반도체의 전자 에너지는 표면이 내부보다 높으므로, 반도체 표면 전위는 내부 전위(φ_{se})에서 공간 전하층 전위(φ_{sc})만큼 낮다. 반도체 표면부터 내부까지 공간 전하층의 전위는 어떻게 변화하는가? 다수 캐리어의 농도를 도펀트의 농도가 결정하는데, 일반적인 반도체에서 다수 캐리어의 농도는 10^{15}~10^{17} cm^{-3}의 범위에 있다. 반면 0.1 M 이온 전해질에서 전하 운반체인 이온의 농도는 ~10^{19} cm^{-3}이다. 전하 운반체의 종류와 농도는 반도체와 전해질에서 다르지만, 이들은 모두 공간에서 분산하므로 반도체 공간 전하층과 전해질 이온 분산층(제7장)은 본질적으로 같다. 그러므로 공간 전하층 전위 변화의 수학적 표현은 이온 분산층의 전위 변화를 표현하는 식 (7.7)과 (7.8)과 같다(그림 7.6). 따라서 공간 전하층은 전하가 분산된 공간이다. 또한 이온 분산층의 크기를 정량적으로 표현했던 Debye 길이를 공간 전하층에도 적용할 수 있다. 공간 전하층의 Debye 길이는 10~1000 nm 정도로, 전하 운반체의 농도가 월등히 높은 전해질의 Debye 길이(1~10 nm)보다 크다.

이제 논의의 초점을 전해질로 옮겨보자. 반도체 표면에서 전해질 내부로 이동하면 두 개의 층이 존재한다(그림 7.8). 반도체 전극 표면에도 금속 전극 표면에서와 같이 내부 Helmholtz 면(IHP)과 외부 Helmholtz 면(OHP)으로 구성된 Helmholtz 층이 존재한다. IHP에 전해질 이온이 흡착할 수 있으며, OHP와 접촉하고 있는 전해질에 이온 분산층이 존재한다. 그러므로 전해질의 전위는 Helmholtz 층에 의하여 φ_H만큼 변화하고, 이온 분산층에 의하여 φ_d만큼 변화하여 전해질 내부 전위 φ_{sol}에 이른다. 그러므로 반도체와 전해질의 전위차 $\Delta\varphi$는 다음과 같다.

$$\Delta\varphi = \varphi_{se} - \varphi_{sol} = \varphi_{sc} + \varphi_H + \varphi_{sol} \tag{13.2}$$

반도체와 전해질의 전위차 $\Delta\varphi$의 측정에 대하여 생각해 보자. 반도체 전극의 전위 $\Delta\varphi$는 전해질에 존재하는 기준 전극에 대하여 측정한다. 그런데 E_F, E_C, E_V를 진공 속 전자의 에너지를 기준으로 하는 전자 에너지로 표현한다. 따라서 두 물리량의 성격이 다르므로(에너지 vs. 전위), 두 물리량을 비교하는 방법이 필요하다. 그림 13.6b는 전자 에너지의 기준인 진공과 전극 전위의 기준인 NHE의 값을 비교하는데, NHE의 전위 0 V는 전자 에너지 −4.5 eV에, 전자 에너지 0 eV는 NHE −4.5 V에 해당한다. 그러므로 NHE를 기준으로 측정한 임의의 산화·환원쌍 전위 $E_{Red/Ox}$(V)와 전자 에너지 E(eV)의 관계는 다음과 같다.

$$E = E_{Red/Ox}(\text{vs. NHE}) - 4.5 \tag{13.3}$$

전하의 관점에서 그림 13.6a를 논의해보자. 반도체 전극 표면과 접촉한 전해질은 전극의 전하에 따라 Helmholtz 층과 이온 분산층을 형성한다. Helmholtz 층과 이온 분산층에 반도체 공간 전하층의 전하(σ_{sc})에 대응하는 반대 전하가 존재한다. 수용액 전해질에서 Helmholtz 층 전하 σ_H는 IHP의 흡착 이온과 쌍극자 물 분자의 전하와 OHP의 수화된 이온의 전하의 합이다. 한편 이온 분산층 과잉 이온의 전하 σ_d가 존재한다. 그런데 반도체 표면에 독특한 형태의 전하가 존재한다. 그림 13.6c는 **표면 상태**(surface state)라고 하는 특별한 에너지 상태를 예시한다. 반도체 표면은 반도체 격자가 끝나는 곳이므로, 화학 결합의 수는 표면 원자가 내부 원자보다 적다. 그러므로 표면 원자는 내부 원자와는 화학적으로 다른 상황에 있으며, 그림 13.6c에 예시한 바와 같이 밴드보다 넓은 간격으로 배열된 에너지 준위들의 표면 상태를 형성한다. 표면 상태의 준위 일부가 표면 원자의 전자로 채워지므로, 표면 상태에 전하 σ_{ss}가 있다. 따라서 반도체 전극/전해질 계면의 전기적 중성은 다음의 식으로 표현된다.

$$\sigma_{sc} + \sigma_{ss} + \sigma_H + \sigma_d = 0 \tag{13.4}$$

그림 13.6a가 예시하는 바와 같이 반도체 전극 표면이 양전하를 띠면, 전해질에는 음전하의 Helmholtz 층과 이온 분산층을 형성한다. 따라서 반도체·전해질 계면은 두 전하가 분리된 전기화학 이중층이다.

전기화학 이중층이 있는 반도체 전극/전해질 계면은 하나의 커패시터이다. 전기화학 이중층의 전체 미분 커패시터 C는 그림 13.6a의 아래에 예시한 공간 전하층, Helmholtz 층과 이온 분산층 각각의 커패시터인 C_{sc}, C_H, C_d의 직렬 연결이다($\sigma_{ss} \approx 0$을 가정). 따라서 C는 다음과 같이 표현된다.

$$1/C = 1/C_{sc} + 1/C_H + 1/C_d \tag{13.5}$$

두께는 공간 전하층이 Helmholtz 층과 이온 분산층보다 크므로, C_{sc}는 C_H와 C_d보다 작다(제2장 부록 B). 따라서 C_{sc}가 C를 결정한다($C_{sc} \approx C$). 그러므로 반도체 전극/전해질 계면의 전위차(전압)는 커패시턴스가 가장 작은 반도체 전극의 공간 전하층에 나타난다. *이는 밴드 말단 고정의 조건에서 반도체 전극/전해질 계면의 전위차(전압) 제어는 반도체의 공간 전하층 전위인 φ_{sc} 제어와 같다.* 즉 $\Delta\varphi \approx \varphi_{sc}$.

13.4 반도체 전극의 전위 제어와 전기화학

반도체 전극의 전위를 제어하면 일어나는 현상을 그림 13.7에 도시한 n형 반도체를 예로 논의한다.

그림 13.7a에서 원자가 밴드와 전도 밴드는 굽어 있지 않고 평탄하다. 이러한 특징이 나타나는 전위를 **평탄 밴드 전위**(flat band potential, φ_{fb})라고 한다. 식 (13.4)를 다시 한번 살펴보자. φ_{fb}에서 밴드가 평탄하므로 $\sigma_{sc} \approx 0$이며, 전형적인 반도체에서 $\sigma_{ss} \approx 0$이다. 그러므로 φ_{fb}에서 $\sigma_H = -\sigma_d$이다. 어떻게 이런 일이 일어나는가? 반도체 표면이 수산화 반응(hydroxylation)을 통하여 OH^- 이온과 결합하는 경우를 생각해 보자. 반도체 전극 표면에 음전하가 존재하므로, 이온 분산층의 과잉 이온으로 양이온이 존재하게 되어 $\sigma_H = -\sigma_d$가 된다. 그러므로 평탄 밴드 전위 φ_{fb}는 전극/전해질 계면에 전하가 없는 영 전하 전위(PZC, 제7장)이다. 예로 설명한 수산화 반응이 일어나는 반도체 전극의 φ_{fb}는 전해질 pH의 함수이다. 한편 금속 chalcogenide 화합물 반도체의 평탄 밴드 전위는 pH가 아닌 전해질 chalcogenide 이온의 농도에 의존한다.

그림 13.7b는 n형 반도체 전극에 φ_{fb}보다 낮은 전위 φ를 인가한 상황을 묘사한다. (i) 전위가 $\Delta\varphi(= \varphi - \varphi_{fb})$만큼 낮아졌으므로 반도체 Fermi 레벨 E_F의 에너지는 $e\Delta\varphi$만큼 높아진다. (ii) 따라서 내부 밴드의 에너지도 증가하게 되는데, 밴드 말단은 고정되어 있으므로 반도체 표면에 공간 전하층이 생성된다. (iii) $C_{sc} \ll C_H$이므로 전위 변화 $\Delta\varphi$는 공간 전하층에 나타나며($\Delta\varphi \approx \Delta\varphi_{sc}$), Helmholtz 층에 나타나지 않는다($\Delta\varphi_H \approx 0$). (iv) 아래로 굽은 전도 밴드를 따라 다수 캐리어 전자의 전극 표면 농도가 증가한다. 전하 운반체의 표면 농도가 증가하는 현상을 '**축적**(accumulation)된다.'고 한다. (v) 아래로 굽은 원자가 밴드를 따라 소수 캐리어인 정공의 전극 표면 농도는 감소한다. 전하 운반체의 표면 농도가 감소하는 현상을 '**고갈**(depletion)된다'고 한다. 그림 13.7c는 n형 반도체 전극 전위 φ가 φ_{fb}보다 높은 상황을 묘사한다. E_F의 에너지는 낮아지고, 공간 전하층의 밴드는 위로 굽은 형태로 변화한다. 그러므로 다수 캐리어는 고갈되고, 소수 캐리어는 축적된다. 그러므로 전극 전위 조절은 반도체 표면의 축적되는 캐리어의 종류와 농도를 결정한다.

그림 13.8은 p형 반도체 전극의 전위 제어를 예시한다. 그림 13.8a는 평탄 전위의 상황이다. 밴드가 휘어지는 방향은 그림 13.7과 같지만, 다수 캐리어 정공은 $\varphi > \varphi_{fb}$이면 축적되고, $\varphi < \varphi_{fb}$이면 고갈된다. 소수 캐리어 전자는 그 반대이다.

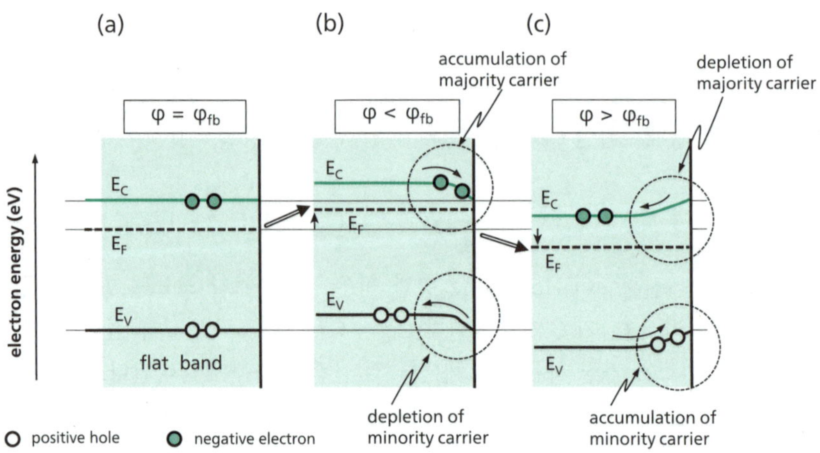

그림 13.7 n형 반도체 전극 전위와 밴드 말단 고정. (a) $\varphi = \varphi_{fb}$. (b) $\varphi < \varphi_{fb}$. (c) $\varphi > \varphi_{fb}$.

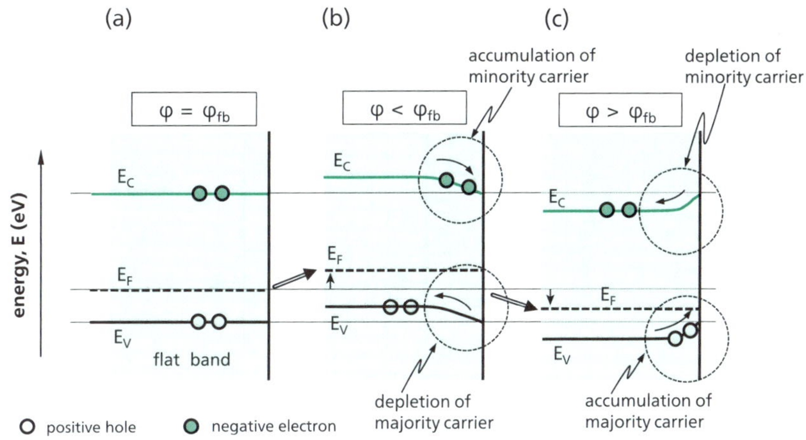

그림 13.8 **p형 반도체 전극 전위와 밴드 말단 고정.** (a) $\varphi = \varphi_{fb}$. (b) $\varphi < \varphi_{fb}$. (c) $\varphi > \varphi_{fb}$.

그림 13.9는 n형 반도체의 전위를 조절했을 때 진행되는 전기화학 반응을 예시한다. 그림 13.9a는 전극 전위 $\varphi = \varphi_{fb}$인 경우로 $E_F = E_{F,Red/Ox}$이므로 산화 반응과 환원 반응의 속도가 같은 평형 상태이다. φ가 φ_{fb}보다 낮아지면, 에너지가 높은 전도 밴드의 전자가 Ox로 이동하여 환원 반응(Ox + e ⟶ Red)이 진행된다(그림 13.9b). 반대로 $\varphi > \varphi_{fb}$이면 전해질에 있는 전자의 에너지가 높으므로 전도 밴드 말단의 정공이 Red로 이동하여 산화 반응(Red + hole ⟶ Ox)이 일어난다. 그러나 소수 캐리어인 정공의 농도가 매우 낮으므로 실질적인 산화 반응은 무시할 수 있다. 정공이 다수 캐리어인 p형 반도체에서는 반대 현상이 나타난다(그림 13.10). 그림 13.10a는 평형 상태를 묘사한다. $\varphi > \varphi_{fb}$이면 정공이 원자가 밴드 말단에 축적되므로, 정공이 Red로 이동하여 산화 반응이 일어난다(그림 13.10c). 반도체 내부가 정공을 계속 공급하므로 외부회로가 전극에 산화 전류를 공급한다. 반대로 $\varphi < \varphi_{fb}$이면 Ox의 정공이 전도 밴드의 전자와 결합하는 환원 반응이 일어난다(그림 13.10b). 그러나 p형 반도체 소수 캐리어인 전자의 농도가 낮으므로 실질적 환원 반응은 무시할 수 있다. 전기화학 반응의 전하 운반체는 금속 전극에서는 항상 전자이지만, 반도체 전극에서는 밴드 말단에 축적된 다수 캐리어이다.

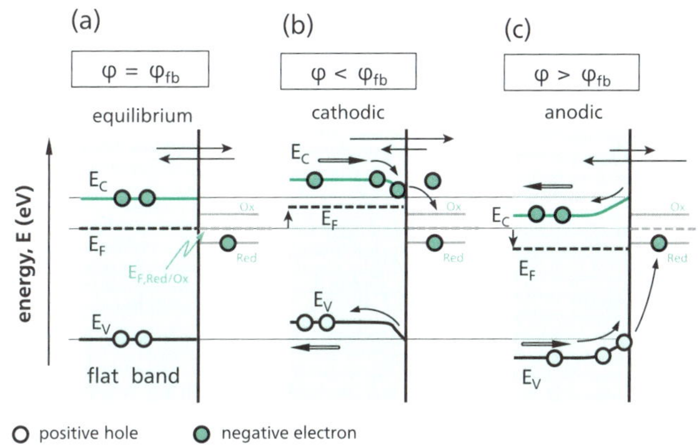

그림 13.9 **n형 반도체 전극 전위와 전기화학 반응.** (a) $\varphi = \varphi_{fb}$. (b) $\varphi < \varphi_{fb}$. (c) $\varphi > \varphi_{fb}$.

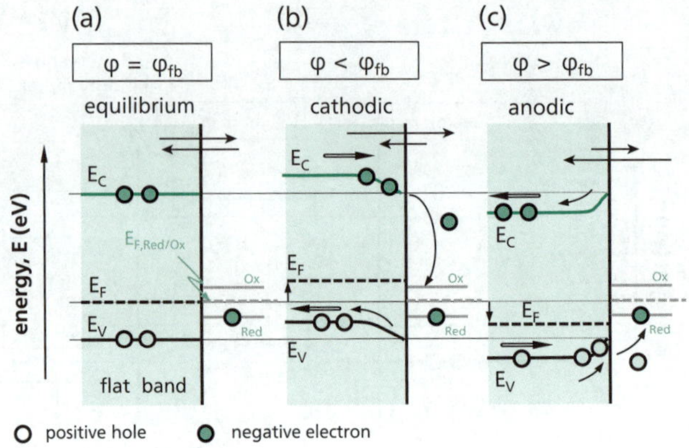

그림 13.10 p형 반도체 전극 전위와 전기화학 반응. (a) $\varphi = \varphi_{fb}$. (b) $\varphi < \varphi_{fb}$. (c) $\varphi > \varphi_{fb}$.

그림 13.11a는 반도체 유형과 인가한 전위에 따른 전기화학 반응의 전류-전압 곡선을 예시한다. n형 반도체를 먼저 설명하면, 평탄 밴드 전위 φ_{fb}를 기준으로 전위가 낮은 영역인 정방향 바이어스(forward bias)에서는 다수 캐리어인 전자가 축적된다. 반면 전위가 높은 영역인 역방향 바이어스(reverse bias)에서는 다수 캐리어가 고갈된다. 따라서 정방향 바이어스 영역에서는 환원 전류가 지수함수에 따라 증가하지만, 역방향 바이어스 영역에서는 소수 캐리어가 전기화학 반응에 관여하므로 산화 전류가 거의 흐르지 않는다. p형 반도체에서는 반대의 현상이 일어난다. 부록 A의 p-n 접합 다이오드의 거동과 비교하면 반도체/전해질 계면도 다이오드이다.

n형 반도체 정방향 바이어스 영역의 환원 전류 i에 영향을 미치는 요소를 알아보자. i는 다음과 같이 표현된다.

$$i = -eAk_{et}C_{ox}(n_s - n_{so}) \tag{13.6}$$

식 (13.6)에서 e는 전자의 전하량, A는 전극 면적, k_{et}는 전하 전달 과정의 속도 상수, C_{ox}는 반응물 Ox의 농도이다. n_s는 임의의 φ에서 반도체 표면에 있는 전자 농도이며, n_{so}는 $\varphi = \varphi_{fb}$, 즉 평형 상태에서 전자 농도이다. 그러므로 $n_s = n_{so}$이면 $i = 0$이다. *반도체 전기화학의 핵심은* $\Delta\varphi =$

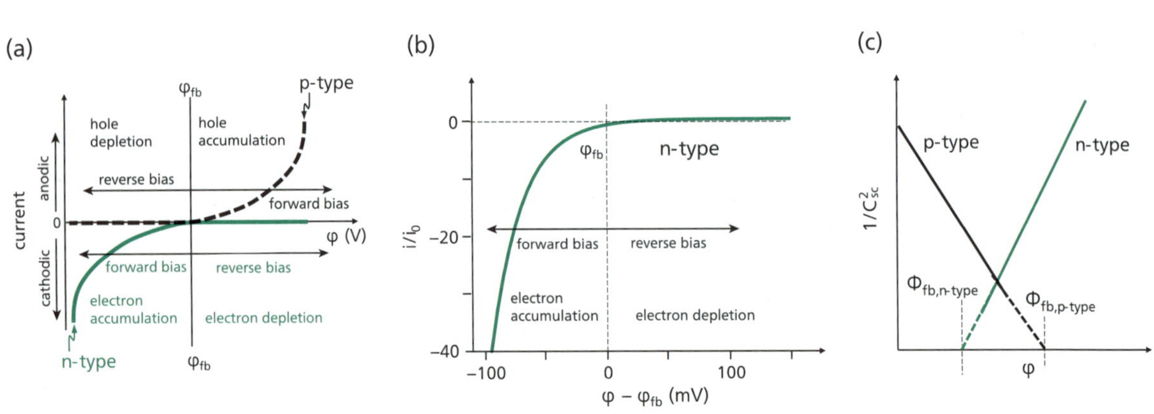

그림 13.11 (a) n형 반도체와 p형 반도체 전극의 전류-전압 곡선 비교. (b) 식 (13.8)에 의한 정량적 n형 반도체 전극의 전류-전압 곡선. (c) Mott-Schottky 관계.

$\Delta\varphi_{sc}$*이다*. 다시 말하면 인가하는 전위 변화는 모두 공간 전하층의 전위 변화가 되며, 굽어진 밴드의 기울기가 변화하므로 다수 캐리어인 전자 농도가 변화한다. 그러므로 반도체 전극의 전위 변화는 전기화학 반응의 방향과 크기를 제어한다. $\Delta\varphi = \Delta\varphi_{sc}$의 조건이 충족되면, n_s와 n_{so}의 관계는 다음과 같다.

$$n_{so} = n\exp(-e\varphi_{fb}/k_BT) \quad \textbf{(13.7a)}$$

$$n_s = n\exp[-e(\varphi + \varphi_{fb})/k_BT] \quad \textbf{(13.7b)}$$

$$= n_{so}\exp(-e\varphi/k_BT) \quad \textbf{(13.7c)}$$

식 (13.7)에서 n은 반도체 내부의 전자 농도이다. 평형 전위 φ_{fb}에서 표면 전자의 농도는 식 (13.7a)로 표현되며, φ_{fb}에서 φ만큼 전위가 이동하면 표면 전자의 농도는 식 (13.7b)로 표현되는 n_s로 변화한다. 식 (13.7b)에 식 (13.7a)를 대입하면 식 (13.7c)가 된다. $\varphi > \varphi_{fb}$인 역방향 바이어스 상황에서 $n_s < n_{so}$이 되고, 정방향 바이어스 상황에서 $n_s > n_{so}$이 된다. 식 (13.7c)를 식 (13.6)에 대입하면 다음의 식이 얻어진다.

$$i = -eAk_{et}C_{ox}n_{so}[\exp(-e\varphi/k_BT) - 1] \quad \textbf{(13.8a)}$$

$$= i_0[\exp(-e\varphi/k_BT) - 1] \quad \textbf{(13.8b)}$$

식 (13.8b)에서 $i_0 = -eAk_{et}C_{ox}n_{so}$이므로 i_0는 교환 전류(제5장)이다. 그림 13.11b는 i/i_0를 도시한 그림이다. 역방향 바이어스 영역에서는 전자가 고갈되는 상황, 즉 소수 캐리어가 작동하는 영역으로 전위를 증가해도 전류는 증가하지 않는다. 반면 정방향 바이어스 영역에서는 전자가 표면에 축적되므로 환원 반응 전류가 증가한다. 앞서 정성적으로 논의한 내용과 일치한다. 한편 반응물 농도, 산화·환원 반응의 k_{et}, 그리고 도핑 수준이 결정하는 반도체 내부의 다수 캐리어 밀도 n_{so}가 반도체 전극의 교환 전류를 지배한다.

이러한 논의는 $\Delta\varphi = \Delta\varphi_{sc}$의 조건이 충족될 때 타당하다. 만약 이 조건이 충족되지 않으면 인가하는 $\Delta\varphi$는 공간 전하층의 전위 변화 $\Delta\varphi_{sc}$와 Helmholtz 층의 전위 변화 $\Delta\varphi_H$로 배분된다. 다시 말해 금속 전극에서 $\Delta\varphi \approx \Delta\varphi_H$이므로 OHP에 위치하는 반응물 농도가 제어되지만, 반도체 전극에서 $\Delta\varphi \approx \Delta\varphi_{sc}$이므로 다수 캐리어 표면 농도가 제어된다. 그러면 $\Delta\varphi = \Delta\varphi_{sc}$의 조건(반도체 전기화학의 이상적 조건)이 충족되는 상황을 어떻게 알 수 있을까? 앞서 설명한 바와 같이 C_{sc}가 C_H와 C_d보다 매우 작으면 그 조건이 충족된다. n형 반도체의 경우, 역방향 바이어스를 인가하여 고갈 상태의 공간 전하층 커패시터 C_{sc}와 전위 φ는 다음과 같은 Mott-Schottky 관계로 주어진다.

$$1/C_{sc}^2 = (2/N_De\varepsilon)[(\varphi - \varphi_{fb}) - k_BT/e] \quad \textbf{(13.9)}$$

식 (13.9)에서 N_D와 ε은 각각 도핑 밀도와 반도체의 유전율이다. 역방향 바이어스 전위가 증가할수록 공간 전하층의 두께가 증가하고(밴드 밴딩의 기울기가 증가하고) 정공의 수에 비례하는 전하량이 감소한다. 결과적으로 C_{sc}는 감소하고(제2장 부록 참고), $1/C_{sc}^2$은 증가한다. 그림 13.11c는 n형과 p형 반도체의 Mott-Schottky 관계를 예시한다. 절편으로부터 φ_{fb}를, 기울기로부터 N_D를 계산할 수 있다. 그러므로 Mott-Schottky 관계가 나타나면 반도체 전기화학의 이상적 조건이 충족된다고 할 수 있다.

그림 13.12는 반도체 전극/전해질 계면에서 $\Delta\varphi = \Delta\varphi_{sc}$의 조건이 충족되지 않는 경우를 n형 반도체 예로 설명한다. 그림 13.12a를 보자. 일반적으로 표면 상태는 원자가 밴드와 전도 밴드

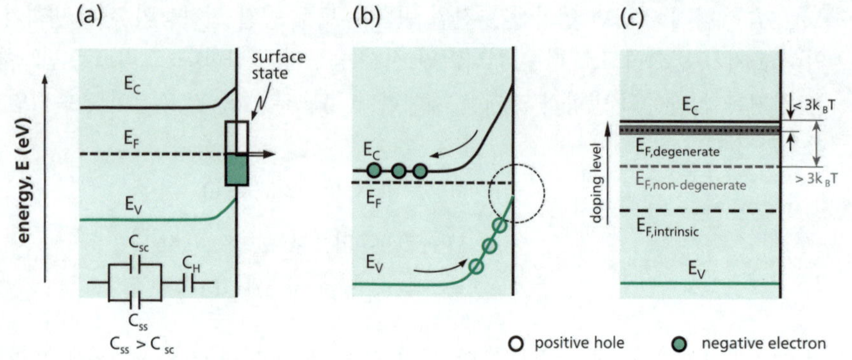

그림 13.12 (a) 표면 상태와 Fermi 레벨 고정. (b) 역전층. (c) 축퇴 반도체.

사이에 위치한다. E_F가 표면 상태와 일치하지 않으면, 밴드 말단이 고정되어 $\Delta\varphi = \Delta\varphi_{sc}$ 조건이 충족된다. 그러나 E_F가 표면 상태와 일치하면, 전자가 밴드 말단이 아닌 표면 상태를 통하여 전해질에 전달되는 **Fermi 레벨 고정**(Fermi level pinning) 현상이 발생한다. 커패시터의 관점에서 보면 표면 상태 커패시터 C_{ss}와 공간 전하층 커패시터 C_{sc}는 병렬로 연결되어 있는데, $C_{ss} > C_{sc}$이므로 전류는 C_{ss}로 흐르게 되고, 반도체는 금속과 유사한 전도성을 보여 E_F가 인가하는 전위에 따라 변화하지 않는다. 그러므로 $\Delta\varphi$는 $\Delta\varphi_{sc}$가 아닌 $\Delta\varphi_H$로 나타나게 되어, 반도체 전극의 전기화학 특성이 사라진다. 한편 그림 13.12b는 역방향 바이어스를 인가하여 원자가 밴드 말단과 Fermi 레벨이 근접한 상황을 묘사한다. 소수 캐리어가 공간 전하층에 많이 축적되어 계면의 성질이 n형에서 p형으로 바뀌게 되는 **역전층**(inversion layer)이 형성된다. 그림 13.12c는 도핑 수준과 Fermi 레벨·전도 밴드의 상대적 위치를 예시한다. 진성 반도체의 Fermi 레벨($E_{F,instrinsic}$)은 E_C와 E_V의 중간에 위치한다. 도핑 수준이 증가하면 Fermi 레벨이 전도 밴드 쪽으로 이동한다. 도펀트의 농도가 적절하여 E_C와 E_F의 간격이 $3k_BT$ 이상이면 반도체는 지금까지 설명한 전도 거동을 보인다. 도펀트의 농도가 더욱 증가하면 E_C와 E_F의 간격이 $3k_BT$ 이하이면, 높은 농도의 도펀트는 에너지 준위가 아니라 폭이 좁은 에너지 밴드를 형성하게 되고 그 밴드의 많은 전자가 전도 밴드로 이동하여 반도체는 금속과 유사한 전도성을 나타낸다. 도펀트의 농도가 매우 높아 E_F가 E_C와 유사한 반도체를 **축퇴 반도체**(degenerate semiconductor)라고 한다. 이러한 상황들이 반도체 전극을 이상성에서 멀어지게 한다.

13.5 반도체 전극의 광전기화학

지금까지 논의한 반도체 전극의 전기화학은 빛이 없는 상태에서 일어나는 현상이다. 그러므로 도핑 물질의 종류와 농도가 전하 운반체의 종류와 농도를 결정한다. 그러나 빛이 존재하면 전하 운반체의 농도가 변화하여 빛이 전기화학 현상을 지배한다.

그림 13.13은 n형 반도체/전해질 계면에 빛이 조사(irradiation)되었을 때 발생하는 현상을 예시한다. 그림 13.13a는 반도체/전해질 계면이 빛이 없는 암조건에서 평형에 도달하여 밴드가 위로 굽은 상태를 묘사한다. 반도체 표면에 밴드갭 E_g보다 더 큰 에너지의 빛($h\nu \geq E_g$)을 조사하면 반도체가 그 빛을 흡수하여 전자와 정공이 분리되는 전자-정공 분리(electron-hole separation) 현상(그림 13.13b)이 발생하고, 분리된 과잉 전자와 정공은 각각 전도 밴드와 원자가 밴드로 이동한다.

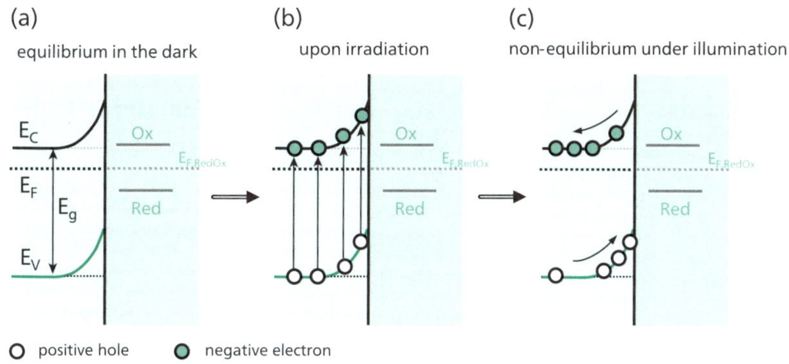

그림 13.13 빛이 조사된 n형 반도체의 전자-정공 분리. (a) 빛이 조사되기 전 평형 상태. (b) 빛이 조사되었을 때 전자-정공 분리에 의한 과잉 전자와 정공의 생성. (c) 과잉 전자와 정공이 이동하는 비평형 상태.

이러한 현상은 빛이 반도체 표면에서 내부로 들어가는 침투 깊이(penetration depth) 안에서 일어난다. 일반적으로 빛의 침투 깊이는 공간 전하층의 폭보다 크므로 전자-정공 분리는 반도체 표면부터 전하 공간층을 지나 반도체 내부에서도 발생한다(그림 13.15). 과잉 전하 운반체 농도가 증가하였으므로, 반도체 전하 운반체 농도는 비평형 상태에 있게 된다. 또한 밴드가 위로 굽었으므로 다수 캐리어인 전자는 반도체 내부로, 소수 캐리어인 정공은 반도체 표면으로 그림 13.13c와 같이 이동한다.

빛이 생성하는 과잉 전하 운반체는 반도체/전해질 계면이 새로운 평형에 도달하는 과정에서 소비된다. 그림 13.14는 과잉의 전하 운반체가 소비되는 경로인 전자-정공 **재결합**(recombination)과 전기화학 반응을 예시한다. 빛에 의하여 분리되었던 전자와 정공이 다시 만나 전기적으로 중성이 되는 현상을 전자-정공 재결합이라 한다(그림 13.14a). 재결합 경로는 두 가지이다. 전자와 정공이 직접적으로 결합하는 현상을 직접 재결합(direct recombination)이라고 하며(그림 13.14a 실선 화살표), 전자가 반도체 내부의 결함(defect), 입자 경계(grain boundary) 또는 표면 상태를 거쳐 정공과 결합하는 현상을 간접 재결합(indirect recombination)이라 한다(그림 13.14a 쇄선 화살표). 그러므로 전자-정공 재결합은 과잉 전하 운반체 농도를 감소한다. 한편 그림 13.14b와 같이 공간 전하층의 굽은 원자가 밴드에 축적된 소수 캐리어와 전해질의 Red가 결합하는 산화 반응이 일어난다. 산화 반응 과정에서 정공이 전해질로 이동하므로 전자는 반도체 내부를 통해 외부회로

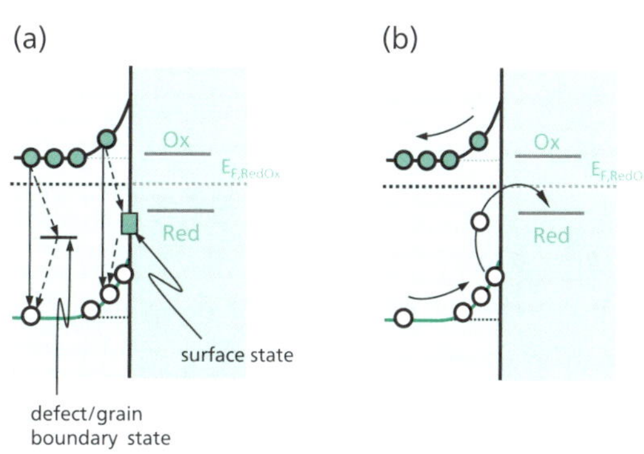

그림 13.14 n형 반도체에서 전자-정공 분리로 생성된 전자와 정공의 소비. (a) 전자-정공 재결합. (b) 전기화학 반응.

로 빠져나가게 되어 과잉 전하 운반체 농도가 감소한다.

반도체 전극에서 일어나는 전기화학 반응에 빛이 영향을 미치는 화학을 **광전기화학**(photo-electrochemistry)이라 한다. 빛이 없는 암조건(그림 13.13a)에서 n형 반도체 소수 캐리어 정공의 표면 농도는 매우 낮아 Red의 산화 반응은 실질적으로 없다(그림 13.11b). 그러나 빛이 존재하는 명조건에서 과잉 전자와 정공이 생성되어 소수 캐리어의 표면 농도가 증가하므로 Red의 산화 반응 속도가 증가한다. 다시 말해 빛이 Red의 산화 반응을 촉진하게 되어 **광전류**(photocurrent)라고 하는 산화 전류가 발생한다. 이것이 광전기화학이다.

빛이 일정한 유속(flux)으로 반도체 표면에 조사되는 경우를 생각해 보자. 빛의 유속(또는 빛 세기(intensity))이 일정하면 전자-정공 분리에 의한 과잉 전하 운반체 생성 속도 v_{gen}도 일정하다. 생성된 과잉 전하 운반체는 재결합과 전기화학 반응을 통해 각각 v_{recom}과 v_{rxn}의 속도로 소비된다. 생성 속도와 소비 속도가 같은 정상 상태에서 다음의 식이 성립한다.

$$v_{gen} = -(v_{recom} + v_{rxn}) \tag{13.10}$$

광전기화학의 주된 목적은 광전류의 증가이다. 광전류를 증가시키기 위해서는 식 (13.10)에서 v_{gen}은 증가하고 v_{recom}은 감소해야 한다. 그러므로 광전류 증가가 목적이라면 광전기화학의 반도체 전극은 빛을 받아 과잉 전하 운반체를 생성하는 전자-정공 분리 속도를 증가하고, 과잉 전하 운반체를 낭비하는 전자-정공 재결합 속도를 감소해야 한다. 이러한 특성은 반도체 물질에 의하여 결정된다. 반도체의 광전기화학 효율은 조사한 빛 세기 I_o와 광전류 밀도 j_{ph}로 다음과 같이 정의되는 양자 수득율(quantum yield) Φ이다.

$$\Phi = j_{ph}/I_o \tag{13.11a}$$

$$= 1 - [\exp(-\alpha w)/(1 + \alpha L_p)] \tag{13.11b}$$

식 (13.11a)는 Φ의 정의이며, 식 (13.11b)는 Φ를 결정하는 물리량을 표현한다. 구체적으로 식 (13.11b)에서 α, w와 L_p는 각각 흡광계수, 공간 전하층 두께와 정공의 확산거리이다. 그림 13.15a는 Beer 법칙에 따른 빛의 감소를 나타내는데, 1/α로 정의하는 빛의 침투 거리는 ~10^4 nm 정도이다. 공간 전하층 두께 w는 다음과 같다.

$$w \propto (\varphi_{sc}/N_D)^{1/2} \tag{13.12}$$

공간 전하층 두께는 반도체 표면에서 밴드 밴딩이 없어지는 지점, 즉 전기장이 없는 지점($d\varphi/dx = 0$)까지의 거리로 정의한다(그림 13.15b). 그러므로 공간 전하층의 전위($\varphi_{sc} = \varphi - \varphi_{fb}$)와 도펀트 농도($N_D$)가 w를 결정한다. 일정한 φ_{sc}에서 N_D가 크면 전도도가 증가하므로 w가 감소하고, 일정한 N_D에서 φ_{sc}가 증가하면 w가 증가한다. w는 일반적으로 10~1000 nm의 범위에 있다. 따라서 빛은 공간 전하층보다 깊은 곳까지 침투하므로 전자-정공 분리 현상은 반도체 내부에서도 일어난다. 식 (13.11b)의 exp(−αw) 항은 x = w에 침투하는 빛의 세기, 즉 w에서 빛에 의하여 생성되는 과잉 전자와 정공의 농도를 의미한다.

광전기화학이 진행되기 위해서는 그림 13.15c에서와 같이 과잉 정공은 전해질로 이동해야 한다. 전기화학 반응의 전하 전달 속도 $v_{ct} = \infty$이면 정공의 표면 농도 = 0이다(그림 13.15c에서 실선). 그러므로 정상 상태를 유지하기 위하여 x = w에서 빛에 의한 정공 생성 속도와 반도체 내부로부터 정공의 유입 속도는 전극 표면에서 소비되는 속도와 동일해야 한다. 이때 정공을 이동시

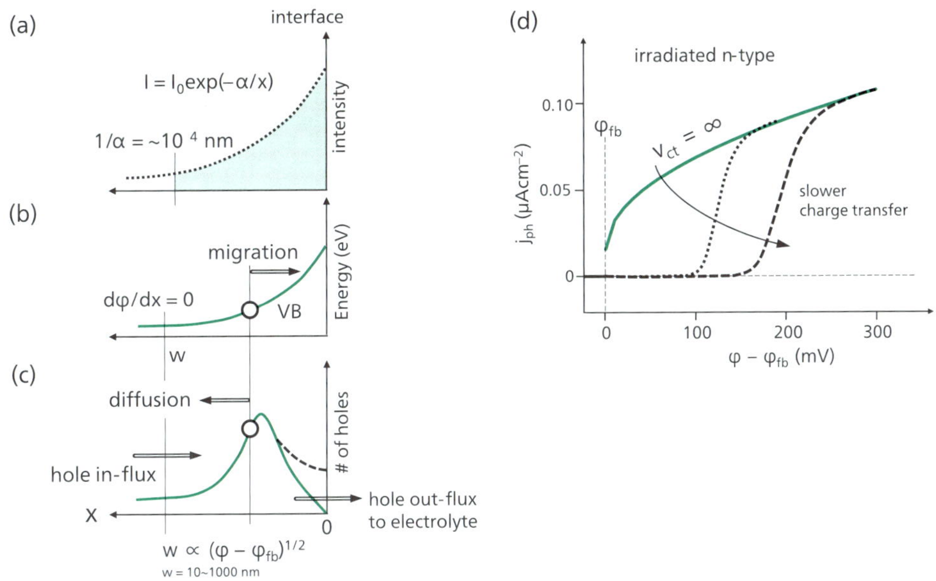

그림 13.15 **빛이 조사된 n형 반도체 공간 전하층과 i-E 곡선.** (a) 빛의 흡수. (b) 전위 분포와 소수 캐리어 정공의 전기장 이동. (c) 소수 캐리어 정공의 분포와 확산[전하 전달 속도: ∞(실선), ≪∞(쇄선)]. (d) i-E 곡선[전하 전달 속도: ∞(실선), ≪∞(점선과 쇄선)]. (d)의 실선 계산 조건: $N_D = 1 \times 10^{17}$ cm^{-3}, $\varepsilon = 10$, $\alpha = 10$ cm^{-1}, $L_h = 10$ nm, $I_0 = 1 \times 10^{16}$ $cm^{-2}s^{-1}$.

키는 힘은 두 가지이다. 하나는 전하 공간층에 밴드 밴딩에 의한 전기장이 존재하므로 전기장 이동(migration) 힘이 존재하고, 다른 하나는 정공의 농도 기울기가 있으므로 확산 힘이 존재한다. 전기장 이동과 확산 이동은 식 (13.12)의 w와 정공 수명(life time) 동안 이동하는 확산거리 L_p에 각각 반영된다. $v_{ct} = \infty$와 전하 공간층에서 전자-정공 재결합이 없다는 가정을 바탕으로 유도된 식 (13.11b)이 Gartner 식이다.

그림 13.15d의 실선은 일정한 빛 세기 조건에서 공간 전하층 전위와 광전류의 관계인 Gartner 식을 도시한다. φ_{fb}보다 낮은 전위에서 Gartner 식은 적용되지 않는다. 공간 전하층 전위($\varphi_{sc} = \varphi - \varphi_{fb}$)가 증가할수록 w가 증가하므로, 공간 전하층에서 발생하는 정공의 수가 증가하여 광전류가 증가한다. 도시하지 않았지만, 도펀트 밀도가 증가하면 광전류의 증가를 쉽게 예측할 수 있다. 중요한 것은 Gartner 식의 가정이다. 예를 들면 $v_{ct} < \infty$이면 정공 소비 속도는 감소하여 그림 13.15c의 쇄선과 같이 표면 농도는 증가한다. 이러한 상황에서 그림 13.15d의 실선은 전하 전달 속도가 감소할수록 점선과 쇄선의 순으로 변화한다. 다시 말해 $v_{ct} < \infty$이면 정공의 표면 농도를 0으로 만들기 위하여 과전압이 필요하며 과전압이 충분하면 실선에 접근한다. 이러한 현상은 금속 전극의 전해질에서 일어나는 물질 전달 과정과 같은데, 그 이유는 낮은 밀도의 전하 전달체 전달에 확산이 관여하기 때문이다. 한편 전자-정공 재결합이 반도체 표면과 공간 전하층에서 일어나면 실선의 광전류보다 양자 수득률이 낮은 다른 형태의 광전류 곡선이 나타난다. 실제 광전기화학에서 Gartner 식의 가정이 충족되는 경우는 드물지만, 광전류와 전위의 관계를 쉽게 이해할 수 있다.

그림 13.16은 반도체 광전기화학의 전류-전압 곡선을 예시한다. 빛의 세기가 크면 과잉 전하 운반체의 농도가 많이 증가하므로, 암조건의 전류(쇄선)는 명조건의 전류(실선)에 비하여 무시할 수 있다. 명조건에서 역방향 전위를 인가하면 소수 캐리어의 표면 농도가 증가하므로 소수 캐리어

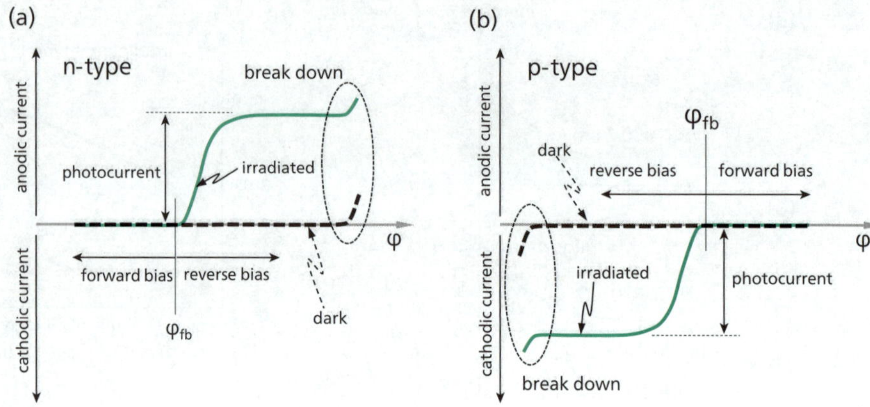

그림 13.16 **빛이 조사된 반도체 전극의 i-E 곡선.** (a) n형 반도체. (b) p형 반도체.

에 의한 전기화학 반응이 진행된다. n형 반도체에서는 산화 전류가(그림 13.16a), p형 반도체에서는 환원 전류가(그림 13.16b) 높은 과전압에서 평탄한 확산 한계 전류로 나타난다. 그러므로 *반도체 광전기화학에서 빛에 의한 광전류는 역방향 전위 영역에서 발생한다.* 정방향 전위 영역의 전류는 흐르지만, 빛의 세기가 크다면 광전류에 비하여 무시할 수 있다. 한편 암조건에서 역방향 전위가 커지면 소수 캐리어의 턴넬링(tunneling)에 의하여 전류가 흐르는 항복 현상(break down)이 발생한다(부록 A).

그림 13.17은 n형 반도체/전해질 계면의 광촉매 반응을 설명하는 **준Fermi 레벨**(quasi-Fermi level) 개념을 도시한다. 그림 13.17a는 반도체의 E_F와 산화·환원쌍의 준위가 일치한 계면에 빛이 조사되었을 때 위로 굽은 밴드에서 전자와 정공이 이동하는 상황을 묘사한다. 이러한 전하 운반체의 이동은 주어진 반도체의 공간 전하를 감소하여 Fermi 레벨이 E_F에서 E_F'으로 증가하고, 밴드 밴딩이 감소하게 된다(그림 13.17b). $\Delta E(= E_F' - E_F)$는 에너지이므로 $\Delta\varphi = -\Delta E/e$는 전위가 되며, $\Delta\varphi$를 빛에 의하여 나타나는 **광전위**(photopotential)라고 한다. 그러므로 반도체 전극에 빛이 조사되면 전자-정공 분리와 전하 운반체 이동에 의하여 광전위가 발생한다. 그러므로 n형 반도

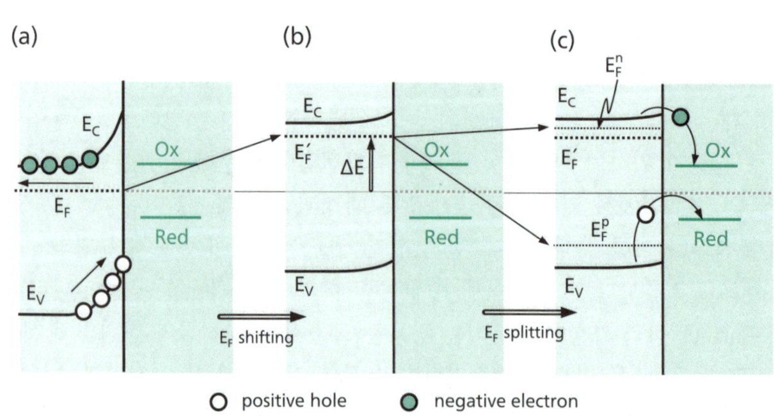

그림 13.17 **빛이 조사된 n형 반도체의 준-Fermi 레벨.** (a) 위로 굽은 밴드 밴딩 조건에서 전하 운반체의 이동. (b) Fermi 레벨의 이동과 광전위. (c) Fermi 레벨 분리에 의한 전자 준Fermi 레벨(E_F^n)과 정공 준Fermi 레벨(E_F^p)의 생성.

체에서는 음의 광전위가, p형 반도체에서는 양의 광전위가 발생한다. 한편 전기화학 반응의 진행 여부는 E_F와 산화·환원쌍의 준위의 상대적 위치가 결정한다. 구체적으로 E_F가 Ox 준위보다 높으면 환원 반응이, Red 준위보다 낮으면 산화 반응이 일어날 수 있다. 그림 13.17a의 상황은 이 어느 경우에도 해당하지 않으므로 전기화학 반응이 진행하지 않는다. 그러나 빛이 조사된 반도체에서 물의 광촉매 분해 반응은 실제로 일어나는 반응이므로 이에 대한 설명이 필요하다. 그림 13.17b는 E_F'이 Ox 준위보다 높으므로 환원 반응은 설명할 수 있지만 동시에 진행해야 하는 Red의 산화 반응을 설명하지 못한다. 산화 반응과 환원 반응이 동시에 일어나는 광촉매 반응을 설명하는 개념이 준Fermi 레벨이다. 빛이 조사되면 E_F는 전도 밴드와 원자가 밴드의 준Fermi 레벨 E_F^n과 E_F^p로 각각 분리된다(그림 13.17c). 전자의 E_F^n은 전도 밴드 밑에, 정공의 E_F^p는 원자가 밴드 위에 형성된다. 다수 캐리어인 전자 농도의 상대적인 변화는 매우 적으므로, 실질적으로 $E_F' \approx E_F^n$이다. 그러나 소수 캐리어 정공 농도의 상대적인 변화는 크므로 E_F^p는 원자가 밴드보다 높은 위치에 형성된다. E_F^n와 E_F^p는 각각 Ox 준위보다 높고 Red 준위보다 낮다. 따라서 전도 밴드의 전자는 Ox로 이동하고, 원자가 밴드의 정공은 Red로 이동하여 산화·환원 반응이 동시에 진행한다.

13.6 반도체 전지의 형태

광전기화학 반응의 반도체 전극이 포함된 전기화학 전지는 세 가지 형태로 운용된다. 빛에너지를 전기에너지로 변환시키는 광전지, 빛에너지를 이용하여 물질을 합성하는 광전기합성 전지와 광촉매 전지, 그리고 빛에너지 흡수 효율을 증가시키는 염료 감응 전지가 있다.

▶ 광전지 photovoltaic cell

그림 13.18이 예시하는 광전지는 반도체 전지를 갈바니 전지로 운영하여 빛에너지를 전기에너지로 변환하는 장치이다. 광전지도 전기화학 전지이므로 두 개의 전극과 전해질로 구성된다. 그림 13.18a의 n형 반도체 광전지에 빛을 조사하면 반도체 표면에 축적된 정공이 전해질의 Red를 산화하며, 전도 밴드의 전자는 외부회로로 나간다. 전도 밴드에서 나온 전자는 부하 저항을 거쳐 금속 상대 전극에 도달하여 Ox를 환원한다. 따라서 Red와 Ox는 빛이 공급되는 동안 외부회로로 흐르는 전자를 계속 생산하여 빛에너지를 전기에너지로 변환한다. Red를 산화시키는 n형 반도체를 광

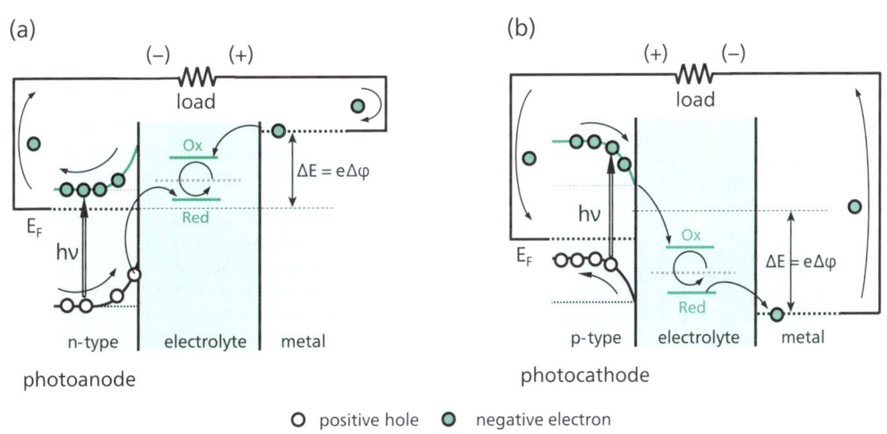

그림 13.18 **광전지.** (a) n형 반도체와 광산화 전극. (b) p형 반도체와 광환원 전극.

산화 전극(photoanode)이라고 하며, 전지의 전압 $\Delta\varphi$는 두 전극의 Fermi 레벨 차이이다. 반면 p형 반도체는 그림 13.18b와 같이 광환원 전극(photocathode)으로 작동하여 전기에너지를 생산한다. 광전지의 예는 n-TiO_2|NaOH, O_2|Pt 전지와 p-MoS_2|Fe^{3+}, Fe^{2+}|Pt 전지이다.

▶ 광전기합성 전지 photoelectrosynthesis cell

광전기합성 전지의 목적은 빛에너지를 이용한 물질의 합성이다. 광전지와 목적이 다르므로 전지의 구성도 다르다. 그림 13.19와 같이 외부회로에 부하 저항이 없이 두 전극은 전선으로 연결되어 있다. 한편 전해질에는 다음과 같이 두 개의 산화 · 환원쌍이 있다.

$$\mathrm{Ox} + \mathrm{e} \rightleftharpoons \mathrm{Red},\ E_{eq} \tag{13.13a}$$

$$\mathrm{Ox}' + \mathrm{e} \rightleftharpoons \mathrm{Red}'\ E'_{eq} \tag{13.13b}$$

식 (13.13)에서 E_{eq}와 $E'_{eq}(> E_{eq})$는 각 반쪽 반응의 평형 전위이다. 만약 원하는 반응이 Red′ + Ox ⟶ Ox′ + Red이면 $E = E_{eq} - E'_{eq} < 0$이 되어, 원하는 반응은 비자발적 반응이다. 반도체 전극에 빛을 조사하면 광전위가 발생하므로 원하는 반응이 진행할 수 있다. 그림 13.19a를 보자. n형 반도체가 Red′의 광산화 반응을 유도하면 전자가 에너지 손실 없이 상대 금속 전극으로 이동하여 Ox의 환원 반응에 참여한다. 각각의 반쪽 반응이 서로 영향을 미친다면 두 전극 사이에 분리막을 둘 수 있다. 그림 13.19b는 광환원 전극인 p형 반도체에서 Ox가 환원되고, Red′은 금속 상대 전극에서 산화된다. 광전기합성 전지의 예는 수전해가 일어나는 전지(n-$SrTiO_3$|H_2O|Pt)와 CO_2가 환원하는 전지(p-GaP|CO_2(pH = 6.8)|C)이다.

▶ 광촉매 전지 photocatalytic cell

광촉매 전지는 원하는 반응이 자발적이지만 반응 속도가 느린 경우 반도체의 광전기화학 성질을 이용하여 반응 속도를 증가하는 전지이다. 그림 13.20a에 예시한 n형 반도체 광촉매 전지를 보자. 식 (13.13)에서 $E'_{eq} < E_{eq}$이면 원하는 반응 Red′ + Ox ⟶ Ox′ + Red는 자발적 반응이지만, 암조건에서 반응이 매우 느린 경우 변화를 관찰할 수 없다(그림 13.20a의 쇄선 원). 그러므로 명조건에서 표면에 축적된 정공은 Red′의 산화를 촉진할 수 있다. 13.20b의 p형 반도체는 Ox의 광촉매 환

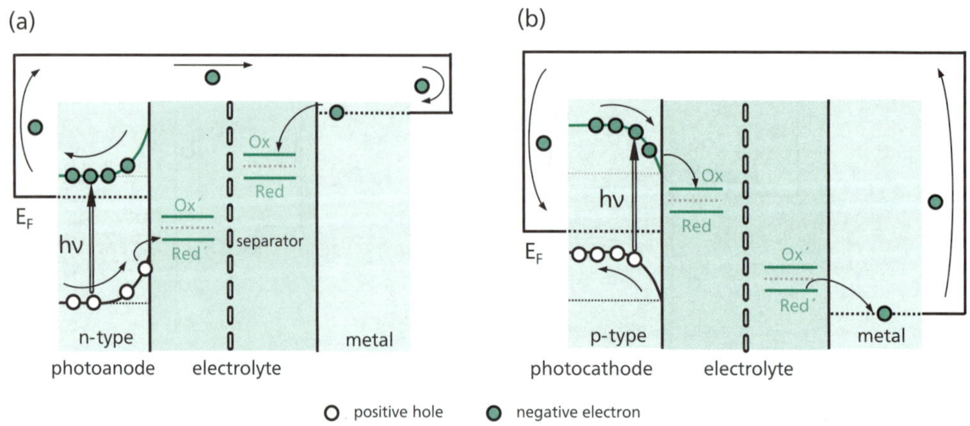

그림 13.19 광전기합성 전지. (a) n형 반도체와 광산화 전극. (b) p형 반도체와 광환원 전극.

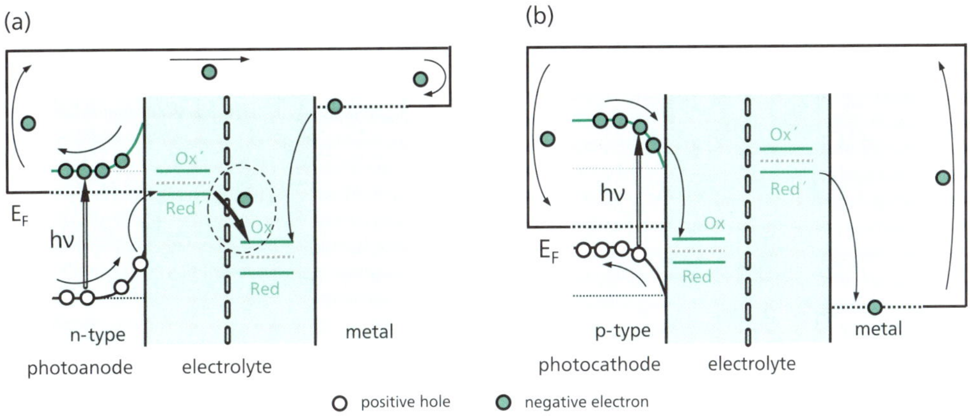

그림 13.20 **광촉매 전지.** (a) n형 반도체와 광산화 전극. (b) p형 반도체와 광환원 전극.

원 반응을 유도한다. 광촉매 전지의 예는 아세트산의 ethane 환원 반응 전지(n-TiO_2|CH_3COOH|Pt)($CH_3COO^- + hole^+ \longrightarrow CH_3\cdot + CO_2$; $2CH_3\cdot \longrightarrow C_2H_6$)와 Al 표면에서 N_2 환원 반응이 일어나는 전지(p-GaP|DME, $AlCl_3$, N_2|Al)($N_2 + Al + 6H^+ \longrightarrow 2NH_3 + 2Al^{3+}$)이다.

염료 감응 전지 dye-sensitized cell

반도체에서 전자-정공 분리를 유도하기 위해서는 밴드갭 E_g보다 큰 에너지를 가지는 빛($h\nu > E_g$)을 조사해야 한다. 예를 들면 밴드갭 3.2 eV인 TiO_2는 태양광에서 UV만 흡수한다. 태양광의 더 많은 부분을 흡수하기 위해서 E_g가 작은 염료를 반도체와 결합한 전지를 **염료 감응 전지**라고 한다.

그림 13.21은 염료 감응 전지의 원리를 도시한다. n형 TiO_2 반도체에 적절한 염료(S)를 도포한 전극이 I^-/I_3^- 산화·환원쌍이 있는 전해질과 접촉하고 있으며, 그 전해질은 Pt 전극과 접촉하여 전기화학 전지가 성립된다. 염료 S가 빛을 흡수하면 전자-정공 분리가 일어나, 정공(S^+)은 원자가 준위에 머무르고 전자는 전도 준위로 이동하여 S*가 된다(과정 1). S*의 준위가 TiO_2 전도 밴드보다 높으면 S* 준위의 전자가 TiO_2 전도 밴드로 이동하는 **전자 주입**(electron injection)이 발생한다(과정 2). 주입된 전자는 전도 밴드를 따라 외부회로로 이동하여(과정 3) Pt 전극에 도착하고 전해

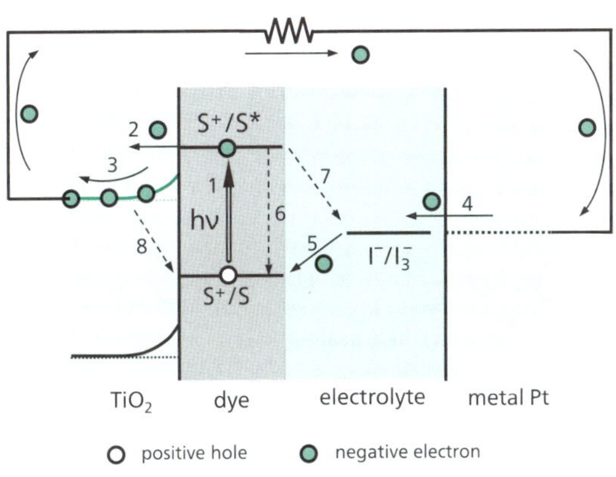

그림 13.21 **염료 감응 전지.**

질의 I_3^- 이온을 I^- 이온으로 환원한다(과정 4). 최종적으로 원자가 준위의 S^+를 I^- 이온이 환원하여(과정 5) 닫힌 전기 회로(closed loop)를 완성한다. 염료 S의 밴드갭이 작아 다양한 파장의 빛을 흡수하거나 흡수 효율이 우수하다면, 과정 1부터 과정 5까지의 변화에서 이동하는 전자의 수가 증가하므로 연료 감응 전지의 양자 효율이 높아진다. 그러나 전자-정공 재결합(과정 6), S^*에 의한 I_3^-의 환원(과정 7)과 TiO_2 전도 밴드의 전자와 정공의 재결합(과정 8)은 연료 감응 전지의 효율을 감소시키는 요인이다. 그러므로 염료 감응 전지의 성능은 염료의 작은 밴드갭뿐만 아니라 전자를 생산하는 과정 2~5를 촉진하고, 전자를 낭비하는 과정 6~8을 억제하는 전극·전해질과 그들의 결합 기술이 필요하다.

13.7 나노결정 반도체

반도체 전극의 형태는 역사적으로 단결정, μm 크기의 다결정 그리고 nm 크기의 나노결정 순으로 진화하였다. 나노 결정 반도체는 지금까지 논의한 큰 크기의 반도체와 차이가 있다.

그림 13.22a는 나노결정 반도체 전극을 도시한다. 일반적으로 전기 전도성이 있는 산화물 도막(F-doped SnO_2 또는 Sn-doped TiO_2) 위에 막 형태의 반도체 나노결정 입자 집합체를 부착한다. 3차원 구조의 나노결정 반도체 막은 전해질과 접촉하게 된다.

나노결정 반도체 막은 다음과 같은 특징이 있다. (i) 전극 표면적이 크므로 전기화학 반응 전류가 증가한다. 또한 광감응 염료를 사용할 경우, 전극 표면 염료의 양이 증가하므로 흡수할 수 있는 빛의 양이 증가한다. (ii) 공간 전하층, 밴드 밴딩과 평탄 전위와 같은 개념을 나노결정 반도체에 적용할 수 없다. 그 이유는 공간 전하층의 두께(10~1000 nm)가 나노결정의 크기와 비슷하거나 크기 때문이다. (iii) 나노결정의 전기 이중층(그림 13.22a에서 나노결정 주변 굵은 선)은 다른 결정의 전기 이중층과 연결되므로 초고용량 커패시터의 전기 이중층과 유사하다. (iv) 나노 결정(특히 금속 산화물) 반도체의 도핑 수준이 높지 않으므로 다수 캐리어가 상대적으로 많지 않다. 그러므로 나노결정 반도체는 진성 반도체에 가깝다. (v) 표면적이 크므로 표면 상태의 밀도가 높다. 표면 상태의 전자는 빛의 흡수를 촉진하여 광전류의 증가뿐만 아니라 광변색(photochromism) 또는 전기변색(electrochromism) 현상이 나타난다.

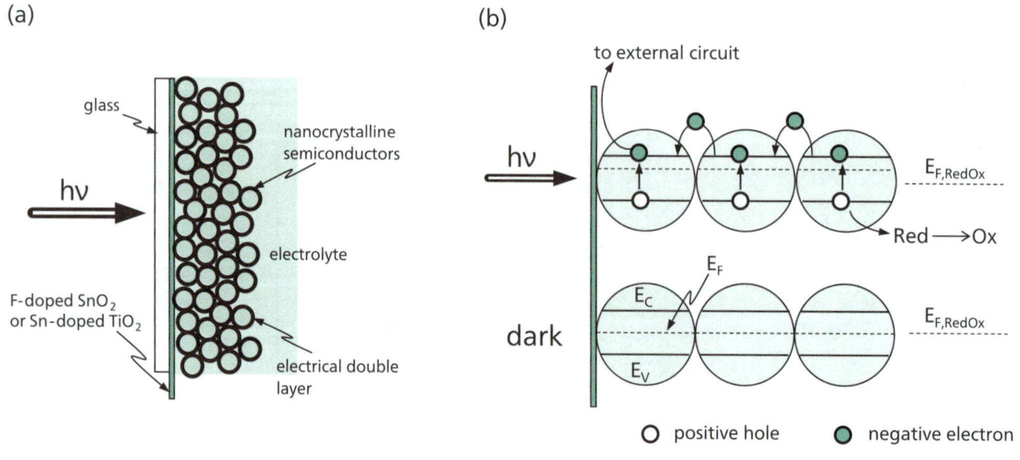

그림 13.22 **나노결정 반도체.** (a) 투명한 전기 전도성 지지체 위의 반도체 나노결정 집합층. (b) 암 조건과 명 조건에서 나노결정 반도체와 산화·환원쌍의 평형.

그림 13.22b는 나노결정 반도체/전해질 계면의 상황을 묘사한다. 암조건을 먼저 살펴보자. 나노결정들은 서로 접촉하고 있으며, 왼쪽의 전도체와 접촉하고 있다. 산화·환원쌍이 있는 전해질과 반도체가 접촉하면 산화·환원쌍 준위와 반도체 Fermi 레벨이 같아진다. 전도 밴드와 원자가 밴드의 밴딩이 없음을 주목하라. 명조건에서 전자-정공 분리가 일어나 전자는 전도 밴드로 이동한다. 정공은 전해질로 이동하여 Red의 산화 반응이 진행된다. 따라서 전도 밴드의 전자는 접촉하고 있는 다른 나노결정으로 이동하고, 이러한 과정을 반복하여 외부회로로 이동한다. 미세 나노결정 반도체와 거대 반도체의 차이를 인식해야 한다.

13.8 광촉매: 물 분해와 CO_2 환원

빛을 이용하여 물 분해의 생성물 수소와 CO_2 환원의 생성물 탄화수소는 연료로 사용할 수 있으므로 에너지와 환경의 관점에서 매우 중요하다. 그림 13.19와 같이 광전기합성 또는 광촉매 반도체 전기화학 전지를 제작하여 물 분해와 CO_2 환원을 유도할 수 있다. 그러나 반도체를 전기화학 전지 형태가 아닌 표면에서 산화 반응과 환원 반응을 동시에 진행하는 광촉매로 이용하면, 물 분해와 CO_2 환원 장치는 간단하게 된다.

기본 원리

그림 13.23은 반도체 나노결정 표면에서 일어나는 산화 · 환원 반응의 모식도이다. 빛이 조사되면, 반도체에서 전자-정공 분리가 일어나고, 분리된 전자와 정공은 반도체 표면으로 이동한다. 전도 밴드의 에너지보다 전해질 속 반응물의 에너지 준위가 낮으면, 전자는 전도 밴드에서 반응물로 이동하여 반응물은 환원된다. 전자를 받는 반응물을 **억셉터**(acceptor)라고 한다. 물 분해와 CO_2 환원에서 억셉터는 각각 H^+ 이온과 CO_2이다. 반도체에서 전자가 방출되었으므로 전기적 중성을 충족하기 위하여 전자가 유입되어야 한다. 따라서 전해질에는 전자를 제공할 수 있는 **도너**(donor)가 있어야 한다. 도너의 에너지 준위가 원자가 밴드의 에너지보다 높으면 원자가 밴드의 정공이 도너로 이동하여 도너는 산화된다. 반도체에서 도너로 정공의 이동은 도너에서 반도체로 전자의 이동과 같다. 물 분해와 CO_2 환원에서 도너인 H_2O는 O_2로 산화된다. 그림 13.19의 광전기합성 또는 광촉매 반도체 전기화학 전지와 그림 13.23의 광촉매의 개념은 동일하다. 그림 13.19에서 전자는

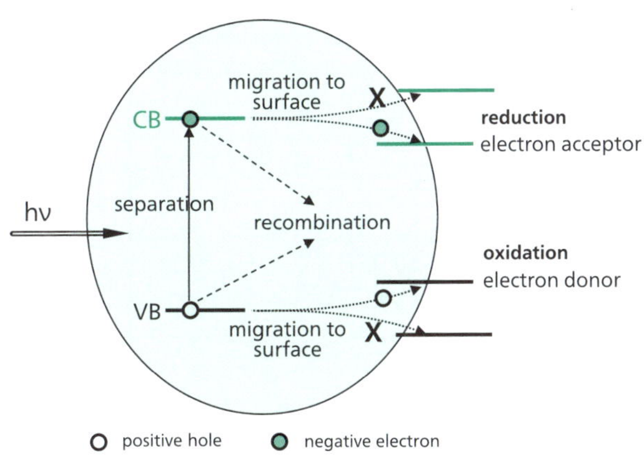

그림 13.23 반도체 나노결정 표면에서 일어나는 산화·환원 반응의 모식도.

연결된 두 전극을 연결하는 전선을 통하여 이동한다; 그림 13.23의 광촉매에서 전자는 반도체 자체를 통하여 이동한다. 그러므로 광촉매는 산화 전극과 환원 전극의 역할을 동시에 수행한다.

광촉매 반응이 진행하기 위해서는 반도체 밴드의 에너지와 억셉터·도너의 에너지 준위의 상대적 위치는 매우 중요하다. 예를 들면 억셉터의 에너지 준위가 전도 밴드의 에너지보다 높으면 전자는 억셉터로 이동할 수 없다. 같은 원리로 도너의 에너지 준위가 원자가 밴드의 에너지보다 낮으면 정공은 도너로 이동할 수 없다. 그림 13.24는 전형적인 반도체의 밴드 에너지 위치와 중요한 광촉매 반응의 에너지 준위를 비교한다. 제시한 반도체 물질의 전도 밴드 에너지는 억셉터 H^+ 이온과 CO_2 환원 반응의 에너지 준위보다 높으므로 환원 반응의 관점에서 광촉매로 작동할 수 있다. 그러나 Si와 Cu_2O의 원자가 밴드 에너지는 도너인 H_2O의 산화 준위보다 높으므로, 이들을 광촉매로 사용할 수 없다. 한편 광촉매로 사용할 수 있는 TiO_2와 CdS를 비교하면, 밴드갭은 CdS가 TiO_2보다 작다. 그러므로 CdS가 태양광에서 흡수할 수 있는 빛의 범위가 더 넓음을 쉽게 예측할 수 있다.

그림 13.23으로 돌아가 보자. 빛에 의하여 분리된 전자와 정공 모두가 억셉터와 도너로 각각 이동하는 것이 가장 이상적이다. 그러나 분리된 전자와 정공은 반도체 내부와 표면에서 재결합할 수 있다. 재결합은 10^{-9} s의 시간 범위에서 일어나며, 산화·환원 반응은 10^{-8}~10^{-3} s의 시간 범위에서 일어난다. 분리된 전자와 정공의 표면 이동을 가속하여 빠르게 진행하는 재결합 방지가 양자 효율 증대의 핵심이다.

▶ 반도체 복합체 광촉매

양자 효율을 증대하기 위하여 단일 반도체의 광촉매보다 금속 또는 다른 반도체와 접합한 복합체(composite) 광촉매가 사용된다. 반도체 복합체가 효율이 높은 광촉매가 되는 기본 원리는 전기화학 반응에 참여하는 전자와 정공을 공간적으로 빠르게 분리하는 재결합 억제이다.

(i) 조촉매

광촉매 표면에 귀금속(Pt, Rh, Pd, Ru) 또는 주화 금속(Cu, Ag, Au)의 입자를 부착하여 조촉매(cocatalyst)로 활용한다(그림 13.25a). 일반적으로 금속 입자의 Fermi 레벨은 반도체 전도 밴드

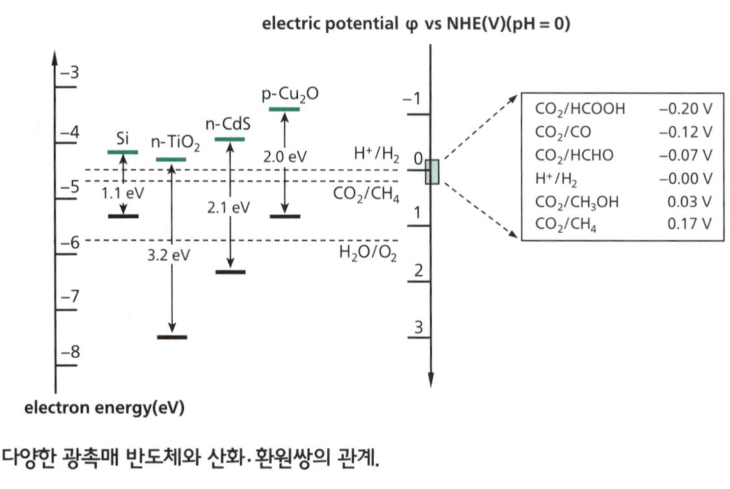

그림 13.24 다양한 광촉매 반도체와 산화·환원쌍의 관계.

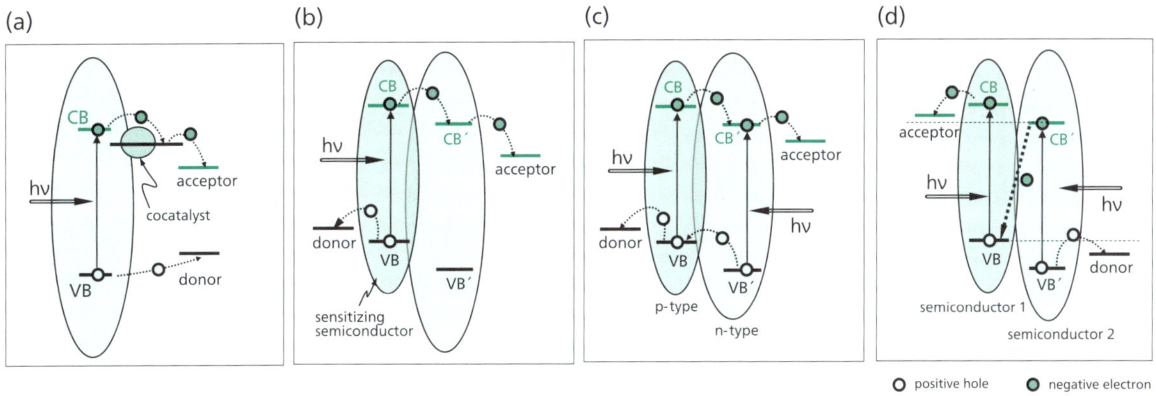

그림 13.25 **반도체 복합체 광촉매.** (a) 조촉매. (b) 광감응 반도체·반도체 복합체. (c) p-n 접합 반도체 복합체. (d) Z-체계.

의 에너지보다 낮다. 따라서 전도 밴드의 전자는 반도체에서 금속으로 이동하여[트래핑(trapping)되어] 전자-정공 재결합이 감소한다. 또한 금속 표면의 촉매 성질에 따라 억셉터 환원 반응이 가속되거나 반응 경로가 변경된다. 예를 들면 나노 다공성 CdS 광촉매에 0.5wt%의 Pt를 부착하면 H_2 발생 반응 속도는 약 30배 증가한다. 또 다른 예는 TiO_2 광촉매에서 CO_2 환원 반응의 주생성물은 CO인데, Pd을 조촉매로 사용하면 주생성물이 CH_4로 바뀐다. Cu-TiO_2 광촉매에서 Cu는 CO_2 환원 반응의 주생성물 CH_3OH의 생성을 가속한다.

조촉매 후보 물질은 금속 외에도 다양하다. 금속 산화물 또는 core/shell 구조물도 조촉매로 활용될 수 있다. 또한 반도체와 탄소나노튜브(CNT) 또는 그래핀(graphene) 등의 탄소 물질의 복합체도 광촉매로 작용한다. 반도체의 전자가 탄소 물질로 이동하여 탄소 물질이 조촉매 역할을 할 수도 있고, 탄소 물질에 제3의 조촉매를 부착할 수도 있다.

(ii) 광감응 반도체·반도체 복합체

그림 13.25b는 광감응(sensitizing) 반도체·반도체 복합체를 예시한다. 밴드갭이 작고 전도 밴드 에너지가 높은 광감응 반도체에서 전자-정공 분리가 일어나고, 광감응 반도체 CB의 전자가 밴드갭이 큰 반도체의 CB′으로 이동한다. 정공은 광감응 반도체에 남아 있게 되어 전자와 정공이 공간적으로 분리된다. 또한 산화 반응과 환원 반응은 VB의 정공과 CB′의 전자가 관여하므로, 각각의 반응이 일어나는 위치가 다르다. 예를 들면 CdS-TiO_2 반도체 복합체에서 밴드갭이 작은 CdS가 광감응 반도체이다. 도너 SO_3^{2-}/S^{2-} 수용액에서 H_2 발생 속도는 CdS-TiO_2 반도체 복합체가 CdS 단독 반도체보다 더 크다. 또한 CdS-TiO_2 복합체에 조촉매 Pt를 부착한 Pt/(CdS-TiO_2) 복합체보다 Pt를 부착한 TiO_2(Pt/TiO_2)에 CdS를 접합한 CdS-(Pt/TiO_2) 복합체가 H_2 발생 반응에서 3~30배 더 효율적인데, 이는 전자 이동 경로가 CdS ⟶ Pt보다 CdS ⟶ TiO_2 ⟶ Pt가 더 효율적임을 의미한다. 한편 PbS-(Cu/TiO_2) 복합체의 CO_2 환원 반응 속도는 PbS 입자 크기에 의존한다. 전도 밴드 에너지는 큰 크기의 광감응 PbS가 TiO_2보다 약간 낮다. 그러나 PbS의 크기가 나노미터 수준이 되면 밴드갭이 증가하는 양자 구속 효과(quantum confinement effect)에 의하여 PbS 전도 밴드 에너지가 약간 증가하여 그림 13.25b의 조건이 충족된다. PbS의 크기를 3, 4, 5 nm로 변화시키면 4 nm일 때 CO_2 환원 반응 속도가 최대가 된다. 입자 크기가 작아지면 밴드갭과 전도 밴드

에너지가 증가하므로 TiO_2로 전자 주입은 빠르지만, 흡광 효율이 감소한다. 반대로 입자 크기가 크면 흡광 효율이 증가하지만 전자 주입은 느려진다. 그러므로 4 nm의 PbS가 아마도 최적 상태일 수 있다.

(iii) p-n 접합 반도체 복합체

p형 반도체와 n형 반도체 접합(junction) 복합체 광촉매는 전자와 정공이 모두 이동하여 전기화학 반응을 유발한다(그림 13.25c). 접합된 두 반도체는 모두 빛을 흡수한다. p형 반도체에서 생성된 전자는 n형 반도체 전도 밴드로 이동하여 환원 반응에 참여한다. 반면 n형 반도체에서 생성된 정공은 p형 반도체 원자가 밴드로 이동하여 산화 반응에 관여한다. 그러므로 빛이 분리한 전자와 정공은 각각 다른 공간으로 이동하여, 전기화학 반응의 위치가 공간적으로 분리된다. 예를 들면 spinel 구조 ferrite는 ~2 eV의 밴드갭과 광부식 저항이 있으므로 가시광선 영역의 광촉매로 사용할 수 있으나, 촉매 활성이 크지 않다. spinel 구조의 $CaFe_2O_4$ p형 반도체(E_g = 1.9 eV) 나노 입자를 $PbBi_2Nb_{1.9}W_{0.1}O_9$ n형 반도체(E_g = 2.75 eV) 기판에 분산·부착하여 광촉매를 제조한다. 전도 밴드 말단은 $CaFe_2O_4$가 $PbBi_2Nb_{1.9}W_{0.1}O_9$보다 높다. 따라서 그림 13.25c에 제시한 전하 운반체의 이동은 광촉매 활성을 증가한다. 또 다른 예는 Pt가 조촉매인 CdS@TaON core/shell 나노복합체이다. 전도 밴드 말단은 밴드갭이 2.45 eV인 CdS이 밴드갭이 2.5 eV인 TaON보다 높다. SO_3^{2-}/S^{2-} 수용액에서 H_2 발생 속도는 복합체가 단독 CdS와 TaON보다 각각 약 22배와 30배 크다.

(iv) Z-체계

단독 반도체가 광촉매로 작동하기 위해서는 광촉매의 밴드 말단과 반응물의 에너지 준위는 그림 13.23에서 제시한 조건을 만족해야 한다. 그러나 그림 13.24에서 p-Cu_2O와 H_2O/O_2 도너의 관계는 이러한 조건을 충족하지 못한다. 그림 13.25d에서 반도체 1의 VB는 도너의 준위보다 높다. 반면 반도체 2의 CB′는 엑셉터의 준위보다 낮다. 이러한 복합체에 빛이 조사되면 각각의 반도체에서 전자-정공 분리가 발생하며 반도체 2 CB′의 전자가 반도체 1 VB의 정공과 결합한다. 결과적으로 반도체 1의 CB 전자가 엑셉터로, 반도체 2의 VB′의 정공이 도너로 이동하여 광화학 반응이 완성된다. 전하 운반체의 이동 경로가 Z 모양과 유사하므로, 이러한 형식의 광촉매를 **Z-체계** (Z-scheme)라고 한다.

Z-체계 예의 하나는 CdS-Au-TiO_2 복합체이다. TiO_2 기판 위에 Au 나노입자를 부착하고 Au 나노입자 표면에만 CdS를 선택적으로 부착한다. 다시 말해 Au@CdS core/shell 입자를 TiO_2에 부착한 Au@CdS/TiO_2 복합체이다. 빛을 조사하면 TiO_2 CB′의 전자는 Au를 거쳐 CdS VB의 정공과 결합한다. 그러므로 TiO_2 VB′의 정공이 산화 반응에, CdS CB의 전자가 환원 반응에 참여한다. CdS의 정공 농도가 낮아지므로 CdS의 광부식은 감소한다. 또한 CdS에서 TiO_2로 전자 이동은 무시할 수 있는데, 이는 그림 13.25b의 상황과 확연히 구별된다. CdS 표면에 조촉매 Pt를 부착하면 H_2 발생 속도는 더욱 증가한다.

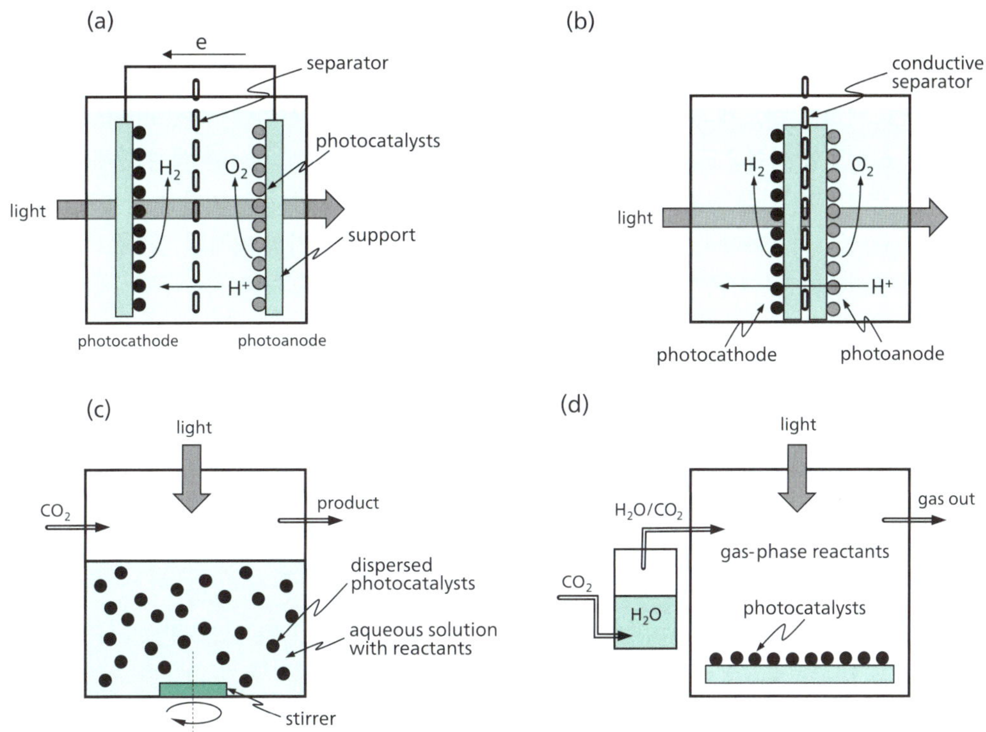

그림 13.26 **광촉매 반응기.** (a) 일반적인 광촉매 전지. (b) 바이폴라 전지. (c) 고체-액체형 전지. (d) 고체-기체형 전지.

▶ 광촉매 반응기

그림 13.26은 나노결정 반도체 광촉매의 반응기 개념을 예시한다. 그림 13.26a는 광전기합성 전지(그림 13.19)와 광촉매 전지(그림 13.20)와 같은 개념의 전지이다. 다른 점은 전기 전도성이 있는 지지체에 나노결정 반도체가 고정되어 있다는 것과 두 전극 모두 반도체 전극이라는 것이다. 물 분해 반응을 예로 들면 광환원 전극에서 기체 H_2가, 광산화 전극에서 기체 O_2가 생성되며 분리막을 통하여 H^+ 이온이 이동한다. 빛이 전지 전체를 통과하므로 지지체와 분리막은 광투과성이 있어야 한다. 그러나 광투과성이 없는 경우 두 전극을 마주 보지 않고 나란히 배치할 수 있다. 환원 전극과 산화 전극이 그림 13.26b와 같이 전도성 분리막으로 연결된 바이폴라(bipolar) 형태의 전지도 가능하다. 그림 13.26c는 광촉매 입자를 반응물이 있는 용액에 분산한 고체-액체형(S-L mode) 전지이다. CO_2 환원 반응을 예로 설명하면, 전지에 주입된 기체 CO_2는 용액에 흡수되어 광촉매 표면에서 CO_2 환원 반응과 물 산화 반응이 동시에 진행한다. 이 경우 효율성을 높이기 위하여 젓개(stirrer)를 이용한 광촉매의 분산이 필요하다. 광원은 반응기 외부 또는 내부에 위치할 수 있다. 이러한 전지의 특징은 흡수되는 빛의 양이 분산된 광촉매가 지지체에 고정된 광촉매보다 많다는 것이다. 그림 13.26d는 고정된 광촉매 입자와 기체 상태 반응물이 반응하는 고체-기체형(S-G mode) 전지이다. 기체 CO_2를 H_2O에 통과시켜 얻은 H_2O/CO_2 혼합 기체를 반응기에 투입하여 광촉매 반응을 유도한다. 상업용 광촉매 전지에서는 많은 채널이 있어 표면적이 큰 모노리스(monolith)를 지지체로 사용한다.

부록

A. p-n 접합 다이오드

고체 n형 반도체와 p형 반도체가 접촉하면 두 반도체 사이에 계면(interface)이 생성되며, 이를 **p-n 접합 다이오드**(junction diode)라고 한다. 반면 반도체 전극과 액체 전해질이 접촉하면 계면이 생성되며, 이를 전기화학 전지라고 한다. 이 두 소자(device)의 이름은 다르지만, 이들에서 일어나는 물리적 · 화학적 현상은 같다. 따라서 다이오드와 전지의 거시적 거동은 동일한 원리에 의하여 발현되지만, 그 목적과 용어가 다를 뿐이다. 본문에서 논의하는 전기화학 전지와 비교하기 위하여 p-n 접합 다이오드를 정성적으로 간단히 소개한다.

그림 A13.1a는 n형 반도체와 p형 반도체의 계면을 도시한다. 다수 캐리어가 다른 두 반도체의 접합이 이루어지면 Fermi 레벨이 같아지기 위하여 다수 캐리어가 이동한다. 예를 들면 n형 반도체 다수 캐리어 전자는 p형 반도체로 이동하여 정공과 결합한다. 그 결과 p형 반도체 다수 캐리어 정공이 고갈되는 **고갈층**(depletion layer)이 형성된다. p형 반도체 입장에서 보면 그 고갈층은 상대적으로 소수 캐리어 전자가 있는 것과 같다. 따라서 p형 반도체의 고갈층은 p형 반도체로 n형 반도체의 전자 이동을 방해하는 **장벽**(barrier)이 된다. 같은 논리로 n형 반도체 계면에도 고갈층이 형성된다. 전하가 있는 고갈층을 **공간 전하 영역**(space charge region)이라고도 한다. 그러므로 그림 13.Aa의 상황은 평형을 의미하며, 이를 다이오드라고 한다.

평형에 있는 다이오드에 그림 A13.1b 또는 A13.1c와 같이 전원을 연결하여 각각의 반도체에 다른 전위를 인가하는 행위를 "**바이어스**(bias)를 건다."라고 한다. 바이어스를 걸면 다이오드는 비평형 상태가 되어 특별한 기능을 가지게 된다.

그림 A13.1b는 **정방향 바이어스**(forward bias)가 걸린 다이오드를 묘사한다. 정방향 바이어스는 n형 반도체에 음의 전위를, p형 반도체에 양의 전위를 인가하는 전기적 연결이다. 정방향 바

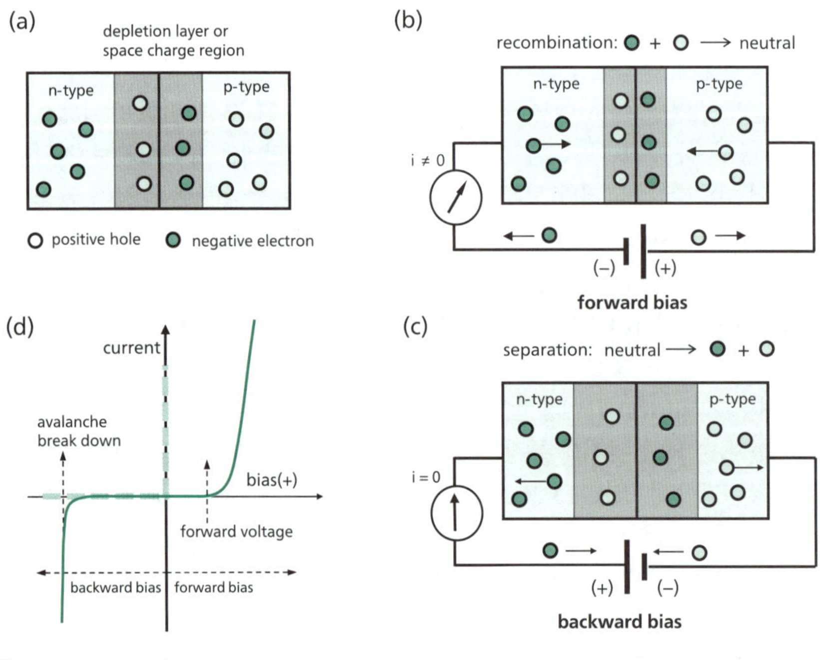

그림 A13.1 **p-n 접합 반도체.** (a) 평형 상태. (b) 정방향 바이어스. (c) 역방향 바이어스. (d) i-E 곡선.

이어스 조건에서 전력공급장치는 n형 반도체의 전자와 p형 반도체의 정공을 각각의 계면으로 밀어내고, 밀린 전하 운반체는 계면에서 재결합(recombination)하여 고갈층이 좁아진다. 결과적으로 다이오드 저항 $R_{diode} = 0$이 되어 전류가 흐르게 된다($i \neq 0$).

그림 A13.1c는 **역방향 바이어스**(backward bias)가 걸린 다이오드를 묘사한다. **역방향 바이어스**는 n형 반도체에 양의 전위를, p형 반도체에 음의 전위를 인가하는 전기적 연결이다. 역방향 바이어스 조건에서 n형 반도체의 전자와 p형 반도체의 정공은 각각의 반도체에서 전력공급 장치로 끌려가게 된다. 이 상황에서 중성의 반도체 원자에서 전자와 정공의 분리가 일어날 수도 있지만, 한계에 도달하여 고갈층이 넓어진다. 결과적으로 전하 운반체가 고갈되므로 $R_{diode} = \infty$가 되어 전류가 흐르지 않게 된다($i = 0$).

바이어스의 방향에 따른 R_{diode}의 변화는 다이오드에 특별한 기능을 부여한다. 그림 A13.1d의 녹색 쇄선과 같이 정방향 바이어스 조건에서만 전류가 흐르는, 다시 말해 특정 방향으로만 전류를 허용하는 정류(rectification) 기능이 다이오드의 특징이다. 그림 A13.1d의 실선은 실제 다이오드의 i-V 곡선이다. 역방향 바이어스 조건에서 이상적으로는 전류가 흐르지 않아야 하지만, 항복점(break down bias)에서 전자와 정공의 분리가 강제로 진행되어 산사태(avalanche)처럼 전류가 급격히 증가한다. 한편 정방향 바이어스에서 전류가 증가하기 위해서는 정방향 전압 강하(forward voltage drop) 이상의 바이어스가 필요하다. 그 이유는 전류가 흐르기 위해서는 앞서 설명한 장벽을 극복해야 하기 때문이다.

빛과 관련된 다이오드를 논의하자. 정방향 바이어스 조건(그림 A13.1b)에서 전자-정공 재결합이 일어날 때 반도체 종류에 따라 빛이 발생할 수 있다. 그러한 목적의 다이오드가 발광 다이오드(light emitting diode, LED)이다. 전기에너지를 빛에너지로 변환하는 LED는 반도체 레이저(laser)의 출발점이다. 반면 반도체가 빛을 흡수하여 전자-정공 분리가 일어날 수 있다. 빛을 흡수한 반도체에서 일어나는 전자-정공 분리는 전하 운반체의 농도를 증가시킨다. 증가된 전하 운반체 농도를 다양한 형태로 이용할 수 있다. 전하 운반체의 농도 증가는 R_{diode}를 감소하므로 R_{diode}를 측정하여 빛의 양을 측정할 수 있다(photoconductometry). 역방향 바이어스 조건에서 빛의 양과 비례하는 전류를 측정하여 빛의 양을 측정하는 기술이 광전류법(photoamperometry)이다. 전자와 정공을 공간적으로 분리하면 다이오드의 전압이 변화하므로 전압을 측정하여 빛의 양을 측정할 수 있다(photovoltametry). 특히 빛에 의하여 발생하는 전압을 부하에 연결하여 전류를 흘리면 전기에너지를 얻을 수 있다. 다이오드의 원리를 이용하여 빛에너지를 전기에너지로 변화하는 다이오드를 광전지(photovoltaic cell)라고 한다.

빛과 관련하여 반도체·전해질 계면에서도 같은 현상이 일어난다. 예를 들면 반도체·전해질 계면에서 일어나는 전기화학 발광(electrochemical luminescence)이 일어난다. 그러므로 전기화학적 연구에 p-n 접합 다이오드의 원리를 적용할 수 있다. 그러나 주된 관심사의 하나인 광전지의 목적은 약간 다르다. p-n 접합 다이오드 광전지는 빛에너지를 전기에너지로 직접 변환하는 것이 목적이지만, 전기화학 광전지는 빛에너지를 화학에너지로 변화·저장하는 것이 목적이다.

B. 광다이오드의 i-V 곡선

광전지의 i-E 곡선은 성능 평가 자료이다. 그러므로 광전지의 i-E 곡선의 의미를 살펴볼 필요가 있다.

그림 A13.2a는 광전지의 회로이다. 쇄선 사각형 안의 회로가 실제 광전지의 등가회로이다. 광

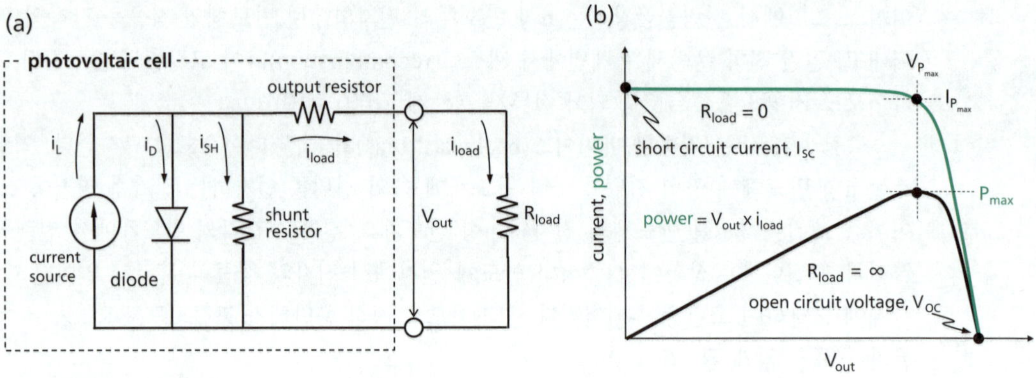

그림 A13.2 **광전지 평가.** (a) 등가회로. (b) i-E 곡선.

전지는 두 가지 기능을 한다. 하나는 i_L의 전류를 출력하는 전류원(current source)이다. 다른 하나는 다이오드인데, 다이오드에 흐르는 전류 i_D에 의하여 전류원의 전압이 결정된다. 광전지의 비이상성, 예를 들면 재결합 등으로 낭비되는 전류 i_{SH}를 설정하기 위한 저항이 션트 저항(shunt resistor)이다. 또한 실제 광전지에 있는 내부 저항을 출력 저항(output resistor)으로 표시한다. 그러므로 광전지 외부에서 얻을 수 있는 부하 전류와 출력 전압은 각각 i_{load}와 V_{out}이며, 이들의 곱이 출력 전력(power) $P = V_{out} \times i_{load}$이다. $i_L = i_D + i_{SH} + i_{load}$이므로, i_D와 i_{SH}가 작을수록 i_{load}이 증가하고, 출력 저항이 작을수록 V_{out}이 증가한다.

그림 A13.2b는 광전지의 i-E 곡선을 예시한다. 열린 회로 전압 V_{OC}는 부하가 없는 상황($R_{load} = \infty$, $i_{load} = 0$)에서 관찰되는 전압으로, 광전지의 최대 전압을 의미한다. 반면 합선 회로 전류 I_{SC}는 부하가 합선된 상황($R_{load} = 0$)에서 관찰되는 전류로, 광전지가 출력할 수 있는 최대 전류를 의미한다. V_{OC}의 반도체 밴드갭을 의미하는 물리량으로, V_{OC}가 클수록 출력이 증가한다. 한편 I_{SC}는 양자 효율을 의미하는 물리량으로, 일정한 빛의 세기에서 양자 효율에 비례한다. 또한 빛의 세기가 증가하면 증가하는 물리량이다. 그러므로 광전지의 성능은 일정한 빛의 세기에서 V_{OC}와 I_{SC}가 클수록 우수한 광전지이다. 여기에서 빛의 파장에 대한 정보는 없다. i-E 곡선의 특징은 R_{load}이 ∞에서 감소함에 따라 증가하다가 I_{SC}에서 평탄해진다. i-E 곡선으로부터 출력(= $V_{out} \times i_{load}$)를 계산하여 도시하면 녹색 실선의 출력 곡선을 얻을 수 있다. 최대 출력(P_{max})은 I_{SC}에 도달하기 직전에 나타나며, 이 정보는 광전지 활용에 매우 중요하다.

주요 용어

공간 전하층	전자-정공 분리	광전기합성 전지
밴드 말단 고정	전자-정공 재결합	광촉매 전지
밴드 밴딩	광전기화학	염료 감응 전지
평탄 밴드 전위	광전지	광촉매

연습 문제

13.1 반도체에 관한 다음의 질문에 답하라.

(a) Si(E_g = 1.14 eV)의 원자 밀도는 5.0 × 10^{22} cm^{-3}이지만, 전하 운반체 밀도는 상온에서 ~10^{10} cm^{-3}이다. 그 이유를 설명하라.

(b) Si에 불순물 또는 격자 결함이 있으면 일어날 수 있는 일을 설명하라.

(c) IV족 원소 Si에 V족 원소 As을 1 ppm 도핑하면, 일어나는 일을 설명하라.

13.2 아래의 그림 (a)는 Red와 Ox(가역 Ox + e $\rightleftharpoons$ Red)가 있는 전해질과 접촉한 n형 반도체 A, B, C에 광펄스를 조사했을 때 나타나는 광전류 반응이다. 광전류 펄스의 높이는 상대적인 숫자이다. 광전류를 관찰한 전위에서 빛을 계속 조사하면서 임피던스 실험을 진행하였다. 아래의 그림 (b)는 반도체 A의 Nyquist 플롯이다. 반도체 B와 C의 Nyquist 플롯을 예측하라.

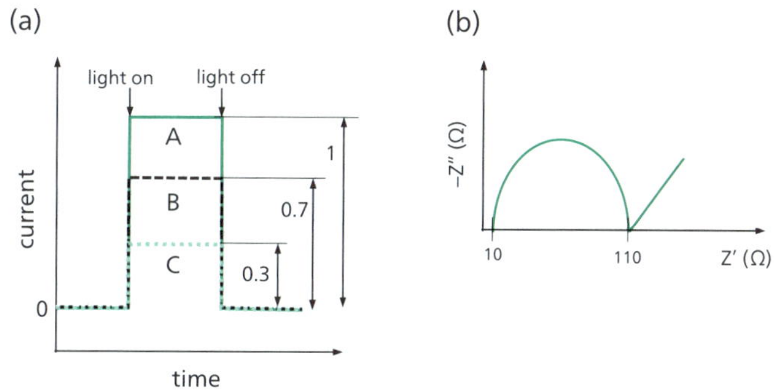

13.3 아래의 그림은 빛이 조사된 n형 반도체의 광전류-전위 곡선을 예시한다. 전자-정공의 재결합은 재결합이 일어나는 장소에 따라 광전류-전위 곡선을 다르게 변형한다. 공간 전하층에서 일어나는 재결합을 표면 재결합(surface recombination), 공간 전하층 너머에서 일어나는 재결합을 벌크 재결합(bulk recombination)이라고 한다.

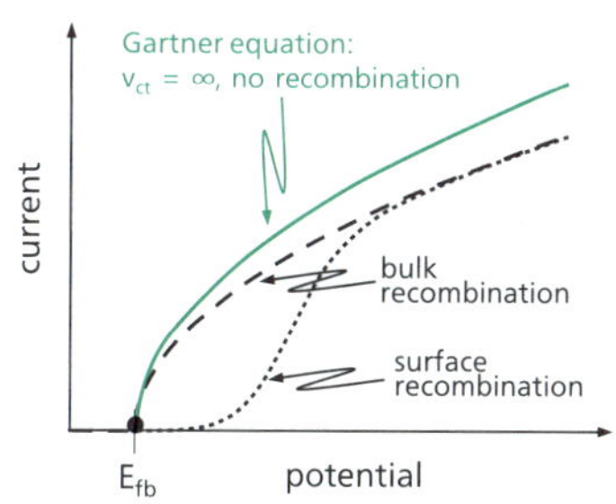

다음의 질문에 답하라.

(a) 벌크 재결합 속도가 표면 재결합 속도보다 더 빠르면 이상적인 실선 곡선은 쇄선 곡선으로 변화한다. 모든 전위에서 두 곡선의 전류 비율은 일정하게 유지된다. 그 이유를 설명하라.

(b) 표면 재결합 속도가 벌크 재결합 속도가 더 빠르면 쇄선의 곡선은 점선의 곡선으로 변화한다. 변화의 이유를 설명하라.

(c) 그림 13.15d와 위의 그림을 비교하여 v_{ct}와 전자-정공 재결합이 이상적인 실선의 곡선에 미치는 영향을 설명하라.

13.4 아래의 그림은 n형 반도체 A와 p형 반도체 B의 A@B(A: core; B: shell) 반도체 복합체 광촉매에 부착된 항체를 이용하여 항원 biomarker의 농도를 측정하는 면역 센서(immunosensor)를 만들고자 한다.

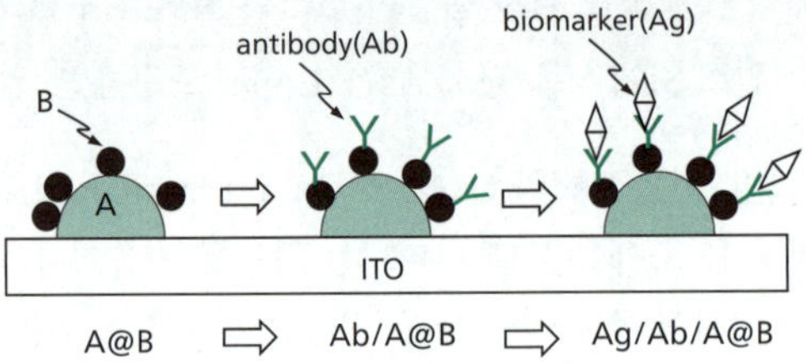

다음의 질문에 답하라.

(a) 반도체 A와 B의 개별 특성은 아래와 같다. n형 반도체에서 $E_{fb} \approx E_{CB}$와 p형 반도체에서 $E_{fb} \approx E_{VB}$라고 가정하여 A@B 반도체 복합체의 에너지 밴드 구조를 그려라.

반도체	E_g(eV)	E_{fb}(V vs. NHE)
A	2.4	−0.8
B	2.0	+1.0

(b) A@B 반도체 복합체에 빛을 조사하면 전해질의 분자 M은 M^+로 산화된다. A@B에서 일어나는 전하 전달 메카니즘을 설명하라.

(c) A@B 표면에 항체가 부착되면(Ab/A@B에서) M의 산화 반응 속도는 감소한다. 시료에 한원이 있어서 항원-항체 반응이 일어나면(Ag/Ab/A@B에서) M의 산화 반응 속도는 더욱 감소한다. 광펄스를 조사했을 때, A@B, Ab/A@B, Ag/Ab/A@B의 광전류 변화를 예측하고 분석화학 신호를 표시하라.

찾아보기

ㄱ

가역적(reversible) ▸ 121
갈바니 전지(galvanic cell) ▸ 29
결정 막 전극(crystalline membrane electrode) ▸ 80
결합 밴드(bonding band) ▸ 351
고갈(depletion) ▸ 372
고체 산화물 연료 전지(solid oxide fuel cell) ▸ 337
고체 전해질 ▸ 311
공간 전하층(space charge layer) ▸ 370
과도기 상태(transient state) ▸ 96, 134
과전압(overpotential ▸ 87
과전위 석출(overpotential deposition) ▸ 227
관찰 시간창 ▸ 210
광감응 반도체·반도체 복합체 ▸ 387
광전기합성 전지(photoelectrosynthesis cell) ▸ 382
광전기화학(photoelectrochemistry) ▸ 378
광전류(photocurrent) ▸ 378
광전위(photopotential) ▸ 380
광전지(photovoltaic cell) ▸ 381
광촉매 ▸ 385
광촉매 전지(photocatalytic cell) ▸ 382
교류 RC 병렬 회로 ▸ 267
교류 RC 직렬 회로 ▸ 261
교환 전류 밀도(exchange current density) ▸ 115
교환 전류(exchange current) ▸ 114
구형 확산 전류 ▸ 143
균일 촉매(homogeneous catalyst) ▸ 341
기준 전극(reference electrode) ▸ 64, 92
기체 산소 센서 ▸ 243

ㄴ

낙하 Hg 전극(dropping Hg electrode) ▸ 156
납 배터리(lead acid battery) ▸ 298
내부 개질(internal reforming) ▸ 336
내부 Helmholtz 면 (inner Helmholtz plane) ▸ 162
농도 과전압(concentration overpotential) ▸ 96
농도 기울기 ▸ 96
농도차 전지(concentration cell) ▸ 68

ㄷ

다수 캐리어(majority carrier) ▸ 367
다중산 음이온(poly anion) ▸ 317
당량 전도도(equivalent conductivity) ▸ 47
대류(convection) ▸ 42
덮힘률(coverage) ▸ 170
도너 레벨(donor level) ▸ 367
도너(donor) ▸ 385
도전재(conducting material) ▸ 294

ㄹ

리액턴스(reactance) ▸ 263

ㅁ

막전극 집합체(membrane electrode assembly) ▸ 331
막 전위(membrane potential) ▸ 54
면심 입방 조밀 구조(face centered cubic closest packing) ▸ 313
몰 전도도(molar conductivity) ▸ 47
무게 비용량(gravimetric specific capacity) ▸ 296
물질 전달 계수(mass transfer coefficient) ▸ 131
물질 전달 과전압(mass transfer overpontential ▸ 96
물질 전달 저항 ▸ 86
물질 전달(mass transfer) ▸ 85
미분 커패시턴스(differential capacitance) ▸ 156
미세 기공층(micro-porous layer ▸ 333
미세 전극(micro electrode) ▸ 144
밀도 범함수 이론(density functional theory ▸ 348

ㅂ

바인더(binder) ▸ 294
박리 현상(exfoliation) ▸ 310
반결합 밴드(anti-bonding band) ▸ 351
반응 경로(reaction path) ▸ 109
반응 속도 결정 단계 (rate determining step) ▸ 122
반응 속도 제어 영역(kinetic control region) ▸ 97
반응 속도 지표(kinetic index) ▸ 192, 210

반응 시간창 ▸ 210
반응 축(reaction coordinate) ▸ 109
반투막(semipermeable membrane) ▸ 76
반파 전위(half-wave potential) ▸ 133
방전 심도(depth of discharge) ▸ 297
방전 종지 전압(cut-off voltage) ▸ 296
배경 전류(background current) ▸ 168
배터리 수명(life) ▸ 298
밴드갭(band gap) ▸ 366
밴드 말단 고정(band edge pinning) ▸ 370
밴드 밴딩(band bending) ▸ 370
벗김 전류-전압법 ▸ 247
변형 전극(modified electrode) ▸ 172
보조 전극(auxiliary electrode) ▸ 93
볼케이노 플롯(volcano plot) ▸ 348
부동막(passivated layer) ▸ 308
부피 비용량(volumetric specific capacity) ▸ 296
부하(load) ▸ 18
분극 곡선(polarization curve) ▸ 89
분극(polarization) ▸ 89
불균일 촉매(heterogenous catalyst) ▸ 341
비가역적(irreversible) ▸ 121
비대칭 계수(asymmetry coefficient) ▸ 113
비보상 저항(uncompensated resistance) ▸ 103, 203
비전도도(specific conductivity) ▸ 47
비정상 상태 확산 ▸ 45
비출력(specific power) ▸ 297
비faraday 전류(non-faradaic current) ▸ 167, 201

ㅅ

사각 파형 펄스 전류-전압법(square wave voltammetry) ▸ 248
사이클 수명(cycle life) ▸ 298
산소 발생 반응(oxygen evolution reaction) ▸ 341
산화 전극 ▸ 25
산화 전극 전위 ▸ 26
산화-환원(surface redox) 유사 커패시터 ▸ 324
삼상 경계(triple phase boundary) 반응 ▸ 332
삽입(intercalate) ▸ 306
삽입 유사 커패시터 ▸ 324
상대 수소 전극(RHE) ▸ 76
상대 전극(counter electrode) ▸ 93
상태밀도함수(density of state) ▸ 351
선형 전위 주사 전류-전압법(linear potential sweep voltammetry) ▸ 184
성능 수치(figure of merit) ▸ 296
성능인자(descriptor) ▸ 348
소수 캐리어(minority carrier) ▸ 367
수성가스 전환 반응(water-gas shift reaction) ▸ 334
수소 발생 반응(hydrogen evolution reaction) ▸ 341
수증기 개질(steam reforming) ▸ 330
순환 전위 주사법 (cyclic voltammetry) ▸ 196
순환 전위 주사 i-E 곡선(cyclic voltammogram) ▸ 197
시간-전류법(chronoamperometry) ▸ 133
시간창 ▸ 209
신재생 에너지(renewable energy) ▸ 340

ㅇ

알칼라인 연료 전지(alkaline fuel cell) ▸ 335
압축 응력(compressive stress) ▸ 353
액체 막 전극(liquid membrane electrode) ▸ 80
얇은 층 전지(thin layer cell) ▸ 204
양극판(bipolar plate) ▸ 331
양자 구속 효과(quantum confinement effect) ▸ 387
양자 수득율(quantum yield) ▸ 378
억셉터 레벨(acceptor level) ▸ 368
억셉터(acceptor) ▸ 385
에너지 밀도(energy density) ▸ 297
에너지 저장 장치(energy storage system) ▸ 298
역반응(backward reaction) ▸ 109
역전층(inversion layer) ▸ 376
연료 전지 스택(fuel cell stack) ▸ 331
연료 전지(fuel cell) ▸ 329
열린 회로 전압(open circuit potential) ▸ 90
열역학적 과전압(thermodynamic overpotential) ▸ 356
열중립적인(thermo-neutral) ▸ 349
염다리(salt bridge) ▸ 24
염료 감응 전지(dye-sensitized cell) ▸ 383
영 전하 전위(potential of zero charge) ▸ 156
외부 Helmholtz 면(outer Helmholtz plane) ▸ 162
외인성 반도체 (extrinsic semiconductor) ▸ 367
용량(capacity) ▸ 296
용매 전위창(solvent potential window) ▸ 295
용액 저항 ▸ 86
용융 배터리 ▸ 304
용융 탄산염 연료 전지(molten carbonate fuel cell) ▸ 336
운반율(transference number) ▸ 53
원자가 밴드(valence band) ▸ 365
유동량(flux) ▸ 18
유사 정상 상태(pseudo steady-state) ▸ 134

유사 커패시터(pseudo-capacitor) ▸ 323
육방 조밀 구조(hexagonal closet packing) ▸ 317
이동도(mobility) ▸ 43
이상적 분극 전극(ideally polarizable electrode) ▸ 89
이상적 비분극 전극(ideally nonploarizable electrode) ▸ 72, 90
이온 분산층(diffuse layer) ▸ 158
이온 분위기(ionic atmosphere) ▸ 36
이온 선택성 전극(ion selective electrode) ▸ 78
이온 세기(ionic strength) ▸ 37
이온-용매 상호 작용(ion-solvent interaction) ▸ 33
이온 운반체(ionophore) ▸ 81
이온-이온 상호 작용(ion-ion interaction) ▸ 36
이온 전도(ionic conduction) ▸ 24
이중 접촉 기준 전극(double junction reference electrode) ▸ 75
인덕터(inductor) ▸ 279
인산형 연료 전지(phosphoric acid fuel cell) ▸ 336
인장 응력(tensile stress) ▸ 353
일반 펄스 전류-전압법(normal pulse voltammetry) ▸ 184, 248
일정 전류기(galvanostat) ▸ 98
일정 전류 실험(galvanostatic experiment) ▸ 98
일정 전류 제어(constant current control) ▸ 234
일정 전위기(potentiostat) ▸ 98, 203
일정 전위 실험(potentiostatic experiment) ▸ 98
일정 전위 제어(constant potential control) ▸ 234
일함수(work function) ▸ 369
임피던스 ▸ 264

ㅈ

자기 방전(self-discharge) ▸ 294
작업 전극(working electrode) ▸ 92
잔존 수명(state of health) ▸ 298
재결합(recombination) ▸ 377
저전위 석출(underpotential deposition) ▸ 227
적분 커패시턴스(integral capacitance) ▸ 156
전고체 배터리(all solid-state battery) ▸ 321
전기 모세관 현상(electrocapillary) ▸ 156
전기장 이동(migration) ▸ 41
전기 전도도(electrical conductivity) ▸ 47
전기화학 무게 분석법(electrogravimetry) ▸ 231
전기화학 이중층 커패시터(electrochemical double layer capacitor) ▸ 323
전기화학 이중층(electrical double layer) ▸ 157
전기화학 촉매(electrocatalyst) ▸ 343
전기화학 촉매(electrochemical catalyst) ▸ 329
전기화학 퍼텐셜(electrochemical potential) ▸ 52
전달 계수(transfer coefficient) ▸ 113
전도 밴드(conduction band) ▸ 365
전량 전해(bulk electrolysis) ▸ 232
전류 밀도(current density) ▸ 89
전류법(amperometry) ▸ 232, 242
전류-전압 곡선(i-E 곡선) ▸ 89, 131
전류-전압법(voltammetry) ▸ 131
전류 효율(current efficiency) ▸ 99, 232
전류(current) ▸ 19
전위 제어 전하량법(controlled potential coulometry) ▸ 236
전위차법 선택성 계수(potentiometric selectivity coefficient) ▸ 80
전위차법(potentiometry) ▸ 64, 240
전이 상태(transition state) ▸ 94, 109
전자 전도(electronic conduction) ▸ 24
전자-정공 분리(electron-hole separation) ▸ 376
전자 주입(electron injection) ▸ 383
전자 친화도(electron affinity) ▸ 369
전지 저항 ▸ 86
전지 전압 ▸ 26
전하량법(coulometry) ▸ 232
전하량 적정법(coulometric titration) ▸ 237
전하 운반체(charge carrier) ▸ 18, 367
전하 전달 과전압(charge transfer overpotential) ▸ 95
전하 전달 저항 ▸ 86
전하 전달 활성화 에너지(charge transfer activation energy) ▸ 94
전하 전달(charge transfer) ▸ 85
전해 전지(electrolytic cell) ▸ 30
전해질(electrolyte) ▸ 24
접촉 전위(junction potential) ▸ 54
정공(hole) ▸ 366
정반응(forward reaction) ▸ 109
정상 상태 확산(steady-state diffusion) ▸ 45
정상 상태 i-E 곡선 ▸ 134
정상 상태(steady state) ▸ 134
정상 수소 전극(NHE) ▸ 76
정현파 ▸ 261
조촉매 ▸ 386
종말점(end-point) ▸ 238
준가역적(quasi-revesible) ▸ 121
준Fermi 레벨(quasi-Fermi level) ▸ 380
중재자(mediator) ▸ 245

지시 전극(indicator electrode) ▸ 64
지지 전해질(supporting electrolyte) ▸ 54
직류 RC 직렬 회로 ▸ 259
직접 메탄올 연료 전지 (direct methanol fuel cell) ▸ 339
직접 액체 연료 전지 (direct liquid fuel cell) ▸ 340
진성 반도체 (intrinsic semiconductor) ▸ 366
집전체(current collector) ▸ 294

ㅊ

차동 펄스 전류-전압법(differential pulse voltammetry) ▸ 248
체심 입방 구조(body-centered cubic structure) ▸ 322
초고용량 커패시터(supercapacitor) ▸ 323
촉매독(catalytic poison) ▸ 172, 334
촉매 지지체(catalyst support) ▸ 332
촉매층(catalytic layer) ▸ 331
촉매 활성(catalytic activity) ▸ 344
촉매 EC_{catal} 반응 ▸ 217
추출 전류-전압 곡선(sampled current-voltage curve) ▸ 134
추출 i-E 곡선(sampled i-E curve) ▸ 133
축적(accumulation) ▸ 372
축퇴 반도체(degenerate semiconductor) ▸ 376
충전 상태(state of charge) ▸ 297
층상 산화물 ▸ 312

ㅋ

크로스오버(crossover) ▸ 332

ㅌ

탈리(de-intercalate) ▸ 307
탈분극제(depolarizer) ▸ 237
탈분극(depolarization) ▸ 102

ㅍ

파형 기울기(wave slope) ▸ 138
평면 확산 한계 전류 ▸ 143
평탄 밴드 전위(flat band potential) ▸ 372
포화 표면 과잉 농도(saturated surface excess concentration) ▸ 169
표면 과잉 농도(surface excess concentration) ▸ 169
표면 반응(surface reaction) ▸ 84
표면 상태(surface state) ▸ 371
표면장력(surface tension) ▸ 155
표준 교환 전류 밀도(standard exchange current density) ▸ 115
표준 속도 상수(standard rate constant) ▸ 113
표준 수소 전극(standard hydrogen electrode) ▸ 26
표준 환원 전위(standard reduction potential) ▸ 27
표준 활성화 자유 에너지(standard activation free energy) ▸ 109

ㅎ

하이브리드(hybrid) 커패시터 ▸ 325
한계 당량 전도도 ▸ 48
합성 가스 ▸ 336
혈당 측정기 ▸ 245
형식 농도(formal concentration) ▸ 38
형식 환원 전위(formal reduction potential) ▸ 67
혼합 영역(mixed region) ▸ 97
확산 계수(diffusion coefficient) ▸ 44
확산 전위(diffusion potential) ▸ 54
확산 제어 영역(diffusion control region) ▸ 97
확산층(diffusion layer) ▸ 96
확산 한계 전류(diffusion limiting current) ▸ 96
확산(diffusion) ▸ 41
환원 전극 ▸ 25
환원 전극 전위 ▸ 26
활동도 계수(activity coefficient) ▸ 38
활동도(activity) ▸ 38
활성화 과전압(activation overpotential) ▸ 95
활성화물(activated complex) ▸ 109
활성화 에너지(activation energy) ▸ 108
회전 디스크 전극(rotating disk electrode) ▸ 148
흐름 속도(drift velocity) ▸ 43
흡착 에너지 ▸ 343

A

adsorption isotherm ▸ 170
anode ▸ 24
Arrhenius 식(Arrhenius equation) ▸ 108
Arrhenius 플롯(Arrhenius plot) ▸ 108

B

BEP 관계(Brønsted-Evans-Polanyi relation) ▸ 348
Bode 플롯 ▸ 266
Born 모델 ▸ 33
Butler-Volmer 식(Butler-Volmer equation) ▸ 113

C

C-속도(C-rate) ▸ 297
cathode ▸ 24
CE 반응 ▸ 212
CEI(cathode electrolyte interphase) ▸ 308
CO 기체 센서 ▸ 244

D

d 밴드 이론 ▸ 350
d 밴드 중심 ▸ 351

dead Li ▸ 308
Debye 길이(Debye length) ▸ 36
Debye-Hückel 모델 ▸ 36
Debye-Hückel 한계 법칙 (Debye-Hückel limiting law) ▸ 40
Debye-Hückel 확장 법칙 (Debye-Hückel extended law) ▸ 40
Debye-Hückel-Onsager 식 ▸ 51
dendrite ▸ 308
Donnan 퍼텐셜($\Delta\Psi_{Donnan}$) ▸ 77
DPV ▸ 248

E

EC 반응 ▸ 214
ECE 반응 ▸ 219
EE 반응 ▸ 210
Einstein 관계(Einstein relation) ▸ 45
Einstein-Smoluchowski 식 ▸ 45
ethylene carbonate ▸ 309

F

Faraday 법칙 ▸ 84
faraday 전류(faradaic current) ▸ 167
Faraday 효율(faradaic efficiency) ▸ 99, 232
Fermi 레벨 고정(Fermi level pinning) ▸ 376
Fermi 준위(Fermi level) ▸ 350
Fick의 제1법칙 ▸ 44
Fick의 제2법칙 ▸ 46
Frumkin 등온 흡착 ▸ 208
Frumkin 효과(Frumkin effect) ▸ 174

G

Gouy-Chapman (GC) 모델 ▸ 158
Gouy-Chapman-Stern (GCS) 모델 ▸ 162

H

H_2 산화 반응(hydrogen oxidation reaction ▸ 332
Helmholtz 모델 ▸ 158
Henderson 식 ▸ 55

I

i-E 곡선법(voltammetry) ▸ 232
IHP ▸ 162
iR 전압 강하(iR potential drop) ▸ 87
ISE ▸ 78

K

K 이온 배터리(KIB) ▸ 321
Kohlausch 식 ▸ 48
Koutechý-Levich 식 ▸ 152

L

Langmuir 등온 흡착 ▸ 208
Langmuir 흡착 등온식(Langmuir isotherm) ▸ 170
LEDC(lithium diethylene carbonate) ▸ 310
Li 이온 배터리 ▸ 306
LIC(lithium ion hybrid capacitor) ▸ 325
Lippmann 식 ▸ 156

M

Mott-Schottky 관계 ▸ 375
MPL ▸ 333

N

n형 반도체(negative-type semiconductor) ▸ 367
Na 이온 배터리(NIB) ▸ 321
NAS 배터리 ▸ 304
Nernst 식(Nernst equation) ▸ 67
Nernst-Einstein 식 ▸ 49
Ni 배터리 ▸ 303
NPV ▸ 248
Nyquist 플롯 ▸ 266

O

O_2 환원 반응 (oxygen reduction reaction) ▸ 332
OHP ▸ 162
olivine 산화물 ▸ 317

P

p형 반도체 (positive-type semiconductor) ▸ 368
PAFC ▸ 336
PEM 연료 전지 ▸ 331
p-n 접합 반도체 복합체 ▸ 388
propylene carbonate ▸ 309
PVDF ▸ 319

R

Ragone 플롯 ▸ 326
Randles-Sevcik 식 ▸ 187
RC 시간 상수(time constant) ▸ 168
Redox 흐름 배터리 ▸ 305

S

Sabatier 원리 ▸ 345
SEI(solid electrolyte interphase) ▸ 308
SHE ▸ 26
spinel 산화물 ▸ 315
Stokes 법칙 ▸ 49
Stokes-Einstein 관계 ▸ 50
SWV ▸ 248

T

Tafel 플롯(Tafel plot) ▸ 119, 345
transport number ▸ 53

V

Volmer-Heyrovsky 메카니즘 ▸ *354*
Volmer-Tafel 메카니즘 ▸ *353*

W

Warburg 임피던스 ▸ *270*

Z

Z-체계 ▸ *388*
ZEBRA 배터리 ▸ *304*

기타

2-전극 시스템 ▸ *100*
3-전극 시스템 ▸ *102*

지은이 소개

이충균 충남대학교 자연과학대학 화학과

전기화학 *미래 에너지로 가는 길*

| 발 행 일 2024년 3월 2일 초판 발행
| 지 은 이 이 충 균
| 발 행 인 박 종 성
| 발 행 처 사이플러스 Science plus
| 주 소 (우) 07202 서울특별시 영등포구 양평로 30길 14 세종앤까뮤스퀘어 1106호
| 전 화 02-332-6171
| 팩 스 02-332-6185
| 등 록 2005.10.20. 제2022-000100호

| I S B N 979-11-88731-49-7 93430 값 38,000원